Forschungsprogramme der Genetik

Klaus-M. Seel

Forschungsprogramme der Genetik

Wissenschaftstheorie, theoretische Strukturen, erklärende Schemata und gesellschaftliche Implikationen

PETER LANG
Frankfurt am Main · Berlin · Bern · Bruxelles · New York · Oxford · Wien

Bibliografische Information der Deutschen Nationalbibliothek
Die Deutsche Nationalbibliothek verzeichnet diese Publikation in der Deutschen Nationalbibliografie; detaillierte bibliografische Daten sind im Internet über <http://www.d-nb.de> abrufbar.

Zugl.: Erlangen, Nürnberg, Univ., Diss., 2003

Abbildungen auf dem Umschlag:
Klaus-Martin Seel

Die obere Reihe zeigt Silhouetten bedeutender Philosophen (v.l.n.r.):
C. G. HEMPEL (1905–1997),
I. LAKATOS (1922–1974), P. LORENZEN (1915–1994),
W. STEGMÜLLER (1923–1991).
Die untere Reihe zeigt Silhouetten bedeutender Biologen (v.l.n.r.):
G. MENDEL (1822–1884), J. D. WATSON (*1928),
F. CRICK (1916–2004), C. NÜSSLEIN-VOLHARD (*1942).

D 29 (n2)
ISBN 978-3-631-56224-6

Einleitende Worte

Zusammenfassung

Dieses Buch ist das Ergebnis meines interdisziplinären Promotionsprojektes, das mit dem Arbeitstitel „Wissenschaftstheoretische Untersuchung theoretischer Strukturen und erklärender Schemata in der Genetik" an den Start gegangen war. Es spannt einen weiten Bogen von der Bereitstellung wissenschaftstheoretischer Analysewerkzeuge über deren Anwendung auf genetische Forschungsprogramme bis hin zu gesellschaftlich relevanten Aussagen. Diesem Vorgehen liegt meine Überzeugung zugrunde, dass fundierte Beiträge zu gesellschaftlichen Diskussionen im Umfeld der Genetik fast immer nur unter Kenntnisnahme der naturwissenschaftlichen Fakten möglich sind, und dass die rationale Bewertung und Interpretation dieser Fakten wiederum fast immer nur durch eine wissenschaftstheoretische Reflexion auf diese realisiert werden können. Dieser umfassende Ansatz und die dabei gewonnenen Erkenntnisse werden in diesem Buch ausgeführt, das sich demnach in drei Teile gliedert:

i) Wissenschaftstheoretische Vorbereitung
ii) Forschungsprogramme der Genetik
iii) Lebenspraktische Schlussfolgerungen

Zu i) Wissenschaftstheoretische Vorbereitung

Wissenschaftsphilosophisch wird eine Position vertreten, die ausgehend von der analytischen Philosophie des kritischen Rationalismus eines POPPER (1935) eine pragmatische Wende in dreifacher Hinsicht vollzieht. Erstens werden soziologische Aspekte anerkannt, die bei KUHN (1962) ihren Ausgang nahmen, bei LAKATOS (1970) in seiner Methodologie der Forschungsprogramme Berücksichtigung fanden und im Strukturalismus (SNEED, 1971; STEGMÜLLER, 1973) auf die analytische Philosophie zurückgewendet wurden. Zweitens wird die Problematik der Begründung wissenschaftlicher Theorien im Sinne des methodischen Konstruktivismus (KAMLAH & LORENZEN, 1973;

LORENZEN, 1987) aufgelöst. Und drittens werden Erklärungen als spezielle Antworten auf Fragen aufgefasst (VAN FRAASSEN, 1990), die innerhalb eines Dialoges vollzogen werden (TUOMELA, 1990). Dabei erweist sich das Forschungsprogramm nach LAKATOS als das geeignete integrative Konzept. Am Ende des ersten Teiles wird der Begriff des empirischen Forschungsprogramms, ausgehend von den erwähnten philosophischen Strömungen, in klarer Weise rekonstruiert sein. Auf dieser Basis wurde eine wissenschaftstheoretische Analyse dreier Forschungsprogramme durchgeführt. Dies sind die Klassische Genetik, die Entwicklungsbiologie und die Humangenetik. Der Methodensammlung der Molekularen Genetik ist nur ein kurzes Kapitel gewidmet, da sie kein Forschungsprogramm in Sinne dieser Arbeit ist.

Zu ii) Untersuchung erklärender Schemata und theoretischer Strukturen in der Genetik

Um logische und theoretische Strukturen der Klassischen Genetik adäquat enthüllen zu können, wurde eigens ein neuer mathematisch rigoroser Formalismus entwickelt. Der neue Formalismus darf nicht mit einer neuen Theorie verwechselt werden, sondern ist eine neue Darstellung des Forschungsprogramms der Klassischen Genetik. Dies bringt dann einen Fortschritt, wenn mit dem neuen Formalismus theoretische Zusammenhänge besser oder exakter dargestellt werden können als mit bisherigen Darstellungen. Dies wird insbesondere durch eine spezielle Notation, aber auch durch das Definieren aller Konzepte in gut bekannten mathematischen Strukturen erreicht. Der Formalismus zeigt zudem deutlich, dass die Klassische Genetik als ein Forschungsprogramm charakterisiert werden muss, das ausschließlich mit funktionalen Erklärungen arbeitet. Ferner können die Begriffe „genetischer Determinismus“ und „genetische Determinierung“ definiert werden.

Zu den Konzepten der Molekularen Genetik werden lediglich einige Bemerkungen zur verwendeten Sprache gemacht, auf die zu verzichten wegen ihres umfassenden Einsatzes in der Genetik nicht möglich ist.

Für das Forschungsprogramm der Entwicklungsbiologie lassen sich nur wenige sehr allgemeine Grundsätze formulieren. Dies liegt an der Tatsache, dass es sich hierbei um ein Feld der Forschung handelt, das noch sehr unverstanden ist. Dennoch lässt sich aus den bahnbrechenden Befunden der letzten Jahrzehnte zumindest eine Heuristik entwickeln, die gerade im Bereich der Determinierung von Lebewesen neue und überraschende Erkenntnisse birgt. Einer genaueren Analyse wird das Konzept der Stammzellen und ihrer Potentialität unterzogen.Zudem werden Musterbildungsprozesse untersucht, die bei der Entwicklung von Lebewesen eine besondere Rolle zu spielen scheinen. Die dabei gewonnenen heuristischen Einsichten erlauben insbesondere eine Erklärung von immer gleichen Mustern (Fünf Finger an einer Hand etc.), aber auch von individuellen Eigenschaften (Charakter etc.) innerhalb eines Schemas. Dabei wurden die Forschungsergebnisse der Entwicklung der Taufliege *Drosophila* im Lichte der Dynamik komplexer Systeme interpretiert.

Das Forschungsprogramm der Humangenetik wurde ausgehend von genetisch bedingten Krankheiten als ein medizinisches interpretiert, das allerdings auf genetischen Forschungsprogrammen aufbaut. Methoden der Klassischen und der Molekularen Genetik aber auch der Entwicklungsbiologie sind Voraussetzungen einer humangenetischen Forschung. Zu betonen ist dabei der essentielle Unterschied des Auffindens einer Genotyp-Phänotyp-Korrelation und einer kausalen Erklärung. Das diagnostische Konzept der Humangenetik wurde genauer betrachtet. Dies führte zu einer Klassifikation genetischer Tests auf ihrer biologischen Grundlage.

Zu iii) Lebenspraktische Schlussfolgerungen

All diese Ergebnisse fanden Einzug in Argumentationen, die als Beitrag der Naturwissenschaft Genetik und der auf diese reflektierenden Wissenschaftstheorie für entsprechende gesellschaftliche Diskurse zu verstehen sind. Es sind dies die Debatten um den genetischen Determinismus, um die Verwendung genetischer Tests und um den Schutz von Embryonen. Auf der Grundlage des neu entwickelten Formalismus kann sehr genau analysiert werden, wie es zu der Rede vom genetischen Determinismus kommen konnte. Er wird als eine ungerechtfertigte paradigmatische Übernahme des physikalischen Determinismus entlarvt. Damit ist gezeigt, dass jede Rede vom genetischen Determinismus von vornherein haltlos ist.Dennoch verbleibt die Frage, in welchem Sinne dann – wenn eben nicht in einem strikt deterministischen – Lebewesen genetisch vorbestimmt sind. Hier liefert die Entwicklungsbiologie wertvolle Hinweise. Sie zeigt beispielsweise, dass bei der Entstehung von Lebewesen die Selbstorganisation eine tragende Rolle spielt. Damit erhält die Vorbestimmung von Lebewesen einen grundsätzlich probabilistischen Charakter. Es ist zudem abzusehen, dass die Probabilistik bei komplexen Merkmalen verglichen mit einfacheren an Stärke zunimmt.

Ferner werden mit Hilfe der Klassifikation genetischer Tests drei zukünftige Szenarien entworfen, die mögliche Entwicklungen in diesem Bereich aufzeigen. Die Analyse zweier Regelungsvorschläge zum Umgang mit solchen Testverfahren innerhalb dieser Szenarien zeigt aber vor allem, wie schwierig es ist, eine umfassende Lösung der zu erwartenden Probleme zu finden.Die Tragweite dessen, was hier auf die Gesellschaft zukommt, hängt entscheidend davon ab, ob in Zukunft genetisches Wissen technisch zugänglich sein wird, das für größere Teile der Bevölkerung Relevanz hat, und ob dieses sicher probabilistische Wissen für den Einzelnen informativ ist. Derzeit sind es eher seltene Krankheiten, über die durch eine Genanalyse Informationen gewonnen werden können. Neuere Entwicklungen deuten allerdings darauf hin, dass sich diese Möglichkeiten von einfachen Erbkrankheiten weg zu körperlichen Merkmalen hin bedingt ausdehnen lassen. Wird dies der Fall, beschränkt sich die Möglichkeit, aus der genetischen Konstitution etwas über sich zu erfahren, nicht mehr auf einen nur kleinen Bevölkerungsanteil.

Zuletzt propagiert die Entwicklungsbiologie und dabei insbesondere das Konzept der Stammzellen und ihrer Potentialität,dass die Entstehung eines Lebewesens nur systemisch verstanden werden kann. Dies bedeutet insbesondere, dass jedes lebende System nur in Verbindung mit seiner Umwelt gedacht werden kann. Im Falle von Embryonen (innen Wachsendes) stellt die Mutter diese Umwelt dar. Deswegen haben außen wachsende lebende Systeme (Ekbryonen), also eine Zygote im Labor, einen gesonderten biologischen Status. Diese Unterscheidung erlaubt die Einführung einer neuen Argumentation in der Diskussion um das Embryonenschutzgesetz, die in einen konkreten Gesetzesvorschlag ausgebaut wird.

Der Vorzug dieses aufwändigen Vorgehens von der Wissenschaftstheorie (i) über die Naturwissenschaft (ii) zu ethischen Argumentationen (iii) liegt offenbar darin, dass die Argumente dadurch stark gesichert werden: Ein Beitrag zu ethischen Debatten um die Genetik ist schwer zu entkräften, wenn er auf naturwissenschaftlichen Fakten beruht, deren wissenschaftliche Interpretation wiederum auf einer gut begründeten philosophischen Tradition aufbaut. Die Arbeit zum Schutz von Embryonen zeigt beispielhaft, dass wissenschaftstheoretische Begriffs- und Strukturanalysen der Genetik durchaus im Stande sind, Hilfen für politische Entscheidungsprozesse zu liefern. Die Wissenschaftstheorie verneint so den Vorwurf ihrer Existenz als Selbstzweck, und die Naturwissenschaft bekräftigt ihren Anspruch als rationale Entscheidungshilfe vor allem dann, wenn sie eine kritische Reflexion zulässt. Das interdisziplinäre Vorgehen entfaltet somit eine beachtliche Wirkung und wird nicht zuletzt deswegen von vielen Seiten eingefordert.

Zum Gebrauch dieses Buchs

Die Interdisziplinarität der hier vorgelegten Forschungsergebnisse hat zu einem Buch geführt, das in Umfang und Länge deutlich über das anvisierte Ziel hinausgeht. Dies hat zwei wesentliche Gründe:

Zuerst soll die Arbeit den Anforderungen einer naturwissenschaftlichen und einer philosophischen Promotion genügen. Naturwissenschaftler müssen, Philosophen dürfen nicht ihre Forschungsergebnisse vor Drucklegung der Doktorarbeit veröffentlichen. Deswegen sind die Teile zwei und drei dem Inhalte nach teilweise schon in Form von Artikeln erschienen, während der erste im engeren Sinne philosophische Teil hier zum ersten Mal vorgelegt wird. Im Stile des Philosophen wird dort viel mit Zitaten gearbeitet. Auch die philosophischen Traditionen werden erläutert, auf denen dann das eigene wissenschaftstheoretische Konzept aufbaut. Demgegenüber verweist der Naturwissenschaftler nur auf die Originalarbeiten. Er resümiert die wesentlichen Ergebnisse. Das Zitieren der dortigen experimentellen Befunde im Detail hätte auch wenig Sinn. Zudem sind Übersichtsartikel von großer Bedeutung, in denen Befunde vieler Wissenschaftler zu einem Themenkreis zusammengestellt werden.

Zweitens soll der philosophische Teil für den Naturwissenschaftler, der naturwissenschaftliche Teil für den Philosophen verständlich sein. Dem gerecht zu werden, ohne die Ausführungen zu lang werden zu lassen, ist mit Sicherheit eine schwere Aufgabe, von der ich hoffe, dass mir ihre Bewältigung gelungen ist.

Um für Naturwissenschaftler und Philosophen aber auch für politische Entscheidungsträger und Interessierte an den gesellschaftlichen Debatten ein nützliches Buch zu schreiben, habe ich versucht, jedes einzelne Kapitel so zu gestalten, dass es für sich lesbar ist. Ich meine, dass es durchaus möglich ist, einzelne Kapitel anhand des Inhaltsverzeichnisses herauszugreifen und mit Gewinn zu lesen. Hilfreich sollten für den Leser auch die Zusammenfassungen am Ende jedes Kapitels sein.

Betont werden muss aber zudem Folgendes: Wer sich in die philosophische Methodologie der Forschungsprogramme einarbeiten möchte, die hier zu einem allgemeinen Konzept empirischen Wissens ausgebaut wird, muss nicht den gesamten durch die Darstellung der philosophischen Vorarbeiten recht langen ersten Teil lesen. Es genügen die Kapitel 1 und 6. Wer von da aus das eine oder andere philosophische Konzept seinem Inhalte nach genauer kennen lernen möchte, kann dies dann mit Hilfe der Kapitel 2 - 5 bewerkstelligen.

Typographische Hinweise: *Kursiv* sind Worte gesetzt, die in einem Absatz besonders betont oder definiert werden sollen. *Schräg gestellt* sind fremdsprachliche Ausdrücke. Namen sind in KAPITÄLCHEN gedruckt. In „doppelten Anführungszeichen“ stehen Begriffe oder Zitate und in ‚einfachen‘ umgangssprachliche, metaphorische oder anschauliche Formulierungen. Zeitindizes werden in der Regel oben notiert.

Danksagung

Wenn auch eine Reihung der Menschen, denen ich im Zusammenhang mit der Erstellung dieser Arbeit zu Dank verpflichtet bin, niemals gerechtfertigt sein kann, so muss ich doch mit jemandem beginnen. Ohne Zweifel gebührt mein Dank an erster Stelle Herrn Prof. Dr. GEORG H. FEY, dessen Offenheit nicht nur für philosophische Fragen, dessen Vertrauen in meine Person, dessen Bereitschaft, die Verankerung einer interdisziplinären Arbeit in der Naturwissenschaft zu wagen, und nicht zuletzt dessen Durchsetzungsvermögen haben mein Promotionsprojekt überhaupt erst ermöglicht und auch zu einer Finanzierung geführt. Dann gilt mein Dank Prof. Dr. CHRISTIAN THIEL, der mein Interesse für die Wissenschaftstheorie durch seine FREGE-Vorlesung, die ich im 3. Semester meines Physik-Studiums besuchte, so intensiv zu wecken wusste, dass meine philosophischen Bemühungen letztlich in dieser Arbeit mündeten. Er hat immer alle Schritte dieser Arbeit mit viel Interesse und Wohlwollen mitgetragen. Weiterhin gilt mein Dank Herrn Prof. Dr. CARL FRIEDRICH GETHMANN und der EUROPÄISCHEN AKADEMIE ZUR ERFORSCHUNG VON FOLGEN WISSENSCHAFTLICH-TECHNISCHER ENTWICKLUNGEN

BAD NEUENAHR-AHRWEILER GMBH, bei einer derer Projektgruppen ich mitarbeiten durfte, und von der meine Arbeit in Folge dessen auch monetär unterstützt wurde. Ferner danke ich dem FREISTAAT BAYERN, von dem ich im Rahmen des Programms zur Förderung des künstlerischen und wissenschaftlichen Nachwuchses ebenfalls finanzielle Hilfe erhalten habe.

Besonderer Dank muss einer weiteren Reihe von Menschen gelten, von denen ich lernen durfte. Und hier muss an erster Stelle Dr. RUDOLF KÖTTER erwähnt werden, von dessen klaren Gedanken ich in vielen Seminaren profitieren durfte. Zudem war er mir bei der Erstellung der Publikationen, die dieser Arbeit zugrunde liegen, eine unverzichtbare Hilfe. Mein Denken wurde nicht zuletzt auch in den Arbeitsgruppen geformt, die er zusammen mit Dr. RÜDIGER INHETVEEN abgehalten hat, dessen Vermögen, Dinge auf den Punkt zu bringen, mir immer ein Vorbild bleiben wird. Zudem verdanke ich Prof. Dr. ALFRED HÜLLER, aber noch mehr meinem Diplom-Vater Prof. Dr. HAJO LESCHKE meine ‚Hinein-Sozialisation' in die physikalischen Forschungsprogramme, ohne deren intensives Studium ich wohl die hier vorgestellten Konzepte nicht hätte äußern können. Ersterer versteht in besonderer Weise aus theoretischen Strukturen noch Anschauliches herauszuziehen, letzterer bestach mich immer wieder durch seine klaren inhaltlichen und formalen Darstellungen sowie durch seine Interpretationen der theoretischen Physik.

Unterstützt wurde ich zudem von Prof. Dr. JAN P. BECKMANN, der einer unserer Mitstreiter bei den Diskussionen in der Projektgruppe „Humangenetik" bei der Europäischen Akademie war, und der bei einer meiner Veröffentlichungen äußerst hilfreich war. Zudem durfte ich von allen anderen Mitgliedern der Gruppe ebenfalls sehr profitieren. Dafür möchte ich mich bei Prof Dr. CLAUS R. BARTRAM, Prof Dr. FRIEDRICH BREYER, Prof Dr. CHRISTA FONATSCH, Prof Dr. BERNHARD IRRGANG, Prof Dr. JOCHEN TAUPITZ und dem Projektleiter Dr. FELIX THIELE recht herzlich bedanken. Herr TAUPITZ hatte auch nach Beendigung des Projekts noch ein offenes Ohr für meine Fragen zu rechtlichen Problemen.

Nun möchte ich noch einer Reihe von Doktoranden danken, mit denen ich in verschiedensten Formen fruchtbar zusammenarbeiten durfte, oder die meine Publikationen bzw. meine Dissertation Korrektur gelesen haben. Dies sind THOMAS A. HUPFER, DIETER CARRARA, HELMUT FINK, MARTIN LANGANKE und MICHAEL SCHÜTZ. Mein besonderer Dank gilt meinem Vater, der all meine Schriften mit großer Aufmerksamkeit Korrektur gelesen hat und meine Arbeit in jeder Hinsicht unterstützt hat. Schließlich möchte ich noch TOM WILD danken, dem wahrscheinlich nicht klar ist, was er mit der Entstehung dieser Arbeit zu tun hat.

Klaus-M. Seel

Inhaltsverzeichnis

Teil I

Wissenschaftstheoretische Vorbereitung

Zu Beginn soll wissenschaftstheoretisches Rüstzeug zur Verfügung gestellt werden, das im Verlauf der Arbeit ein präzises Reden über die Wissenschaft „Genetik" ermöglichen soll. In diesem ersten Teil „Wissenschaftstheoretische Vorbereitung" wird uns dabei nicht weniger als eine der Kardinalfragen der Wissenschaftstheorie beschäftigen. Die Frage lautet: Wie können wir definitiv feststellen, ob eine empirische Theorie wahr ist? Die Antwort lässt sich schnell und einfach geben: *Definitiv* können wir nie feststellen, ob eine empirische Theorie wahr ist. Dennoch, wir billigen manchmal gerade empirischen Theorien besonders hohen Wahrheitsgehalt zu. Wir rechnen sie unter Umständen – wie im Falle der Physik – zu den exakten Wissenschaften. Dieser Umstand verdankt sich nicht einem bloßem Zufall oder gar einem Irrtum, sondern es gibt gute Gründe, warum wir dies tun. Diese Gründe sind in den methodischen Konzepten zu suchen, die in den empirischen Wissenschaften zum Einsatz kommen.

So sollen zuerst die Methoden der empirischen Wissenschaften analysiert werden. Dazu werden wir verschiedene wissenschaftstheoretische Konzepte des Unternehmens „empirische Wissenschaft" betrachten und uns nicht scheuen, das jeweils für unsere Zwecke Dienliche zu übernehmen. Weil dabei ein gewisser einzuhaltenden Rahmen nicht gesprengt werden soll, muss auf eine zu detaillierte Abwägung der wissenschaftstheoretischen Konzepte sowie auf eine genaue Respektierung der wissenschaftshistorischen Situation verzichtet werden. Ziel des ersten Teils ist nämlich, einen generellen sprachlichen Aufbau des Konzepts „empirisches Forschungsprogramm" zu liefern, der Gemeinsamkeiten und Unterschiede innerhalb der doch recht inhomogenen Menge der empirischen Forschungsprogramme zu benennen weiß. Welche Begriffe werden in Forschungsprogrammen einheitlich benutzt? Was unterscheidet die Klassische Mechanik von der Klassischen Genetik? Der in Kapitel 6 gewonnene sprachliche Ausbau soll helfen, solche Fragen zu beantworten, die dann im zweiten Teil der Arbeit nach der Analyse einiger Forschungsprogramme der empirischen Wissenschaft „Genetik" behandelt werden.

Aber wie geht man an diese Aufgabe der sprachlichen Rekonstruktion des Begriffs „empirische Wissenschaft" heran? Hier orientieren wir uns an den Vorschlägen, die in der Wissenschaftstheorie des methodischen Konstruktivismus unterbreitet werden.

> Die[...] Denker der Aufklärung, KANT [...] eingeschlossen, haben „Erkenntnis" so verstanden, als müsse nicht allein die vernünftige, die wissenschaftliche Erkenntnis, sondern auch unser vorwissenschaftlicher Weltbezug allererst gestiftet werden, und haben sich damit zweifellos übernommen. Statt dessen ist allen Ernstes „davon auszugehen", daß wir „immer schon sprechen", miteinander sprechen als Menschen unter Menschen und als Menschen in der Welt. Was wir einklammern, gleichsam vorerst auslöschen, sind lediglich die Sprache der Wissenschaft und damit alle Behauptungen, die in wissenschaftlicher (oder

> philosophischer) Sprache formuliert wurden oder formuliert werden können. (KAMLAH & LORENZEN, 1973, S. 21)

Um einen zirkelfreien sprachlichen Aufbau zu gewährleisten, soll dieser Aufbau demnach konstruktiv erfolgen und in der Lebenswelt beginnen. Wir sollen die bisher erlernte Sprache der Wissenschaft einklammern und unsere gestellte Aufgabe mit der Sprache beginnend bearbeiten, mit der wir als Menschen unter Menschen immer schon sprechen. Natürlich wäre es ein aussichtsloses Unterfangen, den Begriff „empirische Wissenschaft" von Grund auf Stück für Stück neu zu entwerfen. Wir werden bei unseren Bemühungen auf Vorleistungen zurückgreifen müssen, die bereits erbracht wurden. So werden wir sicherlich nicht Logik und Mathematik rekonstruieren, von deren Theorien die empirische Wissenschaft regen Gebrauch macht. Die Werkzeuge, die uns diese formalen Theorien zur Verfügung stellen, sollen einfach unbesehen benutzt werden im Vertrauen darauf, dass andere den zirkelfreien Aufbau solcher Theorien gewährleisten. Ferner werden Verfahren wie die Formalisierung und die Axiomatisierung vorausgesetzt sowie sprachphilosophische Termini.

Im ersten Kapitel des ersten Teiles werden wir uns unter Rückgriff auf eine Logik, die sich auf Dialogen begründet, einen Wahrheitsbegriff zur Verfügung stellen, der zwischen *materialer* und *formaler* Wahrheit zu unterscheiden vermag. Dann werden zentrale Begriffe empirischer Wissenschaft vorläufig eingeführt. Dies sind *Beobachtung* und *Beschreibung*, *Heuristik* und *Hypothese*, *Erklären* und *Verstehen* sowie *Modell* und *Theorie*. Diese Begriffe erfahren dann im Rest des ersten Teiles die notwendigen Präzisierungen. Ausgehend von der analytischen Philosophie kann dabei die Hinwendung zu pragmatischen Aspekten dieser Begriffe als ‚roter Faden' angesehen werden. Diese *pragmatischen Wenden* finden wir in verschiedenen wissenschaftstheoretischen Konzepten, die in gebotener Kürze vorgestellt werden, und von deren Früchten wir uns jene aussuchen, die zur Erreichung unseres Zieles hilfreich sind. So werden Einblicke gewährt in die *Methodologie wissenschaftlicher Forschungsprogramme* nach LAKATOS, in die *strukturalistische* und die *methodisch-konstruktivistische Auffassung der Wissenschaften* sowie zuletzt in das *pragmatische Konzept von Erklärungen*. Am Schluss des ersten Teiles wird dann ein Bild der Funktionsweise der empirischen Wissenschaft und ihrer Theorien stehen, das mit dem Forschungsprogramm als integrativem Konzept diese moderneren Entwicklungen der Wissenschaftstheorie zu berücksichtigen versucht. Derjenige Leser, der mehr an diesem Endergebnis als an der Darstellung der philosophischen Sichtweisen interessiert ist, kann nach Kapitel 1 gleich zu Kapitel 6 springen und gegebenenfalls in Nachhinein durch Zurückblättern das Eine oder Andere vertiefen.

1

Methoden der empirischen Wissenschaften

Die sehr stark anmutende oder gar gewagt scheinende Behauptung, dass die Wahrheit einer empirischen Theorie niemals definitiv überprüft werden kann, lässt sich recht einfach begründen. Dazu müssen wir uns mit dem Begriff „Wahrheit" auseinander setzen. Zuerst muss festgehalten werden, dass Wahrheit in empirischen Theorien etwas anderes bedeutet als in formalen Theorien wie Logik oder Mathematik. Während es bei letzteren auf inner-theoretische Kriterien ankommt, wollen empirische Theorien eine Verbindung zu etwas außerhalb der Theorie Stehendem herstellen. Sie wollen beobachtete Sachverhalte beschreiben oder gar erklären. Neben der Theorie gibt es eben eine Empirie, und zur Beantwortung der gestellten Kardinalfrage, nämlich wie die *definitive* Wahrheit einer empirischen Theorie festgestellt werden kann, wird man in erster Linie darum bemüht sein müssen, das Verhältnis von Theorie und Empirie wissenschaftstheoretisch zu beleuchten. Dazu muss vor allem die Unterscheidung von materialer und formaler Wahrheit eingeführt werden.

1.1 Materiale und formale Wahrheit

Die Logik ist die Theorie der Regeln gültigen Schließens. Sie entstand aus dem Bedürfnis, Aussagen als Konsequenzen oder Widerlegungen anderer Aussagen zu begründen[1]. Sie ist ein Fundament jeglicher Wissenschaft und verhandelt *Geltungsansprüche* von Behauptungen.

Aber wie lässt sich die Logik selbst begründen? Obwohl die Logik ihren Ursprung bereits im antiken Griechenland nahm, wird diese Frage erst in der zweiten Hälfte des 20. Jahrhundert behandelt.[2] Insbesondere KAMLAH & LORENZEN (1973) gelingt es, mit Hilfe des Dialogs die Logik an eine lebensweltliche Praxis anzubinden, die Praxis des Redens über Geltungsansprüche.

[1] LICHTENBERG (1989)

[2] Die Untersuchungen zur Begründung der Logik von GETHMANN (1979) werden mit einem kurzen Abriss zur Logikgeschichte eingeleitet. Zur Entwicklung des konstruktiven Ansatzes vgl. LORENZEN (1956).

Angemerkt sei, dass die Logik historisch in dieser Praxis auch tatsächlich entstanden ist.[3] Logisches Schließen oder Argumentieren findet demnach als Dialog statt, in dem ein Proponent eine Behauptung aufstellt, die den Zweifeln eines Opponenten ausgesetzt wird. Mit jedem Zweifel ist die Aufforderung verbunden, einen Geltungsgrund für die Behauptung anzuführen oder einen gegen die Geltung angeführten Grund als nicht stichhaltig zu erweisen.[4]

Dabei ist entscheidend, dass nicht-sprachliche Begründungshandlungen als Geltungsgründe angeführt werden können. Um beispielsweise jeden Zweifel an der Behauptung „Peter ist krank" auszuräumen, können Opponent und Proponent Peter einen Besuch abstatten und nachsehen, ob Peter krank ist. Sollte der Opponent beim Anblick Peters immer noch nicht von dessen Kranksein überzeugt sein, kann ihm der Proponent beispielsweise vorschlagen, Fieber zu messen. Dieser Dialog inklusive der Begründungshandlungen wird so lange weitergeführt, bis der Opponent von der Geltung der Behauptung oder der Proponent von der Nicht-Geltung überzeugt ist. Je nach dem hat einer der beiden den Dialog gewonnen.

Auf der Grundlage der lebensweltlichen Praxis des Führens von Dialogen können nun die Prädikatoren „wahr" und „falsch" definiert werden:

Definition 1.1 (Wahrheit und Falschheit). Als *wahr* bezeichnen wir solche Behauptungen, für die es eine Art der Dialogführung für den Proponenten gibt, die ihm erlaubt, gegen jeden Opponenten zu gewinnen. Eine solche Art der Dialogführung bezeichnen wir als *Gewinnstrategie*. Wenn es eine Gewinnstrategie für den Opponenten gibt, nennen wir die fragliche Behauptung *falsch*.[5]

Nachdem nun begründet auf Dialogen ein Begriff der Wahrheit zur Verfügung steht,[6] soll als nächstes die Unterscheidung zwischen materialer und formaler Wahrheit eingeführt werden: Zum einen gibt es Dialoge, für deren Gewinn eine nicht-sprachliche Begründungshandlung benötigt wird, zum andern gibt es aber auch solche, die allein auf Grund der logischen Zusammensetzung der Aussage entschieden werden können. Unser Beispiel des Krankseins von Peter verdeutlichte erstere Situation. Das führt uns zu folgender Definition:

Definition 1.2 (Materiale Wahrheit). Als *material wahr* bezeichnen wir solche Behauptungen, für die es eine Gewinnstrategie für den Proponenten nur dann gibt, wenn eine Behauptung durch eine nicht-sprachliche Handlung nachgewiesen wird, d.h. zum Gewinn des Dialogs ist es notwendig, dass inhaltlich etwas in Erfahrung gebracht wird.[7]

---

[3] Vgl. GETHMANN (1979, S. 7 ff.).

[4] Vgl. INHETVEEN (2003, Kap. 1). LORENZEN & LORENZ (1978) arbeiten die dialogische Logik aus.

[5] Vgl. INHETVEEN (2003, Kap. 3).

[6] Auf die traditionsreiche philosophische Diskussion des Begriffs „Wahrheit" kann hier nicht eingegangen werden.

[7] Siehe INHETVEEN (2003).

Nun gibt es aber auch logische Schlüsse, die unabhängig vom materialen Gehalt der Elementaraussagen gelten. Sie gelten auch dann, wenn wir die Elementaraussagen durch schematische Buchstaben ersetzen, die für beliebige Elemetaraussagen stehen. In folgendem Beispiel stehen die Buchstaben **A** und **B** schematisch für Aussagen:

$$\big((\mathbf{A} \longrightarrow \mathbf{B}) \wedge \neg\mathbf{B}\big) \longrightarrow \neg\mathbf{A}.$$

In Worte übertragen: Falls aus **A** die Aussage **B** folgt, und falls **B** nicht gilt, dann gilt auch **A** nicht. Da hier inhaltlich nichts behauptet wird, ist dies keine Aussage, sondern ein logisches *Aussageschema*. Es trägt den Namen „*modus tollens*". Nun erlauben es die Dialogregeln auch, die Richtigkeit der Behauptung eines solchen Aussageschemas zu überprüfen. Dabei kann der Proponent die Elementaraussagen, die sich hinter den schematischen Buchstaben **A** und **B** verbergen, offensichtlich nicht angreifen. Denn es soll ja ganz egal sein, was konkret behauptet wird. Nur die Zusammensetzung des Aussageschemas darf eine Rolle spielen. Dies heißt zudem, dass der Proponent selbst keine Elementaraussage behaupten darf, außer wenn sie der Opponent zuvor schon behauptet hat, so dass der Proponent sie übernehmen kann. Nun können wir festhalten:

Definition 1.3 (Formale Wahrheit). Als *formal wahr* oder *allgemeingültig* bezeichnen wir solche Behauptungen, für die es eine Gewinnstrategie für den Proponenten gibt, bei der er jede von ihm zu vertretende Elementaraussage vom Opponenten übernehmen kann, d.h. inhaltlich nichts in Erfahrung gebracht werden muss.[8]

Damit sind wir auch schon am Ende unserer Einführung in die Grundsätze der Logik. Auf sie zu verzichten war uns nicht möglich, weil uns daran gelegen war, den Begriff „Wahrheit" nicht nur begründet zu definieren, sondern auch die Unterscheidung zwischen materialer und formaler Wahrheit einzuführen. Diese Trennung ist in einer dialog-orientierten Begründung der Logik besonders verständlich durchführbar. In anderen Darstellungen der Logik z.B. mit Hilfe von Wahrheitstafeln, kann der formale Wahrheitsbegriff vom materialen nicht so gut begründet unterschieden werden.[9]

Für eine Untersuchung des Verhältnisses von Theorie und Empirie kommt es uns ersichtlich gerade darauf an, dass es einen Unterschied zwischen formaler und materialer Wahrheit gibt. Auf der einen Seite liefern empirische Theorien allgemein-gültige, also formal wahre Sätze, auf der andern Seite würde es sich um keine empirische Theorie handeln, wenn sie nicht auch solche Sätze liefern würde, deren Gültigkeiten material zu überprüfen sind. Hierin liegt offenbar eine definierende Eigenschaft des Begriffs der empirischen Theorie. Diese Eigenschaft ist es insbesondere auch, die empirische Theorien von rein

[8] Siehe INHETVEEN (2003).

[9] Zur Logik und Logikbegründung, sowie zum Verhältnis von dialogischer zu klassischer Logik kann hier nur auf die bereits zitierte Literatur verwiesen werden.

formalen Theorien wie der formalen Logik (Theorie der Regeln *allgemeingültigen* Schließens) oder der Mathematik unterscheidet.

1.2 Vorläufige Einführung zentraler Begriffe

> Wir sind nicht alle miteinander ratlose, auch nicht nur enttäuschte Kenner gescheiterter Traditionen, sondern der sprachliche Aufbau [...] wird einem Plan folgen, der schon vorliegt und der dem „Lehrer" der „Vorschule" ermöglicht, schon zu wissen welche Ausdrücke in der [...] Vorbereitung verwendet werden [dürfen], weil sie nicht im bloßen Rückgriff auf die noch unkritisierte Bildungstradition gebraucht [werden], sondern im Vorgriff auf spätere Ergebnisse des folgenden [methodischen] Aufbaus. [...] In diesem Sinne ist es zu verstehen, wenn immer wieder gesagt [wird], daß wir „vorläufig" sprechen, vorgreifend und vorlaufend nämlich und zugleich auf fortschreitende Klärung bedacht. (KAMLAH & LORENZEN, 1973, S. 26)

Wie bereits in den einleitenden Worten zum ersten Teil angekündigt, wollen wir diesem Rat folgen und nun die zentralen Begriffe der empirischen Wissenschaft vorläufig einführen. Dabei wird an das vorwissenschaftliche Verständnis appelliert, und zwar manchmal bestärkend, manchmal aber auch negierend. Es wird also geklärt, welche umgangssprachlichen Verwendungen der zu schärfenden Begriffe einen guten Anknüpfungspunkt für das Folgende bieten, und welche eben gerade nicht. Die Begriffe werden dabei so eingeführt, als ob es noch keine Wissenschaft gäbe, die diese Begriffe benutzt, und auch keine, die sie metatheoretisch analysiert. Bei der dann folgenden Vorstellung verschiedener wissenschaftstheoretischer Auffassungen (Kapitel 2-5) sollen die Begriffe einer fortschreitenden Klärung unterzogen werden, um sie dann in Kapitel 6 verbindlich zu definieren. Ob der Leser diese fortschreitende Klärung nachvollziehen oder gleich zu den für diese Arbeit verbindlichen Definitionen schreiten will, bleibt ihm selbst überlassen.

1.2.1 Beobachten und Beschreiben

Das Unternehmen, eine empirische Disziplin zu betreiben, stützt sich auf Beobachtungen und Beschreibungen. In der Naturwissenschaft beispielsweise wird die Natur beobachtet. Solche Beobachtungen können mit und ohne Hilfsmittel außerhalb von Laboratorien durchgeführt werden, aber auch experimentell im Labor erzeugt sein. In der modernen Naturwissenschaft dominieren Experimente bei weitem das Geschehen des Sammelns von Befunden. Dies liegt an der kontrollierbaren Herstellung immer gleicher Bedingungen, ein Verfahren, das den modernen empirischen Wissenschaftler auszeichnet und zu den großen Errungenschaften der Neuzeit zählt.

Die beobachteten Phänomene müssen nun beschrieben werden. Dazu bedient sich der Naturwissenschaftler wahrheitsfähiger Sätze, deren Existenz eine Voraussetzung für die empirischen Wissenschaften ist. Um den Zusammenhang dieser Sätze mit Beobachtungen auszudrücken, werden sie *Beobachtungssätze* genannt. Sie sind immer empirisch und genau dann wahr, wenn sich das durch einen Beobachtungssatz beschriebene Phänomen auch tatsächlich beobachten lässt, d.h. Beobachtungssätze bedürfen immer einer materialen[10] Begründung. Sie sind die primären Sätze der Erfahrung und verifizierbar.[11]

Den Beobachtungssätzen gegenüber stehen die *hypothetisch-theoretischen Sätze.* Ein solcher Satz basiert auf einer Reihe von Beobachtungssätzen und versucht, einen übergreifenden Aspekt dieser Beobachtungssätze allgemein gültig zu formulieren. Beispielsweise wäre „Bei jedem Kind mit Down-Syndrom liegt eine Trisomie 21 vor" so ein hypotetisch-theoretischer Satz. Auf die Idee, diesen Satz zu behaupten, wird man durch die Tatsache gebracht, dass noch kein Kind mit Down-Syndrom gefunden werden konnte, bei dem keine Trisomie 21 vorlag. Da es keinen formal-logischen Weg gibt, aus endlich – Sätze der Erfahrung gibt es notgedrungen immer nur in endlicher Anzahl – vielen Beobachtungssätzen einen allgemein gültigen Satz abzuleiten (Induktionsproblem[12]), ist so ein Satz immer hypothetisch. Er wird *auf Bewährung* aufgestellt. Diese Bewährung erfolgt – wie wir sehen werden – im Vollzug eines Forschungsprogramms[13]. *Definitiv* kann so ein Satz allerdings nie erwiesen werden.

In einer empirischen Theorie muss es hypothetisch-theoretische Sätze geben, die die Eigenschaft haben, dass sich aus ihnen – eventuell mit Hilfe bekannter wahrer Beobachtungssätze – neue Beobachtungssätze deduzieren lassen. Zumindest einige Sätze der Theorie müssen an die Empirie angebunden sein.[14] In diesem Sinne kommt dem hypothetisch-theoretischen Satz ein empirischer Status zu. Der Satz ist wahr, wenn alle aus ihm hergeleiteten Beobachtungssätze wahr sind. Da nie ausgeschlossen werden kann, dass noch ein weiterer Beobachtungssatz deduziert werden kann, der sich als falsch erweist, sind hypothetisch-theoretische Sätze nie wahr, sondern nur *wahr auf Bewährung.* Sie sind damit Erfahrungssätze zweiter Stufe, die nie verifiziert, jedoch falsifiziert werden können.[15] Sie sind die sekundären Sätze der Erfahrung und falsifizierbar.[16]

---

[10] Vgl Abschn. 1.1

[11] Vgl. dazu TETENS (1994).

[12] Auf das Induktionsproblem werden wir noch in Abschn. 2.1 zu sprechen kommen.

[13] Auf die Methodologie der Forschungsprogramme wird in den Kap. 2 und 6 eingegangen.

[14] Die Begriffe der theoretische Struktur und deren empirische Anbindung arbeitet der Strukturalismus heraus, der in Kap. 3 vorgestellt wird. Auch in Kap. 6 werden wir sie wieder finden.

[15] Dieser Gedanke stammt von POPPER und wird in Abschn. 2.1 aufgegriffen.

[16] Vgl. TETENS (1994).

Allerdings wurde immer wieder eingewandt, dass sich die Differenzierung in Beobachtungs- und hypothetisch-theoretische Sätze nicht durchführen lasse, weil Beobachtungssätze *theoriebeladen* sein können, d.h. zu ihrer Formulierung bereits theoretische Termini benötigt werden.[17]

1.2.2 Heuristiken und Hypothesen

Durch eine Vielzahl von Beobachtungen erarbeitet sich der empirische Wissenschaftler eine Heuristik, d.h. er entwickelt eine Vorstellung, eine Idee davon, wie die Beobachtungen zusammenhängen könnten oder unter welche übergeordneten Regeln sie sich subsumieren lassen könnten.

> Die Heuristik arbeitet unter anderem mit Vermutungen, Analogien, Generalisierungen, Arbeitshypothesen, Gedankenexperimenten, auch Modellen von Zusammenhängen, in die sich die zu untersuchenden Sachverhalte einfügen lassen, ohne einen anderen Anspruch an die dabei verwendeten heuristischen Prinzipien zu stellen, als den, zum Erfolg zu führen. (LORENZ, 1984)

Bei der Entwicklung einer Heuristik[18] ist also alles *Denkbare* erlaubt. Seine Heuristik erlaubt nun dem Naturwissenschaftler, Hypothesen aufzustellen: Das *Denkbare* wird ausgedrückt durch *Vermutungen*. Die Vermutungen lassen sich nun wieder in zwei Klassen einteilen. Neben den bereits erwähnten theoretischen Sätzen, die immer hypothetisch sind, gibt es die hypothetischen Beobachtungssätze. Letztere sind primäre Sätze der Erfahrung, deren materialer Wahrheitswert noch nicht bekannt ist. Sie sind also empirisch zugänglich, aber weder verifiziert noch falsifiziert. Dies kann aber durch Beobachtung entschieden werden. Den sekundären Sätzen der Erfahrung, den hypothetisch-theoretischen Sätzen, kann nicht per Beobachtung ein Wahrheitswert zugewiesen werden, sondern sie müssen sich bewähren, indem aus ihnen formallogisch korrekt Beobachtungssätze hergeleitet werden, die wiederum wahr sein müssen. In der modernen Naturwissenschaft besteht die Kunst des Experimentierens gerade darin, eine Reihe von Versuchen so zu gestalten, dass einer aufgestellten Hypothese – sei sie empirisch oder theoretisch – schlüssig und stichhaltig ein materialer Wahrheitswert bzw. ein Wahrheitswert auf Bewährung zugewiesen werden kann.

Obwohl nie entschieden werden kann, ob ein hypothetisch-theoretischer Satz endgültig wahr ist, sondern nur ob er endgültig falsch ist, sind es gerade diese Sätze, die das Unternehmen „empirische Wissenschaft“ von der

[17] Dieses Problem wird vom Strukturalismus (Kap. 3) erkannt und vom Konstruktivismus (Kap. 4) durch die Unterscheidung von Theorie und Prototheorie gelöst, die sich auch in Kap. 6 findet.

[18] In der LAKATOSschen Methodologie der Forschungsprogramme wird es eine positive und eine negative Heuristik geben (Kap. 2).

bloßen Naturbeobachtung unterscheiden. Denn aus einem guten hypothetisch-theoretischen Satz lassen sich zu einer bestimmten Beobachtung weitere Beobachtungssätze deduzieren. Auf diese Weise wird ein Wissensgebiet *strukturiert*, es erhält eine *theoretische Struktur*[19]. Hat man eine bestimmte Beobachtung gemacht, verrät einem die theoretische Struktur, welche Beobachtungen man in Zukunft machen kann. Hypothetisch-theoretische Sätze generalisieren Beobachtungssätze, sie subsumieren Beobachtungen und ordnen Phänomene. Sie sind deshalb von zentraler Bedeutung, nicht nur um die Heuristik weiter zu entwickeln, sondern insbesondere auch um zu erklären und zu verstehen.

Seitdem NEWTON dieses Verfahren erfolgreich bei der Mechanik angewendet hat, gilt es als besonders geeignet, um Wissen zu erlangen, das dauerhaften Bestand haben soll. Sein *Credo* war dabei, nur solche theoretischen Sätze aufzustellen, die ihm auch – zumindest indirekt – empirisch zugänglich waren. Beispielsweise hielt sich NEWTON in seinen „Optics“ mit Behauptungen über die Natur des Lichts – er hatte eine Teilchenvorstellung – bewusst zurück, weil seine Versuche darüber keine Schlüsse zuließen. Dieses Zusammenspiel von theoretischem und empirischem Vorgehen war es, das ihn vor seinen Widersachern allen voran DESCARTES auszeichnete. Dieser berühmte französische Denker ging auch hypothetisch vor, nur sah er nicht die Notwendigkeit, seine teils wilden Spekulationen durch aus diesen folgende Beobachtungen abzusichern.[20]

Ein Teil von NEWTONs Werken will auch zeigen, dass auf der Basis seiner durch Beobachtung abgesicherten theoretischen Hypothesen DESCARTES' Spekulationen nicht aufrecht zu erhalten sind. DESCARTES' Wirbeltheorie der Planetenbewegung beispielsweise widerlegte NEWTON mit seiner Hydrodynamik und setzte seinerseits die noch heute gültige Klassische Mechanik dagegen, die das Phänomen der Planetenbewegung befriedigend zu erklären wusste. Auch der DESCARTESschen Vorstellung von der Entstehung der Farben bei der Brechung von Licht durch ein Prisma konnte NEWTON mit einem Experiment jede Plausibilität nehmen.

1.2.3 Axiomatisierung und Postulate

NEWTON wählte bei der Schaffung seiner physikalischen Theorien den axiomatischen Aufbau, der seit der griechischen Antike mit den Elementen des EUKLID (ca. 300 v. Chr.) ein bekanntes Vorbild hatte.[21] Dieses Vorgehen gilt als ein Indiz dafür, einen Wissensbereich besonders gründlich strukturiert zu haben.[22] Ziel einer *Axiomatisierung* ist es, eine kleinstmögliche Menge theo-

---

[19] Diesen Begriff stellen die Strukturalisten in den Vordergrund (Kap. 3). Er wird auch in Kap. 6 übernommen.

[20] Das Kriterium der Abgesichertheit von Aussagen wird systematisch in Kap. 6 eingeführt.

[21] Siehe zur Axiomatisierung und Formalisierung sowie zu den Grenzen dieser Methoden THIEL (1995, Kap. 9 und 10).

[22] Siehe auch JANICH & WEINGARTEN (1999, S. 81 f.).

retischer Sätze auszuwählen, aus denen sich dann alle anderen theoretischen Sätze ableiten lassen, die zu dem Wissensbereich gezählt werden. Offenbar gibt es für einen Wissensbereich nicht nur eine Axiomatisierung, sondern viele. Dennoch werden von den Akteuren innerhalb eines Wissensbereichs immer nur wenige, manchmal sogar nur eine Axiomatisierung bevorzugt. Dies geschieht, weil deren Axiome z.B. als besonders ‚fundamental' oder ‚evident' gelten. So eine Auszeichnung einzelner Sätze lässt sich allerdings logisch nicht begründen. Sie bleibt vom Standpunkt der Logik aus willkürlich, wenn die Akteure auch Gründe haben mögen, warum sie gerade diese Sätze an den Anfang stellen und keine anderen.[23]

Aus den Axiomen können nun andere theoretische Sätze abgeleitet werden, d.h. Behauptungen der Form „Wenn die Axiome gelten, gilt auch dieser und jener Satz" sind formal wahr. Entsteht zwischen den hergeleiteten Sätzen kein Widerspruch, ist das Axiomen-System (Menge der Axiome) widerspruchsfrei. Erlaubt das Axiomen-System die Herleitung aller Sätze, die in der inhaltlichen ‚voraxiomatischen' Fassung des betrachteten Wissensbereich als wahr gelten, ist es vollständig. Die Widerspruchsfreiheit und die Vollständigkeit eines Axiomen-Systems zu zeigen, wird mit der ‚Reichhaltigkeit' des durch ein Axiomen-System strukturierten Wissensbereiches zunehmend schwieriger. So konnte beispielsweise GÖDEL (1931) mit seinen berühmten Unvollständigkeitssätzen zeigen, dass es kein Axiomen-System der Arithmetik gibt, das das Kriterium der Vollständigkeit erfüllen würde.[24]

Diese Grundlagenprobleme der formalen Wissenschaften wie Logik und Mathematik werden uns im Folgenden nicht weiter berühren. Hier handelt es sich ausschließlich um ‚inner-theoretische' Fragen, also um formale Geltungsansprüche. Im Gegensatz dazu ist es Aufgabe der empirischen Wissenschaften, auch materiale Geltungsansprüche zu überprüfen und nicht nur formale. Unser Ziel ist ja, zum Zusammenspiel von materialer und formaler Wahrheit in den empirischen Wissenschaften Erhellendes beizutragen und nicht zu hinterfragen, wie sicher das Fundament der formalen Wissenschaften ist. Sicherlich werden wir, wenn es möglich ist, einen axiomatischen Aufbau einer empirischen Theorie wie den der NEWTONschen Mechanik bevorzugen, weil er uns größtmögliche Klarheit nicht nur über die theoretischen Zusammenhänge gibt, sondern auch die empirische Anbindung oder pragmatische Aspekte klarer zu Tage fördert. Uns bleibt dann nur, darauf zu vertrauen, dass die verwendeten logischen und mathematischen Verfahren und Strukturen widerspruchsfrei sind. Wir hoffen also, dass uns Logik und Mathematik gut funktionierende Werkzeuge zur Bearbeitung der Aufgaben zur Verfügung stellen, die mit dem Betreiben einer empirischen Wissenschaft verbunden sind, und hinterfragen diese nicht weiter.

---

23 Das Prinzip der Einfachstheit von CARNAP (1923) wäre beispielsweise so ein Grund.

24 Siehe THIEL (1992, 1995).

Im Gegensatz zu den Axiomen der formalen Theorien sind die der empirischen – zumindest zum Teil – inhaltlich interpretiert. Sie sind bereits empirisch angebunden. Sie verwenden nicht nur schematische Buchstaben, die beispielsweise in der Logik für Aussagen oder in der Mathematik für Mengen stehen und die erst bei Bedarf konkretisiert werden, sondern greifen auch auf Begriffe zurück, die empirisch zugänglich sind wie z.B. messbare Größen. In Axiomen-Systemen empirischer Wissensbereiche werden solche Begriffe schlicht als bekannt vorausgesetzt. Über ihre vor-theoretische Erfassung wird freilich noch zu reden sein.[25] Um diesen Unterschied zwischen den Axiomen der formalen und der empirischen Wissenschaft auch sprachlich geregelt zu haben, nennen wir letztere Postulate. Die *Postulate* einer empirischen Wissenschaft sind also ein inhaltlich zumindest teil-interpretiertes Axiomen-System, wobei die Interpretation die empirische Anbindung bewerkstelligt, die wir immer schon vorgenommen haben, wenn wir uns für die Behandlung eines bestimmten Wissensbereiches entschieden haben. Wenn wir also beispielsweise die Phänomene der Klassischen Mechanik behandeln wollen, ist bereits klar, dass Begriffe wie Ort und Geschwindigkeit in den Postulaten vorkommen müssen. Die Postulate legen aber nicht nur die theoretische Struktur mit ihren möglichen *Modellen* fest, sondern auch das *Erklärungsschema*. Einführendes zu Theorie und Modell wird der nächste Punkt liefern, zur Erklärung der übernächste. Wir werden schließlich in Kapitel 6 sehen, dass uns ein Aufgreifen und Ergänzen des LAKATOSschen Begriffs des Forschungsprogramms helfen wird, all diese Aspekte zu erfassen.

1.2.4 Modelle und Theorien

Das Wort „Theorie“ wird meist umgangssprachlich einfach als Gegensatz zu „Praxis“ verwendet. In diesem Sinne ist alles, was nicht mehr praktische Ausübung ist, bereits eine Theorie. So hat eine Führerscheinprüfung einen theoretischen und einen praktischen Teil. Bei jeder Ausbildung zu einem Handwerksberuf werden theoretische Fächer gelehrt. Aus wissenschaftlicher Sicht ist hierbei von praxisbezogener Anleitung zu sprechen. Theorie wollen wir so etwas nicht nennen.[26]

Häufig wird „Theorie“ auch im Sinne von „Vermutung“ oder „Hypothese“ verwendet. Beispielsweise hören wir einen Wanderer mit Blick zum Himmel sagen, dass er die Theorie hat, es werde heute noch regnen, oder ein Automechaniker äußert nach einem missglückten Versuch, ein Fahrzeug anzulassen, die Theorie, es handle sich um einen Defekt des Verteilers. Beides sind Vermutungen, die auf Grund früherer Erfahrungen geäußert werden. Der Wanderer hat schon häufig eine ähnliche Wolken-Konstellation erlebt, und immer, wenn ihm das widerfahren ist, hat es kurz darauf geregnet. Ganz ähnlich verfährt

[25] Hierzu leistet der Konstruktivismus (Kap. 4) den entscheidenden Beitrag, der sich auch in Kap. 6 wiederfindet.

[26] Vgl. SEIFFERT (1989a).

der Automechaniker. Ihm ist das vom Fahrzeug beim Anlassen verursachte Geräusch vertraut, und immer oder doch zumeist hat sich das Problem durch eine Reparatur des Verteilers beheben lassen. So zu verfahren, hat durchaus bereits wissenschaftlichen Charakter. Aus vielen vorangegangenen Erfahrungen wird induktiv auf eine aktuelle Situation geschlossen.[27] Hierfür haben wir aber bereits das Wort „Hypothese" eingeführt.

Dagegen soll unter einer *empirischen Theorie* vorläufig die Menge aller empirischen Sätze erster und zweiter Stufe verstanden werden, die zu einem Wissensgebiet respektive zu einem wissenschaftlichen Lehrgebäude gehören.[28] Eine Theorie kann in axiomatischer Form vorliegen. Dies hat Vorteile, aber nicht jede empirische Theorie ist formalisiert und axiomatisiert. Um die Funktionsweise empirischer Theorien und deren Zusammenhang mit der Empirie zu verstehen, benötigen wir noch den Begriff des Modells. Abbildung 1.1 ist eine sehr stark vereinfachte Darstellung der Beziehungen von Empirie, Modell und Theorie.

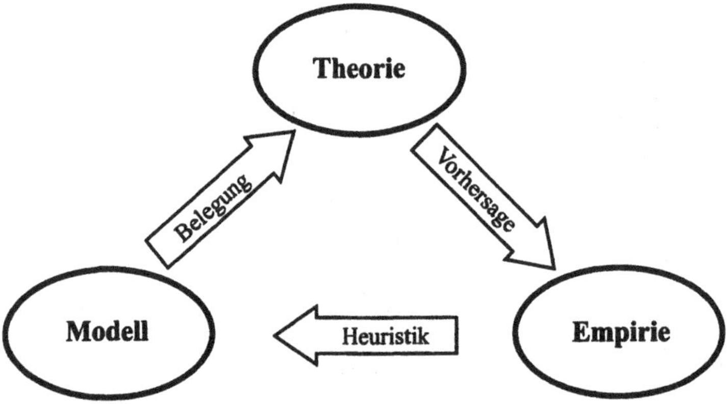

Abbildung 1.1. Zur Illustration des Zusammenhangs von Empirie, Modell und Theorie.

In dieser ersten Annäherung an den Begriff der Theorie und den des Modells gehen wir davon aus, dass es zuerst eine Menge von wahren Beobachtungssätzen (Empirie) gibt. Aus diesen entwickelt der Wissenschaftler eine Vorstellung davon, wie diese empirischen Sachverhalte zusammenhängen könnten. Diese Heuristik benutzt er, um sich ein *Modell* vom Zusammenhang

[27] Die Nutzlosigkeit solcher Induktionen zur Gewinnung allgemein-gültiger Sätze wird in Abschn. 2.1 behandelt.

[28] Diese als *statement-view* bezeichnete Auffassung wird insbesondere vom Strukturalismus (Kap. 3) in Frage gestellt.

der Sachverhalte zu entwerfen.[29] Dabei wird er Idealisierungen vornehmen. Er legt fest, welche Daten besonders relevant sind und welche eher eine geringe Bedeutung haben. Er überlegt sich, auf welche Weise die Sachverhalte sich gegenseitig beeinflussen könnten, also was mit was etwas zu tun haben könnte. Dabei wird er auch so vorzugehen haben, dass die formale Fassung seines Modells die Belegung einer vorhandenen theoretischen Struktur ist oder einen Beitrag zur Entwicklung einer solchen leisten kann. Im Rahmen der Theorie, die nun durch ein konkretes empirisch motiviertes Modell belegt ist, sollten sich nun zum einen die bereits bekannten wahren Beobachtungssätze reproduzieren lassen, zum anderen sollten sich aber auch neue Beobachtungssätze vorhersagen lassen, die dann empirisch überprüft werden. Nimmt der verfolgte Ansatz nicht einmal die erste Hürde, wird man etwas anderes ausprobieren müssen. Werden die vorhergesagten Beobachtungssätze empirisch nachgewiesen, wird man Vertrauen in den Ansatz gewinnen und ihn weiterverfolgen. Die Heuristik wird verbessert, das Modell präzisiert oder erweitert, die Theorie liefert neue Vorhersagen, die nun wieder empirisch überprüft werden können.[30]

Eine *Interpretation einer durch axiomatische Sätze festgelegten theoretischen Struktur* nennt man ein *Modell für* diese Struktur.[31] Es ist zu beachten, dass wir uns dem Begriff „Modell“ von zwei Seiten annäherten.[32] Zuvor hatten wir schon als *Modell von* etwas ein *idealisiertes Abbild einer empirischen Situation* bezeichnet, d.h. mit Hilfe wahrer Beobachtungssätze plus einer Heuristik wird eine Beschreibungsleistung erbracht, die uns eine Vorstellung von den logischen Zusammenhängen der Beobachtungen gibt. Damit kommt dem Modell eine Art ‚Mittlerfunktion‘ zwischen Empirie und Theorie zu (Abbildung 1.1).

1.2.5 Ein erstes Beispiel: Mendels Vererbungslehre

Um das Bisherige zu verdeutlichen, betrachten wir das Vorgehen von MENDEL (1866) als ein erstes Beispiel für empirisch wissenschaftliches Arbeiten. MENDEL hatte zwei zentrale Ideen, die ihn in die Lage versetzten, sich eine empirische Basis zur Entwicklung einer Vorstellung vom Phänomen der Vererbung zu verschaffen. Zum einen benutzte er bei seinen Studien große Populationen. Er betont in seinem Papier öfter, dass zu treffende Aussagen nur statistisch zu erkennen sind, und dass deswegen größere Populationen genauere Erkenntnisse liefern. Zum andern verstand er es, kontrollierte Versuchsbedingungen herzustellen. Das heißt insbesondere, natürliche (zufällige) Befruchtung der Pflanzen zu verhindern und ausschließlich künstliche (vom

---

[29] Eine kompakte Erläuterung der Begriffe „Theorie“ und „Modell“ bietet JANICH & WEINGARTEN (1999, Abschn. 3.4).

[30] Diese erste einfache Darstellung der Funktionsweise empirischer Wissenschaften wird in Kap. 6 präzisiert.

[31] Diesen Modell-Begriff benutzt der Strukturalismus, wie Kap. 3 zeigen wird.

[32] Die Unterscheidung von „Modell von“ und „Modell für“ ist an JANICH & WEINGARTEN (1999, S. 87 f.) angelehnt.

Experimentator erwünschte) vorzunehmen. Auch deswegen wählte er als Versuchspflanzen Erbsen (*Pisum sativum*), da die Befruchtungsorgane vom so genannten Schiffchen geschützt sind, das beim künstlichen Eingriff in den Vorgang der Befruchtung entfernt wird. Dies verschaffte ihm die notwendige Kontrolle über seine Experimente und damit deren Reproduzierbarkeit.

Merkmal	Ausprägungen		F1	F2	
	Ausp. 1	Ausp. 2		Ausp. 1 : Ausp. 2	Verhältnis
Samenform	rund	schrumpelig	alle rund	5474 : 1850	2,96 : 1
Samenfarbe	gelb	grün	alle gelb	6022 : 2001	3,01 : 1
Blütenfarbe	violett	weiß	alle violett	705 : 224	3,15 : 1
Hülsenform	voll	eingeschnürt	alle voll	882 : 299	2,95 : 1
Hülsenfarbe	grün	gelb	alle grün	428 : 152	2,82 : 1
Blütenstellung	axial	terminal	alle axial	651 : 207	3,15 : 1
Stiellänge	lang	kurz	alle lang	787 : 277	2,84 : 1
			gesamt:	14949 : 5010	2,98 : 1

Tabelle 1.1. Die Ergebnisse der Kreuzungen mit jeweils einem Merkmal mit zwei Ausprägungen nach MENDEL (1866).

Betrachtet hat er zuerst jeweils ein Merkmal mit zwei Ausprägungen. Seine Ergebnisse dieser so genannten 1-Faktor-Kreuzungen sind in der Tabelle 1.1 verzeichnet. Alle Individuen der F1-Generation zeigten uniform nur eine der beiden parentalen Ausprägungen, während die F2-Generation in etwa im Verhältnis 3:1 spaltete. Auf Basis dieser Datenlage erlaubte er sich, die Hypothese auszusprechen, dass das Spaltungsverhältnis im Idealfall wohl als 3:1 anzunehmen sei.

Mendel 1 (Uniformität der F1 und 3:1-Spaltung der F2). Bei der Betrachtung eines Merkmals mit zwei Ausprägungen verschwindet in der F1-Generation eine Ausprägung vollständig, nachdem aus den parentalen Populationen nur Individuen miteinander gekreuzt wurden, die zuvor je eine der Ausprägungen stabil vererbten. In der F2-Generation taucht die verschwundene Ausprägung wieder auf, und zwar im Verhältnis 3:1 von gebliebener gegenüber verschwundener Ausprägung.

Nun muss MENDEL eine Heuristik entwickelt haben, eine Idee, wie sich diese Daten erklären lassen. Er stellte sich vor, dass es in Organismen etwas gibt, das für die Vererbung von Merkmalen zuständig ist, und nannte dieses Etwas einfach „Faktoren[33]“. Sein Erklärungsversuch fokussierte dabei völlig auf diese Erbfaktoren und vernachlässigte sämtliche denkbaren anderen Einflüsse, die beim Phänomen der Vererbung auftreten könnten. Solche Idealisierungen sind sehr hilfreich. Sie isolieren ein bestimmtes Phänomen, das

[33] Der Begriff „Erbfaktor“ taucht bei MENDEL (1866) noch nicht auf und auch „Faktor“ findet sich nur zweimal in seiner Arbeit.

dann näher untersucht werden kann. Es ist ratsam, nicht immer gleich alle denkbaren Einflüsse zu betrachten, sondern sich auf einen zu konzentrieren, und entsprechend die Experimente so zu gestalten, dass dieser eine Einfluss zu Tage tritt.

Dies führte ihn auf ein Modell, eine idealisierende Abbildung der Vorgänge bei der Vererbung. In MENDELs Modell der Vererbung sind jeweils ein Paar von Erbfaktoren für ein Merkmal zuständig, wobei jeder Erbfaktor in einer anderen Ausführung vorliegen kann. Eine Ausführung ist beispielsweise für lange und die andere für kurze Stiele zuständig. Sind beide Erbfaktoren mit derselben Ausführung besetzt, erscheint die zugehörige Ausprägung des Merkmals. Liegen aber zwei verschiedene Ausführungen vor, so dominiert eine Ausführung über die andere und setzt seine zugehörige Ausprägung durch. Diese Ausprägung nennt MENDEL *dominant*, die andere *rezessiv*. Dabei wird davon abgesehen, dass auch lange Stiele mal ein wenig länger oder kürzer sein können. Die Merkmale werden also so ausgewählt, dass sie jeweils nur zwei gut unterscheidbare Ausprägungen haben.

Es werden nun die Elementaraussage[34] mit einer Leerstelle „Die Pflanzen einer Population zeigen alle die Ausprägung x.“ mit $|\mathsf{x})$ und die Elementaraussage mit zwei Leerstellen „Die Pflanzen einer Population haben alle das Erbfaktorpaar $\chi_1\chi_2$.“ mit $|\chi_1\chi_2\rangle$ formal gefasst. Ferner werden sowohl die dominante Ausprägung als auch der dominante Erbfaktor mit A sowie die rezessive Ausprägung und der rezessive Erbfaktor entsprechend mit a abgekürzt. Bei der Betrachtung eines zweiten Merkmals wird das Symbol $|\mathsf{xy})$ verwendet, in das an zweiter Stelle die Ausprägung des zweiten Merkmals eingetragen wird, und analog entsteht das Symbol $|\chi_1\chi_2 v_1 v_2\rangle$. Damit ist auch klar, wie die Symbolik bei der Einbeziehung beliebig endlich-vieler Merkmale zu handhaben ist, wobei die Tatsache, dass es neben dem betrachteten Merkmal noch weitere gibt, durch $|\mathsf{x}...)$ mit Hilfe von Punkten dargestellt wird. Jetzt können wir MENDELs Modell des dominanten Erbgangs als Hypothese wie folgt formulieren:

Mendel 2 (Dominanter Erbgang).

$$|AA...\rangle \longrightarrow |A...)$$
$$|Aa...\rangle \longrightarrow |A...)$$
$$|aa...\rangle \longrightarrow |a...)$$

Da Mendel die Annahme getroffen hat, dass die Erbfaktoren immer paarweise vorkommen, muss es einen Prozess geben, der je einen Erbfaktor in eine für die Befruchtung vorgesehene Zelle verteilt. Dieser Prozess heißt Segregation. Nur dann ist gewährleistet, dass nach der Befruchtung in beiden Nachkommen die Erbfaktoren wieder paarweise vorliegen. Bei MENDEL (1866) finden sich diese Gedanken in folgender Form:

---

[34] Siehe Punkt 4.2.1.

> Wir müssen es daher als notwendig erachten, dass auch bei Erzeugung der constanten Formen [Ausprägungen] an der Hybridpflanze[35] vollkommen gleiche Factoren zusammenwirken. Da die verschiedenen constanten Formen an *einer* Pflanze, ja in *einer* Blüthe derselben erzeugt werden, erscheint die Annahme folgerichtig, dass in den Fruchtknoten der Hybriden so vielerlei Keimzellen (Keimbläschen) und in den Antheren so vielerlei Pollenzellen gebildet werden, als *constante* Combinations-Formen möglich sind, und dass diese Keim- und Pollenzellen ihrer inneren Beschaffenheit nach [Beschaffenheit der Faktoren] den einzelnen Formen entsprechen.
> In der That lässt sich auf theoretischem Wege zeigen, dass diese Annahme vollständig ausreichen würde, um die Entwicklung der Hybriden in den einzelnen Generationen zu erklären, wenn man zugleich voraussetzen dürfte, dass die verschiedenen Arten von Keim- und Pollenzellen an der Hybride durchschnittlich in gleicher Anzahl gebildet werden. (MENDEL, 1866)

Führen wir als weiteres Symbol $|\chi]$ ein, das die Aussage abkürzt, dass die Befruchtungszellen aller Pflanzen einer Population den Erbfaktor χ tragen, lassen sich aus obigem Zitat zwei weitere Hypothesen herauslesen, die wir wie folgt darstellen:

Mendel 3 (Prinzip der unabhängigen Segregation und der unabhängigen Kombination). Bei der Bildung von Befruchtungszellen werden die einzelnen Erbfaktoren $\alpha_1\alpha_2\beta_1\beta_2\ldots$ unabhängig voneinander verteilt, so dass jede mögliche Kombination von Erbfaktoren in gleicher Anzahl auftritt:

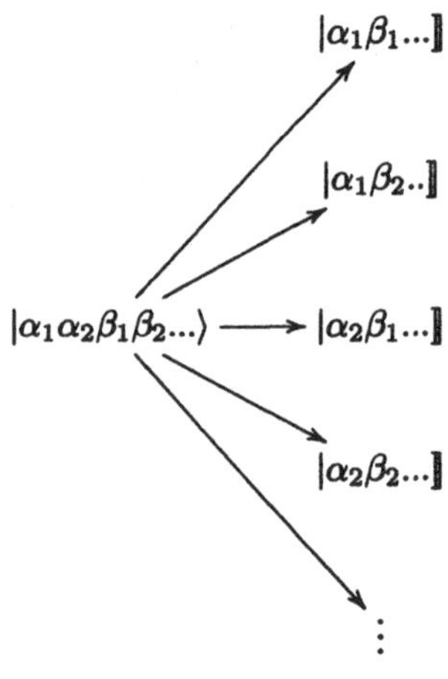

---

[35] Aus Kreuzung hervorgegangenes Individuum, dessen Eltern sich in der Ausprägung mindestens eines erblichen Merkmals unterscheiden.

Mendel 4 (Befruchtung). Bei der Befruchtung kommen jeweils zwei zufällig kombinierte Befruchtungszellen zusammen und bilden eine neue Pflanze:

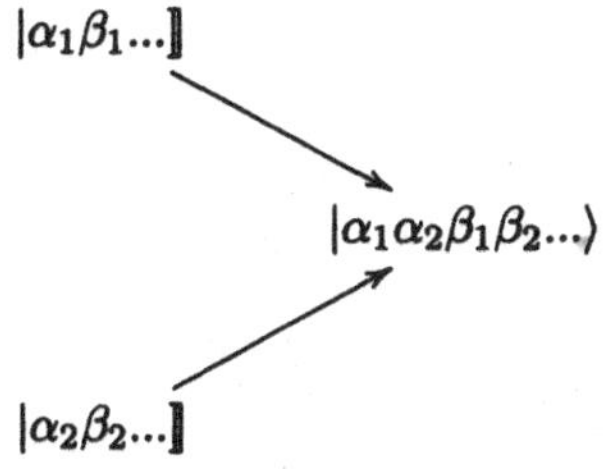

Dabei ist zu betonen, dass obige Hypothesen auf Populationen zu beziehen sind. Eine Pflanze mit $|\alpha_1\alpha_2\beta_1\beta_2\rangle$ bildet beispielsweise eine Befruchtungszelle mit $|\alpha_1\beta_1]$ und eine mit $|\alpha_2\beta_2]$, eine andere Pflanze eine mit $|\alpha_1\beta_1]$ und eine mit $|\alpha_2\beta_2]$. Betrachtet man eine Population mit genügend vielen Pflanzen, dann kommen im statistischen Mittel alle möglichen Befruchtungszellen gleich oft vor. Nun schreibt MENDEL in obigem Zitat, dass es unter den getroffenen Hypothesen auf theoretischem Wege möglich sei, die Zusammensetzung der Populationen seiner Kreuzungsexperimente zu erklären. Dies gelingt nun formal in der Tat, wie aus Abbildung 1.2 ersichtlich wird.

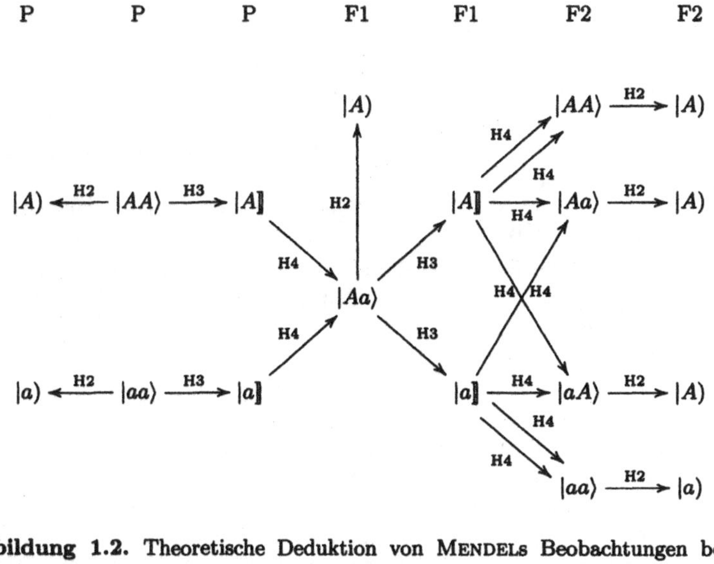

Abbildung 1.2. Theoretische Deduktion von MENDELs Beobachtungen bei 1-Faktor-Kreuzungen allein mit Hilfe der drei Hypothesen Mendel 2 - Mendel 4.

Die Deduktion beginnt in der zweiten Spalte von Abbildung 1.2. Die parentalen Pflanzen seien jeweils homozygot. Die obere Population zeigt somit nur das dominante Merkmal $|A)$ (z.B. gelbe Samen), während die untere das rezessive $|a)$ (z.B. grüne Samenfarbe) zeigt. Die Beobachtung, dass die gesamte Population nur das Merkmal $|A)$ bzw. $|a)$ zeigt, berechtigt nur im unteren Fall zu der Annahme, die Pflanzen seien homozygot. Im oberen Fall könnten in der Population auch Pflanzen mit $|Aa\rangle$ vertreten sein. Es ist nicht möglich, dies anhand der Beobachtung auszuschließen. Dennoch ging MENDEL berechtigterweise davon aus, dass es sich auch bei der oberen um eine homozygote Population handelt, da er seine Versuche mit Erbsensamen begann, die schon lange zuvor Selektionen zur Kultivierung unterzogen worden waren. Denn während der vielen Generationen, die seine Pflanzen schon im kultivierten Ackerbau zum Einsatz kamen, wurden sie züchterisch nach Sorten optimiert. Und wie er auch in seinem Papier darstellt, bedeutet dies, dass unter der positiven Selektion des dominanten Merkmals im Laufe genügend vieler Generationen das rezessive verschwindet.[36]

Damit ergibt sich, dass aus den Pflanzen mit dem Merkmal $|A)$ nur Befruchtungszellen $|A]$ hervorgehen, während die Pflanzen mit dem Merkmal $|a)$ nur $|a]$ hervorbringen (3. P-Spalte). Durch die oben beschriebene künstliche Befruchtung wurde dafür gesorgt, dass jede Pflanze der $|A)$- mit einer aus der $|a)$-Population und umgekehrt befruchtet wird. Dies bedeutet, dass es in der F1-Generation nur Pflanzen mit $|Aa\rangle$ gibt, die alle das Merkmal $|A)$ zeigen (1. F1-Spalte). Das rezessive Merkmal ist verschwunden. Damit ist die erstaunliche Beobachtung MENDELs, dass die F1-Generation uniform $|A)$ ist, obwohl zu gleichen Teilen $|A)$- und $|a)$-Pflanzen bei der Befruchtung eingeflossen sind, unter dem Voraussetzen der drei Hypothesen theoretisch deduziert.

Verfolgen wir dieses Experiment weiter, entstehen nach Hypothese 3 zu gleichen Teilen $|A]$- und $|a]$-Befruchtungszellen (2. F1-Spalte). Da alle Pflanzen der F1 gleich aussehen, wissen wir nicht, welche der für die Erzeugung der F2-Generation verwendeten Befruchtungszellen $|A]$ und welche $|a]$ sind. Es kann also in keiner Weise selektiv eingegriffen werden. Damit gibt es in der F2 gleichberechtigt $|AA\rangle$-, $|Aa\rangle$-, $|aA\rangle$- und $|aa\rangle$-Pflanzen (1. F2-Spalte). Diese zeigen dann das beobachtete Verhältnis von 3:1 der Merkmale $|A) : |a)$, wie aus der zweiten F2-Spalte entnommen werden kann. Besonders verblüffend muss für MENDEL gewesen sein, dass jetzt das in der F1 verschwundene Merkmal plötzlich wieder auftaucht. Dies lässt sich eben gerade dadurch theoretisch erklären, dass die von ihm vertretenen Hypothesen aufgestellt werden.

Diese drei Hypothesen legen eine theoretische Struktur fest, d.h. sie legen fest, wie innerhalb der aufgestellten Theorie korrekt logisch geschlossen werden darf. Innerhalb dieser logischen Struktur können nun unter der Annahme von wahren Beobachtungssätzen (hier die Uniformität der beiden parentalen Populationen, 1. P-Spalte) neue Beobachtungssätze gewonnen werden (hier zuerst die Uniformität in der 1. F1-Spalte und dann das Spaltungsverhältnis von 3:1 in der 2. F2-Spalte). Die Theorie erstellt also eine Prognose. Lassen

[36] Die formal-genetischen Rechtfertigung dieser Anfangsbedingung wird in Punkt 7.4.1 Theorem 2 gezeigt.

sich nun die vorhergesagten Beobachtungssätze auch tatsächlich beobachten, gewinnen wir Vertrauen in die theoretische Struktur. Lassen sie sich nicht beobachten, werden wir es mit einer anderen theoretischen Struktur versuchen.

Es muss nun noch betont werden, dass die Ableitungen innerhalb der durch die Hypothesen festgelegten logischen Struktur ausschließlich formale Wahrheiten produzieren. Der Übergang zu materialen Wahrheiten erfolgt erst durch eine Interpretation der Theorie oder anders ausgedrückt, wenn die Theorie mit einem *Modell* belegt wird. Betrachten wir die drei Hypothesen in ihrer formalen Darstellung mit Hilfe der Klammer-Symbole und der Pfeile, dann wird mit H2, H3 und H4 festgelegt, wie mit diesen Symbolen umzugehen ist. Wenn wir diese Symbole nicht in der vorgenommenen Art und Weise interpretieren, sondern zuerst einmal gar nicht, dann wird trotzdem eine logische Struktur festgelegt. Diese existiert gleichsam für sich, auch ohne dass sie jemals interpretiert wird, und ergibt vielleicht auch bei einer anderen Interpretation als der hiesigen wahre Beobachtungssätze. [37]

1.2.6 Erklären und Verstehen

Ein wichtiges Ziel von Wissenschaft ist die Erklärung der Beobachtungen, um sie zu verstehen. Diese Feststellung appelliert ausschließlich an die Begriffe „Erklären" und „Verstehen", wie wir sie aus unserem Alltag kennen. Jeder Mensch hat unzählige Male etwas erklärt bekommen und hat es dann verstanden. Dabei muss es sich nicht unbedingt um sprachliche Erklärungen gehandelt haben. Auch nicht-sprachliche Handlungen wie das Deuten können einen erklärenden Charakter haben. Dies zeigt bereits, dass es sich hierbei um Begriffe handelt, die wegen ihrer inhaltlichen Weite nur schwer präzise zu fassen sind. Sie bedürfen einer gewissen ‚Weiche', damit sie noch alles das leisten können, was von ihnen erwartet wird.

Nur werden wir an den Begriff der wissenschaftlichen Erklärung besondere Anforderungen zu stellen haben. In der empirischen Wissenschaft spricht man beispielsweise davon, dass eine Theorie etwas erklärt. Diesen Zusammenhang von Theorie und Erklärung haben wir bereits bei der Behandlung der MENDELschen Vererbungstheorie im letzten Abschnitt erkennen können. In dem Zitat auf Seite 18 gibt uns MENDEL (1866) zu verstehen, dass seine getroffenen Hypothesen ausreichen würden, um die beobachtete Abfolge der Zusammensetzungen der Populationen zu *erklären*, wie sich auf theoretischem Wege zeigen lasse. Hypothetisch-theoretische Sätze erklären also laut MENDEL Beobachtungssätze. Eine Theorie erklärt uns empirische Beobachtungen. Zudem erlaubt sie auch die Deduktion noch nicht bestätigter Beobachtungssätze, wenn die getroffenen Hypothesen reichhaltig genug sind. Aus den MENDELschen Postulaten lassen sich beispielsweise auch Aussagen zu 2- und 3-Faktor-Kreuzungen treffen. Können solche Prognosen empirisch verifiziert werden, hat dies ebenfalls erklärenden Charakter.

[37] Siehe dazu auch THIEL (1995).

In der Tat empfinden wir hypothetisch-theoretische Sätze als erklärend, wenn es ihnen gelingt, mehrere Beobachtungssätze zu subsumieren. Haben wir nämlich einen hypothetisch-theoretischen Satz wie z.B. „Jedes Kind mit einer Trisomie 21 wird das Down-Syndrom bekommen“, kann er zum Bestandteil einer Erklärung werden. Auf die Frage „Warum bekomme ich ein Kind mit Down-Syndrom“, die von einer Schwangeren nach einer pränatalen Diagnose gestellt wird, wird in der Regel folgende Antwort akzeptiert: „Jedes Kind mit dem Karyotyp einer Trisomie 21 bildet das Down-Syndrom aus, und die pränatale genetische Untersuchung Ihres Fetus hat ergeben, dass eine Trisomie 21 vorliegt“. Nur die Konjunktion aus hypothetisch-theoretischem und Beobachtungssatz liefert die Erklärung.[38] Dabei ist es offenbar völlig unerheblich, dass die materiale Wahrheit des hypothetisch-theoretischen Satzes niemals ermittelt werden kann. Dies ist wegen der Endlichkeit unserer materialen Begründungsmöglichkeiten bei keiner All-Aussage möglich.

Hier besteht offenbar noch reichlich Bedarf an Klärung. Vorerst halten wir fest, dass *Erklärungen allgemein* Antworten auf Fragen sind und *Erklärungen in den empirischen Wissenschaften* vorzugsweise von Theorien geliefert werden. Das Konzept des Forschungsprogramms wird uns dazu Einsichten vermitteln.[39] Eine Einbettung in den Kontext von Fragen wird das pragmatische Konzept der Erklärung bringen. Bleibt schließlich noch festzuhalten, was wir von einer Erklärung erwarten. Sie soll unseren Wissensbestand vergrößern. Dazu wird sie an einen vorhandenen Wissensbestand anknüpfen müssen, d.h. sie muss auf bestehendem Wissen so aufbauen, dass die Erklärung verstanden werden kann.[40]

1.3 Hinwendung zum Pragmatischen

> Die analytische Philosophie, beginnend mit dem Logischen Empirismus des Wiener Kreises etwa ab 1925 und weltweite Anerkennung erreichend durch den *linguistic turn* in Oxford in den fünfziger Jahren, war Ende der sechziger Jahre endgültig nicht mehr im Stande, neue Anziehungskraft auszuüben. Sie degenerierte einerseits zur bloßen logischen Analyse und andererseits zur Anwendung der Methoden der empirischen Physik auf alle anderen Wissenschaften, speziell auf die Soziologie.
> Die pragmatische Wende des konstruktiven Ansatzes versprach eine Überwindung dieser Stagnation in der Wissenschaftsphilosophie – ohne Rückfall auf den philosophischen Stil der Zeit vor FREGE und dem *linguistic turn*. (Frei übersetzt nach LORENZEN (1984, S. 3)).

[38] Hierbei handelt es sich um eine deduktiv-nomologische Erklärung nach HEMPEL & OPPENHEIM (1948). Näheres siehe Punkt 5.1.1.

[39] Siehe Kap. 2 und 6.

[40] Siehe Abschn. 1.3.3 und 5.2 sowie Kap. 6.

Bei der vorläufigen Einführung der zentralen Begriffe in Abschnitt 1.2 sind bereits pragmatische Aspekte eingeflossen, wenn auch erst in den folgenden Kapiteln deutlich werden wird, an welchen Stellen dies geschehen ist, in welcher Art und Weise und auf welche Philosophen die entsprechenden Berücksichtigungen pragmatischer Aspekte[41] zurückgehen. Um dieser Hinwendung zu pragmatischen Aspekten ein besonderes Gewicht zu verleihen, sprechen manche Autoren in Anlehnung an den *linguistic turn* auch von einer *pragmatischen Wende*. In obigem LORENZEN-Zitat beispielsweise ist von der pragmatischen Wende des konstruktiven Ansatzes die Rede. Dies lässt vermuten, dass es mehrere ‚pragmatische Wenden' gegeben hat, oder dass zumindest verschiedene Philosophen Verschiedenes darunter verstehen. Um Verwirrungen vorzubeugen, soll hier der Begriff „pragmatische Wende" vermieden werden.

Wenn man allerdings dennoch einen ‚roten Faden' in den vorzustellenden neueren philosophischen Konzepten erkennen möchte, dann den, dass die Fruchtbarkeit und Anziehungskraft der analytischen Philosophie an ein Ende gelangt war. Viele Philosophen waren schlicht unzufrieden mit der Philosophie. Ein guter Nährboden für Neues. Die Philosophie versuchte diesen Zustand zu überwinden, indem pragmatische Aspekte Einzug in die philosophischen Konzepte fanden – wenn auch sehr unterschiedlich. Als eine weitere Gemeinsamkeit kann also eine *Hinwendung zum Pragmatischen* betrachtet werden. In dieser Arbeit werden in den folgenden Kapiteln im Wesentlichen drei solche pragmatischen Hinwendungen näher zur Sprache kommen, um sie letztlich in unser integratives Konzept in Kapitel 6 einzubauen. Diese drei lassen sich wie folgt kurz charakterisieren:

1.3.1 Praktiken der Wissenschaftler

Das Werk „Die Struktur wissenschaftlicher Revolutionen" von KUHN (1962) ist sicherlich vor allem zu seiner Zeit sehr umstritten gewesen. Dass es dennoch – oder gerade deswegen – nicht nur auf die Philosophen, sondern auf alle Wissenschaftler einen großen Einfluss hatte, wird indes niemand bestreiten. Selbst ‚handwerkliche Fehler' wie die Verwendung des Begriffs „Paradigma" in einer Vielzahl verschiedener Bedeutungen taten dem ungeheuren Erfolg dieses Buches keinen Abbruch. Der erste Absatz seiner Einleitung gibt wieder, mit welcher Intention KUHN an ein Verstehen des Unternehmens „Wissenschaft" herangegangen ist:

> Wenn man die Geschichtsschreibung für mehr als einen Hort von Anekdoten oder Chronologien hält, könnte sich eine entscheidende Verwandlung im Bild der Wissenschaft, wie es uns zur Zeit zusammenhält, bewirken. Dieses Bild ist, sogar von den Wissenschaftlern selbst, bisher in erster Linie nach dem Studium abgeschlossener wissenschaftlicher

[41] In keiner Weise wird in dieser Arbeit auf den Pragmatismus als philosophische Schule eingegangen, auch wenn der eine oder andere pragmatische Aspekt dort seinen Ursprung gefunden haben mag.

> Leistungen gezeichnet worden, wie man sie bei den Klassikern und in neuerer Zeit in den Lehrbüchern für die junge wissenschaftliche Generation findet. Der Zweck solcher Bücher ist jedoch zwangsläufig der, zu überzeugen und pädagogisch zu wirken; eine aus ihnen gewonnene Konzeption der Wissenschaft paßt genausowenig auf ihre wirkliche Entstehung, wie es das Bild einer nationalen Kultur tun würde, das man aus einem Touristenführer oder einer Sprachlehre gewinnt. Dieser Essay versucht zu zeigen, daß wir von ihnen gründlich irregeführt worden sind. Sein Ziel ist ein Entwurf der ganz anderen Vorstellung von Wissenschaft, wie man sie aus geschichtlich belegten Berichten über die Forschungstätigkeit selbst gewinnen kann. (KUHN, 1962, S. 15)

Die analytische Philosophie berücksichtigt in ihren Konzepten der Wissenschaft den Wissenschaftler als das handelnde Subjekt nicht. Sie blickt in die wissenschaftlichen Disziplinen (in der ersten Hälfte des 20. Jahrhunderts war dies fast ausschließlich die Physik) und findet dort fertige wissenschaftliche Denkgebäude, die sie zu analysieren beginnt – sie untersucht *Wissenschaft als Objekt* unabhängig vom *Wissenschaftler als Subjekt.* Das so entworfene Bild von der Wissenschaft hält KUHN zumindest für irreführend und bezieht in seinen Entwurf von der Funktionsweise der Wissenschaft die Forschungstätigkeit der handelnden Subjekte mit ein. Um darüber etwas aussagen zu können, bedient er sich *historischer Studien.* Er analysiert die Geschichten der Entstehung wissenschaftlicher Erkenntnisse und sucht nach Gemeinsamkeiten, um Einsichten darüber zu gewinnen, wie der Prozess der Erkenntnisgewinnung vollzogen wird. Dabei stellt er fest, dass sich dieser Prozess nur beschreiben lässt unter Einbeziehung des handelnden Subjekts und der sozialen Gemeinschaft *(scientific community)*, in der sich der Wissenschaftler befindet. KUHN wendet den Blick auf die *Praktiken der Wissenschaftler* als Individuen und als Gruppe. Er bettet wissenschaftliche Erkenntnis in einen *historisch-soziologischen Kontext* ein.[42]

1.3.2 Praxis als Basis der Wissenschaft

Mit dem Buch „Logische Propädeutik – Vorschule des vernünftigen Redens“ von KAMLAH & LORENZEN (1967) beginnt die Entwicklung eines philosophischen Konzeptes, das als „Methodischer Konstruktivismus“ bezeichnet werden wird. Die Autoren kritisieren scharf den Zustand der Philosophie, nicht zuletzt auch der analytischen:

> Führende Vertreter der Logik jenseits des Ozeans verbinden in der Tat ihre Forschung mit einem Glaubensbekenntnis, das sie selbst als

[42] Auf KUHNS Werk und seine Wirkung auf LAKATOS und schließlich STEGMÜLLER wird in den Kap. 2 und 3 eingegangen.

> strenge „Wissenschaftlichkeit“ deklarieren und dessen Dogmen vorschreiben, der Mensch und seine Sprache seinen so etwas wie Objekte der Physik, am ehesten mit den Methoden des Behaviorismus erforschbar, und vernünftige Wissenschaft sei in jedem Falle exakte Wissenschaft nach dem Leitbilde der Mathematik einerseits, der Physik andererseits. Mag auch diese der Logik sich gemeinhin verbindende Weltanschauung nicht immer Neopositivismus sein, um Szientismus, d.h. um ein Verständnis der Vernunft im soeben angedeuteten Sinne, handelt es sich fast in jedem Falle. (KAMLAH & LORENZEN, 1973, S. 13)

Dieser Auffassung der analytischen Philosophie, Sprache sei so etwas wie ein physikalisches Objekt, das vorgefunden wird und das es logisch zu analysieren gilt, diesem *top-down*-Konzept wir ein *bottom-up*-Konzept entgegengestellt:

> Auch wir sind der Ansicht [wie DILTHEY und HEIDEGGER], daß die Logische Propädeutik ihre Motivation in unserer „Lebenspraxis“ hat, daß sie daher ohne „praktische“ Vorwegnahme nicht auskommt, [...] Die Logische Propädeutik konstruiert nach und nach den wissenschaftlichen Satz mittels seiner Elemente und Regeln, anfangend mit dem Elementarsatz, endend mit dem generellen Satz. Dieser Aufbau erfolgt im Hinblick auf den empirischen Satz und verwendet daher empirische Sätze als Beispiele. Die Logische Propädeutik als solche enthält aber keinerlei empirische Sätze, sondern ist eine apriorische, d.h. nichtempirische Wissenschaft ([...]). (KAMLAH & LORENZEN, 1973, S. 6 f.)

Wissenschaft beginnt in der Lebenspraxis (Lebenswelt) und ein wissenschaftliches Denkgebäude wird konstruktiv auf dieser Lebenspraxis aufgebaut. So könnte man die Grundidee des methodischen Konstruktivismus in einem Satz zusammenfassen. Der konstruktive Aufbau soll vermeiden helfen, dass sich logische Zirkel in des Denkgebäude einschleichen. Die Logik als Grundlage jeder Wissenschaft konstruktiv aufzubauen, war für KAMLAH und LORENZEN die erste Aufgabe, die es zu bewältigen galt. Anschließend sollte diese Vorgehensweise auch auf die Mathematik, die Physik, andere empirische Wissenschaften, aber auch Geisteswissenschaften übertragen werden.[43] Mit dem Methodischen Konstruktivismus erhält also ein ganz anderer pragmatischer Aspekt Einzug in die Wissenschaftstheorie als bei KUHN. Insbesondere sind die Philosophen dieser Richtung an dem Problem interessiert, wie sich ein wissenschaftliches Denkgebäude (Logik, Physik, etc.) *begründen* lässt. Als Lösung propagiert der konstruktive Ansatz[44] die *Praxis als Basis der Wissenschaft*, wie das folgende spätere Zitat ausdrückt:

---

[43] Eine Diskussion über Ge- und Misslingen dieser Bemühungen findet sich z.B. bei JELDEN (1995).

[44] Eine Darstellung der zentralen Ideen der methodischen Konstruktivisten wird in Kap. 4 geboten.

> In der Wissenschaftstheorie beginnt sich die Einsicht, daß alle Wissenschaften (alle Theorien) nur aufgrund schon – teilweise – gelungener Praxis sinnvoll sind, in unserem Jahrhundert als sog. pragmatische Wende langsam durchzusetzen. Alle Theorien sind Redeinstrumente zur Stützung schon begonnener Praxis. (LORENZEN, 1987, S.18)

1.3.3 Pragmatik des Erklärens

Das HEMPEL-OPPENHEIM-Schema versucht die wissenschaftliche Erklärung als ein bestimmtes logisches Schlussschema darzustellen – ganz im Sinne der analytischen Philosophie.[45] Dieser Versuch wird bald nach seiner Veröffentlichung mit unüberwindbaren Problemen konfrontiert. Dagegen war DUHEM der Ansicht, dass Wissenschaft überhaupt nichts zu erklären vermag, sondern Tatsachen beschreibe. Auch diese Auffassung stieß nicht nur auf Gegenliebe, da Erklärungen doch wohl eine jener Errungenschaften seien, die wir gerade von der Wissenschaft erwarten.

> Erklärung ist nicht Beschreibung, nicht einmal Beschreibung einer besonderen Art. Und dennoch ist jede einzelne Erklärung nur eine Beschreibung, und sie enthält nichts von dem, was Empiristen ablehnen. Diese Kombination ist logisch möglich; und zwar, wenn eine Erklärung etwas in gewisser Hinsicht Relatives ist (historisch relativ, bzw. kontext-abhängig). Eine logische Analogie hierfür wäre folgendes: eine Frau zu sein ist sicherlich etwas anderes als eine Tochter zu sein; dennoch ist jede Frau eine Tochter und umgekehrt jede Tochter eine Frau [...]. Diese Sichtweise macht Erklärungen zu einem Gegenstand der Pragmatik, denn historisch und kontextuelle Faktoren liegen außerhalb des syntaktischen und semantischen Bereichs. (VAN FRAASSEN, 1990, S.32)

In „The Scientific Image“ schlägt VAN FRAASSEN (1980) vor, weder einen rein logischen Begriff der Erklärung zu konstituieren noch den Begriff „Erklärung“ ganz aus der Wissenschaft zu verbannen, sondern die *Pragmatik des Erklärens* in den Vordergrund zu rücken. Zu berücksichtigen sind – genau wie bei KUHN – historische, aber insbesondere auch kontextuelle Faktoren. Damit wird die Erklärung zu einen Gegenstand der Pragmatik.

Die Pragmatik ist neben Syntax und Semantik der dritte Teil der Sprachphilosophie (Abbildung 1.3). Die *Syntax* untersucht die formal-logische Korrektheit von Sätzen und die *Semantik* deren bedeutungsanalytische Festlegung. Die *Pragmatik* beschäftigt sich mit den *Bedingungen*, unter denen Sätze zu *sinnvollen Aussagen* werden. Diese Bedingungen sind insbesondere von den *Redekontexten* abhängig, in denen die Sätze vorkommen. Ein Satz kann z.B. gedacht sein als

- Behauptung oder Zweifel,

---

[45] Die analytischen Aspekte der Erklärung werden in Abschn. 5.1 dargestellt.

- Axiom oder Postulat,
- Frage oder Antwort,
- Beschreibung einer Beobachtung,
- Hypothese, die einer Heuristik folgt,
- Erklärung, die Verstehen bewirken soll.

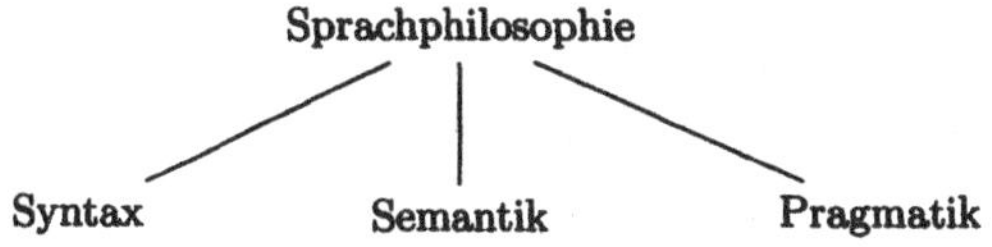

Abbildung 1.3. Die Gebiete der Sprachphilosophie.

Wir haben bei der vorläufigen Einführung der zentralen Begriffe empirischer Wissenschaften bereits regen Gebrauch davon gemacht, Sätze in Kontexte einzubetten. Bei der folgenden Explikation unserer Begriffe werden wir dieses Vorgehen beibehalten. Zudem wird als drittem philosophischen Konzept, das pragmatische Aspekte einfließen lässt, der pragmatischen Auffassung der Erklärung der Abschnitt 5.2 gewidmet. Im Kern wird es dort darum gehen, *Erklärungen* als *Antworten* auf *Fragen* aufzufassen, die bestimmten Kriterien wie *Einsichtigkeit*, *Angemessenheit* und *Abgesichertheit*[46] genügen müssen.

1.3.4 Zur Konzeption von Teil I

Mit Beendigung des ersten Kapitels ist der Leser bereits mit ausreichend Vorverständnis ausgestattet, um gleich zu Kapitel 6 überzugehen, in dem die zentralen gemeinsamen Begriffe empirischer Wissenschaften definiert werden. In den nun direkt folgenden Kapiteln des ersten Teils werden aber zuvor die wissenschaftstheoretischen Konzepte genauer vorgestellt, die dann für das integrative Konzept in Kapitel 6 benutzt und ergänzt werden.

Diese Konzepte haben zumindest zweierlei gemeinsam: Zum einen stellen sie mehr oder weniger eine Abkehr von der analytischen Philosophie dar und zum anderen beziehen sie pragmatische Aspekte ein. Nach einer kurzen Darstellung der Konzepte von Popper (Abschnitt 2.1) und Kuhn (Abschnitt 2.2) wird unser Augenmerk auf Lakatos' Methodologie der Forschungsprogramme liegen (Abschnitt 2). Dann werden die strukturalistische (Kapitel 3) und die methodisch-konstruktive (Kapitel 4) Wissenschaftstheorie vorgestellt. Schließlich werden analytische und pragmatische Konzepte der Erklärung erläutert (Kapitel 5). Von all diesen Konzepten wird in einem letzten Kapitel des ersten Teils das zusammengetragen, was für eine effektive und

[46] Das Kriterium der Abgesichertheit wird erst in Kap. 6 erarbeitet, die anderen bereits in Kap. 5.

verständliche Darstellung des Unternehmens „Empirische Wissenschaft" nach Meinung des Autors hilfreich erscheint (Kapitel 6).

Der Leser sei nochmals darauf hingewiesen, dass für ein Verständnis der beiden anderen Teile der Arbeit nur Kapitel 6 notwendig ist, in das die Ideen aus den Kapiteln 2-5 integriert und ergänzt werden. Für denjenigen, der die wissenschaftstheoretische Vorbereitung schnell abschließen und zu den Forschungsprogrammen der Genetik vorstoßen möchte, ist es durchaus geboten, gleich zu Kapitel 6 zu springen. Dort wird er an den entsprechenden Stellen auf die vorigen Kapitel verwiesen und kann bei Bedarf zurückgehen. Für denjenigen, der die Wendung zum Pragmatischen der Reihe nach und im Einzelnen nachvollziehen möchte sowie die Akteure gewürdigt wissen will, bietet sich ein Lesen der Kapitel in der vorgesehenen Reihenfolge an. Als ein Kompromiss kann der Vorschlag betrachtet werden, zwar die recht gut zu lesenden und die wichtigen Begriffe „Forschungsprogramm" und „Erklärung" einführenden Kapitel 2 und 5 zu studieren, aber die etwas schwereren und stark formalen Kapitel 3 und 4 zum Strukturalismus und Konstruktivismus wegzulassen. Wie tief der einzelne Leser in die Herkunft der in Kapitel 6 zusammengetragenen und dort erweiterten Konzepte einsteigen will, bleibt ihm letztlich selbst überlassen.

2

Die Methodologie wissenschaftlicher Forschungsprogramme

Bei der Entwicklung seiner Methodologie wissenschaftlicher Forschungsprogramme gelang es LAKATOS, den Einbruch eines historischen und soziologischen Bewusstseins in die Wissenschaftstheorie – insbesondere durch KUHN – zu berücksichtigen und zugleich an dem Gedanken einer rationalen Rekonstruktion der Wissenschaft festzuhalten.[1] Letzterer wurde zu dieser Zeit insbesondere von POPPER vertreten. LAKATOS studierte in den sechziger Jahren bei POPPER und wurde von ihm stark beeinflusst. Betrachten wir also zunächst kurz die beiden Positionen, die er zu vermitteln versuchte.

2.1 Poppers Falsifikationismus

Das frühe POPPERsche Werk „Logik der Forschung" ist geprägt von seinen Kontakten zum Wiener Kreis, dem er selbst nie angehörte. Mit dem Buch ist eine massive Kritik an der Position des logischen Positivismus verbunden, die in dem Kreis um SCHLICK erarbeitet worden war.[2] POPPER sieht zwei Grundprobleme der Erkenntnislogik, das *Induktionsproblem* und das *Abgrenzungsproblem*. Seit HUME kennen wir die logische Wahrheit, dass gehaltserweiternde Schlüsse von endlich vielen singulären Beobachtungssätzen auf generelle Sätze nicht wahrheitskonservierend sind: Auf der Basis endlich vieler Beobachtungssätze kann ein theoretisches Gesetz niemals verifiziert werden. Dies gilt heute als Gemeingut aller Wissenschaftsphilosophen.

> Versucht man die induktiven Schlüsse [dennoch] in irgendeiner Weise zu rechtfertigen, so muß man ein *„Induktionsprinzip"* aufstellen, d.h. einen Satz, der gestattet, induktive Schlüsse in eine logisch zugängliche Form zu bringen.
> [:]

[1] Vergleiche zu dieser Einschätzung auch FEYERABEND (1974) und LARVOR (1998).

[2] Eine gute Auswahl zentraler Originalarbeiten von Angehörigen des Wiener Kreises ist in SCHLEICHERT (1975) abgedruckt.

> Die angedeuteten Schwierigkeiten der Induktionslogik sind, wie wir glauben, unüberwindlich; und zwar auch für die heute wohl meistens vertretene Auffassung, daß induktive Schlüsse zwar nicht „strenge Gültigkeit“, aber doch einen gewissen *Grad von „Sicherheit“ oder „Wahrscheinlichkeit“* vermitteln (POPPER, 1935, S. 4f.).

Den Versuch, ein solches Induktionsprinzip aufzustellen, bezeichnet POPPER als Induktionsproblem und er hält es für unlösbar. Auch die Idee, den Grad quantitativ zu erfassen, mit dem ein theoretisches Gesetz durch Beobachtungssätze bestätigt oder gestützt wird, ist zum Scheitern verurteilt. Der Bestätigungsgrad von generellen Sätzen relativ zu singulären Sätzen ist stets Null.

Zusätzlich ergibt sich ein semantisches Problem.[3] Denn Theorien blieben begrifflich unterbestimmt, wenn sie nur die Begriffe der Beobachtungssprache benützen würden. Da sich theoretische Gesetze aus Beobachtungssätzen induzieren ließen, kämen in theoretischen Gesetzen nur Begriffe der Beobachtungssprache vor. Es gäbe keinen Grund, theoretische Begriffe einzuführen. Ohne theoretische Begriffe lassen sich aber im Allgemeinen keine Theorien formulieren. MENDELs Vererbungslehre beispielsweise erhält nur dadurch ihre Erklärungskraft, dass der theoretische Begriff „Erbfaktor“ eingeführt wird. Dass diese *Erbfaktoren* oder besser deren molekulargenetische Entsprechung knapp einhundert Jahre später empirisch beobachtbar werden, ändert nichts an deren theoretischem Status innerhalb des MENDELschen Forschungsprogrammes und auch nichts an der Notwendigkeit, Erbfaktoren hypothetisch postulieren zu müssen, um überhaupt eine Vererbungslehre aufstellen zu können.

Ein drittes nicht zu beseitigendes Problem[4] im Bestreben, theoretische Gesetze oder gar Theorien endgültig zu verifizieren, besteht darin, dass es uns endlich viele Beobachtungssätze nicht erlauben, unter den konkurrierenden hypothetisch-theoretischen Sätzen den ‚richtigen‘ auszuwählen. Prinzipiell lassen sich zu jeder Menge von Beobachtungssätzen unendlich viele theoretische Gesetze finden. Und selbst wenn es gelingt, viele von diesen auszusondern, weil sie mindestens einem der Beobachtungssätze widersprechen, bleiben immer noch unendlich viele übrig. Zur besseren Verständlichkeit stelle man sich vor, die Messung der Größe G liefere die Folge der Messwerte $g_1, \dots, g_n$. Nun kann die hypothetische Abhängigkeit einer Größe F von G durch unendlich viele Funktionen f erfasst werden, d.h. es lassen sich unendlich viele Funktionen f finden mit $F = f(g_1, \dots, g_n)$, die die n Messwerte miteinander verbinden. Aber welche ist die ‚richtige‘, welche spiegelt einen ‚wahren‘ naturgesetzlichen Zusammenhang wider? Die Aufgabe, überhaupt eine solche Funktion zu finden, ist einfach und logisch zu entscheiden, eine bestimmte auszuwählen, indes schwierig und nicht logisch zu begründen.

Weder der Wahrheitswert, wie das Induktionsproblem zeigt, noch die Semantik theoretischer Gesetze sind durch die wahren Beobachtungssätze be-

[3] Vgl. dazu TETENS (1994, S. 27).

[4] Vgl. wiederum TETENS (1994, S. 27 f.).

stimmt. Zudem lässt sich aus der Basis der Beobachtungssätze keine endgültige Auswahl eines theoretischen Gesetzes treffen. Damit scheidet die Verifikation als Kriterium zur Lösung des Abgrenzungsproblems aus.

> Die Aufgabe, ein solches Kriterium zu finden, durch das wir die empirische Wissenschaft gegenüber Mathematik und Logik, aber auch gegenüber „metaphysischen" Systemen abgrenzen können, bezeichnen wir als *Abgrenzungsproblem* (POPPER, 1935, S. 9).

Nun schien die falsifikationistische Auffassung, man könnte sie etwa als die Lehre der *deduktiven Methodik der Nachprüfung* kennzeichnen[5], einen einfachen und überzeugenden Ausweg zu bieten: Alle theoretischen Gesetze sind Vermutungen. Die empirische Wissenschaft ist nicht in der Lage, irgendeine ihrer Theorien zu beweisen; sie kann sie aber widerlegen, sie kann *mit voller logischer Einsicht* das Falsche verwerfen.

Bis hierher wird man POPPER ohne Weiteres folgen können. Nun geht er aber deutlich weiter. Er erhebt das Wechselspiel aus Vermutung und Falsifikation zum grundlegenden Prinzip der Wissenschaft und versieht es zudem mit normativem Charakter:

> Unser Hauptanliegen in der Wissenschaft und der Philosophie ist, oder sollte sein, die Suche nach der Wahrheit durch kühne Vermutungen und die kritische Suche nach dem Falschen in unseren verschiedenen konkurrierenden Theorien (POPPER, 1972, S. 332).

Zudem findet sich in diesem Zitat des späteren POPPER der Gedanke der *Konkurrenz* wissenschaftlicher Theorien. Er besteht darin, dass eine Vielzahl von Hypothesen oder Theorien unabhängig voneinander aufgestellt werden und konkurrierend auf ihre Falsifikation warten. Ohne Zweifel greift hier POPPER DARWINsches Gedankengut auf. Der Prozess des kühnen Vermutens entspricht dem der Mutation, der der Falsifikation dem der Selektion. Das *survival of the fittest* gilt dann auch für Hypothesen und Theorien. Das aktuelle Vermutungswissen besteht demzufolge aus den ‚überlebenden' Hypothesen und Theorien, also jenen, die zu einem bestimmten Zeitpunkt noch nicht falsifiziert sind.

> Der Erkenntnisfortschritt – oder der Lernvorgang – ist kein sich wiederholender oder kumulativer Vorgang, sondern einer der Fehlerelimination. Er ist eher eine DARWINsche Auslese als eine LAMARCKsche Unterweisung (POPPER, 1968, S. 149).

POPPER glaubt auf diese Weise, den Fortschritt der Erkenntnis objektiv darstellen zu können, also unabhängig von den Subjekten, die Forschung praktizieren. Demgegenüber wird die nun folgende historisch-soziologische Perspektive der Wissensentwicklung von KUHN nicht nur Subjekte, sondern auch deren soziologische Interaktion in den Vordergrund stellen. Zudem erweckt POPPER den Eindruck, das Aufstellen von Hypothesen sei dann um so wissenschaftlicher, je kühner und besser falsifizierbar diese Thesen sind. Hier wird

[5] Vgl. POPPER (1935, S. 5)

KUHN zeigen können, dass die Entwicklung der Wissenschaften – vor allem der Alltag der Forschung – durch den POPPERschen Falsifikationismus nicht ausreichend beschrieben wird.

2.2 Die Struktur wissenschaftlicher Revolutionen nach Kuhn

Wie POPPER verwirft auch KUHN die Idee, dass der Fortschritt der Wissenschaft in der Akkumulation ewiger Wahrheiten bestünde. Allerdings gewinnt er diese Erkenntnis aus einer ganz anderen Perspektive. Er wendet sich vom logisch Entscheidbaren hin zum historisch-soziologisch Beschreibbaren: Wissenschaft ist eine von Menschen ersonnene Unternehmung. Fortschritte in der Wissenschaft werden von Menschen erzielt, und zwar auf zweierlei Arten, erstens während sogenannter Phasen der *normalen Wissenschaft* und zweitens während *wissenschaftlicher Revolutionen*.

In einer Phase der normalen Wissenschaft verfügt die wissenschaftliche Gemeinschaft über ein gemeinsames *Paradigma*. Der Begriff „Paradigma“ wird von KUHN (1969, S. 186) in zwei[6] verschiedenen Bedeutungen verwendet. In seiner soziologischen Variante steht er für eine Konstellation von Meinungen, Werten, Methoden, Anschauungen und dergleichen, die von den Mitgliedern einer wissenschaftlichen Gemeinschaft geteilt werden, während er in seiner eher methodischen Variante die exemplarischen früheren Leistungen dieser Gemeinde von Wissenschaftlern subsumiert, d.h. jene konkret vollzogenen Problemlösungen, die als vorbildhafte Beispiele dienen und somit explizite Regeln für die Lösung der anstehenden Probleme zu generieren erlauben. Der Alltag des Wissenschaftlers besteht nun darin, ‚Rätsel‘ zu lösen, ohne dabei das herrschende Paradigma zu verlassen.

Wenn aber die Gemeinde der Wissenschaftler erleben muss, dass sich ein bestimmtes Rätsel der Lösung innerhalb des Paradigmas mehrmals und hartnäckig entzieht, kann es zu einer wissenschaftlichen Revolution kommen. Taucht zuerst nur eine solche *Anomalie* auf, besteht allein dadurch noch keine Veranlassung, das herrschende Paradigma aufzugeben. Vielmehr wird man seine Messinstrumente überprüfen, darüber nachdenken, was man übersehen haben könnte, oder Hilfshypothesen erfinden, mit denen sich die Anomalie erklären lässt. Mehren sich jedoch solche Anomalien, gerät das Paradigma in eine Krise. Damit ist der Boden für eine wissenschaftliche Revolution geebnet: Ein neues Paradigma wird ersonnen und tritt in Konkurrenz zum alten. Wird das neue Paradigma mit den Anomalien fertig, verdrängt es das alte und wird zum herrschenden Paradigma. Eine neue Phase der normalen Wissenschaft beginnt. Während einer Phase der normalen Wissenschaft sind die Mitglieder

[6] Nach MASTERMAN (1974) lassen sich bei KUHN (1962) 21 Bedeutungen des Wortes „Paradigma“ herauslesen. Im Postskriptum (KUHN, 1969) werden diese allerdings auf zwei eingeschränkt.

der Gemeinschaft nicht bereit, ihre gewohnten Schemata der Problemlösung preiszugeben, und zwar selbst dann nicht, wenn sich Falsifikationen bereits mehren. Erst wenn eine Krise entsteht, kann ein herrschendes Paradigma das Schicksal einer Falsifikation ereilen:

> Kein bisher durch das historische Studium der wissenschaftlichen Entwicklung aufgedeckter Prozeß hat irgendeine Ähnlichkeit mit der methodischen Schablone der Falsifikation durch unmittelbaren Vergleich mit der Natur. Diese Bemerkung bedeutet nicht, daß Wissenschaftler nicht wissenschaftliche Theorien ablehnten oder daß Erfahrung und Experiment für den Prozess, in welchem sie es tun, nicht wesentlich seien. Sie bedeutet aber – was letztlich ein Kernpunkt sein wird –, daß der Urteilsakt, der die Wissenschaftler zur Ablehnung einer vorher anerkannten Theorie führt, niemals nur auf einem Vergleich jener Theorie mit der Natur beruht. Die Entscheidung, ein Paradigma abzulehnen, ist immer gleichzeitig auch die Entscheidung, ein anderes anzunehmen, und das Urteil, das zu dieser Entscheidung führt, beinhaltet den Vergleich beider Paradigmata mit der Natur *und* untereinander. (KUHN, 1962, S. 90)

Damit wird nicht die Möglichkeit bezweifelt, einen hypothetisch-theoretischen Satz im Allgemeinen dadurch zu Fall bringen zu können, dass aus diesem ein empirisch prüfbarer Satz deduziert wird, dessen Vergleich mit der Natur missglückt. Es wird aber bestritten, dass dieser Vergleich *alleine* die gesamte Beweislast tragen kann, um eine Hypothese oder gar eine Theorie endgültig zu verwerfen. Es entspricht nicht dem tatsächlichen Handeln von Wissenschaftlern, hypothetisch-theoretische Sätze sofort ad acta zu legen, wenn ihnen ein oder auch mehrere Male der Makel einer Falsifikation angelastet werden kann. Zur endgültigen Verwerfung bedarf es deutlich mehr:

Erstens müssen sich Falsifikationen häufen, und zwar um so mehr, je besser sich eine Hypothese in anderen Zusammenhängen bereits bewährt hatte. Handelt es sich gar um ein verwobenes Geflecht hypothetischer Sätze, um eine Theorie, die etwa auch noch in anderen Kontexten erfolgreich Erklärungen zu liefern vermochte, sinkt die Bereitschaft der Verwerfung weiter. Zweitens werden Wissenschaftler nur dann bereit sein, eine Hypothese zu verwerfen, wenn sie eine neue – vermeintlich bessere – bereits zur Verfügung haben. Andernfalls müssten sie ihre Arbeit einstellen. Das Verfügen über eine Hypothese – falsifiziert oder nicht – ist in der Regel Bedingung der Möglichkeit, überhaupt einen Forschungsalltag bestreiten zu können. Wiederum verschärft sich dieser zweite Punkt, wenn es sich sogar um eine Theorie handelt. Und drittens ist eine neue Hypothese oder Theorie noch völlig unbewährt. Sie startet also unter Umständen mit einem gehörigen Rückstand auf die alte, die Bewährung ihrer Erklärungskraft betreffend, da sich die alte eventuell nicht in geringem Maße bereits bewährt hatte. Dies bedeutet, die Gemeinde der Wissenschaftler wird sich nicht blind auf das Neue stürzen, sondern die Bewährung des Neuen im Vergleich zum Alten erproben.

Mit dieser Auffassung steht LAKATOS offenbar in diametralem Gegensatz zu POPPER, für den Erkenntnis etwas Objektives ist und damit nicht abhängig sein kann von den forschenden Subjekten. Seinem Kritischen Rationalismus zufolge verhalten sich die von KUHN beschriebenen Forscher während einer Phase der normalen Wissenschaft irrational, da sie Falsifiziertes nicht sofort verwerfen. POPPER (1974) bezweifelt nicht, dass es solche ‚normalen' Wissenschaftler gibt, er hält sie aber für bemitleidenswerte Personen. Allerdings will er mit seinem kritischen Rationalismus gar nicht den tatsächlichen Wissenschaftsbetrieb beschreiben, sondern vorgeben, wie Wissenschaft um der Objektivität willen betrieben werden sollte.

Von der historischen Perspektive kommend bezieht KUHN die forschenden Personen in seine Beschreibung von Wissenschaft ein. Wissenschaft ist eine von Menschen betriebene kulturelle Unternehmung, über deren geschichtliche Entwicklung sich nur berichten lässt, indem über die diese Unternehmung ausführenden Subjekte geredet wird. Zudem macht er aber deutlich, dass seine Analyse des Erkenntnisfortschritts nicht bei einer bloßen Geschichtsschreibung der Wissenschaften zu verharren gedenkt:

> Wir sagen zu oft, die Geschichte sei eine rein beschreibende Disziplin. Die oben angeführten Thesen sind aber häufig interpretierender und normativer Art. Und weiter: viele meiner Verallgemeinerungen betreffen die Soziologie und Sozialpsychologie der Wissenschaftler; doch gehören zumindest einige meiner Schlussfolgerungen, nach traditionellen Maßstäben, zur Logik oder Erkenntnistheorie (KUHN, 1962, S. 23).

Wenn man KUHN ein Verdienst um Wissenschaftsgeschichte und Erkenntnistheorie einräumen muss, dann den, dass er soziologische und sozialpsychologische Aspekte in die Erörterung der Entstehung von Wissen einführte. Die enorme Popularität seiner Thesen bei Fachphilosophen kann als soziologische Wende der Bemühungen um das Verständnis von Wissenschaft aufgefasst werden.[7] Er erzielt diese ungeheure Wirkung, obwohl er nach eigenem Bekunden seine Einsichten keineswegs als sonderlich originell empfindet:[8]

> In dem Maße, wie das Buch [KUHN (1962)] die wissenschaftliche Entwicklung als eine Folge traditionsgebundener Perioden darstellt, zwischen denen nicht-kumulative Umbrüche liegen, sind seine Thesen zweifellos weithin anwendbar. Kein Wunder, denn sie sind aus anderen Bereichen zusammengetragen. Die Geschichtsschreibung der Literatur, Musik, bildenden Kunst, Politik und vieler anderer menschlicher Tätigkeiten beschreibt ihren Gegenstand seit langem auf diese Weise. Periodisierung durch revolutionäre Umbrüche von Stil, Geschmack und institutioneller Struktur gehören zu ihren Standardwerkzeugen. Wenn ich hinsichtlich solcher Vorstellungen originell war, dann

[7] Vgl. RADNITZKY (1989, S. 466)

[8] Vgl. dazu auch SEIFFERT (1989).

> hauptsächlich durch ihre Anwendung auf die Naturwissenschaften, auf Gebiete also, von denen man allgemein dachte, sie entwickeln sich anders. Es ist denkbar, daß der Begriff des Paradigmas als eines konkreten Ergebnisses, eines Musterbeispiels, ein zweiter Beitrag ist (KUHN, 1969, S. 220).

In der Tat wird bei LAKATOS das Paradigma in dieser methodischen Bedeutung als Menge paradigmatischer Beispiele aufgegriffen, während KUHN statt „Paradigma" in seiner soziologischen Bedeutung besser gleich „Heuristik" verwendet hätte. Der Paradigma-Begriff erfährt in der LAKATOSschen Methodologie der Forschungsprogramme die notwendige Konkretisierung, die ihm KUHN (1962) nicht gegeben hat.

Der weit reichende Erfolg des KUHNschen Werkes – nicht nur in der Philosophie, sondern auch in der Wissenschaft allgemein und populärwissenschaftlich – ist mitunter dadurch erklärbar, dass die Zeit gekommen war, der Erforschung der Prozesse wissenschaftlicher Erkenntnisgewinnung eine neue Ausrichtung zu geben. Die analytische Philosophie hatte endgültig ihre Anziehungskraft verloren.[9] In dieser Situation müssen wohl die KUHNschen Thesen fast befreiend gewirkt haben. Eine spannend geschriebene Erzählung geschichtlicher Zusammenhänge ist allemal besser zu lesen als eine trockene formal-logische Analyse. Dies bleibt zu dieser Zeit nicht der einzige Ansatz, der sich von der analytischen Philosophie abwendet. In den folgenden Kapiteln werden weitere Hinwendungen zum Pragmatischen vorgestellt werden.

Bei vielen Vertretern der analytischen Philosophie und des Kritischen Rationalismus, darunter POPPER und sein Schüler LAKATOS, ist das Missverständnis entstanden, KUHN meine seine Thesen normativ. Vielleicht hat die Stelle aus KUHN (1962), die auf Seite 34 zitiert wurde, hierzu einen Beitrag geleistet. Dort spricht KUHN ja explizit aus, seine Thesen seien manchmal normativer Art. Wie dem auch sei, in der Folgezeit hat er zu verstehen gegeben, dass seine Erörterung eine historisch-soziologische Interpretation gegebener geschichtlicher Sachverhalte darstellt. Als solche kann sie natürlich niemals normativ sein. Nur weil etwas einmal so war, kann nicht daraus gefolgert werden, dass es in Zukunft auch so sein muss oder soll. Interpretiert man das KUHNsche Werk rein deskriptiv, stellt es sich als unproblematisch dar. Für das Weitere lässt sich Folgendes festhalten: Die historische Darstellung von Erkenntnisprozessen zeigt erstens die Inadäquatheit der Beschreibung durch den Falsifikationismus und betont zweitens die Notwendigkeit, subjektorientierte soziologische Einflüsse in die Beschreibung einbeziehen zu müssen.

[9] Siehe Abschnitt 1.3.

2.3 Lakatossche Methodologie wissenschaftlicher Forschungsprogramme

Obwohl LAKATOS auch zu jenen gehört, die mit KUHNs Thesen einen Subjektivismus in die Wissenschaften einziehen sehen, der letztlich die Verabschiedung von der Rationalität bedeute,[10] sieht er trotzdem keine Möglichkeit, sich dem Werk völlig zu entziehen. Seine Unterscheidung von dogmatischem und methodologischem Falsifikationismus und seine Modifikation des methodologischen Falsifikationismus vom ehemals naiven zum nunmehr raffinierten versucht, POPPERs Ideen zu retten. Mit der Methodologie wissenschaftlicher Forschungsprogramme gelingt ihm das auch, nur ist dieses Konzept derart eigenständig und entfernt von jeglichem Falsifikationismus, dass es mit diesem zumindest in seiner Benennung nicht mehr verbunden zu werden braucht.[11] POPPER verfolgte ja auch ein ganz anderes Ziel. Ihm ging es um die Überwindung der Gleichsetzung von empirischer mit induktiver Wissenschaft. LAKATOS wollte zumindest Teile der KUHNschen Thesen anerkennen, ohne dabei eine objektiv rationale Auffassung von Wissenschaft völlig preisgeben zu müssen.

Durch KUHN gewinnt LAKATOS vor allem die Erkenntnis, dass hypothetisch-theoretische Sätze Zeit brauchen. Sie müssen die Chance haben, sich bewähren zu können, die ihnen der Falsifikationismus nicht gibt. Andererseits soll sich POPPERs Anspruch auf Rationalität in der Wissenschaft in seiner Methodologie wiederfinden. Um beides zu beschreiben, teilt er wissenschaftliche Forschungsprogramme in drei Komponenten ein, den harten Kern, die positive und die negative Heuristik. Ein *Forschungsprogramm* besteht aus methodischen Regeln. Einige davon sollen die Zeit haben, sich bewähren zu können. Sie gelten für die Benutzer des Forschungsprogramms als unwiderlegbar und bilden den *harten Kern*. Andere dieser methodischen Regeln beschreiben Forschungswege, denen man folgen soll (*positive Heuristik*), andere solche, die man vermeiden soll (*negative Heuristik*).

Bereits hier soll auf eine Schwierigkeit des LAKATOSschen Konzeptes hingewiesen werden, die erst im strukturalistischen Konzept beseitigt werden kann.[12] Während sich die Menge der Regeln des harten Kerns K klar bestimmen lässt, bleiben die der positiven Heuristik H_p und der negativen Heuristik H_n vage. Dabei gibt es zwar keine Regeln, die sowohl zur positiven als auch zur negativen Heuristik gehören ($H_p \cap H_n = \emptyset$), wohl aber können zum harten Kern Regeln gehören, die eine positive Heuristik ($K \cap H_p \neq \emptyset$) oder eine negative Heuristik ($K \cap H_n \neq \emptyset$) vermitteln.

[10] Vgl. LAKATOS (1974, S. 90f.)

[11] STEGMÜLLER (1980, S. 117 f.) ist ebenfalls der Meinung, dass die LAKATOSsche Methodologie der Forschungsprogramme nicht als Weiterentwicklung des Kritischen Rationalismus von POPPER interpretiert werden kann, sondern als eigenständiges Konzept aufgefasst werden muss.

[12] Vgl. besonders Abschnitt 3.5 Punkt (4).

2.3.1 Der harte Kern

Der harte Kern eines Forschungsprogramms[13] legt vorab bestimmte Methoden der Problemlösung fest und damit einen Teil der positiven und der negativen Heuristik. Er verrät uns, mit welcher Strategie ein Problem anzugehen ist und welche Strategie keine Aussicht auf Erfolg verspricht. Er bildet den Grundstein des Forschungsprogramms, charakterisiert seine wesentlichen Züge und muss sich explizit formulieren lassen. Derjenige, der das Programm benutzen möchte, erfährt vom harten Kern, wie er seine Probleme zu beschreiben hat (Terminologie) und wie er zur Lösung der Probleme vorzugehen hat (Lösungsstrategie). Zur Illustration siehe Abbildung 2.1.

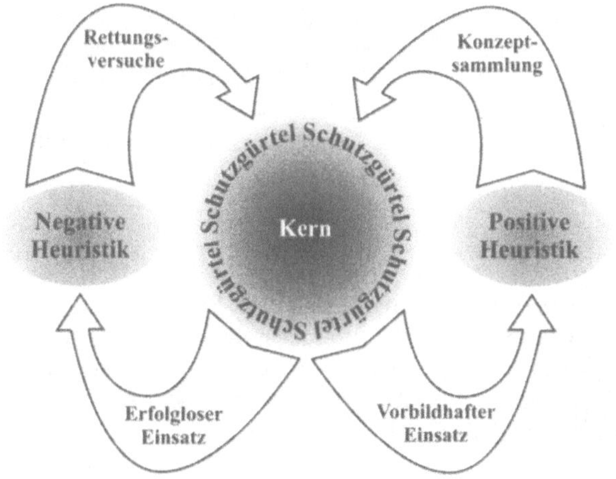

Abbildung 2.1. Zur Illustration des Aufbaus und der Funktionsweise von Forschungsprogrammen nach LAKATOS.

2.3.2 Die Heuristiken

Eine Heuristik bleibt *per definitionem* (Abschnitt 1.2.2) immer etwas vage. Sie beinhaltet die *Intuition* der wissenschaftlichen Gemeinschaft. LAKATOS versteht unter „positiver Heuristik" diejenigen methodischen Regeln, die zu einem vorbildlichem Einsatz des harten Kerns anleiten (Abbildung 2.1 rechts unten). Hierbei hilft insbesondere die Menge der konkret vollzogenen vorbildhaften Problemlösungen, die bei KUHN als Paradigma (methodischer Prägung) bezeichnet wurde. Sie zeigt, unter welchen Bedingungen Erfolge erzielt werden können, und legt die kanonischen Modelle und Verfahren fest. Darüber hinaus

[13] Vgl. zur Bestimmung der Begriffe „harter Kern", „positive Heuristik" und „negative Heuristik" auch KÖTTER (2000).

gehören auch ,Tipps und Tricks' zur positiven Heuristik. Damit sind solche Verfahren zur Problemlösung gemeint, die meist nur mündlich im kleinen Kreis weitergegeben und nicht veröffentlicht werden. Durch die positive Heuristik entsteht im Laufe der erfolgreichen Anwendung des Kern eine Sammlung von Konzepten, die wiederum Einfluss auf die Ausgestaltung des Kerns mit seinem Schutzgürtel hat (Abbildung 2.1 rechts oben). Ersichtlich gibt es hier keine scharfe Abgrenzung der positiven Heuristik zum harten Kern, der ja mit der Festlegung der Strategie auch zur Problemlösung anleitet.

Unter „negativer Heuristik" subsumiert LAKATOS diejenigen methodischen Regeln, die zum Zuge kommen, wenn das Forschungsprogramm nicht auf Anhieb die gewünschte Erklärung liefert (Abbildung 2.1 links unten). Dann wird es nämlich nicht sofort verworfen, sondern es setzt eine Reihe von Rettungsversuchen ein, die in erster Linie daraus bestehen, Hilfshypothesen zu generieren, mit denen doch noch der erhoffte Erfolg erzielt werden kann (Abbildung 2.1 links oben). Manchmal gibt sich ein Wissenschaftler aber auch mit einer *Second-best*-Lösung zufrieden. Im schlimmsten Fall setzt er auf Vertröstungsstrategien, mit deren Hilfe er die Lösung eines Problems auf die Zukunft verschieben will.

2.3.3 Der ‚Schutzgürtel'

All diese heuristischen Verfahren helfen dem Wissenschaftler, hypothetisch-theoretische Sätze zu generieren, die er nicht dem harten Kern des Forschungsprogramms zuordnet, da er durchaus bereit ist, diese Hypothesen wieder zu verwerfen. Ein aktuelles Forschungsprogramm P besteht also aus dem harten Kern K und den Hypothesen H,

$$P = K + H,$$

und wird bei Misserfolg durch ein modifiziertes Forschungsprogramm P',

$$P' = K + H',$$

ersetzt, bei dem keinesfalls der Kern verändert wird, sondern nur die Hypothesen erneuert werden.

> Man kann alle wissenschaftlichen Forschungsprogramme durch ihren *‚harten Kern'* charakterisieren. Die negative Heuristik des Programms verbietet uns den Modus tollens gegen diesen ‚harten Kern' zu richten. Statt dessen müssen wir unseren Scharfsinn einsetzen, um ‚Hilfshypothesen' zu artikulieren, ja selbst zu erfinden, die dann einen Schutzgürtel um den Kern bilden. Und wir müssen den Modus tollens auf sie umlenken. Es ist dieser Schutzgürtel von Hilfshypothesen, der dem Stoß der Überprüfung standhalten, der geordnet und wiedergeordnet, ja sogar völlig ersetzt werden muß, um den so gehärteten Kern zu verteidigen. Ein Forschungsprogramm ist erfolgreich, wenn all

> dies zu einer progressiven Problemverschiebung führt; erfolglos ist es dagegen, wenn es zu einer degenerativen Problemverschiebung führt (LAKATOS, 1974, S. 129f.).

Der *modus tollens* ist der allgemein gültige logische Schluss

$$\big((\mathbf{T} \longrightarrow \mathbf{B}) \land \neg\mathbf{B}\big) \longrightarrow \neg\mathbf{T}.$$

Gelten die Prämissen, dass aus einem hypothetisch-theoretischen Satz **T** ein empirisch überprüfbarer Beobachtungssatz **B** folgt und der Beobachtungssatz **B** nicht wahr ist, dann ist auch das hypothetisch-theoretische Gesetz **T** falsifiziert. Diese Schlussregel setzt die Gemeinde der Wissenschaftler für den harten Kern K des Forschungsprogramms außer Kraft. Sie wird nur auf die Hypothesen H angewendet. Damit ist K ‚geschützt'. Dieser Schutz reicht sogar so weit, dass die Postulate des harten Kerns anderen – unter Umständen bereits bestens bewährten – hypothetisch-theoretischen Sätzen widersprechen dürfen. Ja selbst Inkonsistenzen innerhalb der Postulate eines harten Kerns sind zulässig. Beide Formen der ‚Irrationalität' finden sich im Beispiel der BOHRschen Atomhypothesen (Anhang B) wieder, das durch seine Erfolge und seine wichtige Brückenfunktion zur Quantenmechanik eindrücklich belegt, dass dieses ‚Schützen' eben gerade nicht irrational ist. Es ist notwendig. Und es ist so lange gerechtfertigt, wie ein Forschungsprogramm Erfolge verbuchen kann.

2.3.4 Progressive Problemverschiebung

Aber wie erkennt der Wissenschaftler nun, ob er Erfolg hat oder nicht. Der harte Kern gilt als erfolgreich, wenn er sich in einer Abfolge von Forschungsprogrammen P, P', P'', ... derart bewährt, dass es vom einen zum nächsten Programm zu einer *progressiven Problemverschiebung* kommt. Dabei gilt eine Problemverschiebung als *theoretisch progressiv*, wenn es zu einer Voraussage von unerwarteten Tatsachen kommt, und als *empirisch progressiv*, wenn sich solche Voraussagen empirisch nachprüfen lassen. Beim Übergang von einem Forschungsprogramm zum nächsten lässt sich der Wissenschaftler von seiner positiven Heuristik leiten, während die negative verhindert, dass er zu viele Befunde in seine Überlegungen einbezieht.

> Die positive Heuristik des Programms bewahrt den Wissenschaftler davor, daß er durch den Ozean der Anomalien verwirrt wird. Die positive Heuristik skizziert ein Programm, das eine Kette immer komplizierter werdender *Modelle* zur Simulierung der Wirklichkeit darstellt: die Aufmerksamkeit des Wissenschaftlers konzentriert sich auf den Bau seiner Modelle nach Instruktionen, die im positiven Teil des Programms niedergelegt sind. Er ignoriert die *aktuellen* Gegenbeispiele, die vorhandenen ‚*Daten*' (LAKATOS, 1974, S. 132).

2.3.5 Beispiele: Newtonsche Mechanik – Bohrsche Atomhypothesen – Quantenmechanik

Am Beispiel der NEWTONschen Mechanik (Anhang A) soll zuerst kurz erläutert werden, wie ein Forschungsprogramm arbeitet:[14] NEWTON hat sein Programm zuerst für eine feste punktförmige Sonne und einen einzigen punktförmigen Planeten ausgearbeitet, der sich um die Sonne bewegt. Dies widersprach eigentlich seinem dritten Postulat „*actio* gegengleich *reactio*“, da demzufolge die Sonne nicht unbewegt wäre. Mit der Hilfshypothese, dass die Bewegung der Sonne vernachlässigt werden kann, weil die Masse der Erde ‚unendlich‘ viel kleiner als die der Sonne ist, konnte er durch eine entsprechende Spezifizierung des Forschungsprogramms die KEPLERschen Ellipsen theoretisch herleiten. Diese Spezifizierung ist das berühmte NEWTONsche Gravitationsgesetz, das für die Mechanik von sich anziehenden Massen fundamentale Bedeutung erlangt. Mit diesem Erfolg im Rücken gab er die Unbeweglichkeit der Sonne auf und ließ Erde und Sonne nun um einen gemeinsamen Schwerpunkt kreisen. Dieses Vorgehen war durch keine Beobachtung motiviert, sondern allein aus seinen Postulaten heraus. Dann betrachtete er mehrere Planeten unter Vernachlässigung der interplanetarischen Kräfte, daraufhin Sonne und Planeten nicht als Massenpunkte, sondern als Massenkugeln, und so weiter.[15]

Bei den BOHRschen Atomhypothesen (Anhang B) kann man die Verwendung der Heuristiken gut erkennen. Dort werden durch die Postulate „Quantenbedingung“ und „Lichtemission“ die Aussagen der Klassischen Mechanik für ungültig erklärt, während durch das Postulat der strahlungsfreien klassischen Bewegung auf genau den Bahnen, die der Quantenbedingung gehorchen, die Klassische Mechanik doch wieder Gültigkeit besitzt. Zudem wird mit zuletzt genanntem Postulat der Elektrodynamik widersprochen und mit dem Postulat der Lichtemission Strahlung auf andere Weise berücksichtigt. Dass Teilchen sich *nicht-klassisch* nur auf bestimmten Bahnen, sich auf diesen aber *klassisch*, jedoch *nicht-elektrodynamisch* bewegen können, stellt eine aus der negativen Heuristik motivierte Hilfshypothese dar, die den Bruch mit bewährten Forschungsprogrammen einleitet, ohne diese gleich ganz zu verwerfen. Gerechtfertigt wird diese Hilfshypothese, die aus heutiger Sicht fast unbeholfen wirkt, allein dadurch, dass das Programm Erklärungserfolge vorweisen kann. Dabei muss insbesondere die Erklärung des diskreten Wasserstoff-Spektrums erwähnt werden. Das BOHRsche Forschungsprogramm erkennt den harten Kern der Klassischen Mechanik und den der Elektrodynamik nicht mehr vollständig an. Die Klassische Mechanik wird aber in anderen Teilen explizit benutzt. Damit ist das Programm auch in sich inkonsistent. All diese

[14] Eine genauere Darstellung der Arbeitsweise von physikalischen Forschungsprogrammen, die auch das Formale und mathematische Details berücksichtigt, findet sich im Anhang.

[15] Vgl. LAKATOS (1974, S. 132).

gravierenden Probleme werden so lange einfach ignoriert, wie das Programm Erfolge verbuchen kann.

Doch die Erfolge des BOHRschen Programms können nicht über seine Widersprüchlichkeiten hinwegtäuschen. Nach etwa 15 Jahren wird es durch die Quantenmechanik (Anhang C) abgelöst, die die BOHRschen Erfolge integriert, aber radikal mit der Klassischen Mechanik bricht. Ein komplett neuer harter Kern wird postuliert, der etliche grundlegende Annahmen und Anschauungen der Wissenschaftler ins Wanken bringt. Hierbei müssen insbesondere der Übergang zu Wahrscheinlichkeitsaussagen erwähnt werden und die HEISENBERGsche Unbestimmtheitsrelation, die eine prinzipielle Schranke unserer Möglichkeiten der Erkenntnis darstellt. Ohne die BOHRschen Atomhypothesen, die eine Art Brückenschlag zur Quantenmechanik bilden, wäre ein solch radikaler Bruch mit einem bestens bewährten Forschungsprogramm wie der Klassischen Mechanik wahrscheinlich nicht möglich gewesen.

2.3.6 Abkehr vom Falsifikationismus – Pragmatische Verifikation

Nur in aller Kürze konnte durch diese Beispiele gezeigt werden, dass mit der LAKATOSschen Methodologie der Forschungsprogramme sowohl der Alltag des Wissenschaftlers (normale Wissenschaft bei KUHN) als Vollzug eines vorhandenen harten Kerns als auch wissenschaftliche Umbrüche (wissenschaftliche Revolutionen bei KUHN) als Verdrängung eines harten Kerns durch Annahme eines neuen gut beschrieben werden können. Dabei berücksichtigt er mit der Etablierung eines ‚Schutzgürtels' um den harten Kern vor allem die Tatsache, dass neuen Forschungsprogrammen Zeit zur Bewährung gegeben werden muss. Dies ist die Abkehr von einem dogmatischen Falsifikationismus POPPERscher Prägung, ohne dabei den Anspruch der Rationalität in den Wissenschaften aufgeben zu müssen. Denn die ‚Irrationalität' des Festhaltens an einem Forschungsprogramm, das eigentlich bereits falsifiziert oder sogar inkonsistent ist, kann nun durchaus als vernünftige Handlung interpretiert werden. Dies wird möglich durch den Einbezug von Heuristiken, deren Benutzung durchaus das Ignorieren von logisch analytischen Aussagen erlaubt. Zudem stellt LAKATOS fest, dass der Forscher in seinem Alltag mitnichten solche Hypothesen aufstellt, die er am besten falsifizieren kann, sondern eben solche, die er für wahr hält:

> Man hat den Eindruck, daß die *‚Verifikation'* und nicht die Widerlegung die Berührung mit der Wirklichkeit herstellt. Obwohl man hervorheben muß, daß jede ‚Verifikation' der $n+1$-ten Fassung des Programms eine Widerlegung der n-ten Fassung ist, kann man doch nicht leugnen, daß *manche* Niederlagen der späteren Fassungen immer vorausgesehen werden: Es sind die ‚Verifikationen', die das Programm in Gang halten, trotz aller widerspenstiger Instanzen (LAKATOS, 1974, S. 133).

2.4 Fazit

Am Ende dieses Kapitels soll als Fazit das herausgestellt werden, was in unserem integrativen Konzept empirischer Forschungsprogramme in Kapitel 6 wieder zu finden sein wird. Zudem werden auch diejenigen Konzepte erwähnt, die vom Strukturalismus präzisiert werden.

- POPPER weist mit seinem Falsifikationismus als Konsequenz der Unlösbarkeit des Induktionsproblems darauf hin, dass die theoretischen Sätze empirischer Wissenschaften niemals als wahr erwiesen werden können, sondern immer hypothetisch auf Bewährung aufgestellt werden.
- KUHN verdanken wir die Einbeziehung soziologischer und historischer Aspekte in die Beschreibung der empirischen Wissenschaften. Wissenschaft ist ein von Menschen betriebenes Unternehmen, das sich allein deswegen schon nicht nur durch formale und analytische Methoden erfassen lässt. So mancher wissenschaftliche Fortschritt lässt sich erst durch die Einnahme der KUHNschen Beschreibungsperspektive verstehen.
- LAKATOS kommt der Verdienst zu, dass er in seiner Methodologie wissenschaftlicher Forschungsprogramme die beiden obigen Positionen zu vereinen wusste.
- Von ihm übernehmen wir vor allem den Begriff „Forschungsprogramm". Ein Forschungsprogramm besteht aus einem harten Kern, in dem eine bestimmte Terminologie verwendet wird, bestimmte Aufgaben benannt werden und eine bestimmte Strategie zur Bewältigung der Aufgaben vorgegeben wird. Eine Aufgabe gilt als erfolgreich bewältigt, wenn das Ergebnis mit einer empirischen Beobachtung übereinstimmt. Die Beobachtung ist dann im Rahmen des Forschungsprogramms erklärt.
- Der harte Kern bekommt Zeit, sich zu bewähren. Er wird vor der Falsifikation geschützt. Er darf sogar inkonsistent sein oder anderen bewährten harten Kernen widersprechen. Solange es gelingt, mit Hilfe des harten Kerns neue Erklärungen zu liefern, wird er nicht verworfen. Und selbst wenn die Erklärungskraft eines harten Kerns, der sich zumindest einige Male bewährt hat, nachlässt, wird er nicht gleich verworfen, sondern erst, wenn sich solche gescheiterten Versuche mehren, und wenn vor allem ein neuer Kern als Ersatz für den alten zur Verfügung steht.
- Die Konzepte des Schutzgürtels sowie der positiven und der negativen Heuristik bleiben unscharf. Die Ideen, die hinter diesen Konzepten stehen, werden im strukturalistischen Konzept von Wissenschaften präzisiert, das noch in manch anderer Hinsicht das LAKATOSsche Konzept verbessert.

3

Strukturalistische Wissenschaftstheorie

Obwohl sich wesentliche Ideen KUHNs bei LAKATOS integriert finden, stehen beide kontrovers zueinander. Ob LAKATOS selbst zur einer Auflösung dieser Kontroverse bereit gewesen wäre, werden wir aufgrund seines frühen Todes im Jahre 1974 nie erfahren.[1] Jedenfalls erzielt KUHN (1976) eine Annäherung mit den Vertretern der sogenannten strukturalistischen Auffassung der Wissenschaft, die als Weiterentwicklung der LAKATOSschen Methodologie verstanden werden kann. Insbesondere ist STEGMÜLLER darum bemüht, das wissenschaftstheoretische Konzept von SNEED dahingehend zu ergänzen und zu interpretieren, dass es mit KUHN und LAKATOS in Einklang gebracht werden kann. Der Strukturalismus legt dabei das Augenmerk auf die theoretische Struktur eines Forschungsprogramms, die im harten Kern festgeschrieben ist, und verzichtet darauf, explizit von Heuristiken zu reden. Dabei wird ein fester formaler Rahmen verwendet, der zwar für mehr Präzision sorgt, aber in der Darstellung davon abweicht, wie Forschungprogramme in den Naturwissenschaften tatsächlich formuliert werden.

Es sei vorweggenommen, dass die nun folgende metatheoretische Formulierung der strukturalistischen Auffassung von Wissenschaft stellenweise unnötig kompliziert wirken könnte und dadurch sogar die Sicht auf das Wesentliche versperrt zu sein scheint. Dieser Nachteil könnte als so gravierend empfunden werden, dass in der vorliegenden Arbeit der strukturalistische Formalismus nur in diesem Kapitel verwendet wird. In allen anderen Kapiteln werden die Forschungsprogramme möglichst so niedergeschrieben, wie dies tatsächlich in den Disziplinen geschieht. Um aber den strukturalistischen Ideen, zu denen nunmal auch der mengen-theoretische Formalismus gehört, gerecht zu werden, muss dem Leser in diesem Kapitel allerdings eine Einführung in diese Materie zugemutet werden. Wer dies scheut, auch um einer Verwirrung zu entgehen, die typischer Weise bei einem ersten Kontakt mit dem Strukturalismus entsteht, kann gleich zu dem Fazit des Abschnitts 3.6 übergehen.

[1] Eine Übersicht zu Leben und Werk gibt LARVOR (1998). Sehr persönlich charakterisiert FEYERABEND (1974) LAKATOS in einem kurzen Nachruf.

Neben SNEED und STEGMÜLLER müssen insbesondere noch die Namen BALZER und MOULINES mit der Entwicklung des strukturalistischen Theorien-Konzepts verbunden werden. Den Ausgangspunkt schafft SNEED (1971) mit der Entwicklung eines mengen- und modell-theoretischen Ansatzes zum Verständnis physikalischer Theorien, der von STEGMÜLLER (1973) aufgegriffen und philosophisch interpretiert wird. Mit Blick auf die POPPER-KUHN-Kontroverse erkennt er, dass das SNEEDsche Konzept den notwendigen Ausgleich bringen kann und zugleich Probleme der Methodologie von LAKATOS vermeiden hilft. Denn, so richtig diese Methodologie der Forschungsprogramme auch sein mag, so wenig kann die Schieflage verschwiegen werden, die durch den Versuch entsteht, an POPPER anzuknüpfen. Aus heutiger Sicht kann man behaupten, dass die strukturalistische Auffassung in mancher Hinsicht eine konsequente Weiterentwicklung der Methodologie der Forschungsprogramme nach LAKATOS ist. Zudem wird auf ein hohes Niveau der Formalisierung großer Wert gelegt, die dabei helfen soll, die ‚tiefere' logische Struktur besser zu erkennen. Wegen der erneuten Betonung der Logik kann davon gesprochen werden, dass mit STEGMÜLLER die analytische Philosophie in Deutschland eine Renaissance erlebt, allerdings ohne die Notwendigkeit der Einbeziehung pragmatischer Aspekte zu leugnen. Nur leider treten die pragmatischen Aspekte stark hinter den mächtig wirkenden Formalismus zurück.

3.1 Strukturalistische Auffassung von Wissenschaft

Von STEGMÜLLER (1986) und in dem Werk „An architectonic for science – The Structuralist Program" von BALZER et al. (1987) wird die konzeptuelle Arbeit zu einem gewissen Abschluss gebracht, und die zukünftigen Aufgaben werden formuliert. Eine Reihe bedeutender Theorien aus den verschiedensten Disziplinen werden in diesen beiden Büchern innerhalb des strukturalistischen Formalismus konkret dargestellt und diskutiert. Knapp zehn Jahre später wird von BALZER & MOULINES (1996) eine Begutachtung des Geleisteten herausgegeben. In diesem Buch schreibt MOULINES (1996) auch eine Zusammenfassung der Grundideen nieder, der wir nun im Wesentlichen folgen werden. Dabei verwenden die Strukturalisten nicht den LAKATOSschen Terminus „Forschungsprogramm" weiter, sondern sprechen von Theorien. Der im Folgenden entwickelte Theorie-Begriff wird aber letztlich weder mit einem umgangssprachlichen noch mit einem in irgendeiner Wissenschaft gebräuchlichen zusammenfallen.

Wissenschaftliche Theorien gelten dem Strukturalisten als *kulturelle* Objekte hoher Abstraktion. Sie haben eine *‚tiefere Struktur'*, die nicht einfach durch Hinsehen erkannt werden kann. Diese ‚inneren logischen Verbindungen' offen zu legen, betrachtet der Strukturalist als seine Aufgabe, die im Allgemeinen alles andere als trivial ist. Hier ist er ganz analytischer Philosoph. Als kulturell gewachsene Objekte haben wissenschaftliche Theorien nicht nur eine *Geschichte*, sondern – solange sie in Benutzung sind – auch ein ‚Leben' in dem Sinne, dass sie *Wachstumsprozessen* unterliegen und mit Entitäten außerhalb von sich selbst *interagieren.* Sie sind *Produkte wissenschaftlicher Gemeinschaften* und der *soziologischen Prozesse* innerhalb dieser. Der Strukturalist folgt hier KUHN, aber nicht ohne zu betonen, dass wissenschaftliche Theorien *Unabhängigkeit* von ihren Erdenkern erlangen, und ein hohes Maß an *Eigenständigkeit* erreichen, wie dies auch bei anderen kulturellen Objekten, beispielsweise bei Symphonien oder Computerprogrammen der Fall ist. Hier schwingt LAKATOS mit. Zusätzlich gehört für den Strukturalisten die *Interaktion mit anderen wissenschaftlichen Theorien* zu deren ‚Essenz'.

Zur Offenlegung dieser Sicht der Wissenschaften wird eine spezifische Methodologie verwendet. Soweit möglich oder vorhanden, ist eine *formalisierte Analyse* wissenschaftlicher Theorien einer sprachlichen (im Sinne von nicht formalen) stets vorzuziehen. Auf diese Weise können die logischen Strukturen besser präzisiert und kontrolliert werden. Dafür stellt der Strukturalismus ein festes *modell- und mengen-theoretisches* Konzept zur Verfügung, in das sich eine wissenschaftliche Theorie idealerweise ‚einsortieren' lässt. Dies hat ihm auch die Bezeichnung „mengen-theoretischer Ansatz" eingebracht. Zu betonen ist allerdings, dass Modell- und Mengentheorie nur die Methoden und nicht die Substanz des strukturalistischen Ansatzes darstellen. Formulierungen innerhalb anderer mathematischer Strukturen sind durchaus möglich.[2]

3.2 Modelle

Grundlegend für den Strukturalismus ist die Abkehr von der Auffassung, Theorien seien Mengen von Sätzen.[3] Diese eher traditionelle Sichtweise *(statement view)* wird durch den Blick auf Strukturen ersetzt *(non-statement view).* Der Term *Struktur* wird dabei technisch im Sinne von BOURBAKI bezogen auf seine Mengentheorie verstanden.[4] Die einfachsten strukturellen Einheiten, aus der eine Theorie besteht, sind ihre Modelle x,

$$x = \langle D_1, ..., D_m, r_1, ..., r_n \rangle ,$$

wobei die D_i so genannte *Basismengen* und die r_j *Relationen* sind, die auf diesen Basis-Mengen operieren. Um diese sehr abstrakte und formale Darstellung empirischer Theorien gleich etwas besser verständlich zu gestalten, führen

[2] Eine konkrete Formulierung mit Hilfe der Topologie hat MORMANN (1985) verfasst. Von den Protagonisten des Strukturalismus wird immer wieder die mathematische Kategorientheorie genannt (STEGMÜLLER, 1986, S. VII), (BALZER et al., 1987, S. xxii). Wiederum MORMANN (1996) erläutert diesen Ansatz.

[3] Vgl. Abschn. 1.2.4.

[4] Siehe BOURBAKI (1968). Eine gute Darstellung des Strukturbegriffs in der Mathematik gibt THIEL (1995, Kapitel 12), Spezielles zu BOURBAKI findet sich ebenda S. 270 ff. Insbesondere STEGMÜLLER (1979a) stellt den Bezug des strukturalistischen Programms zu der französischen Gruppe von Mathematikern her, die unter dem Pseudonym „BOURBAKI" veröffentlichte (JACOBS, 1990, S. 226 f.).

wir im Folgenden das Beispiel der Klassischen Partikelmechanik (KPM) mit,[5] die im Anhang A als „NEWTONsches Forschungsprogramm“ in gewohnterer Form näher erklärt wird. Ohne die KPM bereits vorher gut verstanden zu haben, wird sich das Folgende nicht mit Gewinn lesen lassen. In der KPM sind beispielsweise die Menge der Partikel P, die einem betrachteten System angehören, das Zeitintervall T, während dem die Betrachtung stattfindet, oder die räumliche Region S, innerhalb derer die Bewegung beobachtet wird, solche Basismengen. Beispiele für Relationen in KPM sind die Abbildung τ, die jedem Zeitpunkt aus T eine reelle Zahl zuordnet, oder die Abbildung σ, die jedem Raumpunkt ein Element des reellen drei-dimensionalen Vektorraums $\mathbb{R}^3$ zuordnet.[6] Hier kann das strukturalistische Konzept als konsequente Fortführung des LAKATOSschen aufgefasst werden, weil nicht nur erwähnt wird, dass im harten Kern eine Terminologie mit samt ihrer mathematischen Formulierung festgeschrieben wird, sondern diese auch explizit benannt wird.

Zunächst wird nun eine Theorie – gemeint ist hier und im Folgenden dieses Abschnitts immer empirische wissenschaftliche Theorie im Sinne des Strukturalismus – mit einer gegebenen Menge von Modellen identifiziert. Dabei verwendet der Strukturalist den mathematischen Modell-Begriff, der die konkrete Interpretation oder Belegung einer mathematischen Struktur bezeichnet, die allein durch ein Axiomen-System festgelegt ist. Die Idee, so auch bei empirischen Theorien vorzugehen, geht auf SUPPES zurück, dem die Axiomatisierung, also die genaue Angabe der mathematischen Grundstruktur, als eine der ersten großen Aufgaben jeder wissenschaftsphilosophischen Beschäftigung gilt.

> Die Klärung von begrifflichen Problemen und die Konstruktion einer expliziten logischen Grundlage sind Aufgaben, die weder sehr empirischen noch mathematischen Charakter haben. Man kann sie als echte philosophische Aufgaben ansehen, die direkt relevant für die Wissenschaft sind.
>
> Im Kontext solcher Klärung und Konstruktion erfolgt eine philosophische Analyse hauptsächlich durch Formalisierung und Axiomatisierung der Begriffe und Theorien, die in einem gegebenen Wissenschaftsbereich von fundamentaler Bedeutung sind (SUPPES, 1968, S. 26).

[5] Während die Notation des Grundkonzeptes MOULINES (1996) folgt, ist das Beispiel KPM BALZER et al. (1987, S. 29-34, S. 103-108) entnommen.

[6] Die Notationen σ, τ sind nicht BALZER et al. (1987), sondern BALZER (1997, S. 76) entnommen.

3.3 Der formale Kern einer Theorie

3.3.1 Axiomatisierung

Als einfachste und eleganteste Methode einer Axiomatisierung schlägt SUPPES die Charakterisierung durch ein *mengentheoretisches Prädikat* vor. Genauso wie der Mathematiker beispielsweise das Prädikat „ist eine Gruppe“ durch die Angabe der Eigenschaften,[7] die eine „Gruppe“ haben soll, definiert, soll der empirische Wissenschaftler z.B. das Prädikat „ist eine KPM“ durch Angabe entsprechender Eigenschaften festlegen.

> Die dabei benutzte Methode könnte man *informelle Formalisierung* nennen. Diese nur scheinbar widersprüchliche Bezeichnung ist so zu verstehen: Die Wendung „Formalisierung“ soll kein formalsprachliches Vorgehen andeuten, sondern allein darauf hinweisen, dass dieses axiomatische Vorgehen dem heutigen Präzisionsstandard der Mathematik genügt (STEGMÜLLER, 1986, S.21).

Und wenige Seiten später:

> Insbesondere sind die von uns neu eingeführten linguistischen Gebilde[[8]] stets *informelle* mengentheoretische Prädikate, in deren Definiens logische und mengentheoretische Zeichen nur als *intuitive Zeichen* [...] verwendet werden. (STEGMÜLLER, 1986, S. 25)

Dadurch entsteht eine etwas ‚verbogen‘ anmutende Redeweise: „Das Modell x ist eine KPM, wenn es das Axiomen-System A(KPM) erfüllt.“ Dies bedeutet ausführlich: „Das Modell x ist eine Belegung der theoretischen Struktur mit Namen „KPM“, die durch das Axiomen-System A(KPM) festgelegt ist.“ Bemerkenswert ist, dass die Frage nach der Wahl eines bestimmten Axiomen-Systems, das von den Modellen belegt wird, dem Strukturalisten eine relativ unwichtige ist. Entscheidend ist nur, dass durch das Axiomen-System exakt die Menge der Modelle festgelegt wird, die eine bestimmte Klasse von Phänomenen repräsentieren, nämlich die, die von der Theorie beschrieben werden sollen.

Ungeachtet der konkreten Axiomatisierung lassen sich grundsätzlich zwei Typen von Axiomen unterscheiden, die *Rahmenbedingungen* und die *Fundamentalgesetze*. Erstere treffen keinerlei Aussagen darüber, wie eine Beobachtung erklärt werden könnte, sondern legen nur den Rahmen fest, innerhalb

[7] Eine Gruppe ist eine Menge G, auf deren Elementen $a, b \in G$ eine Verknüpfung $(a, b) \longrightarrow a \bullet b$ definiert ist, die drei Eigenschaften erfüllen muss:
(1) Assoziativität: Für alle $a, b, c \in G$ gilt: $a \bullet (b \bullet c) = (a \bullet b) \bullet c$.
(2) Existenz eines Einheitselements: Es gibt ein $e \in G$, so dass für alle $a \in G$ gilt: $a \bullet e = e \bullet a = a$.
(3) Existenz des inversen Elements: Für alle $a \in G$ gibt es ein $a^{-1} \in G$, so dass gilt: $a \bullet a^{-1} = e = a^{-1} \bullet a$.

[8] Ein solches linguistisches Gebilde ist das Prädikat „ist eine KPM“.

dessen eine Beobachtung sinnvoll beschrieben werden kann. Letztere verraten, unter welche Gesetze sich eine Beobachtung subsumieren lassen muss, wenn sie denn von der gerade herangezogenen Theorie auch wirklich beschrieben wird.

Rahmenbedingungen

Die Menge der Modelle, die zumindest die Rahmenbedingungen erfüllen, und damit potentiell als Modelle des Axiomen-Systems der Theorie in Frage kommen, heißt *Menge der potentiellen Modelle* $\mathsf{M_p}$. Bei der KPM ist sie wie folgt definiert:

Definition ($\mathsf{M_p}$(KPM)). x ist eine *potentielle klassische Partikelmechanik*, $x \in \mathsf{M_p}$(KPM), wenn es $P, T, S, \tau, \sigma, s, m, f$ gibt, so dass

(1) $x = \langle P, T, S, \mathbb{N}, \mathbb{R}, \tau, \sigma, s, m, f \rangle$.
(2) P ist eine endliche, nicht-leere Menge und T, S sind Mengen.
(3) $\tau : T \longrightarrow \mathbb{R}$ und $\sigma : S \longrightarrow \mathbb{R}^3$ sind bijektive Abbildungen.
(4) $s : P \times T \longrightarrow S$, wobei $\sigma \circ s_p \circ \tau^{-1}$ für alle $p \in P$ glatte[9] Funktionen sind.
(5) $m : P \longrightarrow \mathbb{R}^+$.
(6) $f : P \times T \times \mathbb{N} \longrightarrow \mathbb{R}^3$.

Die Mengen P, T, S wurden oben bereits eingeführt. BALZER (1997, S. 74) nennt sie *Hauptbasismengen*, während er die mathematischen Mengen $\mathbb{N}, \mathbb{R}$ als *Hilfsbasismengen* bezeichnet. Auch die Funktionen τ, σ haben wir oben bereits kennen gelernt. Die Funktion $s_p(z)$ ordnet nun jedem Teilchen $p \in P$ zu jedem Zeitpunkt $z \in T$ einen Ort $s \in S$ zu. Entsprechend bildet die Funktion $\sigma \circ s_p \circ \tau^{-1}(t)$ jede einen Zeitpunkt repräsentierende reelle Zahl $t \in \mathbb{R}$ auf einen Vektor $r \in \mathbb{R}^3$ des reellen drei-dimensionalen EUKLIDschen Vektorraumes ab, der einen Raumpunkt beschreibt. Um Verwirrungen vorzubeugen, sei betont, dass hier zwischen Zeitpunkten z und den sie repräsentierenden reellen ‚Zeit-Zahlen' t unterschieden wird. Die Funktion τ bildet diese aufeinander ab: $t = \tau(z)$. Selbiges gilt für Orte s, Orts-Vektoren r und die Abbildung σ: $r = \sigma(s)$. Wir fassen dies in folgendem Diagramm zusammen:

$$\begin{array}{ccc} \mathbb{R} & \xrightarrow{\sigma \circ s_p \circ \tau^{-1}} & \mathbb{R}^3 \\ {\scriptstyle \tau}\uparrow \; \downarrow{\scriptstyle \tau^{-1}} & & \uparrow{\scriptstyle \sigma} \\ T & \xrightarrow[s_p]{} & S \end{array}$$

Ferner wird noch die Massen-Funktion definiert, die jedem Partikel p eine positive reelle Zahl m_p zuordnet, die seine Masse erfasst. Und zuletzt die Kraft-Funktion, die jedem Partikel p zu jedem Zeitpunkt z einen dreikomponentigen Kraft-Vektor $f_{p,i}(z) \in \mathbb{R}^3$ mit der Nummer $i \in \mathbb{N}$ zuordnet.

[9] Konkreter ist im Falle der KPM mit „glatt" stetig und mindestens zweimal differenzierbar gemeint.

Offenbar kann es mehrere solcher Kräfte auf ein Partikel zu einer Zeit geben, die deswegen durchnummeriert werden müssen.

Ein Wissenschaftler, dessen alltägliche Arbeit aus der Anwendung des Forschungsprogramms KPM besteht, würde die Inhalte obiger Definition als ‚Trivialitäten' auffassen, die keiner weiteren Erwähnung bedürfen. Mit großem formalen Aufwand werden die Grundlagen definiert, in die der Fachwissenschaftler ‚unmerklich hineinsozialisiert' wurde, die ihm nunmehr selbstverständlich erscheinen und eigentlich keiner weiteren Erwähnung bedürfen. Der Strukturalist, der als Wissenschaftstheoretiker die KPM von einer *Metaebene* aus betrachtet – er benutzt die KPM nicht, sondern möchte *über* sie reden – arbeitet hier die grundsätzlichen inhaltlichen und mathematischen Konzepte sowie das grundsätzliche Vorgehen heraus, die vom Anwender der KPM benutzt werden, um eine mathematische Beschreibung der Phänomene der KPM zu erreichen. Er stellt also bei der Definition der potentiellen Modelle $\mathsf{M_p}(\mathrm{T})$ einer Theorie T fest, welche mathematischen Strukturen zur Beschreibung der Phänomene verwendet werden, und nennt dies den *konzeptuellen Rahmen* der Theorie.

Fundamentalgesetze

Gehorcht ein potentielles Modell $x \in \mathsf{M_p}$, das diesen konzeptuellen Rahmen erfüllt, zusätzlich den Fundamentalgesetzen, die für die betrachtete Theorie T spezifisch sind, wird es zum Modell der Theorie, $x \in \mathsf{M}$. Führen wir für die Orts-Funktion der Zeit die gewohnte Notation ein, $r_p(t) := \sigma \circ s_p \circ \tau^{-1}(t)$ können wir die Menge der Modelle der KPM wie folgt definieren:

Definition (M(KPM)). x ist eine *klassische Partikelmechanik*, $x \in \mathsf{M}(\mathrm{KPM})$, wenn es $P, T, S, \tau, \sigma, s, m, f$ gibt, so dass

(1) $x = \langle P, T, S, \mathbb{N}, \mathbb{R}, \tau, \sigma, s, m, f\rangle$.
(2) $x \in \mathsf{M_p}(\mathrm{KPM})$.
(3) Für alle $p \in P$ und alle $t \in \mathbb{R}$:

$$m_p \frac{\mathrm{d}^2}{\mathrm{d}t^2} r_p(t) = \sum_{i \in \mathbb{N}} f_{p,i}(\tau^{-1}(t)). \tag{3.1}$$

Damit ist die Postulierung der Struktur der KPM abgeschlossen. Sie besteht aus zweierlei Leistungen: Blenden wir zunächst aus, dass in obigen Definitionen auch P, T, S, s vorkommen, haben wir in der Tat noch keinerlei Physik betrieben, sondern nur eine mathematische Struktur axiomatisch festgelegt: Für jeden Namen „p" gebe es eine Zahl $m_p \in \mathbb{R}$, ferner gebe es für jeden Namen „p" und zu jeder Zahl $t \in \mathbb{R}$ einen Vektor $r_p(t) \in \mathbb{R}^3$ und im Allgemeinen unendlich viele Vektoren[10] $f_{p,i}(t) \in \mathbb{R}^3$ mit $i \in \mathbb{N}$. Diese mathematischen

[10] Um diesen rein mathematischen Teil der Postulate sauber herausziehen zu können, müssten wir eigentlich noch eine zusätzliche Funktion

Objekte gehorchen den Differenzialgleichungen (3.1). Neben der Axiomatisierung der mathematischen Struktur ist die zweite Leistung, die Verknüpfung derselben mit physikalischen Objekten. Dies vollbringen die Abbildungen σ, τ. Die Buchstaben P, T, S sind nämlich zuvor schon physikalisch interpretiert als die Mengen der Partikel, der Zeit- und der Raumpunkte, der Buchstabe s als die Zuweisung von Orten. Wir wissen bereits, worüber wir verhandeln wollen, wenn KPM betrieben werden soll. Deswegen spricht man bei physikalischen Postulaten auch von *Halb-Axiomen*. Das geordnete Paar $\langle \mathsf{M_p}, \mathsf{M} \rangle$ wird Modell-Element eines formalen Kerns genannt. Es ist die kleinste Einheit zu dessen Erfassung. Nach diesem ersten Schritt erfolgt die Suche nach weiteren Kern-Bestandteilen. Denn Theorien, die ein gewisses Stadium der konzeptuellen und methodologischen Reife erlangt haben, weisen vier weitere strukturelle Eigenschaften auf, deren Definitionen durch folgende Überlegungen motiviert werden:

3.3.2 Constraints

Die Modelle ein und derselben empirischen Theorie sind mitunter nicht voneinander isoliert. Es gibt *Querverbindungen (constraints)* $\mathsf{C} = \langle \mathsf{C}_1, \mathsf{C}_2, ..., \mathsf{C}_n \rangle, n \in \mathbb{N}$, wobei jede Querverbindung als eine Menge C_i erfasst wird, in der sich alle Modelle befinden, die der entsprechenden Verbindung unterliegen. In der KPM können solche Querverbindungen entstehen, wenn zwei Systeme sich räumlich und zeitlich überlappen. Beispielsweise gibt es so eine Überlappung bei den Systemen „Erde – Mond" und dem „Sonnensystem". Dabei sind offenbar die Massen der Himmelskörper stets gleich, aber auch die Kräfte. Bei der KPM lassen sich drei generelle Querverbindungen ausmachen, die erwähnten Gleichheiten von Massen und Kräften sowie die Extensivität der Masse, die Folgendes besagt: Vereint man zwei Partikel zu einem, ist dessen Masse die Summe der beiden Ausgangsmassen.

3.3.3 Links

Auch die empirische Theorie selbst ist nicht isoliert. Es gibt intertheoretische Verknüpfungen, sog. *Bänder (Links)* $\mathsf{L} = \langle \mathsf{L}_1, \mathsf{L}_2, ..., \mathsf{L}_n \rangle, n \in \mathbb{N}$, zu anderen Theorien. Da das strukturalistische Konzept z.B. die Bereiche Stoß-, Partikel- und Starrer-Körper-Mechanik innerhalb der Klassischen Mechanik als jeweils eigenständige Theorien auffasst, gibt es Links, die den Zusammenhang dieser

---

$F: \begin{cases} P \times \mathbb{R} \times \mathbb{N} \longrightarrow \mathbb{R}^3 \\ (p,t,i) \longmapsto F_{p,i}(t) \end{cases}$ definieren, die sich von f nur dadurch unterscheidet, dass sie nicht auf T sondern auf $\mathbb{R}$ definiert ist, und dadurch keinen Bezug mehr zu der Menge der Zeitpunkte hat. Da diese Unterscheidung marginal ist, führen wir sie im Haupttext nicht durch, sondern ziehen es vor, die Darstellung von BALZER et al. (1987) nicht zu ergänzen.

Bereiche erfassen. Wesentlich interessanter sind aber Verbindungen zu gänzlich anderen, aber doch verwandten Theorien wie die von Klassischer Mechanik zur Relativitätstheorie oder zur Quantenmechanik. Beispiele möglicher intertheoretischer Relationen sind die Spezialisierung (auch Spezifizierung oder Konkretisierung), die Theoretisierung, die Reduktion oder die Äquivalenz.

3.3.4 T-Theoretizität

Hinter dem Begriff der T-Theoretizität verbergen sich zwei besonders wichtige Erkenntnisse des Strukturalismus. Erstens gibt es Größen, bei deren Messung immer schon von einer Theorie Gebrauch gemacht wird, und zweitens wird für eine *bestimmte* solche Größe von einer *bestimmten* Theorie Gebrauch gemacht und von keiner anderen. Es gibt also Größen, die bezüglich einer Theorie T nur in von dieser Theorie abhängiger Weise gemessen werden können. So eine Größe heißt *T-theoretisch.* Nicht T-theoretische Größen sind typischer Weise theoretisch bezüglich einer anderen Theorie, die ersterer ‚zugrunde liegt'. Etwas präziser gilt im Rahmen des strukturalistischen Konzeptes eine Größe als T-theoretisch, wenn jedes Modell x zur Messung dieser Größe zugleich Modell der Theorie T ist, $x \in \mathsf{M}(\mathrm{T})$. Umgekehrt, falls x kein Modell von T ist, $x \notin \mathsf{M}(\mathrm{T})$, dann ist es auch kein Modell zur Messung der jeweiligen Größe, was soviel heißt, dass die Messwerte unbrauchbar oder uninteressant sind. Wir erinnern uns daran, dass eine Liste von Eigenschaften das mengentheoretische Prädikat „ist eine potentielle Theorie T" definiert und damit die Menge der potentiellen Modelle $\mathsf{M_p}(\mathrm{T})$ der Theorie T. Entfernt man aus dieser Liste alle Eigenschaften, in denen T-theoretische Größen vorkommen, so erhält man die sogenannte *Menge der partiellen potentiellen Modelle* $\mathsf{M_{pp}}(\mathrm{T})$ der Theorie T.

Bei unserem Beispiel der KPM erkennt der Strukturalist zwei KPM-theoretische Größen, die Massen m_p und die Kräfte $f_{p,i}(t)$. Für beide gibt es nur solche Messverfahren, die implizit bereits von der KPM, insbesondere vom zweiten NEWTONschen Gesetz (3.1) Gebrauch machen. Sämtliche Formen von Waagen oder Kraftmessern setzen die Gültigkeit dieses Gesetzes voraus. Die Ortsmessung hingegen gelingt offenbar ohne Rückgriff auf die KPM. Deswegen wird die Menge der partiellen potentiellen Modelle der KPM wie folgt definiert:

Definition ($\mathsf{M_{pp}}$(KPM)). x ist eine *partielle potentielle klassische Partikelmechanik*, $x \in \mathsf{M_{pp}}(\mathrm{KPM})$, wenn es P, T, S, τ, σ, s gibt, so dass

(1) $x = \langle P, T, S, \mathbb{N}, \mathbb{R}, \tau, \sigma, s \rangle$.
(2) P ist eine endliche, nicht-leere Menge und T, S sind Mengen.
(3) $\tau : T \longrightarrow \mathbb{R}$ und $\sigma : S \longrightarrow \mathbb{R}^3$ sind bijektive Abbildungen.
(4) $s : P \times T \longrightarrow S$, wobei $\sigma \circ s_p \circ \tau^{-1}$ für alle $p \in P$ glatte Funktionen sind.

Offensichtlich handelt es sich hierbei um dieselben Axiome wie bei der Definition von $\mathsf{M_p}$(KPM) von Seite 48, nur dass die Nummern (5) und (6) fehlen.

3.3.5 Approximation

Sollen real aufgenommene Daten innerhalb einer empirischen Theorien erklärt werden, bedarf es in der Regel einer Reihe von approximativen Verfahren. Beispielsweise unterliegt jede Messung Unwägbarkeiten, die dazu führen, dass eine Messreihe stets statistisch verteilt ist. Zu diesem praktischen Problemen der Messung kommen im Allgemeinen noch systematische hinzu. Denn in der Regel bedarf es etlicher idealisierender Annahmen, um einen theoretischen Apparat überhaupt in Gang zu bringen. Inwieweit es dann zulässig ist, dass Messreihen sich in diese Idealisierung nur approximativ einfügen, und wie viel Toleranz gestattet wird, sind Fragen, die jeder empirische Wissenschaftler oftmals beantworten muss. MOULINES (1976) erfasst solche Unschärfen mit Hilfe des topologischen Begriffs der Uniformität. Der Wissenschaftler muss sich entscheiden, welche Elemente dieser Uniformität U er für zulässig hält (und dies insbesondere seinen Kollegen auch mitteilen). Die Menge der *zulässigen Unschärfen* werde A genannt und ist somit Teilmenge von U, $\mathsf{A} \subseteq \mathsf{U}$.

Damit haben wir die Bestandteile des formalen Kerns einer jeden empirischen Theorie zusammengetragen. Demnach besteht im strukturalistischen Konzept der formale Kern K einer empirischen Theorie T,

$$\mathrm{K(T)} := \langle \mathsf{M_p}, \mathsf{M}, \mathsf{M_{pp}}, \mathsf{C}, \mathsf{L}, \mathsf{A} \rangle ,$$

aus sechs Mengen, die folgende Elemente beinhalten: Die potentiellen Modelle, die Modelle, die partiellen potentiellen Modelle, die Querverbindungen oder Constraints, die Bänder oder Links und die Approximationen. Dabei ist die zentrale Menge die der potentiellen Modelle $\mathsf{M_p}$. Alle anderen Mengen dieser informellen Modell- und Mengentheorie stehen in Relation zu $\mathsf{M_p}$. Diese Mengen-Relationen fassen die Grundideen des metatheoretischen Konzeptes des Strukturalismus zusammen:

(1) $\mathsf{M} \subseteq \mathsf{M_p}$: Modelle sind potentielle Modelle, die zusätzlich die Fundamentalgesetze erfüllen. Es kann potentielle Modelle geben, die die Fundamentalgesetze nicht erfüllen.
(2) $\mathsf{C}_i \subseteq \mathrm{Po}(\mathsf{M_p})$: Die Menge eines Constraints ist Teilmenge[11] der Menge der potentiellen Modelle, d.h. alle potentiellen Modelle, die durch ein Constraint quer verbunden sind, sind auch Element von C_i.
(3) Für jedes Link L_i, gibt es mindestens ein $\mathsf{M_p}(\mathrm{T}') \neq \mathsf{M_p}(\mathrm{T})$, so dass $\mathsf{L}_i \subseteq \mathsf{M_p}(\mathrm{T}) \times \mathsf{M_p}(\mathrm{T}')$: Ein Link L_i ist eine Teilmenge des kartesischen Produktes[12] zweier verschiedener Mengen potentieller Modelle, d.h. alle Paare

[11] Mit $\mathrm{Po}(\mathsf{M})$ wird die Potenzmenge einer Menge M bezeichnet, das ist die Menge aller Teilmengen.

[12] Das kartesische Produkt $\mathsf{M}_1 \times \mathsf{M}_2$ zweier Mengen ist die Menge der geordneten Paare (x, y) mit $x \in \mathsf{M}_1$ und $y \in \mathsf{M}_2$.

(x, x') von potentiellen Modellen, die durch eine bestimmte intertheoretische Relation verbunden sind, sind Element der Menge L_i, wobei ersteres zur Theorie T, $x \in \mathsf{M_p}(\mathrm{T})$ und letzteres zu T′ gehört, $x' \in \mathsf{M_p}(\mathrm{T}')$.

(4) Zu jeder Theorie T gibt es eine Funktion $r_\mathrm{T} : \mathsf{M_p} \longrightarrow \mathsf{M_{pp}}$, die jedem potentiellen Modell ein partielles potentielles Modell zuordnet, indem sie die T-theoretischen Terme ‚entfernt'.

(5) $\mathsf{A} \subseteq \mathsf{U} \in \mathrm{Po}(\mathsf{M_p} \times \mathsf{M_p})$: Ein Paar zweier verschiedener potentieller Modelle der gleichen Theorie ist Element der Menge A, wenn die zwischen diesen Modellen bestehenden Unterschiede unter einer für zulässig befundenen Approximation vernachlässigt werden können.

3.4 Intendierte Anwendungen, Theorie-Elemente und Theorie-Netze

Der formale Kern legt die strukturellen Aspekte einer empirischen Theorie fest. Im Gegensatz zur Mathematik, die ausschließlich theoretische Strukturen untersucht, sollen empirische Theorien auf beobachtbare Phänomene anwendbar sein. Und zwar am besten so, dass Erklärungen, Vorhersagen oder technische Anwendungen möglich werden. Mit einer empirischen Theorie sind immer schon bestimmte *Anwendungen intendiert*. Dies unterscheidet sie von rein mathematischen Theorien. Die Elemente der Menge der intendierten Anwendungen I müssen die struktur-definierenden Axiome der partiellen potentiellen Modelle $\mathsf{M_{pp}}$ erfüllen:

$$\mathsf{I} \subseteq \mathsf{M_{pp}}(\mathrm{T}).$$

Die Menge der intendierten Anwendungen ist eine offene Menge. Nie kann ausgeschlossen werden, dass zu einer noch so alten Theorie doch noch eine neue Anwendung hinzukommt. In extremer Weise hat dies beispielsweise die Klassische Mechanik erlebt, als über zweihundert Jahre nach ihrer ersten Formulierung mit der Betrachtung chaotischer Systeme ein ganzes Feld neuer Anwendungen hinzugewonnen wurde.

Innerhalb der intendierten Anwendungen lässt sich eine Teilmenge $\mathsf{I}_0 \subset \mathsf{I}$ finden, auf die sich eine wissenschaftliche Gemeinschaft geeinigt hat, die *paradigmatischen Beispiele*. Sie gelten als die Paradebeispiele der erfolgreichen Anwendung einer Theorie. Sollte eine Theorie neu formuliert werden, wie dies beispielsweise mit der NEWTONschen Mechanik durch die LAGRANGE- und die HAMILTON-Mechanik geschehen ist, müssen innerhalb der neuen Formulierung auf jeden Fall zuerst einmal diese paradigmatischen Beispiele behandelt werden können, wenn die neue Formulierung in der Gemeinde der Wissenschaftler Anerkennung finden soll. Diese wird ihr ohnehin nur dann zukommen, wenn die neue Formulierung auch wirklich Vorteile bietet, das heißt, dass sich zumindest alte gelöste Probleme verständnisfördernd darstellen lassen, aber besser noch, dass neue Probleme eine Lösung finden. Bei der Klassischen Mechanik beinhaltet die Menge I_0 der paradigmatischen Beispiele das Sonnensystem und all seine Teilsysteme, aber insbesondere auch Pendelbewegungen und harmonische Schwingungen oder Flugbewegungen von Geschossen.

Bisher wurde noch keine einzige *empirische Behauptung* getroffen, die sich durch eine Beobachtung verifizieren oder falsifizieren ließe. Die Existenz von solchen primären Sätze der Erfahrung war eine der Voraussetzungen dafür, eine Wissenschaft empirisch zu nennen.[13] Damit der Strukturalist solche Sätze formulieren kann, definiert er die Menge Cn(K), den *theoretischen Gehalt* des formalen Kerns:

$$\mathrm{Cn}(K) := r_T\big(\mathrm{Po}(M) \cap C \cap \mathrm{Po}(L)\big).$$

Der theoretische Gehalt ist die Menge aller Mengen mit Modellen des Kerns einer Theorie, die *constraints* und *links* erfüllen, und von denen die T-theoretischen Terme entfernt wurden. Anders ausgedrückt, eine Teilmenge von M_{pp} gehört genau dann zum theoretischen Gehalt, wenn zu ihren Modellen theoretische Terme auf solche Weise hinzugefügt werden können, dass erstens eine Teilmenge von M entsteht und dass zweitens die *constraints* und *links* erfüllt werden. Die zu formulierende *empirische Behauptung* lautet dann,

$$I \in \mathrm{Cn}(K), \qquad (3.2)$$

dass also die Menge der intendierten Anwendungen Element dieser Potenzmenge „Theoretischer Gehalt" ist. Damit ist die Verbindung zur Empirie hergestellt unter Benennung der theoretischen Struktur, die den intendierten Teil der Phänomene zu erfassen vermag. Dabei wurde das Problem der T-theoretischen Terme berücksichtigt.

Jetzt kann bestimmt werden, was bisher in diesem Kapitel unpräzise als Theorie bezeichnet wurde. Gemeint war damit immer, wie eingangs erwähnt, empirische wissenschaftliche Theorie im Sinne des Strukturalismus. Nun präzisiert der Strukturalist seine Redeweise und unterscheidet zwischen *Theorie-Elementen* und *Theorie-Netzen*. Er bezeichnet das Paar

$$T = \langle K, I \rangle\,,$$

für das obige empirische Behauptung (3.2) erhoben wird, als *Theorie-Element* und die Gesamtheit aller Theorie-Elemente mit ein und demselben *Fundamentalgesetz*, aber unterschiedlichen *Spezifizierungen* als *Theorie-Netz*. Dabei heißt das Theorie-Element, in dem das Fundamentalgesetz in seiner allgemeinsten Fassung, also völlig unspezifiziert vorkommt, das *Basis-Element*.

Im Falle der KPM ist Gleichung (3.1) das Fundamentalgesetz in seiner allgemeinsten Form. Nach BALZER et al. (1987, Chap. iV.4, S. 180-191) ergeben sich die ersten möglichen Spezifizierungen so, dass zwischen ortsabhängiger, geschwindigkeitsabhängiger und zeitabhängiger KPM und zudem noch der NEWTONschen KPM unterschieden wird. Ortsabhängig heißt dabei, dass die

[13] Vgl. Abschnitt 1.2.1.

Kräfte in Gleichung (3.1) von den Orten der Partikel abhängen. Die anderen beiden Spezifizierungen bedeuten das Entsprechende, während die NEWTONsche KPM durch das dritte NEWTONsche Gesetz „*actio* gegengleich *reactio*" spezifiziert ist. Von diesen vier Spezifikationen aus kann dann weiter spezifiziert werden. Da verschiedene ‚Spezifikationslinien' sich auch kreuzen können, sähe ein entsprechendes Bild[14] wie ein Netz aus.

Zuletzt wird festgestellt, dass die bisherige Betrachtungsweise *synchron* war. Theorien unterliegen aber auch einer historischen Entwicklung, sie sind *diachron*. So eine *Theorie-Evolution* ist eine sich zeitlich entwickelnde Sequenz von Theorie-Netzen, die wiederum in einer bestimmten Art und Weise miteinander verknüpft sind. Eine Menge solcher verknüpfter Theorie-Netze wird *Theorie-Holon* genannt.

3.5 Beschreibung des empirischen Wissenschaftsbetriebs

Die strukturalistische Auffassung der empirischen Wissenschaften war insbesondere mit dem Anspruch gestartet, eine Art von ‚intellektueller Schizophrenie' zu beseitigen, in die man sich als Philosoph in Anbetracht der POPPER-KUHN-Kontroverse hineingestoßen fühlen musste.[15] STEGMÜLLER formuliert diesbezüglich die Leistungen des Strukturalismus so:

> Diese strukturalistische Auffassung hat gegenüber den herkömmlichen Vorstellungen, wonach Theorien mit Satzklassen identifiziert werden, fünf bedeutende Vorteile:
>
> (1) Auf seiner Grundlage kann in zwangloser und natürlicher Weise ein Begriff eingeführt werden, der dem Begriff *normale Wissenschaft* bei Kuhn entspricht und der diesem den Anschein des Irrationalem nimmt.
>
> (2) Es wird möglich, einen *Fortschrittsbegriff* einzuführen, der auch Fälle von revolutionärer Verdrängung durch Theorien mit ganz neuen begrifflichen Apparaturen erfasst.
>
> (3) Das Phänomen der *Immunität von Theorien gegenüber ‚widerspenstiger Erfahrung'* kann durchsichtig und verständlich gemacht werden.
>
> (4) Dieses Konzept gestattet eine *außerordentliche Vereinfachung* dessen, was Lakatos mit seiner *Theorie der Forschungsprogramme* leisten wollte, ohne daß es mit den Vagheiten und Schwierigkeiten dieser Theorie behaftet wäre.
>
> (5) Der Hauptvorteil besteht vermutlich darin, daß uns diese Auffassung von der Gefahr befreit, in einen *Rationalitätsmonismus* und dadurch in ein *Rationalitätsklischee* zu verfallen, in dem man annimmt, es könne nur *eine einzige Quelle* für wissenschaftliche

[14] Vgl. BALZER et al. (1987, S. 191).

[15] Vgl. STEGMÜLLER (1980, S. 104 f.).

> Rationalität geben (wie z.B. die Befolgung von Regeln des induktiven Schließens oder des Falsifikationsprinzips oder bestimmter methodologischer Regeln.)
>
> (STEGMÜLLER, 1980, S. 109)

Es kann kaum verneint werden, dass der aufwändige formale Apparat des letzten Abschnitts nicht unbedingt ein leichtes Einsehen dieser fünf Punkte möglich macht. Dennoch soll nun überprüft werden, ob mit dem strukturalistischen Konzept das Versprochene geleistet wird. Auch die pragmatischen Aspekte, die in Abschnitt 3.1 noch deutlich zu erkennen waren, sind hinter den Formalismus zurückgetreten. Zu seiner Rechtfertigung sei allerdings nochmals bemerkt, dass der Strukturalismus ein wohldefiniertes metatheoretisches Reden über Theorien erlaubt, das sonst – allein mit den in den Fachwissenschaften vorhandenen Termini – gar nicht möglich wäre.

STEGMÜLLER (1980, S. 111) räumt ein, dass ein Fachwissenschaftler nicht das unter einer Theorie verstehen würde, was im letzten Abschnitt vorgestellt wurde. Der Fachwissenschaftler würde an etwas viel weniger Abstraktes denken, da er es mit Menschen, ihren Überzeugungen und ihrem Wissen zu tun hat. Deswegen führt STEGMÜLLER (1980, S111 f.) den pragmatischen Begriff des *Verfügens* oder *Vertretens einer Theorie* ein, den er folgendermaßen definiert: Die fraglichen Personen, die gemeinsam über eine Theorie verfügen, benützen zwar für ihre Hypothesenbildung ein und dieselbe Theorie, verbinden jedoch mit dieser Theorie die verschiedenartigsten Überzeugungen und Annahmen. Dies bedeutet, dass der Kern der Theorie unverändert bleibt, während sich die empirischen Behauptungen ständig ändern können. Konkret lässt sich dies so ausdrücken, dass es zu einem Theorie-Element ein Netz N mit einem zugehörigen Netz N_K von Strukturkernen gibt, die fraglichen Personen die empirische Behauptung $\mathsf{I} \in Cn(N_K)$[16] glauben und über entsprechende Erfahrungsdaten zur Stützung dieser Aussage verfügen.[17]

Nun zu den im letzten STEGMÜLLERschen Zitat erwähnten fünf Vorteilen im Einzelnen:

Zu (1): Um den KUHNschen Begriff der normalen Wissenschaft zu präzisieren, schlägt STEGMÜLLER (1980, S. 114) vor, die Menge der paradigmatischen Beispiele I_0 so einzubeziehen, dass es eine Person gegeben hat, die zu einem Zeitpunkt t_0 den Kern K_0 der Theorie erfolgreich angewendet hat, $\mathsf{I}_0 \in Cn(K_0)$. Von den Personen, die zu einem späteren Zeitpunkt von sich behaupten, über diese Theorie zu verfügen, wird nun zusätzlich verlangt, dass auch sie I_0 als paradigmatische Beispielmenge für I wählen. Zu I_0 gibt es dann

[16] Mögliche Argumente von $Cn(\cdot)$ sind Strukturkerne. Die Sequenz von Strukturkernen N_K ist damit auch als Argument zulässig.

[17] STEGMÜLLER (1980, S. 112) fordert schließlich noch, dass das existierende Netz N für das ‚feinste' gehalten wird. Letzteres bedeutet, dass die fraglichen Personen glauben, keine weitere Spezifikation innerhalb des Netzes mehr finden zu können. Diese Forderung scheint aber von den Akteuren auch zu verlangen, dass sie an keinen Fortschritt mehr glauben (Vgl. Punkt (2), S. 57).

eine zeitliche Folge I_t. Auf diese Weise sind der historische Ursprung, der Begriff des Paradigmas sowie die historische Kontinuität des KUHNschen Begriffs der normalen Wissenschaft eingefangen.

Zu (2): In dieser ‚normalen' Wissenschaft kann es zwei Arten von Fortschritten geben. Die eine Art besteht in der Erweiterung der Menge der intendierten Anwendungen, wobei die empirische Behauptung $I \in Cn(K)$ wahr bleibt. Die andere Art besteht in einer Erweiterung (Verfeinerung) des Netzes, d.h. in dem Auffinden neuer Spezifizierungen. In beiden Fällen kann man davon sprechen, dass die Theorie *erfolgreich angewendet* wurde. Einen weiteren, ganz anderen Fortschritt hat KUHN mit dem Begriff der wissenschaftlichen Revolution belegt. Im strukturalistischen Konzept wird etwas präziser von Theorienverdrängung durch eine Ersatztheorie gesprochen. Damit ist die Situation gemeint, dass eine ‚alte' Theorie intendierte Anwendungen nicht mehr aufzunehmen vermag und eine ‚neue' erdacht wird, die eben dies kann. Zweifelsohne mutet dieser Fortschritt ‚umwälzender' und ‚sprunghafter', eben ‚revolutionärer' an als der ‚normale Fortschritt'. Bei genauerer Betrachtung der historischen Situation (vgl. Beispiel NEWTONsche Mechanik – BOHRsche Atomhypothesen – Quantenmechanik in Abschnitt 2.3.5 und Anhang 13.5) kann man allerdings erkennen, dass nicht sprunghaft etwas Altes durch etwas Neues beseitigt wird, sondern dass der Begriff der Verdrängung angemessener ist. Und wie der Zusatz „durch eine Ersatztheorie" verdeutlichen soll, gelingen solche Verdrängungsversuche auch nur dann, wenn eine neue, vielversprechende Theorie zur Verfügung steht.

Zu (3): Theorien werden von neuen Theorien verdrängt und nicht empirisch falsifiziert. Gegen empirische Falsifikation alleine sind Theorien in dreifacher Hinsicht immun. Erstens kann eine Falsifikation nur gegen die empirische Behauptung, $I \in Cn(N_K)$, gerichtet werden und niemals gegen den Basis-Kern K, aus dem das Netz N_K als Sequenz von Strukturkernen durch Spezialisierungen hervorgeht. Erweist sich ein bestimmtes Netz N_K von Kern-Spezialisierungen als empirisch falsch, so wird der Kern K nicht verworfen, sondern auf eine andere Weise spezialisiert. Die Falsifikation der empirischen Behauptung kann zweitens dadurch abgewendet werden, dass sich die *scientific community* dazu entscheidet, die Zugehörigkeit einer bestimmten Anwendung zur Menge der intendierten Anwendungen zu verneinen. Sollte sich für diese bestimmte Anwendung trotz vieler Versuche einfach keine passende Kern-Spezialisierung finden lassen, wird man dazu geneigt sein, die Lösung dieses Problems einem gänzlich anderen Kern in der Zukunft zu überlassen. Die bisherigen Erfolge des an diesem Problem gescheiterten Kerns wird man deswegen sicherlich nicht verwerfen. Und drittens ist das Bekenntnis eines Wissenschaftlers, dass er eine Theorie vertritt (über eine Theorie verfügt), nicht mehr als die Ankündigung, dass er gedenkt, zur Lösung seiner wissenschaftlichen Probleme diese Theorie anzuwenden. Dies bedeutet, dass er nach geeigneten Kern-Spezialisierungen und Nebenbedingungen innerhalb dieser Theorie sucht, die seine Probleme zu intendierten Anwendungen macht. Bei so einer pragmatischen Auffassung – weit weg von einer Auffassung von Theorien als Satzklassen – kann das Falsifikationsprinzip gar nicht mehr ansetzen.

Zu (4): Das „Verfügen über eine Theorie" expliziert laut STEGMÜLLER (1980, S. 117) im Großen und Ganzen etwas sehr Ähnliches wie das „Forschungsprogramm" nach LAKATOS. Wenn auch nicht jeder Leser das Konzept des Strukturalismus als außerordentliche Vereinfachung dessen ansehen wird, was in Kapitel 2 als Methodologie wissenschaftlicher Forschungsprogramme vorgestellt wurde, so behebt die strukturalistische Auffassung doch sicherlich etliche Vagheiten und Schwierigkeiten des LAKATOSschen Konzepts. Erstens muss nicht mehr von einem ‚Schutzgürtel von Hilfshypothesen' geredet werden, der den Kern vor der Falsifikation bewahrt. Dieses etwas sonderbar anmutende Konstrukt wird im Strukturalismus nicht benötigt, da ohnehin nur die empirische Behauptung die Hürde der Verifikation nehmen kann und nicht der Kern. Ferner tauchen die sehr vage gehaltenen Begriffe der positiven und der negativen Heuristik nicht auf. LAKATOS versuchte, den *per se* vagen Begriff der Heuristik[18] als einen tragenden Terminus[19] seiner Methodologie einzuführen. Ihn wegzulassen bedeutet zwar mehr Konkretheit, hat aber auch den Nachteil, dass innerhalb des strukturalistischen Konzepts ein wichtiges Bindeglied zwischen Beobachtung und Hypothese nicht explizit benannt wird. Die Heuristik steckt sozusagen zwischen den Zeilen.

Zu (5): Hauptverdienst des strukturalistischen Konzepts ist sicherlich die Betonung der Loslösung von der Vorstellung, bei der Erkenntnisgewinnung in den empirischen Wissenschaften handle es sich um die Betrachtung von Satz-Mengen und deren logische Überprüfung. Letzteres als einzige Quelle wissenschaftlicher Rationalität zu akzeptieren, wie dies für den logischen Empirismus Usus war, wird durch die pragmatische Wendung[20] überwunden, die vom Strukturalismus vollzogen wird. So sehr diese Abkehr von einem *alleinigen* Rationalitätsprinzip zu begrüßen ist, so wenig kann dies bedeuten, dass es zu *bestimmten* methodischen Regeln – nicht zu allen – keine Alternativen gibt. Sonst würde Wissenschaft gänzlich im Relativismus enden.[21]

In der Tat wird in der vorliegenden Arbeit die Ansicht vertreten, dass die strukturalistische Wissenschaftstheorie obige fünf Leistungen liefert. Nur in zwei Teil-Punkten möchte ich dies einschränken. Erstens, in Anbetracht des hohen formalen Aufwands von einer außerordentlichen Vereinfachung des LAKATOSschen Konzepts zu reden, lässt sich nur schwer hinnehmen. Viel stärker wiegt allerdings folgendes damit verknüpfte Problem. Das strenge formale Korsett, das uns der Strukturalismus aufzuzwingen scheint, führt dazu, dass der Fachwissenschaftler ‚seine' Theorie kaum mehr erkennt, wenn er sie im formalen Gewand des Strukturalismus zu Gesicht bekommt. Wir sind aber nicht

---

[18] Siehe Punkt 1.2.2.

[19] Vgl. Punkt 2.3.2.

[20] Vgl. Abschnitt 1.3.

[21] STEGMÜLLER (1980, S. 130) redet von der Szylla der teleologischen Metaphysik und der Charybdis des Relativismus, zwischen denen das Unternehmen „empirische Wissenschaft" hindurch zu steuern ist.

gezwungen, Theorien strukturalistisch hinzuschreiben, wenn wir den strukturalistischen Begriffsapparat verwenden möchten. Deswegen werden in dieser Arbeit Theorien oder Forschungsprogramme möglichst so zu Papier gebracht, wie sie sich auch in den Fachwissenschaften finden lassen. Den Begriffsapparat oder zumindest Teile davon übernehmen wir dennoch. Zweitens, beantwortet Punkt (5) nicht die Frage, was denn nun die Quelle der Rationalität ist, sondern stellt nur fest, dass es nicht nur eine gibt.

Hier besteht also noch Diskussionsbedarf. Neben dieser Frage nach den ‚Quellen der Rationalität' stellen sich noch weitere, die mitunter damit verbunden sind. Wie sind nun die Begriffe „Theorie" und „Forschungsprogramm" zu verwenden? Wie erkennt man theoretische Terme? Wie erkennt man wissenschaftlichen Fortschritt? In welchem Sinne werden wissenschaftliche Erkenntnisprozesse durch das Konzept der Strukturalisten und das von LAKATOS rekonstruiert?

> Für unsere Zwecke ist vor allem die Tatsache wichtig, daß dadurch [durch LAKATOS' Methodologie der Forschungsprogramme] ein ganz neuer Begriff der rationalen Rekonstruktion ins Leben gerufen wurde. Es ist die [...] *Philosophie des Als-Ob*, welche das Verhalten der Wissenschaftler dadurch als ein *‚rationales'* Verhalten erklärt, daß sie dieses so deutet, *als ob es von methodologischen Regeln geleitet wäre.* Für mich ist eine derartige Zusatzphilosophie überflüssig, da ich die Präsupposition bestreite, auf der sie basiert. Hier liegt auch die tiefere Wurzel für den völlig abweichenden Begriff der Rekonstruktion, den ich benütze. Eine logische Rekonstruktion hat im gegenwärtigen Fall nach meiner Auffassung nicht die Aufgabe, bestimmtes Verhalten durch Rückgriff auf Normen oder ‚methodische Regeln' – was immer dies heißen mag – als ein rationales Verhalten zu deuten. Sie hat vielmehr allein den Zweck, unter Heranziehung von *logischen, epistemologischen* und *pragmatischen* Begriffen zum *Verständnis* dieses Verhaltens beizutragen. (STEGMÜLLER, 1980, S. 118 f.)

Während es für STEGMÜLLER (1973a, S. 8 ff.) bei der Rekonstruktion empirischer Theorien weiterhin – wie schon im logischen Empirismus – ‚nur' um die begriffliche Durchdringung und Präzisierung des Begriffs- und Satzgerüstes von Theorien, der in Theorien enthaltenen logisch-mathematischen Strukturen, der Methoden wissenschaftlicher Überprüfung und der Anwendungskriterien von Theorien geht, gewinnt bei LAKATOS eine Rekonstruktion zusätzliches systematisches Gewicht: Die methodologische Rekonstruierbarkeit einer Abfolge von Forschungsprogrammen dient als Kriterium für wissenschaftliche Rationalität, die an der progressiven Problemverschiebung von Forschungsprogramm zu Forschungsprogramm zu erkennen ist.[22] Eben dieser Gedanke lässt sich aber nach strukturalistischer Auffassung nicht präzisieren. Dort gilt eine neue Theorie als fortschrittlich, wenn sie zu einer alten in

[22] Siehe Abschnitt 2.3.

einer bestimmten intertheoretischen Relation steht. Kandidaten solcher Relationen, die einen Fortschritt markieren, sind z.B. die Reduktion oder die approximative Einbettung, beides Begriffe, die einer wissenschaftstheoretischen Präzisierung bedürfen, die hier nicht gegeben werden kann.

Im methodischen Konstruktivismus (Kapitel 4) wird mit rationaler Rekonstruktion nochmals etwas anderes verbunden. Dort wird innerhalb von Rekonstruktionen der Aufbau von begründetem theoretischen Wissen und begründeter praktischer Orientierung explizit konstruktiv nachgezeichnet. Ausgehend von lebensweltlichem bzw. vor-theoretischem Handlungs- und Orientierungsvermögen wird theoretisches Wissen inhaltlich gerechtfertigt, methodisch geordnet und voraussetzungsfrei aufgebaut. Diese *bottom-up*-Konzeption führt insbesondere zur Lösung eines Problems, zu der die *top-down*-Konzeption des Strukturalismus nichts beizutragen hat: das Problem der Begründung empirischer Theorien.

Derweil spielt das Begründungsproblem für die Festlegung T-theoretischer Terme eine wichtige Rolle. Wir erinnern uns, dass solche Terme T-theoretisch sind, zu deren Messung bereits auf die Theorie zurückgegriffen werden muss. Aber wie anders als durch eine vor-theoretische, lebensweltliche Rekonstruktion von Messprozessen lässt sich herausfinden, was vor aller Theorie schon messbar ist? Die Notwendigkeit solcher ‚Vortheorien' wird im Zusammenhang mit den T-theoretischen Termen auch erkannt:

> Es wird z.B. gesagt, *daß man für die Beschreibung dessen, was Tatsache für eine Theorie ist, selbst wieder eine Theorie benötige.* Dies ist in den meisten Fällen richtig. Aber es ist harmlos und erzeugt kein besonderes Problem. Denn die benötigte Theorie, von der hier die Rede ist, ist natürlich nicht dieselbe wie diejenige, *für welche* die Tatsachen beschrieben werden, sondern *eine elementarere, zugrundeliegende Theorie.* (STEGMÜLLER, 1980, S. 119 f.)

Diese ‚Harmlosigkeit' einmal zu Ende gedacht führt in einen unendlichen Regress von Theorien. In Erinnerung an das Eingangszitat (S. 3) wird hier die Ansicht vertreten, dass der methodische Konstruktivismus mit seiner Besinnung auf vorwissenschaftliche Praxen[23] durchaus in der Lage ist, diesem Problem der Begründung von Theorien beizukommen. Wie bereits angedeutet legt der methodische Konstruktivismus sehr wohl Wert auf die Einhaltung methodischer Regeln. Allerdings sollte gezeigt werden können, dass allein dadurch nicht wieder ein alleiniges Rationalitätsprinzip im Sinne des obigen Punktes (5) dieses Abschnitts 3.5 zu herrschen beginnt. Von der Festsetzung von bestimmten methodischen Prinzipien, die besser nicht vernachlässigt werden sollten, sofern wissenschaftliche Erkenntnis gewonnen werden soll, kann aber in der Tat gesprochen werden. Und schließlich sind solche methodischen Prinzipien die einzigen potenziellen Kandidaten, aus denen die ‚Quelle der Rationalität' entspringen kann. Bevor im folgenden Kapitel der methodische

[23] Siehe Abschnitt 1.3.

Konstruktivismus vorgestellt werden soll, werden noch kurz die Konzepte des Strukturalismus zusammengefasst, die in dieser Arbeit übernommen werden.

3.6 Fazit

Am Ende des Kapitels soll als Fazit das herausgestellt werden, was in unserem integrativen Konzept empirischer Forschungsprogramme in Kapitel 6 wieder zu finden sein wird. Zuerst muss betont werden, dass wir nichts von dem aufwändigen formalen metatheoretischen Apparat der Strukturalisten übernehmen, wohl aber den ein oder anderen Terminus. Dabei scheuen wir uns nicht, bereits in der folgenden Zusammenfassung Vereinfachungen des Konzepts einzubauen:

- Zur Verwendung der Begriffe „Forschungsprogramm" und „Theorie": Anders als STEGMÜLLER (1980, S. 117, Fußnote) scheint uns der Begriff „Anwenden eines Forschungsprogramms" für sein „Verfügen über eine Theorie" nicht nur recht adäquat, sondern sogar treffender zu sein. Das Wort „Programm" meint einen vorgesehenen Ablauf, der nicht unbedingt gelingen muss, geschweige denn immer ein Ziel erreicht. Über ein Forschungsprogramm verfügt eine Gruppe von Wissenschaftlern dann, wenn es eine Mange von Postulaten gibt, deren Inhalt alle Mitglieder der Gruppe für wahr halten. Durch die Postulate wird neben einer Terminologie vor allem festgelegt, was die Mitglieder der Gruppe zu tun haben, wenn sie an eine bestimmte wissenschaftliche Aufgabe herangehen. Dabei ist der Erfolg nicht garantiert. Bei einer Häufung von Misserfolgen wird man in der Gruppe geneigt sein, das Forschungsprogramm zu wechseln. LAKATOS (1970) verwendet die beiden Begriffe „Forschungsprogramm" und „Theorie" weitgehend synonym und führt leider keine konsequente Differenzierung durch, die für seinen Leser sicherlich hilfreich wäre. STEGMÜLLER verwendet immer das Wort „Theorie", „Forschungsprogramm" erhält bei ihm keine Bedeutung. In Kapitel 6 wird beiden Wörtern eine eigene Bedeutung zugewiesen. Das was die Strukturalisten eine Theorie nennen, heißt in dieser Arbeit Forschungsprogramm.
- Das strikte Einsortieren von Forschungsprogrammen in das formale Korsett der Strukturalisten versperrt nicht nur manchmal den Blick für das Wesentliche, sondern führt auch zu dem schwerwiegenden Problem, dass ein Fachwissenschaftler ‚sein' Forschungsprogramm nur bei genauem Hinsehen wiedererkennen kann. Auf diese Weise setzt sich die Wissenschaftstheorie der Gefahr aus, eine Disziplin zu werden, die nur von Philosophen betrieben wird und somit ihren interdisziplinären Charakter verliert. In dieser Arbeit werden wir hingegen versuchen, Forschungsprogramme möglichst so hinzuschreiben, wie sie in Lehrbüchern zu finden sind[24] oder

[24] Siehe das erste Beispiel in Punkt 1.2.5 und die Beispiele aus der Physik in den Anhängen.

wie sie dort wohl gefunden werden könnten, wenn sich die *scientific community* die Mühe gemacht hätte, die entsprechenden Forschungsprogramme in Postulaten zu formulieren.[25]

- Bereits bei LAKATOS ist eine Theorie mehr als eine Ansammlung von Sätzen. Diesen Punkt arbeitet der Strukturalismus verstärkt heraus – deswegen auch die Bezeichnung „*non-statement view*" – und betont die Strukturen, die durch die Sätze vor allem des harten Kerns festgeschrieben werden. So gesehen ist das strukturalistische Konzept eine konsequente Weiterentwicklung der LAKATOSschen Methodologie und zwar in der Hinsicht, dass alle Elemente, die zu einem harten Kern gehören können, explizit metatheoretisch benannt werden.
- Dies sind zuerst die Hauptbasismengen, die empirisch interpretierte Gegenstände enthalten, dann die Hilfsbasismengen, die mathematische Gegenstände enthalten, und Relationen, die Elementen der Hauptbasismengen Elemente der Hilfsbasismengen zuordnen. Es werden also die empirischen Gegenstände von ihren mathematischen Beschreibungen getrennt dargestellt. Das Tupel von Haupt- und Hilfsbasismengen sowie der Relationen heißt ein Modell. Über solche Differenzierungen machen sich Fachwissenschaftler in der Regel keine Gedanken. In die auf diese Weise metatheoretisch dargestellten Zusammenhänge werden sie ‚hineinsozialisiert'. Dennoch ist eine analytische Darstellung gerechtfertigt, weil dadurch die durch Mathematik und Logik vermittelte *theoretische Struktur* von der *empirischen Anbindung* explizit getrennt wird. Die theoretische Struktur existiert auch ohne die empirische Anbindung.[26] Wir werden zwar der Darstellung dieser Trennung nicht folgen, aber die Termini „theoretische Struktur" und „empirische Anbindung" verwenden. Ein *Modell* ist dann eine empirische Interpretation einer theoretischen Struktur.[27]
- Bei einem Forschungsprogramm lassen sich Rahmenbedingungen von Fundamentalgesetzen unterscheiden. Die *Rahmenbedingungen* legen fest, über welche empirischen Gegenstände geredet werden soll und mit Hilfe welcher mathematischer Gegenstände sie repräsentiert werden sollen. Ein *Fundamentalgesetz* ist z.B. das zweite NEWTONsche Postulat. Es leitet also zum Bearbeiten einer Aufgabe an. Die Menge der Modelle, die die Rahmenbedingungen erfüllen, heißt potentielle Modelle, die der Modelle, die zudem die Fundamentalgesetze erfüllen heißt Modelle.
- Nun stößt der Srukturalismus auf das Problem, dass schon in den Rahmenbedingungen empirisch interpretierte Größen vorkommen können, bei deren Messung allerdings von Fundamentalgesetzen Gebrauch gemacht wird. Um dieser Zirkelhaftigkeit zu entgehen, werden in einer dritten Menge, der der partiellen potentiellen Modelle, diese Größen einfach ausgelöscht. Dies

[25] Siehe die Forschungsprogramme der Genetik in Teil II.

[26] Vgl. dazu das erste Beispiel in Punkt 1.2.5.

[27] Vgl. dazu im Punkt 1.2.4 „Modell für". Zu „Modell von" äußern sich die Strukturalisten nicht.

mag das strukturalistische Konzept zwar retten, über den methodischen Aufbau eines betrachteten empirischen Forschungsprogramms lernen wir so indes nichts. Hier wird das Konzept der Prototheorien der Konstruktivisten einen besseren Dienst leisten.

- Neben den drei Mengen von Modellen gehören noch die Querverbindungen *(constraints)*, die Bänder *(links)* und die zulässigen Unschärfen oder Approximationen zum Kern eines Forschungsprogramms. Unter Querverbindungen werden die Eigenschaften der empirischen Gegenstände verstanden, die bei jeder Anwendung des Forschungsprogramms gleich bleiben. (Man denke an Größen wie die Masse). Unter Bändern werden intertheoretische Relationen verstanden. Dies können wiederum Eigenschaften der empirischen Gegenstände sein, die nun aber auch in verschiedenen Forschungsprogrammen gleich bleiben. (Man denke an Größen wie die Energie). Zudem können dies aber auch Beziehungen zwischen den Forschungsprogrammen sein. (Man denke an das Beispiel Klassische Mechanik – Atomhypothesen – Quantenmechanik des Punkts 2.3.5). Zur Beschreibung solcher Übergänge von einem Forschungsprogramm zum nächsten werden zudem die Begriffe „Theorie-Element", „Theorie-Netz" und „Theorie-Holon" eingeführt. Unter Approximationen versteht der Strukturalist schließlich die Festlegung von Toleranzschwellen, die einzuhalten sind, wenn die Anwendung des Forschungsprogramms als erfolgreich gewertet werden soll. (Man denke z.B. an Messungenauigkeiten und deren Tolerierung).

  Über all diese ohne Zweifel sehr wichtigen Verbindungen von Forschungsprogrammen verliert der Fachwissenschaftler bei der expliziten Formulierung seiner Forschungsprogramme wiederum kein Wort. In diese Materie wird er auch nicht ‚hineinsozialisiert', bevor er ein Forschungsprogramm zum ersten Mal anwendet. Hierbei handelt es sich eher um Diskussionen von Fortgeschrittenen, die typischer Weise extra in Artikeln erscheinen oder eigene Kapitel in Lehrbüchern bekommen. Die vorliegende Arbeit stellt in weiten Zügen so eine zusätzliche fortgeschrittene Beschäftigung mit solchen Fragen dar, weswegen Querverbindungen, Bänder und Approximationen im Hinterkopf behalten werden sollten, wenn sie auch wie in den Fachwissenschaften nicht in die Forschungsprogramme aufgenommen, sondern extra diskutiert werden. Aus der Hineinnahme dieser Aspekte von Forschungsprogrammen entspringt meines Erachtens auch die hauptsächliche Rechtfertigung dafür, dass der Strukturalismus nicht von Forschungsprogrammen sondern von Theorien redet, da das strukturalistische Theorie-Konstrukt schon viel mehr beinhaltet als der Begriff „Forschungsprogramm" wiedergibt. (Dass dieser strukturalistische Theorie-Begriff mit keinem zusammenfällt, der in irgendeiner Wissenschaft gebräuchlich ist, sei hiermit kurz angemerkt).

- Neben den bereits erwähnten Präzisierungen der Begriffe „theoretische Struktur" und „empirische Anbindung" sowie dem Begriff „Modell für" übernehmen wir vom Strukturalismus die *Menge der intendierten Anwen-*

dungen und ergänzen diese um die *Menge der gelungenen Anwendungen.* Die einzigen empirischen und damit falsifizierbaren Behauptung, die in den empirischen Wissenschaften überhaupt aufgestellt werden, sind von der Bauart, dass durch Benutzung des Kerns eine theoretische Aussage getroffen wird, die durch empirische Interpretation eine Beobachtung tatsächlich zu erklären vermag, oder eben nicht. Eine Beobachtung intendiert die Anwendung eines Forschungsprogramms. Liefert die Benutzung des Forschungsprogramms eine theoretische Aussage, die mit dem Beobachtungssatz übereinstimmt, wird die intendierte zu einer gelungenen Anwendung. Wenn nicht, dann vergrößert sich die Menge der gelungenen Anwendungen eben nicht. Der Kern des Forschungsprogramms ist demnach genau so wenig einer empirischen Falsifikation zugänglich wie die Axiomen-Systeme der Mathematik. Empirisch verifiziert wird immer nur, ob eine einzelne intendierte Anwendung gelingt oder nicht. Damit nimmt der Srukturalismus dem LAKATOSschen Konzept den Anschein des Irrationalen, den man ihm durch die vagen Heuristiken, den Schutzgürtel, aber vor allem das sehr konkrete Verbieten der Anwendung des *modus tollens* auf den harten Kern anheften könnte. Verständlicher und ein unverzichtbares Brückenglied zum strukturalistischen Konzept bleibt die LAKATOSsche Methodologie indes allemal.

4

Konstruktive Wissenschaftstheorie

Pointiert ausgedrückt wurde in den letzten beiden Kapiteln Folgendes erläutert: KUHN betrachtete die Idee „Wissenschaft“ aus einer historisch-soziologischen Perspektive. LAKATOS wollte dies akzeptieren, dabei aber die analytische Philosophie nicht aus dem Auge verlieren. SNEED und STEGMÜLLER konkretisierten – auch im formalen Detail – letzteres Anliegen schließlich. Der Wissenschaftler als handelndes Subjekt und Mitglied einer sozialen Gemeinschaft erhält somit Einzug in die Wissenschaftstheorie, die seit ihrer Entstehung mit dem logischen Empirismus Rationalität in der Wissenschaft durch formal-logische und später sprachanalytische Verfahren begründen wollte. Mit den genannten Akteuren findet zwar eine Hinwendung zum Pragmatischen[1] statt, aber all diese Ansätze *betrachten* die Idee „Wissenschaft“ und *analysieren* sie dann (*top-down*-Konzeption). Ganz anders geht der methodische Konstruktivismus vor, dessen Auffassung von Wissenschaft nun vorgestellt werden soll.

4.1 Konstruktivistische Auffassung von Wissenschaft

> Grundidee ist ein Aufbau von *Wissenschaftssprachen*, im Unterschied zu älteren Versuchen (z.B. R. Carnap, Der logische Aufbau der Welt, Berlin, 1928) jedoch mit der Pointe, nicht nur Syntax und Semantik nach dem Vorbild einer interpretierten formalen Sprache zur Verfügung zu stellen, sondern aus deren *Pragmatik* Semantik und Syntax erst zu entwickeln. (THIEL, 1984, S. 451)

Ganz anders als bei analytischen Ansätzen[2] ist es das Konzept der konstruktivistischen Auffassung, Wissenschaftssprachen von Grund auf neu aufzubauen (*bottom-up*-Konzeption). Weil alles von Anfang an rekonstruiert

[1] Siehe Abschnitt 1.3.

[2] Zur Abgrenzung der konstruktiven von der analytischen Wissenschaftstheorie vgl. auch LUFT & KÖTTER (1994, S. 77-82) und WOHLRAPP (1978).

werden soll, sollte dieses Kapitel auch einfacher zu lesen sein als das letzte. Allerdings stellt sich die detaillierte Rekonstruktion des Unternehmens Wissenschaft bisweilen auch etwas mühsam dar. Wer auf die genaue Darstellung verzichten möchte, bediene sich gleich des Fazits in Abschnitt 4.4.

Die methodisch konstruktive Rekonstruktion geschieht unter der Prämisse einer Hinwendung zum Pragmatischen. Aus der Pragmatik werden Syntax und Semantik der Wissenschaftssprachen zuallererst entwickelt. Aber was trieb die Initiatoren der konstruktiven Wissenschaftstheorie dazu, so ein gigantisch anmutendes Programm ins Leben zu rufen? Nach Meinung der beiden Begründer KAMLAH und LORENZEN war die Philosophie nach dem Zweiten Weltkrieg in einem schlechten Zustand. Noch zu Beginn des Jahrhunderts, besonders in den zwanziger Jahren, hatten nicht nur die Philosophie und die Geisteswissenschaften in Deutschland eine Blütezeit, sondern auch die Physik.

In der Philosophie entstanden in der Nachfolge DILTHEYS und HUSSERLS, in der Aneignung von KIERKEGAARD und NIETZSCHE, in der fortgehenden Auseinandersetzung mit KANT und HEGEL großartige neue Entwürfe.[3] In der Physik wurden mit der Etablierung der Relativitäts- und der Quantentheorie Probleme gelöst, die zumindest die vorige Generation von Physikern noch beachtlich gequält hatten. Die Mathematik wurde zwar durch die Antinomien in der Mengenlehre in ihren Grundlagen erschüttert,[4] jedoch glaubte man, durch die Rückbesinnung auf die seit FREGE und RUSSEL neu aufblühende Logik diese Probleme in den Griff bekommen zu können. Dies gelang jedoch nur bedingt. Zudem warf die neue Quantenmechanik interpretatorische Fragen auf, die das Weltbild der Physiker nachhaltig verändern würden. Und die Philosophie geriet nach dem *linguistic turn* in eine Stagnation. Es hatte sich herausgestellt, dass die ‚großen' philosophischen Entwürfe nicht so weitergebildet werden konnten, wie man es sich durch einige Jahrzehnte hindurch erhofft hatte. Von KAMLAH & LORENZEN (1973) wird die Situation folgendermaßen beschrieben:

> Woran es heute fehlt, ist nicht der geniale neue Einfall oder gar das avantgardistische Experiment – davon haben wir eher zu viel –, sondern die *Disziplin* des Denkens und des Redens, die uns endlich ermöglichen würde, unsere hoffnungslos gegeneinander aufgefahrenen Standpunkte und Meinungen abzubauen und, in aller Ruhe sozusagen, miteinander in vernünftigem Gespräch, einen neuen Anfang zu machen. Die Disziplinlosigkeit des monologischen Drauflosschreibens und Aneinandervorbeiredens in fast allen Bereichen nicht allein der Philosophie und der Wissenschaft, sondern auch der Literatur, der Kunstkritik, der Politik ist erschreckend, obwohl gerade dies von den Betroffenen meist gar nicht bemerkt wird, weil es Maßstäbe und Regeln des disziplinierten Dialogs gar nicht gibt. Sonst würden nicht mit so unbekümmerter Betriebsamkeit immer neue Tagungen, Gespräche,

[3] Vgl. KAMLAH & LORENZEN (1973, S. 11).
[4] Vgl. dazu THIEL (1972, 1995).

> Begegnungen, Podiumsdiskussionen organisiert werden, in denen jeder wieder nur seine bereits mitgebrachte Munition abfeuert, wobei Prestigerücksichten die Verwirrung oft noch vermehren. (KAMLAH & LORENZEN, 1973, S. 11 f.)

Zur Beseitigung dieses Missstands kann der Wissenschaftsphilosoph beitragen, indem er die Wissenschaftssprachen aus der Pragmatik des vorwissenschaftlichen Handelns rekonstruiert, und dabei den unnötigen Ballast schlechter, überflüssiger oder gar zirkelhafter und zu Inkonsistenzen führender[5] Begriffsbildungen abwirft.[6] Durch diese Verankerung der Wissenschaft in der Lebenswelt wird Forschung nicht zuletzt auch über die Grenzen der eigenen *scientific community* hinaus verständlicher. Der Wissenschaftler ist diese höhere Verständlichkeit der Gesellschaft schuldig, die letztlich seine Tätigkeit legitimieren muss. Demnach lässt sich das Bemühen um wissenschaftliche Erkenntnis in vier Schritte einteilen:[7]

(1) Problemstellung
(2) Problemlösung
(3) Darstellung des Problems und seiner Lösung
(4) Externe Beurteilung des Problems und seiner Lösung

Bei der Erläuterung dieser Punkte wird gleich zu sehen sein, dass die Forderung nach einer pragmatischen Begründung von Wissenschaft nicht nur die *scientific community* einbezieht, sondern auch die übrige Gesellschaft:[8]

Zu (1): Ein wenig vergleichbar mit KUHN steht am Anfang wissenschaftlicher Bemühungen ein zu lösendes Problem, das zuerst einmal zu artikulieren ist. Dazu muss sich das Problem vorwissenschaftlich in der Welt des Alltags immer wieder gestellt haben. Von seiner Lösung erwartet sich die Gesellschaft einen Gewinn. Nur dann wird sie die Wissenschaft beauftragen, dieses Problem zu lösen. In den heutigen Zeiten expandierender Forschungsfragen müssen die finanziellen Ressourcen gut eingeteilt werden. Letztlich lässt sich das Bemühen in den Wissenschaften nur dann rechtfertigen, wenn es der Bewahrung und Verbesserung unseres Lebens zuträglich ist. Daraus ergibt sich eine Aufklärungspflicht des Wissenschaftlers gegenüber der Öffentlichkeit. Aber nicht nur hinsichtlich des möglichen Gewinns eines Forschungsprojekts besteht diese Aufklärungspflicht, sondern insbesondere auch hinsichtlich der Risiken. Von Menschen Erdachtes kann immer auch von Menschen

---

[5] Zu solchen imprädikativen Begriffsbildungen siehe THIEL (1972).

[6] Dieser Idee, die wir schon zu Beginn der Arbeit mit dem Zitat auf S. 3 vorgestellt haben, versucht diese Arbeit im ersten Teil so nachzugehen, dass die zentralen Begriffe im Umfeld empirischer Wissenschaften unter Einbeziehung verschiedener philosophischer Konzepte letztlich in Kap. 6 rekonstruiert vorliegen.

[7] Diese vier Schritte und deren Erläuterung folgen LUFT & KÖTTER (1994, S. 73 ff.).

[8] Zum Zusammenhang von Wissenschaft und Gesellschaft siehe aus konstruktivistischer Sicht z.B. MITTELSTRASS (1982, 1989) und GATZEMEIER (1987).

missbraucht werden. Zudem hat der Forscher bei seiner Tätigkeit moralische Schranken einzuhalten, die ihm von der Gesellschaft gesetzt werden (z.B. Embryonenschutz[9]).

Zu (2): Nun müssen die gestellten Probleme gelöst werden. Dazu ist das Verfügen über theoretische Konzepte zwar in der Regel hilfreich, allerdings in keiner Weise notwendig. Letztlich kann die kreative und konstruktive Tätigkeit des Lösens von Problemen nur praktisch eingeübt werden. Es findet eine Sozialisierung zum Forscher statt. Es kann aber nicht geleugnet werden, dass theoretische Konzepte die Erfolgsaussichten erheblich steigern.

Zu (3): Dann muss die gefundene Lösung der *scientific community* und damit der Öffentlichkeit zur Verfügung gestellt werden. Dazu muss das Erarbeitete in eine Form gebracht und begründet dargestellt werden. Hierbei spielt für alle Disziplinen die Logik als Verhandlerin der Geltungsansprüche von Behauptungen eine zentrale Rolle,[10] genau wie die Mathematik für die quantitative empirische Forschung. Ansonsten hat jede Disziplin eine dort gewachsene Darstellungsform. Theoretische Konzepte können häufig Gewinn bringend in Formalismen dargestellt werden, die eine bessere Kontrolle der logischen Verknüpfungen erlauben. Wie für die theoretischen Konzepte selbst gilt auch für Formalismen, dass sie nicht notwendig aber mitunter äußerst nützlich sind. Für alle herangezogenen sprachlichen Ausdrucksmittel (damit sind auch Logik und Mathematik gemeint) gilt, dass durch eine explizite Reflexion ihrer Syntax und Semantik eine Behinderung oder Verzerrung der Darstellung zu vermeiden ist.

Zu (4): Die letzte Stufe wissenschaftlicher Bemühungen bildet das Beurteilen der dargestellten Lösung. Dabei muss zwischen der gesellschaftlich-subjektiven und der rational-objektiven Anerkennung von Forschung unterschieden werden. Letztere setzt für die Idee „Wissenschaft" die einzigen relevanten Beurteilungsmaßstäbe. Dabei wird Objektivität als transsubjektive Verifikation und Rationalität als argumentative Vertretbarkeit aufgefasst. Andererseits muss die Gesellschaft Instanzen einrichten, die sie mit der Beurteilungsmacht ausstattet, und die sich an den gesellschaftspolitischen Bedingungen, Interessen und Zwecken orientieren müssen. Innerhalb dieser Instanzen beurteilen Forscher die Forschung anderer, was zu einem gewissen subjektiven Moment führt. Die Wissenschaft kann sich davon zwar nicht gänzlich befreien, sollte aber durch entsprechende Reflexion zur Überwindung von Subjektivität und gesellschaftlicher Blindheit beitragen.

Anzumerken ist noch, dass Forschung nicht ausschließlich an praktische Zwecke gebunden sein kann und auch nicht soll. Nicht zielgerichtetes ‚Herumexperimentieren' hat schon zu mancher Entdeckung geführt, die erst später von Bedeutung wurde. Aus dem Umstand, dass nicht *jedes* Forschungshandeln auch praktisch gerechtfertigt werden kann, darf man nicht schließen, dass *keines* gerechtfertigt werden muss. Entscheidend ist vielmehr, dass die grund-

[9] Diesem Thema ist ein eigenes Kapitel 13 gewidmet.

[10] Siehe Abschnitt 1.1.

legenden Aufgabenstellungen und Zielsetzungen, die eine Disziplin umreißen, zumindest teilweise gerechtfertigt werden können. Ausgangspunkt für die Entwicklung der gerade vorgestellten Auffassung von Wissenschaft war die gemeinsame Grundüberzeugung, zu der KAMLAH und LORENZEN unabhängig voneinander gelangt sind, nämlich die Grundüberzeugung, dass

> a) viele der in den Einzelwissenschaften geführten Grundlagendiskussionen deshalb an kein Ende kommen, „weil die streitenden Parteien über die zulässigen Mittel der Argumentationen sich nicht einigen können“ (KAMLAH, 1954, S. 21) und dass von daher
> b) die Aufgabe der Philosophie gerade in der Bereitstellung und Begründung allgemein zustimmungsfähiger argumentativer Mittel bestehen müsse, dass aber
> c) diese philosophische Grundlegungsarbeit nicht unter alte Letztbegründungsansprüche gestellt werden dürfe, sondern vielmehr
> d) bei der Reflexion auf lebensweltlich gegebene Möglichkeiten des Menschen (nämlich das Sprechen-/Unterscheiden- und – später vor allem von Lorenzen und seinen Schülern betont – das Herstellen-Können) einzusetzen habe.
>
> (LANGANKE, 2003, S. 647)

Diese Grundüberzeugung der beiden Protagonisten der konstruktiven Wissenschaftstheorie führte sie zu der Idee, Syntax und Semantik von Wissenschaftssprachen aus der Pragmatik zu rekonstruieren. Die in den Fachwissenschaften entsprechend gewachsenen Sprachen hatten Grundlagenprobleme verursacht, die es dringlich zu beseitigen galt, wenn die Wissenschaft ihren Ansprüchen gerecht werden wollte. Dazu werden die Sprache der Wissenschaft und alle damit formulierten Behauptungen eingeklammert, gleichsam vorerst ausgelöscht, um sie dann aus der Pragmatik heraus zirkelfrei und konsistent zu rekonstruieren.[11] Auch wenn im folgenden Zitat wichtige philosophische Vorläufer des Konstruktivismus erwähnt werden, kann hier auf diese nicht eingegangen werden.[12]

> Bei der Durchführung dieser Idee müssen mehr am Peirceschen Pragmatismus und dem Wittgensteinschen Sprachspielverfahren orientierte Konstruktionen zur Bereitstellung gemeinsamer Gegenstandsbereiche (Lehr- und Lernsituationen) von mehr an der Rechtfertigung von Handlungen im Anschluss an Rekonstruktionen Kantischer und Hegelscher Positionen orientierten Überlegungen unterschieden werden: der Zusammenhang des *dialogischen* und des *methodischen Prinzips* für den Aufbau von Gegenstandsbereichen und Aussagebereichen darüber fällt jeweils verschieden aus. (THIEL, 1984, S. 451)

---

[11] Vgl Zitat auf S. 3.

[12] Zur Vorgeschichte des Konstruktivismus siehe GETHMANN (1991).

Je nach dem, ob reine wissenschaftliche Sprachmittel wie Logik oder Mathematik oder ob empirische Theorien wie in den Naturwissenschaften aufzubauen sind, fällt das konstruktivistische Konzept etwas anders aus. Im Falle des Aufbaus rein sprachlicher Konstrukte (Abschnitt 4.2) gilt das Primat des dialogischen Prinzips, im Falle des Aufbaus empirischer Theorien (Abschnitt 4.3) das Primat des methodischen Prinzips.

4.2 Der Aufbau sprachlicher Konstrukte

> Im Falle des Primats des dialogischen Prinzips soll das Auseinandertreten von Handeln und Sprechen (Pragmatik und Semiotik) in Gestalt einer *logischen* (also weder faktisch-historischen noch normativen, vielmehr allein [Handlungs-]Möglichkeiten aufzeigenden) Genese aus dialogischen Elementarsituationen (=Lehr- und Lernsituationen) so vorgeführt werden, daß der menschliche Handlungsspielraum zunehmend differenzierter bestimmbar wird und insbesondere auch die Begründungsproblematik nur als Spezialfall bei der Bestimmung des Zusammenhangs von Sprechen und Handeln, nämlich bezüglich Konfliktfreiheit, auftritt. (THIEL, 1984, S. 451)

Wie jedes Programm, das sich dem schrittweisen Aufbau einer Terminologie stellt, muss auch der Konstruktivismus die Begründungsproblematik lösen: Zu Beginn der Rekonstruktion eines Sprachaufbaus verfügen wir bereits über Sprachteile, die mit nicht-sprachlichen Handlungen verbunden sind. Dieser Teil wird nach LORENZEN (1987, S. 20) empraktisch kontrolliert, und zwar durch Lehr- und Lernsituationen, die sich unmittelbar auf Handlungen beziehen: Wenn jemand sprachlich zu einer bestimmten Handlung aufgefordert wird und er führt eine andere Handlung aus als die, die gerade eingeübt werden soll, dann hat er die entsprechende Rede nicht verstanden. (Man denke an einen Neuling im Labor). Sollten selbst beim Gebrauch dieser Teile Streitigkeiten aufkommen, sind sie in den jeweiligen nicht-sprachlichen Handlungssituationen zu beseitigen. (Man denke an zwei erfahrene Laboranten, die zum ersten Mal zusammenarbeiten, sich jedoch nicht über den Gebrauch bestimmter Wörter einig sind). Es wird nicht gefordert, dass in irgendeiner bestimmten Art und Weise gesprochen werden soll, sondern lediglich, dass man sich auf eine Verständigung ohne Missverständnisse einigen soll. Dieses Prinzip der Konfliktfreiheit ist im Besonderen bei der Explikation einer Wissenschaftssprache zu beachten.

Ausgehend von den unproblematischen empraktischen Sprachteilen treten nun beim weiteren konfliktfreien Aufbau der Sprache Handeln und Sprechen immer weiter auseinander. Letztlich kann es Lehr- und Lernsituationen geben, bei denen Sprachteile nur durch sprachliche Handlungen eingeübt werden. Der menschliche Handlungsspielraum wird so zunehmend sprachlich differenzierter. Wie jede Rekonstruktion der Sprache beginnt auch die konstruktivistische mit sogenannten elementaren Aussagen. Aus diesen können dann nach der Einführung von logischen Junktoren und Quantoren zusammengesetzte Aussagen gebildet werden. Aus deren Anwendung ergeben sich wiederum Verfahren zur Gewinnung neuer Wörter. Solche logischen – besser Logik anwendenden – Verfahren sind *Prädikatorenregeln* (Punkt 4.2.3), die *Definition* (Punkt 4.2.4) und die *Abstraktion* (Punkt 4.2.5). Durch deren Verwendung stehen uns am Ende als Erweiterungen unserer Sprache auch die symbolischen Konstruktionen der Arithmetik und Analysis zur Verfügung[13]. Zudem werden mit der *Idealisierung* (Punkt 4.2.6) und der *Typisierung* (Punkt 4.2.7) zwei weitere Verfahren zur Bestimmung neuer Prädikatoren vorgestellt, die nicht mehr ausschließlich auf einer Anwendung der Logik beruhen.

Dieses umfangreiche Programm kann an dieser Stelle natürlich nicht nachexerziert werden. Um dennoch ein Bild von der Art und Weise des konstruktiven Vorgehens zu entwerfen, wird im Folgenden zuerst die konstruktivistische Vorstellung kurz skizziert, wie Sprache ‚in die Welt kommt', und dann auf die bereits erwähnten Verfahren eingegangen, die zur Begriffsbildung Logik anwenden. Daneben werden wichtige Wörter wie Prädikator, Eigenname und Partikel, Ding, Geschehnis und Gegenstand, Terminus und Formalismus sowie Begriff, Sachverhalt, Symbol und Menge in ihrer Bedeutung fixiert.

4.2.1 Elementare und zusammengesetzte Aussagen

Nach LORENZEN (1987, Kap. I.1)[14] ist die Einführung derjenigen Wörter, die als erste sprachliche Unterscheidungsmittel dienen sollen, an nicht-sprachliche Handlungen gebunden. Die Wörter werden durch empraktisches Lernen erworben. So kann beispielsweise der *Tat-Prädikator*

(pipettieren)

in elementaren Lehr- und Lernsituationen in einem Labor erworben werden. Dabei wird die Handlung „pipettieren" vorgemacht und der Lernende aufgefordert, diese Handlung nachzumachen. Der Erwerb der gemeinsamen Sprache ist dann (empraktisch) kontrolliert, wenn die Handlung richtig nachgemacht wird. Die sprachliche Erschließung der Lebenswelt, hier der Laborpraxis, erfolgt damit exemplarisch durch das Vormachen der Handlung, wobei zur negativen Abgrenzung auch Gegenbeispiele zu verwenden sind. Einer Handlung wird also ein Tat-Prädikator zu- oder abgesprochen. Dieses Zusprechen ist wiederum eine Handlung, genannt *Prädikation*. Nun sollen auch Dinge der Prädikation unterworfen werden. *Ding-Prädikatoren* sind die Objekte von Tat-Prädikatoren. Ein Beispiel dafür ist etwa

(pipettieren) (Wasser).

[13] Vgl. LORENZEN (1987, 177 f.). Diese Teile der Mathematik werden der Sprache zugeordnet, während die Geometrie der Protophysik zugeordnet wird.

[14] Vgl. auch LUFT & KÖTTER (1994, S. 82 ff.).

Auch für Ding-Prädikatoren gilt, dass sich ihre Einübung offenbar empraktisch kontrollieren lässt. (Das Pipettieren von Salzsäure wird in der Regel zu einem anderen Ergebnis führen als das vorgemachte Pipettieren von Wasser). Bei der Prädikation von Dingen und Handlungen werden diese unter bestimmten Interessen oder Zwecken als gleichartig angesehen und somit unter einem gemeinsamen Wort, dem *Prädikator*, zusammengefasst. (In einem Labor gibt es z.B. viele, auch sehr verschiedene Pipetten).

Elementare Aussagen

Durch Hinzunahme eines Eigennamens und einer Kopula kann mit dem Prädikator eine erste elementare Aussage gebildet werden. Diese Aussage lässt sich nun nicht mehr unmittelbar empraktisch kontrollieren. Beispielsweise ist der Bericht „Peter tut pipettieren“,

$$\text{Peter } \pi \text{ (pipettieren),}$$

nicht unbedingt mit einer vorher erfolgten Aufforderung verbunden, so dass die Kontrolle dieses sprachlichen Konstruktes nicht mehr in dieser unmittelbaren Weise erfolgen kann wie bei einer Aufforderung. Pipettiert Peter zum Zeitpunkt des Berichtes noch, kann man zu dem Individuum mit Namen „Peter“ hingehen und einüben, was es heißt, dass Peter pipettiert. Handelt es sich um einen historischen Bericht, ergeben sich zusätzliche Aspekte, die uns aber bei der Rekonstruktion technischen Wissens[15] in der Regel nicht weiter kümmern.[16]

Neben Prädikatoren gibt es zwei weitere Sorten von Wörtern, die *Eigennamen* und die *Partikel*. Beide kamen im letzten Beispiel bereits vor. Mit Eigennamen wie „Peter“ wird sich an bestimmte Personen oder Dinge gewendet. Unter den Partikeln gibt es die *Kopulae*. Mit π (tut) wurde in obigem Beispiel die *Tat-Kopula* eingeführt, die den Eigennamen mit dem Tatprädikator „pipettieren“ verknüpft. Daneben gibt es noch zwei weitere Kopulae, die *Geschehnis-Kopula* κ (ist am) und die *Seins-Kopula* ϵ (ist). Erstere kommt bei Berichten über Geschehnisse zum Einsatz. LORENZEN (1987, S.36) gebraucht sie im Sinne einer Verallgemeinerung der Tat-Kopula. Peters Tat des Pipettierens kann auch als Geschehnis „Peter ist am Pipettieren“ aufgefasst werden. Zudem können mit κ aber auch „echte“ Geschehnisse wie „Die Zellen sind am Wachsen“ ausgedrückt werden. Ebenso werden die Tat-Prädikatoren unter die *Geschehnis-Prädikatoren* subsumiert. Der Gebrauch der Seins-Kopula ist mit dem Lernen des jeweiligen Prädikators einzuüben:[17] Wenn etwa der Laborleiter ein Gefäß hochhält und sagt

$$\text{(Inhalt) } \epsilon \text{ (Wasser),}$$

---

[15] Die Genetik fällt in den Bereich des technischen Wissens.

[16] Vgl. LORENZEN (1987, S. 32).

[17] Vgl. LORENZEN (1987, S. 37)

und daraufhin von allen Mitarbeitern des Labors in Aufforderungen und Berichten „Wasser“ in gleicher Weise verwendet wird, dann hat diese Rede- und Handlungsgruppe den Gebrauch der Seins-Kopula gelernt. Dabei spielt es im Prinzip keine Rolle, ob die Kollegen aus dem Labor nebenan zu derselben Flüssigkeit „Wasser“ sagen. Hat man den Umgang mit der Seins-Kopula erlernt, kann durch das Zu- bzw. Absprechen wiederum der Gebrauch bestimmter Prädikatoren eingeübt werden.

KAMLAH & LORENZEN (1973) und auch LORENZEN (1969) beschränken sich darauf, nur solche mit der Seins-Kopula gebildeten Aussagen als elementar zu bezeichnen. Seit FREGE und RUSSEL ist bekannt, dass solche Elementaraussagen für den Aufbau der Wissenschaftssprachen der Mathematik und der theoretischen Physik ausreichen. Will die Wissenschaftstheorie aber auch Geschichte und politische Wissenschaften rekonstruieren, ist diese Beschränkung willkürlich.[18] LORENZEN & SCHWEMMER (1973) bezeichnen diese Seins-Aussagen später als die „atomare Fassung“ elementarer Aussagen. Letztere Autoren und dann auch LORENZEN (1987), dem wir hier weitgehend gefolgt sind, lassen verschiedene Formen von Elementarsätzen zu. Diese Differenzierung lässt sich in anderen Rekonstruktionen nicht finden. So ist selbst ein Satz wie

$$! \text{ Peter } \pi \text{ (erstellen) (gewissenhaft) (Karyotyp) (von) } \iota\text{(Blutprobe)}$$

elementar. Dieser Satz beginnt mit dem *Appellator* „!“, der die Aufforderung zur Herstellung eines bestimmten Sachverhalts durch eine Handlung symbolisiert. „Peter“ ist Eigenname derjenigen Person, die diesen Sachverhalt herstellen soll. Das Symbol π ist schon bekannt. Dem Tat-Prädikator „erstellen“ folgt das Wort „gewissenhaft“, ein zu „erstellen“ gehörender *Apprädikator*, dessen Hinzufügung hier sinnvoll ist, weil es für die Handlung des Erstellens eines Karyotyp – man bedenke die möglichen Folgen eines falschen Ergebnisses – durchaus relevant ist, ob sie gewissenhaft erfolgt oder nicht. (Soll der Karyotyp nicht zum Zweck einer humangenetischen Diagnose, sondern beispielsweise zu Übungszwecken erstellt werden, kann auf die Apprädikation „gewissenhaft“ durchaus auch einmal verzichtet werden). Tat-Prädikatoren (erstellen, pipettieren, werfen) folgt in der Regel ein Ding-Prädikator, hier „Karyotyp“[19], wenn nicht aus der Handlungssituation klar ist, welches Ding erstellt (pipettiert, geworfen) werden soll. (Ruft man z.B. jemand mit einem Ball in der Hand „Wirf!“ zu, wird wohl der Ball fliegen). Da ein Karyotyp nicht einfach so erstellt werden kann, sondern nur *von* etwas, nämlich einem geeigneten organischen Material, folgt mit dem Wörtchen „von“ eine *lokale Kopula* oder auch *Lokalpräposition*. Zuletzt wird mit der *Kennzeichnung*

---

[18] Vgl. LORENZEN (1987, S. 51).

[19] Der Dingprädikator „Karyotyp“ erweckt insbesondere durch die Endung -typ nicht den Eindruck, als ob er elementar wäre. Dennoch wird das Erstellen eines Karyotyps bereits Anfängern im genetischen Labor gelehrt und damit das Wort eingeübt. Welche terminologischen Besonderheiten es mit „Typen“ auf sich hat, wird in Punkt 4.2.7 geklärt.

„ι(Blutprobe)“ gesagt, wovon der Karyotyp erstellt werden soll, nämlich von *dieser* Blutprobe. Solch eine Kennzeichnung – man kann sich auch vorstellen, dass auf die betreffende Blutprobe gedeutet wird – wird mit dem *Indikator* ι notiert.

Wenn jetzt kurz erwähnt wird, dass es noch *Kasusmorpheme* wie „mit“, „zu“ und „an“ (Pipette mit Wasser), die *Negation* $\neg$ und den *Leerprädikator* $\circ$ („$\iota \circ \epsilon$ (Wasser)“ symbolisiert „Dies da ist Wasser.“) gibt, sowie, dass Prädikatoren, die allein hinter einer Kopula stehen können, in Anlehnung an Eigennamen *Eigenprädikatoren* genannt werden, können wir nach LORENZEN (1987, S. 52) alle sprachlichen Unterscheidungen (Wörter) zur Bildung von Elemantaraussagen in Abbildung 4.1 zusammenfassen.

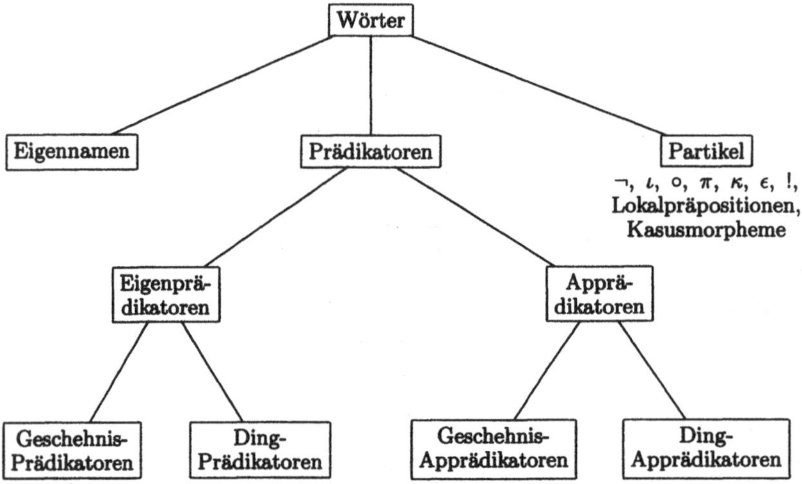

Abbildung 4.1. Schema zur Einteilung der Wörter, die in Elementaraussagen vorkommen können.

Zusammengesetzte Aussagen

Zusammengesetzte Aussagen sind mehrere Elementaraussagen, die mit logischen Partikeln verbunden sind. Dabei stehen die logischen Partikel „und“ ($\wedge$), „oder“ ($\vee$), „non“ ($\neg$) und „Wenn-dann“ ($\longrightarrow$) zur Verfügung. Die Negation tritt sowohl als elementarsprachliche wie auch als logischer Partikel auf. Zudem gibt es noch die Quantoren „Es gibt“ ($\bigvee$) und „Für alle“ ($\bigwedge$). Weitere Erläuterungen zu logisch zusammengesetzten Aussagen entnehme man der einschlägigen Literatur zur Logik.[20]

[20] Besonders zu empfehlen ist INHETVEEN (2003).

4.2.2 Umgangssprache – Terminologie – Formalismus

Die bisherige Rekonstruktion erfasst die ‚natürliche' Sprache oder besser *Umgangssprache* als notwendige Basis, um überhaupt eine Terminologie oder gar wissenschaftliche Sprache aufbauen zu können. Um ‚wissenschaftlich' sprechen zu lernen, müssen wir zuerst das ‚natürliche' Sprechen erlernt haben.

Dabei werden als erstes Prädikatoren rein exemplarisch eingeführt. Deren Verwendung wird dann durch Prädikatorenregeln (siehe 4.2.3) stabilisiert, d.h. die Beziehung der Prädikatoren untereinander wird mitunter hierarchisch geregelt. Ihr Gebrauch wird *material-analytisch normiert*, d.h. die Sprachgemeinschaft einigt sich über die Prädikatorenregeln, und zwar möglichst sinnvoll bezüglich der Lebenswelt, in der wir uns befinden.

Abbildung 4.1 zeigt so eine Hierarchie von Prädikatoren, die zudem eine *Terminologie* ist. Ein Prädikator möge nämlich dann *Terminus* heißen, wenn er nicht nur exemplarisch, sondern zumindest durch analytische Normierung, also durch eine Definition (formal-analytische Normierung, siehe 4.2.4) oder durch Prädikatorenregeln (material-analytische Normierung, siehe 4.2.3), genauer bestimmt ist.[21]

Durch *dialogische Normierung* erhalten wir die logischen Partikel und Quantoren. Dies bedeutet, dass man sich auf deren Verwendung innerhalb eines Dialoges einigt, der zur Verhandlung von Geltungsansprüchen von Behauptungen geführt wird.[22] Mit Hilfe der Logik können weitere sprachliche Unterscheidungsmittel konstruiert werden, insbesondere Abstraktoren (Punkt 4.2.5) und Ideatoren (Punkt 4.2.6). So lassen sich beispielsweise die natürlichen Zahlen als Abstrakta gewinnen.

Für das Betreiben des Unternehmens „Wissenschaft" ist in der Regel eine Terminologie erforderlich, zumeist zusätzlich logische Verknüpfungsregeln und zuletzt mathematische Sprachteile, wenn auch quantitativ etwas dargestellt werden soll. Zur effektiveren Handhabung kann es äußerst hilfreich sein, eine Terminologie und die zugehörigen Verknüpfungsregeln in einen *Formalismus* zu fassen. Bei der oben eingeführten Terminologie zur Rekonstruktion unsrer Sprache (Abbildung 4.1) wurde mit der Formalisierung z.B. der Kopulae begonnen.

Wird innerhalb einer Sprache kein materialer Bezug mehr hergestellt, untersucht man also nur die formale Wahrheit von Sätzen[23] wie in der formalen Logik und in der axiomatischen Mathematik, so spricht man von einer formalen Sprache. Empirische Wissenschaften können wegen ihres materialen Bezugs zur Welt nie bloß formal sein. Dennoch werden häufig Formalismen benutzt. Diese sind aber keine notwendige Bedingung für empirische Wissenschaft, wenn es auch Disziplinen wie die Physik gibt, deren Fortschritte ohne Formalismen undenkbar wären.

---

[21] Vgl. Lorenzen (1987, S. 184)
[22] Vgl. Abschnitt 1.1.
[23] Siehe Abschn. 1.1.

4.2.3 Prädikatorenregeln

Auch in der Umgangssprache beschränkt man sich nicht nur auf das exemplarische Zu- und Absprechen von Prädikatoren, um den Gebrauch von Sprache einzuüben, sondern stellt *Prädikatorenregeln* auf. Mit affirmativen Prädikatorenregeln

$$x \epsilon p_1 \Longrightarrow x \epsilon p_2$$

und negativen Prädikatorenregeln

$$x \epsilon p_1 \Longrightarrow \neg(x \epsilon p_3)$$

werden die Zulässigkeiten von Übergängen von einer Aussage zu einer anderen geregelt: Kann gesagt werden, ein x ist p_1, darf auch gesagt werden, dass es p_2 aber nicht p_3 ist. Eine Blutprobe (p_1) ist beispielsweise rot (p_2) und nicht grün (p_3). Mit Prädikatorenregeln werden die Prädikatoren gegenseitig verknüpft, sie werden ‚vernetzt'. Beispielsweise werden Dinge und Geschehnisse zusammenfassend *Gegenstände* genannt. Damit ist nicht gesagt, dass nur Dinge und Geschehnisse Gegenstände wären. Durch Konstruktion und Abstraktion kommen später weitere Gegenstände hinzu wie z.B. die Zahlen. Dies sind dann *abstrakte* im Gegensatz zu den *konkreten* Gegenständen usw. Prädikatoren können durch Prädikatorenregeln beispielsweise hierarchisch geordnet (z.B. Abbildung 4.1) oder mit Zwischenrelationen zu einem kontinuierlichen Übergang verbunden werden (z.B. Farbübergänge). Der Gebrauch der Prädikatoren wird dadurch stabilisiert. Es findet eine *material-analytische Normierung* statt; Normierung in dem Sinne, dass sich eine Sprachgemeinschaft auf einen bestimmten Gebrauch einigt, und material in dem Sinne, dass die Normierung bezüglich der Lebenswelt möglichst sinnvoll erfolgt.

4.2.4 Definition

Es gibt verschiedene Möglichkeiten, etwas zu definieren und auch verschiedene Auffassungen, was denn eine Definition sei.[24] Hier wird der Begriff „Definition" so verwendet, dass durch eine Definition immer etwas festgesetzt wird, d.h. Definitionen sind keine wahrheitsfähigen Sätze. Sie können nicht wahr oder falsch sein. Da mit einer Definition immer ein bestimmter Zweck verfolgt wird, kann sie lediglich zweckmäßig sein oder nicht. Spätestens außerhalb formaler Sprachen verlieren Definitionen den Charakter der Willkürlichkeit und werden neben der erwähnten Zweckmäßigkeit weiteren Bewertungen zugänglich: Sie können irreführend, adäquat oder sogar begründet sein, klärend, manipulativ oder sogar unmoralisch.

[24] Die Lehre von der Definition gehört nicht nur zur Wissenschaftstheorie, sondern allgemeiner zur Argumentationstheorie, wenn auch ihre Rolle für die Wissenschaft eine besonders wichtige ist. Zur Einführung vgl. GABRIEL (1980) und RADNITZKY (1989a)

Nach KAMLAH & LORENZEN (1973, S. 78 ff.) können neue Prädikatoren durch die Angabe entsprechender Prädikatorenregeln definiert werden, die durch den Junktor „und“ verknüpft sind. Beispielsweise kann „Embryo“ durch die Prädikatoren „Lebewesen“ und „in einem Lebewesen wachsend“ definiert werden. Solche Definitionen stellen Abkürzungen dar, die die Ersetzung mehrerer Worte durch eines erlauben. Die Rückersetzung muss jederzeit wieder möglich sein. Deswegen müssen die Prädikatorenregeln in beide Richtungen gelten, was durch einen Doppelpfeil $\Longleftrightarrow$ symbolisiert wird. Um kenntlich zu machen, dass es sich um eine Definition handelt, wird der Doppelpfeil durch $\leftrightharpoons$ ersetzt, so dass sich die Definition des Embryo folgendermaßen darstellen lässt:

$$x \epsilon (\text{Embryo}) \leftrightharpoons x \epsilon (\text{Lebewesen}) \wedge x \kappa (\text{in Lebewesen})(\text{wachsen}).$$

Eine solche *Abkürzungsdefinition* entsteht, wenn eine Zusammensetzung von beidseitig geltenden Regeln ‚abgeschlossen‘ ist, d.h. eine Sprachgemeinschaft verständigt sich darauf, zumindest beim aktuellen Gebrauch des neuen Prädikators keine weiteren Prädikatorenregeln hinzuzufügen und auch keine zu entfernen. Dies hätte bei diesem Beispiel die Folge, dass bei der Entwicklung von Drosophila das Ei, wenn es nach seiner Entstehung (Oogenese) den Mutterleib verlassen hat, kein Embryo mehr ist, sondern eben ein Ei. Sprachlich so zu verfahren, scheint durchaus begründet und sinnvoll.

In obigen Beispiel steht links der zu definierende Prädikator, das *definiendum*[25], und rechts die definierende zusammengesetzte Aussage, das *definiens*. Letztere besteht bisher nur aus durch die Konjunktion verknüpfte Elementaraussagen. In Erweiterung dazu spricht LORENZEN (1987, S. 156 ff.) von *expliziten Definitionen*, wenn ein Prädikator p nicht nur durch Konjunktion von Elementaraussagen, sondern auch durch eine beliebig zusammengesetzte Aussage festgelegt wird:

$$x \epsilon p \leftrightharpoons \mathsf{A}(x)$$

Der Begriff „Definition“ wird nur in diesem engen Sinne verwendet. Andere – häufig mit Problemen behaftete – Festsetzungen wie solche, die implizite oder reale Definitionen genannt werden, fallen im Konstruktivismus und auch in dieser Arbeit nicht unter den Definitionsbegriff.

Bei der exemplarischen Bestimmung von Begriffen durch Handlungen zu Beginn dieses Abschnitts wurde bereits ein Verfahren vorgestellt, das häufig – unzweckmäßig[26] – als ostentative (zeigende) Definition bezeichnet wird. Solche *ostentativen Bedeutungsgebungen* sollen hier ebenfalls keine Definitionen sein. Mit den sogenannten operationalen Definitionen liegt ein Spezialfall der ostentativen vor, weswegen auch hier nicht von Definitionen, sondern von *operationalen Bedeutungsgebungen* gesprochen werden soll. Beispielsweise lässt

[25] Häufig wird das *definiendum* auch durch Doppelpunkte auf seiner Seite des Definitionszeichens gekennzeichnet ($:\leftrightharpoons$). Dieser Konvention wird auch in dieser Arbeit häufig gefolgt.

[26] Vgl. RADNITZKY (1989a, S. 31).

sich mit einem Intelligenztest, der in einem bestimmten Kontext verfasst wurde, „Intelligenz“ in diesem Kontext operational erfassen, nämlich durch die Durchführung des Tests. Deswegen kann noch lange nicht alleine dadurch „Intelligenz“ definiert werden. Zuletzt seien noch Begriffsbestimmungen durch eine Konstruktionsvorschrift erwähnt, die bisweilen als operative, häufiger als genetische oder konstruktive Definitionen bezeichnet werden, und hier nicht weiter erläutert werden. Auch diese fallen nicht unter den hier verwendeten Definitionsbegriff.

4.2.5 Abstraktion

Wenn von ‚etwas Abstraktem‘ die Rede ist, denkt man intuitiv an etwas ‚nicht Fassbares‘, an etwas ‚nicht wirklich Existentes‘, meist aber auch an etwas Unverständliches oder gar Undefinierbares. So richtig erstere Intuitionen sind – bei abstrakten Gegenständen handelt es sich eben gerade nicht um konkrete –, so falsch sind letztere. Sie kommen meist von der Auffassung, Abstraktes gewinne man durch das Absehen von bestimmten Eigenschaften. Verständlich und definierbar werden abstrakte Prädikatoren aber ganz anders, nämlich indem man die abstrakte Rede rekonstruiert als *invariantes Reden bezüglich einer Äquivalenzrelation.*[27]

Definition 4.1 (Äquivalenzrelation). Eine zweistellige Relation $\mathbf{R}(x, y)$ ist eine *Äquivalenzrelation* $x \sim y$, wenn sie folgende Eigenschaften hat:

$$x \sim y :\leftrightharpoons \text{(1) Reflexivität: } \bigwedge_x \mathbf{R}(x, x).$$

$$\text{(2) Symmetrie: } \bigwedge_x \bigwedge_y \mathbf{R}(x, y) \longrightarrow \mathbf{R}(y, x).$$

$$\text{(3) Transitivität: } \bigwedge_x \bigwedge_y \bigwedge_z (\mathbf{R}(x, y) \wedge \mathbf{R}(y, z)) \longrightarrow \mathbf{R}(x, z).$$

Die mathematische Gleichheit $x = y$ ist offensichtlich eine Äquivalenzrelation[28] und die logische Identität auch:

Definition 4.2 (Identität). Zwei Dinge oder Geschehnisse x und y sind genau dann *identisch* $x \equiv y$, wenn jede Aussage, die für das eine wahr ist, für das andere auch wahr ist:

$$x \equiv y :\leftrightharpoons \bigwedge_{\mathbf{A}} \mathbf{A}(x) \longleftrightarrow \mathbf{A}(y).$$

[27] Vgl. dazu und zu den folgenden Definitionen INHETVEEN (2003).

[28] Es gilt nämlich:
1. $x = x$,
2. $x = y \longrightarrow y = x$,
3. $(x = y \wedge y = z) \longrightarrow x = z$.

Dabei ist die Menge der zulässigen Aussagen offen. Die Identität ist nicht nur reflexiv, symmetrisch und transitiv, sondern vielmehr ist es so, dass diese drei die Identität strukturell bestimmenden Eigenschaften benutzt werden, um unter allen zweistelligen Relationen diejenigen mit eben diesen Eigenschaften auszuzeichnen und sie Äquivalenzrelationen zu nennen. Nun soll noch ein Beispiel aus dem Leben und eines aus der Genetik hinzugefügt werden. Zuerst stelle man sich einen Biergarten vor. Für jedes Bier, das die Bedienung bringt, macht sie einen Strich auf den Bierdeckel des Gastes. So entstehen Strichlisten als Zählzeichen, auf denen sich die Relation „x ist gleich lang wie y" definieren lässt. Die Wahrheit dieser Äquivalenzrelation für zwei konkrete Strichlisten lässt sich operational prüfen, indem die beiden Listen durch Abhaken oder Abstreichen miteinander bezüglich ihrer Länge verglichen werden. Für das Beispiel aus der Genetik greifen wir zu folgender Definition:

Definition 4.3 (DNA-Sequenzgleichheit). Zwei DNS-Moleküle heißen *sequenzgleich*, wenn die Abfolge der heterozyklischen Basen (Adenin, Cytosin, Guanin und Thymin) bei beiden linearen Makromolekülen dieselbe ist.

Die Relation „x ist DNS-sequenzgleich zu y" ist offensichtlich eine Äquivalenzrelation. Sie ist operational bestimmt. Sie setzt voraus, dass es mindestens eine labortechnische Methode gibt, mit der sich die Abfolge der Basen ermitteln lässt. Hat man zwei solche Abfolgen vor sich, kann Base für Base verglichen werden, ob sie gleich sind. Um abstrakte Prädikatoren (Abstraktoren) zu gewinnen, müssen

(1) konkrete Gegenstände identifiziert werden, die den jeweiligen abstrakten Gegenstand repräsentieren,
(2) eine Äquivalenzrelation vereinbart werden, bezüglich derer invariant geredet werden soll und
(3) die als Abstraktoren rekonstruierten Wörter überprüft werden, ob sie im jeweiligen Kontext tatsächlich eine solche invariante Rede anzeigen.

Nun muss definiert werden, was es heißt, bezüglich einer Äquivalenzrelation invariant zu reden. Wir erinnern uns an die Bedienung aus dem Biergarten, die nun abkassieren will. Dabei ist für sie nur noch die Länge der Strichliste relevant und nicht mehr die konkrete Strichliste. Von jedem Gast mit gleichlanger Strichliste verlangt sie das Gleiche. Die Aussage „x muss so und soviel Geld bezahlen." bleibt wahr, solange für x Gäste mit gleich langer Strichliste eingesetzt werden. Die Bedienung redet (kassiert) invariant bezüglich der Äquivalenzrelation „x ist gleich lang wie y".

Definition 4.4 (∼-Invarianz). Ist $\sim$ eine Äquivalenzrelation und $\mathbf{A}(\mathrm{x})$ eine Aussageform, so heißt **A** *invariant bezüglich* ∼ *(∼-invariant)*, wenn die Aussage $\mathbf{A}(\mathrm{x})$ bei jeder Ersetzung des Gegenstands x durch einen äquivalenten y wahr bleibt:

$$\mathbf{A}\epsilon(\sim\text{-invariant}) :\Leftrightarrow \bigwedge_x \bigwedge_y (x \sim y) \longrightarrow (\mathbf{A}(x) \longleftrightarrow \mathbf{A}(y)).$$

Jeder konkrete Gegenstand, über den $\sim$-invariant gesprochen werden kann, ist nun ein Repräsentant eines abstrakten Gegenstandes (Abstraktors). Jede Strichliste auf einem der Bierdeckel ist Repräsentant einer Zahl. Der Prädikator „Zahl“ ist ein Abstraktor. Beim Abkassieren ist für die Bedienung nur diese Zahl relevant, nicht deren konkrete Realisation. Anders formuliert, die konkreten Gegenstände sind nur *in gewisser Hinsicht* identisch, nämlich in Hinsicht auf alle Aussagen, die bezüglich der Äquivalenzrelation invariant sind. Schränkt man die Aussagen auf genau diese ein, erhält man wieder identische, aber abstrakte Gegenstände. Um diese Einschränkung anzuzeigen, wird vor den konkreten Gegenstand ein Abstraktor gesetzt: Die *Zahlen* der Striche sind gleich, nicht die Striche. Auf diese Weise werden im Konstruktivismus Zahlen gewonnen – als Abstraktoren konkreter Zählzeichen, über die bezüglich einer geeigneten Äquivalenzrelation invariant geredet wird.[29] Offenbar ist es dabei völlig gleichgültig, auf welche Weise die Zählzeichen erzeugt werden. Abstraktoren begegnen uns ständig. Weitere Beispiele dafür sind „Begriff“, „Sachverhalt“, „Symbol“ oder „Funktion“, aber auch „Melodie“ oder „Form“.

Definition 4.5 (Abstraktor). Es seien x und y beliebige verschiedene Elemente einer Menge konkreter Gegenstände. Ein Prädikator A ist ein Abstraktor, wenn es eine Äquivalenzrelation $\sim$ gibt, so dass die Gegenstände A x und A y dann und nur dann identisch sind, wenn x und y bezüglich aller $\sim$-invarianter Aussageformen identisch sind:

$$\mathrm{A}\,\epsilon(\text{Abstraktor}) :\leftrightharpoons (\mathrm{A}\,x \equiv \mathrm{A}\,y) \longleftrightarrow \bigwedge_{\mathbf{A}\epsilon(\sim\text{-invariant})} \mathbf{A}(x) \longleftrightarrow \mathbf{A}(y).$$

LUFT & KÖTTER (1994, S. 94) folgend seien hier ein paar Beispiele für Abstraktoren angeführt:

Definition 4.6 (Begriff). Will man über Prädikatoren invariant bezüglich ihrer Synonymität sprechen, so redet man über Begriffe.

Beispiel: Die Prädikatoren „autosomale Trisomie“ und „Karyotyp(47,X?)“ sind Repräsentanten desselben Begriffs.

Definition 4.7 (Sachverhalt). Will man über Aussagen invariant bezüglich bedeutungserhaltender Umformungen sprechen, so redet man über Sachverhalte.

Beispiel: Die Aussagen „Die Laboruntersuchung hat das Vorliegen einer Trisomie 21 ergeben.“ und „Bei der Erstellung des Karyotyps war das Chromosom 21 dreimal zu sehen.“ sind Repräsentanten desselben Sachverhalts.

Definition 4.8 (Symbol). Will man über Zeichen invariant bezüglich ihrer materiellen Ausführung sprechen, so redet man über Symbole.

---

[29] „Eine Iteration dieser Schritte [Konstruktion und Abstraktion] führt dann zum weiteren Aufbau des Zahlensystems über die natürlichen Zahlen hinaus und zur konstruktiven Analysis als „höherer“ Arithmetik.“ (INHETVEEN, 1995, S. 54)

Beispiel: Die Zeichen „@“ und „@“ sind Repräsentanten desselben Symbols.

Definition 4.9 (Menge). Will man über Aussageformen invariant bezüglich logischer Gleichheit sprechen, so redet man über Mengen, d.h. zwei Aussageformen sind genau dann Repräsentant derselben Menge, wenn sie logisch identisch sind.

Beispiel: Die Aussageformen „x ist Kind und x hat drei Chromosome 21 in jeder seiner Zellen“ und „x hat den Karyotyp einer Trisomie 21 und x ist nicht erwachsen“ sind Repräsentanten derselben Menge. Beide legen nämlich die Menge der Kinder mit Trisomie 21 fest.

Nun soll noch der Abstraktor rekonstruiert werden, den man durch invariantes Reden bezüglich der Äquivalenzrelation „x ist sequenzgleich zu y“ erhält. Die konkreten Gegenstände, die wir dieser Rede zugrunde legen wollen, sind DNS-Moleküle. Es gibt eine Vielzahl von Aussagen, die wahr bleiben, wenn in ihnen ein DNS-Molekül durch ein sequenzgleiches ersetzt wird, z.B. „von diesem DNS-Molekül aus wird mit einer bestimmten Wahrscheinlichkeit mittels einer Polymerase jenes RNS-Molekül chemisch synthetisiert“. Beschränken wir unser Reden auf solche Aussagen, sprechen wir von einem *Allel*. „Allel“ ist damit ein Abstraktor.

Anzumerken ist noch, dass die Rede von Allelen in Lehrbüchern historisch bedingt von dem viel komplizierteren Begriff des Gens aus festgelegt wird.[30] Dies hat zur Folge, dass für Polymorphismen, die – wie immer die Rede vom „Gen“ auch eingeführt wird – keine Gene, sondern z.B. Marker sind, der Begriff „Allel“ – streng genommen – nicht zur Verfügung steht, und auch kein anderer Begriff eingeführt wird. Seit Beginn der molekularen Forschung in der Genetik wandelt sich dieser Sprachgebrauch der *scientific community* aber hin zu dem hier unterbreiteten Vorschlag der Verwendung von „Allel“ als Abstraktor. Diese Verwendung scheint auch begründet und sinnvoll, zumal mit dem Begriff der Gen-Variante ein Synonym zum vor-molekularen Allel-Begriff zur Verfügung steht.

4.2.6 Idealisierung

Wenn von etwas ‚Idealem‘ gesprochen wird, meint man in der Regel Gegenstände, die so in der Welt nicht gefunden werden können, sondern nur in einer ‚etwas unvollkommenen‘ Weise. Ein *glatt gehobeltes* Brett ist nur mit einer gewissen Genauigkeit *eben*. Wir machen offenbar einen Unterschied zwischen dem geometrischen Ideal einer Ebene und dem handwerklich real hergestellten glatten Brett. Im Konstruktivismus gelangt man mit dem methodischen Verfahren der Idealisierung[31] zu idealen Prädikatoren, den Ideatoren. Worin besteht dieses Verfahren?

[30] Vgl. z.B. Seyffert (1998, S. 362)

[31] In der konstruktiven Wissenschaftstheorie wird häufiger „Ideation“ statt „Idealisierung“ gebraucht. Da aber im Gegensatz zu Definitionen und Abstraktionen

> Es besteht darin, „ideale" Körper, Oberflächen usw. zu fingieren, die in eben diesem Sinn „ideal" sind, daß von ihnen vorausgesetzt wird, sie würden in handwerklichen Herstellungsnormen beschriebene Eigenschaften „vollkommen" besitzen. (INHETVEEN, 1985, S. 138)

Begründet auf der Praxis konkreter Herstellungsverfahren gelangt man zu Ideatoren im Vollzuge folgender vier Schritte:

(1) Studium mindestens zweistelliger Relationen in einem technischen Kontext.
(2) Betrachtung von Gegenständen, die so hergestellt werden können, dass sie diese Relationen erfüllen.
(3) Anerkennung der Relationen als Herstellungsnormen der technischen Praxis.
(4) Definition eines Ideators als Prädikator, der die fingierte Rede von Gegenständen ermöglicht, die Herstellungsnormen erfüllen.

Das Ideationsverfahren nimmt seinen Ausgang in der Lebenswelt bei erlernbaren Herstellungsverfahren. Diese Tätigkeiten (z.B. das Hobeln) und ihre Zwecke lassen sich empraktisch einüben. Nun wird aber nicht einfach nur gehobelt, sondern es wird mit einer bestimmten technischen Absicht gehobelt, nämlich beispielsweise in der Absicht, dass ein Brett *glatt* zu hobeln ist. In technischer Hinsicht, kann von einem glatt gehobelten Brett gesprochen werden, wenn zwei gehobelte Bretter aufeinander *passen*. Der erste methodische Schritt besteht also darin, sich beim Studium von mindestens zweistelligen Relationen wie „x passt auf y" auf einen technischen Kontext zu beschränken.

Dabei wird vorausgesetzt, dass zu einem Gegenstand, der so eine zweistellige Relation wie das Passen erfüllen soll, ein weiterer Gegenstand gefunden oder hergestellt werden kann, der zu ersterem in eben diese Relation tritt. Als zweiter Schritt wird nun die weitere Rede auf in diesem Sinn verfügbare Gegenstände eingeschränkt. Ausgehend von einer Relation können weitere technisch motivierte Relationen eingeführt werden, die erstere schrittweise verschärfen. Im dritten Schritt werden diese Relationen bei der technischen Herstellung als *Normen für die technische Praxis* gelesen. Es wird eben so lange gehobelt, bis die Bretter aufeinander passen.

Nun werden diese Normen von den tatsächlich hergestellten Gegenständen aber nie wirklich erreicht. Für die ‚normierte' Praxis gilt, dass sie sich zwar an den Normen orientiert, diese aber nie vollkommen erfüllt. Im letzten Schritt unterstellt man nun einem Gegenstand die vollkommene Erfüllung einer Norm und erhält somit einen idealen Gegenstand, der in der Realität aber niemals existieren kann. In diesem Sinne ist die Rede von idealen Gegenständen

---

das Idealisieren und Typisieren nicht nur auf einer Anwendung der Logik beruhen, sondern einen etwas ‚prozessualen' Charakter haben, da zudem bei diesen Verfahren das methodische Prinzip stärker ins Gewicht fällt, und da drittens der Bezug zur Lebenswelt etwas unmittelbarer erscheint, bedient sich diese Arbeit der Endung „-ung".

fingiert. Die Ideation ist der Vollzug der real nicht erreichbaren Unterstellung, dass eine Norm erfüllt werde. Auf diese Weise werden Ebenen als frei klappsymmetrische Oberflächen definiert, wobei die Klappsymmetrie[32] sich als Verschärfung des Passen ohne die Verwendung von Geraden definieren lässt.[33]

Definition 4.10 (Ideator). Ein Ideator ist ein Prädikator, bei dem der Vollzug der real nicht erreichbaren Unterstellung fingiert wurde, dass eine in einer handwerklichen Praxis gewonnene Herstellungsnorm erfüllt wird.

Die Idealisierung wurde auch deswegen an einem Beispiel aus der Geometrie erläutert, weil nicht wenige geometrische Formen für Prototypen idealer Gegenstände halten.[34] Zum weiteren Verständnis sollen nun noch zwei Ideatoren aus empirischen Wissenschaften rekonstruiert werden, der harmonische Oszillator und das MENDELsche Merkmal.

Zur Rekonstruktion der idealen Rede „$x\epsilon$(harmonischer Oszillator)" setzen wir voraus, dass wir über Messverfahren verfügen, die eine Zustandsbeschreibung der betrachteten schwingenden Gegenstände x zu generieren erlauben. Wir stellen uns also vor, dass wir eine Größe des schwingenden x zu jedem Zeitpunkt bestimmen können und somit eine Funktion der Größe von der Zeit, ein Verlaufsgesetz, erhalten. Um von einem harmonischen Oszillator zu reden, verlangen wir von dieser Funktion, dass sie sinusförmig sein muss. Keine der jemals tatsächlich aufgenommenen Messkurven wird diese normative Forderung wirklich erfüllen können. Es wird aber schwingende Systeme geben, die sich idealisiert als harmonische Oszillatoren behandeln lassen. Die Physik bedient sich also idealer Beschreibungen durch Verlaufsgesetze.[35]

Von einem MENDELschen Merkmal reden wir, wenn die Verteilungen der Ausprägungen dieses Merkmals über die Generationen hinweg bestimmten Zahlenverhältnissen genügen. Stellen wir beispielsweise fest, dass eine parentale Generation ein Merkmal zu gleichen Teilen in zwei Ausprägungen aufweist, dass die gesamte erste Nachkommengeneration nur eine dieser Ausprägungen zeigt, und dass die zweite im Verhältnis 3:1 spaltet, dann kann von einem MENDELschen Merkmal gesprochen werden. Die Norm, in der Abfolge der Generationen bestimmte Zahlenverhältnisse zu erfüllen, wird von tatsächlich ausgezählten Populationen nie vollständig erfüllt. Die Klassische Genetik bedient sich somit ähnlich wie die Physik ebenfalls idealer Beschreibungen durch Verlaufsgesetze, nur dass nicht in Abhängigkeit von der kontinuierlichen Zeit, sondern von diskreten Generationsfolgen beschrieben wird.

---

[32] Jede Ebene wird durch jede Gerade, die in der Ebene liegt, so geteilt, dass sich zu jedem Punkt der Ebene durch Klappung um die Gerade eindeutig ein anderer Punkt der Ebene finden lässt.

[33] Siehe dazu LORENZEN (1987, S.195 ff.).

[34] Vgl. STEKELER-WEITHOFER (1994).

[35] Vgl. KÖTTER & INHETVEEN (1996).

4.2.7 Typisierung

Bei der Typisierung werden auch ideale Prädikatoren gewonnen. Dabei werden beim Verfahren der Typisierung bewusst Begriffe erzeugt, die eine gewisse inhaltliche Weite haben. Bezogen auf die Geographie halten KÖTTER & INHETVEEN (1996) folgendes fest:

> Geographische Typen sind z.B. keine schlichten Abstraktionen, die aus gegebenen Beschreibungen durch Vorgabe einer Äquivalenzrelation erzeugt werden; sie sind natürlich auch keine physikalischen Idealisierungen, bei denen über faktisch gegebene Gegenstände so gesprochen wird, als ob diese bestimmten technischen Normen vollkommen genügen würden. Im Typus werden vielmehr Merkmale [Eigenschaften[36]] zusammengefaßt, die für sich genommen in zahlreichen Beschreibungen prädiziert werden, die aber in ihrer Verbindung vielleicht nicht einmal einem konkreten Musterfall zugesprochen werden können, also in diesem Sinne kontrafaktisch sind. Der Typus erscheint in der Geographie als eine gedankliche Konstruktion, durch den sich Beschreibungen unter einer – logisch schwer präzisierbaren – Ähnlichkeitsrelation zu Klassen zusammenfassen lassen. (KÖTTER & INHETVEEN, 1996, S. 10 f.)

Begegnet uns ein nicht allzu groß gewachsener Mann, der italienisch spricht, dunkles nach hinten gelegtes Haar, leicht bräunliche Hautfarbe und eine Sonnenbrille auf der Nase hat, sprechen wir von einem typischen Italiener. Dabei kommt es nicht einmal darauf an, ob der Mann nun wirklich Italiener ist oder nicht. Selbst wenn uns dieser Mann ohne Sonnenbrille begegnet – eventuell an einem wolkigen Tag –, würden wir diese Typisierung noch für gerechtfertigt halten. Andersherum könnten wir auch die Liste von Eigenschaften verlängern – sicherlich fiele uns noch so manches ‚typisch' Italienisches ein – und dennoch würden wir wahrscheinlich schon von einem typischen Italiener sprechen, wenn er obige vier Eigenschaften erfüllt.

Beim Verfahren der Typisierung werden bestimmte beschreibungsrelevante Eigenschaftsgruppen festgelegt. Solche Listen von Eigenschaften werden zudem in einer bestimmten Hinsicht erstellt, unter der die zu typisierenden Gegenstände betrachtet werden sollen. Je nach Hinsicht sind andere Eigenschaften für die Beschreibung relevant. Es wird damit gedanklich ein ideales Konstrukt erzeugt, ein Typus. Ob einem bestimmten Gegenstand nun dieser Typus zugesprochen wird oder nicht, ist nicht eindeutig logisch zu entscheiden. Es ist nämlich sicherlich nicht zu verlangen, dass der konkrete Gegenstand die gesamte Liste von Eigenschaften erfüllt. Würden wir dies verlangen, wäre die Prädizierung mit dem Typus zwar eindeutig, aber die Einführung der Typisierung völlig überflüssig, weil das eindeutige Zu- und Absprechen

[36] Merkmal verwenden KÖTTER & INHETVEEN (1996) hier im Sinne von Eigenschaft. In dieser Arbeit wird Merkmal sonst nur bezogen auf die Genetik verwendet.

von Prädikatoren bereits zu Mengen (Klassen) führt, wir also die zusätzliche Rede von Typen dann nicht bräuchten. Mit der Typisierung will man aber gerade die Möglichkeit einer etwas ‚unpräziseren' Rede schaffen.

> Toleranz hinsichtlich des Fehlens bestimmter Merkmale oder Merkmalsausprägungen kann in einen Begriff logisch „eingebaut" werden, indem die Kriterien für das Fallen unter den jeweiligen Begriff *adjunktiv* oder *disjunktiv* verknüpft werden. Denn eine konkrete Einzelerscheinung erfüllt eine Adjunktion (Verknüpfung mit Hilfe des *einschließenden* „Oder", kurz Und/Oder-Verknüpfung) *schon* und eine Disjunktion (Entweder-Oder-Verknüpfung) von zwei Zusprechungskriterien *genau* dann, wenn sie nur einem der beiden Kriterien genügt. (LANGANKE, 2003a, S. 117 f.)

Von den Gegenständen, denen der Typus zukommt, wird also nicht verlangt, dass ihnen alle Eigenschaften zukommen, sondern eben nur manche. Dies hat zur Folge, dass es – wie bei der Idealisierung – einmal kein einziges Realisat des idealen Typus geben kann, ein andermal – nicht wie bei der Idealisierung – aber schon. Welche oder wie viele Eigenschaften nun erfüllt sein müssen, ist logisch nicht völlig zu präzisieren. Diese Entscheidung fällt pragmatisch je nach dem Zweck, der mit der Typisierung verfolgt werden soll. Das kann dazu führen, dass Invarianzforderungen erhoben werden, also Bedingungen, von denen die typisierende Beschreibung unabhängig sein soll.

Zu Typen gelangt man also im Vollzuge folgender Schritte

(1) Auswahl von beschreibungsrelevanten Merkmalen je nach Hinsicht, die den zu typisierenden Gegenstände nicht alle zugesprochen können werden müssen.
(2) Auswahl von beschreibungsrelevanten Merkmalsausprägungen, die die Merkmale disjunktiv oder adjunktiv prädizieren und insbesondere durch Abstraktion und Ideation gewonnen werden.
(3) Aufstellen von Invarianzforderungen.

Abschließend soll nun das geographische Beispiel von KÖTTER & INHETVEEN (1996, S. 10 f.) referiert werden. Die Geographie typisiert Landschaften. Dazu legt sie beschreibungsrelevante Eigenschaften fest, die je nach Hinsicht andere sind. Zwei Betrachtungsweisen sind dabei von besonderer Bedeutung. Erstens werden bei der physionomischen Betrachtungsweise der physischen Geographie räumliche Strukturen der Erdoberfläche festgehalten und in (räumliche) Relationen zueinander gebracht. Zweitens wird bei der funktionalen Betrachtungsweise der Kulturgeographie der Raum nach unterschiedlichen Zugriffsweisen des Menschen gegliedert, d.h. die räumlichen Strukturen der Erdoberfläche werden nach ihrer Funktion für den Menschen unterschieden. Letztere Betrachtungsweise führt durch die Bündelung von Funktionselementen z.B. zu den Typen „Naherholungsgebiet" oder „Industriegebiet". Durch die physionomische Betrachtungsweise lässt sich eine Region z.B. als „typische Hochebene" beschreiben. Für die typisierenden Beschreibungen der physischen Geographie gilt, dass sie unabhängig vom Beobachtungsstandort und -zeitpunkt (lokale Invarianz) sein sollen. Zudem werden Formationen, die durch die gleichen erd- und klimageschichtlichen Prozesse entstanden sind, als die gleichen morphologischen Typen erfasst (globale Invarianz).

4.3 Der Aufbau empirischer Theorien

Beim Aufbau rein sprachlicher Konstrukte trat das dialogische Prinzip in den Vordergrund. Nun soll erläutert werden, wie im Konstruktivismus die Rede über Erfahrungen rekonstruiert wird, die letztlich in empirische Theorien mündet. Dabei bekommt das methodische Prinzip stärkeres Gewicht.

> Im Falle des Primats des methodischen Prinzips soll eine Orthosprache über die zirkelfreie, schrittweise nachvollziehbare Einführung ihrer Grundprädikatoren hinaus zur Bildung von Aussagen verwendet werden, für die – in den wissenschaftlichen Disziplinen und der Absicht nach auch in anderen Bereichen des kulturellen Miteinenderlebens und Miteinanderredens – Begründungen angegeben werden können, die bis zu nicht mehr kontroversen, unmittelbarer Vergewisserung zugänglichen und daher konsensfähigen Elementarsituationen des lebensweltlichen Erfahrens zurückgehen, auf nicht mehr zirkelfrei hintergehbare Einsichten also, auf denen Wissenschaften und andere Kulturleistungen letztlich aufbauen. Schritte zur Begründung empirischer Theorien sind dieser Richtung des Konstruktivismus nach
> (1) die Sicherung einer Basis, beschreibbar als das in elementarem Unterscheidungs- und Orientierungswissen sowie elementarem Herstellungswissen enthaltene *vortheoretische* (vorwissenschaftlich) *Apriori*,
> (2) darauf aufbauend die Herausarbeitung des *meßtheoretischen Apriori* zur Sicherung der Objektivität empirischer Meßverfahren sowie
> (3) in Abhängigkeit von den genannten Voraussetzungen der deduktive Aufbau der empirischen Theorien selbst.
> (THIEL, 1984, S. 451)

Voraussetzung empirischer Wissenschaft ist demnach ein begründetes zirkelfreies Reden, das im Idealfall sprachlich rekonstruiert wurde. Darüber hinaus sollen mit diesen sprachlichen Mitteln Aussagen gebildet werden, die zurückgehend auf die lebensweltliche Erfahrung in dem Sinne begründet sind, dass sie einer unmittelbaren Vergewisserung zugänglich sind. Über die Aussage „Drei Viertel der Erbsenpflanzen haben violette Blüten" können wir uns unmittelbar vergewissern, indem wir den Proponenten dieser Aussage in seinen Garten begleiten. Sollten die Erbsenpflanzen bereits verblüht sein, können wir

– der Erfahrung des Proponenten folgend – versuchen, unter gleichen Voraussetzungen sein Resultat zu reproduzieren. Wir müssen also letztlich prinzipiell die Möglichkeit haben, uns unmittelbar zu vergewissern, wenn wir es auch nicht in jedem Falle tun werden (intersubjektive Kontrollierbarkeit). Ausgehend von solchen unmittelbaren Erfahrungen bauen wir dann selbstständig erkennend empirische Wissenschaft auf.

> Daß [...] zum Beispiel der Physiker optische Phänomene nur erforschen kann, indem er von Kind an schon weiß, was ‚Licht' ist, daß Ähnliches für ‚das Leben' und andere uns unmittelbar verständliche Worte unserer überlieferten Sprache gilt, mit denen wir unmittelbare Erfahrungen ausdrücken, dies mag alles darauf verweisen, daß die Selbständigkeit unseres Denkens und Forschens überhaupt dem Wirklichen und zugleich dem Überlieferten gegenüber so extrem und in sich selbst gegründet gar nicht ist, wie das neuzeitliche Denken seit Descartes behauptet hat. [...] Der Physiker kann hinter die unmittelbare Erfahrung, durch die er das ‚Licht' kennt, und deren überlieferter Sprache nicht noch weiter zurückgehen. Er kann aber über die Naivität dieser Erfahrung durch neue Erfahrungen selbständig erkennend hinausgehen und dann mehr und Genaueres über das Licht wissen als ein Kind. (KAMLAH, 1954, S. 78 f.)

Das unmittelbare (naive) Erfahren rekonstruiert der Konstruktivist in sogenannten *Prototheorien.* Innerhalb derer werden – vor Bildung jeglicher theoretischer Konstrukte – nicht nur elementares Beschreibungs-, Orientierungs- und Herstellungswissen gesichert, sondern insbesondere auch die Voraussetzungen bereitgestellt, die eine empirische Wissenschaft überhaupt erst ermöglichen, nämlich messende Verfahren. Diese gelten als objektiv im Sinne der erwähnten intersubjektiven Kontrollierbarkeit.

4.3.1 Das Prinzip der methodischen Ordnung

In Konstruktivismus kommt bei Rekonstruktionen wissenschaftlicher Disziplinen das Prinzip der methodischen Ordnung zum Tragen. Jede empirische Theorie beruht dem Konstruktivismus nach auf technischen Handlungen. Diese werden erstens durch das Explizieren einer Terminologie in eine der Wissenschaft angemessene Sprache überführt und zweitens insbesondere durch das Explizieren der Messverfahren in eine methodische Ordnung gebracht. Darauf aufbauend beginnt die eigentliche wissenschaftliche Theorie mit dem Aufstellen von Hypothesen, die nicht mehr unmittelbar auf Handlungen begründet sein müssen, sondern theoretisch sein können. Die theoretischen Konzepte werden hypothetisch auf Bewährung aufgestellt – und zwar mit einer Zwecksetzung. Der Zweck einer Theorie ist es, die technischen Handlungen zu optimieren.

Definition 4.11 (Prinzip der methodischen Ordnung).

> Sollen uns also Darstellungen und Beschreibungen wirklich zum Handeln helfen und orientieren, so ist die folgende Norm zu befolgen: Stelle Handlungsergebnisse gemäß der pragmatischen Abhängigkeit der sie erzeugenden Handlungen dar! Diese *Norm* heißt das *Prinzip der methodischen Ordnung.* (JANICH & TETENS, 1985, S. 6)

Dabei wird pragmatische Abhängigkeit im Sinne DINGLERs aufgefasst:

> Bei einem Haus muß zuerst das Fundament errichtet sein, dann erst kann das übrige daraufgebaut werden. In allen Fällen, wo eine erste Handlung A erst die Bedingung schafft, daß eine Handlung B ausgeführt werden kann, ist die Ordnung eindeutig gesichert. Wir wollen solche Reihenfolge als ‚pragmatische Ordnung' der Handlungen bezeichnen. (DINGLER, 1938, S. 116)

4.3.2 Prototheorien

Der empirische Forscher macht sich in seinem Alltag in der Regel keine Gedanken über Prototheorien, sondern ist längst in die Verwendungsweise prototheoretischer Termini ‚hineinsozialisiert'. Für den konstruktiven Wissenschaftstheoretiker ist die Rekonstruktion von Prototheorien ein Werkzeug zur Überprüfung der begründeten zirkelfreien Einführung von vor-theoretischen Gegenständen. Insbesondere werden empirische Größen und deren Messbarkeit rekonstruiert. Beispiele protophysikalischer Größen sind die Zeit und die Masse, protogenetischer Größen die Population und der Phänotyp. Sollten sich die in der jeweiligen empirischen Wissenschaft verwendeten Größen nur metaphysisch oder gar nicht rekonstruieren lassen, ist zumindest deren *wissenschaftliche* Verwendung fragwürdig. Insofern spielen Prototheorien für den Forscher dann eine gewichtige Rolle, wenn er sein Handeln frei von Metaphysik, sein Reden frei von Zirkeln und seine Begriffe sinnvoll begründet wissen möchte.

Sprachnormierung

Der Aufbau einer Prototheorie beginnt mit der begründeten Bereitstellung einer Terminologie. Dabei kann man allgemeine empirische Termini von speziellen unterscheiden. Allgemeine empirische Termini kommen in jeder empirischen Wissenschaft vor und lassen sich zwanglos aus den sprachlichen Ressourcen rekrutieren, die zuvor schon zur Verfügung gestellt wurden. Solche Termini sind Beschreibung, Vorgang (Prozess) und Zustand. Spezielle empirische Terme kommen hingegen nur in einer bestimmten Disziplin vor. So ist die Masse ein physikalischer Term, der Phänotyp ein biologischer. Zur Demonstration sollen nun Termini definiert werden,[37] die ohnehin später noch benötigt werden.

---

[37] Siehe LORENZEN (1987, S. 42)

Definition 4.12 (Beschreibung). Eine Geschehnisaussage (κ-Aussage)[38] heißt in der Wissenschaft – wegen der grundsätzlichen Schriftlichkeit aller Wissenschaft – Beschreibung.

Definition 4.13 (Vorgänge oder Prozesse). Sind sich wiederholende Geschehnisse stets mit den gleichen Prädikatoren beschreibbar, heißen sie auch Vorgänge oder Prozesse. Dabei sind Vorgänge oder Prozesse mit Änderungen, insbesondere der beschreibenden Apprädikatoren, verbunden.

Definition 4.14 (Teilvorgänge oder -prozesse). Vorgänge lassen sich in Teilvorgänge gliedern, z.B. einen Anfangsvorgang, einen mittleren Vorgang und einen Endvorgang.

Definition 4.15 (Zustand). Ein Teilvorgang, dessen Änderung in der Beschreibung vernachlässigbar ist (relativ zum Zweck der Beschreibung), heißt Zustand.

Definition 4.16 (Zustandsbeschreibung). Beschreibt man Zustände so, als ob deren Dauer fiktiv ein idealer Zeitpunkt wäre, und ordnet man dann jedem Zeitpunkt einen Zustand zu, spricht man von einer Zustandsbeschreibung.

Gerätefunktionsnormierung

Neben der Bereitstellung einer begründeten Terminologie ist es Aufgabe der Prototheorie, die Objektivität empirischer Messverfahren sicherzustellen, und zwar zuallererst solcher Messverfahren, die noch vor jeder Theorie in der jeweiligen Praxis zur Verfügung stehen. Im Falle der Physik sind dies die Orts-, Zeit- und Massenmessung.[39] Im Falle der Klassischen Genetik müssen Merkmale von Individuen phänotypisch erfasst werden.[40] Hier genügt die Fähigkeit, Merkmale und deren Ausprägungen erfassen und zählen zu können, während in der Protophysik schon deutlich mehr Aufwand getrieben werden muss, um die drei genannten grundlegenden Messvorgänge zu rekonstruieren. Es liegt wohl auch daran, dass bis heute keine völlige Einigkeit in diesen Rekonstruktionsfragen besteht.[41]

Bei der Rekonstruktion von Messverfahren und der diese umsetzenden Messgeräte kommt nun das Prinzip der methodischen Ordnung zum Tragen. Im Konstruktivismus geht man davon aus, dass vor jeder Theorie bereits ein Wissen über Messgeräte vorhanden sein muss:

---

[38] Siehe Punkt 4.2.1.

[39] Eine umfassende Darstellung diesbezüglich gibt JANICH (1997) .

[40] Siehe Abschn. 1.2.5.

[41] In dem von JELDEN (1995) herausgegebenen Tagungsband wird nicht nur eine Bestandsaufnahme geliefert, sondern auch der ein oder andere Disput ausgetragen. Siehe insbesondere JANICH (1995) und TETENS (1995) zum erkenntnistheoretischen Status von Prototheorien. Eine genaue Diskussion der Standpunkte kann hier nicht erfolgen.

> Es muß ein *Wissen über das Funktionieren von Meßgeräten* geben, das *unabhängig* ist *von unserem Wissen über Naturgesetze*, ja, das die Bildung zuverlässigen Wissens über Naturgesetze erst ermöglicht. (JANICH & TETENS, 1985, S. 7)

Diese Einsicht wird von den beiden Autoren so begründet, dass es ja „eine Physik mit technisch zuverlässigen Forschungsergebnissen gibt“, dass aber die Begründung dieser Zuverlässigkeit sicherlich nicht in dem methodischen Zirkel gefunden werden kann, „daß ein Gerät g funktioniere, weil es einem Naturgesetz N gehorche, wo das Naturgesetz N aus Messungen bekannt ist, die mit dem funktionierenden Gerät g ausgeführt wurden.“[42] Vielmehr ist es so,

> daß Meßgeräte nicht einfach als Naturgegenstände vorgefunden und in ihrem Verhalten beobachtet werden, sondern daß sie hergestellt werden. Sie werden darauf eingerichtet, Eigenschaften aufzuweisen, die sie zwar nicht von Natur aus haben, von denen aber Physiker verlangen und wünschen, daß die Geräte sie besitzen. Meßgeräteeigenschaften sind also nicht einfach vorhanden, sondern werden technisch erzwungen. Die explizite Beschreibung von solchen Eigenschaften hat also den Status von *Normen*, an denen sich die Tätigkeit der Meßgerätehersteller orientiert. Je nachdem, ob ein Gerät die normativ geforderten Eigenschaften nach entsprechender Bearbeitung aufweist oder nicht, gilt das Gerät als *funktionstüchtig* oder *gestört*. Bei [solchen] Normen handelt es sich also um Gerätefunktionsnormen. (JANICH & TETENS, 1985, S. 8)

Natürlich kann ein Mitglied der *scientific community* nicht dazu gezwungen werden, sprachliche oder Gerätefunktionsnormen anzuerkennen. Eine Gemeinschaft ist aber gut beraten, wenn sie es tut. Nur so kann eine konfliktfreie Verständigung, ein unmissverständliches Reden überhaupt gewährleistet werden. Es liegt auf der Hand, dass solche Normierungen für die Wissenschaft von besonderer Bedeutung sind, wenn der den Globus umspannende Wissenschaftsbetrieb effektiv funktionieren soll. Aber auch im täglichen Umgang sind wir auf sprachliche und nicht selten auch auf Gerätefunktionsnormen angewiesen, beispielsweise wenn wir etwas Passendes kaufen möchten.

> [...]; wir müssen begreifen, daß die Annahme sprachlicher Normen „gut“ für uns ist; daß wir ohne sie nicht „wahrhaft“ menschlich leben können. (LORENZEN, 1987, S.177)

4.3.3 Theorien

Prototheorien sind ein wichtiger Schritt von der Lebenswelt hin zu einer wissenschaftlichen Theorie. Wissenschaft ist ein von Menschen betriebenes Unter-

[42] JANICH & TETENS (1985, S. 7). Vgl. dazu den Begriff der T-Theoretizität im Strukturalismus (Punkt 3.3.4).

nehmen mit dem Anspruch, in besonderer Weise gültige Sätze zu formulieren. Das gewonnene Wissen soll begründet sein. Wissenschaftliche Theorien beruhen deswegen eben gerade nicht auf metaphysischen Eingebungen, sondern sind kulturell gewachsen, sie gründen auf vor-wissenschaftlichen lebensweltlichen Praxen, die – meist zu Optimierungszwecken – systematisch hinterfragt werden. Beispielsweise wurde die Thermodynamik aus der Praxis des Baus von Dampf-und anderen Wärmekraftmaschinen entwickelt, um diese zu optimieren. Und auch MENDEL hat mit seinen Versuchen die Praxis der Züchtung hinterfragt.

> Dabei hat die Konstruktive Wissenschaftstheorie der internen Struktur wissenschaftlicher Theorien bisher wenig Aufmerksamkeit geschenkt und keinen eigenen Theoriebegriff entwickelt. Im Mittelpunkt standen [...] Ziel und Funktion von Theorien im Kontext einzelner Disziplinen und im Wissenschaftsbetrieb als ganzem, ihre Beziehungen zur Praxis, das Verhältnis von Theorie und Experiment und das Erfordernis von Prototheorien. (THIEL, 1996, S. 268)

Der Strukturalismus hatte im Hinblick auf empirische Wissenschaft mit der Theoriebeladenheit bestimmter Terme zu kämpfen.[43] Im Konstruktivismus taucht dieses Problem nicht auf, weil die vor-theoretischen Begriffe aus der Praxis heraus rekonstruiert werden. Damit schien nach der Destruktion von Verifikationismus und Falsifikationismus sogar ein zentrales wissenschaftstheoretisches Problem gelöst, nämlich die Frage, wie die Auswahl, Modifikation oder Verwerfung wissenschaftlicher Theorien erfolgen könnte. Nachdem die hoffnungslose Unterbestimmung wissenschaftlicher Theorien durch empirische Beobachtungsdaten von den meisten Wissenschaftstheoretikern anerkannt war, verbanden wohl zumindest einige Konstruktivisten wie TETENS (1995) mit der Rekonstruktion von Prototheorien die Hoffnung, die möglichen Kandidaten zur theoretischen Erfassung eines Wissensbereichs zumindest so einschränken zu können, dass die im tatsächlichen Alltag der Forscher niedrige Anzahl konkurrierender Theorien verstanden werden könne. Denn Tatsache ist ja, dass die Wissenschaften relativ geordnet mit wenigen, oft sogar nur mit einer Theorie auskommen. Aufgrund der Unterbestimmung durch die Beobachtungsdaten wäre aber eher ein heilloses Durcheinander konkurrierender theoretischer Konzepte zu erwarten.

Aus dem Scheitern des Verifikationismus und des Falsifikationismus folgt nach TETENS (1995, S. 49), dass man bereits eine Theorie akzeptiert haben muss, um wissenschaftliche Erfahrungen machen zu können. Dies bedeutet wiederum, dass sich Theorien nur revidieren lassen, wenn man andere Theorien zumindest vorläufig nicht in Frage stellt, sondern an ihnen festhält. Anders ausgedrückt, aus der These „keine wissenschaftliche Erkenntnis ohne vorgängige Theorie“ folgt nur, dass sich nicht alle Theorien insgesamt und gleichzeitig

[43] Siehe Punkt 3.3.4.

revidieren lassen, und nicht dass es ein unrevidierbares Erfahrungsapriori gibt, wie KANT behauptet.

> Wenn jedoch der Begriff eines meßtheoretischen Apriori Sinn machen soll, so ist das Apriori einer wissenschaftlichen Theorie etwas, was gerade nicht revidiert wird oder revidiert werden kann, was immer auch im Zuge der Forschung entdeckt werden mag. (TETENS, 1995)

Demnach greift der Konstruktivismus mit dem Programm der Prototheorien diese KANTsche Idee auf: Innerhalb von Prototheorien werden die Bedingungen der Möglichkeit von Erfahrungen rekonstruiert, die ihrerseits nicht revidiert werden können. Da sich aber bisher alle als Erfahrungsapriori vorgeschlagenen Kandidaten[44] letztlich doch revidieren ließen, scheint das Programm der Prototheorien mit der These der Nicht-Revidierbarkeit über das Ziel hinauszuschießen.

Dieser Position widerspricht JANICH (1995) und betont, dass die Sätze der Prototheorien Sätze über ein Handlungswissen sind. Dieses Handlungswissen beinhaltet zum einen eine sprachliche Beschreibungskompetenz des Handelns und zum andern ein Mittel-Zweck-Wissen. Während die sprachliche Beschreibungskompetenz nur in der Handlungskompetenz selbst einzuüben ist, wird das Zweck-Mittel-Wissen als lebensweltliches *Know-how* aufgefasst, das uns die Handlungen vorgibt, die zur Erreichung oder Verfehlung sprachlich explizit bestimmter Zwecke zu verfolgen sind. Aus dieser Auffassung schließt JANICH (1995):

> Selbstverständlich sind Prototheorien als Handlungswissen in vielfältiger Weise revidierbar. Gründe, die eine Revision verlangen, reichen von logischer Inkonsistenz ihrer Terminologie über ein (dann selbstverständlich von der Geltung der Prototheorie unabhängiges) Wissen, daß Handlungsanweisungen oder Normen nicht befolgbar, vorgeschriebene Zwecke nicht realisierbar sind, bis zur Kritik mangelnder Adäquatheit einer Prototheorie für historisch vorfindliche Wissenschaften. [...] Tatsächlich kann eine Prototheorie nur *durch die auf sie aufbauende Theorie nicht revidiert* werden, was aber nichts aussagt über andere, auch empirische Revisionsmöglichkeiten. (JANICH, 1995, S. 39)

Wir wollen uns an dieser Stelle nicht in die Tiefen dieses philosophischen Disputs begeben, sondern im folgenden Abschnitt in aller Kürze die wesent-

[44] Beispielsweise wird als messtheoretisches *Apriori* jeder messenden Physik die euklidische Geometrie, das klassische Additionstheorem der Geschwindigkeiten und der klassische Impulserhaltungssatz innerhalb der Protophysik rekonstruiert. Genau diese Teile der Klassischen Mechanik werden aber beim Übergang zur Speziellen und zur Allgemeinen Relativitätstheorie verworfen (TETENS, 1995, S. 44 f.).

lichen und auch allerseits unbestrittenen[45] Gewinne einer konstruktiven Betrachtung festhalten.

4.4 Fazit

In diesem abschließenden Abschnitt soll wieder das zusammengefasst werden, was Eingang in unser integratives Konzept empirischer Forschungsprogramme in Kapitel 6 finden wird.

- Der konstruktive Aufbau sprachlicher Ressourcen sowie empirischer Beschreibungs- und Messverfahren gewährt uns insbesondere tiefere Einblicke in die Entstehung von Forschungsprogrammen aus der Lebenswelt und damit in die Begründung von Wissenschaft. Kein anderes philosophisches Konzept trägt zur Problematik der Begründung theoretischer Erkenntnisse so viel bei wie der Konstruktivismus. Mit dem Vorgehen ist nicht nur der Anspruch verbunden, wissenschaftliches Reden von Metaphysik und Zirkelhaftigkeit zu befreien, sondern auch theoretisches Wissen durch die Verankerung in der Lebenswelt verständlicher zu gestalten. Zu Letzterem ist die Wissenschaft angehalten, wenn die Vorteile und Gewinne wissenschaftlicher Tätigkeit der Gesellschaft plausibel gemacht werden sollen.
- Dabei werden im Konstruktivismus beim Aufbau sprachlicher Konstrukte etwas andere methodische Verfahren betont als beim Aufbau empirischer Forschungsprogramme.
- Die methodische Rekonstruktion der Sprache lehrt uns zuerst elementare von logisch zusammengesetzten Aussagen zu unterscheiden und gibt uns dann wohldefinierte Verfahren an die Hand, die uns das Erreichen einer ‚höheren' Sprachebene ermöglichen. Dies sind die *Definition*, die *Abstraktion*, die *Idealisierung* und die *Typisierung*. Von diesen Verfahren macht jede Terminologie in der Regel regen Gebrauch.
- Bei der Darstellung dieser Verfahren sind bereits Begriffe vorgekommen, die für alles Folgende als verbindlich definiert gelten. So wissen wir nun, was eine Terminologie und was ein Formalismus ist. Zudem haben wir „Begriff", „Sachverhalt", „Symbol" und „Menge" als Abstraktoren definiert.
- Bei der methodischen Rekonstruktion empirischer Forschungsprogramme ist konsequent das *Prinzip der methodischen Ordnung* zu beachten. Objektivität wird durch die Forderung nach *intersubjektiver Kontrollierbarkeit* operational verankert.
- Die Rekonstruktion einer empirischen Wissenschaft beginnt mit der Explikation der *prototheoretischen Konzepte*. In diese fließen elementares Beschreibungs-, Orientierungs- und Herstellungswissen ein. Zudem müssen *Sprache* (Terminologie) und *Messverfahren* (Gerätefunktion) normiert

[45] Auch von TETENS (1995, S. 46) unbestritten.

werden. Solche Normierungen sind zum Zwecke der konfliktfreien Kommunikation unverzichtbar. (Ohne sie können wir nicht wahrhaft menschlich leben).

- Bei der Sprachnormierung haben wir bereits Begriffe für das Folgende verbindlich definiert, die als allgemeine empirische Termini bezeichnet werden dürfen, weil sie in jeder empirischen Wissenschaft zum Einsatz kommen. Dies sind „Beschreibung“, „Vorgang (Prozess)“, „Teilvorgang“, „Zustand“ und „Zustandsbeschreibung“.
- Die Prototheorie einer empirischen Wissenschaft expliziert eine technische Praxis begrifflich und hält die Bedingungen der Möglichkeit fest, überhaupt empirisch wissenschaftlich – insbesondere messend – arbeiten zu können. Wenn die Explikation prototheoretischer Konzepte auch nicht erlaubt, aus der Vielzahl von möglichen das ‚richtige‘ Forschungsprogramm auszuwählen, so sorgen sie doch für Klarheit im begrifflichen Aufbau und in der methodischen Ordnung. Insbesondere wird geklärt, welche Größen vor-theoretisch gemessen werden können. Sie helfen damit den *wissenschaftlichen Status* der Termini zu klären und machen einen Gegenstand erst *theoriefähig.*[46]
- Der Konstruktivismus hat keinen eigenen Begriff von Theorie oder Forschungsprogramm. Es lässt sich deswegen recht zwanglos mit dem bisher erarbeiteten Begriff „Forschungsprogramm“ an die allgemein sprachlichen und die empirisch prototheoretischen Konzepte anschließen.

[46] Vgl. INHETVEEN (1995).

5

Pragmatisches Konzept der Erklärung

Im Gegensatz zu den Auffassungen der letzten beiden Kapitel entstammt das pragmatische Konzept der Erklärung nicht einer ‚philosophischen Schule', sondern hat sich eher in kontroverser Diskussion mehrerer Akteure entwickelt. In Abschnitt 1.2.6 wurde erläutert, dass die Pragmatik der Teil der Sprachphilosophie ist, der sich mit den Bedingungen beschäftigt, unter denen Sätze zu sinnvollen Aussagen werden. Dabei müssen insbesondere die Redekontexte berücksichtigt werden. Demzufolge wird also zu untersuchen sein, unter welchen Bedingungen Sätze zu Erklärungen werden. Doch bevor auf diese Pragmatik des Erklärens eingegangen werden soll, werden kurz die beiden wichtigsten Konzepte erläutert, die das Erklären analytisch zu erfassen versuchen. Anhand von Beispielen wird dann gezeigt, wo die Schwächen dieser Konzepte liegen, die einen pragmatischen Erklärungsbegriff notwendig erscheinen lassen.

5.1 Analytische Erklärungsschemata

Die beiden Konzepte, die in diesem Abschnitt vorgestellt werden, unterscheiden sich zwar einerseits grundlegend voneinander, haben aber andererseits auch Gemeinsamkeiten. Diese bestehen vor allem darin, dass wissenschaftliche Erklärungen anhand ihrer formal-logischen Form und der Art der von ihnen gelieferten Informationen erkannt werden können. Es wird also die Ansicht vertreten, dass sich analytisch feststellen lässt, ob es sich um eine wissenschaftliche Erklärung handelt.[1]

5.1.1 Das deduktiv/induktiv-nomologische Konzept

Das HEMPEL-OPPENHEIM-Schema war der erste Versuch, ein allgemeines Konzept anzugeben, wodurch sich eine wissenschaftliche Erklärung vor an-

[1] Siehe auch LAMBERT & BRITTAN (1991, Abschn. II.3 und 4).

deren auszeichnet.[2] Es galt den logischen Empiristen als einer ihrer größten Triumphe. In einer Reihe klarsichtiger Studien[3] hatte HEMPEL gezeigt, wie eine Idee, die von traditionellen Empiristen wie HUME und MILL unscharf formuliert worden war, in präziser Weise artikuliert werden kann.[4] Im Stile der analytischen Philosophie geben dabei allein formal-logische und sprachanalytische Kriterien den Ausschlag für die Auszeichnung einer wissenschaftlichen Erklärung. Einen Sachverhalt wissenschaftlich zu erklären bedeutet, ein deduktiv richtiges Argument anzuführen. Demnach lässt sich jede wissenschaftliche Erklärung in dem logischen Schlussschema[5] der Tabelle 5.1 darstellen.

Allgemeines Schema		Beispiel
Explanans	Gesetz 1 : Gesetz n	NEWTONs Gesetze der Mechanik Gravitationsgesetz
	Anfangsbedingung 1 : Anfangsbedingung m	Ein Stein wird aus 20 Metern Höhe über der Erdoberfläche im Schwerefeld der Erde fallen gelassen.
Deduktion	↓	↓
Explanandum	Sachverhalt	Der Stein schlägt mit 72 km/h auf der Erdoberfläche auf.

Tabelle 5.1. Das deduktiv-nomologische Schema.

Beim deduktiv-nomologischen Schema wird eine Liste von Gesetzen als gültig vorausgesetzt. Zusammen mit einer Reihe von Anfangsbedingungen kann dann der Sachverhalt deduziert werden. Wissenschaftliche Erklärungen können eindeutig daran identifiziert werden, dass sie Gesetze aufweisen. Die Gesetze ‚umfassen' die Anfangsbedingungen und den Sachverhalt. Deswegen wird das Schema auch *covering law*- oder Subsumtionsmodell der Erklärung genannt. Allerdings ist es in diesem Schema eine notwendige Bedingung, ein deterministisches Gesetz respektive einen universellen All-Satz angeben zu können. Nun beruhen aber viele wissenschaftliche Erklärungen auf probabilistischen Gesetzmäßigkeiten. Auf das Problem, dass all jene dann keine wissenschaftlichen Erklärungen wären, weist bereits HEMPEL (1942) hin. In den 60-er Jahren reicht HEMPEL (1965) dann das induktiv-nomologische Schema nach:

Falls mindestens einer der subsumierenden Sätze nur eine Wahrscheinlichkeitsaussage ist, liegt keine Deduktion, sondern eine Induktion vor. Dies

---

2 Vgl. HEMPEL & OPPENHEIM (1948).

3 HEMPEL (1965) liefert eine Zusammenstellung einer Reihe von Aufsätzen und bietet eine Neuformulierung seines Konzepts.

4 Vgl. KITCHER (1981) zu diesen Einschätzungen.

5 Es handelt sich um eine tabellierte Darstellung des offenbar nicht allgemein-gültigen Schemas $\mathbf{A}_1 \wedge \ldots \wedge \mathbf{A}_n \longrightarrow \mathbf{B}$.

zeigt Tabelle[6] 5.2. Wegen der Wahrscheinlichkeitsaussagen kann nun offenbar der Sachverhalt nicht mehr deduziert, sondern lediglich induktiv untermauert werden. Das Explanans macht das Explanandum mit einem bestimmten Grad p induktiv wahrscheinlich.

Allgemeines Schema		Beispiel
Explanans	Gesetz 1 ⋮ Gesetz n	
	Statistisches Gesetz 1 ⋮ Statistisches Gesetz m	75% aller Nachkommen (F2) einer Population (F1), die aus der 1-Faktor-Kreuzung zweier reiner Stämme (P) hervorgegangen sind, zeigen die Merkmalsausprägung des dominanten Stamms.
	Anfangsbedingung 1 ⋮ Anfangsbedingung k	Der dominante Erbsen-Stamm (P) hat nur violette Blüten. Der rezessive Erbsen-Stamm (P) hat nur weiße Blüten. Die beiden Stämme (P) werden gekreuzt und die so entstandene Population (F1) erzeugt Nachkommen (F2). Die Erbsenpflanze E ist Nachkomme (F2).
Induktion	↓ mit Wsk. p	↓ mit Wsk. 75%
Explanandum	Sachverhalt	Daher hat die Erbsenpflanze E violette Blüten.

Tabelle 5.2. Das induktiv-nomologische Schema.

Beiden Schemata liegt die Überzeugung zugrunde, dass eine Erklärung eines Sachverhalts Angaben liefern muss, aus denen hervorgeht, dass der Sachverhalt zu erwarten war, wenn schon nicht mit Gewissheit (deduktiv), so doch mit genügender Wahrscheinlichkeit (induktiv).[7] Es ist völlig klar, dass so erklärte Sachverhalte in der Wissenschaft ein hohes Ansehen genießen. Wissenschaftler suchen letztlich nach Gesetzmäßigkeiten. Eine wissenschaftliche Erklärung eines Phänomens ist aber nicht immer gleichzusetzen mit einer deduktiven oder induktiven Ableitung des Vorkommens dieses Ereignisses. Sicherlich ist dies öfters der Fall, aber eben nicht immer. Mit den beiden HEMPELschen Schemata lassen sich bei weitem nicht sämtliche Aspekte einer wissenschaftlichen Erklärung erfassen.

[6] Angemerkt sei, dass durch die Betrachtung von Populationen und nicht einer einzelnen Erbsenpflanze E sowie unter Heranziehung der Gesetze Mendel 2 - Mendel 4 das Beispiel der Tabelle in eine deduktiv-nomologische Erklärung umformuliert werden könnte.

[7] Vgl. HEMPEL (1965).

> Eine Theorie der Erklärung sollte uns zeigen, *wie* wissenschaftliche Erklärungen unser Verständnis vorantreiben. ([...]). Zweitens sollte uns eine Theorie der Erklärung in die Lange versetzen, Kontroversen der vergangenen und gegenwärtigen Wissenschaft zu begreifen und zu entscheiden. Oft werden Theorien im Frühstadium durch den Hinweis auf ihre Erklärungskraft gerechtfertigt. Eine Theorie der Erklärung sollte uns dazu befähigen, die Adäquatheit dieser Rechtfertigung zu beurteilen.
> Das covering law Modell erfüllt keines dieser Desiderata. Seine Schwierigkeiten rühren von der Tatsache her, daß es unter der Annahme, es liefere eine notwendige *und hinreichende* Menge von Bedingungen für Erklärung, viel zu liberal ist. Viele Ableitungen, die intuitiv nicht erklärend sind, erfüllen die Bedingungen des Modells. Unfähig hier auch nur relativ grobe Unterscheidungen zu treffen, ist das Modell nicht in der Lage, jene subtileren Überlegungen über explanative Adäquatheit zu beurteilen, welche im Brennpunkt wissenschaftlicher Debatten stehen. Mehr noch scheint unsere Fähigkeit, die Beschreibung eines Phänomens aus einer *ein Gesetz enthaltenden* Prämissenmenge herzuleiten, ziemlich nebensächlich für unser Verständnis des Phänomens zu sein. Warum sollten es gerade jene Ableitungen sein, die Gesetze verwenden, welche unser Verstehen vorantreiben. (KITCHER, 1990, S.195)

Ein sehr anschauliches Beispiel für die zu große Liberalität des *covering law*-Modells geben LAMBERT & BRITTAN (1991, S. 41): Ein Marsianer, der schon eine Zeitlang auf der Erde lebt, stellt fest, dass ein befreundeter gesunder Mann im besten Alter noch nie schwanger geworden ist. Als er nach dem Grund für diesen Sachverhalt fragt, erhält er die Antwort, dass dies an der regelmäßigen Einnahme der Antibabypille liege, die bei jeder Person, die diese vorschriftsgemäß einnimmt, die Wahrscheinlichkeit einer Schwangerschaft auf unter ein Prozent reduziere. Diese Erklärung enthält ein statistisches Gesetz und eine entsprechende Anfangsbedingung und erfüllt somit die Bedingungen des induktiv-nomologischen Schemas. Wir empfinden allerdings diese Erklärung bezüglich unseres Hintergrundwissens als ‚falsch', weil völlig irrelevante Faktoren im *Explanans* herangezogen werden.

Das Beispiel zeigt, dass KITCHERs sehr kritische Einschätzung durchaus berechtigt ist. Dies soll im Folgenden auch anhand weiterer Beispiele kurz untermauert werden. Zuerst sei die *Begründungsproblematik bei Gesetzeserklärungen* erwähnt. Ein Gesetz wird erklärt, indem es auf andere Gesetze zurückgeführt wird. Aber welche Gesetze stehen am Anfang? Hierzu liefert das Schema keinerlei Entscheidungshilfen. Gerade dies bewirkt aber unser Verstehen entscheidend mit. Wir bauen Wissen sukzessive auf und verstehen, indem wir Neues in unseren alten Wissensbestand eingliedern können. Zudem erklären nach diesem Schema Disziplinen ohne Gesetze – also etwa rein deskriptive – nichts.

Ferner verdeutlicht das Beispiel der 1-Faktor-Kreuzung aus Tabelle 5.2 ein weiteres Problem, nämlich das der *Erklärung seltener Ereignisse*. Gemäß der MENDELschen Vererbungslehre ist nicht nur zu erwarten, dass die Erbsenpflanze E violette Blüten hat, sondern auch dass sie weiße hat. Jedoch wird der Sachverhalt „Erbsenpflanze E hat weiße Blüten." nur mit 25% induktiv unterstützt. Nach HEMPELs Auffassung muss das Explanans das Explanandum, wenn schon nicht als zwingend, so doch als ‚fast zwingend', eben hochwahrscheinlich erweisen. Dies ist bei dem angeführten Beispiel der weißen Blüten offenbar nicht der Fall. Dennoch würden wir sagen, dass die MENDELsche Vererbungslehre nicht nur das Auftreten der Pflanzen mit violetten, sondern auch das der mit weißen Blüten erklärt.

Zur induktiven Untermauerung des Sachverhalts der Tabelle 5.2 geht entscheidend das *Hintergrundwissen* ein, dass es sich um reine Stämme handelt. Von diesem Hintergrundwissen fordert HEMPEL, dass es *maximal bestimmt* ist. Dadurch wird das induktiv-nomologische Schema epistemisch auf ein Hintergrundwissen relativiert. Insofern hat HEMPEL selbst den ersten Schritt zum pragmatischen Konzept der Erklärung getan, bei dem die Einbettung in bestehendes Wissen eine Rolle spielen wird.[8] Die Veränderung des Hintergrundwissens kann die bedingte Wahrscheinlichkeit des statistischen Gesetzes radikal ändern. Mit reinen Stämmen bezeichnete MENDEL jene, deren Individuen alle nicht nur die gleiche Merkmalsausprägung zeigen, sondern auch alle homozygot an dem für das Merkmal zuständigen Gen-Ort sind. Nun lässt sich dies aber ohne mindestens eine Inzucht-Generation nicht erkennen. Das Elter mit der dominanten Merkmalsausprägung könnte auch heterozygot sein. Wäre dies das neue Hintergrundwissen, würde sich der Grad der induktiven Unterstützung von 75% auf 43.75% verändern.[9]

Zuletzt muss erwähnt werden, dass im HEMPEL-OPPENHEIM-Schema *irrelevante Faktoren* zur Erklärung zulässig sind. Vom logischen Standpunkt kann das Explanans um beliebige wahre Sätze erweitert werden. Der logische Schluss auf den Sachverhalt gilt dann selbstverständlich immer noch. Im induktiv-nomologischen Schema könnte man eine statistische Korrelation angeben, die den Sachverhalt induktiv untermauert, aber nichts mit seiner Erklärung zu tun hat. Seien das Ereignis E und der zu erklärende Sachverhalt S mit der bedingten Wahrscheinlichkeit $p = P_E(S)$ korreliert. Dann würde

---

[8] Vgl. SCHURZ (1990).

[9] Im Formalismus des Kapitels 7 insbesondere Punkt 7.4.1 berechnet sich dies wie folgt: Die parentale Population hat den Phänotyp $|\varphi)^0 = \frac{1}{2}\,|A) + \frac{1}{2}\,|a)$. Der dominanten Merkmalsausprägung liege ein heterozygoter Genotyp zugrunde, so dass $|\gamma\rangle^0 = \frac{1}{2}\,|Aa\rangle + \frac{1}{2}\,|aa\rangle$. Durch Selektion werden nur $|A)$- mit $|a)$-Phänotypen gepaart. Das bedeutet, dass die Keimtypen $|\sigma]\!]^0 = \frac{1}{2}\,|A]\!] + \frac{1}{2}\,|a]\!]$ und $|\sigma']\!]^0 = |a]\!]$ den Genotyp $|\gamma\rangle^1 = \frac{1}{2}\,|Aa\rangle + \frac{1}{2}\,|aa\rangle$ der nächsten Generation erzeugen. Ohne Selektion ergibt sich der Keimtyp $|\sigma]\!]^1 = \frac{1}{4}\,|A]\!] + \frac{3}{4}\,|a]\!]$ und nach Zeugung der nächste Genotyp $|\gamma\rangle^2 = \frac{1}{16}\,|AA\rangle + \frac{6}{16}\,|Aa\rangle + \frac{9}{16}\,|aa\rangle$, der den Phänotyp $|\varphi)^2 = \frac{7}{16}\,|A) + \frac{9}{16}\,|a)$ zeigt ($\frac{7}{16} = 43.75\%$).

diese Korrelation den Sachverhalt induktiv-nomologisch erklären. Es könnte aber genau so gut sein, dass es ein weiteres, eventuell noch gar nicht bekanntes Ereignis gibt, das ursächlich für das Auftreten von E und S zuständig ist.[10] Dass E und S korreliert sind, ist dann dem Umstand zuzuschreiben, dass dieses unentdeckte Ereignis das Ereignis E und den Sachverhalt S bewirkt. *Korrelationen erklären eben nichts*, nicht einmal 100%-ige. Sie geben ein wichtiges Indiz dafür, dass es einen Zusammenhang geben könnte, mehr aber auch nicht.

Zur Verdeutlichung der Probleme der *Irrelevanz* und der *Angemessenheit* betrachten wir nun ein sehr berühmtes Experiment, das von MORGAN (1910) durchgeführt wurde. Das Erklärungsschema der Tabelle 5.3 erweckt den Eindruck, als wären die weißen Augen der Fliege F mit ihrer Männlichkeit zu erklären. So etwas hatte MORGAN in keiner Weise im Sinn. Er untersuchte das von MENDEL nicht beobachtete Phänomen der Kopplung. Die beiden Merkmale, deren Kopplung er in seiner berühmten Versuchsreihe betrachtete, waren das Geschlecht und die Augenfarbe. Die angemessene Erklärung für die Weißäugigkeit der Fliege ist nicht ihre Männlichkeit, sondern die vollständige Kopplung dieser beiden Merkmale. Das Schema aus Tabelle 5.3 erwähnt nicht einmal das Phänomen der Kopplung und erklärt trotzdem die Weißäugigkeit. Das Beispiel rechtfertigt die scharfe Kritik des Zitats von KITCHER auf S. 97. Es macht deutlich, dass neben Relevanzkriterien insbesondere kontextabhängige pragmatische Kriterien wie die Angemessenheit beim Erklären eine wichtige Rolle spielen. Zumindest das Problem der Relevanz der Explanans-Sätze für das Explanandum wird durch das kausal-statistische Konzept gelöst, das nun erläutert werden soll.

Weißäugigkeit männlicher Fliegen

Explanans	Gesetz	Bei der Kreuzung eines Männchens (P) mit der dominanten Merkmalsausprägung mit einem Weibchen (P) mit der rezessiven Merkmalsausprägung zeigen alle Männchen (F1) die rezessive Merkmalsausprägung.
	Anfangsbedingungen	Die Merkmalsausprägung „rote Augen" dominiert über „weiße Augen". Das Fliegen-Männchen hat rote Augen. Das Fliegen-Weibchen hat weiße Augen. Die Fliege F ist männlicher Nachkomme (F1).
Deduktion	↓	↓
Explanandum	Sachverhalt	Die Fliege F hat weiße Augen.

Tabelle 5.3. Pseudoerklärung der MORGANschen 2-Faktor-Kreuzung.

[10] Vgl. dazu REICHENBACHs Definition der Abschirmung auf S. 104.

5.1.2 Das kausal-statistische Konzept

Die Hauptvertreter des kausal-statistischen Konzepts sind REICHENBACH und insbesondere sein Schüler SALMON, dessen Ausarbeitung dem hier Dargestellten zugrunde liegt.[11] Wie beim HEMPEL-OPPENHEIM-Schema sind auch hier rein formale Kriterien dafür ausschlaggebend, ob eine wissenschaftliche Erklärung vorliegt. Demnach erfolgt die wissenschaftliche Erklärung eines Ereignisses durch die Darstellung der für das Ereignis statistisch relevanten Faktoren, der statistischen Regelmäßigkeiten, die diese Faktoren und das Ereignis einschließen, und der kausalen Gesetze, die den statistischen Regelmäßigkeiten zugrunde liegen. Das Schema des kausal-statistischen Konzepts unterscheidet sich augenfällig von HEMPEL-OPPENHEIM dadurch, dass es sich um kein logisches Schlussschema handelt, sondern um eine Aufzählung von allem Relevanten für ein konkret eingetretenes Ereignis. Dies soll Tabelle 5.4 verdeutlichen.

Allgemeines Schema		Beispiel: Fallender Stein
Explanandum	Ereignis	Ein Stein schlägt mit 72 km/h auf der Erdoberfläche auf.
Explanans	statistisch relevanter Faktor 1 ⋮ statistisch relevanter Faktor n	1. Der Stein befindet sich in 20 Metern Höhe über der Erdoberfläche. 2. Der Stein wird fallen gelassen.
	statistische Regelmäßigkeit 1 ⋮ statistische Regelmäßigkeit m	Auf der Erde fallen Steine mit 100%-iger Wahrscheinlichkeit zu Boden.
	Kausalgesetz 1 ⋮ Kausalgesetz k	1. NEWTONs 2. Gesetz: Die Beschleunigung ist direkt proportional zur Kraft. 2. Gravitationsgesetz

Tabelle 5.4. Das kausal-statistische Schema und das Beispiel des fallenden Steins.

In zwei Hinsichten ist das kausal-statistische Konzept dem HEMPEL-OPPENHEIM-Schema überlegen.[12] Erstens ist es nicht mit dem Problem konfrontiert, dass Irrelevantes zur Erklärung eines Ereignisses herangezogen werden kann, da nur statistisch relevante Faktoren aufgezählt werden dürfen. Nun stellt sich ersichtlich die Frage, was denn für ein bestimmtes Ereignis E statistisch relevant ist und was nicht. Ein Ereignis B (Bedingung) ist statistisch relevant für E, wenn die Wahrscheinlichkeit $P_B(E)$ für das Eintreten

[11] Vgl. SALMON (1984).
[12] Vgl. LAMBERT & BRITTAN (1991, S.47).

von E unter der Bedingung, dass B bereits eingetreten ist, von der Wahrscheinlichkeit $P(E)$ für das Eintreten von E abweicht. Mit anderen Worten, B ist irrelevant für E, wenn die bedingte Wahrscheinlichkeit $P_B(E)$ gleich der unbedingten $P(E)$ ist, also wenn B und E stochastisch unabhängig sind. Diese klare Definition statistisch relevanter Faktoren, die zur Aufzählung hinzugefügt werden dürfen, löst in der Tat das Irrelevanzproblem, wenn noch von solchen für E relevanten Bedingungen B abgesehen wird, die von einem anderen Ereignis A abgeschirmt werden (vgl. S. 104).

MENDELsche 1-Faktor-Kreuzung

Explanandum	Ereignis	Die Erbsenpflanze E hat violette Blüten.
Explanans	statistisch relevante Faktoren	1. Die Erbsenpflanze E ist Nachkomme (F2). 2. Zwei Stämme (P) wurden gekreuzt und die entstandene Population (F1) brachte Nachkommen (F2) hervor. 3. Der dominante Erbsen-Stamm (P) hatte nur violette Blüten. 4. Der rezessive Erbsen-Stamm (P) hatte nur weiße Blüten.
	statistische Regelmäßigkeit	75% aller Nachkommen (F2) einer Population (F1), die aus der 1-Faktor-Kreuzung zweier reiner Stämme (P) hervorgehen, zeigen die Merkmalsausprägung des dominanten Stamms.
	Kausalgesetz	?

Tabelle 5.5. Nicht-Erklärbarkeit der MENDELschen 1-Faktor-Kreuzung im kausal-statistischen Schema.

Die zweite Überlegenheit besteht darin, dass das kausal-statistische Konzept auch unerwartete Ereignisse zu erklären vermag. Während bei HEMPEL-OPPENHEIM ein Ereignis nur dann als erklärt gilt, wenn es zumindest mit hoher Wahrscheinlichkeit induktiv untermauert wird, können im kausal-statistischen Konzept auch Ereignisse als erklärt gelten, die vergleichsweise selten vorkommen. So könnte das Auftreten der rezessiven Merkmalsausprägung (weiße Blüten) auf die gleiche Weise erklärt werden wie das der dominanten (violette Blüten). In der Liste der statistisch relevanten Regelmäßigkeiten muss der Satz stehen, dass 75% der F2-Nachkommen die dominante und 25% die rezessive Merkmalsausprägung zeigen (Mendel 1). Das Auftreten der vergleichsweise seltenen Merkmalsausprägung wäre in gleicher Weise erklärt wie das der häufigen (Siehe Tab. 5.5). Nur gilt weder das Auftreten der dominanten noch das der rezessiven im kausal-statistischen Konzept als erklärt. Dies scheitert an der Forderung nach Kausalgesetzen.

Um von einer Erklärung zu sprechen, wird im kausal-statistischen Konzept nicht nur verlangt, dass statistisch relevante Regelmäßigkeiten aufzuführen sind, sondern auch, dass Kausalgesetze anzugeben sind, die diesen statistischen Regelmäßigkeiten zugrunde liegen. Es wird die Einbettung in kausale Zusammenhänge gefordert, anders ausgedrückt, ein Hinweis auf den Teil des ‚kausalen Netzes', der für das Verständnis der statistischen Regelmäßigkeit notwendig ist. Nun wird man im Falle des MENDELschen Beispiels aus Tabelle 5.5 sofort versucht sein, die Gesetze Mendel 2 - 4 unten in die Tabelle bei „Kausalgesetze" einzutragen. Aber sind diese drei Gesetze Kausalgesetze? Ob eine Erklärung als wissenschaftliche gelten kann, wird im kausal-statistischen Konzept untrennbar mit dem schwierigen Begriff der Kausalität verknüpft. Ersichtlich ist nun klarzustellen, was als *Kausalgesetz* anerkannt werden soll. Dazu liest man bei SALMON:

> The foregoing characterization of causal processes and various kinds of causal forks provides, I believe, a basis for understanding three fundamental aspects of causality:
>
> 1. *Causal processes* are the means by which structure and order are propagated or transmitted from one spacetime region of the universe to other times and places.
> 2. *Causal interactions*, as explicated in terms of interactive forks, constitute the means by which *modification in structure* (which are propagated by causal processes) are produced.
> 3. Conjunctive *common causes* – as characterized in terms of conjunctive forks – play a vital role in the *production* of structure and order. In the conjunctive fork, it will be recalled, two or more processes, which are physically independent of one another and which do not interact directly, arise out of some special set of backround conditions. The fact, that such special backround conditions exist is source of a correlation among the various effects which would be utterly improbable in the absence of common causal backround.
>
> There is a striking difference between conjunctive common causes on the one hand and causal processes and interactions on the other. Causal processes and causal interactions seem to be governed by basic laws of nature in ways that do not apply to conjunctive forks. (SALMON, 1980) (SALMON, 1998, S. 298)

SALMON unterscheidet kausale Vorgänge, kausale Wechselwirkungen und gemeinsame Ursachen. Ein *kausaler Vorgang* ist ein kontinuierlicher Prozess in Raum und Zeit. Die Kontinuierlichkeit wird als notwendige Bedingung akzeptiert, da die Zuweisung eines kausalen Zusammenhangs zwischen nicht kontinuierlich in der Zeit verfolgbaren Zuständen metaphysischer Spekulation gleichkommt. Mit der Methode der Eigenschaftsübertragung werden zudem echte von pseudo-kausalen Vorgängen unterschieden. Eine Eigenschaft von einem Ort zu einen anderen übertragen zu können, macht beispielsweise die raum-zeitliche Propagation einer elektromagnetischen Welle zu einem kausalen Vorgang: Hält man eine rote Glasscheibe in den Lauf eines Lichtstrahls, so wird die Eigenschaft „rot" durch den Lichtstrahl zu anderen Orten übertragen. Getragen wird die Eigenschaft vom Zustand (Struktur und Ordnung) des transportierenden Systems. Damit der Lichtstrahl rot ist, darf er nur elektromagnetische Wellen enthalten, deren Wellenlängen in einem bestimmten, nämlich dem ‚roten', Intervall liegen.

Beim Durchgang des zunächst weißen Lichtstrahls durch die rote Glasscheibe findet eine *kausale Wechselwirkung* statt. Alle elektromagnetischen Wellen, deren Wellenlängen nicht dem ‚roten' Intervall angehören, werden von der Glasscheibe absorbiert. Nur rotes Licht tritt hindurch. Der Zustand des Lichtstrahls wird modifiziert. Deswegen spricht SALMON bei der Absorption von einer *‚interaktiven Gabelung'*: Zwei kausale Vorgänge, der sich ausbreitende Lichtstrahl und die ruhende Glasscheibe, treffen raum-zeitlich aufeinander und interagieren miteinander. Solche Gabelungen sind zu unterscheiden von *‚verbindenden Gabelungen'*: Zwei kausale Vorgänge haben eine gemeinsame Ursache und sind damit korreliert, hängen aber selbst nicht kausal zusammen. Eine verbindende Gabelung zweier Ereignisse A und B liegt nach REICHENBACH (1956, §19) dann vor, wenn es ein drittes zeitlich früheres Ereignis C gibt, so dass das Folgende gilt:

1. Unter der Bedingung, dass C eingetreten ist, sind A und B stochastisch unabhängig: $P_C(A \cap B) = P_C(A)P_C(B)$.
2. Ebenso unter der Bedingung, dass die Verneinung von C eingetreten ist: $P_{\bar{C}}(A \cap B) = P_{\bar{C}}(A)P_{\bar{C}}(B)$.
3. Das Eintreten von A ist positiv korreliert mit dem von C: $P_C(A) > P_{\bar{C}}(A)$.
4. Ebenso das von B: $P_C(B) > P_{\bar{C}}(B)$.

Wie zu erwarten, lässt sich daraus im elementaren Kalkül der Wahrscheinlichkeitsrechnung folgern, dass die Ereignisse A und B positiv zueinander korreliert sind: $P(A \cap B) > P(A)P(B)$. Unter Einbeziehung des Ereignisses C sind sie es aber nicht (obige Bedingung 1). Andersherum spricht REICHENBACH davon, dass das zeitlich vor A liegende B vom zeitlich noch früheren C *abgeschirmt* wird, wenn obige vier Voraussetzungen erfüllt sind. Bei einer interaktiven Gabelung verhält es sich demgegenüber so, dass das Ereignis der Interaktion C und die beiden zeitlich folgenden Ereignisse A und B, die z.B. Messungen der beiden zuvor wechselwirkenden Vorgänge sein können, obige Eigenschaften 1 und 2 eben gerade nicht erfüllen, sondern unter der Bedingung, dass C eingetreten ist, A und B positiv korreliert sind: $P_C(A \cap B) > P_C(A)P_C(B)$.

Mit Sicherheit fängt REICHENBACHs Schüler SALMON einige wichtige Aspekte kausaler Zusammenhänge ein. Mit dem, was er unter kausalen Vorgängen und Wechselwirkungen in Abgrenzung zu bloßen Korrelationen verstanden wissen will, wird sicher die überwiegende Mehrheit der Wissenschaftler einverstanden sein. Als ein alle Aspekte kausaler Zusammenhänge umfassendes Konzept kann es aber eher nicht anerkannt werden. Die intensiv geführte Diskussion zur Kausalität soll aber hier nicht näher behandelt werden. Bei der Erörterung der kausalen Erklärung im Punkt 6.4.2 wird auf das hier Gesagte zurückgegriffen.

Ein massiver Kritikpunkt soll aber dennoch ausgesprochen werden: Das *Prinzip der methodischen Ordnung* beachtend ist es nicht einleuchtend, dass der Begriff der Erklärung aus dem Begriff der Kausalität rekrutiert werden muss. Den Begriff der wissenschaftlichen Erklärung im Allgemeinen auf *kausale Zusammenhänge* einzuengen, scheint uns jedenfalls nicht vertretbar. Man beraubt sich dadurch der Möglichkeit, auch in der Wissenschaft etwas anderes als die Angabe von Ursachen als Erklärung akzeptieren zu dürfen. Hier wollen wir insbesondere auch die Zuweisung von Funktionen anerkannt wissen (Punkt 6.4.3). Deswegen sollte sich über Erklärungen bereits sprechen lassen, bevor von kausalen, funktionalen oder anderen Erklärungsschemata die Rede ist.

Damit kommen wir zu dem Beispiel der MENDELschen 1-Faktor-Kreuzung zurück. Die MENDELsche Vererbungslehre würde nur dann eine Erklärung im Sinne das kausal-statistischen Konzeptes liefern, wenn sich in die unterste Zeile der Tabelle 5.5 Kausalgesetze eintragen ließen. Dies könnte geschehen, wenn die Postulate Mendel 2 - Mendel 4 aus Punkt 1.2.5 als Kausalgesetze anerkannt werden würden, so wie dies mit Newton 2 als universeller Beschreibung kausaler Vorgänge (zeitliche Verläufe sich bewegender Massen) und dem NEWTONschen Gravitationsgesetz als universelle Beschreibung einer kausalen Wechselwirkung (gegenseitige Anziehung zweier Massen) beim Beispiel des fallenden Steins (Tabelle 5.4) erfolgt ist. Die Postulate Mendel 2 und 3 ergeben zusammen das Zeitentwicklungsgesetz der MENDELschen Genetik vergleichbar mit Newton 2, nur dass keine kontinuierlichen Verläufe der Zustände beschrieben werden, sondern diskrete Übergänge von einer Generation zur nächsten. Dabei wird zunächst nicht ein Zustand in einen Folgezustand überführt, sondern die einen Zustand determinierende Konstellation von Erbfaktoren. Als Zustand muss nämlich die Verteilung eines Merkmals in einer Population interpretiert werden, denn für MENDEL waren nur Merkmalsausprägungen observabel und nicht die dafür verantwortlichen hypothetisch angenommenen Erbfaktoren. In welcher Weise die Erbfaktoren die Merkmalsausprägungen festlegen, wird durch Mendel 2 postuliert.

Im kausal-statistischen Konzept müssten die Postulate Mendel 2 - 4 als statistische Regelmäßigkeiten interpretiert werden und nicht als Kausalgesetze. Zum einen wird das Kriterium der Kontinuierlichkeit nicht erfüllt, zum andern werden von MENDEL keine Gründe angeführt, warum nun in der in Mendel 2 angegebenen Weise des dominanten Erbgangs Erbfaktoren Merkmalsausprägungen festlegen, in der in Mendel 3 angegebenen Weise die Erbfaktoren auf die Gameten gleich verteilt werden, und in der in Mendel 4 angegebenen Weise die Gameten wieder verschmolzen werden. Selbst wenn MENDEL Gründe nennen würde, die vielleicht sogar kontinuierlich ablaufen und beobachtbar wären, wie die Vorgänge der Meiose und der Befruchtung, fällt es schwer, von Ursachen dieser statistischen Regelmäßigkeiten zu reden, geschweige denn von einer kausalen Wechselwirkung, die diese verursachen würden. MENDEL braucht aber solche Gründe oder Ursachen nicht zu erwähnen, und trotzdem ist unser Empfinden so, dass wir etwas von den

Vorgängen bei der Vererbung verstanden haben. MENDEL hat uns etwas erklärt, er hat unsere Vorstellung der Vererbung auf ein gänzlich neues Fundament gestellt.

Wenn selbst die MENDELsche Vererbungslehre nicht erfasst wird, kann das kausal-statistische Konzept nur schwer als ein Schema akzeptiert werden, das *allgemeingültig* Erklärungen auszeichnet. Insbesondere VAN FRAASSEN (1980) folgt nicht dem SALMONschen Schema, nach dem – zusammengefasst – (a) die Wissenschaft uns genau in dem Ausmaß Verständnis für ein Phänomen liefert, in dem sie uns eine Erklärung dafür liefert, und (b) die Wissenschaft uns genau in dem Ausmaß eine Erklärung liefert, in dem sie das zu erklärende Phänomen in eine erkennbare Struktur von Kausalbeziehungen einordnet. VAN FRAASSEN glaubt, dass sich weder (a) noch (b) aufrechterhalten lassen:

> Was (a) betrifft, so müssen wir auf legitime Zurückweisungen hinweisen. Wenn wir verstanden haben, daß keine *vis inertiae*[13] oder irgend etwas anderes dieser Art notwendig ist, damit ein gleichförmig bewegter Körper im kräftefreien Zustand seine Bewegung beibehält, so stellt dies eine Verbesserung unseres Verständnisses dar. Doch dieses Verständnis kommt nicht dadurch zustande, daß man die Frage *Warum behält ein solcher Körper seine Geschwindigkeit bei?* beantwortet hat. Diese Frage wurde nämlich zurückgewiesen – und dennoch haben wir das Phänomen besser verstanden, sobald wir nämlich erkannt haben, daß es in ein Newtonsches Modell paßt, welches keine Antwort auf diese Frage liefert. Was (b) betrifft, so besteht die wissenschaftliche Erklärung eines Phänomens nicht annähernd immer darin das Phänomen in eine Kausalstruktur einzuordnen. (VAN FRAASSEN, 1990, S. 46)

Beispielsweise erklärt uns MENDELs Vererbungslehre die spezifische Zusammensetzung von Populationen nicht durch die Angabe kausaler Vorgänge und Wechselwirkungen, sondern durch die Annahme von Erbfaktoren, die erstens in einer bestimmten funktionalen Beziehung zu den Merkmalen stehen und zweitens auf eine bestimmte Weise von einer Generation auf die nächste übertragen werden. Wie diese funktionalen Beziehungen kausal realisiert werden, sind nachgeordnete – sicherlich hochinteressante – Fragen, die allerdings das Vermögen der Klassischen Genetik, etwas zu erklären, nicht beeinträchtigen. Der Aussage, MENDEL erkläre uns nichts über die Vererbung von Merkmalen, weil er kein detailliertes kausales Netz angeben kann, würden wohl die wenigsten Biologen folgen.

> Doch kausale Modelle, oder zumindest Modelle, die den obigen Kriterien [Siehe SALMONs Zitat auf S. 103.] genügen, sind im Ganzen gesehen in der Wissenschaft vorherrschend; es ist von Vorteil, sie zu haben,

---

[13] Der Herausgeber SCHURZ (1990) merkt dazu an: *vis inertiae* – Beharrungsvermögen, Trägheitskraft. Zur Entwicklungsgeschichte dieses Begriffs vgl. JAMMER (1964, S. 61-89).

sofern das möglich ist; und für die moderne Wissenschaft vor Beginn unseres Jahrhunderts waren sie tatsächlich paradigmatisch. Wir brauchen daher keineswegs zu leugnen, daß die Wissenschaft oftmals das tut, wonach Salmon verlangt. Überdies kann die Frage, warum ein bestimmtes Phänomen auftritt, durchaus als Forderung nach einem kausalen Modell gemeint sein. Auch wenn solch eine Forderung möglicherweise zurückgewiesen werden muß, so drückt sie doch an sich keinen illegitimen Wunsch aus. Wir werfen Salmons Theorie also nicht vor, daß sie falsch ist, sondern lediglich, daß sie unvollständig ist, weil sie die Gesamtheit der Erklärungen durch einen Teil ersetzt. (VAN FRAASSEN, 1990, S. 47)

5.2 Die Pragmatik des Erklärens

Bei der Diskussion der analytischen Erklärungsschemata erregte bereits eine ganze Reihe von Problemen unsere Aufmerksamkeit: Die Begründung von Gesetzeserklärungen, die Erklärung seltener Ereignisse, das Hintergrundwissen und seine maximale Bestimmtheit, die Relevanz der Faktoren und Korrelationen, die Angemessenheit, die Abschirmung, die Anerkennung von Gesetzen, insbesondere von Kausalgesetzen, die methodische Ordnung beim Aufbau eines Erklärungsbegriffs, der Zusammenhang mit der Kausalität und die legitime Zurückweisung von Erklärungsforderungen. Nicht eingegangen wurde bisher auf formal-logische Fragen, insbesondere die Logik von Frage und Antwort, sowie auf die Asymmetrie und den prognostischen Gehalt von Erklärungen. Was die Logik betrifft, verweisen wir auf die zitierten Autoren, insbesondere zudem auf BELNAP & STEEL (1976). Zur Asymmetrie wird in diesem Abschnitt ein Beispiel vorgestellt. Auf das Zusammenspiel von Prognose und Erklärung wird erst im Punkt 6.3.4 eingegangen.

Obige Liste von Anforderungen an den Begriff der Erklärung ist lang und legt zweierlei nahe. Zum einen wird sich die „Erklärung“ nur in einem pragmatischen Konzept adäquat erfassen lassen, und zum andern wird zunächst ein bewusst „weicher“ Begriff der Erklärung zu etablieren sein, der für die Zwecke der Wissenschaft zu verschärfen sein wird. Die lange Liste gibt aber auch zu der Befürchtung Anlass, dass sich die Vertreter einer pragmatischen Linie nicht (oder noch nicht) auf ein gemeinsames Konzept einigen konnten. Dies ist tatsächlich der Fall. In der vorliegenden Arbeit muss allerdings auf eine allzu detaillierte Darstellung der Positionen verzichtet werden.

5.2.1 Erklärungsdialoge

Ähnlich der konstruktiven Logik fassen wir nun wie TUOMELA (1984) *Erklären* und *Verstehen* innerhalb eines kommunikativen Prozesses auf, bei dem ein Antwortender eine Erklärung abgibt, damit ein Fragender einen Satz versteht.

> Wissenschaftliche Erklärungen können aus der Perspektive des Fragens und Antwortens betrachtet werden. So können sie als soziale Handlung mit einem Fragenden (Explanand) und einem Antwortenden (Explanator) als Handlungsträger angesehen werden. Solche sozialen Handlungen finden in einem wissenschaftlich-sozialen Kontext statt, [...].
> [...]
> Halten wir uns wissenschaftliche Fragen und Antworten allgemein vor Augen, so wird klar, daß sowohl die Fragen als auch die Antworten von den *pragmatischen Hintergrundannahmen* abhängen, welche Explanator und Explanand teilen, sowie auch von der *konkreten pragmatischen Situation* (dem Kontext), [...].
> Allgemein gesprochen ist es eine zentrale Eigenschaft wissenschaftlicher und anderer Erklärungen, ein *Verständnis* darüber zu vermitteln, warum (oder wie, wann, etc.) etwas der Fall ist oder war. Es ist in der Tat eine begriffliche Wahrheit, daß Handlungen des Erklärens Versuche sind, solch relevantes *Verstehen* zu bewirken. (TUOMELA, 1990, S: 125f.)

Ähnlich wie Proponent und Opponent führen der Antwortende oder Erklärende (Explanator) und der Fragende oder Verstehende (Explanand) einen Dialog, einen Austausch von Sätzen nach bestimmten Regeln. Ziel des Dialoges ist es, dass der Explanand versteht. Allerdings können diese Regeln nicht in der formalen Strenge gefasst werden, wie dies bei den Dialogregeln der konstruktiven Logik der Fall ist.[14] Es muss Platz für die pragmatischen Hintergrundannahmen und den Kontext gelassen werden. Der Versuch, die *wissenschaftliche* Erklärung formal zu charakterisieren (HEMPEL, OPPENHEIM, REICHENBACH, SALMON), darf nach dem in Abschnitt 5.1 Ausgeführten als gescheitert betrachtet werden. Die bei der Diskussion der analytischen Schemata aufgetauchten Probleme sind formal unüberwindbar und haben ja geradezu eine pragmatische Auffassung provoziert, die eben weniger formale Strenge aufweist.

5.2.2 Erklärungen als Antworten auf Fragen

Mit der Einführung der „Erklärung" als Frage-Antwort-Episode erledigt sich insbesondere ein ganz entscheidendes Problem, auf das wir bisher noch gar nicht eingegangen sind: die Erklärungsasymmetrie. Dabei handelt es sich um Fälle, in denen zwei Sätze strikt äquivalent sind, und man mit Hilfe des einen erklären kann, warum der andere der Fall ist, aber nicht umgekehrt.[15] Wir schließen uns der Hypothese an, ein Kind bekomme genau dann das Down-Syndrom, wenn eine Trisomie 21 vorliege. Nun kann das Auftreten des Down-Syndroms nicht das Vorliegen der Trisomie 21 erklären. Umgekehrt erklärt die

---

[14] Siehe Abschn. 1.1 und Punkt 4.2.1.

[15] Vgl. VAN FRAASSEN (1990, S. 36ff.). Dort werden auch Beispiele angeführt.

Trisomie 21 das Down-Syndrom. Ein viel zitiertes Beispiel ist, dass ein aufkommender Sturm das Fallen des Barometers erklärt, umgekehrt das Fallen des Barometers aber nicht den aufkommenden Sturm. Dennoch sagen wird durch das Fallen des Barometers den Sturm vorher. Die Versuche der analytischen Philosophen des letzten Abschnitts, Erklärungen nur durch formale Kriterien auszuzeichnen, müssen hier in jeder Hinsicht scheitern, da die beiden Sätze, die jeweils in Erklärungsasymmetrie stehen, logisch äquivalent sind.

> Die Diskussion über den Erklärungsbegriff ging von Anfang an in die falsche Richtung, als Erklärung als eine der Beschreibung gleichartige Beziehung aufgefasst wurde: als eine Beziehung zwischen Theorie und Tatsache. In Wirklichkeit ist Erklärung eine *dreistellige* Relation, zwischen Theorie, Tatsache und Kontext. Kein Wunder, daß keine einzelne Relation zwischen Theorie und Tatsache jemals in der Lage war, mehr als einige wenige Beispiele zu erfassen! Eine Erklärung zu sein ist etwas essentiell Relatives, denn eine Erklärung ist eine *Antwort.* (Im selben Sinne, wie eine Tochter zu sein etwas Relatives ist: Jede Frau ist eine Tochter und jede Tochter ist eine Frau; dennoch ist eine Tochter zu sein nicht dasselbe wie eine Frau zu sein.) Da eine Erklärung eine Antwort ist, wird sie gegenüber einer Frage bewertet, die eine Forderung nach Information enthält. Welche Information genau jedoch in einer Frage der Form „Warum ist es der Fall, daß *P*" gefordert wird, differiert von Kontext zu Kontext. Darüberhinaus sind die Hintergrundtheorie und die Daten, aufgrund derer eine Frage als sich stellend oder sich nicht stellend bewertet wird, vom Kontext abhängig. (VAN FRAASSEN, 1990, S.86)

Eine *Erklärung* ist demnach eine *Antwort auf eine Frage*, die auf eine bestimmte *Problemlage* bezogen ist. Dieser pragmatische Begriff der Erklärung schließt nicht-sprachliche Erklärungshandlungen wie das Zeigen oder Deuten aus. Für eine Explikation der Erklärung in den Wissenschaften sind solche nicht-sprachlichen Erklärungshandlungen völlig irrelevant. Dem Konstruktivismus folgend einigt sich eine *scientific community* zuerst auf eine terminologische Sprache, innerhalb derer sie dann Erklärungsdialoge führen kann. Allerdings ist zu beachten, dass dieser sehr weit gefasste Begriff der Erklärung als eine Antwort auf eine Problemlagen bezogene Frage offenbar in keiner Weise wissenschaftliche Erklärung ausgezeichnet. Im Gegenteil, der Begriff „Erklärung" ist so gefasst, dass auch alltägliche Dialoge unter diesen Begriff fallen können. So gilt die Antwort auf die Frage „Wie komme ich zum Bahnhof" sinnvollerweise dann als Erklärung, wenn der Fragende auf Grund der Antwort dann weiß, wie er zum Bahnhof kommt.

5.2.3 Verstehen als Einbettung in einen Wissenskontext

Gelingt es dem Explananden zum Bahnhof zu gelangen, war der Erklärungsdialog erfolgreich. Die Auskunft, die ihm vom Explanator gegeben wurde, erlaubte eine Einbettung in einen vorhandenen Wissensbestand. Beispielsweise wusste der Fragende bereits, dass man mit öffentlichen Verkehrsmitteln den Bahnhof erreichen kann, und erkundigte sich nach der richtigen Linie. Oder der Explanand befindet sich in einem Teil der Stadt, in dem er sich nicht auskennt, und der Explanator erklärt ihm diesen Teil so weit, dass er den Stadtplan, den er bereits im Kopf hat, entsprechend so ergänzen kann, dass er auch von diesem unbekannten Teil der Stadt aus nun zum Bahnhof findet.

Von dem Verlauf des Erklärungsdialoges *erwartet* sich der Explanand, dass der Explanator den unverstandenen Satz so erklärt, dass er in den Wissensbestand des Explananden eingebettet wird. Die Beantwortung einer Frage „Warum (oder Wie, Wann, etc.) ist es der Fall, dass **A**" ist eine Erklärung, wenn sie das Verstehen des Satzes **A** hervorbringt. Der Satz **A** gilt als verstanden, wenn der Explanand in der Lage ist, den verstandenen Satz zu erklären. Dazu musste der Satz in seinen Wissenskontext eingebettet werden.

5.2.4 Kriterien an den Erklärungsdialog

Formale Kriterien

1. In einem Erklärungsdialog stellt der Explanand Fragen, die vom Explanator beantwortet werden.
2. Alle in den Dialog eingebrachten Sätze, seien es Fragen oder Antworten, müssen formal-logisch korrekt gebildet sein.
3. Sofern die eingebrachten Sätze empirisch erster Stufe sind, müssen sie den Tatsachen entsprechen.

Pragmatische Kriterien

1. Die Antworten müssen in den Kontext der Fragestellung passen, d.h. sie müssen drei Kriterien erfüllen:
   a) Einsichtigkeit
   b) Angemessenheit
   c) Abgesichertheit
2. Ein Erklärungsdialog gilt als erfolgreich abgeschlossen, wenn der Explanand die Antwort verstanden hat, d.h. wenn er sie in seinen Wissensbestand eingliedern konnte, und damit die Fähigkeit erwirbt, den Erklärungsdialog nunmehr als Explanator führen zu können.

Ein Explanand wird eine Erklärung nur dann für *einsichtig* befinden können, wenn sie Bezug nimmt auf sein vorhandenes Wissen. Eine Erweiterung seines Wissens wird nur stattfinden können unter Rückgriff auf Bekanntes und Vertrautes.[16] Auf die Frage „Weshalb wird ein Kind mit Down-Syndrom geboren" kann die Antwort „Weil eine Trisomie 21 vorliegt" nur dann

[16] Vgl. dazu auch KÖTTER (2000).

als einsichtig empfunden werden, wenn der Explanand beispielsweise darüber im Bilde ist, wie eine Zelle aufgebaut ist, und was Chromosomen sind, also das entsprechende Hintergrundwissen besitzt, um die Antwort verstehen zu können. Dagegen kann ein anderer Explanand diese Antwort als völlig unbefriedigend empfinden und statt dessen die Antwort „Weil es Gott so gewollt hat" als einsichtig bezüglich seines Hintergrundwissens empfinden.

Davon, dass eine Erklärung *angemessen* ist, kann nur dann die Rede sein, wenn die Antwort auf die Frage in Umfang und Tiefe passt. Pragmatisch gesehen heißt das, dass die umfangreichste Erklärung nicht die beste sein muss. Offenbar hängen der passende Umfang und die passende Tiefe wiederum vom vorhandenen Wissensbestand des Explananden ab. Bei der Frage „Weshalb wird ein Kind mit Down-Syndrom geboren" wird derjenige, der bereits weiß, was eine Trisomie ist, die Antwort „Weil eine Trisomie 21 vorliegt" als angemessen erachten, während derjenige, der weiß, dass Menschen aus Zellen aufgebaut sind, und dass Zellen Zellkerne besitzen, in denen sich zu einer bestimmten Zeit 46 Chromosomen befinden, von denen 22 jeweils doppelt vorliegen, mit der Antwort „Weil eine Trisomie 21 vorliegt, das bedeutet, dass das Chromosom mit der Nummer 21 dreimal statt zweimal in jeder Zelle vorkommt" zufrieden sein wird.

Als grundsätzlich unangemessen kann folgende Antwort gelten: „Weil bei der Entstehung der Eizelle, aus der sich nach Befruchtung das Kind entwickelt hat, der Spindelapparat nicht richtig funktionierte, und die Eizelle doppelt mit dem Chromosom 21 ausgestattet wurde, was durch die Befruchtung dazu führte, dass das Chromosom 21 in der befruchteten Eizelle dreifach vorlag". Diese Antwort ist zwar richtig, aber eher der Frage „Wie entsteht eine Trisomie 21" angemessen als der gestellten. Eine ähnliche Analyse von Umfang und Tiefe einer angemessenen Antwort könnten wir jetzt auch für den gläubigen Menschen durchführen, der die Trisomie 21 dem Willen Gottes zusprechen möchte. Je nach religiöser Auffassung wird man auch hier Verschiedenes als angemessen empfinden, z.B. weil es Gott gefällt oder weil Gott uns eine Aufgabe stellen möchte.

Die Kriterien der Einsichtigkeit und Angemessenheit stellen wichtige Regeln des Erklärungsdialoges dar, zeichnen aber offenbar – das Beispiel der ‚göttlichen' Erklärung zeigt dies – keine wissenschaftlichen Erklärungen aus, sondern sind für den Erfolg eines jeden Erklärungsdialoges notwendig. Erst das letzte Kriterium, die *Abgesichertheit* einer Erklärung, erlaubt es, Unterscheidungen hinsichtlich der Wissenschaftlichkeit einer Erklärung zu treffen. Nun lassen sich nämlich Sicherheitsstufen einführen, und je nach Anspruch und Möglichkeit wird man eine Erklärung abgeben, die mehr oder weniger abgesichert ist. Wir markieren fünf Sicherheitsstufen, die allerdings erst im Punkt 6.5.1 definiert werden: Sie werden dort als (i) spekulativ, (ii) empirisch, (iii) hypothetisch-empirisch, (iv) hypothetisch-theoretisch und (v) theorietheoretisch bezeichnet.

Von einer wissenschaftlichen Erklärung erwartet man nicht nur, dass sie in hohem Maße *sicheres Wissen* vermittelt, sondern auch, dass sie in einen *wis-*

senschaftlichen Kontext eingebettet ist. Von einer Erklärung des Weges zum Bahnhof erwartet man ja schließlich auch, dass gesichertes Wissen vermittelt wird. Absicherung kann nicht alleine das Kriterium für Wissenschaftlichkeit sein. Vielmehr verbleibt die Aufgabe, das Kriterium der Abgesichertheit für den speziellen Kontext der Wissenschaften zu formulieren. Es muss sich definieren lassen, welche Voraussetzungen erfüllt sein müssen, um von einer Erklärung zu sprechen, die auf einer der fünf Stufen abgesichert ist.

Statt von Abgesichertheit spricht KÖTTER (2000) von Richtigkeit, die in den Wissenschaften dann gewährleistet ist, wenn sich Erklärungen in bestimmte Forschungsprogramme einfügen. Dieser Idee folgend ersetzen wir Richtigkeit durch Abgesichertheit und kategorisieren fünf Sicherheitsstufen, die mit Hilfe des Terminus „Forschungsprogramm" definiert werden. Im Punkt 6.5.1 werden diese Definitionen ausgesprochen.

Auch andere Autoren beziehen sich bei der Konstituierung von wissenschaftlichen Erklärungen auf das Konzept des Forschungsprogramms, ohne allerdings explizit LAKATOS zu erwähnen. Wie in Kap. 2 dargestellt, fließen ja auch in dieses Konzept pragmatische Komponenten ein, beispielsweise der KUHNsche Begriff des Paradigma, auf den sich TUOMELA (1984) bezieht:

> Unsere Theorie [TUOMELAs pragmatisch-nomologische Theorie des wissenschaftlichen Erklärens und Verstehens] ist pragmatisch in dem Sinn, daß sie sich ausdrücklich auf die Handlungen des Erklärens und Verstehens von Wissenschaftlern bezieht, von denen angenommen wird, dass sie zu einer wissenschaftlichen Gemeinschaft (scientific community) gehören und ein bestimmtes (Kuhnsches) Paradigma teilen (eine bestimmte Konstellation von Gruppen-Verbindlichkeiten). (TUOMELA, 1990, S. 125)

Auch von VAN FRAASSEN (1980) wird in ähnlicher Weise die Auffassung vertreten, dass sich wissenschaftliche Erklärungen nur dadurch auszeichnen, dass sie in einen wissenschaftlichen Kontext eingebettet sind. Statt des LAKATOSschen Begriffs des Forschungsprogramms verwendet er den der Theorie. In Abschnitt 1.2.4 haben wir bereits auf die vielfältige Verwendungsweise des Wortes „Theorie" hingewiesen, und hier soll nun nicht auseinander gesetzt werden, was VAN FRAASSEN unter einer Theorie versteht. (Wir jedenfalls werden die Begriffe „Forschungsprogramm" und „empirische Theorie" in Kap. 6 definieren). Folgendes Zitat gibt aber recht deutlich das wieder, was LAKATOS mit seiner Methodologie der Forschungsprogramme präzisieren wollte.

> Eine Erklärung wissenschaftlich zu nennen bedeutet nicht, etwas über ihre Form oder die Art der von ihr angeführten Information zu sagen, sondern lediglich zu behaupten, daß die Erklärung von der Wissenschaft Gebrauch macht, um diese Information zu gewinnen, sowie noch wichtiger, daß die Kriterien zur Bewertung der Erklärung zum Gebrauch einer wissenschaftlichen Theorie angewandt werden (...).
> [...]

> Wissenschaftliche Erklärung ist [...] nicht (reine) Wissenschaft, sondern eine Anwendung von Wissenschaft. Sie ist ein Gebrauch von Wissenschaft, um bestimmte Wünsche von uns zu befriedigen. Es sind sehr spezifische Wünsche in einem spezifischen Kontext, doch es sind immer Wünsche nach deskriptiver Information.
> [...]
> Und während es wahr ist, daß wir nach Erklärungen suchen, so liegt der Wert dieser Suche für die Wissenschaft doch darin, daß die Suche nach Erklärung *ipso facto* eine Suche nach empirisch adäquaten und gehaltvollen Theorien ist. (VAN FRAASSEN, 1990, S. 86f.)

Der Behauptung, dass es sich *immer* um einen Wunsch nach deskriptiver Information handelt, können wir allerdings nicht folgen. Ein Theoretiker wird durchaus auch einmal ‚nur' den Wunsch haben, auf eine neue theoretische Struktur zu stoßen, die er dann als erklärend oder verstanden empfindet, wenn er sie in die ihm vertrauten theoretischen Strukturen einbetten konnte. An dieser Stelle müsste jede Relevanz der strukturalistischen Auffassung empirischer Wissenschaften geleugnet werden, um die Wünsche von Wissenschaftlern auf deskriptive Informationen zu beschränken. Dass in den empirischen Wissenschaften *letztlich* Beobachtungen beschrieben werden sollen, bleibt dennoch unbestritten.

Zuletzt findet sich noch bei KITCHER (1981) eine Auffassung, die sich auf das Forschungsprogramm im LAKATOSschen Sinne bezieht:

> Unsere beiden historischen Beispiele [NEWTONs Mechanik und DARWINs Evolutionstheorie] führten uns zu der Einsicht, daß der Begriff des Argumentmusters für den Begriff der erklärenden Vereinheitlichung zentral ist. Andere Überlegungen hätten uns leicht in dieselbe Richtung führen können. Würde jemand zwischen dem Erklärungswert zweier Argumente unterscheiden, die ein gleiches gemeinsames Muster instantiieren, so würden wir ihn bezüglich Erklärungsfragen als abnormal ansehen. Den Begriff der Erklärung zu erfassen, heißt zu verstehen, daß, wenn man ein Argument als Erklärung akzeptiert, man dadurch verpflichtet ist, andere Argumente, die dasselbe Muster instantiieren, als erklärend zu akzeptieren. (KITCHER, 1990, S. 206)

KITCHER bezeichnet im Wesentlichen das als Argumentmuster, was wir in Abschnitt 6.3 als Erklärungsschema definieren werden. Es sind Forschungsprogramme, die solche Erklärungsschemata festlegen. Wenn ein und dasselbe Erklärungsschema zur Lösung immer neuer Fragen oder Probleme herangezogen werden kann, so will KITCHER zurecht davon sprechen, dass eine erklärende Vereinheitlichung stattfindet. Das Forschungsprogramm der NEWTONschen Mechanik beispielsweise vermag mit seinem Erklärungsschema oder Argumentmuster nicht nur das Fallen eines Steins im Schwerefeld der Erde zu erklären, sondern viele Bewegungstypen mehr wie Pendel- oder Planetenbewegungen, um nur zwei Beispiele aus der Menge der intendierten und auch gelungenen Anwendungen (paradigmatische Beispiele) zu nennen.

Wenn sich auch VAN FRAASSEN und KITCHER insbesondere darüber nicht einig sind, ob sich im Zuge der Einbeziehung von Forschungsprogrammen auch kontextunabhängige Bedingungen finden lassen, welche Argumente für ihren Gebrauch in Erklärungen auszeichnen,[17] so wird doch von beiden die Notwendigkeit gesehen, den Begriff der Erklärung in den empirischen Wissenschaften gemeinsam mit dem des Forschungsprogramms (respektive empirisch adäquate und gehaltvolle Theorie) aufzubauen. Der Versuch so eines Aufbaus, der zudem konstruktive und strukturalistische Komponenten integrieren möchte, wird im nächsten Kapitel vorgestellt. Zuvor soll aber noch kurz ein Fazit gezogen werden.

5.3 Fazit

Bevor im nächsten Kapitel 6 nun das integrative Konzept empirischer Forschungsprogramme vorgestellt wird, soll nun ein letztes Mal dasjenige aus dem zu beschließenden Kapitel zusammengetragen werden, das im Folgenden verwendet wird.

- Die Versuche, Erklärungen formal-analytisch zu erfassen, müssen als gescheitert betrachtet werden. Statt dessen gibt es gute Gründe, Erklärungen pragmatisch aufzufassen.
- Erklärungen werden in Erklärungsdialogen vollzogen, in denen ein Explanand Fragen stellt, die ein Explanator beantwortet. Erklärungen sind also Antworten auf Fragen.
- Um eine Erklärung zu verstehen, muss der Explanator seine Antworten in den Wissenskontext des Explananden einbetten. Dazu müssen Erklärungen einsichtig, angemessen und abgesichert sein. Eine Erklärung gilt als verstanden, wenn der Explanand zum potentiellen Explanator wird.
- Eine Erklärung ist als wissenschaftliche ausgezeichnet, wenn sie durch ein Probleme vereinheitlichendes Erklärungsschema gegeben wird, das im Kern eines Forschungsprogramms niedergeschrieben ist.

[17] Vgl. KITCHER (1990, S. 199ff.).

6

Ein generelles integratives Konzept empirischer Forschungsprogramme

Aufgabe dieses Kapitels ist es, nun ein Konzept empirischer Forschungsprogramme (vgl. Kapitel 2) zu entwerfen, das

- theoretische Strukturen (vgl. Kapitel 3) zu benennen weiß,
- einen konstruktiven Aufbau (vgl. Kapitel 4) beinhaltet,
- die Pragmatik der Erklärung (vgl. Kapitel 5) erkennen lässt.

Ein Forschungsprogramm beinhaltet die Beschreibungs- und Erklärungsverfahren, die zur Behandlung bestimmter Klassen von Phänomenen eingesetzt werden. Im Folgenden sollen unabhängig von der speziellen empirischen Disziplin die Gemeinsamkeiten und grundsätzlichen Charakteristika von Forschungsprogrammen in der empirischen Wissenschaft dargestellt werden.[1] Es soll ein generelles Konzept entworfen werden, das

- die angesprochenen Probleme anderer wissenschaftstheoretischer Konzepte berücksichtigt, indem
- prototheoretische getrennt von theoretischen Konzepten benannt werden, was zu
- einer Trennung von empirischer Anbindung und theoretischer Struktur führt und
- Beschreibungsleistungen von Erklärungsleistungen zu unterscheiden erlaubt, um letztlich
- Forschungsprogramme als Verfahren einer dynamischen Wissensentwicklung in den empirischen Wissenschaften aufzufassen, die zu sicherem Wissen in einem pragmatischen Sinne führen.

Zuerst wird die gestellte Kardinalfrage nochmals benannt sowie die Probleme, die bei dem Versuch einer Beantwortung zu lösen sind. Hier wird bereits

[1] Die vorliegende Ausarbeitung erhebt noch keinen Anspruch auf Allgemeingültigkeit. Dafür werden zu wenige konkrete Beispiele von empirischen Forschungsprogrammen diskutiert. Sie ist vielmehr als Vorschlag eines generellen Konzepts aufzufassen, das sich in der Zukunft noch zu bewähren hat.

angedeutet, welche der in den letzten Kapiteln vorgestellten philosophischen Konzepte eine Lösung des jeweiligen Problems anzubieten weiß. Dann wird ein integratives Konzept ausgearbeitet, in dessen Zentrum das Forschungsprogramm nach LAKATOS stehen wird, das aber gleichsam die anderen wissenschaftstheoretischen Auffassungen berücksichtigen wird. Am Ende wird jeder der zentralen Begriffe empirischer Wissenschaft nicht mehr nur *vorläufig* wie in Kapitel 1, sondern für das in dieser Arbeit Folgende *verbindlich* definiert sein.

6.1 Die Kardinalfrage und zentrale Problematiken

In den vorigen Kapiteln sollte auch der Blick für eine Reihe zentraler wissenschaftstheoretischer Probleme geschärft werden, die bei dem Versuch, eine der Kardinalfragen der Wissenschaftstheorie zu bearbeiten, auftauchten. Die Kardinalfrage war, wie es gelingen kann, definitiv festzustellen, ob eine empirische Theorie wahr ist. Die Antwort konnte mit einem logischen Argument schnell gegeben werden: *Definitiv* kann dies nie festgestellt werden. Es gibt keine Möglichkeit von endlich vielen Beobachtungssätzen auf ein theoretisches Gesetz zu schließen.[2] Die theoretischen Sätze empirischer Wissenschaften sind immer hypothetisch. Dennoch wird gerade empirischen Theorien wie z.B. physikalischen ein besonders hoher Wahrheitsgehalt zugebilligt. Die Kardinalfrage bleibt also in einer etwas schwächer gestellten Fassung zu beantworten: *Wie kommt der hohe Wahrheitgehalt zustande, den empirische Theorien zu haben scheinen?* Bei der Suche nach einer Antwort auf diese Frage tauchen folgende wissenschaftstheoretischen Probleme auf:

6.1.1 Induktionsproblematik

Auf der Basis endlich vieler Beobachtungssätze kann mit Hilfe der Induktion niemals ein theoretisches Gesetz verifiziert werden. Auch kann seine Geltung nicht mit Hilfe eines wie auch immer gearteten Induktionsprinzips mit einer bestimmten Wahrscheinlichkeit angenommen werden. Zudem sind theoretische Sätze, die in der empirischen Wissenschaft immer hypothetisch bleiben, semantisch gehaltserweiternd, d.h. es werden Konzepte theoretisch angenommen, die sich aus der Empirie nicht gewinnen lassen (wie z.B. der Erbfaktor bei MENDEL). Drittens lassen empirische Daten in der Regel nicht nur ein theoretisches Gesetz zu, das die Daten zu subsumieren weiß, sondern unendlich viele. Die Auswahl des ‚Richtigen‘ kann offenbar nicht durch Induktion erfolgen.[3]

---

[2] Siehe Punkt 1.2.1.

[3] Siehe Abschn. 2.1.

6.1.2 Abgrenzungsproblematik

Wie lässt sich eine empirische Theorie gegen Logik und Mathematik einerseits, aber auch gegen Metaphysik andererseits abgrenzen.[4] Die Unterscheidung der konstruktiven dialogischen Logik von formaler und materialer Wahrheit[5] liefert den Schlüssel zur Lösung der einen Seite dieses Problems. In einer Methodologie empirischer Forschungsprogramme sollte sichtbar werden, wann in einer empirischen Wissenschaft mit formalen, wann mit materialen Wahrheiten operiert wird. Anders ausgedrückt, es sollte an jeder Stelle klar sein, ob ein Konzept in den Bereich des Theoretischen oder des Empirischen gehört, ob es also empirisch nachprüfbar ist oder nicht. Für eine Abgrenzung zur Metaphysik liefert ebenfalls der Methodische Konstruktivismus eine akzeptable Strategie. Diese besagt, wissenschaftliche Theorien sind in der Lebenspraxis zu verankern und von da aus zirkelfrei konstruktiv aufzubauen.[6] Dies ist zugleich die Lösung des nächsten Problems.

6.1.3 Begründungsproblematik

Jedes deduktive System von Sätzen muss Sätze voraussetzen (Axiome), die selbst nicht begründet werden können, sondern die Regeln des Deduzierens festlegen.[7] Nun könnte man versuchen, diese Sätze innerhalb eines anderen Satz-Systems zu deduzieren, das dann die Rolle der axiomatischen Grundlegung übernehmen würde. Dies mag gelingen, verschiebt das Problem einer Begründung (oft auch Letzt-Begründung genannt) offensichtlich nur weiter auf dieses Satz-System. Diese Begründungsproblematik wird im Methodischen Konstruktivismus dadurch aufgelöst, dass eine wissenschaftliche Disziplin nicht als deduktives Satz-System aufgefasst wird, das sozusagen schon in der Natur vorgefunden werden kann, sondern sich in der Lebenswelt konstituiert.[8] Es ist nicht nur bei der Rekonstruktion von Sprache[9] (inklusive Logik und Mathematik), sondern auch bei der von empirischen Wissenschaften[10] davon auszugehen, dass wir immer schon sprechen, miteinander sprechen als Menschen unter Menschen und als Menschen in der Welt.

6.1.4 Subjekt-Objekt-Problematik

Der Methodische Konstruktivismus bezieht den Mensch als handelnde Subjekte in die Konstitution von Wissenschaft mit ein, seien es Sprach-, Beschreibungs- oder Herstellungshandlungen (z.B. eines Messgeräts). Der Strukturalismus mag durch seine Rückwendung auf die analytische Philosophie den

[4] Siehe Abschn. 2.1.
[5] Siehe Abschn. 1.1.
[6] Siehe Abschn. 4.1.
[7] Siehe Punkte 1.2.3 und 3.3.1.
[8] Siehe Abschn. 4.1.
[9] Siehe Abschn. 4.2.
[10] Siehe Abschn. 4.3.

Anschein erwecken, dass er das Subjekt „Wissenschaftler" wieder aus seinem Konzept verdrängt. Dieser Schein trügt gänzlich. Das Subjekt ist lediglich hinter dem aufwendigen mengen-theoretischen Formalismus nicht mehr gut zu erkennen. Im strukturalistischen Konzept hat es aber seinen festen Platz. Diesen hat nicht nur das handelnde Subjekt „Wissenschaftler", sondern auch die soziologischen Prozesse in der *scientific community*.[11] Auch im pragmatischen Konzept der Erklärung erhält das Subjekt Einzug in die Wissenschaftstheorie. Der Erfolg einer Erklärung ist dort abhängig davon, ob es gelingt, die Antwort auf eine Frage so zu geben, dass sie der Fragende in seinen Wissensbestand einbetten kann. Ob ein Erklärungsdialog gelingt, hängt damit entscheidend vom subjektiven Wissen des Fragenden und des Antwortenden ab.[12] All diese Konzepte verabschieden sich also ein Stück weit vom ‚Dogma der Objektivität' der analytischen Philosophie, erheben aber den Anspruch, dass sie nicht völlig Opfer einer Subjektivität werden, die jeglichen Anspruch auf Objektivität in der Wissenschaft zunichte machen würde. Die – sicherlich geschwächte – *Objektivität* der genannten Konzepte ist als *intersubjektive Verifikation* aufzufassen.

6.1.5 Beschreibungs- und Erklärungsproblematik

Wann und wie wird in einer empirischen Wissenschaft ein beobachtbarer Sachverhalt beschrieben, wann und wie wird er erklärt? Weder der Versuch, die Erklärung als logischen Schluss aufzufassen,[13] noch die völlige Verbannung von Erklärungen aus der empirischen Wissenschaft vermochte in befriedigender Weise wiederzugeben, wie im Sprachgebrauch mit dem Begriff „Erklärung" umgegangen wird. Das pragmatische Konzept der Erklärung macht den Begriff der Erklärung zum Gegenstand der Pragmatik. Dabei entsteht zunächst ein sehr weicher Begriff.[14] Dies ist aber in Anbetracht dessen, dass Erklärungsdialoge nicht nur in der Wissenschaft stattfinden, notwendig, um überhaupt zu einem tragfähigen Konzept zu gelangen. Hernach kann man für einen Begriff der wissenschaftlichen Erklärung wieder die Erfüllung von zusätzlichen Kriterien verlangen, die dann wissenschaftliche Erklärungen von allgemeinen auszeichnen.

6.2 Der Aufbau einer empirischen Wissenschaft

Bei der zirkelfreien Rekonstruktion einer empirischen Wissenschaft ist dem Prinzip der methodischen Ordnung Folge zu leisten.[15] Zur Konstitution einer

[11] Siehe Abschn. 3.1.
[12] Siehe Abschn. 5.2.
[13] Siehe Abschn. 5.1.
[14] Siehe Abschn. 5.2.
[15] Siehe Punkt 4.3.1.

wissenschaftlichen Disziplin müssen bereits gewisse Konzepte zur Verfügung stehen. Solche *prototheoretischen Konzepte* stellen die Möglichkeit zur qualitativen und quantitativen *Beschreibung* von empirischen Sachverhalten zur Verfügung.[16] Für Erklärungs- und Verstehenszwecke – und damit letztlich für Optimierungszwecke unserer Handlungen – haben sich *theoretische Konzepte* als äußerst hilfreich erwiesen. Diese werden zur Formulierung von *Forschungsprogrammen* herangezogen, in deren Vollzug *Erklärungen* geleistet werden.

6.2.1 Prototheoretische Konzepte

Wissenschaft konstituiert sich in der Lebenswelt.[17] Sie ist nur aufgrund – teilweise – schon gelungener Praxis sinnvoll. Jedes wissenschaftliche Denkgebäude gründet auf einer Lebenspraxis. Im Falle der Klassischen Genetik ist dies beispielsweise die Praxis der Züchtung. Bevor MENDEL diese Praxis zu einer Wissenschaft machte, wurde sie bereits über Jahrhunderte hinweg erfolgreich angewendet, und zwar ohne von dem theoretischen Konzept MENDELs auch nur die geringste Kenntnis zu haben. Die Züchter verfügten bereits über bestimmte Begriffe. Solche Begriffe benennen prototheoretische Konzepte. Sie stehen vor jedem theoretischen Konzept bereits zur Verfügung. Im Falle der Klassischen Genetik sind dies die *Population*, *Merkmale* und ihre *Ausprägungen* respektive der *Phänotyp*, das Verfahren der *Zuchtwahl* und die *Reproduktion*, die zwischen Individuen einer Population stattfinden kann. Diese Konzepte sind alle empirisch zugänglich. Sie stellen das Vokabular zur Verfügung, mit dem es gelingt, die Praxis der Züchtung zu beschreiben.

Definition 6.1 (Prototheoretische Konzepte). Prototheoretische Konzepte sind solche, die aus einer Lebenspraxis heraus definiert werden können. Sie sind die Bedingung der Möglichkeit, die Beobachtungen und Handlungen der Praxis zu beschreiben.

Handelt es sich um eine *messende* empirische Wissenschaft, was meistens der Fall ist, gehört eventuell auch die Herstellungshandlung eines Messgerätes zu den prototheoretischen Konzepten. Um theoretische Konzepte in eine empirische Wissenschaft einzuführen, muss zuvor immer schon gemessen werden können. Im Falle der Klassischen Mechanik sind die Messgrößen, die prototheoretisch schon zugänglich sein müssen, Längen, Zeiten und Massen. Es werden also Meterstäbe, Uhren und Waagen benötigt. Bei der Klassischen Genetik stellt sich dies etwas einfacher dar. Messend erfassbar müssen die Ausprägungen der Merkmale von Populationen sein. Diese können einfach gezählt werden, wenn die zu unterscheidenden Ausprägungen definiert wurden. Bedingungen der Möglichkeit, messend Züchtung zu treiben, sind also die Fähigkeiten, Merkmalsausprägungen zu beobachten und zu zählen.

---

[16] Siehe Punkt 4.3.2.

[17] Die Inhalte dieses Punkts sind Abschn. 4.3 entnommen.

Definition 6.2 (Messverfahrensnorm). Eine Messverfahrensnorm[18] ist ein prototheoretisches Konzept, das normativ festlegt, welche Bedingungen ein funktionierendes Messverfahren erfüllen muss.

Im Methodischen Konstruktivismus werden prototheoretische Konzepte innerhalb sogenannter Prototheorien rekonstruiert. Deren Aufgabe ist es insbesondere auch Messverfahrensnormen aufzustellen. Innerhalb der Prototheorie sind die praktischen Handlungen des Messens ohne Vorgriff auf theoretische Konzepte zu rekonstruieren. Gelingt dies, ist das Problem der Theorie-Beladenheit[19] empirischer Größen, ein Teil-Problem der Begründungsproblematik, gelöst.

6.2.2 Beschreibung

In Fortführung der Definitionen von Beschreibung, Prozess, Zustand und Zustandsbeschreibung unter Punkt 4.3.2 sollen nun diejenigen Beschreibungsmittel weiter expliziert werden, die in nahezu jeder empirischen Wissenschaft zur Anwendung zu kommen scheinen. Zumindest benutzen alle in dieser Arbeit vorkommenden Konzepte zur Beschreibung empirischer Sachverhalte diese allgemeinen empirischen Termini. Die Vermutung, dass jedes empirische Beschreibungsverfahren sich auf diese Termini stützt, kann aber hier nicht näher beleuchtet werden.[20]

Definition 6.3 (Observable, Observablenwert). Durch eine Messverfahrensnorm wird ein Prädikator definiert, der nach erfolgter Messung selbst prädiziert wird. Ersterer Prädikator heißt Observable O und letztere Werte der Observablen o. Die Menge der möglichen Observablen-Werte heißt Konfigurationsraum $\mathbb{K}$.

Eine erfolgreiche Messung ergibt folgende Beschreibung: „Die Messung der Observablen O hat den Wert $o \in \mathbb{K}$ ergeben". Die Messverfahrensnorm legt offenbar nicht nur Anforderungen an ein funktionierendes Messverfahren fest, sondern zugleich auch die möglichen Ergebnisse, die bei einer Messung herauskommen können. Die Messung von Orten ergibt reelle Zahlen, die in der Physik typischerweise mit einer Einheit versehen werden, um sie von Messungen anderer Observabler unterscheiden zu können, die ebenfalls die reellen

---

[18] Da beispielsweise in der Klassischen Genetik zur Zählung von Merkmalsausprägungen kein Gerät im engeren Sinne benötigt wird, wird hier statt des im Methodischen Konstruktivismus üblichen Begriffs der Gerätefunktionsnorm (Punkt 4.3.2) der allgemeinenere der Messverfahrensnorm verwendet.

[19] Siehe Punkt 3.3.4.

[20] Dieses Vorgehen geschieht einerseits in Anlehnung an das beeindruckende Buch von Falk (1990), der die Thermodynamik betrachtend durch Vereinheitlichung ein allgemeines dynamisches Beschreibungsverfahren für die Physik zu generieren versucht, ohne allerdings dabei allgemeine Wissenschaftstheorie zu betreiben. Andererseits wird an Lorenzen (1987) angeknüpft.

Zahlen als mögliche Ergebnisse haben. Die Messung (phänotypische Bestimmung) eines Merkmals ergibt die Ausprägung des Merkmals.

Definition 6.4 (Observablen-System). Eine Menge von Observablen (O_1, O_2, ..., O_n), die zur Charakterisierung eines zu beschreibenden Phänomens gewählt wird, heißt Observablen-System Σ.

Zur Beschreibung von Bewegungen von Körpern kann man beispielsweise die Observablen Ort und Impuls verwenden, deren Werte jeweils reelle Zahlen sind. Soll eine MENDELsche 1-Faktor-Kreuzung beschrieben werden, reicht eine Observable wie z.B. das Merkmal „Blütenfarbe" aus, die nur zweier Werte fähig ist. Dies können die Ausprägungen „violett" und „weiß" sein.

Statt „beschriebenem Phänomen" wird in der Wissenschaft häufig auch „betrachtetes" oder „empirisches System" verwendet, ohne weder auf die Verwendung des Begriffs „System" in der Systemtheorie noch auf die Unterscheidung von künstlichen und natürlichen Systemen einzugehen.[21] Naturwissenschaftler sprechen in der Regel nicht dauernd explizit aus, welche Forderungen oder Idealisierungen der Beschreibung eines Systems unterliegen, zumindest jene nicht, die die gesamte *scientific cummunity* teilt.

System bedeutet zuerst nichts anderes als Zusammenstellung (Axiomen-System, Observablen-System, etc.). Empirische Systeme sind Produkte bestimmter Beschreibungsleistungen.[22] Sie sind Zusammenstellungen von Teilsystemen (Komponenten). Wie die Grenzen des Systems und die Grenzen der Teilsysteme innerhalb des Systems usw. zu ziehen sind, hängt vom Zweck der Beschreibung ab. Ebenso hängt es vom Zweck der Beschreibung ab, welche Observablen, Einflüsse, Wechselwirkungen, Funktionszusammenhänge, etc. berücksichtigt werden und welche nicht. Auch diese Beschreibungsleistung fließt in die Konstituierung eines empirischen Systems ein.

Definition 6.5 (Empirisches System). Empirische Systeme sind Beschreibungen von Phänomenen, die als Leistung der Beschreibung die Abgrenzung des Phänomens von anderen Phänomenen insbesondere die Ziehung räumlicher Grenzen, die Gliederung in Teilsysteme, die Auswahl von Observablen sowie die Benennung und Vernachlässigung von Einflüssen bereits enthält.

Wenn nun jeder der Observablen O_1, O_2, ..., O_n eines empirischen Systems messend ein bestimmter Wert o_1, o_2, ..., o_n zugewiesen werden kann, spricht man davon, dass sich das empirische System in einem Zustand befindet. Nun kann allerdings immer nur mit einer bestimmten Genauigkeit gemessen werden, so dass durch die Benutzung einer einzigen Zahl bereits eine Idealisierung vorgenommen werden würde, die der Realität einer empirischen Messung nicht mehr vollständig Rechnung tragen würde. Im Allgemeinen führt das wiederholte Messen ein und desselben Zustands zu Ergebnissen, die je nach Genauigkeit des Messverfahrens mehr oder weniger voneinander abweichen. Man erhält schließlich eine Häufigkeitsverteilung von Messwerten.

[21] Siehe dazu JANICH & WEINGARTEN (1999, S. 89 ff.).

[22] Vgl. JANICH & WEINGARTEN (1999, S.97).

Bei einer Zustandsbeschreibung durch Häufigkeitsverteilungen kann offenbar nicht unterschieden werden, ob mehrere Messungen am selben System im gleichen Zustand, oder ob Messungen an mehreren gleichartigen Systemen im selben Zustand vorgenommen wurden. So kommt es, dass die mathematische Beschreibung der Zustände von einem einzelnen System nicht von der eines Ensembles gleichartiger Systeme unterschieden werden kann. Beide Situationen führen zu einer statistischen Gesamtheit. Mit der Quantenmechanik und auch der Klassischen Genetik seien zwei Beispiele angeführt, bei denen in der Regel Ensembles gleichartiger Systeme zu einem empirischen System zusammengefasst werden. Bei ersterer werden beispielsweise keine einzelnen Teilchen vermessen, sondern eine Menge gleichartiger Teilchen, bei letzterer keine einzelnen Lebewesen phänotypisch erfasst, sondern Populationen.

Definition 6.6 (Zustand, Zustandsraum). Ein bestimmtes empirisches System werde mit dem Observablen-System $\Sigma = (O_1, O_2, ..., O_n)$ charakterisiert. Für dieses Observablen-System erhält man durch Messung im Allgemeinen eine Häufigkeitsverteilung

$$z : \begin{cases} \mathbb{K}_1 \times \mathbb{K}_2 \times ... \times \mathbb{K}_n \longrightarrow [0,1] \\ \qquad (o_1, o_2, ... o_n) \longmapsto z(o_1, o_2, ..., o_n) \end{cases},$$

die Zustand[23] des empirischen Systems heißt. Das kartesische Produkt $\mathbb{K}_1 \times \mathbb{K}_2 \times ... \times \mathbb{K}_n$ heißt Zustandsraum $\mathcal{Z}$.

An dieser Stelle muss angemerkt werden, dass Zustände in der Theorie als Wahrscheinlichkeitsverteilungen beschrieben werden. Eine Wahrscheinlichkeitsverteilung ist immer schon eine mathematische Idealisierung, die empirisch nie vollkommen nachvollzogen werden kann, und deswegen *per se* ein theoretisches Konzept ist. Zudem ist festzustellen, dass eine synchrone Messung aller Observabler alles andere als ein selbstverständliches Unterfangen ist. Zwar können in der Klassischen Genetik beispielsweise ohne Probleme mehrere Merkmale gleichzeitig erfasst werden, in der Molekularen Genetik stellt sich das aber ganz anders dar, wenn man z.B. die Eigenschaften eines Proteins messend erfassen will. In der Quantenmechanik scheint die Unmöglichkeit des synchronen Messens sogar systematischen Charakter zu haben, der in der HEISENBERGschen Unbestimmtheitsrelation zum Ausdruck kommt. Statt einer Verteilung $z(p,q)$ von Orts-Impuls-Zuständen erhält man dann eine Impuls-Verteilung $z_1(p)$ und eine Orts-Verteilung $z_2(q)$.

Die Zustandsbeschreibung eines empirischen Systems erfolgt durch die Funktion

$$z^t : \begin{cases} \mathbb{R} \longrightarrow \mathcal{Z} \\ t \longmapsto z = z^t \end{cases},$$

[23] Es muss angemerkt werden, dass die hiesige Verwendung des Begriffs des Zustands von der in der Quantenmechanik abweicht.

die jedem Zeitpunkt einen Zustand zuordnet. Ob es sich um einen Zustand z oder eine Zustandsbeschreibung z^t handelt, ist am hochgestellten Zeitindex zu erkennen.[24] Der Raum der Zustandsbeschreibungen sei mit $\mathcal{ZB}$ bezeichnet.

Beispielsweise beschreibt man in der Klassischen Mechanik[25] Bewegungen von Körpern, die bestimmten Wechselwirkungen ausgesetzt sind. Ein betrachtetes empirisches System ist also z.B. ein Stein im Schwerefeld der Erde unter Vernachlässigung anderer Wechselwirkungen wie der Reibung. Da es sich hierbei um eine eindimensionale Bewegung handelt, lässt sich der reine Zustand des Systems durch die Angabe seines Ortes, etwa der Höhe h über der Erdoberfläche, und seiner Geschwindigkeit v, das ist der zeitliche Differenzialquotient der Höhe, vollständig charakterisieren. Der Zustandsraum $\mathcal{Z}$ ist also die Menge aller reellen Zahlenpaare $(h, v) \in \mathbb{R} \times \mathbb{R}$ aus Ort und Geschwindigkeit. Die reellen positiven Funktionen $z(h, v)$ und $z^t(h, v)$ sind Zustand und Zustandsbeschreibung, wobei $\int_{\mathcal{Z}} \mathrm{d}h \, \mathrm{d}v \; z^t(h, v) = 1$ zu jedem Zeitpunkt t gelten muss.

Als weiteres Beispiel soll die Klassische Genetik[26] dienen, die in Populationen Veränderungen von Merkmalsausprägungen in der zeitlichen Abfolge der Generationen beschreibt. Ein betrachtetes System sind also z.B. Erbsenpflanzen, deren Merkmal „Blütenfarbe" b unter Vernachlässigung aller anderen Merkmale beschrieben wird. Das betrachtete Merkmal komme nur in den zwei Ausprägungen „violett" und „weiß" vor, also entweder $\mathsf{b} = v$ oder $\mathsf{b} = w$. Der Zustandsraum $\mathcal{Z} = \{v, w\}$ besteht demnach nur aus den beiden möglichen Ausprägungen, die eine Pflanze haben kann. Die Klassische Genetik macht Aussagen über Populationen. Sie beschreibt Ensembles von Erbsenpflanzen. Der Zustand dieses empirischen Systems lässt sich nun durch die Angabe der relativen Häufigkeiten violetter h_v und weißer h_w Blütenfarbe der Erbsenpflanzen in der Population charakterisieren, also $z(\mathsf{b}) = (h_v, h_w)$. Solche Zustände werden in der zeitlichen Abfolge der Generationen durch die Zustandsbeschreibung $z^t(\mathsf{b})$ erfasst, wobei $h_v + h_w = 1$ in jeder Generation t gelten muss.

6.2.3 Theoretische Konzepte

Stehen die prototheoretischen Konzepte einer Praxis und damit empirische Beschreibungsmittel zur Verfügung, ist zudem – meist messend – eine Heuristik[27] erarbeitet worden, hat es sich zur Verfolgung bestimmter Zwecke – insbesondere zum Zwecke der gezielten Optimierung der Praxis – als Gewinn bringend erwiesen, die empirisch gewonnenen Sätze zu idealisieren, unter theoretische Sätze zu subsumieren oder durch solche zu vereinheitlichen.[28]

---

[24] Zeitliche Indizes werden in dieser Arbeit in der Regel oben notiert.
[25] Siehe Anhang A.
[26] Siehe Punkt 1.2.5 und Kap. 7.
[27] Siehe Punkte 1.2.2 und 2.3.2.
[28] Siehe 2.3.1, 3.3.1, 4.1 und 5.2.4.

Theoretische Sätze haben in der empirischen Wissenschaft immer hypothetischen Charakter. Dies ist eine Konsequenz des nicht zu lösenden Induktionsproblems. Die Unmöglichkeit, auf induktivem Wege theoretische Sätze zu gewinnen, muss anerkannt werden. Dies bedeutet, dass jeder theoretische Satz hypothetische Annahme ist und bleibt. Theoretische Konzepte werden auf Bewährung aufgestellt.[29]

Definition 6.7 (Theoretische Konzepte). Theoretische Konzepte sind solche, die hypothetisch auf Bewährung aufgestellt werden. Sie sind Bedingung der Möglichkeit, die reine Beschreibung zu verlassen und empirische Sätze zu subsumieren.

Um beispielsweise von der Praxis der Züchtung zur Klassischen Genetik[30] überzugehen, bedarf es folgender theoretischer Konzepte: *Gen-Orte*, *Gen-Varianten* und *Ploidität* respektive *Genotyp*, *Erbgang*, *genetische Determination*, *Keimtyp*, *Kopplung*, *Segregation* und *Zeugung*. All diese Konzepte müssen in der Klassischen Genetik als Hypothesen aufgestellt werden. Dabei kann es durchaus vorkommen, dass das eine oder andere hypothetisch angenommene Konzept zu einem späteren Zeitpunkt vielleicht doch empirisch zugänglich wird, wie dies z.B. beim Genotyp durch die Molekulare Genetik der Fall wurde.

6.2.4 Forschungsprogramm und Erklärung

Erst wenn zu den prototheoretischen die theoretischen Konzepte hinzukommen, kann im Allgemeinen ein Forschungsprogramm im LAKATOSschen Sinne formuliert werden. Der Kern des Forschungsprogramms stellt die Essenz des Wissensbereichs dar. Ein Forschungsprogramm ist *nicht normativ* in dem Sinne aufzufassen, dass ein Wissenschaftler ein bestimmtes Forschungsprogramm zur Lösung eines Problems verwenden muss, sondern lediglich *nominell* in dem Sinne, dass er sich an das Forschungsprogramm mit Namen „X" auch halten muss, wenn er angibt, dass er dieses verwendet. Dies ist zur konfliktfreien Verständigung offenbar sinnvoll. Der Wissenschaftler sucht sich zur Lösung eines Problems ein Forschungsprogramm aus, von dem er glaubt, dass es zum Erfolg führt. Er kann jederzeit ein anderes Forschungsprogramm verwenden oder sogar ein neues Forschungsprogramm ins Leben rufen, wenn er dies zur Lösung seines Problems für nötig hält. Er muss dies seinen Opponenten lediglich mitteilen.[31]

Definition 6.8 (Empirisches Forschungsprogramm). In einem Forschungsprogramm ist formuliert, wie die Akteure zur Erforschung bestimmter Phänomene innerhalb einer wissenschaftlichen Disziplin vorzugehen haben. Diese Regeln werden im Kern des Forschungsprogramms festgelegt. Der Kern

[29] Siehe Abschn. 2.1.
[30] Siehe Punkt 1.2.5 und Kap. 7.
[31] Die entsprechenden Vorarbeiten für den hier entwickelten Begriff eines Forschungsprogramms finden sich in den Kap. 2 und 3.

- wird in *Postulaten* formuliert, die sowohl die *empirische Anbindung* als auch die *theoretische Struktur* wiedergeben,
- legt fest, welche Phänomene *erklärungsfähig* und welche *erklärungsbedürftig* sind,
- gibt ein *Erklärungsschema* und dessen mögliche *empirische Spezifikationen* (*Modelle* der theoretischen Struktur) vor,
- erlaubt *Vorhersagen* zu treffen, die *empirisch bestätigt* werden können.

Im Folgenden werden nun diese Inhalte eines Forschungsprogramms definiert. Dazu wird erläutert, wie im Vollzug eines Forschungsprogramms Erklärungen erbracht werden.

6.3 Forschungsprogramme

Zur anschaulichen und übersichtlichen Darstellung der Funktionsweise von Forschungsprogrammen diene Abbildung 6.1.

6.3.1 Postulate, empirische Anbindung und theoretische Struktur

Definition 6.9 (Postulate). Postulate sind diejenigen zum Teil hypothetischen Sätze, die ausgesucht werden, um den Kern eines Forschungsprogramms zu formulieren. Sie enthalten prototheoretische sowie im Allgemeinen auch theoretische Konzepte.

Welche Sätze man als Postulate verwendet, ist logisch nicht entscheidbar. Pragmatische Kriterien werden hier bei der Auswahl eine Rolle spielen. So wird man bemüht sein, die Zahl der Postulate möglichst gering zu halten, den Inhalt der Postulate einem Kriterium wie beispielsweise dem der Einfachstheit unterwerfen oder historische Aspekte der Entstehung und eventuellen späteren Modifizierung der Postulate ein Gewicht verleihen wollen.[32]

Definition 6.10 (Empirische Anbindung). Sätze heißen an die Empirie angebunden, wenn in ihnen prototheoretische Konzepte verwendet werden.

Im Gegensatz zu Axiomen sind Postulate bereits empirisch angebunden und zwar dadurch, dass sie prototheoretische Konzepte enthalten, die bereits empirisch interpretiert sind. Löst man diese empirische Anbindung, klammert man also die Interpretation gedanklich ein, und tut damit so, als ob die prototheoretischen Konzepte theoretische wären, werden die Postulate zu Axiomen ohne empirische Anbindung. Diese Axiome geben die ‚reine' theoretische Struktur (Logik und Mathematik) wieder.[33]

---

[32] Siehe Punkte 1.2.3 und 3.3.1.
[33] Siehe Abschn. 3.3.

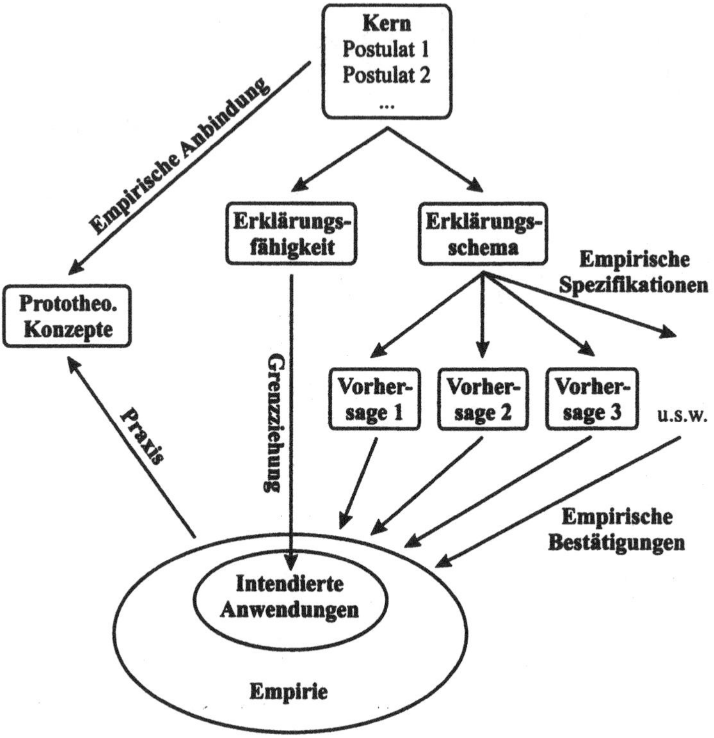

Abbildung 6.1. Zur Illustration der Funktionsweise von Forschungsprogrammen.

Definition 6.11 (Theoretische Struktur). Die Postulate legen die theoretische Struktur fest, das ist die Gesamtheit der Regeln des logischen und mathematischen Schließens (formale Wahrheiten), die auch nach Lösen der empirischen Anbindung gelten.

Bei der Betrachtung der theoretischen Struktur ist von der Empirie nichts mehr zu sehen, das heißt insbesondere, dass man in der theoretischen Struktur nichts empirisch Substantielles erkennen kann, sondern eben nur die verwendeten logischen Schlussschemata, die idealerweise formalisiert sind. Das Vermögen empirischer Wissenschaft beruht eben auf ihrer empirischen Anbindung. Sie zu lösen, bedeutet auf die Möglichkeit zu verzichten, den Zusammenhang von Empirie und Theorie zu erkennen. Beispielsweise ist es nicht möglich, Interpretationsfragen der Quantenmechanik klären zu wollen allein durch die Untersuchung ihrer theoretischen Struktur.

6.3.2 Erklärungsfähigkeit und Erklärungsbedürftigkeit

Erklärungen werden innerhalb eines Erklärungsdialoges vollzogen.[34] Das Forschungsprogramm legt die Regeln des Erklärungsdialoges fest, d.h. insbesondere welche Phänomene innerhalb des Forschungsprogramms als erklärungsfähig und welche als erklärungsbedürftig gelten, aber auch wie eine Erklärung zu vollziehen ist, also das Erklärungsschema.[35] Dadurch wird eine Grenze gezogen, die festlegt, auf welche Phänomene ein bestimmtes Forschungsprogramm anwendbar ist. Es ist offensichtlich alles andere als Erfolg versprechend, das Phänomen der Vererbung mit der Klassischen Mechanik behandeln zu wollen. Neben solchen trivialen Grenzziehungen gibt es durchaus auch nicht-triviale wie z.B. den Trägheitssatz der NEWTONschen Mechanik. Dieser legt als erstes einmal fest, dass die lineare Bewegung mit konstanter Geschwindigkeit eines Körpers keiner Erklärung fähig ist. Sie wird als der ‚normale', der ungestörte Bewegungstyp postuliert. Nebenbei wird implizit vorausgesetzt, dass die NEWTONsche Mechanik räumliche Bewegungen von Körpern in der Zeit behandelt.

Definition 6.12 (Erklärungsfähigkeit). Der Kern bestimmt die Klasse der prototheoretisch bereits beschreibbaren Phänomene, auf die sich die Erklärungsfähigkeit des Forschungsprogramms erstreckt (intendierte Anwendungen[36]), d.h. welche Phänomene durch das Forschungsprogramm prinzipiell einer Erklärung zugänglich sind.

Mit der Auszeichnung eines Bewegungstyps impliziert der Trägheitssatz gleichzeitig, dass jede Abweichung von dieser Bewegung erklärungsbedürftig ist. Dieses Vorgehen, ein bestimmtes Phänomen als nicht erklärungsfähig auszuzeichnen, um damit gleichzeitig alle Abweichungen dieses Phänomens als erklärungsbedürftig festzulegen, wird nicht in jedem Forschungsprogramm verwendet. Beim MENDELschen Forschungsprogramm beispielsweise wird in seiner Fassung aus Abschnitt 1.2.4 mit dem ersten Postulat direkt ein bestimmtes Phänomen als erklärungsbedürftig ausgewiesen, nämlich die Uniformität der F1 und die 3:1-Spaltung der F2-Generation bei einer 1-Faktor-Kreuzung.

Definition 6.13 (Erklärungsbedürftigkeit). Der Kern bestimmt, welche prototheoretisch beschreibbaren Phänomene einer Erklärung bedürftig sind.

6.3.3 Erklärungsschema und empirische Spezifikationen

Im Kern wird neben der Festsetzung, welche Phänomene erklärt und welche nicht erklärt werden können, vor allem ein bestimmtes Erklärungsschema vorgeschlagen, das bei den als erklärbar ausgezeichneten Phänomenen zu einer erfolgreichen Erklärung verhelfen soll. In der Fassung des MENDELschen

---

[34] Siehe Punkt 5.2.1.

[35] Vgl. dazu auch KÖTTER (2000).

[36] Siehe Abschn. 3.6.

Forschungsprogramms aus Abschnitt 1.2.4 wird durch die in der Tabelle 6.1 zusammengestellten Postulate 2 bis 4 ein Erklärungsschema festgeschrieben.

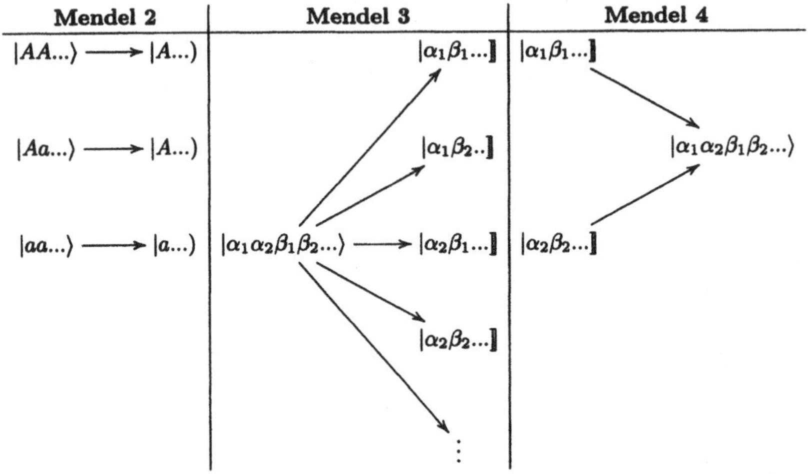

Tabelle 6.1. Festlegung eines Erklärungsschemas am Beispiel der MENDELschen Postulate.

Die drei Postulate stellen eine voll formalisierte Fassung des MENDELschen Erklärungsschemas dar. Insbesondere sei daran erinnert, dass die drei Klammer-Symbole $|...)$, $|...\rangle$ und $|...]$ Aussagen mit Leerstellen abkürzen. Im modernen Sprachgebrauch sind dies der Phänotyp, der Genotyp und der Keimtyp. Der Phänotyp ist ein prototheoretisches Konzept, Geno- und Keimtyp sind theoretische Konzepte. Zwischen diesen Typen werden durch die drei Postulate hypothetisch Zusammenhänge behauptet. Postulat 2 verkündet, dass es Erbfaktoren gibt, die stets doppelt vorkommen, dass der durch diese Erbfaktoren konstituierte Genotyp den Phänotyp festlegt (genetische Determination), und dass es Erbfaktoren (A) gibt, die über andere (a) dominieren. Das Postulat 3 beschreibt, wie beim Vorgang der Keimbildung die Erbfaktoren auf die Keimlinge verteilt werden. Schließlich wird durch Postulat 4 angenommen, dass bei der Befruchtung zwei Keimtypen zusammenkommen und einen Genotyp bilden.

Die Postulate sind so formuliert, dass sie nicht nur eines der MENDELschen Experimente zu erfassen vermögen, sondern alle subsumieren.[37] Deswegen enthalten sie schematische Buchstaben, die erst auf den jeweiligen Versuch spezifiziert werden müssen, um das Erklärungsschema zu verwenden. Der Buchstabe „A“ kann beispielsweise für die Ausprägung „runde Samenform“ und der

[37] Neben den 1-Faktor-Kreuzungen der Tabelle 1.1 berichtet MENDEL (1866) auch über Kreuzungen mit mehreren Faktoren.

Buchstabe „*a*" für die Ausprägung „schrumpelige Samenform" stehen, aber entsprechend auch für violette und weiße Blütenfarbe. Die griechischen Buchstaben sind Platzhalter für Erbfaktoren, die bei der Anwendung des Schemas auf eine bestimmte Situation spezifiziert werden müssen. In Abschnitt 1.2.4 wurde insbesondere in Tabelle 1.2 die entsprechenden Spezifikationen für eine 1-Faktor-Kreuzung vorgenommen. Auch die 2- und 3-Faktor-Kreuzungen, die MENDEL (1866) durchgeführt hat, lassen sich mit dem durch Mendel 2 – Mendel 4 festgelegten Schema behandeln. Dazu bedarf es eben der entsprechenden Spezifikation des Erklärungsschemas.

Definition 6.14 (Erklärungsschema). Der Kern legt ein Erklärungsschema fest, das ist ein festes logisches Schema, das allerdings noch zu spezifizierende Teile (schematische Buchstaben) enthält, und festlegt, wie das erklärungsbedürftige Phänomen innerhalb des Forschungsprogramms zu erklären ist.

Die nicht zu spezifizierenden Teile des Erklärungsschemas sind diejenigen, die gleichermaßen für alle Phänomene gelten, die vom Forschungsprogramm erfasst werden sollen. Sie geben die *generellen Hypothesen* wieder, die das *Forschungsprogramm spezifizieren.* Daneben gibt es zu spezifizierende Teile. Zur Benutzung des Forschungsprogramms mit seinem vorgegebenen Erklärungsschema müssen diese Teile eben spezifiziert werden. Diese vorzunehmende Spezifikation gehört zu den Forschungsaufgaben, die der Explanator erfüllen muss, wenn er seinen Erklärungsdialog erfolgreich bestreiten will. Auf diese Weise wird der spezifische empirische Gehalt des betrachteten Phänomens in das Forschungprogramm transportiert. Durch die *speziellen Hypothesen*, die bei der Spezifikation des Erklärungsschemas getroffen werden müssen, wird das *empirische System* spezifiziert.

Definition 6.15 (Empirische Spezifikation). Durch die empirische Spezifikation werden die noch zu spezifizierenden Teile des Erklärungsschemas eines Forschungsprogramms auf das betrachtete empirische System spezifiziert.

6.3.4 Vorhersage und empirische Bestätigungen

Die theoretische Struktur ist ein völlig uninterpretiertes Konstrukt von formal miteinander verknüpften Zeichen.[38] Wären die Symbole der Tabelle 6.1 nicht in dem MENDELschen Sinne interpretiert, würde es sich um irgendein logisches Schlussschema handeln, das noch auf seine Interpretation warten würde.[39] Solche theoretischen Strukturen gibt es auch in der Logik und der Mathematik. Das Besondere an empirischen Forschungsprogrammen ist, dass diese theoretische Struktur immer schon empirisch angebunden ist, d.h. Teile der Struktur sind immer schon interpretiert. Sie geben zum Teil Konzepte wieder, die von vornherein empirisch zugänglich sind. Dies sind die prototheoretischen Konzepte. Hinzu kommen theoretische Konzepte, die hypothetisch entworfen werden und nicht empirisch zugänglich sind. Um mit dieser

[38] Siehe Kap. 3.
[39] Siehe Punkt 1.2.5.

teil-interpretierten theoretischen Struktur, dem Erklärungsschema, eine neue empirische Aussage zu treffen, muss es zuerst auf das betrachtete Phänomen spezifiziert werden. Dadurch werden nochmals empirische Inhalte in das Forschungsprogramm transportiert.

Danach kommen die durch das Forschungsprogramm vereinbarten gültigen Regeln formaler Deduktion zum Einsatz. Nun müssen die formalen Ableitungen korrekt vollzogen werden. Dies ist beispielsweise in Abbildung 1.2 geschehen. Gelingt dies, erhält man eine empirisch überprüfbare Aussage, die zunächst nur *formal wahr* ist. Ist die Aussage empirisch bestätigt, ist sie zudem *material wahr*. Dann wurde das Forschungsprogramm erfolgreich angewendet und das vom Forschungsprogramm vorgegebene Erklärungsschema lieferte eine Erklärung. Alle Forschungsaufgaben konnten erfolgreich bearbeitet werden.

Definition 6.16 (Forschungsaufgaben). Als Forschungsaufgaben werden diejenigen Schritte bezeichnet, die der Explanator durchzuführen hat, um mit dem Forschungprogramm erfolgreich eine Erklärung geben zu können. Diese Schritte beinhalten empirische Spezifikationen, formale Ableitungen und empirische (materiale) Überprüfungen.

Bisher wurde der Vollzug eines Forschungsprogramms so beschrieben, dass *retrospektiv* ein bereits wahrer empirischer Satz einer (nachträglichen) Erklärung zugeführt wurde. Unter *prospektiver* Betrachtungsweise liefert das Forschungsprogramm eine *Vorhersage*, d.h. die empirische Aussage, die durch den Vollzug des Forschungsprogramms gewonnen wurde, ist eine Prognose und (noch) nicht empirisch bestätigt. Die erfolgreiche Überprüfung ist als Bestätigung der Tauglichkeit des Forschungsprogramms zu werten. Eine *intendierte Anwendung* wird dann zu einer gelungenen. Die Menge der *gelungenen Anwendungen* wird so um eine Anwendung reicher. Das Forschungsprogramm hat sich bewährt.[40]

6.4 Erklärungen

In den empirischen Wissenschaften werden Erklärungen im Vollzug eines Forschungprogramms gegeben.[41] Dabei können die vorgegebenen Erklärungsschemata unterschiedlichen Charakter haben. Dieser Charakter kann im Kern des Forschungsprogramms bereits abgelesen werden, ohne dass es vollzogen ist. Wir wollen nun zwei solche Erklärungstypen genauer erläutern, denen in der empirischen Wissenschaft besondere Wichtigkeit zuzukommen scheint. Dies sind die funktionale und die kausale Erklärung. Damit wird in keiner Weise behauptet, dass dies die einzigen Erklärungstypen sind, die in den empirischen Wissenschaften zum Einsatz kommen. Vielmehr ist es so, dass das hier vorgestellte generelle Konzept für eine Verlängerung der Liste der Erklärungstypen

[40] Siehe Abschn. 3.6.
[41] Siehe Punkt 5.2.4.

prinzipiell offen bleibt. Nie kann behauptet werden, dass man alle Möglichkeiten, etwas zu erklären, erfasst habe. Schließlich könnte sich jemand einen neuen Weg ausdenken, etwas zu erklären. Wohl sind aber der kausale und der funktionale Erklärungstyp die einzigen, die in dieser Arbeit vorkommen.

6.4.1 Bedeutungszuschreibung

Wir gehen davon aus, dass es prototheoretisch gelungen ist, adäquate Beschreibungsmittel zur Verfügung zu stellen. Wir verfügen also über Observable, empirische Systeme[42] und Zustandsbeschreibungen. Der erste Schritt auf dem Wege zu einer Erklärung ist, einem System ein anderes zuzuweisen. Über die zweistellige Relation „S_1 hat eine Bedeutung für S_2", symbolisiert als

$$S_1 \longrightarrow S_2,$$

wird konstatiert, dass zwei empirische Systeme vorliegen und dass das eine irgendeine Bedeutung für das andere hat. Die beiden Systeme werden in einen gemeinsamen Kontext gestellt. So hat die Erde eine Bedeutung für Steine, die sich in der Nähe ihrer Oberfläche befinden, das Herz eine Bedeutung für den Blutkreislauf oder der Genotyp eine Bedeutung für den Phänotyp.

Erklärt wird durch so eine Bedeutungszuweisung freilich nichts, sondern es wird eine Frage aufgeworfen, nämlich diese: *Welche* Bedeutung hat S_1 für S_2? Bedeutungszuweisungen sind Beschreibungsleistungen und keine Erklärungsleistungen. Sie sind aber Bedingung der Möglichkeit, eine Erklärung geben zu können. Können wir die Frage nach der Bedeutung mit „S_1 erfüllt eine Funktion für S_2" beantworten, führt uns dies möglicherweise zu einer funktionalen Erklärung. Lautet die Antwort „S_1 ist Ursache einer Wirkung auf S_2" wird der Weg zu einer kausalen Erklärung beschritten. Nicht jede Antwort führt zu einer Erklärung. Zudem kann es durchaus noch andere Antworten geben, die allerdings im Rahmen dieser Arbeit nicht untersucht werden.

Kann eine statistische Korrelation von S_1 zu S_2 gefunden werden, wird die Bedeutungszuweisung empirisch untermauert. Dies erklärt freilich ebenso nichts. Schließlich könnte es sich um eine Schein-Korrelation[43] handeln. Es ist aber zumindest ein äußerst wichtiger Hinweis darauf, dass die Bedeutungszuweisung berechtigt sein könnte.

6.4.2 Interaktionszuschreibung und kausale Erklärung

Will man die Frage nach der Bedeutung von S_1 für S_2 damit beantworten, dass S_1 die Ursache einer Wirkung auf S_2 ist, mit anderen Worten, dass S_2 von S_1 kausal beeinflusst wird, muss eine Interaktionszuweisung vorgenommen

[42] Wenn hier und im Folgenden von System die Rede ist, ist in der Regel ein empirisches System gemäß Definition 6.5 gemeint.

[43] SALMON spricht hier von ‚verbindender Gabelung'. Siehe Abschn. 5.1.2.

werden.[44] S_2 beeinflusst dann auch S_1 kausal. Diese gegenseitige Bedeutung füreinander,

$$S_1 \longleftrightarrow S_2,$$

kann in die zwei Bedeutungszuschreibungen

$$S_1 \longrightarrow S_2 \quad \text{und} \quad S_2 \longrightarrow S_1$$

zerlegt werden. Unter Umständen kann auch eine der beiden von untergeordneter Bedeutung sein. Beispielsweise zieht ein auf die Erdoberfläche fallender Stein im Prinzip auch die Erde an. Auf Grund des immensen Massenunterschiedes kann dieser Einfluss auf die Bewegung der Erde aber getrost vernachlässigt werden. Neben der Postulierung einer Interaktion sind an eine kausale Erklärung noch weitere strenge Kriterien anzulegen.[45]

Definition 6.17 (Kausale Erklärung). Eine Erklärung heißt kausal, wenn es eine Bedeutungszuweisung $S_1 \longrightarrow S_2$ zweier empirischer Systeme gibt,

(1) für S_1 und S_2 zu jedem möglichen Zeitpunkt t Zustandsbeschreibungen z_1^t und z_2^t vorliegen,
(2) der Verlauf von z_2^t unerwartet ist,
(3) eine funktionale Zuordnung von Zustandsbeschreibungen

$$U : \begin{cases} \mathcal{ZB} \longrightarrow \mathcal{ZB} \\ z_2^{t'} \longmapsto z_2^t \end{cases},$$

angegeben werden kann, die die erwartete Zustandsbeschreibung $z_2^{t'}$ in die unerwartete z_2^t transformiert, und
(4) S_1 und S_2 eine Interaktion zugeschrieben werden kann (Interaktionszuschreibung), die U zur Folge hat.

Das Funktional U beschreibt die Ursache für einen Beschreibungswechsel. Die Frage der kausalen Erklärung lautet also: „Warum muss nicht wie erwartet die Zustandsbeschreibung $z_2^{t'}$, sondern z_2^t verwendet werden"? Die Zustandsbeschreibungen $z_2^{t'}$ und z_2^t sind Elemente desselben Raums von Zustandsbeschreibungen $\mathcal{ZB}$. Die Antwort auf diese Frage lautet: „Weil es eine Ursache U gibt, die dafür sorgt, dass statt der erwarteten eine andere Zustandsbeschreibung die Beobachtung wiedergibt".

Um davon zu sprechen, dass S_1 ursächlich etwas bei S_2 bewirkt, müssen von beiden empirischen Systemen kontinuierliche Zustandsbeschreibungen vorliegen, die zumindest einen gewissen Zeitraum vor und nach der Interaktion umfassen. Wären diese Zustandsbeschreibungen lückenhaft, käme die Zuweisung einer kausalen Bedeutung von S_1 für S_2 einer Spekulation gleich. Denn in dem unbeschriebenen Zeitraum könnte ja eine Interaktion stattfinden,

[44] Vgl. dazu auch SALMONs ‚interaktive Gabelungen' im Abschn. 5.1.2.
[45] Vgl. LORENZEN (1987, S. 214 ff.).

die eigentlich als Ursache der unerwarteten Zustandsbeschreibung zu werten ist.[46]

Die Rede von Ursache und Wirkung beinhaltet immer schon eine enttäuschte oder keine Erwartungshaltung.[47] In beiden Fällen passiert etwas Unerwartetes. Nur wenn eine Zustandsbeschreibung von vornherein nicht unseren Erwartungen entspricht, können wir überhaupt erst nach der Ursache für diesen unerwarteten zeitlichen Verlauf des Systems fragen. Haben wir keine Erwartung an das Verhalten eines Systems und wollen dennoch nach der Ursache dieses Verhaltens fragen, müssen wir im Nachhinein die ‚erwartete' Zustandsbeschreibung konstruieren, nämlich genau die, die zutreffen würde, wenn S_1 und S_2 nicht interagieren würden.

Als Paradebeispiele für kausale Zusammenhänge gelten mechanische Interaktionen, um nicht zu sagen, dass wissenschaftstheoretische Konzepte zur Kausalität meist wohl anhand der Klassischen Mechanik entwickelt wurden. Wir betrachten einen Körper, der zu Boden fällt (Abbildung 6.2). S_1 ist der Boden, S_2 ist der Körper. Als Observable betrachten wir nur seine Höhe über dem Erdboden, deren zeitlicher Verlauf in Abbildung 6.2 oben dargestellt ist. Der zeitliche Verlauf des Erdbodens darf als konstant angenommen werden. Von beiden Systemen liegen also kontinuierliche Zustandsbeschreibungen vor. Selbstverständlich erwarten wir von dem Stein, dass er zu Boden fällt.

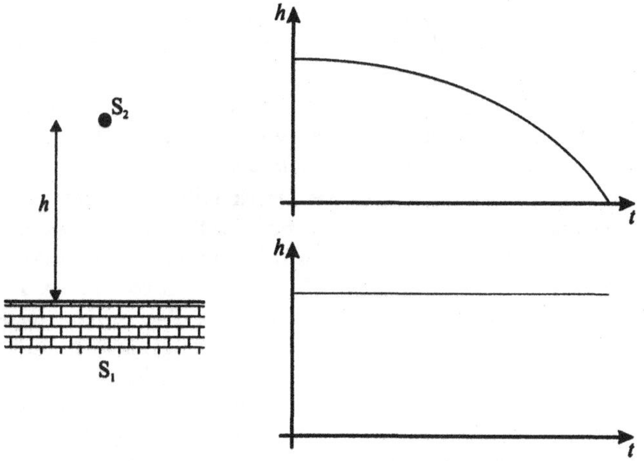

Abbildung 6.2. Zur Illustration einer kausalen Erklärung: Ein Körper S_2 fällt aus der Höhe h auf die Erdoberfläche S_1.

[46] Siehe Punkt 5.1.2.
[47] Vgl. KÖTTER (2002).

Aber worin besteht nun unsere unerwartete Zustandsbeschreibung? Sie wird durch den NEWTONschen Trägheitssatz erst erzeugt. Dieser besagt nämlich, dass ein Körper, auf den keine Kraft wirkt, im Zustand der Bewegung mit konstanter Geschwindigkeit oder im Zustand der Ruhe verharrt. NEWTON postuliert also mit dem Trägheitssatz eine Erwartungshaltung, die wir auf der Erde wegen deren immer wirkender Gravitationskraft eigentlich gar nicht haben. Aber dadurch gelingt ihm, nicht nur den auf den Erdboden fallenden Stein, sondern auch die Planetenbewegung innerhalb ein und desselben Erklärungsschemas zu vereinheitlichen. Der Trägheitssatz gibt die Zustandsbeschreibung vor, die S_2 zukommen würde, wenn S_2 nicht mit S_1 interagieren würde. Der Körper würde schweben (Abbildung 6.2 unten). Als Ursache dafür, dass der Körper nicht schwebt, sondern fällt, postulierte NEWTON mit dem Gravitationsgesetz eine Interaktion, die universell zwischen zwei beliebigen Massen vorhanden ist und das Fallen bewirkt.

Als weiteres Beispiel für unser Reden von Ursache und Wirkung betrachten wir einen Fahrradschlauch, an dessen Ventil ein Druckmesser angebracht wurde (Abbildung 6.3). Der Schlauch ist mit Luft aufgepumpt, und der Druckmesser zeigt einen bestimmten Wert. S_1 ist der Schlauch, S_2 die Luft. Einzige Observable sei der Luftdruck p. Wir erwarten von der Zustandsbeschreibung, dass sie zeitlich konstant verläuft (Abbildung 6.3 oben). Ist dies nicht der Fall wie in Abbildung 6.3 unten, die einen Verlust des Luftdrucks wiedergibt, suchen wir nach einer Ursache für diesen Druckverlust, etwa nach einem Loch oder nach porösen Stellen. Finden wir ein Loch, sprechen wir davon, dass die Ursache des platten Reifens gefunden ist. Fälschlich sprechen wir auch davon, dass das Loch den Druckabfall bewirkt. Das Loch bewirkt gar nichts. Sein Vorhandensein ermöglicht nur den Druckverlust und zwar dadurch, dass die an allen anderen Stellen vom Schlauch zurückgestoßenen Luft-Moleküle durch das Loch entweichen können. Normalerweise *interagieren* die Luft-Moleküle mit dem Schlauch, nur bei dem Loch eben nicht.

Auf die Frage, was die Ursache des Druckverlustes in dem Schlauch sei, geben wir uns in der Regel mit der Antwort, der Schlauch habe ein Loch, zufrieden. In einem alltäglichen Kontext würde man in der Tat sagen, dass die gegebene Antwort in Umfang und Tiefe angemessen ist. Insbesondere stellt sie uns Handlungsoptionen wie das Flicken oder Wegwerfen des Schlauchs zur Verfügung. In so einem Kontext will man keine genaueren Ausführungen zur kinetischen Gastheorie hören. Streng genommen liegt aber eine kausale Erklärung erst dann vor, wenn auch tatsächlich die entscheidenden Interaktionen benannt wurden. Selbst in der Wissenschaft werden häufig solche *unvollständigen* kausalen Erklärungen verwendet und in der Wissenschaftstheorie auch so bezeichnet.[48] Hier definieren wir sie als *potentielle* kausale Erklärungen. Häufig kann nämlich – nicht so wie in unserem Beispiel – die Interaktion gar nicht angegeben werden. Es ist dann nicht durch den Kontext bedingt, dass keine Angabe der Interaktion erfolgt, sondern durch unser

[48] Siehe KÖTTER (2002).

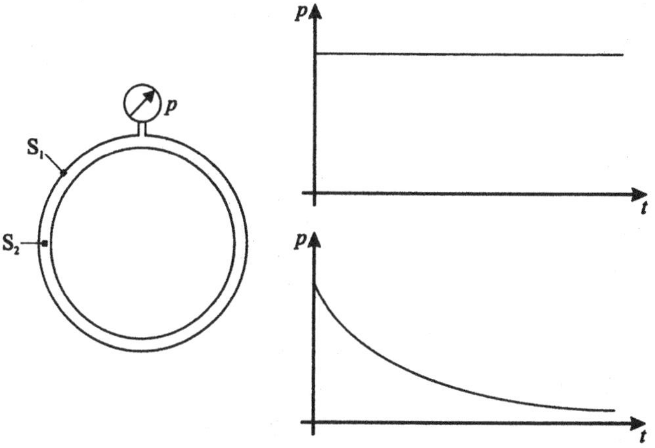

Abbildung 6.3. Zur Illustration einer potentiellen kausalen Erklärung: Die Luft S_2 ist in dem Schlauch S_1 eingeschlossen und erzeugt auf diesen den Druck p.

limitiertes Wissen. Und erst wenn diese Wissenslücke behoben ist, wird die vermutete kausale Erklärung auch als solche bestätigt.

Definition 6.18 (Potentielle kausale Erklärung). Eine potentielle kausale Erklärung liegt vor, wenn die Kriterien (1)-(3) der kausalen Erklärung erfüllt sind, Kriterium (4) aber nicht.

6.4.3 Funktionszuschreibung und funktionale Erklärung

Ihren ursprünglichen Ort haben funktionale Erklärungen vor allem in der Technik. Jedes technische Gerät ist durch bestimmte *Funktionsnormen* gekennzeichnet, durch die seine Eignung für bestimmte Zwecke näher angegeben wird; die Aufgabe von Ingenieuren ist es, Geräte zu entwickeln, die solche Zwecke optimal (also unter Berücksichtigung von technischen und ökonomischen Nebenbedingungen) erreichen lassen, was bedeutet, dass sie physikalische und chemische Prozesse zielgerichtet organisieren müssen. Die funktionalen Elemente in der Sprache der Technik werden nun zu Erklärungen in der Biologie herangezogen. Im einzelnen bedeutet dies, dass man zunächst aus der Beschreibung technischer Geräte oder technischer Signal- und Zeichenkonstrukte *per Abstraktion* technische *Schemata* gewinnt, die dann zum Gegenstand von Theorien in den einzelnen ingenieurwissenschaftlichen Fachgebieten werden; dort treten uns dann in den einschlägigen Lehrbüchern die Schemata von Schaltkreisen, Regelkreisen, von Wärmepumpen, Datenbanken usw. entgegen. Bei diesen schematischen Darstellungen wird also von den Realisierungen der einzelnen

> Funktionsleistungen abgesehen und dies ermöglicht die Übertragung auf nicht-technische Bereiche wie eben solche der Biologie: man erklärt (und versteht damit) bestimmte Vorgänge im Körper oder in der Zelle, indem man sie *wie ein technisches System* deutet; so verwendet beispielsweise die Genetik ausgiebig die Sprache der Informationstechnologie, die Physiologie die Sprache der Kybernetik und Verfahrenstechnik. Etwas überspitzt kann man sagen, dass die funktionalen Erklärungen in der Biologie soweit reichen, wie es der Stand der Ingenieurwissenschaften zulässt. (KÖTTER, 2002, S. 5 f.)

Beispielsweise sprechen wir davon, dass das Herz wie eine Pumpe funktioniert. Obigem Zitat folgend konstituiert sich die Rede von einer Pumpe in einem technischen Handlungszusammenhang: Es gibt Gerätefunktionsnormen[49], die festlegen, was unter einer Pumpe zu verstehen ist, woraus sich dann durch Abstraktion ein allgemeines Schema gewinnen lässt. Dieser Vorgang, der das Reden über Pumpen konstituiert, soll nun vereinfacht expliziert werden in der Absicht, sich zuerst anhand eines Beispiels der funktionalen Erklärung zu nähern.[50]

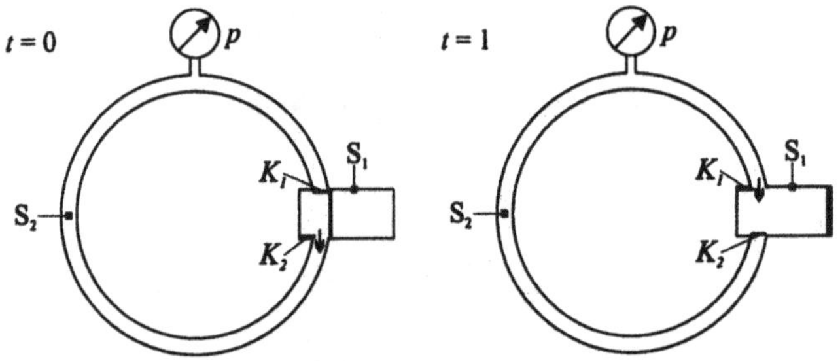

Abbildung 6.4. Zur Illustration einer funktionalen Erklärung: Ein flüssiges (oder auch gasförmiges) System S_2 befindet sich unter dem Druck p zu den Zeitpunkten $t = 0$ und $t = 1$ in einem System S_2, das über zwei Klappen K_1, K_2 verfügt, und bei dem das Volumen V verändert werden kann.

Wie in Abbildung 6.4 illustriert, sei eine Flüssigkeit S_2 in einem System S_1 eingeschlossen, das neben einem ringförmigen Behältnis und einem Zylinder, dessen Volumen V verändert werden kann, auch über zwei Klappen K_1, K_2 verfüge. Die Flüssigkeit S_2 stehe unter dem Druck p, der die einzige betrachtete Observable von S_2 sei. Das System S_1 werde durch drei Observable charakterisiert, nämlich durch das Volumen V und die beiden Klappen K_1, K_2, die jeweils nur die beiden Zustände „offen" und „zu" einnehmen können sollen.

[49] Siehe 4.3.2.

[50] Das Beispiel der Pumpe verwendet auch GUTMANN (2002), ohne allerdings Funktionen als Abstraktoren zu definieren.

Die Zustände beider Systeme können nun zu jedem Zeitpunkt t beschrieben werden. Die Zustandsbeschreibung von S_1 sei durch $|V, K_1, K_2\rangle^t$, die von S_2 durch $|p)^t$ erfasst. (Anhand von spitzer und runder Klammer können hier die Systeme unterschieden werden).

Aufgabe war es, eine Gerätefunktionsnorm zu explizieren. Dazu mussten offenbar zuvor bereits einige Beschreibungsleistungen erbracht werden: Es wurden empirische Systeme S_1 und S_2 und deren Zustandsbeschreibungen $|V, K_1, K_2\rangle^t$ und $|p)^t$ erfasst. Nun muss noch dem System S_1 eine Bedeutung für S_2 zugeschrieben werden, $S_1 \longrightarrow S_2$, was schließlich zu einer funktionalen Zuordnung der Zustandsbeschreibungen führt. Zu jedem Zeitpunkt t kann ein Funktional

$$F^t : \begin{cases} \mathcal{Z}_1 \longrightarrow \mathcal{Z}_2 \\ |V, K_1, K_2\rangle^t \longmapsto |p)^t \end{cases}$$

definiert werden, das jedem Zustand von S_1 eindeutig einen von S_2 zuordnet. Für die Definition dieses Funktionals gibt es im Allgemeinen beliebig viele Möglichkeiten, aber nur wenige oder gar nur eine beschreiben ein funktionierendes Gerät und explizieren damit eine Gerätefunktionsnorm. Eine solche wäre durch

$$\begin{aligned} F^{t=0} &: \quad |\text{klein}, \text{zu}, \text{offen}\rangle^{t=0} \longmapsto |\text{groß})^{t=0} \\ F^{t=1} &: \quad |\text{groß}, \text{offen}, \text{zu}\rangle^{t=1} \longmapsto |\text{klein})^{t=1} \end{aligned}$$

gegeben, wodurch genau die zwei Zustandszuordnungen obiger Abbildung 6.4 beschrieben werden. Dabei wurden offenbar nur die zwei Zeitpunkte dargestellt, die Extrema des gesamten zeitlichen Ablaufs markieren, der sich periodisch wiederholt. Die schematische Darstellung der Abläufe ermöglicht uns ein Verstehen, wie in dem Kreislauf eine Bewegung der Flüssigkeit entsteht. Im Gegensatz dazu würde uns die Zustandszuordnung

$$\begin{aligned} F^{t=0} &: \quad |\text{klein}, \text{zu}, \text{zu}\rangle^{t=0} \longmapsto |\text{unverändert})^{t=0} \\ F^{t=1} &: \quad |\text{groß}, \text{zu}, \text{zu}\rangle^{t=1} \longmapsto |\text{unverändert})^{t=1} \end{aligned}$$

nicht verstehen lassen, wie ein Fluss zustande kommt. Die physikalische Gesetzmäßigkeit „$p \cdot V =$ konstant" wäre nicht zielgerichtet eingesetzt. Das Gerät, bestehend aus den Systemen S_1 und S_2, würde nicht funktionieren, jedenfalls nicht als Flusserzeuger respektive Pumpe. Der Begriff „Pumpe" entspringt einem technischen Handlungszusammenhang, von dem allerdings in obiger Darstellung schon nichts mehr zu sehen ist. Vielmehr ist eine Pumpe eine mögliche konkrete Realisierung eines Flusserzeugers, genau wie das Herz, das den Fluss des Blutes erzeugt. So entsteht die Redeweise, dass das Herz wie eine Pumpe funktioniere. Genau so könnte man aber auch sagen, eine Pumpe funktioniere wie ein Herz. Wir kommen darauf am Ende des Abschnitts nochmals zurück. Fürs Erste sollte dieses Beispiel verdeutlichen, dass der Begriff „Funktion" wie folgt als Abstraktum zu definieren ist:

Definition 6.19 (Funktion (pragmatisch)). Will man über Bedeutungszuschreibungen zwischen empirischen Systemen invariant bezüglich der Beschreibung der konkreten Realisation von Zustandszuordnungen reden, so spricht man über Funktionen.

Schreibt man einem System als Bedeutung für ein anderes zu, dass es für dieses eine Funktion erfüllt, nennen wir dies eine *Funktionszuschreibung*. Funktionszuschreibungen sind spezielle Bedeutungszuschreibungen. Funktionszuschreibungen fassen wir formal, indem über einem Pfeil die Funktion notiert wird. Dies entspricht der schematischen Darstellung, bei der von der Realisierung der einzelnen Funktionsleistungen abgesehen wird, in obigem Zitat (KÖTTER, 2002). Das Absehen von der konkreten Realisierung ist ja Bestandteil des Verfahrens der Abstraktion (Punkt 4.2.5). Für eine Abstraktion ist aber vielmehr entscheidend, eine Äquivalenzrelation anzugeben, bezüglich derer invariant geredet werden soll. Diese Äquivalenzrelation wurde in der Definition von Funktion explizit als Zustandszuordnungsgleichheit benannt, d.h. konkrete Realisationen werden insbesondere im Hinblick auf die zeitliche Abfolge der Zuordnung von Zuständen gleich beschrieben. Wenn also S_1 die Bedeutung eines Flusserzeugers für S_2 hat, können wir

$$S_1 \xrightarrow{\text{Flusserzeuger}} S_2$$

notieren. Zwei weitere Beispiele häufig auftretender Funktionen sind Verstärker und Inhibitor.

Man beachte, dass die durchgehend übliche Verwendung des Wortes „Funktion“ für zwei gänzlich unterschiedliche Begriffe auch in dieser Arbeit nicht beseitigt wird. Zum einen wird über Funktion als eindeutige Relation in einem logischen bzw. mathematischen Sinne geredet, zum anderen über den pragmatischen Begriff der Funktion, wie er hier gerade definiert wurde. Diesen Funktionsbegriff pragmatisch zu nennen, ist dadurch gerechtfertigt, dass obiger Abstraktion eine Beschreibungsleistung vorausgehen muss, die die Gegenstände erst zur Verfügung stellt, über die in gewisser Hinsicht invariant geredet werden soll.[51] Diese Gegenstände sind empirische Systeme mit ihren Zuständen und die zeitlichen Abfolgen von Zustandszuordnungen. Nun kann die funktionale Erklärung definiert werden:

Definition 6.20 (Funktionale Erklärung). Eine Erklärung heißt funktional, wenn es eine Bedeutungszuweisung $S_1 \longrightarrow S_2$ zweier empirischer Systeme gibt,

(1) es für S_1 und S_2 Zustandsbeschreibungen z_1^t und z_2^t gibt,
(2) zu jedem Zeitpunkt t Zustandszuordnungen

$$F^t : \begin{cases} \mathcal{Z}_1 \longrightarrow \mathcal{Z}_2 \\ z_1^t \longmapsto z_2^t \end{cases},$$

[51] Siehe Punkt 4.2.5.

angegeben werden können, die die Zustände der Systeme S_1 und S_2 miteinander verknüpfen, und

(3) es mindestens eine Schar von Zustandszuordnungen F^t gibt, die sich dadurch auszeichnet, dass bezüglich dieser Zustandszuordnungen invariant im Hinblick auf andere konkrete Realisierungen geredet werden kann, d.h. dem System S_1 eine abstrakte Funktion für S_2 zugeschrieben werden kann (Funktionszuschreibung).

Das Funktional F^t beschreibt zu jedem Zeitpunkt, der betrachtet wird, welche Konsequenz jeder Zustand von S_1 für die Zustände von S_2 hat. Die Frage der funktionalen Erklärung lautet: „Welche abstrakte pragmatische Funktion kann einer beobachteten Zustandszuordnung zugeschrieben werden"? Die Zustände z_1 und z_2 sind dabei im Allgemeinen Elemente verschiedener Zustandsräume $\mathcal{Z}_1$ und $\mathcal{Z}_2$, müssen dies aber nicht sein (Selbstreferenz). Die Antwort lautet: „Das System S_1 erfüllt diese und jene Funktion für S_2".

Die Präzisierung der abstrakten Rede über Funktionen hat ergeben, dass es bereits Beschreibungsleistungen geben muss, um von einer Funktion zu sprechen. Diese können in den unterschiedlichsten Disziplinen erbracht worden sein. Das Verfahren der Abstraktion benötigt eine Gegenstandsmenge, die hier aus Beschreibungen empirischer (technischer oder anderer) Systeme besteht. Nach erfolgter Abstraktion ist dann eine *gegenseitige* Übertragung möglich. Hier soll nun betont werden, dass die Biologie keine reine Empfänger-Rolle einnimmt, wie dies KÖTTER (2002) im obigen Zitat bewusst überspitzt formuliert hat. Zum Zwecke der Verdeutlichung stellt er in den Raum, die funktionalen Erklärungen würden in der Biologie so weit reichen, wie es der Stand der Ingenieurwissenschaften zulasse.[52] Und faktisch ist die Biologie bisher auch in dieser Empfänger-Rolle. Es lässt sich nämlich kein Beispiel finden, bei dem dies einmal anders gewesen wäre. Grundsätzlich gibt es offenbar aber keine logischen Gründe dafür, dass die zum Abstrahieren benötigten Beschreibungsleistungen zuerst von Ingenieuren erbracht werden müssen. Sie können ebenso von der Biologie oder einer anderen Wissenschaft zur Verfügung gestellt werden.

Zudem muss noch festgestellt werden, dass bei der Darstellung der funktionalen Erklärung anhand des Flusserzeugers die retrospektive Sicht eingenommen wurde.[53] Das folgende Beispiel soll auch zeigen, dass ein mit funktionalen Erklärungen arbeitendes Forschungsprogramm auch prospektiv, also Vorhersagen erzeugend, angewendet werden kann. Dazu wird so verfahren, dass den empirischen Systemen zuerst gegenseitig oder auch selbstreferenzierend Funktionen zugeschrieben werden, aus denen dann die zeitlichen Entwicklun-

[52] In der Biologie wird nämlich zuweilen nach erfolgter Übertragung aus der Technik ganz gerne übersehen, dass die technischen Termini nur entliehen sind und in der Regel nicht ausreichen, um alle Aspekte biologischer Systeme zu beschreiben. Als Beispiel hierfür wird die Übertragung der informationstheoretischen Sprechweise in die Molekulare Genetik im Kap. 8 näher betrachtet.

[53] Siehe Punkt 6.3.4.

gen der Systemzustände abgeleitet werden können. Stimmt diese theoretische Vorhersage mit einer Beobachtung überein, wird man Vertrauen in die Funktionszuschreibung gewinnen, ansonsten wird man sie ändern und eine bessere Vorhersage zu erzeugen versuchen.

Nun betrachten wir ein typisches Räuber-Beute-Szenario: Unser Gesamt-System bestehe aus einer Beute-Population, deren Anzahl von Individuen in der Generation t mit b^t als einziger Observabler bezeichnet werde. Selbiges gelte für die Räuber-Population (r^t). Die Beute-Population nehme jede Generation um den Reproduktionsfaktor R bezogen auf die vorhandenen Individuen zu (Selbstreferenz). Die Räuber-Population habe bei der Jagd mit dem *Killing*-Faktor K Erfolg. Wie viel Beute letztlich gemacht werden kann, hänge zudem von der vorhandenen Anzahl der Beute- und der Räuber-Individuen ab. Die Reproduktionsrate der Räuber sei allein durch die gemachte Beute bestimmt. Zudem sollen die Räuber mit der Rate T sterben. Da die Generationszeit der Räuber vergleichsweise lang gegenüber der der Beute sei, sei deren nicht gewaltsame Sterberate vernachlässigbar. Diese Funktionszuschreibungen für die Systeme Räuber S_r und Beute S_b sind in der Abbildung 6.5 zusammengefasst, wobei die Vorzeichen (+) und (−) anzeigen, ob es sich um einen die entsprechende Population vergrößernden bzw. verkleinernden Einfluss handelt.

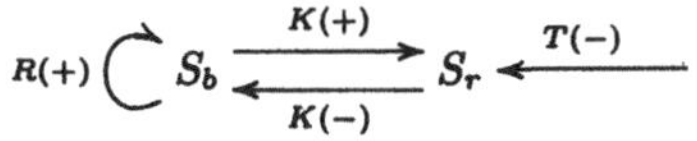

Abbildung 6.5. Schema der Funktionszuweisungen eines typischen Räuber-Beute-Szenarios.

Offensichtlich musste dabei weder auf technische Handlungspraxen noch auf Gerätefunktionsnormen oder sonstige Zwecke Bezug genommen werden. An dieser Stelle nehme ich einen etwas naturalistischen Standpunkt ein, ohne dabei eine Nähe zu den Konzepten naturalistischer Philosophen[54] aufzuweisen. Sind wir einmal des Beschreibens fähig, kann von Naturbeschreibungen

[54] Insbesondere kann ich keine Notwendigkeit erkennen, warum die Rede von Funktionen einer evolutionär-historischen Deutung bedarf. Einen Überblick zur naturalistisch geprägten Diskussion über funktionale Erklärungen verschafft SCHAFFNER (1993). NEANDER (1991,a, 2002) vertritt die Auffassung, dass „die eigentliche Funktion eines biologischen Merkmals das ist, wofür auch immer es durch natürliche Selektion selektioniert wurde.“ GRIFFITHS (1993) und KITCHER (1993) beziehen in diese Sichtweise dann zudem Artefakte ein. Die systemtheoretische Komponente betont SCHLOSSER (1998). Da die Evolutionstheorie in dieser Arbeit aber überhaupt keine Rolle spielt, gehen wir auf diese Diskussion nicht weiter ein. Wie vorgeführt wurde, lässt sich über Funktionen offenbar auch reden, ohne das Forschungsprogramm der Evolutionstheorie zu erwähnen. Bei der Behandlung genereller Konzepte wie Forschungsprogramm und Erklärung, auf ein spezielles

auch abstrahiert werden. Eine Letztbegründung auf eine an Zwecken orientierte menschliche Handlungspraxis scheint mir hier nicht notwendig zu sein. Nun könnte man einwenden, dass doch die Rede von Räubern und Beute bereits Bezug nehme auf die menschliche Handlungspraxis des Raubens. Der Mensch dürfte aber genau so wie viele Tiere bereits geraubt haben, bevor er sprechen konnte. Und die Tatsache, dass die Bereitstellung adäquater Beschreibungsmittel eine kulturelle an Zwecken orientierte Normierungsleistung ist, soll ja auch nicht bestritten werden. Bezweifelt wird nur, dass es menschliche Handlungen sein müssen, anhand derer die Sprache zu rekonstruieren ist. Dies kann ebenso im Zuge einer Naturbeobachtung erfolgen.

Ausgehend von obiger Beschreibung kann nicht nur ein Schema funktionaler Zuordnungen mit Verstärkungen und Inhibitoren gewonnen werden, sondern nach erfolgter Funktionszuweisung auch ein Gleichungssystem, das die zeitliche Entwicklung der beiden Populationen in Abhängigkeit der Parameter $R, K, T > 0$ zu berechnen und damit Beobachtungen zu erklären erlaubt:

$$\begin{aligned} \Delta b^t &= Rb^t - Kb^t r^t, \\ \Delta r^t &= Kb^t r^t - Tr^t. \end{aligned} \tag{6.1}$$

Dabei bezeichnet $\Delta b^t = b^{t+1} - b^t$ die Anzahl der Beute-Individuen, die von einer Generation zur nächsten hinzukommen. Δr^t bezeichnet das Analoge für die Räuber. Lösen wir die empirische Anbindung der Observablen b^t, r^t und der Parameter R, K, T, so stellen obige Funktionszuweisungen, die in dem Schema der Abbildung 6.5 zusammengefasst sind und in das Gleichungssystem (6.1) übertragen wurden, ein nicht interpretiertes Schema von funktionalen Abhängigkeiten in logisch-mathematischer *und* pragmatischer Hinsicht dar, eine theoretische Struktur, die nur noch abstrakte Gegenstände beinhaltet. Diese Struktur kann jetzt auch ganz anders interpretiert werden. Beispielsweise könnte folgende Interpretation in der Genetik von Nutzen sein: S_b ist ein seine eigene Gen-Expression mit der Rate R verstärkendes Protein und S_r ein weiteres Protein. Die S_b-Proteine können an die S_r-Proteine binden. Der S_b-S_r-Komplex kann die S_r-Gen-Expression initiieren. Durch die Komplex-Bildung wird die Konzentration von S_b-Proteinen mit der Rate K reduziert. Bei der Transkription wird der S_b-Teil des Komplexes energetisch verbraucht, während der S_r-Teil von der DNS abfällt und dem Prozess erneut zur Verfügung steht. Allerdings zerfällt das S_r-Protein mit der Rate T. Die beiden Gleichungen werden auch LOTTKA-VOLTERRA-System[55] genannt und zeigen bereits interessante dynamische Eigenschaften. Insbesondere erhält man für geeignete Parameter, dass die beiden Populationen, respektive Proteinkonzentrationen, oszillieren.

Forschungsprogramm zurückzugreifen, verstieße deutlich gegen das Prinzip der methodischen Ordnung (siehe Punkt 4.3.1), dessen Einhaltung zur Vermeidung von Zirkeln hier für dringend notwendig befunden wird.

[55] Siehe EBELING et al. (1990, S. 79 ff.).

Genau so wie metaphorisch davon gesprochen wird, das Herz funktioniere wie eine Pumpe, kann man nun davon reden, dass der genetische Regulationsprozess wie ein Räuber-Beute-Szenario ablaufe. Nur, während ersteres uns etwas erklärt, scheint letztere Erkenntnis keine Erklärung zu liefern. Dies liegt daran, dass uns die Aussage, die Dynamik des Regulationsprozesses lässt sich analog zur Dynamik des Räuber-Beute-Szenarios *beschreiben*, eben nichts *erklärt*. Die Ebene der Beschreibung wird nicht verlassen. Dagegen steht eine Pumpe bereits in einem technischen Handlungszusammenhang und damit ist die Ebene des funktionalen Erklärens bereits erreicht. Denn einer Pumpe liegt eine Gerätefunktionsnorm zugrunde, die uns erlaubt zwischen funktionierenden und nicht-funktionierenden Pumpen zu unterscheiden. Nur funktionierende Pumpen haben eine Bedeutung für uns. Nur mit diesen verfolgen wir Zwecke. Damit liegt eine *Bedeutungsstiftung* vor, die unter den möglichen Zustandszuordnungen bestimmte auszeichnet und somit eine Zuschreibung einer per Abstraktion gewonnenen Funktion ermöglicht. Dies ist der entscheidende dritte Schritt einer funktionalen Erklärung (Definition 6.20), der sie über die bloße Beschreibung erhebt und letztlich ein Verstehen einleitet.

Wie könnte man nun auch beim Räuber-Beute-Szenario eine Bedeutung stiften, um die Ebene des Erklärens zu erreichen? Eine Möglichkeit bestünde in einem physicotheologischen Rückzug auf die Aussage, der liebe Gott wolle es so, dass sich Räuber und Beute in einem koexistenziellen Gleichgewicht befinden. So darf im Rahmen der wissenschaftstheoretischen Hinwendung zum Pragmatischen in dieser Arbeit natürlich nicht verfahren werden. Allerdings kann der Leiter eines Nationalparks ganz konkret den Zweck verfolgen, dass sich Räuber und Beute seines Parks in einem koexistenziellen Gleichgewicht befinden. Er wird sicher einige gute Gründe benennen können, die ihn zu dieser Bedeutungsstiftung veranlassen. Ein Nationalpark ohne koexistenzielles Gleichgewicht wird beispielsweise keine Besucher zu seiner Finanzierung anlocken; er funktioniert dann schlicht nicht. Sicherlich wird man sogar so weit gehen, dass man die Parameter obiger Gleichung kontrollieren und gegebenfalls durch geeignete Maßnahmen wie die gewaltsame Dezimierung einer Population einstellen wird, um das Ziel der Herstellung eines Gleichgewichts zu erreichen. Mit dieser pragmatischen Ergänzung der bloßen Beschreibung um eine Bedeutung respektive ein Ziel kann die Beschreibung zu einer funktionalen Erklärung erhoben werden.

Nun bleibt noch die Bedeutung von genetischen Regulationsprozessen zu klären. Diese kann sehr einfach ohne jede Bezugnahme auf die analoge Beschreibung zum Räuber-Beute-Szenario geklärt werden. Wie in Kapitel 9 ausführlich dargestellt wird, gibt es genetische Regulationsprozesse, die nur in bestimmten Zielzuständen enden dürfen, damit der entsprechende Organismus überlebt. Somit ergibt sich eine *Bedeutungzuschreibung* allein durch die pragmatisch gesetzte Vorgabe der Biologen, dass sie sich mit Lebewesen beschäftigen und das Leben erklären wollen. Anders als in technischen Handlungszusammenhängen wie bei der Pumpe oder beim Nationalpark muss die Bedeutung nicht pragmatisch gestiftet werden, sondern ist *per se* zugeschrieben. Dabei können dann die Biologen neben dem reinen Überleben auch Zielzustände auszeichnen, die ein Überleben begünstigen.[56] Dieses Auswählen bestimmter Ziele ist Teil funktionaler Erklärungen der Biologen, genau wie der Techniker das Ziel verfolgt, dass seine Pumpe arbeitet, und der Leiter des Nationalparks, dass sich seine Populationen im Gleichgewicht befinden.

Zum Schluss kommen wir nochmal zum Ausgangspunkt unserer Darstellung funktionaler Erklärungen zurück, der metaphorischen[57] Rede davon, dass das Herz wie eine Pumpe funktioniere. In der Tat wird hier der wohlbekannte technische Terminus „Pumpe" auf einen biologischen Gegenstand übertragen. Was eine Pumpe ist, respektive wie sie funktioniert, muss uns schon bekannt sein, wenn wir zum ersten Mal ein Herz anatomisch untersuchen. Aber genau so gut kann auch zuerst ein biologischer Gegenstand beschrieben werden, und dann wird nach dieser Beschreibung ein technischer Gegenstand gefertigt. Es ist zu betonen, dass es erstens *per se* keinen Grund gibt, Gegenstände eines bestimmten Bereichs denen eines anderen als Ausgangspunkt für die Abstraktion vorzuziehen, die zur empirischen Funktion führt, und dass zweitens metaphorische funktionale Erklärungen unvollständig sind, weil die Abstraktion schlicht nicht bis zum Ende durchgeführt wurde. Auch wenn das Prinzip Pumpe mehrere technische Realisationen kennt, über die bereits invariant geredet wird, so ist dennoch nicht die Pumpe der letztlich gesuchte abstrakte Gegenstand, sondern der Flusserzeuger. Pumpe und Herz sind beides gleichberechtigte konkrete Repräsentanten dieses abstrakten Gegenstands.

Definition 6.21 (Metaphorische oder unvollständige funktionale Erklärung). Wird bei einer funktionalen Erklärung die Abstraktion zu einer empirischen Funktion nicht vollständig durchgeführt, sondern werden durch die Relation „x funktioniert wie y" die Eigenschaften inklusive der Funktionsweise des Gegenstands y auf x übertragen, handelt es sich um eine unvollständige oder metaphorische funktionale Erklärung, die durch Befolgung der Schritte in Definition 6.20 zu einer funktionalen Erklärung wird.

Damit ist die metaphorische funktionale Erklärung als unvollständiger Fall der funktionalen Erklärung auf ähnliche Weise unter diese subsumiert wie die potentielle kausale unter die kausale Erklärung. Funktionale Erklärungen in der Biologie sind generell nicht vom Stand der Technik abhängig. Es mag historisch der Fall sein, dass bisher eher eine Übertragung von den Ingineurwissenschaften auf die Biologie stattgefunden hat. Dieses Verhältnis könnte sich in Zukunft aber auch umdrehen. Nur weil der Mensch zuerst Pumpen gebaut und dann Herzen anatomisch untersucht hat, ist dies noch lange kein Grund, technischen Beschreibungen ein Primat vor biologischen zu verleihen. Ein ganz schwaches Primat gibt es aber dennoch: Innerhalb technischer Handlungspraxen werden funktionale Zusammenhänge gezielt erzeugt, während sie

[56] An dieser Stelle ließen sich wohl auch die in einer vorigen Fußnote erwähnten naturalistischen Ansätze zu funktionalen Erklärungen integrieren, ohne sich die dort genannten methodischen Probleme einzuhandeln.

[57] Zur Verwendung von Metaphern siehe KÖTTER (2002).

in biologischen Systemen häufig recht mühsam experimentell untersucht werden müssen. Sie sind dadurch im technischen Kontext besser kontrollierbar und ein Abschluss der Beschreibung kann einfacher erreicht werden. In Anbetracht der Gentechnologie scheint aber auch dieses schwache Primat zunehmend an Bedeutung zu verlieren.

6.4.4 Zur Beziehung von funktionaler und kausaler Erklärung

Die funktionale Erklärung wirft sofort eine neue Frage auf: „Wie wird die abstrakte Funktion materiell realisiert"? Damit ein System eine Funktion für ein anderes System erfüllen kann, müssen die beiden Systeme wohl in irgendeiner Form miteinander interagieren. Zumindest in der Wissenschaft hat noch keine andere Möglichkeit der gegenseitigen Einflussnahme uneingeschränkt Anerkennung gefunden als die Interaktion. Damit wird im Zuge der Beantwortung einer funktionalen Frage sofort eine kausale Frage aufgeworfen, die Frage nach der materiellen Vermittlung der Funktion. Eine funktionale Erklärung zieht zwar eine kausale Frage nach sich, dies bedeutet aber nicht, dass funktionale Erklärungen auf kausale reduziert werden könnten.[58] Vielmehr zeigen folgende Punkte, dass durch funktionale Erklärungen alleine schon Erkenntnisse hinzugewonnen werden:

- Es gibt kausale Fragen, die ohne vorherige funktionale Erklärungsleistung gar nicht gestellt würden, und es gibt kausale Antworten, deren funktionale Interpretation zu neuen funktionalen Fragen führt. Dieses Wechselspiel zwischen kausalen und funktionalen Erklärungen findet man gerade in der Genetik sehr häufig. MENDEL hat gar etwas (die Erbfaktoren) postuliert, das die Funktion hat, Merkmale festzulegen. Allein dadurch konnten Erkenntnisse gewonnen werden. Die entsprechenden Verfahren, die das Auffinden der materiellen Realisation dieser Erbfaktoren dann ermöglichten, wurden erst viel später entwickelt. Andererseits kann heute die Untersuchung eines Proteins ergeben, dass es z.B. eine DNS-Bindedomäne besitzt, es also an DNS binden kann, und damit im Prinzip eine enzymatische Funktion übernehmen kann. Diese Funktion muss dann konkretisiert und schließlich chemisch explizit nachgewiesen werden.
- Die funktionale Erklärungsleistung besteht in der Angabe einer Funktion, die durch Abstraktion gewonnen wurde. Die Subsumtion verschiedenster empirischer Systeme unter die gleichen funktionalen Zusammenhänge ist eine eigenständige Erklärungsleistung, die durch nichts ersetzt werden kann.
- Funktionale und kausale Erklärung haben eine gänzlich andere formale Struktur: Bei der funktionalen Erklärung (siehe Definition 6.20) wird zu bestimmten Betrachtungszeitpunkten eine Verknüpfung von *Zuständen* von im Allgemeinen *verschiedenen* Systemen beobachtet und die Erklärung

[58] Vgl. dazu KÖTTER (2002).

erfolgt dadurch, dass diesen Zustandszuordnungen eine empirische *Funktion zugeschrieben* werden kann, die durch *Abstraktion* aus einer Reihe bereits vorhandener Beschreibungen gewonnen wurde. Bei der kausalen Erklärung (siehe Definition 6.17) wird eine *unerwartete Zustandsbeschreibung* nur *eines* Systems beobachtet und dadurch erklärt, dass dem Wechsel von der erwarteten zu der unerwarteten Zustandsbeschreibung als Ursache eine *Interaktion zugeschrieben* werden kann, die *postuliert* werden muss.
- Die Funktionszuschreibungen funktionaler Erklärungen zwischen den Teil-Systemen eines größeren Systems ermöglichen alleine schon Eigenschaften des Gesamtsystems als Konsequenz der Funktionszuschreibungen zu beschreiben. Bei dem Räuber-Beute-System konnte gezeigt werden, dass die getroffene funktionale Zuschreibung bei bestimmten Parameter-Werten z.B. zu Oszillationen des Systems führt. Nur indem den Teil-Systemen diese und jene Funktionen füreinander zugeschrieben wurden, konnte das Verhalten des Gesamtsystems erklärt werden. Die kausale Realisation der Funktionen brächte für die Frage nach dem Verhalten des Gesamtsystems keine neuen Erkenntnisse. Wie der Räuber seine Beute fängt, ändert nichts an der Dynamik des Systems.

6.5 Ein pragmatisches Wahrheitskonzept empirischer Wissenschaft

Der Kern eines Forschungsprogramms lässt sich als Regelsammlung eines Erklärungsdialoges auffassen. So ein Dialog kann als gewonnen gelten, wenn die Vorhersage, die durch eine bestimmte empirische Spezifikation getroffen werden konnte, auch tatsächlich empirisch bestätigt werden kann. Das Forschungsprogramm hat sich dann bewährt. In Kapitel 5 wurden bereits etliche Bedingungen vorgestellt, die erfüllt sein müssen, damit ein Erklärungsdialog erfolgreich verlaufen kann. Dort konnte eine wissenschaftliche Erklärung nicht speziell vor anderen Erklärungen ausgezeichnet werden. Es fehlte ein Kriterium. Mit Hilfe des Konzeptes „Forschungsprogramm" kann nun für die empirischen Wissenschaften das gesuchte Kriterium formuliert werden.

6.5.1 Abgesichertheit

Wissenschaftliche Erklärungen sollen ein hohes Maß an Sicherheit vermitteln. Deshalb wird nun das pragmatische Kriterium „Abgesichertheit" eingeführt, wobei neben der nicht abgesicherten Spekulation vier Sicherheitsstufen unterschieden werden können:

Definition 6.22 (Spekulation). Eine nicht abgesicherte Spekulation ist die Erklärung eines Phänomens mit Hilfe von Sätzen, die weder selbst empirisch überprüfbar sind, noch aus ihnen empirisch prüfbare Sätze abgeleitet werden können, d.h. es kommt kein Forschungsprogramm zum Einsatz.

Auf die Frage, warum ein bestimmter Erbgang so und nicht anders erfolgt, könnte man z.B. mit der Spekulation antworten, weil es Gott so gewollt hat. Der Erklärungsdialog ist damit erfolgreich abgeschlossen, aber als „wissenschaftlich" wollen wir so eine Erklärung in keinem Falle bezeichnet wissen. Offenbar lässt sich so nämlich alles erklären. Damit wäre das Unternehmen „Wissenschaft" beendet, bevor es begonnen hat. Aber nicht nur diese offensichtliche Spekulation, sondern auch die Erklärungsversuche nahezu aller Wissenschaftler und Philosophen vor NEWTON haben diesen spekulativen Charakter. Für DESCARTES war es noch gängige Praxis, das Erkannte durch Spekulatives zu erklären, ohne aus den Spekulationen empirisch Überprüfbares abzuleiten und dann zu überprüfen. Selbst EULER, der die mathematischen Methoden betreffend ungewöhnlich viel zur Klassischen Mechanik heutiger Lehrbücher beigetragen hat, muss zu den Spekulanten gezählt werden, wenn er die Mathematik verließ und begann, Phänomene ‚physikalisch' zu erklären.[59]

Definition 6.23 (Empirische Abgesichertheit). Eine empirisch abgesicherte Erklärung eines Phänomens erfolgt mit Hilfe von Sätzen, die selbst empirisch überprüfbar sind, aber keine weiteren empirisch prüfbaren Sätze zu deduzieren erlauben, d.h. es kommt kein Forschungsprogramm zum Einsatz.

Die Frage, warum ist die Blütenfarbe der F1-Generation uniform violett, wenn nur violette mit weißen Eltern gekreuzt wurden, kann beispielsweise damit beantwortet werden, dass es doch bei der Samenfarbe, der Samenform, etc. genau so wäre. Nur weil bisher die Sonne jeden Tag aufgegangen ist, muss dies morgen nicht wieder so sein. So ein Auflisten von Fallbeispielen ist eine empirisch abgesicherte Erklärung. Sie steht offenbar auf einer sehr niedrigen Stufe der Abgesichertheit, denn nur die Tatsache, dass es eine Reihe von Fällen gibt, die ein ähnliches oder genau das beobachtete Phänomen auch zeigen, erzeugt höchstens so etwas wie Plausibilität dafür, dass es in dem betrachteten Falle wieder so ist. Von einer wissenschaftlichen Erklärung erwarten wir freilich mehr.

Definition 6.24 (Hypothetisch-empirische Abgesichertheit). Eine hypothetisch-empirisch abgesicherte Erklärung eines Phänomens erfolgt mit Hilfe von Sätzen, deren empirische Spezifikationen selbst empirisch überprüfbar sind, d.h. es kommt ein Forschungsprogramm zum Einsatz, das nur prototheoretische Konzepte verwendet.

Als Postulat eines Forschungsprogramms können wir beispielsweise den Satz „$|A)^P \times |a)^P \longrightarrow |A)^{F1}$" aufstellen, der besagt, dass die F1-Generation bei einer 1-Faktor-Kreuzung dann uniform in einer Ausprägung ist, wenn parental immer nur Individuen gekreuzt wurden, die verschiedene Ausprägungen hatten. Dieses Postulat könnte empirisch so spezifiziert werden, dass A für die violette Blütenfarbe steht und a für die weiße. Nicht nur die empirische

[59] Siehe EULER (1769).

Überprüfung dieser Spezifikation verläuft erfolgreich, sondern auch die einer ganzen Reihe anderer Merkmale mit zwei Ausprägungen (siehe Tabelle 1.1). Der hypothetisch aufgestellt Satz bewährt sich.

Eine nur mit prototheoretischen Konzepten formulierte Hypothese erlaubt es, eine ganze Reihe empirischer Beobachtungen zu subsumieren, und stellt ein simples Forschungsprogramm dar. Es stellt die Aufgaben, empirisch zu spezifizieren und zu überprüfen. Es muss betont werden, dass durch dieses Vorgehen weder auf induktivem Wege ein All-Satz gewonnen wird, noch bloß Fallbeispiele aufgelistet werden.

Zu ersterem kann festgehalten werden, dass ein durch ein einziges Gegenbeispiel widerlegbarer All-Satz wie „Bei allen 1-Faktor-Kreuzungen ist die F1 uniform“ eben nicht ausgesprochen wird, sondern ein Postulat wie „Es gibt 1-Faktor-Kreuzungen, bei denen die F1 uniform ist“ mit dem Forschungsaufgaben wie „Suche solche 1-Faktor-Kreuzungen und überprüfe empirisch die Uniformität“ verbunden sind. Das Postulat legt eine Klasse von intendierten Anwendungen fest und durch empirische Überprüfung wird eine immer größer werdende Menge gelungener Anwendungen gesammelt. Eine misslungene Anwendung würde die Falschheit des obigen All-Satzes mittels *modus tollens* bewirken, nicht aber die Falschheit des Forschungsprogramms. Diesem wird lediglich eine Anwendung weniger zugesprochen, die eigentlich intendiert gewesen wäre.[60]

Bei dem hier benutzten Beispiel könnte fälschlich der Eindruck entstehen, dass mit dem Postulat „$|A)^P \times |a)^P \longrightarrow |A)^{F1}$“ letztlich auch nur Fallbeispiele aufgelistet werden. Es ist richtig, dass bei diesem Beispiel zuerst einmal Fallbeispiele subsumiert werden, zudem wird aber auch eine prognostisch gewandte Hypothese aufgestellt. Das Hypothesen generierende Vorgehen führt zu einem Forschungsprogramm mit einer Klasse von intendierten Anwendungen, die im Prinzip unendlich ist. Zu den subsumierten Fallbeispielen können sich beliebig viele gelungene Anwendungen dazugesellen. Zudem können anders als bei obigen Beispiel natürlich mehrere Postulate aufgestellt werden, die logisch miteinander verknüpft sind. Diese Postulate repräsentieren dann eine logische Struktur, die in einer Liste von Fallbeispielen zwar implizit enthalten sein mag, aber erst durch das Formulieren der postulierten Hypothesen explizit zum Ausdruck kommt. Zuletzt können bei der Aufstellung der Postulate auch theoretische Konzepte zum Einsatz kommen, die begrifflich aus Fallbeispielen gar nicht gewonnen werden können.

Definition 6.25 (Hypothetisch-theoretische Abgesichertheit). Eine hypothetisch-theoretisch abgesicherte Erklärung eines Phänomens erfolgt mit Hilfe von Sätzen, deren empirische Spezifikationen selbst nicht empirisch überprüfbar sein müssen, aber aus denen sich empirisch prüfbaren Sätze deduzieren lassen, d.h. es kommt ein Forschungsprogramm zum Einsatz, das aus prototheoretischen und theoretischen Konzepten besteht.

[60] Siehe Abschn. 3.6.

Mit der Benutzung theoretischer Konzepte, die sich der Empirie entziehen, können entscheidende Gewinne verbunden sein: Auf diese Weise können sich erstens viel mehr Phänomene unter weniger Postulate subsumieren lassen. Zweitens können theoretische Konzepte empirisch Vorhandenes, aber (eventuell noch) nicht Zugängliches prognostizieren. Und drittens können Phänomene überhaupt erst durch theoretische Konzepte einer Erklärung zugänglich gemacht werden. Sie stellen also so etwas wie eine regulative Idee dar.[61]

Bei dem MENDELschen Forschungsprogramm ist der erste Gewinn beispielhaft zu sehen. Die Postulate Mendel 2 - Mendel 4 aus Tabelle 6.1 erlauben eben nicht nur 1-Faktor-Kreuzungen zu erklären, sondern auch Kreuzungen mit im Prinzip beliebig vielen Faktoren. Abgeändert werden müsste nur Postulat Mendel 1 aus Abschn. 1.2.4, das die Erklärungsbedürftigkeit ausspricht. Dies müsste auf Kreuzungen mit mehreren Faktoren erweitert werden. Eine entsprechende Formulierung wird in Kapitel 7 vorgestellt.

Auch der zweite Gewinn wird bei dem Beispiel mehr als deutlich. Das Gen ist bei MENDEL ein rein theoretischen Konzept. Die Erschaffung dieses theoretischen Konzeptes führt zu einem Forschungsprogramm, dessen Fruchtbarkeit gemeinhin unbestritten ist. Aber das Gen wird nicht nur ein erstaunlich erfolgreiches Konzept, sondern etliche Jahrzehnte später auch empirisch zugänglich.

Zuletzt kann auch der dritte Gewinn beispielhaft an dem MENDELschen theoretischen Konzept der genetischen Determinierung (Postulat 2) erläutert werden. Die Annahme, dass es einen Genotyp gibt, der den Phänotyp bestimmt, ist Bedingung der Möglichkeit, überhaupt das Phänomen der Vererbung einer Erklärung zugänglich zu machen. Es blendet idealisierend andere Einflussnahmen auf den Phänotyp aus. Dadurch erst wird es möglich, den Einfluss der Gene zu erkennen, und letztlich auch die Grenzen der Erklärungskraft des Gen-Konzeptes. Diese wird dann erreicht, wenn sich Phänomene finden, die mit dem MENDELschen Forschungsprogramm nicht erklärt werden können. Dann kann erkannt werden, wie weit der in der MENDELschen Art und Weise postulierte Einfluss der Gene reicht, und an welcher Stelle andere Einflussnahmen wie z.B. die MORGANsche Kopplung zu berücksichtigen sind.

Insbesondere hat sich herausgestellt, dass es speziell zwei Erweiterungen der MENDELschen Postulate erlauben, noch etliche Phänomene mehr zu subsumieren. Die eine Erweiterung ist die Öffnung für andere Erbgänge als den dominanten (Revision von Mendel 2), und die andere ist die Erweiterung um die Kopplung von Gen-Orten (Revision von Mendel 3). Wie dies im Rahmen eines Forschungsprogramms zu formulieren ist, das dann den Namen „Klassische Genetik“ tragen wird, findet sich in Kapitel 7.

Definition 6.26 (Theorie-theoretische Abgesichertheit). Eine theorie-theoretisch abgesicherte Erklärung ist eine hypothetisch-theoretisch abgesicherte Erklärung, die mit Hilfe eines Forschungsprogramms erfolgt, das sich bereits hinreichend bewährt hat und in sich konsistent ist.

[61] Im Zusammenhang mit funktionalen Erklärungen spricht auch KÖTTER (2002) von regulativen Ideen.

Wann sich ein Forschungsprogramm hinreichend bewährt hat, lässt sich nicht klar definieren. Diese Entscheidung wird im Laufe der Zeit innerhalb der *scientific community* getroffen. Sie unterliegt soziologischen Prozessen und historischen Rahmenbedingungen. Beispielsweise können die wenigen Versuche, die ein einzelner Forscher wie MENDEL durchgeführt hat, nicht ausreichen, um seinem Forschungsprogramm bereits das Prädikat „theorie-theoretisch abgesichert" zu verleihen. Dafür wird zu seinen Lebzeiten sein Forschungsprogramm aus verschiedensten Gründen von der *scientific community* nicht ausreichend zur Kenntnis genommen.[62]

Wie das Beispiel der BOHRschen Atomhypothesen zeigt, muss ein erfolgreiches hypothetisch-theoretisch abgesichertes Forschungsprogramm nicht unbedingt in sich konsistent sein, d.h. Postulate dürfen sich sogar widersprechen. Dieses Forschungsprogramm hatte trotz der Inkonsistenz wichtige Erfolge und hatte gerade wegen seiner Inkonsistenz eine wichtige Brückenfunktion hin zum konsistenten Forschungsprogramm der Quantenmechanik. Theorie-theoretisch abgesichert wollen wir es aber wegen seiner Inkonsistenzen nicht nennen. Historisch ist es zudem so, dass ein inkonsistentes Forschungsprogramm bisher noch von jeder *scientific community* nur als Übergangslösung betrachtet wurde.

6.5.2 Empirische Theorie

Ein weiteres Problem hatten die BOHRschen Atomhypothesen. Sie waren zudem inkonsistent zu anderen Forschungsprogrammen, die in der *scientific community* als theorie-theoretisch abgesichert galten. Diese Situation empfindet man in der Wissenschaft als äußerst unbefriedigend. Eines der beiden Forschungsprogramme, die einander widersprechen, wird von den Wissenschaftlern dann in der Regel verworfen.[63] Die BOHRschen Atomhypothesen standen im Widerspruch zur Klassischen Mechanik und zur Elektrodynamik. Zwei derart bewährte Forschungsprogramme wie die beiden letzteren wird die *scientific community* nicht leichtfertig verwerfen. Und schon gar nicht, wenn das neue diesen widersprechende Forschungsprogramm auch noch in sich inkonsistent ist.

Letztlich war es so, dass die Quantenmechanik die BOHRschen Atomhypothesen ablöste. Die Quantenmechanik steht nicht im Widerspruch zu den beiden anderen Forschungsprogrammen. Sie verweist aber die Klassische Mechanik in Grenzen. Weil letztere sehr kleine Systeme wie Atome nicht in ih-

[62] Eine Einschätzung dieser Gründe findet sich bei LORENZANO (1995).

[63] An dieser Stelle darf nicht von konkurrierenden Forschungsprogrammen gesprochen werden. Die Klassische Mechanik und die Elektrodynamik können nicht miteinander konkurrieren, weil sie ganz andere Phänomene erklären wollen. Anders stellt sich dies bei den BOHRschen Atomhypothesen dar. Sie werden in Konkurrenz zur Klassischen Mechanik aufgestellt, weil diese Atome nicht zu erklären vermochte. Wiederum in Konkurrenz zu den BOHRschen Atomhypothesen wird dann die Quantenmechanik formuliert.

re Menge der gelungenen Anwendungen einzubetten vermochte, wurden die BOHRschen Atomhypothesen und letztlich die Quantenmechanik überhaupt erst ersonnen. Damit ist die Klassische Mechanik nicht als „falsch“ erwiesen, sondern die Klasse ihrer intendierten Anwendungen erfuhr eine Einschränkung, nämlich die, dass die behandelten Systeme nicht zu klein sein dürfen.

Das Forschungsprogramm der Klassischen Mechanik mit seinen vielen gelungenen Anwendungen ging also nicht als großer Irrtum in die Wissenschaftsgeschichte ein, sondern war, ist und bleibt das erste physikalische theorietheoretische Forschungsprogramm. Auch konnte ab dem Zeitpunkt des ersten ‚Versagens‘ der Klassischen Mechanik nicht für alle Zeiten ausgeschlossen werden, dass jemals wieder ein gelungener Einsatz des Forschungsprogramms erfolgen könne. Und tatsächlich kam die Klassischen Mechanik sogar in erheblichen Maße zu neuen gelungenen Anwendungen, und zwar im Zuge der Chaosforschung, die durch die Entwicklung leistungsfähiger Computer möglich wurde. Die Klassische Mechanik ist ein genutztes Forschungsprogramm geblieben.

Solche Zusammenhänge wie die eben beschriebenen versuchen die Strukturalisten in der Menge L der Links zu erfassen.[64] Andere Forschungsprogramme haben unter Umständen Auswirkungen auf ein Forschungsprogramm. In unserem Beispiel derart, dass im Kern festgehalten werden müsste, dass die von der Klassischen Mechanik erklärungsfähigen Systeme eine bestimmte Größe nicht unterschreiten. Solche wichtigen Beschränkungen an die Klasse der intendierten Anwendungen werden aber z.B. in Lehrbüchern in der Regel nicht explizit in die Postulate aufgenommen, sondern mündlich weitergetragen. Jeder Physiker kennt diese Grenze der Klassischen Mechanik, aber wenn er deren Postulate niederschreiben sollte, würde diese Beschränkung mit großer Wahrscheinlichkeit nicht den Weg auf das Papier finden.

Die folgende Definition fasst das Prädikat „empirische Theorie“ zweifelsohne recht eng. Eher der Umgangssprache folgend könnte man es auch zuerst sehr weit fassen und dann für die in der Wissenschaft benötigten Fälle spezialisieren. Die hier gewählte Terminologie bietet aber eine gute Möglichkeit, differenziert über die Vorgänge der Entstehung theoretischen Wissens zu reden. Dies gelingt durch das methodische Konzept des Forschungsprogramms versehen mit dem pragmatischen Kriterium der Abgesichertheit. Es wird dabei nicht gleich von einer Theorie gesprochen, nur weil irgend etwas Theoretisches in einem Satz vorkommt. Mit dem Terminus „Forschungsprogramm“ lassen sich die Prozesse der Erkenntnisgewinnung gut einfangen und die Sicherheitsstufen liefern eine zusätzlich nützliche Differenzierung der Qualität des Wissens. Der Prädikator „empirische Theorie“ kann dann für diejenigen Forschungsprogramme vorbehalten werden, die in der *scientific community* in der Tat einen besonderen Status genießen. Sie gelten wie die Klassische Mechanik oder die Klassische Genetik als fertig und nahezu unumstößlich. Diesen

[64] Siehe Punkt 3.3.3

Status haben sie sich im Laufe der Zeit durch viele gelungene Anwendungen erworben.

Definition 6.27 (Empirische Theorie). Eine empirische Theorie ist ein theorie-theoretisch abgesichertes Forschungsprogramm, das in keinem Konflikt zu allen anderen theorie-theoretisch abgesicherten Forschungsprogrammen ist.

6.5.3 Pragmatische Wahrheit

Die Beschäftigung mit der Kardinalfrage, wie der hohe Wahrheitsgehalt empirischer Wissenschaft zustande kommt, hat uns eine ganze Reihe von Einsichten in die Dynamik der Gewinnung empirischer Sätze erster und zweiter Stufe gegeben. Mit dem Konzept der Abgesichertheit gelingt es sogar, anhand klar definierter Kriterien den Wahrheitsgehalt empirischer Wissenschaften stufig ansteigen zu lassen. In Bezug auf die Wahrheit der Postulate im Kern eines empirischen Forschungsprogramms bleibt Folgendes festzuhalten:

- *Die Postulate eines empirischen Forschungsprogramms können niemals formal wahr sein.*
  Das Kriterium der formalen Wahrheit anzuwenden, würde die Lösung der empirischen Anbindung erfordern, also das empirische zu einem nicht-empirischen Forschungsprogramm machen.
- *Die Postulate eines empirischen Forschungsprogramms können niemals material wahr sein.*
  Gegen den *modus tollens*, der auch die hypothetisch-theoretischen Teile des Forschungsprogramms einer empirischen Überprüfung zugänglich machen würde, wird der Kern des Forschungsprogramms ‚geschützt', indem die Klasse der intendierten Anwendungen angepasst wird.
- *Die Postulate eines empirischen Forschungsprogramms bewähren sich, indem sie gelungene Anwendungen verbuchen.*
  Auch noch so viele gelungene Anwendungen erlauben es nicht, den Kern eines Forschungsprogramms als „wahr" zu erweisen. Jedoch kann auch keine einzelne misslungene Anwendung den erfolgreichen Einsatz des Forschungsprogramms vergessen machen und damit das Forschungsprogramm als „falsch" erweisen.

Kerne von Forschungsprogrammen können nicht mit den Prädikatoren „wahr" oder „falsch" ausgezeichnet werden, sondern nur mit „hat sich bewährt" oder „hat sich nicht bewährt". Dennoch, das Forschungsprogramm der NEWTONschen Mechanik genießt höheres Ansehen als beispielsweise DESCARTES' Spekulationen zur Erklärung der Planetenbewegung. Dies liegt offenbar an unterschiedlichen Qualitäten. Während NEWTON empirisch Prüfbares vorhersagte, konnte dies DECARTES nicht. NEWTON legte ein Forschungsprogramm vor, das nicht nur die Planetenbewegungen richtig vorhersagte, sondern auch auf der Erde experimentell bestätigt werden konnte. Das schafft

Vertrauen. Nicht zu vergessen, dass ein Forschungsprogramm Aufgaben an Forscher stellt. Eine Spekulation tut dies nicht. Beispielsweise ist die Spekulation der sogenannten Kreationisten, dass Gott die Lebewesen eben einfach so erschaffen habe, wie wir sie heute vorfinden, eben kein Forschungsprogramm wie das der DARWINschen Evolutionslehre. Erstere Spekulation bedeutet Stillstand, das DARWINsche Forschungsprogramm wissenschaftliche Tätigkeit.[65]

Dieses grundsätzlich unterschiedliche Vorgehen zeichnet wissenschaftliche Erklärungen aus: Empirische Wissenschaftler haben Forschungsprogramme. Diese Forschungsprogramme sind von verschiedener Qualität: Sie können hypothetisch-empirisch, hypothetisch-theoretisch oder theorie-theoretisch abgesicherte Erklärungen produzieren. Bewährt sich ein theorie-theoretisches Forschungsprogramm in besonderem Maße und zeigt es auch sonst keine Inkonsistenzen zu Wissen außerhalb des vom Forschungsprogramm Erfassten, ist die *scientific community* gewogen, die Postulate des Forschungsprogramms als „wahr" zu betrachten, obwohl dies weder formal noch material möglich ist. Diese soziologisch gewachsene Entscheidung stellt eine pragmatische Wahrheitsfindung dar, die durch die vielen gewonnenen Erklärungsdialoge zu vertreten ist, aber logisch nicht begründet werden kann.

Definition 6.28 (Pragmatische Wahrheit). Ein empirisches Forschungsprogramm gilt als pragmatisch wahr, wenn es eine empirische Theorie ist.

[65] Vgl. KÖTTER (2000)

Teil II

Forschungsprogramme der Genetik

Im ersten Teil wurde eine wissenschaftstheoretische Terminologie erarbeitet, mit deren Hilfe sich nun Forschungsprogramme in den empirischen Wissenschaften untersuchen lassen. Dabei verfügen wir über ein Vokabular, das uns erlaubt, einen Prozess der wissenschaftlichen Erkenntnisgewinnung nicht nur zu beschreiben, sondern auch hinsichtlich seiner Fortgeschritten und Abgesichertheit einzustufen. Wir können zum einen fragen, wie sicher das gewonnene Wissen ist. Auf welcher Stufe ist das Wissen abgesichert, ist es Spekulation oder innerhalb eines Forschungsprogramms gewonnen, werden theoretische Konzepte benötigt oder nur empirische? Zum andern können wir fragen, wie das Wissen zu charakterisieren ist. Erzeugt das untersuchte Forschungsprogramm deterministische oder probabilistische Vorhersagen, liefert es kausale oder funktionale Erklärungen, kann es formalisiert oder gar innerhalb einer mathematischen Struktur dargestellt werden?

Die Beantwortung solcher Fragen scheint im Falle der Genetik besonders wichtig zu sein. Dafür gibt es mehrere Gründe, nämlich (1) die der Genetik und der ganzen Biologie zugesprochene Komplexität, (2) die im Bereich der Lebenswissenschaften besonders einzufordernde Seriosität, (3) die hohe gesellschaftliche Relevanz und schließlich (4) die Etablierung der Biologie als neuer Leitdisziplin.

Zu (1): In der Biologie wird im Allgemeinen traditionell wenig mit formalen und mathematischen Konzepten gearbeitet, obwohl theoretische Konzepte zur täglichen Arbeit gehören. Dieser Verzicht auf effektive formale und mathematische Darstellungen kann dann jedoch zum Problem werden, wenn die darzustellenden Sachverhalte beispielsweise kompliziertere logische Verknüpfungen, quantitative Komponenten, statistische Gesamtheiten oder zeitliche Entwicklungen beinhalten. Der Behauptung, die Biologie behandle eben solche komplex interagierenden Systeme und zwar weit kompliziertere als die Physik, wird in der Regel zugestimmt. Hierbei nicht alle Möglichkeiten einer effektiven Darstellung – auch wenn dies ein hohes Maß an Einarbeitung erfordert – auszuschöpfen, wirkt fast fahrlässig.

Zu (2): Gesellschaftliche Diskussionen im Zusammenhang mit gentechnischen Anwendungen sind häufig von überzogenen Heilsversprechungen und abschreckenden Horrorszenarien geprägt. Es gibt kaum eine Debatte, in der nicht ein Befürworter die unglaublichen Zukunftschancen und ein Gegner die unkontrollierbaren Risiken heraufbeschwören. Vieles davon wird zur Makulatur, wenn erst einmal seriös betrachtet wird, was die Wissenschaft „Genetik" heute kann und was für ein Wissen sie uns zur Verfügung stellt. Solche Fragen *über* eine wissenschaftliche Disziplin, die keinesfalls mit den Fragen *innerhalb* der Disziplin verwechselt werden dürfen, solche metatheoretischen Fragen hat die spezielle Wissenschaftstheorie (Teil II) zu beantworten, während die allgemeine Wissenschaftstheorie die zur Untersuchung benötigten Werkzeuge entwickelt hat (Teil I).

Zu (3): Kaum eine wissenschaftliche Disziplin hat sich jemals so schnell entwickelt, kaum eine warf bisher mehr gesellschaftliche Fragen auf und kaum eine war so eng verwoben mit ethischen Problemen wie die Genetik. Ausgehend von dem derzeit faktisch Möglichen in Kombination mit einer wissenschaftstheoretischen Untersuchung der prinzipiellen Möglichkeiten eines Forschungsprogramms können nicht nur aktuelle Fragen und Probleme fruchtbar diskutiert werden, sondern auch Einschätzungen über das in der Zukunft Mögliche erstellt werden, die nicht nur bloße Spekulation sind. Gerade wegen der rasanten Entwicklung der Genetik sind solche Prognosen besonders wertvoll, wenn politische Entscheidungen keine zu kurze Haltbarkeit haben sollen.

Zu (4): Im 20. Jahrhundert war die Physik die Leitdisziplin, auch bei der Entstehung der allgemeinen Wissenschaftstheorie. Das 21. Jahrhundert soll das Zeitalter der Biologie werden. Auch die Wissenschaftstheorie wendet sich verstärkt zur Biologie hin. Von der Untersuchung biologischer Disziplinen wie der Genetik erwartet man sich dabei nicht nur weitere Beispiele empirischer Wissenschaften, die sich problemlos in die allgemeinen Konzepte einfügen, sondern auch Impulse für die allgemeine Wissenschaftstheorie. Was ist das spezifische an der Arbeit von Biologen, was unterscheidet diese von der der Physiker, sind Fragen von höchstem Interesse.

Das Gewicht dieser Gründe ist erdrückend und kaum einer hat je bestritten, dass die formulierten Aufgaben bewältigt und die gesteckten Ziele erreicht werden müssen. Nur wie? Ist es notwendig, mit so hohem formalen Aufwand und so großer mathematischer Exaktheit heranzugehen, wie dies insbesondere im nächsten Kapitel erfolgen wird? Notwendig vielleicht nicht, aber äußerst hilfreich. Zumindest dem Autor hat dieser Aufwand geholfen, sich die nötige Klarheit über die Konzepte der Genetik zu verschaffen, die man braucht, um Substanzielles zu gesellschaftlichen Debatten beizutragen (Teil III). Die geäußerten Argumente sind dadurch nur schwer zu entkräften. Ein Opponent müsste im Zuge eines Angriffs auch die wissenschaftstheoretische Untersuchung der naturwissenschaftlichen Grundlagen (Teil II) und das wissenschaftstheoretische Fundament (Teil I), auf dem diese Untersuchung steht, in Frage stellen.

Im zweiten Teil der Arbeit werden nun Forschungsprogramme der Genetik wissenschaftstheoretisch untersucht. Das Augenmerk liegt dabei insbesondere auf den erklärenden Schemata und den theoretischen Strukturen. Die Wissenschaftsgeschichte der Genetik beginnt mit MENDEL und erreicht zur Zeit von MORGAN einen erste Blüte. Diese Klassische Genetik ist unser erstes Untersuchungsobjekt (Kapitel 7). Ohne sie wäre keine Rede von Genen entstanden, nach denen man dann molekular suchen konnte. Der Molekularen Genetik ist dann das kurze Kapitel 8 gewidmet, bevor mit der Entwicklungsbiologie (Kapitel 9) und der Humangenetik (Kapitel 10) die Forschungsprogramme untersucht werden, die bei gesellschaftlichen Diskussionen eine besonders wichtige Rolle spielen.

7 Klassische Genetik

Im Wesentlichen ist die Genetik in zwei Teile gegliedert, die Klassische und die Molekulare Genetik. Ohne jedes Wissen über die zugrunde liegenden molekularen Prozesse wurden zuerst Erbgänge durch Kreuzungsexperimente untersucht. Die Entwicklung der Methoden, die eine molekulare Untersuchung des Erbmaterials erlaubten, begann erst über 50 Jahre später. Allein deswegen muss das Forschungsprogramm der Klassischen Genetik logisch unabhängig von dem der Molekularen Genetik sein. In diesem Kapitel soll das Forschungsprogramm der Klassischen Genetik rekonstruiert werden, und zwar hinsichtlich zweier Aspekte. Zum einen soll eine effektive Darstellung der doch logisch recht komplizierten Zusammenhänge geboten werden, die sich zudem mathematisch wohl definierter Strukturen bedient. Zum andern sollen die wissenschaftstheoretischen Konzepte des ersten Teils dieser Arbeit erkennbar sein. Dabei werden wir sehen, dass sich die Geburt der Genetik als Wissenschaft einem theoretischen Konzept verdankt.

Zur Erklärung seiner experimentellen Daten postulierte MENDEL (1866) nämlich ein theoretisches Konstrukt, die Erbfaktoren, und entsprechende theoretische Regeln, wie diese Erbfaktoren funktionieren. Er wusste nichts über die materielle Realisierung dieser Erbfaktoren. MENDELs Postulate waren allein durch ihre Erklärungskraft gerechtfertigt. Sie erlaubten ihm, seine Beobachtungen von ganz bestimmten Phänotyp-Verteilungen in Erbsen-Populationen zu erklären. Die Genetik begann also 1866 mit einem theoretischen Konzept, während die Erforschung der materiellen Realisation dieses theoretischen Konzepts einen ersten Höhepunkt erst erlebte, als WATSON & CRICK (1953) die chemische Struktur der DNS herausfanden.

Die klassische Genetik wird als eines der am meisten formalisierten Gebiete der Biologie betrachtet. Seit Beginn des 20. Jahrhunderts vermehrten sich nicht nur die experimentellen Daten schnell, sondern auch viele Studien zur mathematischen Beschreibung von verschiedenen Kreuzungssystemen wurden veröffentlicht. Solche formalen Konzepte werden bis zum heutigen Tag weiterentwickelt und insbesondere für die Beschreibung evolutionärer Prozesse innerhalb der Populationsgenetik nutzbar gemacht.[1] Dieser hohe formale Standard der Populationsgenetik erweckte auch das Interesse der Mathematiker. Sie arbeiteten die abstrakte mathematische Struktur heraus.[2] In der Regel nehmen Genetik-er keine allzu große Notiz von diesen mathematischen Theorien. So gibt es heute ein gut entwickeltes empirisches Forschungsprogramm der Populationsgenetik und auch eine mathematische Darstellung derselben, die allerdings in keiner Weise zum Lehrstoff der Genetik gehört. Eine theoretische Genetik, die wie die theoretische Physik eine Brücke von mathematischen zu empirischen Theorien schlägt, ist erst in den Anfängen einer Entwicklung.

So ist es nicht verwunderlich, dass es innerhalb der theoretischen Arbeiten zur Klassischen Genetik keinen einheitlichen Formalismus gibt, und dass auch eine axiomatische Fassung fehlt, die von allen Genetikern anerkannt werden würde. Es gibt zwar einige wenige axiomatische Rekonstruktionen der Klassischen Genetik,[3] aber keine von diesen findet allgemeine Anerkennung in der *scientific community*. Trotz der Existenz der empirischen Basis und der mathematischen Repräsentationen hat sich also noch kein Standardformalismus der Klassischen Genetik durchsetzen können, der in befriedigender Weise die theoretische Struktur und die empirische Anbindung der Klassischen Genetik klären würde. Wir werden nun einen Formalismus der Klassischen Genetik vollständig neu entwickeln, der mathematisch wohl definiert, präzise und gut zu handhaben ist. Offensichtlich konnte die Wissenschaft Genetik all die Zeit über auch ohne so einen Formalismus auskommen, der die logischen Zusammenhänge zu kontrollieren erlaubt. Nichtsdestotrotz können Formalismen sehr hilfreich sein. Sie helfen, die Zusammenhänge klarer zu erkennen, Fehler zu vermeiden, neue Ideen zu entwickeln und letztlich auch die Disziplin verständlicher zu lehren. Dies sind die Hauptgründe, warum das Formalisieren in der modernen Wissenschaft als großer Fortschritt anerkannt ist.[4]

Um die gesteckten Ziele zu erreichen, wird das Forschungsprogramm der Klassischen Genetik axiomatisch niedergeschrieben. Bei empirischen Forschungsprogrammen sind Teile des Axiomen-Systems immer schon empirisch interpretiert. Deswegen nennen wir sie Postulate. Während der Arbeit mit dem Forschungsprogramm müssen die noch nicht interpretierten (oder theoretischen) Teile der Postulate spezifiziert werden. Im Zuge der Spezifikation werden sie dann auch interpretiert. Bei der Bearbeitung dieser Forschungsaufgaben wird der spezielle empirische Gehalt des betrachteten Systems in

---

[1] Um dieser Entwicklung zu folgen, siehe z.B. Thornhill (1993); Hartl & Clarke (1997); Gillespie (1998); Hartl (2000).

[2] Siehe z.B. Lyubich (1992); Bürger (2000).

[3] Diese Arbeiten lassen sich nach meinem Kenntnisstand als die Folgenden aufzählen: Woodger (1959); Lindenmayer & Simon (1980); Rizzotti & Zanardo (1986); Zanardo & Rizzotti (1986); Balzer & Dawe (1986); Balzer (1997); Balzer & Lorenzano (2000). Der Ansatz von Balzer, Dawe und Lorenzano analysiert die Klassische Genetik aus der Sicht der Strukturalisten (Kap. 3).

[4] Siehe z.B. Suppes (1968).

das Forschungsprogramm transportiert. Anders gesagt, die Postulate konstituieren die theoretische Struktur des Forschungsprogramms mit seinen generellen Hypothesen und vermitteln uns auf diese Weise, welche Phänomene des Phänomen-Bereichs nicht erklärt werden können, welche erklärt werden müssen und welche Erklärungsstrategie erfolgreich sein sollte. Durch die Postulate werden also die Erklärungsaufgabe und das Erklärungsschema festgelegt. Aber es bleibt auch etwas offen. Dies sind die Forschungsaufgaben, durch deren Bearbeitung das Forschungsprogramm auf das betrachtete empirische System angewendet wird.[5]

Vor jedem Forschungsprogramm gibt es bereits eine Praxis mit den zu beforschenden Gegenständen. Solche praktischen Handlungen wie das Kultivieren von Pflanzen oder das Kreuzen von Tieren müssen zuerst in einer Protogenetik rekonstruiert werden, bevor mit dem methodischen Aufbau des Forschungsprogramms begonnen werden kann.[6] So werden wir nun als erstes die prototheoretischen Konzepte definieren, die bereits in der Praxis der Züchtung verwendet werden (Abschnitt 7.1). Auf eine detaillierte Rekonstruktion der Prototheorie der Klassischen Genetik muss hier allerdings verzichtet werden. Die prototheoretischen Definitionen erlauben uns, Beobachtungen zu beschreiben und Erklärungsaufgaben zu formulieren. Danach werden wir das Forschungsprogramm der Klassischen Genetik (Abschnitt 7.2) niederschreiben und dabei die theoretischen Konzepte einführen, die zu einer Erklärung der Beobachtungen benötigt werden und sie dann auch explizit definieren (Abschnitt 7.3). Zuletzt sollen die Korrektheit des präsentierten Formalismus gezeigt werden, indem wohl bekannte Theoreme studiert werden, und die Effizienz, indem Erweiterungen zu diesen bewiesen werden (Abschnitt 7.4). Schließlich werden wir noch anhand des Formalismus zu erläutern haben, welche Charakteristika das Forschungsprogramm der Klassischen Genetik aus wissenschaftstheoretischer Sicht aufweist (Abschnitt 7.5). Derjenige, der sich nicht ausführlich mit den logischen Grundlagen und mathematischen Formulierungen der klassischen Genetik befassen möchte, kann gleich zur zusammenfassenden Begutachtung (Abschnitt 7.5) vorstoßen.

Die im Folgenden benutzte Symbolik verdankt ihre Inspiration der DIRAC-Notation der Quantenmechanik, die zugrunde liegende mathematische Struktur ist allerdings eine andere.[7] Es muss betont werden, dass die Handhabung von Wahrscheinlichkeiten die Hauptaufgabe einer Theorie der klassischen Genetik ist. Die hier verwendete mathematische Struktur der Vektorräume hilft, diese Wahrscheinlichkeiten effektiv zu behandeln. Zudem ist die Anmerkung wichtig, dass die Klammer-Symbolik eine sehr hilfreiche Trennung der Ebenen des Phäno-, Geno- und Keimtyps ermöglicht.

---

[5] Siehe Kapitel 6.
[6] Siehe Kap. 6 und 4.
[7] Siehe Anhang C.

7.1 Die prototheoretischen Konzepte der Klassischen Genetik

In der klassischen Genetik werden die Änderungen von Merkmalsausprägungen in Populationen von einer Generation zur nächsten beobachtet. Demnach definieren wir zuerst einen diskreten zeitlichen Parameter $t \in \mathbb{N}_0$, der die Generation G_t nacheinander durchnummeriert. In Lehrbüchern wird G_0 oft als P, G_1 als F1, G_2 als F2 usw. notiert.

Die klassische Genetik trifft generell keine Aussagen über Individuen, sondern nur über *Populationen*. DOBZHANSKY (1950) folgend „ist eine MENDELsche Population eine Reproduktionsgemeinschaft von sich sexuell oder durch Kreuzung fortpflanzenden Individuen, die einen gemeinsamen Genpool haben." Diese Definition respektiert nicht das Prinzip der methodischen Ordnung[8], weil der Begriff „Gen" nicht prototheoretisch definiert sein kann, wenn gerade erst das Forschungsprogramm aufgestellt werden soll, das das „Gen" postuliert. Um über unsere Beobachtungen sprechen zu können, suchen wir eine Definition des Begriffs der Population, die ohne Vorgriff auf methodisch erst Folgendes arbeitet. So führen wir die klassische Definition im Sinne von WRIGHT (1931) ein:

Definition 7.1 (Population). Eine Population ist eine Gemeinschaft von Individuen, die in einem zusammenhängenden geographischen Gebiet leben, den gleichen mutativen und selektiven Bedingungen ausgesetzt sind und den gleichen Weg der Reproduktion benutzen.

Als nächstes müssen wir die Observablen der klassischen Genetik einführen. Wir beobachten *Merkmale* $\mathsf{a}, \mathsf{b}, ..., \mathsf{z}$ von Individuen in Populationen. Jedes Individuum einer Population zeigt jedes Merkmal dieser Population. In seiner berühmten Arbeit wählte Mendel beispielsweise die Farbe und die Form der Erbsensamen als Observable. Jedes Merkmal a kann in verschiedenen Ausprägungen $\mathsf{a}_1, ..., \mathsf{a}_{k_\mathsf{a}}$ auftreten. Dies sind die Werte der Observablen. Die Anzahl der verschiedenen Ausprägungen, die das Merkmal a haben kann, notieren wir als $k_\mathsf{a} \in \mathbb{N}$. Die Farbe der Erbsensamen kann bsw. die Werte „gelb" oder „grün" und die Form kann „rund" oder „schrumpelig" sein.

Das *Observablen-System* der Klassischen Genetik ist eine geordnete Menge (Tupel) von Merkmalen $\Phi = (\mathsf{a}, \mathsf{b}, ..., \mathsf{z})$ mit n_Φ Elementen. Wir haben die Freiheit auszuwählen, welche Merkmale wir studieren wollen. Es ist prinzipiell nicht möglich, *alle* Merkmale einer Population zu beobachten. Vielmehr ist es ein glücklicher Umstand, wenn ein Merkmal mit seinen Ausprägungen auf klare Weise isoliert werden kann. Diese Schwierigkeit stört nicht, wenn ein Experiment zu gestalten ist. Gewöhnlich betrachten wir dann nur wenige Merkmale. Wenn aber jemand einen Organismus mit all seinen Merkmalsausprägungen beschreiben möchte, müsste er einen nicht endenden Prozess der Auswahl von Merkmalen durchlaufen.

---

[8] Siehe Abschn. 4.3.1.

Das Observablen-System Φ kann in verschiedenen *Zuständen* sein. Die Zustände sind die *Phänotypen*. Wir werden sie in einem Vektorraum repräsentieren. Die Klammer $|\cdot)$ notiert einen Vektor aus dem Vektorraum der Phänotypen. Die Einträge innerhalb der Klammer kennzeichnen die verschiedenen Phänotypen. In Abschnitt 1.2.5 haben wir diese Symbolik als Abkürzungen von ganz bestimmten Aussagen mit Leerstellen eingeführt. Dabei bedeutet $|\cdot)$, dass die Pflanzen einer Population alle die Merkmalsausprägungen „·" zeigen. Nun werden wir uns zudem entscheiden, in welcher mathematischen Struktur diese Aussagen repräsentiert werden sollen. Später werden wir ähnliche Klammern $|\cdot\rangle$ bzw. $|\cdot]$ für den Genotyp respektive den Keimtyp definieren.

Definition 7.2 (Reine Phänotypen). Wenn ein Observablen-System Φ aus dem Tupel von Merkmalen $(\mathsf{a}, \mathsf{b}, ..., \mathsf{z})$ besteht, und wenn a den Wert a_i mit $i \in \{1, ..., k_\mathsf{a}\}$ annimmt, b den Wert b_j mit $j \in \{1, ..., k_\mathsf{b}\}$ usw., dann hat Φ den reinen Phänotyp

$$|\varphi_l) := |\mathsf{a}_i \mathsf{b}_j ... \mathsf{z}_k) \,.$$

Dabei ist $l \in \mathsf{M}_\Phi := \{1, ..., m_\Phi\}$ mit $m_\Phi = k_\mathsf{a} \cdot k_\mathsf{b} \cdot ... \cdot k_\mathsf{z}$, ein Phänotyp-Index und es gibt eine Abbildung $(i, j, ..., k) \longmapsto l$, die jedem Index-Tupel ein-eindeutig einen Index zuordnet. Die reinen Phänotypen werden als Elemente des Vektorraums $\mathbb{P}$ repräsentiert, so dass die Menge $\mathsf{P} := \{|\varphi_l)\}_{l \in \mathsf{M}_\Phi}$ den Vektorraum $\mathbb{P} = \mathrm{Span}(\mathsf{P})$ mit Dimension $\dim \mathbb{P} = m_\Phi$ erzeugt (aufspannt). Zusätzlich ist ein Skalarprodukt $(\cdot\,|\,\cdot) : \mathbb{P} \times \mathbb{P} \longrightarrow \mathbb{R}$ definiert, so dass $(\varphi_i \,|\, \varphi_j) = \delta_{i,j}$[9].

Die obige Definition der Phänotypen bezieht sich nicht auf Individuen, sondern auf Populationen. Wenn ein System Φ in einem Zustand $|\varphi_l)$ ist, dann haben alle Individuen der betrachteten Population den gleichen Phänotyp. Das System ist in einem reinen Zustand. Generell gibt es aber in einer Population mehr als einen Phänotyp. Dann ist der Zustand gemischt.[10] Solche gemischten Zustände beschreiben wir als gewichtete Linearkombinationen im Raum $\mathbb{P}$:

Definition 7.3 (Gemischter Phänotyp). Der gemischte Phänotyp einer Generation G_t ist definiert als

$$|\varphi)^t := \sum_{i=1}^{m_\Phi} p_i^t \, |\varphi_i) \,,$$

wobei $p_i^t \geq 0$ und $\left\| |\varphi)^t \right\| = 1$ mit $\left\| |\varphi)^t \right\| := \sum_{i=1}^{m_\Phi} p_i^t$. Das bedeutet, der Zustandsraum der Phänotypen ist die konvexe Hülle von P.

Der Koeffizient p_i^t ist die relative Häufigkeit, mit der der reine Phänotyp $|\varphi_i)$ in der gemischten Population $|\varphi)^t$ gefunden werden kann. Offenbar gilt

---

[9] Das KRONECKER-Delta ist definiert als $\delta_{i,j} := \begin{cases} 1 \,; i = j, \\ 0 \,; i \neq j. \end{cases}$

[10] Siehe Abschn. 6.2.

$(\varphi_i \,|\, \varphi)^t = p_i^t$. Die Häufigkeitsverteilung der verschiedenen Phänotypen in einer gegebenen Population muss normalisiert sein und ist definiert als:

Definition 7.4 (Phänotyp-Verteilung). Die Abbildung $p^t : \mathsf{P} \longrightarrow [0,1]$, $|\varphi_i) \longmapsto p_i^t = (\varphi_i \,|\, \varphi)^t$ mit $\sum_{i=1}^{m_\Phi} p_i^t = 1$ heißt Phänotyp-Verteilung der Population $|\varphi)^t$ zur Zeit t.

Selektionsprozesse sind sehr wichtig in der Klassischen Genetik. Ohne auf den Begriff der natürlichen Selektion der Evolutionstheorie eingehen zu müssen, kann Selektion bei einer Rekonstruktion der vor-theoretischen Praxis der Züchtung als Auswählen von Individuen mit bestimmten Merkmalen definiert werden, um dann nur genau diese zur Fortpflanzung zuzulassen (Zuchtwahl). Die Selektion einer Subpopulation mit einem bestimmten Phänotyp werde durch einen der folgenden Operatoren beschrieben:

Definition 7.5 (Selektoren). Die Operatoren $\mathrm{S}_l : \mathbb{P} \longrightarrow \mathsf{P}$, $|\varphi)^t \longmapsto |\varphi_l)$ mit $l \in \mathsf{M}_\Phi$ selektieren einen reinen Phänotyp aus einem gemischten innerhalb der Generation G_t. Diese Operatoren werden Selektoren genannt und durch ihre Wirkung

$$\mathrm{S}_l \,|\varphi)^t := \begin{cases} |\varphi_l) \;; (\varphi_l \,|\, \varphi)^t \neq 0, \\ 0 \quad\;\; ; (\varphi_l \,|\, \varphi)^t = 0. \end{cases}$$

auf einen gemischten Phänotyp definiert. Ferner bewirken die Operatoren $\mathrm{S}_{l_1 l_2 \ldots l_m} : \mathbb{P} \longrightarrow \mathbb{P}$,

$$\mathrm{S}_{l_1 l_2 \ldots l_m} \,|\varphi)^t := \frac{1}{\sum_{n=1}^{m} p_{l_n}^t} \sum_{n=1}^{m} p_{l_n}^t \,|\varphi_{l_n}),$$

mit paarweise verschiedenen $l_1, l_2, \ldots, l_m \in \mathsf{M}_\Phi$ und $p_{l_n}^t = (\varphi_{l_n} \,|\, \varphi)^t \neq 0$ die Selektion von m Phänotypen aus einer Population und erzeugen eine Subpopulation $|\varphi')^t = \mathrm{S}_{l_1 l_2 \ldots l_m} \,|\varphi)^t$ innerhalb der gleichen Generation G_t.

Eigenschaften (Selektoren). Die Operatoren S haben folgende Eigenschaften:

1. Normalisierung: $\|\mathrm{S}\,|\varphi)\| = 1$.
2. Erhaltung der Verhältnisse: Für $l_1, l_2 \in \mathsf{M}_\Phi$ mit $p_{l_2}, p'_{l_2} \neq 0$ gilt die Verhältnisgleichung, $p_{l_1}/p_{l_2} = p'_{l_1}/p'_{l_2}$, wenn $|\varphi') = \mathrm{S}_{l_1 l_2 \ldots l_m} \,|\varphi)$.
3. Unumkehrbarkeit: Im Allgemeinen gibt es für S mit $|\varphi')^t = \mathrm{S}\,|\varphi)^t$ kein S^{-1}, so dass $\mathrm{S}^{-1} : \mathbb{P} \longrightarrow \mathbb{P}$, $|\varphi)^t = \mathrm{S}^{-1}\,|\varphi')^t$.

Die Normalisierung kann leicht als Konsequenz des Faktors vor der Summe eingesehen werden. Die Erhaltung der Verhältnisse wird offensichtlich durch die relativen Häufigkeiten $p_{l_n}^t$ erfüllt. Die dritte Eigenschaft spiegelt die Tatsache wider, dass die Selektion kein reversibler Prozess ist. Es gibt keine Möglichkeit, die komplette Population aus der selektierten zu rekonstruieren. Mit dem Selektor beschreiben wir die Auswahl einer bestimmten Merkmalsausprägung, wie sie von einem Tier- oder Pflanzenzüchter oder einem genetischen Experimentator durchgeführt wird, um eine selektierte Population zu erzeugen. Neben diesen an menschlichen Zwecken orientierten Selektionsprozessen erlauben die Selektoren auch die Beschreibung notwendiger (‚natürlicher') Selektionen. Im Falle der sexuellen Fortpflanzung beispielsweise spaltet eine Population auf ‚natürliche' Weise in zwei Teile, die Weibchen und die Männchen. Eine Praxis der Züchtung, die dies nicht beachten würde, kann nicht erfolgreich sein.

Als nächstes muss das Phänomen der *Reproduktion* beschrieben werden. Es ist gleich zu betonen, dass keine mathematische Funktion gefunden werden kann, die den Phänotyp der Nachkommen $|\varphi)^{t+1}$ aus den beiden parentalen Phänotypen $|\varphi)^t$ und $|\varphi')^t$ zu berechnen erlaubt. Im Allgemeinen ist der Phänotyp des Nachwuchses nicht vollständig durch den Phänotyp der Eltern festgelegt. (Umgekehrt kann offensichtlich auch der Phänotyp der Eltern nicht aus dem Phänotyp des Nachwuchses bestimmt werden). Es gibt lediglich eine Korrespondenz[11] zwischen den Eltern $(|\varphi)^t, |\varphi')^t)$ und den Kindern $|\varphi)^{t+1}$. Dies führt uns auf folgende Definition:

Definition 7.6 (Reproduktionskorrespondenz). Seien $|\varphi)^t$, $|\varphi')^t$ Phänotypen zweier im Allgemeinen verschiedener parentaler Populationen innerhalb derselben Generation G_t. Die Paarung dieser beiden Populationen wird beschrieben durch eine Korrespondenz, $\mathbb{P} \times \mathbb{P} \longleftrightarrow \mathbb{P}$,

$$\left\{|\varphi)^t \times |\varphi')^t\right\} \leftrightsquigarrow |\varphi)^{t+1},$$

des Phänotyps der Nachkommen-Generation $|\varphi)^{t+1}$ zum parentalen Paar $\left\{|\varphi)^t \times |\varphi')^t\right\}$.

Damit ist bereits das prototheoretische Definieren abgeschlossen. Uns steht jetzt eine Terminologie zur Verfügung, um die zeitliche Entwicklung der Merkmale und ihrer Ausprägungen in Populationen zu beschreiben, um Selektionen aus Populationen durchzuführen und um zwei Populationen zu paaren. All dies ist zudem in einer mathematischen Struktur repräsentiert. Dadurch sind wir in die Lage versetzt, Beschreibungen leisten zu können. Aber erklären können wir diese Beschreibungen noch nicht. Mit dem bisher Definierten ausgerüstet hat ein Züchter oder Experimentator nur die Fähigkeit zu beschreiben, aber noch nicht zu verstehen. Den Schritt von der Prototheorie zur Theorie werden wir im nächsten Abschnitt durchführen, wenn das Forschungsprogramm der Klassischen Genetik präsentiert wird. Dann gehört den Erklärungen unser Hauptinteresse. Zuvor betrachten wir aber noch ein Beispiel, um die Notationen zu verdeutlichen.

---

[11] Korrespondenz wird hier in einem strikt mathematischen Sinne verwendet. Siehe z.B. BOURBAKI (1968, S. 75 f.): Seien A, B Mengen. Die Menge C wird eine Korrespondenz genannt, wenn $C \subseteq A \times B$. Wenn $(x, y) \in C$ spricht man davon, dass $y \in B$ zu $x \in A$ korrespondiert und wir notieren dies durch $x \leftrightsquigarrow y$. A wird *source* und B *target* der Korrespondenz genannt, was hier durch $A \longleftrightarrow B$ notiert wird.

Mendels Experimente mit Erbsen, Teil 1

MENDEL wählte für eines seiner Erbsen-Experimente zwei Merkmale von Erbsensamen aus, die Form r und die Farbe y. Jedes dieser beiden Merkmale kommt in zwei verschiedenen Ausprägungen vor, also $k_r = k_y = 2$:

r := Form	y := Farbe
$r_1 = R :=$ rund	$y_1 = Y :=$ gelb
$r_2 = r :=$ schrumpelig	$y_2 = y :=$ grün

Das betrachtete System $\Phi = (r, y)$ hat $m_\Phi = 4$ mögliche Phänotypen (reine Zustände): $|RY)$, $|Ry)$, $|rY)$ und $|ry)$. Der Phänotyp der Population (gemischter Zustand) zur Zeit t ist die Konvexkombination

$$|\varphi)^t = p_1^t\,|RY) + p_2^t\,|Ry) + p_3^t\,|rY) + p_4^t\,|ry)$$

mit $p_1^t + p_2^t + p_3^t + p_4^t = 1$. Wir fassen unsere Notationen in folgender Tabelle zusammen:

(i,j)	$(1,1)$	$(1,2)$	$(2,1)$	$(2,2)$
l	1	2	3	4
$\|r_i y_j)$	$\|RY)$	$\|Ry)$	$\|rY)$	$\|ry)$
$\|\varphi_l)$	$\|\varphi_1)$	$\|\varphi_2)$	$\|\varphi_3)$	$\|\varphi_4)$
p_l^t	p_1^t	p_2^t	p_3^t	p_4^t

Die Selektion von allen runden gelben Samen aus der Population wird beschrieben durch $S_1\,|\varphi)^t = |RY)$, und ganz analog die Selektion von allen schrumpeligen grünen Samen durch $S_4\,|\varphi)^t = |ry)$. Die Paarung dieser beiden selektierten Populationen wird von der Reproduktionkorrespondenz

$$\left\{S_1\,|\varphi)^t \times S_4\,|\varphi)^t\right\} \rightsquigarrow |\varphi)^{t+1}$$

erfasst.

7.2 Das Forschungsprogramm der Klassischen Genetik

Wir werden nun das Forschungsprogramm der Klassischen Genetik axiomatisch einführen und seine Arbeitsweise erläutern. Die dabei vorkommenden theoretischen Konzepte werden erst im nächsten Abschnitt genau definiert und kommentiert.

Klassische Genetik 1 (Zufällige Paarung). Es können selektierte Populationen $S_{l_1 l_2 \ldots l_m}\,|\varphi)^t$ und $S_{l'_1 l'_2 \ldots l'_m}\,|\varphi)^t$ so gewählt werden, dass sich jedes Individuum der einen mit jedem der anderen Population paaren kann. Dadurch entsteht eine neue Generation G_{t+1} mit dem Phänotyp $|\varphi)^{t+1}$:

$$\left\{S_{l_1 l_2 \ldots l_m}\,|\varphi)^t \times S_{l'_1 l'_2 \ldots l'_m}\,|\varphi)^t\right\} \rightsquigarrow |\varphi)^{t+1}\,. \qquad (7.1)$$

Klassische Genetik 2 (Genetische Determinierung). In jeder Generation G_t existiert für jeden Phänotyp $|\varphi\rangle^t$ mindestens ein Genotyp $|\gamma\rangle^t$ und der Phänotyp ist durch den Genotyp festgelegt:

$$|\varphi\rangle^t = \mathrm{D}\,|\gamma\rangle^t \,. \tag{7.2}$$

Klassische Genetik 3 (Zeugung). Nach der Segregation zweier im Allgemeinen verschiedener Genotypen $\mathrm{G}\,|\gamma\rangle^t$ und $\mathrm{G}\,|\gamma'\rangle^t$ entsteht durch Zeugung ein neuer Genotyp $|\gamma\rangle^{t+1}$:

$$|\gamma\rangle^{t+1} = \left[\mathrm{G}\,|\gamma\rangle^t \times \mathrm{G}\,|\gamma'\rangle^t\right] . \tag{7.3}$$

Neben den Begriffen des letzten Abschnitts kommen in diesen Postulaten der *Genotyp* $|\gamma\rangle^t$, die Operatoren *Determinator* D und *Segregator* G sowie die Operation *Zeugung* $[\cdot \times \cdot]$ vor, deren explizite Definitionen im nächsten Abschnitt präsentiert werden. Die genannten Konzepte werden benötigt, um Erklärungen der im ersten Postulat beschriebenen Beobachtungen geben zu können. In den Postulaten werden theoretische mit prototheoretischen Konzepten verbunden. Wie in Abschnitt 6.3 erläutert, schreiben die Postulate fest, welche Phänomene einer Erklärung bedürfen und welche nicht, welche theoretischen Annahmen getroffen werden und welches Erklärungsschema zu verwenden ist, um erfolgreich eine Erklärung geben zu können. Nun werden die drei Postulate kurz erläutert:

7.2.1 Zufällige Paarung – Erklärungsaufgabe

Die Reproduktionskorrespondenz (7.1) beschreibt die Beobachtung, dass zwei parentale Phänotypen den Phänotyp einer Nachfolge-Generation erzeugen, und zwar auf eine bestimmte aber nicht gänzlich vorbestimmte Art und Weise. Die Beobachtung zu verstehen, ist die Erklärungsaufgabe der Klassischen Genetik. Das Fehlen einer eindeutigen Funktion – nur eine nicht-eindeutige Korrespondenz liegt vor – spiegelt das Nicht-Verstehen der Beobachtung wider.

In Allgemeinen finden innerhalb einer Population Selektionsprozesse statt, bevor es zur Paarung kommt. Speziell im Falle der sexuellen Paarung liegt eine natürlich gegebene Geschlechtsselektion vor. Bei Kreuzungsexperimenten wählt der Züchter aus.

Das Postulat der zufälligen Paarung ist komplett mit prototheoretischen Konzepten formuliert. Es gibt eine generelle Annahme der Klassischen Genetik wieder: Paarung findet zwischen den Individuen zufällig statt. Folglich ist es nicht möglich, irgendeine Beobachtung zu erklären, deren Erscheinen nicht auf der zufälligen Paarung beruht.

7.2.2 Genetische Determinierung – Zentrale Annahme

Die zentrale Annahme der Klassischen Genetik ist die genetische Determinierung (7.2): Es existieren Genotypen und die Phänotypen werden durch diese festgelegt. Dies stellt die entscheidende Idee dar, die eine Bewältigung der Erklärungsaufgabe ermöglicht. Im zweiten Postulat verbergen sich zwei Forschungsaufgaben, die bearbeitet werden müssen, um eine Erklärung zu erreichen. Dadurch wird das Forschungsprogramm auf das betrachtete System angewendet. Forschungsaufgabe 1 ist die Spezifikation aller möglichen *Genotypen* $|\gamma\rangle^t$ und durch die Bearbeitung der Forschungsaufgabe 2 wird der Operator *Determinator* konkretisiert:

Forschungsaufgabe 1: Wähle Genotypen!
Forschungsaufgabe 2: Annahme eines Erbgangs!

Über die Bearbeitung dieser Aufgaben wird im Abschnitt 7.3.1 noch genauer berichtet. Das Postulat der genetischen Determinierung verbindet prototheoretische mit theoretischen Konzepten.

7.2.3 Zeugung – Zeitentwicklung

Eine weitere generelle Annahme der Genetik besteht darin, dass durch den Genotyp $|\gamma\rangle^t$ der Population auch der *Keimtyp*[12] $|\sigma]^t$ festgelegt wird. Der zugrunde liegende Prozess wird Segregation genannt und durch den Operator *Segregator* G beschrieben. Folglich gilt $|\sigma]^t = G\,|\gamma\rangle^t$. Durch den Segregator muss insbesondere das Phänomen der Kopplung erfasst werden. Die dritte Forschungsaufgabe besteht darin, den Operator Segregator G auf das betrachtete System zu spezifizieren:

Forschungsaufgabe 3: Annahme einer Kopplungsverteilung!

Die für die Formulierung des Zeugungspostulats benötigten Definitionen werden im Abschnitt 7.3.2 nachgereicht. Die letzte generelle Annahme der Klassischen Genetik beinhaltet die *Zeugung*: Durch die Verschmelzung zweier parentaler Keimtypen wird ein Nachkommen-Genotyp erzeugt. Die Zeugung (7.3) konstituiert die Zeitentwicklung von einer Generation zur nächsten. Die entsprechenden Definitionen werden ebenso im Abschnitt 7.3.2 vorgestellt. Das Postulat der Zeugung ist nur mit theoretischen Konzepten formuliert.

7.2.4 Erklärungsschema

Der letzte Schritt bei der Bearbeitung des Forschungsprogramms ist die Berechnung des Phänotyps der folgenden Generation $|\varphi\rangle^{t+1}$, der laut dem Postulat der zufälligen Paarung erklärt werden soll:

Forschungsaufgabe 4: Berechne Phänotyp!

[12] Wir verwenden den griechischen Buchstaben σ für die Keimtypen und assoziieren das Wort „Spross".

Das folgende Diagramm illustriert das komplette Erklärungsschema der Klassischen Genetik:

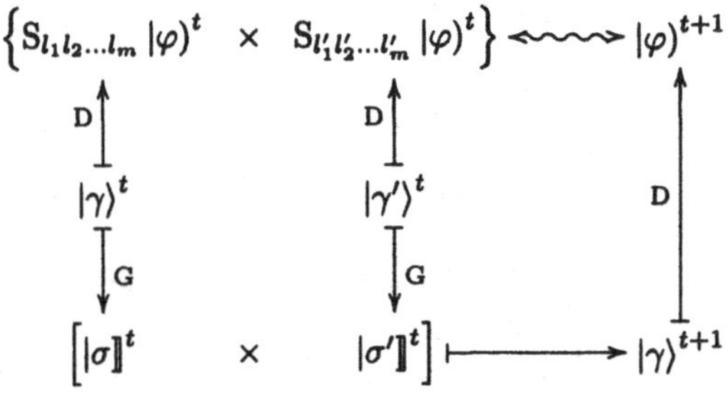

Die Erklärungsaufgabe wird durch die Korrespondenz zwischen der Paarungsklammer $\{\cdot \times \cdot\}$ und dem Phänotyp der nächsten Generation $|\varphi)^{t+1}$ vorgegeben. Offenbar kann eine Erklärung nur erreicht werden, indem von den Genotypen $|\gamma\rangle^t$ und $|\gamma'\rangle^t$ zur Zeit t ausgegangen wird. Wir müssen also die Genotypen genau so konstruieren, dass die Abbildung mit dem Determinator D zu den selektierten Phänotypen $S_{l_1 l_2 \dots l_m}\,|\varphi)^t$ und $S_{l'_1 l'_2 \dots l'_m}\,|\varphi)^t$ führt.

Es sei daran erinnert, dass die Phänotypen die einzigen Observablen der Klassischen Genetik sind. Danach bestimmen wir aus den Genotypen mit Hilfe des Segregators G die Keimtypen $|\sigma]^t$ und $|\sigma']^t$ und aus diesen den Genotyp $|\gamma\rangle^{t+1}$ der nächsten Generation G_{t+1} mit Hilfe der Zeugungsklammer. Wiederum durch den Determinator D wird dieser Genotyp auf den Phänotyp $|\varphi)^{t+1}$ der nächsten Generation G_{t+1} abgebildet. Offensichtlich kann diese Berechnung iteriert werden. Dadurch kann man im Prinzip die Geno- und Phänotypen aller folgenden Generationen erhalten.

Der berechnete Phänotyp $|\varphi)^{t+1}$ ist in Reproduktionskorrespondenz zu dem der parentalen Generation $|\varphi)^t$. Wenn diese theoretisch vorausberechnete Korrespondenz mit der beobachteten übereinstimmt, wurde eine Beobachtung durch Spezifikation eines generellen Schemas erklärt. Das Forschungsprogramm wurde erfolgreich angewendet. Zu der Menge der gelungenen Anwendungen kommt ein weiteres Element hinzu. Lässt sich keine Übereinstimmung mit der Beobachtung finden, muss das Forschungsprogramm mit einer anderen Spezifikation von neuem gestartet werden. Im folgenden Abschnitt werden die theoretischen Konzepte der Klassischen Genetik explizit und auf mathematisch rigorose Weise definiert.

7.3 Die theoretischen Konzepte der klassischen Genetik

7.3.1 Genotypen und genetische Determinierung

Um eine Erklärung der beobachteten Phänotypen zu erhalten, stellt MENDEL (1866) zwei Haupt-Hypothesen auf: Ohne jedes Wissen über die materielle

Realisation postulierte er Erbfaktoren und die Determinierung der Phänotypen durch diese Erbfaktoren. Mit der zweiten Hypothese werden alle anderen Einflüsse ausgeblendet, die prinzipiell die Genotyp-Phänotyp Determinierung beeinflussen könnten. Anders formuliert, beschränkte sich MENDEL – wie dies eben beim Beschreiten von wissenschaftlichem Neuland notwendig ist – auf die Beschreibung und Erklärung eines bestimmten Phänomens, nämlich die Vererbung durch hypothetische Erbfaktoren. Dies war sein großes Verdienst: Die Isolation eines bestimmten Phänomens. Dazu verhalfen ihm zwei Einsichten, die Bedingung der Möglichkeit sind, messend Genetik zu treiben. Zum einen schaffte er es, durch künstliche Befruchtung Kontrolle über die Paarungen seiner Erbsenpflanzen zu erhalten und zum andern benutzte er Populationen, die groß genug waren, um statistisch signifikante Beobachtungssätze zu erhalten. MENDEL (1866) schreibt, dass das Phänomen der Vererbung nur ein statistisch zu beobachtendes sein kann. Durch diese beiden Handlungen machte er einen Gegenstand theoriefähig und durch seine beiden Haupt-Hypothesen führte er seine Beobachtungen einer Erklärung zu. So betrachtet, bedarf es eigentlich nicht der Erwähnung, dass die MENDELsche Genetik keine Vererbungsphänomene erklären kann, die durch irgendetwas anderes beeinflusst sind als den Genotyp.

Dabei muss dringend zwischen der MENDELschen und der Klassischen Genetik unterschieden werden. Während bei ersterer der Phänotyp *vollständig* durch den Genotyp bestimmt ist (*Genetischer Determinismus*, $\mathrm{D}\,|\gamma_i\rangle \in \mathsf{P}$), erfolgt diese Determinierung bei letzterer nicht ausschließlich durch den Genotyp (*Genetische Determinierung*, $\mathrm{D}\,|\gamma_i\rangle \in \mathbb{P}$). Beide Varianten sind im zweiten Postulat enthalten: Für jeden Phänotyp gibt es einen postulierten Genotyp und eine postulierte Abbildung von diesem Genotyp zum Phänotyp, vermittelt durch den Operator Determinator, $\mathrm{D}\,|\gamma\rangle^t = |\varphi\rangle^t$. Durch die Spezifikation von D wird ein bestimmter Erbgang angenommen. Diese Spezifikation kann im Sinne MENDELs erfolgen, aber auch in einem anderen Sinne. Dadurch können auch andere Einflüsse in das Forschungsprogramm aufgenommen werden als nur der des Genotyps.

Nochmals sei betont, dass der Genotyp in der Klassischen Genetik ein theoretisches Konstrukt ist und keine Observable. Die Definitionen von Genotyp und Determinator D können sinnvoll in der folgenden Weise erbracht werden:

Definition 7.7 (Gen-Ort, Gen-System). Zu jedem Observablen-System $\Phi = (\mathsf{a}, \mathsf{b}, ..., \mathsf{z})$, das n_Φ Merkmale beinhaltet, gibt es ein Gen-System $\Gamma = (\alpha, \beta, ..., \zeta)$, das n_Γ Gen-Orte enthält. Im Allgemeinen gilt $n_\Phi \neq n_\Gamma$.

Definition 7.8 (Ploidität). Jeder Gen-Ort α liegt in d nicht unterscheidbaren Ausführungen $\alpha = (\alpha_1, ..., \alpha_d)$ vor. Die Anzahl der Ausführungen $d \in \mathbb{N}$ heißt Ploidität des Gen-Systems. Der Einfachheit halber spricht man häufig nur vom Gen-Ort, obwohl man eigentlich die Kopien des Gen-Ortes meint.

Definition 7.9 (Gen-Variante). Jeder Gen-Ort, genauer gesagt jede Ausführung eines Gen-Ortes α_i, wird von einem der k_α möglichen Gen-Varianten (Allelen) $\alpha_i^1, ..., \alpha_i^{k_\alpha}$ besetzt.

Bei diesen Definitionen bleiben schematische Buchstaben zurück. Wenn ein bestimmtes Problem gelöst werden soll, müssen diese Platzhalter spezifiziert werden, d.h. das Forschungsprogramm wird angewendet.[13] Dabei ist die *Forschungsaufgabe 1*, die Genotypen zu explizieren. Zuerst muss ein Gen-System gewählt werden, dann muss die Ploidität – meistens $d = 2$ – bestimmt werden und zuletzt müssen alle möglichen Gen-Varianten festgelegt werden, die an einem Gen-Ort vorkommen können. Nun ist das Gen-System konstruiert in der Hoffnung, dass die gewählte Konstruktion die durch Postulat 1 beschriebene Beobachtung erklärt. Wenn dieses Ziel verfehlt wird, muss eine alternative Konstruktion gewählt werden. In jedem Falle können wir jetzt die Genotypen definieren:

Definition 7.10 (Reine Genotypen). Wenn bei einem Gen-System $\Gamma = (\alpha, \beta, ..., \zeta)$ mit Ploidität d der Gen-Ort $\alpha = (\alpha_1 ... \alpha_d)$ von den Gen-Varianten $(\alpha_1^{i_1}, ..., \alpha_d^{i_d})$ mit $i_1, ..., i_d \in \{1, ..., k_\alpha\}$ besetzt ist, $\beta = (\beta_1, ..., \beta_d)$ von $(\beta_1^{j_1}, ..., \beta_d^{j_d})$ mit $j_1, ..., j_d \in \{1, ..., k_\beta\}$ usw., dann hat Γ den reinen Genotyp

$$|\gamma_l\rangle := \left|\alpha_1^{i_1} ... \alpha_d^{i_d} \beta_1^{j_1} ... \beta_d^{j_d} ... \zeta_1^{k_1} ... \zeta_d^{k_d}\right\rangle .$$

Dabei ist $l \in \mathsf{M}_\Gamma := \{1, ..., m_\Gamma\}$ mit $m_\Gamma = (k_\alpha \cdot k_\beta \cdot ... \cdot k_\zeta)^d$ ein Genotyp-Index, und es gibt eine Abbildung $(i_1, ..., i_d, j_1, ..., j_d, ..., k_1, ..., k_d) \longmapsto l$, die jedem Index-Tupel ein-eindeutig einen Index zuordnet. Die reinen Genotypen werden als Elemente des Vektorraums $\mathbb{G}$ repräsentiert, so dass die Menge $\mathsf{G} := \{|\gamma_l\rangle\}_{l \in \mathsf{M}_\Gamma}$ den Vektorraum $\mathbb{G} = \mathrm{Span}(\mathsf{G})$ mit Dimension $\dim \mathbb{G} = m_\Gamma$ erzeugt (aufspannt). Zusätzlich ist ein Skalarprodukt $\langle \cdot | \cdot \rangle : \mathbb{G} \times \mathbb{G} \longrightarrow \mathbb{R}$ definiert, so dass $\langle \gamma_i | \gamma_j \rangle = \delta_{i,j}$.

Diese Definition ist so formuliert, dass es im Allgemeinen ununterscheidbare Genotypen gibt. Analog zu den gemischten Phänotypen werden jetzt gemischte Genotypen definiert:

Definition 7.11 (Gemischte Genotypen). Der gemischte Genotyp einer Generation G_t ist definiert als

$$|\gamma\rangle^t := \sum_{i=1}^{m_\Gamma} g_i^t \, |\gamma_i\rangle ,$$

wobei $g_i^t \geq 0$ und $\left\| |\gamma\rangle^t \right\| = 1$ mit $\left\| |\gamma\rangle^t \right\| = \sum_{i=1}^{m_\Gamma} g_i^t$. Das bedeutet der Zustandsraum der Genotypen ist die konvexe Hülle von G.

---

[13] Siehe Abschn. 6.3.

Der Koeffizient g_i^t ist die Wahrscheinlichkeit, mit der der reine Genotyp $|\gamma_i\rangle$ im gemischten $|\gamma\rangle^t$ gefunden werden kann. Offensichtlich gilt $g_i^t = \langle\gamma_i \,|\, \gamma\rangle^t$. Die Wahrscheinlichkeitsverteilung der Genotypen in einer Population ist dann gegeben durch:

Definition 7.12 (Genotypen-Verteilung). Die Abbildung $g^t : \mathsf{G} \longrightarrow [0,1]$, $|\gamma_i\rangle \longmapsto g_i^t = \langle\gamma_i \,|\, \gamma\rangle^t$ mit $\sum_{i=1}^{m_\Gamma} g_i^t = 1$ heißt Genotypen-Verteilung $|\gamma\rangle^t$ der Population G_t zur Zeit t.

Um die Konzepte zu komplettieren, die zur Formulierung von Postulat 2 benötigt werden, muss noch der Operator Determinator D definiert werden. Der Determinator muss die Wahrscheinlichkeiten beinhalten, mit denen Genotypen Phänotypen festlegen:

Definition 7.13 (Erbwahrscheinlichkeit). Sei $\Phi = (\mathsf{a}, \mathsf{b}, ..., \mathsf{z})$ ein Observablen-System und $\Gamma = (\alpha, \beta, ..., \zeta)$ ein Gen-System. Das Produkt $(\cdot\,,\cdot\rangle : \mathsf{P} \times \mathsf{G} \longrightarrow [0,1]$, $\big(|\varphi_i), |\gamma_j\rangle\big) \longmapsto (\varphi_i\,, \gamma_j\rangle$ ist die Wahrscheinlichkeit für das Auftreten des Phänotyps $|\varphi_i)$ unter der Bedingung, dass der Genotyp $|\gamma_j\rangle$ vorliegt. Für die Erbwahrscheinlichkeiten wird zudem gefordert, dass für jeden Phänotyp $|\varphi_i) \in \mathsf{P}$ die Positivitätsbedingung

$$\sum_{j=1}^{m_\Gamma} (\varphi_i\,, \gamma_j\rangle > 0,$$

und für jeden Genotyp $|\gamma_j\rangle \in \mathsf{G}$ die Normalisierungsbedingung

$$\sum_{i=1}^{m_\Phi} (\varphi_i\,, \gamma_j\rangle = 1.$$

erfüllt ist.

Mit der Klammer $(\varphi_i\,, \gamma_j\rangle$ wird die bedingte Wahrscheinlichkeit notiert, mit der der Genotyp $|\gamma_j\rangle$ zu dem Phänotyp $|\varphi_i)$ führt. Die Bedingung der Positivität gibt wieder, dass die Determinierung eines jeden Phänotyps in jedem Fall von irgendeinem Genotyp bestimmt wird, und die Normalisierungsbedingung, dass jedem Genotyp $|\gamma_j\rangle$ zumindest ein Phänotyp zugeordnet werden kann. Durch die Spezifizierung der Erbwahrscheinlichkeiten wird ein bestimmter Erbgang gewählt. Nach erfolgter Wahl ist der Determinator ebenso gegeben und zwar wegen folgender Definition:

Definition 7.14 (Determinator). Der Operator $\mathrm{D} : \mathbb{G} \longrightarrow \mathbb{P}$, $|\gamma\rangle^t \longmapsto |\varphi)^t = \mathrm{D}\,|\gamma\rangle^t$ mit

$$\mathrm{D} := \sum_{i=1}^{m_\Phi} \sum_{j=1}^{m_\Gamma} (\varphi_i\,, \gamma_j\rangle\, |\varphi_i)\, \langle\gamma_j| \,. \tag{7.4}$$

heißt Determinator.

Im hier vorgestellten Formalismus ist ein Produkt der Form $\langle\gamma_i|\,|\gamma_j\rangle$ ein Skalarprodukt $\langle\gamma_i\,|\,\gamma_j\rangle$. Das Analoge gilt für Phänotypen $|\varphi_i)$ und Keimtypen $|\sigma_i]$.

Eigenschaften (Determinator). Der Operator D hat folgende Eigenschaften:

1. Linearität: $\mathrm{D}\left(\lambda\,|\gamma\rangle^t + \mu\,|\gamma'\rangle^t\right) = \lambda\,\mathrm{D}\,|\gamma\rangle^t + \mu\,\mathrm{D}\,|\gamma'\rangle^t\,,\ \lambda,\mu \in \mathbb{R}$.
2. Erhaltung der Normalisierung: $\left\|\mathrm{D}\,|\gamma\rangle^t\right\| = 1$, wenn $\left\||\gamma\rangle^t\right\| = 1$.
3. Unumkehrbarkeit: Für $d \geq 2$ gilt, dass es für D im Allgemeinen kein D^{-1} gibt, so dass $\mathrm{D}^{-1} : \mathbb{P} \longrightarrow \mathbb{G},\ |\gamma\rangle^t = \mathrm{D}^{-1}\,|\varphi)^t$.

Die Linearität folgt direkt aus den Definitionen. Die Erhaltung der Normalisierung kommt von der Normalisierungsbedingung der Erbwahrscheinlichkeiten. Die Unumkehrbarkeit gibt die Unmöglichkeit wieder, von den Phänotypen auf die Genotypen zu schließen. Dies folgt allein dadurch, dass die Genotypen wegen der Ploidität im Allgemeinen mehr Informationen beinhalten als die Phänotypen. Deswegen muss ein genetisches System hypothetisch konstruiert werden, das zu den beobachteten Phänotypen passt. Hierbei gibt es immer mehrere Möglichkeiten.

Nun kann die zweite Forschungsaufgabe (Annahme eines Erbgangs) behandelt werden. Dazu muss erst eine Lokus-Merkmal Relation hypothetisch angenommen werden. Diese Relation definiert, welche Gen-Orte für ein bestimmtes Merkmal zuständig sind. Die einfachste derartige Relation ist die Festlegung eines Merkmals durch genau einen Gen-Ort. In diesem Fall ist für die Erbwahrscheinlichkeiten die folgende Zerlegung gültig:

$$(\varphi_l\,,\gamma_m\rangle = \left(\mathsf{a}_i\,,\alpha_1^{i_1}...\alpha_d^{i_d}\right\rangle \left(\mathsf{b}_j\,,\beta_1^{j_1}...\beta_d^{j_d}\right\rangle \cdot ... \cdot \left(\mathsf{z}_k\,,\zeta_1^{k_1}...\zeta_d^{k_d}\right\rangle .$$

Die 1-Lokus-1-Merkmal Hypothese ist sehr stark. Legt man sie zugrunde, können keine Phänomene mehr erklärt werden, an denen mehr als ein Gen-Ort beteiligt ist. Dureh die Lokus-Merkmal Relation wird der Erbgang noch nicht spezifiziert. Dazu müssen erst die Erbwahrscheinlichkeiten expliziert werden. Erst dann haben wir Forschungsaufgabe 2 erledigt. Durch die Spezifikation des Erbgangs besteht grundsätzlich die Möglichkeit, auch andere Einflüsse als den Genotyp wie zum Beispiel die Umwelt einzubeziehen. Wenn aber alle anderen Einflüsse vernachlässigt werden, spricht man vom genetischen Determinismus:

Definition 7.15 (Genetischer Determinismus). Ist die Relation

$$\mathrm{D}\,|\gamma_k\rangle \in \mathsf{P}, \tag{7.5}$$

für alle $k \in \mathsf{M}_\Gamma$ erfüllt, ist der Phänotyp ausschließlich durch den Genotyp bestimmt. Dann wird vom genetischen Determinismus gesprochen werden.

Eine äquivalente Formulierung des genetischen Determinismus ist die folgende Spezifikation aller Erbwahrscheinlichkeiten eines Erbgangs:

$$(\varphi_i\,,\gamma_j\rangle \in \{0,1\}, \tag{7.6}$$

für alle $i \in \mathsf{M}_\Phi, j \in \mathsf{M}_\Gamma$. Um die Äquivalenz von (7.5) und (7.6) einzusehen, benutzen wir die Definition 7.14 des Determinators, $\mathrm{D}\,|\gamma_k\rangle = \sum_{i=1}^{m_\Phi} \sum_{j=1}^{m_\Gamma} (\varphi_i\,, \gamma_j\rangle\, |\varphi_i\rangle \langle\gamma_j\,|\,\gamma_k\rangle$. Dann sind wegen $\langle\gamma_j\,|\,\gamma_k\rangle = \delta_{j,k}$ nur die Terme mit $j = k$ verschieden von Null. Folglich gilt $\mathrm{D}\,|\gamma_k\rangle = \sum_{i=1}^{m_\Phi} (\varphi_i\,, \gamma_k\rangle\, |\varphi_i\rangle$. Dies ist nur dann Element der Menge P, wenn genau eine Erbwahrscheinlichkeit $(\varphi_i\,, \gamma_k\rangle = 1$ ist, während alle andern Null sind. Damit haben wir gezeigt, dass (7.5) $\Longrightarrow$ (7.6), und auch der Umkehrschluss (7.6) $\Longrightarrow$ (7.5) ist offenbar gültig.

Das folgende Beispiel der vollständigen Dominanz ist eine sehr bekannte Spezifikation des Erbgangs. Sie erfolgt unter der 1-Lokus-1-Merkmal Annahme und berücksichtigt keinen anderen Einfluss als den der Genotypen. Ferner wird $d = 2$ angenommen. Der vollständig dominante Erbgang kann expliziert werden durch

$$\left(\mathsf{a}_i\,, \alpha_1^{i_1} \alpha_2^{i_2}\right\rangle := \begin{cases} \delta_{i,i_1} + \delta_{i,i_2} - \delta_{i,i_1}\delta_{i,i_2} & \text{für } \mathsf{a}_i \text{ dominant,} \\ \delta_{i,i_1}\delta_{i,i_2} & \text{für } \mathsf{a}_i \text{ rezessiv.} \end{cases} \tag{7.7}$$

Bevor wir uns im nächsten Abschnitt mit dem letzten Postulat im Detail vertraut machen, soll erst das Beispiel aus Abschnitt 7.1 fortgesetzt werden. Dies erfolgt gemäß der Liste der Forschungsaufgaben aus Abschnitt 7.2:

Mendels Experimente mit Erbsen, Teil 2

Forschungsaufgabe 1: $\Gamma = (\varrho, v)$, wobei ϱ der Gen-Ort für die Form und v für die Farbe der Erbsensamen ist. Es gelte $d = 2$. Die möglichen Gen-Varianten führen wir tabellarisch ein ($i, j \in \{1, 2\}$):

$\varrho_i := Form$	$v_j := Farbe$
$\varrho_i^1 = R := rund$	$v_j^1 = Y := gelb$
$\varrho_i^2 = r := schrumpelig$	$v_j^2 = y := grün$

Bei der Benennung des Gen-Systems und der Gen-Varianten hatten wir offenbar die phänotypischen Merkmalausprägungen unmittelbar vor Augen. So zu verfahren, ist in der Genetik sehr üblich. Bei Tieren wie Drosophila tragen Gen-Orte oft auch den Namen des Phänotyps, der bei Funktionsausfall des Gens zu beobachten ist (z.B. *eyeless*). Zudem verwenden wir dieselben Abkürzungen R, r, Y, y für die Gen-Varianten wie für die Merkmalsausprägungen. Unterschieden werden die Ebenen des Phäno- und des Genotyps durch die Klammern. Bei Berechnungen ist diese Darstellung ein Vorteil. Gemäß Definition 7.10 gibt es $m_\Gamma = (2 \cdot 2)^2 = 16$ Genotypen $\left|\varrho_1^{i_1} \varrho_2^{i_2} v_1^{j_1} v_2^{j_2}\right\rangle$:

i_1, i_2 \ j_1, j_2	1, 1	1, 2	2, 1	2, 2
1, 1	$\lvert RRYY\rangle$	$\lvert RRYy\rangle$	$\lvert RRyY\rangle$	$\lvert RRyy\rangle$
1, 2	$\lvert RrYY\rangle$	$\lvert RrYy\rangle$	$\lvert RryY\rangle$	$\lvert Rryy\rangle$
2, 1	$\lvert rRYY\rangle$	$\lvert rRYy\rangle$	$\lvert rRyY\rangle$	$\lvert rRyy\rangle$
2, 2	$\lvert rrYY\rangle$	$\lvert rrYy\rangle$	$\lvert rryY\rangle$	$\lvert rryy\rangle$

Man beachte, dass beispielsweise die Genotypen $|RrYy\rangle$ und $|rRyY\rangle$ empirisch nicht zu unterscheiden sind, die Genotypen $|RrYy\rangle$ und $|RryY\rangle$ aber schon, weil bei ersterem Paar beide dominanten und beide rezessiven Gen-Varianten jeweils zusammen auf einem Chromosom liegen und beim zweiten Paar nicht. Dies kann bei eventueller Kopplung eine Rolle spielen. Auf diesen Punkt wird hier schon hingewiesen, auch wenn Kopplung und insbesondere Kopplungsgruppen respektive Chromosomen noch gar nicht definiert wurden.

Forschungsaufgabe 2: Wir stellen die 1-Lokus-1-Merkmal Hypothese auf: Das Merkmal r wird ausschließlich durch den Gen-Ort ϱ festgelegt und y durch υ. Für den Erbgang wählen wir die vollständige Dominanz bei beiden Merkmalen. Wir erhalten dann durch Definition 7.13 und Gleichung (7.7) die folgenden 64 Erbwahrscheinlichkeiten:

$$\left(\mathsf{r}_i\mathsf{y}_j\,,\varrho_1^{i_1}\varrho_2^{i_2}\upsilon_1^{j_1}\upsilon_2^{j_2}\right\rangle :=$$
$$= \begin{cases} (\delta_{i,i_1}+\delta_{i,i_2}-\delta_{i,i_1}\delta_{i,i_2})\,(\delta_{j,j_1}+\delta_{j,j_2}-\delta_{j,j_1}\delta_{j,j_2}) & \text{für } \mathsf{r}_i=R,\ \mathsf{y}_j=Y,\\ (\delta_{j,j_1}+\delta_{j,j_2}-\delta_{j,j_1}\delta_{j,j_2})\,\delta_{j,j_1}\delta_{j,j_2} & \text{für } \mathsf{r}_i=R,\ \mathsf{y}_j=y,\\ \delta_{i,i_1}\delta_{i,i_2}\,(\delta_{j,j_1}+\delta_{j,j_2}-\delta_{j,j_1}\delta_{j,j_2}) & \text{für } \mathsf{r}_i=r,\ \mathsf{y}_j=Y,\\ \delta_{i,i_1}\delta_{i,i_2}\delta_{j,j_1}\delta_{j,j_2} & \text{für } \mathsf{r}_i=r,\ \mathsf{y}_j=y. \end{cases}$$

Zum Beispiel ist $(RY\,,RrYy\rangle = 1$, $(Ry\,,Rryy\rangle = 1$, $(rY\,,RryY\rangle = 0$ und $(ry\,,rryY\rangle = 0$. Nun kann der Determinator niedergeschrieben werden:

$$\begin{aligned} \mathrm{D} = {} & |RY)\Big(\langle RRYY| + \langle RRYy| + \langle RRyY| + \langle RrYY| + \langle RrYy| \\ & \qquad + \langle RryY| + \langle rRYY| + \langle rRYy| + \langle rRyY|\Big) \\ & + |Ry)\Big(\langle RRyy| + \langle Rryy| + \langle rRyy|\Big) \\ & + |rY)\Big(\langle rrYY| + \langle rrYy| + \langle rryY|\Big) \\ & + |ry)\,\langle rryy|\,. \end{aligned} \tag{7.8}$$

7.3.2 Keimtypen und Zeugung

Die Existenz von Genotypen und die genetische Determinierung implizieren ein weiteres Postulat, das die zufällige Paarung auf der Ebene der Genotypen widerspiegelt. Es muss einen Prozess (Segregation) geben der ein verbindendes Konstrukt mit reduzierter Ploidität $d/2$ erzeugt, damit nach der Paarung von zwei Individuen die Ploidität wieder d ist. Dies ist offensichtlich eine notwendige Bedingung, damit ein Nachkomme nach der Paarung zweier Individuen wieder die ursprüngliche Ploidität hat. Das letzte Postulat, die Zeugung, beinhaltet folglich die Existenz eines Operators G, des Segregators, und einer Operation $[\cdot \times \cdot]$, der Zeugung. Aus dem Genotyp der Generation G_t erzeugt der Segregator das verbindende Konstrukt, die Keimtypen. Der Genotyp der nächsten Generation G_{t+1} kann dann durch Zeugung von zwei im Allgemeinen verschiedenen Keimtypen erzeugt werden. Dies führt uns auf folgende Definitionen:

Definition 7.16 (Keim-System). Wenn ein Gen-System $\Gamma = (\alpha, \beta, ..., \zeta)$ mit n_Γ Gen-Orten die Ploidität $d \in 2\mathbb{N}$ hat, dann gibt es ein Keim-System $\Sigma = (\alpha, \beta, ..., \zeta)$ mit Ploidität $e := d/2$, d.h. $\alpha = (\alpha_1 ... \alpha_e)$. Das Keim-System beinhaltet auch n_Γ Gen-Orte.

Definition 7.17 (Reine Keimtypen). Wenn bei einem Keim-System $\Sigma = (\alpha, \beta, ..., \zeta)$ mit Ploidität e der Gen-Ort $\alpha = (\alpha_1 ... \alpha_e)$ von den Gen-Varianten $(\alpha_1^{i_1} ... \alpha_e^{i_e})$ mit $i_1, ..., i_e \in \{1, ..., k_\alpha\}$, $\beta = (\beta_1 ... \beta_e)$ von $(\beta_1^{j_1} ... \beta_e^{j_e})$ mit $j_1, ..., j_e \in \{1, ..., k_\beta\}$ usw. besetzt ist, dann hat Σ den reinen Keimtyp

$$|\sigma_l] := \left|\alpha_1^{i_1} ... \alpha_e^{i_e} \beta_1^{j_1} ... \beta_e^{j_e} ... \zeta_1^{k_1} ... \zeta_e^{k_e}\right] .$$

Dabei ist $l \in \mathsf{M}_\Sigma := \{1, ..., m_\Sigma\}$ mit $m_\Sigma = (k_\alpha \cdot k_\beta \cdot ... \cdot k_\zeta)^e$ ein Keimtyp-Index, und es gibt eine Abbildung $(i_1, ..., i_e, j_1, ..., j_e, ..., k_1, ..., k_e) \longmapsto l$, die jedem Index-Tupel ein-eindeutig einen Index zuordnet. Die reinen Keimtypen werden als Elemente des Vektorraums $\mathbb{S}$ repräsentiert, so dass die Menge $\mathsf{S} := \{|\sigma_l]\}_{l \in \mathsf{M}_\Sigma}$ den Vektorraum $\mathbb{S} = \mathrm{Span}(\mathsf{S})$ mit Dimension $\dim \mathbb{S} = m_\Sigma$ erzeugt (aufspannt). Zusätzlich ist ein Skalarprodukt $[\![\cdot \,|\, \cdot]\!] : \mathbb{S} \times \mathbb{S} \longrightarrow \mathbb{R}$ definiert, so dass $[\![\sigma_i \,|\, \sigma_j]\!] = \delta_{i,j}$.

Definition 7.18 (Gemischte Keimtypen). Der gemischte Keimtyp einer Generation G_t ist definiert als

$$|\sigma]^t := \sum_{i=1}^{m_\Sigma} s_i^t \, |\sigma_i] ,$$

wobei $s_i^t \geq 0$ und $\left\| |\sigma]^t \right\| = 1$ mit $\left\| |\sigma]^t \right\| := \sum_{i=1}^{m_\Sigma} s_i^t$. Das bedeutet der Zustandsraum der Keimtypen ist die konvexe Hülle von S.

Der Koeffizient s_i^t ist die Wahrscheinlichkeit, den reinen Keimtyp $|\sigma_i]$ im gemischten Keimtyp $|\sigma]^t$ zu finden. Offensichtlich gilt $s_i^t = [\![\sigma_i \,|\, \sigma]\!]^t$. Die Wahrscheinlichkeitsverteilung der Keimtypen in einer Population ist dann gegeben durch:

Definition 7.19 (Keimtypen-Verteilung). Die Abbildung $s^t : \mathsf{S} \longrightarrow [0, 1]$, $|\sigma_i] \longmapsto s_i^t := [\![\sigma_i \,|\, \sigma]\!]^t$ mit $\sum_{i=1}^{m_\Sigma} s_i^t = 1$ heißt Keimtypen-Verteilung $|\sigma]^t$.

Die MENDELsche Genetik beinhaltet zwei Hypothesen, die im Allgemeinen nicht bestätigt werden konnten. Dies sind die Prinzipien der unabhängigen Segregation und der unabhängigen Kombination. Seit den Studien von MORGAN (1910) wissen wir, dass es zwischen bestimmten Gen-Orten Kopplung geben kann. Der Einfachheit halber wird im Folgenden nur der wichtigste Fall $d = 2$ bei den Definitionen berücksichtigt (eine Erweiterung auf beliebige d ist möglich):

Definition 7.20 (Kopplungswahrscheinlichkeit, Kopplungskoeffizient). Sei $d = 2$. Die Kopplungswahrscheinlichkeit $[\![\cdot\, , \cdot\rangle : \mathsf{S} \times \mathsf{G} \longrightarrow [0,1]$, $(|\sigma_j]\!], |\gamma_i\rangle) \longmapsto [\![\sigma_j\, , \gamma_i\rangle$ ist definiert als die Abbildung von einem Keim- und einem Genotyp auf die positiven Kopplungskoeffizienten $\lambda_{ab...z}$ durch

$$\left[\!\!\left[\alpha^i\beta^j...\zeta^k\, , \alpha_1^{i_1}\alpha_2^{i_2}\beta_1^{j_1}\beta_2^{j_2}...\zeta_1^{k_1}\zeta_2^{k_2}\right\rangle\right. = \sum_{a,b,...,z=1}^{2} \delta_{i,i_a}\delta_{j,j_b}...\delta_{k,k_z}\lambda_{ab...z}.$$

Zusätzlich werden die Normalisierungsbedingung

$$\sum_{a,b,...,z=1}^{2} \lambda_{ab...z} = 1,$$

und die Konjugationsbedingung

$$\lambda_{ab...z} = \lambda_{\bar{a}\bar{b}...\bar{z}}$$

mit $x + \bar{x} = 3$ gefordert für alle $x \in \{a, b, ..., z\}$.

Die Klammer $[\![\sigma_j\, , \gamma_i\rangle$ ist die Wahrscheinlichkeit, dass aus dem Genotyp $|\gamma_i\rangle$ der Keimtyp $|\sigma_j]\!]$ erzeugt wird. Der Kopplungskoeffizient $\lambda_{ab...z}$ ist die Wahrscheinlichkeit, dass die Erzeugung des Keimtyps $|\alpha^i\beta^j...\zeta^k]\!]$ aus dem Genotyp $\left|\alpha_1^{i_1}\alpha_2^{i_2}\beta_1^{j_1}\beta_2^{j_2}...\zeta_1^{k_1}\zeta_2^{k_2}\right\rangle$ auf genau folgende Weise stattfindet: Die Gen-Variante α^i am Gen-Ort α des Keimtyps ist die Ausführung des Genotyps mit der Nummer $a \in \{1, 2\}$ und analog β^j,...,ζ^k, d.h. $i = i_a$, $j = j_b, ..., k = k_z$. Damit ist der Sinn der Normalisierungsbedingung klar. Die Konjugationsbedingung gibt die folgende Eigenschaft des diploiden Falls wieder: Ein Genotyp hat genau zwei Ausführungen von jedem Genort, die im Allgemeinen von verschiedenen Gen-Varianten besetzt sind. Dieses Paar wird auf zwei Keimtypen verteilt. Mit anderen Worten, wenn ein Keimtyp mit den Ausführungsnummern $a, b, ..., z$ mit der Wahrscheinlichkeit $\lambda_{ab...z}$ vorkommt, dann muss es mit derselben Wahrscheinlichkeit einen Keimtyp mit den Ausführungsnummern $3 - a, 3 - b, ..., 3 - z$ geben.

Eigenschaften (Kopplungskoeffizienten). Für den Fall $d = 2$ gilt das Folgende:

1. Anzahl der Kopplungskoeffizienten: 2^{n_r}.
2. Keine Kopplung: $\lambda_{ab...z} = 1/2^{n_r}$ für alle $\lambda_{ab...z}$.
3. Strikte Kopplung: $\lambda_{11...1} = \frac{1}{2} = \lambda_{22...2}$ und alle anderen sind Null.

Da wir die Definition der Kopplungskoeffizienten auf den wichtigsten Fall $d = 2$ beschränkt haben, gibt es für jeden Gen-Ort $\alpha^i\beta^j...\zeta^k$ des Keimtyps zwei Möglichkeiten seiner Besetzung. Die Anzahl der Kopplungskoeffizienten ist demnach 2^{n_r}. Wenn zwei Gen-Orte nicht gekoppelt sind, sind alle Kopplungskoeffizienten gleich. Im Falle der vollständigen Kopplung sind schließlich alle Gen-Orte des Keimtyps von Gen-Varianten besetzt, die alle die gleiche Kopie-Nummer haben.

Forschungsaufgabe 3 besteht aus der Annahme einer Kopplungsverteilung. Durch die Festlegung der Werte der Kopplungskoeffizienten werden die Kopplungswahrscheinlichkeiten spezifiziert und mit diesen auch der Operator Segregator, wie folgende Definition zeigt:

Definition 7.21 (Segregator). Der Segregator $\mathrm{G} : \mathbb{G} \longrightarrow \mathbb{S}$, $|\gamma\rangle^t \longmapsto |\sigma]\!]^t = \mathrm{G}\,|\gamma\rangle^t$ erzeugt Keimtypen aus Genotypen durch

$$\mathrm{G} := \sum_{i=1}^{m_\Sigma} \sum_{j=1}^{m_\Gamma} [\![\sigma_i\,,\,\gamma_j\rangle\; |\sigma_i]\!]\,\langle\gamma_j|\,.$$

Eigenschaften (Segregator). Der Operator G hat folgende Eigenschaften:

1. Linearität: $\mathrm{G}(\lambda\,|\gamma\rangle^t + \mu\,|\gamma'\rangle^t) = \lambda\,\mathrm{G}\,|\gamma\rangle^t + \mu\,\mathrm{G}\,|\gamma'\rangle^t$, $\lambda, \mu \in \mathbb{R}$.
2. Erhaltung der Normalisierung: $\left\|\mathrm{G}\,|\gamma\rangle^t\right\| = 1$, wenn $\left\||\gamma\rangle^t\right\| = 1$.
3. Unumkehrbarkeit: Im Allgemeinen gibt es für G kein G^{-1}, so dass $\mathrm{G}^{-1} : \mathbb{S} \longrightarrow \mathbb{G}$, $|\gamma\rangle^t = \mathrm{G}^{-1}\,|\sigma']\!]^t$.

Die Linearität folgt direkt aus den Definitionen. Die Erhaltung der Normalisierung kann gezeigt werden, indem die Definitionen und die Normalisierung der Kopplungskoeffizienten benutzt wird. Die Unumkehrbarkeit spiegelt die Unmöglichkeit wider, den Genotyp aus dem Keimtyp zu gewinnen. Dies ist offensichtlich deswegen nicht möglich, weil der Genotyp wegen der doppelten Ploidität mehr Information enthält als der Keimtyp. Zuletzt muss noch die Zeugung definiert werden:

Definition 7.22 (Zeugung). Sei $d = 2$. Seien $|\sigma]\!]^t = \sum_{l=1}^{m_\Sigma} s_l^t\,|\sigma_l]\!]$ und $|\sigma']\!]^t = \sum_{l'=1}^{m_\Sigma} s'^t_{l'}\,|\sigma_{l'}]\!]$ Keimtypen von zwei Populationen innerhalb derselben Generation G_t mit $(i, j, ..., k) \longmapsto l$ und $(i', j', ..., k') \longmapsto l'$. Seien die Keimlinge mit $|\sigma]\!]^t$ und $|\sigma']\!]^t$ in der Lage, dass jeder mit jedem fusionieren kann. Dann wird durch die Zeugungsklammer $[\cdot \times \cdot] : \mathbb{S} \times \mathbb{S} \longrightarrow \mathbb{G}$,

$$|\gamma\rangle^{t+1} = \left[|\sigma]\!]^t \times |\sigma']\!]^t\right] := \sum_{l,l'=1}^{m_\Sigma} s_l^t s'^t_{l'}\,|\sigma_l\sigma_{l'}\rangle$$

ein neuer Genotyp $|\gamma\rangle^{t+1}$ zur Zeit $t+1$ erzeugt. Dabei ist ein Genotyp, der zwei Keimtyp-Label enthält, definiert als

$$|\sigma_l\sigma_{l'}\rangle := \left|\alpha_1^i\alpha_2^{i'}\beta_1^j\beta_2^{j'}...\zeta_1^k\zeta_2^{k'}\right\rangle.$$

Eigenschaften (Zeugung). Die Operation Zeugung $[\cdot \times \cdot]$ hat die folgenden Eigenschaften:

1. Bilinearität:
$$\left[\lambda\,|\sigma]\!]^t + \mu\,|\sigma']\!]^t \times |\sigma'']\!]^t\right] = \lambda\left[|\sigma]\!]^t \times |\sigma'']\!]^t\right] + \mu\left[|\sigma']\!]^t \times |\sigma'']\!]^t\right],$$
$$\left[\lambda\,|\sigma]\!]^t \times \mu\,|\sigma']\!]^t + |\sigma'']\!]^t\right] = \lambda\left[|\sigma]\!]^t \times |\sigma']\!]^t\right] + \mu\left[|\sigma]\!]^t \times |\sigma'']\!]^t\right],$$
$\lambda, \mu \in \mathbb{R}$.

2. Erhaltung der Normalisierung: $\left\| \left[|\sigma]\!]^t \times |\sigma']\!]^t \right] \right\| = 1$, wenn $\left\| |\sigma]\!]^t \right\| = 1 = \left\| |\sigma']\!]^t \right\|$.
3. Unumkehrbarkeit: Im Allgemeinen gibt es für $[\cdot \times \cdot]$ kein $[\cdot]^{-1}$, so dass $[\cdot]^{-1} : \mathbf{G} \longrightarrow \mathbb{S} \times \mathbb{S}$.

Die Bilinearität kann gezeigt werden, indem die Definitionen und $\lambda \sum_{l=1}^{m_\Sigma} s_l^t \, |\sigma_l]\!] + \mu \sum_{l'=1}^{m_\Sigma} s'^t_{l'} \, |\sigma_{l'}]\!] = \sum_{m=1}^{m_\Sigma} \left(\lambda \sum_{l=1}^{m_\Sigma} \delta_{m,l} s_m^t + \mu \sum_{l'=1}^{m_\Sigma} \delta_{m,l'} s'^t_m \right) |\sigma_m]\!]$ benutzt wird. Die Erhaltung der Normalisierung ist eine direkte Konsequenz aus der Definition. Schließlich ist auch eine Rekonstruktion des Keimtyps aus dem Genotyp unmöglich, da durch die Zeugung das Wissen über die Zusammensetzung der beiden Keimtyp-Wahrscheinlichkeitsverteilungen verloren geht.

Am Ende dieses Abschnitts werden wir jetzt das Beispiel vervollständigen. Man erinnere sich dabei an die Liste der Forschungsaufgaben, die in Abschnitt 7.2 erwähnt wurden:

Mendels Experimente mit Erbsen, Teil 3

Forschungsaufgabe 3: Es wird angenommen, dass zwischen den Gen-Orten ϱ und υ keine Kopplung besteht.
Forschungsaufgabe 4: Die beiden Genotypen, von denen wir ausgehen wollen, seien $|\gamma\rangle^t = |RRYY\rangle$ und $|\gamma'\rangle^t = |rryy\rangle$. Mit dem Determinator aus Gleichung (7.8) folgt dann, dass

$$\begin{aligned} \mathrm{S}_1 \, |\varphi)^t &= |RY) = \mathrm{D} \, |\gamma\rangle^t = \mathrm{D} \, |RRYY\rangle \, , \\ \mathrm{S}_4 \, |\varphi)^t &= |ry) = \mathrm{D} \, |\gamma'\rangle^t = \mathrm{D} \, |rryy\rangle \, . \end{aligned}$$

Als nächstes müssen die Keimtypen berechnet werden. Wegen Definition 7.17 gibt es $m_\Sigma = (2 \cdot 2)^1 = 4$ Keimtypen: $|RY]\!]$, $|Ry]\!]$, $|rY]\!]$ und $|ry]\!]$. Der Segregator, angewendet auf die beiden angenommenen Genotypen $|RRYY\rangle$ und $|rryy\rangle$, bewirkt

$$\begin{aligned} |\sigma]\!]^t &= \mathrm{G} \, |RRYY\rangle \\ &= \sum_{i=1}^{4} \sum_{j=1}^{16} [\![\sigma_i \, , \gamma_j\rangle \, |\sigma_i]\!] \, \langle \gamma_j \, | \, RRYY\rangle \\ &= \sum_{i=1}^{4} [\![\sigma_i \, , RRYY\rangle \, |\sigma_i]\!] \\ &= |RY]\!] \, , \end{aligned}$$

und analog

$$|\sigma']\!]^t = \mathrm{G} \, |rryy\rangle = |ry]\!] \, .$$

Um dies einzusehen, erinnere man sich, dass $\langle\gamma_j\,|\,RRYY\rangle = \delta_{j,1}$, weil $|\gamma_1\rangle = |RRYY\rangle$. Danach kann die zweite Summe ausgeführt werden mit dem Effekt, dass nur der Genotyp $|RRYY\rangle$ in der Kopplungswahrscheinlichkeit zurückbleibt. Ferner sei bemerkt, dass $[\![RY\ , RRYY\rangle = \lambda_{11}+\lambda_{12}+\lambda_{21}+\lambda_{22} = 1$, während alle anderen $[\![\sigma_i\ , RRYY\rangle$ Null sind. Nun kann der Genotyp der nächsten Generation G_{t+1} mit der Zeugungsklammer berechnet werden:

$$|\gamma\rangle^{t+1} = [|RY]\!] \times |ry]\!]] = |RrYy\rangle\,.$$

Schließlich liefert die Benutzung des Determinators der Gleichung (7.8)

$$|\varphi\rangle^{t+1} = \mathrm{D}\,|\gamma\rangle^{t+1} = \mathrm{D}\,|RrYy\rangle = |RY)\,.$$

Damit haben wir die Uniformität der beiden dominanten Merkmalsausprägungen in G_{t+1} erklärt, wenn in der vorigen Generation nur Individuen, die die beiden dominanten Merkmalsausprägungen zeigen, gepaart werden mit solchen, die die beiden rezessiven Merkmalsausprägungen zeigen.

Die vorgeführte Spezialisierung der theoretischen Struktur liefert die gewünschte Erklärung der beobachteten Uniformität. Die Erklärungsaufgabe konnte erfüllt werden, indem bei beiden Subpopulationen eine Generation zuvor Homozygotie in beiden Gen-Orten angenommen wurde. Damit haben wir das Erklärungsschema einmal angewendet und in der Tat eine Erklärung der Uniformität erhalten. Um das MENDELsche Theorem, dass nach der Inzucht dieser uniformen Generation G_{t+1} die Phänotypen der folgenden Generation G_{t+2} in bestimmte Verhältnisse aufspalten, zu beweisen, müssten wir das Erklärungsschema ein zweites Mal durcharbeiten. Dies wird im nächsten Abschnitt erfolgen. Dann werden wir sehen, dass der Formalismus die gut bekannten MENDELschen Theoreme zu reproduzieren vermag.

7.4 Erste Theoreme

7.4.1 Mendelsche Theoreme

Um die Arbeitsweise des neuen Formalismus zu verdeutlichen, werden wir uns nun mit zwei wohl bekannten Theoremen auseinander setzen, die von MENDEL (1866) aufgestellt und begründet wurden. Dabei handelt es sich jeweils um diploide Gen-Systeme, an deren Gen-Orten immer zwei Gen-Varianten verfügbar sind. Zudem wird die komplette Dominanz als Erbgang unterstellt sein. Über das von MENDEL Geleistete hinaus werden wir die Existenz eines Operators, des Genotyp-Reduzierers, beweisen, den es im Falle des genetischen Determinismus gibt. Dieser Operator gibt die Wirkung des Selektors auf der Ebene der Genotypen wieder.

Theorem 1 (Ungekoppelte 2-Gen-Ort-Kreuzung). *Sei* $\Phi = (\mathsf{r}, \mathsf{y})$, $k_\mathsf{r} = k_\mathsf{y} = 2$ *und* $\Gamma = (\varrho, \upsilon)$, $d = 2$, $k_\varrho = k_\upsilon = 2$, *der Erbgang sei an beiden*

Gen-Orten ϱ und υ der komplett dominante, und es liege keine Kopplung vor. Wenn die Phänotypen $|\varphi)^0$ und die zugrunde liegenden Genotypen $|\gamma\rangle^0$ der Generation G_0

$$
\begin{aligned}
|\varphi)^0 &= \tfrac{1}{2}\,|RY) + \tfrac{1}{2}\,|ry)\,,\\
|\gamma\rangle^0 &= \tfrac{1}{2}\,|RRYY\rangle + \tfrac{1}{2}\,|rryy\rangle\,,
\end{aligned}
$$

sind und durch eine Selektion in G_0 nur die Phänotypen $|RY)$ mit $|ry)$ gepaart werden, dann sind die Phänotypen $|\varphi)^1$ und die Genotypen $|\gamma\rangle^1$ der G_1 uniform:

$$
\begin{aligned}
|\varphi)^1 &= |RY)\,,\\
|\gamma\rangle^1 &= |RrYy\rangle\,.
\end{aligned}
$$

Nach Inzucht innerhalb der G_1 spalten die Phänotypen im Verhältnis 9:3:3:1, während die Genotypen gleich-verteilt sind:

$$
\begin{aligned}
|\varphi)^2 &= \tfrac{9}{16}\,|RY) + \tfrac{3}{16}\,|Ry) + \tfrac{3}{16}\,|rY) + \tfrac{1}{16}\,|ry)\,,\\
|\gamma\rangle^2 &= \tfrac{1}{16}\sum_{i=1}^{16}|\gamma_i\rangle\,.
\end{aligned}
$$

Beweis von Theorem 1: Den ersten Teil des Theorems haben wir bereits im Abschnitt 7.3 bei der Behandlung des Beispiels bewiesen: Der angenommene Genotyp $|\gamma\rangle^0 = \frac{1}{2}\,|RRYY\rangle + \frac{1}{2}\,|rryy\rangle$ erklärt den beobachteten Phänotyp $|\varphi)^0 = \frac{1}{2}\,|RY) + \frac{1}{2}\,|ry)$ und unter der Selektion S_1 und S_4 erscheint der Genotyp $|\gamma\rangle^1 = |RrYy\rangle$. Dies führt zu $|\varphi)^1 = |RY)$. Wegen der Uniformität kann in G_1 keine Selektion durchgeführt werden. Folglich können wir nur die komplette Generation G_1 ein weiteres Mal den Fortpflanzungsprozess durchlaufen lassen. Dies zeigt uns dann die Richtigkeit des zweiten Teils des Theorems wie folgt: Man erinnere sich an die Definition 7.21 des Segregators G. Damit ist

$$
|\sigma]\!]^1 = \mathrm{G}\,|\gamma\rangle^1 = \mathrm{G}\,|RrYy\rangle = \sum_{i=1}^{4}[\![\sigma_i\,,\,RrYy\rangle\,|\sigma_i]\!]\,.
$$

Dann bekommen wir durch die Ausführung der Summe

$$
|\sigma]\!]^1 = \lambda_{11}\,|RY]\!] + \lambda_{12}\,|Ry]\!] + \lambda_{21}\,|rY]\!] + \lambda_{22}\,|ry]\!]\,,
$$

weil $[\![RY\,,\,RrYy\rangle = \lambda_{11}$, $[\![Ry\,,\,RrYy\rangle = \lambda_{12}$, $[\![rY\,,\,RrYy\rangle = \lambda_{21}$ und $[\![ry\,,\,RrYy\rangle = \lambda_{22}$. Da keine Kopplung angenommen wurde, gilt $\lambda_{11} = \lambda_{12} = \lambda_{21} = \lambda_{22} = \frac{1}{4}$. Damit ist der Keimtyp

$$
|\sigma]\!]^1 = \tfrac{1}{4}\,|RY]\!] + \tfrac{1}{4}\,|Ry]\!] + \tfrac{1}{4}\,|rY]\!] + \tfrac{1}{4}\,|ry]\!]\,.
$$

Nun wird der Genotyp der Generation G_2 berechnet mit Hilfe von Definition 7.22 durch

$$|\gamma\rangle^2 = \left[|\sigma]^1 \times |\sigma]^1\right] = \tfrac{1}{16}\sum_{i=1}^{16} |\gamma_i\rangle \,.$$

Dies bedeutet, dass der gemischte Genotyp in der Population über alle 16 möglichen reinen Genotypen gleich-verteilt ist. Indem wir schließlich den Determinator der Gleichung (7.8) verwenden, kann durch

$$|\varphi)^2 = \mathrm{D}\,|\gamma\rangle^2 = \tfrac{9}{16}\,|RY) + \tfrac{3}{16}\,|Ry) + \tfrac{3}{16}\,|rY) + \tfrac{1}{16}\,|ry)$$

die Behauptung bewiesen werden. □

Dies ist das erwartete Ergebnis. Um zu demonstrieren, wie effizient die logische Struktur der Klassischen Genetik durch den neuen Formalismus dargestellt werden kann, betrachten wir nun die berühmten Kreuzungsexperimente, bei denen MENDEL jeweils ein Merkmal mit zwei Ausprägungen studierte. In Lehrbüchern findet sich meist, dass er seine Experimente mit je zwei Stämmen durchführte, von denen einer dominant und der andere rezessiv in beiden Gen-Orten war. Diese Populationen hatte er durch Inzucht gewonnen.

Allerdings kann die Homozygotie in der Klassischen Genetik nicht beobachtet werden. Speziell wenn eine Gen-Variante über die andere dominiert, ist es nicht möglich, durch eine Beobachtung den dominant homozygoten vom heterozygoten Genotyp zu unterscheiden, weil die Phänotypen in diesem Fall gleich sind. MENDEL musste also hoffen, dass die Anzahl seiner Inzucht-Generationen groß genug war, um die Annahme der Homozygotie in beiden Populationen zu rechtfertigen. Zu diesem Problem wird sich das nächste Theorem äußern. Im Gegensatz zum letzten Theorem werden keine speziellen Genotypen angenommen. Wir werden dann sehen, dass die Genotypen aus der Beobachtung der Phänotypen der Generationen G_0 und G_1 gefolgert werden können:

Theorem 2 (1-Gen-Ort-Kreuzung). *Sei* $\Phi = (\mathsf{a})$, $k_{\mathsf{a}} = 2$ *und* $\Gamma = (\alpha)$, $d = 2$, $k_\alpha = 2$. *Der Erbgang sei der komplett dominante für* α *und* A *bzw.* a *seien die Abkürzungen für die dominante bzw. rezessive Merkmalsausprägung. Wenn in der Generation* G_0 *nur Individuen, die die Ausprägung* A *zeigen, mit solchen gepaart werden, die die Ausprägung* a *zeigen, und wenn die Phänotypen*

$$|\varphi)^0 = \tfrac{1}{2}\,|A) + \tfrac{1}{2}\,|a)\,,$$
$$|\varphi)^1 = |A)\,,$$

beobachtet werden, dann spaltet nach Inzucht der Phänotyp $|\varphi)^2$ *im Verhältnis 3:1,*

$$|\varphi)^2 = \tfrac{3}{4}\,|A) + \tfrac{1}{4}\,|a)\,,$$

und alle zugrunde liegenden Genotypen sind folgendermaßen festgelegt:

$$
\begin{aligned}
|\gamma\rangle^0 &= \tfrac{1}{2}\,|AA\rangle + \tfrac{1}{2}\,|aa\rangle\,, \\
|\gamma\rangle^1 &= |Aa\rangle\,, \\
|\gamma\rangle^2 &= \tfrac{1}{4}\big(\,|AA\rangle + 2\,|Aa\rangle + |aa\rangle\,\big).
\end{aligned}
$$

Es sei nochmals bemerkt, dass wir keine Annahme über die Genotypen getroffen haben. Die zugrunde liegenden Genotypen sind genauso durch die Beobachtung festgelegt wie die Phänotypen. Um dies zu beweisen, benötigen wir das folgende Theorem:

Theorem 3 (Genotyp-Reduzierer). *Es gelte der genetische Determinismus, d.h.* $(\varphi_i\,,\gamma_j\rangle \in \{0,1\}$ *für alle* $i \in \mathsf{M}_\Phi, j \in \mathsf{M}_\Gamma$*, dann gibt es zu jedem* $|\varphi_l) \in \mathsf{P}$ *einen Operator* $\mathrm{R}_l : \mathbb{G} \longrightarrow \mathbb{G}, |\gamma\rangle^t \longmapsto |\gamma'\rangle^t = \mathrm{R}_l\,|\gamma\rangle^t$*, der Genotyp-Reduzierer genannt wird, und durch seinen Effekt auf einen Genotyp*

$$
\mathrm{R}_l\,|\gamma\rangle^t := \frac{1}{\sum_{i=1}^{m_\Gamma} (\varphi_l\,,\gamma_i\rangle\; g_i^t} \sum_{i=1}^{m_\Gamma} (\varphi_l\,,\gamma_i\rangle\; g_i^t\,|\gamma_i\rangle \tag{7.9}
$$

definiert ist. Dies gibt den Effekt des Selektors S_l *auf der Ebene der Genotypen wieder, d.h.* $|\varphi_l) = \mathrm{D}\,\mathrm{R}_l\,|\gamma\rangle^t$.

Das folgende Diagramm illustriert die Situation:

$$
\begin{array}{ccc}
|\varphi)^t & \xrightarrow{\ \mathrm{S}_l\ } & |\varphi_l) \\
{\scriptstyle \mathrm{D}}\Big\uparrow & & {\scriptstyle \mathrm{D}}\Big\uparrow \\
|\gamma\rangle^t & \xrightarrow{\ \mathrm{R}_l\ } & |\gamma'\rangle^t
\end{array}
$$

Beweis von Theorem 3: Die Benutzung der definitorischen Gleichungen (7.4) und (7.9) der Operatoren D und R_l liefert:

$$
\mathrm{D}\,\mathrm{R}_l\,|\gamma\rangle^t = \frac{1}{\sum_{k=1}^{m_\Gamma} (\varphi_l\,,\gamma_k\rangle\; g_k^t} \sum_{i=1}^{m_\Phi}\sum_{j=1}^{m_\Gamma}\sum_{k=1}^{m_\Gamma} (\varphi_i\,,\gamma_j\rangle\; (\varphi_l\,,\gamma_k\rangle\; g_k^t\,|\varphi_i)\,\langle\gamma_j\,|\,\gamma_k\rangle\,.
$$

Uns erinnernd an $\langle\gamma_j\,|\,\gamma_k\rangle = \delta_{j,k}$ kann die dritte Summe ausgeführt werden:

$$
\mathrm{D}\,\mathrm{R}_l\,|\gamma\rangle^t = \frac{1}{\sum_{k=1}^{m_\Gamma} (\varphi_l\,,\gamma_k\rangle\; g_k^t} \sum_{i=1}^{m_\Phi}\sum_{j=1}^{m_\Gamma} (\varphi_i\,,\gamma_j\rangle\; (\varphi_l\,,\gamma_j\rangle\; g_j^t\,|\varphi_i)\,.
$$

Da der genetische Determinismus angenommen wurde, d.h. $(\varphi_i\,,\gamma_j\rangle \in \{0,1\}$ für alle $i \in \mathsf{M}_\Phi, j \in \mathsf{M}_\Gamma$, gilt nun für das Produkt der Erbwahrscheinlichkeiten

$$
(\varphi_i\,,\gamma_j\rangle\; (\varphi_l\,,\gamma_j\rangle = \delta_{i,l}\,(\varphi_i\,,\gamma_j\rangle\,.
$$

Damit ergibt die Ausführung der ersten Summe

$$\mathrm{D}\,\mathrm{R}_l\,|\gamma\rangle^t = \frac{1}{\sum_{k=1}^{m_\Gamma} (\varphi_l\,,\gamma_k\rangle\, g_k^t} \sum_{j=1}^{m_\Gamma} (\varphi_l\,,\gamma_j\rangle\, g_j^t\,|\varphi_l) = |\varphi_l)\,,$$

und der Beweis ist erbracht. □

Beweis von Theorem 2: Da Theorem 2 keine Annahmen über Genotypen trifft, muss der allgemeine Genotyp

$$|\gamma\rangle^t = g_1^t\,|AA\rangle + g_2^t\,|Aa\rangle + g_3^t\,|aa\rangle \tag{7.10}$$

des Gen-Systems benutzt werden. Man beachte, dass $|Aa\rangle$ und $|aA\rangle$ ununterscheidbare Genotypen sind. Mit den Postulaten 2 und 3 schließen wir von den beobachteten Phänotypen $|\varphi)^0$ und $|\varphi)^1$ auf die Genotypen $|\gamma\rangle^0$ und $|\gamma\rangle^1$, dann berechnen wir $|\gamma\rangle^2$ und $|\varphi)^2$.

Durch die Spezifikation des Erbgangs auf die komplette Dominanz wird mit Gleichung (7.7) der Determinator der Definition 7.14

$$\mathrm{D} = |A)\,\langle AA| + |A)\,\langle Aa| + |a)\,\langle aa|\,,$$

und wegen

$$|\varphi)^0 = \mathrm{D}\,|\gamma\rangle^0 = (g_1^0 + g_2^0)\,|A) + g_3^0\,|a)$$

folgt dann durch Koeffizientenvergleich mit der Beobachtung $|\varphi)^0 = \frac{1}{2}\,|A) + \frac{1}{2}\,|a)$ das Gleichungssystem:

$$\begin{aligned} g_1^0 + g_2^0 &= \tfrac{1}{2}, \\ g_3^0 &= \tfrac{1}{2}. \end{aligned} \tag{7.11}$$

Ferner haben die Genotypen, die den selektierten Phänotypen

$$\begin{aligned} |\varphi')^0 &= \mathrm{S}_1\,|\varphi)^0 = |A) = \mathrm{D}\,|\gamma'\rangle^0\,, \\ |\varphi'')^0 &= \mathrm{S}_2\,|\varphi)^0 = |a) = \mathrm{D}\,|\gamma''\rangle^0\,, \end{aligned}$$

zugrunde liegen, die Form

$$\begin{aligned} |\gamma'\rangle^0 &= \mathrm{R}_1\,|\gamma\rangle^0 = \frac{1}{g_1^0 + g_2^0}\left(g_1^0\,|AA\rangle + g_2^0\,|Aa\rangle\right), \\ |\gamma''\rangle^0 &= \mathrm{R}_2\,|\gamma\rangle^0 = |aa\rangle\,, \end{aligned}$$

wegen Theorem 3. Mit den Kopplungswahrscheinlichkeiten (Definition 7.20),

$$\begin{aligned} &[\![A\,,AA\rangle = 1,\ [\![A\,,Aa\rangle = \tfrac{1}{2},\ [\![A\,,aa\rangle = 0, \\ &[\![a\,,AA\rangle = 0,\ [\![a\,,Aa\rangle = \tfrac{1}{2},\ [\![a\,,aa\rangle = 1, \end{aligned}$$

folgt aus Definition 7.21 des Segregators, dass

$$G = |A]\langle AA| + \frac{1}{2}|A]\langle Aa| + \frac{1}{2}|a]\langle Aa| + |a]\langle aa|\,.$$

Dann berechnet sich der Genotyp der nächsten Generation G_1 zu

$$|\gamma\rangle^1 = \left[G|\gamma'\rangle^0 \times G|\gamma''\rangle^0\right] = \frac{1}{g_1^0 + g_2^0}\left[\left(g_1^0 + \frac{g_2^0}{2}\right)|A] + \frac{g_2^0}{2}|a] \times |a]\right].$$

Benutzen wir nun die Definition 7.22 der Zeugung, bekommen wir

$$|\gamma\rangle^1 = \frac{2g_1^0 + g_2^0}{2(g_1^0 + g_2^0)}|Aa\rangle + \frac{g_2^0}{2(g_1^0 + g_2^0)}|aa\rangle\,,$$

und durch Koeffizientenvergleich mit denen des allgemeinen Genotyps $|\gamma\rangle^1 = g_1^1|AA\rangle + g_2^1|Aa\rangle + g_3^1|aa\rangle$ der Generation G_1 finden wir die Gleichungen

$$\begin{aligned} g_1^1 &= 0, \\ g_2^1 &= \frac{2g_1^0 + g_2^0}{2(g_1^0 + g_2^0)}, \\ g_3^1 &= \frac{g_2^0}{2(g_1^0 + g_2^0)}. \end{aligned} \tag{7.12}$$

Durch Koeffizientenvergleich dieses theoretischen Ergebnisses

$$|\varphi)^1 = D|\gamma\rangle^1 = \frac{1}{g_1^0 + g_2^0}\left\{\left(g_1^0 + \frac{g_2^0}{2}\right)|A) + \frac{g_2^0}{2}|a)\right\}$$

mit der Beobachtung $|\varphi)^1 = |A)$ folgt $g_2^0 = 0$ und mit dem Gleichungssystem (7.11) $g_1^0 = \frac{1}{2}$. Ferner ist wegen dem Gleichungssystem (7.12) $g_1^1 = 0,\ g_2^1 = 1,\ g_3^1 = 0$, d.h. $|\gamma\rangle^1 = |Aa\rangle$. Jetzt müssen wir

$$\begin{aligned} |\gamma\rangle^2 &= \left[G|\gamma\rangle^1 \times G|\gamma\rangle^1\right] \\ &= [G|Aa\rangle \times G|Aa\rangle] \\ &= [\tfrac{1}{2}|A] + \tfrac{1}{2}|a] \times \tfrac{1}{2}|A] + \tfrac{1}{2}|a]] \\ &= \tfrac{1}{4}(\,|AA\rangle + 2|Aa\rangle + |aa\rangle\,), \end{aligned}$$

berechnen und schließlich

$$|\varphi)^2 = D|\gamma\rangle^2 = \tfrac{3}{4}|A) + \tfrac{1}{4}|a)\,,$$

um den Beweis von Theorem 2 fertigzustellen. □

Damit haben wir durch Theorem 2 nicht nur eine Erklärung des berühmten MENDELschen Resultats gegeben, sondern auch gezeigt, dass die Homozygotie der Genotypen in der Generation G_0 intern kontrolliert ist. Wenn in der Generation G_1 nur die dominante Merkmalsausprägung beobachtet werden kann, und wenn die dominante gegenüber der rezessiven Merkmalsausprägung in der Generation G_0 im Verhältnis 1:1 war, dann wissen wir bereits, dass die G_0-Genotypen homozygot waren. Solche internen Kontrollen sind generell sehr wichtig in der Genetik. Durch Inzucht kann man versuchen, homozygote Genotypen zu erzeugen, aber man weiß dabei nie, wie groß der Anteil an heterozygoten Genotypen in der Inzucht-Population ist, weil durch Beobachtung nicht zwischen Homo- und Heterozygoten unterschieden werden kann. Nun haben wir bewiesen, dass dieses Problem intern kontrolliert ist.

All die bisher vorgeführten Argumentationen wurden ohne die Benutzung einer konkreten Repräsentation des Vektorraums vollzogen. Dadurch kommt die Praktikabilität des Formalismus zwar sehr deutlich zum Vorschein, manchmal erhöht aber eine Repräsentation zusätzlich die Verständlichkeit. Eine mögliche solche Repräsentation zur Behandlung des Theorems 2 soll nun kurz vorgestellt werden: Der Vektorraum der Phänotypen kann repräsentiert werden durch den Vektorraum $\mathbb{R}^2$ mit der Basis

$$|A) = \begin{pmatrix}1\\0\end{pmatrix}, \qquad |a) = \begin{pmatrix}0\\1\end{pmatrix}.$$

Der Vektorraum der Genotypen $\mathbb{G}$ kann repräsentiert werden durch den Vektorraum $\mathbb{R}^4$ mit der Basis

$$|AA\rangle = \begin{pmatrix}1\\0\\0\\0\end{pmatrix}, \quad |Aa\rangle = \begin{pmatrix}0\\1\\0\\0\end{pmatrix}, \quad |aA\rangle = \begin{pmatrix}0\\0\\1\\0\end{pmatrix}, \quad |aa\rangle = \begin{pmatrix}0\\0\\0\\1\end{pmatrix}.$$

Der Vektorraum der Keimtypen $\mathbb{S}$ kann repräsentiert werden durch den Vektorraum $\mathbb{R}^2$ mit der Basis

$$|A] = \begin{pmatrix}1\\0\end{pmatrix}, \qquad |a] = \begin{pmatrix}0\\1\end{pmatrix}.$$

Wenn $|\varphi)^t = p_1^t\,|A) + p_2^t\,|a)$, dann sind die Selektoren

$$\mathrm{S}_1 = \frac{1}{p_1^t}\begin{pmatrix}1&0\\0&0\end{pmatrix}, \qquad \mathrm{S}_2 = \frac{1}{p_2^t}\begin{pmatrix}0&0\\0&1\end{pmatrix},$$

und, wenn $|\gamma\rangle^t = g_1^t\,|AA\rangle + g_2^t\,|Aa\rangle + g_3^t\,|aA\rangle + g_4^t\,|aa\rangle$, dann sind die Genotypen-Reduzierer

$$\mathrm{R}_1 = \frac{1}{g_1^t + g_2^t + g_3^t}\begin{pmatrix}1&0&0&0\\0&1&0&0\\0&0&1&0\\0&0&0&0\end{pmatrix}, \qquad \mathrm{R}_2 = \frac{1}{g_4^t}\begin{pmatrix}0&0&0&0\\0&0&0&0\\0&0&0&0\\0&0&0&1\end{pmatrix}.$$

Ferner ist der Determinator

$$\mathrm{D} = \begin{pmatrix} 1\,1\,1\,0 \\ 0\,0\,0\,1 \end{pmatrix},$$

und der Segregator

$$\mathrm{G} = \frac{1}{2}\begin{pmatrix} 2\,1\,1\,0 \\ 0\,1\,1\,2 \end{pmatrix}.$$

Zuletzt wird die Zeugung dargestellt durch

$$\left[\begin{pmatrix} a \\ b \end{pmatrix} \times \begin{pmatrix} c \\ d \end{pmatrix}\right] = \frac{1}{2}\begin{pmatrix} 2ac \\ ad+bc \\ ad+bc \\ 2bd \end{pmatrix}.$$

7.4.2 Hardy-Weinberg-Gleichgewicht

Als zweites Beispiel betrachten wir das HARDY-WEINBERG-Gleichgewicht (HWG). Der einfachste Fall, ein Gen-Ort mit zwei Gen-Varianten, wird als erstes bewiesen. Dann wird die Erweiterung davon auf beliebig viele Gen-Varianten gezeigt. Zuletzt werden zwei gekoppelte Gen-Orte mit beliebig vielen Varianten studiert. Der nun folgende einfachste Fall eines HWG kann in vielen Lehrbüchern gefunden werden. Er wurde gleichzeitig von HARDY (1908) und WEINBERG (1908) veröffentlicht:

Theorem 4 (HWG bei einem Gen-Ort mit zwei Varianten). *Sei $\Gamma = (\alpha)$, $d = 2$, $k_\alpha = 2$, seien A bzw. a die Abkürzungen für die Gen-Varianten. Jeder beliebige Keimtyp $|\sigma]\!]^t = s_1\,|A]\!] + s_2\,|a]\!]$ ist stabil im Laufe der Zeit t (ist im Gleichgewicht) und mit ihm der Genotyp $|\gamma\rangle^t = {s_1}^2\,|AA\rangle + 2s_1s_2\,|Aa\rangle + {s_2}^2\,|aa\rangle$.*

Beweis von Theorem 4: Sei der Keimtyp der Generation G_t

$$|\sigma]\!]^t = s_1\,|A]\!] + s_2\,|a]\!]$$

mit $s_1 + s_2 = 1$. Dann ist der folgende Genotyp

$$|\gamma\rangle^{t+1} = \left[|\sigma]\!]^t \times |\sigma]\!]^t\right] = {s_1}^2\,|AA\rangle + 2s_1s_2\,|Aa\rangle + {s_2}^2\,|aa\rangle\,.$$

Dar nächste Keimtyp

$$|\sigma]\!]^{t+1} = \mathrm{G}\,|\gamma\rangle^{t+1} = \left({s_1}^2 + s_1s_2\right)|A]\!] + \left(s_1s_2 + {s_2}^2\right)|a]\!] = s_1\,|A]\!] + s_2\,|a]\!] = |\sigma]\!]^t$$

ist gleich dem der letzten Generation wegen $({s_1}^2 + s_1s_2) = s_1(s_1+s_2) = s_1$. □

Der folgende Beweis der Erweiterung des letzten Theorems auf beliebig viele Gen-Varianten verdeutlicht schön die Effektivität des Formalismus. Das Theorem wurde zuerst von WEINBERG (1909) gezeigt:

Theorem 5 (HWG bei einem Gen-Ort mit multiplen Varianten). *Sei* $\Gamma = (\alpha)$, $d = 2$, $k_\alpha \in \mathbb{N}$. *Jeder beliebige Keimtyp* $|\sigma]^t = \sum_{i=1}^{k_\alpha} s_i \left|\alpha^i\right]$ *ist im Gleichgewicht und mit ihm der Genotyp* $|\gamma\rangle^t = \sum_{i,j=1}^{k_\alpha} s_i s_j \left|\alpha^i\alpha^j\right\rangle$.

Beweis von Theorem 5: Sei der Keimtyp der Generation G_t

$$|\sigma]^t = \sum_{i=1}^{k_\alpha} s_i \left|\alpha^i\right]$$

mit $\sum_{i=1}^{k_\alpha} s_i = 1$. Der folgende Genotyp ist dann

$$|\gamma\rangle^{t+1} = \left[|\sigma]^t \times |\sigma]^t\right] = \left[\sum_{i=1}^{k_\alpha} s_i \left|\alpha^i\right] \times \sum_{j=1}^{k_\alpha} s_j \left|\alpha^j\right]\right] = \sum_{i,j=1}^{k_\alpha} s_i s_j \left|\alpha^i\alpha^j\right\rangle .$$

Der nächste Keimtyp

$$\begin{aligned} |\sigma]^{t+1} &= \mathrm{G}\,|\gamma\rangle^{t+1} = \sum_{i,j=1}^{k_\alpha} s_i s_j \left(\tfrac{1}{2}\left|\alpha^i\right] + \tfrac{1}{2}\left|\alpha^j\right]\right) \\ &= \frac{1}{2}\sum_{i=1}^{k_\alpha} s_i \left|\alpha^i\right] \sum_{j=1}^{k_\alpha} s_j + \frac{1}{2}\sum_{j=1}^{k_\alpha} s_j \left|\alpha^j\right] \sum_{i=1}^{k_\alpha} s_i = |\sigma]^t , \end{aligned}$$

ist gleich dem der letzten Generation wegen $\sum_{i=1}^{k_\alpha} s_i = 1$. □

Zuletzt wird ein HARDY-WEINBERG-Theorem für zwei Gen-Orte mit multiplen Gen-Varianten bewiesen. Wegen der zwei Orte gibt es im allgemeinen Kopplung. Deswegen wird das beschriebene Phänomen meist nicht HARDY-WEINBERG-, sondern Kopplungsgleichgewicht (KG) genannt. Der Fall mit zwei Gen-Varianten wurde zuerst von ROBBINS (1918) gezeigt.[14]

Theorem 6 (KG bei zwei Gen-Orten mit multiplen Varianten). *Sei* $\Gamma = (\alpha, \beta)$, $d = 2$, $k_\alpha \in \mathbb{N}$, $k_\beta \in \mathbb{N}$. *Im Falle der strikten Kopplung ist jeder beliebige Keimtyp* $|\sigma]^t = \sum_{i.j=1}^{k_\alpha,k_\beta} s_{ij}^t \,|\sigma_{ij}]$ *mit* $|\sigma_{ij}] = \left|\alpha^i\beta^j\right]$ *im Gleichgewicht. In allen anderen Fällen ist der Keimtyp nur dann im Gleichgewicht, wenn für alle* $i \in \{1, ..., k_\alpha\}$ *und* $j \in \{1, ..., k_\beta\}$ *die Bedingung* $s_{ij}^t = a_i b_j$ *mit* $a_i := \sum_{j=1}^{k_\beta} s_{ij}^t$ *und* $b_j := \sum_{i=1}^{k_\alpha} s_{ij}^t$ *erfüllt ist.*

Beweis von Theorem 6: Sei der Keimtyp der Generation G_t

$$|\sigma]^t = \sum_{i.j=1}^{k_\alpha,k_\beta} s_{ij}^t \,|\sigma_{ij}] \tag{7.13}$$

[14] Vgl. auch HARTL (2000), LYUBICH (1992) und BÜRGER (2000).

mit $\sum_{i,j=1}^{k_\alpha,k_\beta} s_{ij}^t = 1$. Dann ist der folgende Genotyp

$$|\gamma\rangle^{t+1} = \Big[|\sigma]\!]^t \times |\sigma]\!]^t\Big] = \sum_{i_1,j_1=1}^{k_\alpha,k_\beta} \sum_{i_2,j_2=1}^{k_\alpha,k_\beta} s_{i_1j_1}^t s_{i_2j_2}^t \,|\sigma_{i_1j_1}\sigma_{i_2j_2}\rangle\,.$$

Der nächste Keimtyp ist

$$|\sigma]\!]^{t+1} = \mathrm{G}\,|\gamma\rangle^{t+1} = \sum_{i,j=1}^{k_\alpha,k_\beta} \sum_{i_1,j_1=1}^{k_\alpha,k_\beta} \sum_{i_2,j_2=1}^{k_\alpha,k_\beta} s_{i_1j_1}^t s_{i_2,j_2}^t \,[\![\sigma_{ij}\ ,\ \sigma_{i_1j_1}\sigma_{i_2j_2}\rangle\,|\sigma_{ij}]\!]\,.$$

Mit Definition 7.20 schreiben wir die Kopplungswahrscheinlichkeiten in Abhängigkeit der Kopplungskoeffizienten:

$$[\![\sigma_{ij}\ ,\ \sigma_{i_1j_1}\sigma_{i_2j_2}\rangle = \Big[\!\!\Big[\alpha^i\beta^j\ ,\ \alpha_1^{i_1}\alpha_2^{i_2}\beta_1^{j_1}\beta_2^{j_2}\Big\rangle = \sum_{a,b=1}^{2} \delta_{i,i_a}\delta_{j,j_b}\lambda_{ab}.$$

Jetzt ist der Keimtyp

$$|\sigma]\!]^{t+1} = \sum_{a,b=1}^{2} \sum_{i,j=1}^{k_\alpha,k_\beta} \sum_{i_1,j_1=1}^{k_\alpha,k_\beta} \sum_{i_2,j_2=1}^{k_\alpha,k_\beta} s_{i_1j_1}^t s_{i_2j_2}^t \delta_{i,i_a}\delta_{j,j_b}\lambda_{ab}\,|\sigma_{ij}]\!]\,,$$

und nach Ausführung der Summen $\sum_{i,j=1}^{k_\alpha,k_\beta}$ und $\sum_{a,b=1}^{2}$ finden wir

$$\begin{aligned}|\sigma]\!]^{t+1} = &\sum_{i_1,j_1=1}^{k_\alpha,k_\beta} \sum_{i_2,j_2=1}^{k_\alpha,k_\beta} s_{i_1j_1}^t s_{i_2j_2}^t \\ &\left(\lambda_{11}\,|\sigma_{i_1j_1}]\!] + \lambda_{12}\,|\sigma_{i_1j_2}]\!] + \lambda_{21}\,|\sigma_{i_2j_1}]\!] + \lambda_{22}\,|\sigma_{i_2j_2}]\!]\right). \qquad (7.14)\end{aligned}$$

Die Konjugation der Kopplungswahrscheinlichkeiten besagt

$$\begin{aligned}\lambda_{11} &= \lambda_{22} =: \lambda,\\ \lambda_{12} &= \lambda_{21} =: \mu,\end{aligned}$$

und die Normalisierung

$$\lambda + \mu = \tfrac{1}{2}. \qquad (7.15)$$

Wenn wir beim letzten Term in der Klammer von (7.14) die Indizes austauschen, $i_2 \leftrightarrow i_1$ und $j_2 \leftrightarrow j_1$, ist dieser gleich dem ersten und beide können vereinfacht werden zu

$$\begin{aligned}\lambda \sum_{i_1,j_1=1}^{k_\alpha,k_\beta} \sum_{i_2,j_2=1}^{k_\alpha,k_\beta} s_{i_1j_1}^t s_{i_2j_2}^t\,|\sigma_{i_1j_1}]\!] &= \lambda \sum_{i_1,j_1=1}^{k_\alpha,k_\beta} s_{i_1j_1}^t\,|\sigma_{i_1j_1}]\!] \sum_{i_2,j_2=1}^{k_\alpha,k_\beta} s_{i_2j_2}^t \\ &= \lambda \sum_{i_1,j_1=1}^{k_\alpha,k_\beta} s_{i_1j_1}^t\,|\sigma_{i_1j_1}]\!]\,. \qquad (7.16)\end{aligned}$$

Dabei haben wir einfach die Normalisierung der Keimtyp-Verteilung benutzt. Durch den gleichen Austausch von Indizes, $i_2 \leftrightarrow i_1$ und $j_2 \leftrightarrow j_1$, wird der dritte Term in der Klammer von (7.14) gleich dem zweiten, und wir erhalten

$$\mu \sum_{i_1,j_1=1}^{k_\alpha,k_\beta} \sum_{i_2,j_2=1}^{k_\alpha,k_\beta} s^t_{i_1j_1} s^t_{i_2j_2} |\sigma_{i_1j_2}] = \mu \sum_{i_1,j_2=1}^{k_\alpha,k_\beta} |\sigma_{i_1j_2}] \sum_{i_2,j_1=1}^{k_\alpha,k_\beta} s^t_{i_1j_1} s^t_{i_2j_2}$$
$$= \mu \sum_{i_1,j_2=1}^{k_\alpha,k_\beta} |\sigma_{i_1j_2}]\, a_{i_1} b_{j_2}. \quad (7.17)$$

Dabei wurde benutzt, dass

$$\sum_{j=1}^{k_\beta} s^t_{ij} = a_i,$$
$$\sum_{i=1}^{k_\alpha} s^t_{ij} = b_j \quad (7.18)$$

die Wahrscheinlichkeiten sind, die Gen-Varianten α^i bzw. β^j in der Population zu finden, ohne dabei die anderen Gen-Orte zu berücksichtigen. Es sei bemerkt, dass diese Wahrscheinlichkeiten a_i und b_j zeitunabhängig sind, solange keine evolutionären Prozesse in Betracht gezogen werden. (Der Beweis ist leicht zu vollziehen, wird hier aber nicht erbracht).

Die Ergebnisse (7.16) und (7.17) haben nur einen i-Index und einen j-Index. Durch die Umbenennungen $i_1 \to i$ und $j_1 \to j$ der rechten Seite von Gleichung (7.16) und die Umbenennungen $i_1 \to i$ und $j_2 \to j$ der rechten Seite von Gleichung (7.17) wird der Keimtyp von Gleichung (7.14) zu

$$|\sigma]^{t+1} = 2 \sum_{i,j=1}^{k_\alpha,k_\beta} \left(\lambda s^t_{ij} + \mu a_i b_j\right) |\sigma_{ij}] .$$

Durch Benutzung von $\lambda = \frac{1}{2} - \mu$ und mit (7.13) führt dies zu

$$|\sigma]^{t+1} = |\sigma]^t - 2\mu \sum_{i,j=1}^{k_\alpha,k_\beta} \left(s^t_{ij} - a_i b_j\right) |\sigma_{ij}] . \quad (7.19)$$

Der Keimtyp ist nur im Gleichgewicht, wenn es von einer Generation zur nächsten keine Veränderung gibt, das bedeutet $|\sigma]^{t+1} = |\sigma]^t$. Folglich gibt es zwei Möglichkeiten, die zum Gleichgewicht führen. Im ersten Fall ist $\mu = 0$ und damit wegen (7.15) $\lambda = \frac{1}{2}$. Das ist der Fall der strikten Kopplung. Im zweiten Fall ist die Summe Null. Dies führt auf die Gleichgewichtsbedingung

$$s^t_{ij} = a_i b_j, \quad i \in \{1, ..., k_\alpha\}, j \in \{1, ..., k_\beta\}. \quad (7.20)$$

In diesem Fall spielt die Stärke der Kopplung keine Rolle. □

Insbesondere zwei Punkte müssen bemerkt werden. Erstens, da die rechte Seite der Gleichgewichtsbedingung zeitunabhängig ist, gilt dies auch für die linke Seite. Zweitens lässt sich die Gleichgewichtsbedingung interpretieren als stochastische Unabhängigkeit der beiden Ereignisse „Die Variante α^i wurde gefunden" und „Die Variante β^i wurde gefunden.". Mit anderen Worten heißt dies, dass Kopplungsgleichgewicht genau dann erreicht wird, wenn die Häufigkeiten so verteilt sind, dass stochastische Unabhängigkeit vorliegt.

Um unser Ergebnis zu verdeutlichen, betrachten wir den Fall mit zwei Varianten, d.h. $k_\alpha, k_\beta = 2$. Dann vereinfachen sich die Definitionen (7.18) zu $a_i := s_{i1}^t + s_{i2}^t$ bzw. $b_j := s_{1j}^t + s_{2j}^t$ und mit $\Delta s^t := s_{11}^t s_{22}^t - s_{12}^t s_{21}^t$ bekommen wir

$$\begin{aligned} a_1 b_1 &= s_{11}^t - \Delta s^t, \\ a_1 b_2 &= s_{12}^t + \Delta s^t, \\ a_2 b_1 &= s_{21}^t + \Delta s^t, \\ a_2 b_2 &= s_{22}^t - \Delta s^t. \end{aligned} \tag{7.21}$$

Offensichtlich ist die Gleichgewichtsbedingung äquivalent zu $\Delta s^t = 0$. Dies bedeutet, dass im Kopplungsgleichgewicht die Anzahl der freien zeitabhängigen Parameter auf zwei reduziert ist, und zwar durch die Normalisierung $s_{11} + s_{12} + s_{21} + s_{22} = 1$ und durch die Gleichgewichtsbedingung $s_{11}s_{22} = s_{12}s_{21}$. Seien diese s_{11} und s_{12}, dann ist s_{21} wie folgt festgelegt:

$$s_{21}(s_{11}, s_{21}) = \frac{s_{11} - s_{11}^2 - s_{11}s_{12}}{s_{11} + s_{12}}.$$

Mit Hilfe dieser Funktion können alle Keimtypen im Gleichgewicht berechnet werden. Die drei reellen Parameter $s_{11}, s_{12}, s_{21} \in [0, 1]$ spannen ein 3-dimensionales Koordinatensystem auf. Analog zum FINETTI-Dreieck[15] der Genotypen befinden sich hier alle möglichen Populationskeimtypen in einem Tetraeder, in dem die Gleichgewichtszustände der Keimtypen eine Oberfläche (parabolisches Hyperboloid) formen (Abbildung 7.1).

Zuletzt widmen wir uns der interessanten Aufgabe, die Zeitentwicklung des Keimtyps der Population darzustellen. Durch Einsetzen von (7.21) in (7.19) erhält man eine Rekursionsformel, die die Zeitabhängigkeit der Keimtypen beschreibt:

$$|\sigma]^{t+1} = |\sigma]^t - 2\mu\Delta s^t \big(|\sigma_{11}] - |\sigma_{12}] - |\sigma_{21}] + |\sigma_{22}] \big). \tag{7.22}$$

Aus (7.21) sehen wir, dass beispielsweise $\Delta s^t = s_{11}^t - a_1 b_1$. Um Δs^{t+1} zu berechnen, beschaffen wir uns aus Gleichung (7.19) zuerst $s_{11}^{t+1} = s_{11}^t - 2\mu(s_{11}^t - a_1 b_1)$ durch Koeffizientenvergleich und mit $2\lambda + 2\mu = 1$ liefert

[15] Siehe FINETTI (1926).

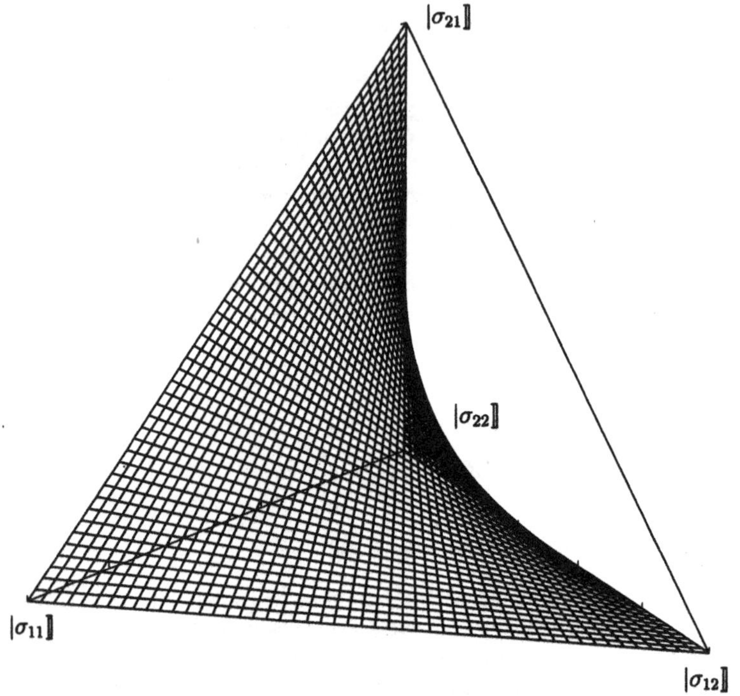

Abbildung 7.1. Die Gleichgewichts-Oberfläche der Keimtypen bei zwei gekoppelten Gen-Orten mit je zwei Varianten. Der Tetraeder ist der Zustandsraum der Keimtypen.

dies dann $s_{11}^{t+1} = 2\lambda(s_{11}^t - a_1 b_1) + a_1 b_1$. So erhält man die Rekursionsformel $\Delta s^{t+1} = 2\lambda \Delta s^t$, die nach Iteration

$$\Delta s^t = (2\lambda)^t \Delta s^0$$

ergibt. Wenn wir dies in die Gleichung (7.22) für die Zeitentwicklung setzen, iterieren und die geometrische Reihe $\sum_{t'=0}^{t-1}(2\lambda)^{t'} = \frac{(2\lambda)^t - 1}{-2\mu}$ benutzen, erhalten wir alle Keimtypen eines Gen-Systems mit zwei Gen-Orten und zwei Varianten in Abhängigkeit von der Zeit:

$$|\sigma]\!]^t = |\sigma]\!]^0 + \left[(2\lambda)^t - 1\right] \Delta s^0 \big(|\sigma_{11}]\!] - |\sigma_{12}]\!] - |\sigma_{21}]\!] + |\sigma_{22}]\!] \big).$$

Es sei bemerkt, dass jeder beliebige Keimtyp sich im Limes $t \to \infty$ ins Gleichgewicht bewegt, weil $0 < 2\lambda < 1$. Ferner ist festzuhalten, dass der Keimtyp der Population sich bereits nach einer Generation im Gleichgewicht befindet, wenn die beiden Gen-Orte nicht gekoppelt sind, d.h. $\lambda = 0$.

Ziel dieses Abschnitts war, die Handhabung, die Richtigkeit und die Effektivität des Formalismus zu zeigen. Dazu wurden Theoreme ausgewählt, die einfach und verständlich sind. Beides konnte sicherlich dadurch erreicht werden, das sehr bekannte Theoreme der Klassischen Genetik gewählt wurden, nämlich MENDELs Theoreme und HARDY-WEINBERG-Gleichgewichte. Dabei erlaubt der Formalismus präzise zwischen observablen Gegenständen und hypothetischen Konstrukten zu unterscheiden, zwischen Empirie und Theorie. Insbesondere Theorem 1 vermochte dies zu verdeutlichen. Dabei handelt es sich um eine neue Darstellung bekannter Sachverhalte. Theorem 2 ist hingegen eine abgeänderte Fassung des MENDELschen Satzes zu 1-Faktor-Kreuzungen, die die logische Struktur von einer etwas anderen Seite beleuchtet, da keine Genotypen vorausgesetzt werden, wie dies sonst üblich ist.

Wenn in Lehrbüchern vom HARDY-WEINBERG-Gleichgewicht die Rede ist, ist meistens das einfache Theorem 4 gemeint. Einige Lehrbücher präsentieren auch die Erweiterung auf mehr als zwei Gen-Varianten (Theorem 5), die dort oft recht aufwändig hergeleitet werden muss. Im unserem Formalismus ist der Beweis der Erweiterung ähnlich kurz wie der Beweis des nicht erweiterten Theorems. Der Nutzen der Darstellung der Klassischen Genetik durch den neuen Formalismus kann aber am besten bei der rigorosen Herleitung von Theorem 6 aus den Postulaten erkannt werden. Im Übrigen wurden auch alle anderen Theoreme rigoros und lückenlos aus den drei Postulaten der Klassischen Genetik hergeleitet. Die vorgestellte Darstellung der Klassischen Genetik respektiert nicht nur die biologischen Grundlagen, sondern fördert sie explizit zu Tage, sie nutzt nicht nur eine geschickte logische Symbolik, sondern verankert auch alle Zusammenhänge in wohldefinierten mathematischen Strukturen, sie formuliert also die Klassische Genetik nicht nur besonders exakt, sondern erfasst zudem recht Kompliziertes vergleichsweise kompakt. All dies sind Vorteile der vorgestellten formalen Darstellung, die in dieser Einführung noch nicht einmal annähernd ausgeschöpft werden konnten.

Abschließend noch eine kurze Bemerkung zum Forschungsprogramm der Populationsgenetik: In der Populationsgenetik wird die Vererbungslehre für das Verständnis evolutiver Prozesse nutzbar gemacht. Der DARWINschen Evolutionstheorie fehlte ein wissenschaftlicher Vererbungsbegriff, der von der Klassischen Genetik geliefert werden konnte. Die Populationsgenetik geht davon aus, dass sich Allelverteilungen nach der Abfolge genügend vieler Generationen in einem HARDY-WEINBERG- oder Kopplungsgleichgewicht befinden. Jede Abweichung von diesem Gleichgewicht zeichnet die Populationsgenetik als erklärungsbedürftig aus. Damit kann die Klassische Genetik als Teil der Prototheorie der Populationsgenetik aufgefasst werden: Das HARDY-WEINBERG-Gleichgewicht wird vom Theorem der Klassischen Genetik zum Postulat der Populationsgenetik. Weicht die Zeitentwicklung von Merkmalsausprägungen in Populationen von diesem Gleichgewicht ab, besteht Erklärungsbedarf. Zur erfolgreichen Erklärung bietet die Populationsgenetik im wesentlichen zwei Prozesse an, die Mutation und die Selektion. Für eine Formulierung der Populationsgenetik sind demnach drei Schritte notwendig: die Betrachtung langer Generationsfolgen, die Berücksichtigung von Mutationsprozessen und die Integration des Begriffs der Fitness.

Der entwickelte Formalismus ist besonders dafür geeignet, lange Generationsfolgen zu untersuchen. Gerade in diesem Punkt zeigen die Darstellungen, die in den gängigen Lehrbüchern gefunden werden können (Kreuzungsmatrizen), erhebliche Schwächen. Dieses Problem weisen rein mathematische Arbeiten nicht auf. Allerdings werden diese mit der Betonung auf den allgemeinen abstrakten mathematischen Strukturen formuliert, was zum einen ihre Verständlichkeit erschwert, zum anderen aber auch die Anbindung der Theorie an die Empirie nicht zu Tage fördert. Dieser Punkt ist aber aus logischen Gründen sehr wichtig. Dem Genetiker muss jederzeit klar sein, was experimentell zugänglich ist und was nicht. Auf das Forschungsprogramm der Populationsgenetik und die intertheoretischen Relationen zwischen Klassischer Genetik, Populationsgenetik und Evolutionstheorie kann im Rahmen dieser Arbeit allerdings nicht näher eingegangen werden.

7.5 Zusammenfassende Begutachtung

Um das Forschungsprogramm der Klassischen Genetik, auf dem letztlich auch alle modernen genetischen Fragestellungen fußen, genau analysieren zu können, wurde eigens ein Formalismus entwickelt. Neben der Klärung wissenschaftstheoretischer Fragen handelt es sich zudem um eine formale Darstellung, die auch für die biologische Disziplin „Genetik" von Nutzen ist.

Dabei werden durch unterschiedliche Klammer-Symbole die Ebenen der Phänotypen, der Genotypen und der Keimtypen getrennt formal dargestellt. Für jeden dieser Typen wird ein reeller Vektorraum definiert, dessen Elemente die jeweiligen Zustände von Phäno-, Geno- und Keimtyp repräsentieren. Sodann werden Operatoren auf diesen Vektorräumen eingeführt, die es erlauben, Selektionen auf der Phänotyp-Ebene, die Determination des Phänotyps durch den Genotyp und die Erzeugung des Keimtyps durch den Genotyp zu beschreiben. Zuletzt gibt es noch eine Gleichung für die Zeitentwicklung, die den Prozess der Verschmelzung zweier Keimtypen widerspiegelt. Hierbei findet das Phänomen der Kopplung – anders als bei MENDEL – von vornherein seine Berücksichtigung. Das Forschungsprogramm der Klassischen Genetik kann dann prägnant in drei Postulaten axiomatisch formuliert werden.

Will man nun das durch die drei Postulate festgelegte Erklärungsschema auf einen speziellen Satz empirischer Daten anwenden, müssen der Raum der Genotypen und der Erbgang (Determination der Phänotypen durch die Genotypen) spezifiziert werden. Gelingt es, mit einer bestimmten Spezifikation die empirischen Daten zu erklären, so wurde das Forschungsprogramm erfolgreich angewendet, gelingt es nicht, muss eine neue passendere Spezifikation gesucht werden. Dabei ist der Formalismus für jeden denkbaren Erbgang offen, sei er mono- oder polygen, nur durch die Gene oder auch durch andere Faktoren wie Umwelteinflüsse bestimmt.

Auf diese Weise wird eine Formulierung des Forschungsprogramms der Klassischen Genetik gewonnen, die zum ersten Mal in derselben Art und Weise präzise ist, wie dies bei physikalischen Forschungsprogrammen wie der Mechanik oder der Quantenmechanik von je her schon üblich ist. Die Repräsentation in einem mathematisch wohl definierten Rahmen erlaubt die logischen und quantitativen Zusammenhänge exakt darzustellen. Was empirische Basis und was theoretisches Konzept ist, also was observierbar und was hypothetisch ist, wird im Formalismus klar ersichtlich. Die Erklärungsaufgabe wird formuliert, und das allgemein gültige Erklärungsschema der Klassischen Genetik, das dann für den konkreten betrachteten Fall noch zu spezifizieren ist, wird bereitgestellt.

Damit sind die Möglichkeiten des neuen Formalismus deutlich größer als diejenigen anderer Darstellungen. Seine Stärken zeigt der Formalismus insbesondere dann, wenn kompliziertere Zusammenhänge wie z.B. polygen bedingte Merkmale, multiple Allelie, lange Generationsfolgen oder Umwelteinflüsse zu behandeln sind. Hier zeigen die in Lehrbüchern üblichen Darstellungen z.B. mit Hilfe von Kreuzungsmatrizen erhebliche Schwächen. Alle genannten Fortschritte gelingen nicht zuletzt durch eine sehr elegante Schreibweise, die vom DIRAC-Formalismus der Quantenmechanik inspiriert ist, der dort heute übliche Notation geworden ist. Freilich ergeben sich aus dieser Orientierung an der dortigen Notation *per se* keine Gemeinsamkeiten, die über das in Kapitel 6 allgemein über Forschungsprogramme Erläuterte hinausgingen. Vielmehr werden in der Quantenmechanik ganz andere Zusammenhänge durch die Notation vorteilhaft dargestellt, als es hier der Fall ist.[16] Während der Hauptvorteil bei der DIRAC-Notation der Quantenmechanik die Handhabung der Elemente des Zustandsraums, nämlich der quadrat-integrablen Funktionen ist, werden durch den hiesigen Formalismus insbesondere die drei Zustandsräume der Phäno-, Geno- und Keimtypen und ihre funktionalen Zusammenhänge gut darstellbar.

Nicht zuletzt anhand der präzisen und prägnanten Darstellung lassen sich einige wichtige Bemerkungen zum Forschungsprogramm der Klassischen Genetik treffen:

- Die Klassische Genetik steht in Aufbau und Exaktheit physikalischen Theorien in nichts nach. Sie ist eine empirische Theorie in dem in Abschnitt 6.5 definierten Sinne.
- Die Klassische Genetik liefert funktionale Erklärungen (Abschnitt 6.4). Diese werden erbracht, indem observierbaren Phänotypen Genotypen zugeordnet werden, die die Funktion haben, den Phänotyp festzulegen.
- Wie die funktionalen Zusammenhänge kausal realisiert werden, erklärt die Klassische Genetik nicht. Spezifisch genetische kausale Wechselwirkungen kommen nicht vor.
- Die genetische Determinierung – nicht der genetische Determinismus – ist das zentrale Postulat der Klassischen Genetik. Dabei wird festgelegt, dass Genotypen Phänotypen mitbestimmen, aber nicht wie stark.

[16] Siehe Anhang C.

- Die Klassische Genetik ist grundsätzlich offen für nicht-genetische Einflüsse, die in Form von variablen Parametern in das Erklärungsschema eingeführt werden können. Diese werden genauso wenig kausal erklärt wie die genetischen Einflüsse.
- Durch eine Zusatzforderung lässt sich die Klassische Genetik auf die Situation des genetischen Determinismus spezifizieren. Dann spielen nur noch genetische Einflüsse eine Rolle.
- Die Klassische Genetik ist Voraussetzung für die Formulierung der Populationsgenetik.
- Die Klassische Genetik definiert einen Vererbungsbegriff, den sie der Evolutionstheorie zur Verfügung stellen kann.

8

Molekulare Genetik

Die Molekulare Genetik ist kein Forschungsprogramm in dem in Kapitel 6 definierten Sinne. Sie lässt sich nicht in Postulate fassen und hat nicht die Erklärung von Phänomenen eines bestimmten Wissensbereiches zum Ziel, der sich aus einer vorwissenschaftlichen Praxis ergibt und zu Optimierungszwecken einer theoretischen Beschreibung zugänglich gemacht werden soll. Vielmehr ist sie ein Sammelsurium von Methoden und Konzepten, die funktional erklärte Zusammenhänge in der Genetik ihrer molekularen Grundlage zuzuführen gedenkt. Kann in der Genetik mit einem theoretischem Konzept erst einmal erfolgreich etwas erklärt werden, stellt sich sofort die Frage nach der molekularen Realisierung des theoretischen Konzepts. Wie sind die Gene molekular aufgebaut, war eine solche – wohl die historisch bedeutungsvollste – Frage, die sich Genetiker im Anschluss an die Wiederentdeckung und Fortführung der MENDELschen Arbeit gestellt haben. Die Beantwortung dieser Frage von WATSON & CRICK (1953) gilt als eine der zentralen Pionierleistungen der Genetik.

Eine genaue wissenschaftstheoretische Untersuchung der Molekularen Genetik bedürfte wohl einer eigenen Arbeit. Sie kann hier nicht geleistet werden. Dennoch soll in aller Kürze auf zwei Konzepte der Molekularen Genetik hingewiesen werden, die für die gesamte Genetik einen derart elementaren Status eingenommen haben, dass wir ohne sie im Folgenden nicht auskommen würden. Es ist das informationstheoretische Konzept und das der Universalität der chemischen Bausteine und Vorgänge für alle Organismen. Das Folgende ist als elementares Lehrbuchwissen[1] einzustufen. Es wird hier nur bezüglich eines bestimmten Kontextes betont.

[1] Siehe z.B. BROWN (1993); SEYFFERT (1998); HENNIG (1998).

8.1 Das informationstheoretische Konzept

[2] Das informationstheoretische Konzept entspringt bereits sozusagen auf natürliche Weise der Klassischen Genetik. Die Vererbung von Merkmalsausprägungen wird durch die Weitergabe von hypothetisch angenommenen Genen erklärt. Gen-Varianten enthalten die Information für bestimmte Merkmalsausprägungen. Diese Informationen werden von Generation zu Generation weitergegeben. Dazu muss die Information (1) in einem Speicher vorliegen, aus dem sie (2) zur Realisation der Merkmalsausprägung entnommen werden kann, und (3) sich vervielfältigen können, um sie an Nachkommen weitergeben zu können. Mit der Ploidität führte bereits MENDEL ein theoretisches Konzept ein, das als eine mögliche Voraussetzung zu sehen ist, die zur Umsetzung der genannten Anforderungen einen Beitrag leistet.

In ihrer berühmt gewordenen knapp zweiseitigen Arbeit bemerken WATSON & CRICK (1953) fast nur am Rande, dass es ihnen nicht entgangen ist, dass die vorgestellte molekulare Struktur der Desoxyribonukleinsäure (DNS) Eigenschaften aufweist, die zur Speicherung und Vervielfältigung von Informationen sehr geeignet erscheinen. Erst in einem zweiten Artikel legen WATSON & CRICK (1953a) öffentlich ihren Optimismus dar, eines der wichtigsten Probleme der Biologie gelöst zu haben. Ohne auf die molekularen Zusammenhänge im Detail einzugehen, stellen wir hier nur kurz anhand von bewusst sehr schematischen Abbildungen die informationstheoretische Sprechweise dar. Wichtig ist festzuhalten, dass sie durch Analogisierung aus der Informationstheorie übernommen wird und *per se* kein genetisches Konzept ist. Das informationstheoretische Konzept wird auf die Genetik übertragen und bei solchen Übertragungen ist immer zu prüfen, inwieweit sie die ihnen zugesprochenen Erklärungsaufgaben überhaupt bewältigen können, und wann ihre Rechtfertigung nicht mehr möglich ist.

8.1.1 Speicherung

Die DNS ist im Zellkern zu verschiedenen Zeiten in verschiedenen Verpackungsstrukturen eingelagert. Löst man sie aus ihrer Verpackung, spricht man von denaturierter DNS, die als lineares Makro-Molekül vorliegt. Deren molekulare Struktur wurde von WATSON & CRICK (1953) geklärt. Dabei handelt es sich um eine lineare Abfolge von Purin- und Pyrimidinbasen, die an einem Zuckergerüst verankert sind. Die Purinbasen heißen Adenin und Guanin und werden mit A und G abgekürzt, die Pyrimidinbasen heißen Cytosin und Thymin und werden mit C und T abgekürzt. (Bei der RNS-Synthese wird statt Thymin Uracil eingebaut, was für das informationstheoretische Konzept ohne Bedeutung ist). Die DNS ist ein doppelstängiges Molekül. Jeder Strang trägt eine lineare Abfolge von A, C, G und T, wobei eine wichtige Besonderheit

[2] In ähnlicher Weise wurde der Inhalt dieses Abschnitts bereits in FEY & SEEL (2000) dargestellt.

ist, dass die beiden Stränge über Wasserstoffbrücken miteinander verbunden sind (Basenpaarung). Dabei paart A immer mit T und G immer mit C. Somit ist auf jedem Strang die gleiche Information codiert. Die Abfolgen der vier Buchstaben ist offenbar als Code geeignet, der Information zu speichern vermag. (Herkömmliche Computer kommen sogar nur mit einem binären Code aus zwei Zeichen aus).

8.1.2 Vervielfältigung – Replikation

Die Doppelsträngigkeit und die Basenpaarung des Moleküls legte schon für Watson & Crick (1953a) die Vermutung nahe, dass ein geeignetes Molekül die Stränge vereinzeln kann, dass dann an jeden bestehenden Strang der passende zweite Strang neu hinzu synthetisiert werden kann, so dass zwei identische DNS-Moleküle entstehen. Die entsprechenden Proteine, die diese Funktionen übernehmen, konnten in der Folgezeit auch recht schnell gefunden werden. Damit war die Frage geklärt, wie die notwendige Vervielfältigung der genetischen Information vor der Zellteilung molekular bewerkstelligt wird.

8.1.3 Ablesung – Transkription

Die nächste Funktion, die ein Information speicherndes Molekül zu erfüllen hat, ist die Möglichkeit der Ablesung. Auch hier gibt es Proteine, die dies bewerkstelligen und zwar derart, dass die Buchstabenabfolge auf ein einsträngiges RNS-Molekül übertragen wird (Abbildungen 8.1). Dieser Prozess heißt Transkription. Das RNS-Molekül verlässt nun den Zellkern und trägt somit die Information aus dem geschützten Bereich des Zellkerns ins Cytoplasma, wo es an den Ribosomen weiterverarbeitet wird.

8.1.4 Umsetzung in ein funktionales Produkt – Translation

Die im RNS-Molekül gespeicherte Information wird nun an den Ribosomen ein zweites Mal abgelesen und in ein Protein übersetzt (Abbildungen 8.1). Dieser Prozess heißt Translation. Dabei stehen jeweils drei Buchstaben (ein Codon) für eine von zwanzig möglichen Aminosäuren, die ebenfalls in linearer Abfolge aneinander geheftet werden, sich dann aber zu einem dreidimensionalen Molekül falten. Die Faltung ergibt sich aus gegenseitigen Bindungen zwischen den Aminosäuren. Wie sich die Bindungsverhältnisse genau ergeben, ist eine bis heute nicht vollständig geklärte Frage. Die dreidimensionalen Proteine sind die funktionalen Einheiten im Bau von Organismen. Sie haben spezifische Funktionen, beispielsweise ein Zellwand-Molekül zu sein oder eine Polymerase, die DNS abliest.

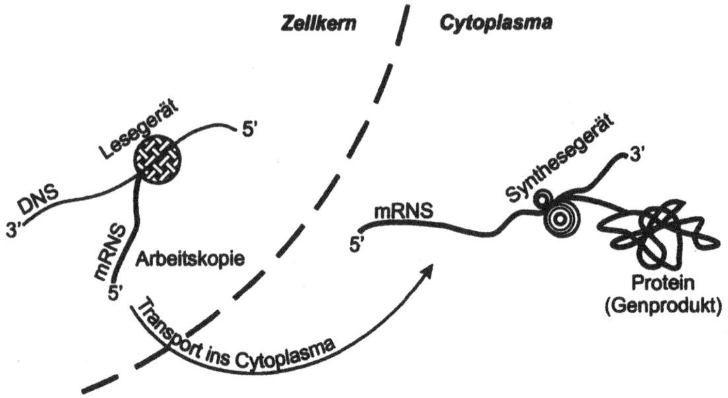

Abbildung 8.1. Schematische Darstellung der Transkription, des Transports ins Cytoplasma und der Translation (BROWN, 1993, modifiziert).

8.1.5 Grenzen des Konzepts

Eine erste Grenze der informationstheoretischen Sprechweise ergibt sich bereits daraus, dass bis heute immer noch keine genauen Regeln bekannt sind, nach denen sich Aminosäure-Ketten zu Proteinen falten. Nur dann wäre die Sprechweise, dass die DNS die Information für ein bestimmtes funktionales Produkt speichert, wirklich gerechtfertigt. Wenn allerdings die Information der DNS mal so und mal anders in Funktion umgesetzt wird, entspräche dies nicht dem Analogon aus der Informationstheorie. Aber selbst wenn dies derzeit nur eine ungeklärte Frage sein sollte, die vielleicht in Zukunft gelöst werden wird, sind uns heute schon Prozesse bekannt, die kein Analogon in der Informationstheorie haben. Zwei solche Prozesse, die Regulation der Transkription und das alternative Spleißen, sollen hier exemplarisch Erwähnung finden.

Regulation der Transkription

Um die Transkription zu initialisieren, muss dem Lesegerät die Möglichkeit gegeben werden an die DNS zu binden und den Ablese-Prozess zu starten. Dies muss in einer Weise gezielt erfolgen, dass immer genau die Informationen abgelesen und in funktionale Produkte umgesetzt werden, die in der entsprechenden Zelle gerade benötigt werden. Man spricht von der Regulation der Transkription, deren Grundschema in Abbildung 8.2 dargestellt ist. Man geht in einem stark vereinfachten Schema davon aus, dass zu einem Gen-Ort ein DNS-Bereich gehört, an dem sogenannte Transkriptionsfaktoren binden können, die dann das Lesegerät rekrutieren. Dies erfolgt in der Regel nur, wenn eine bestimmte Kombination von Transkriptionsfaktoren vorhanden ist.

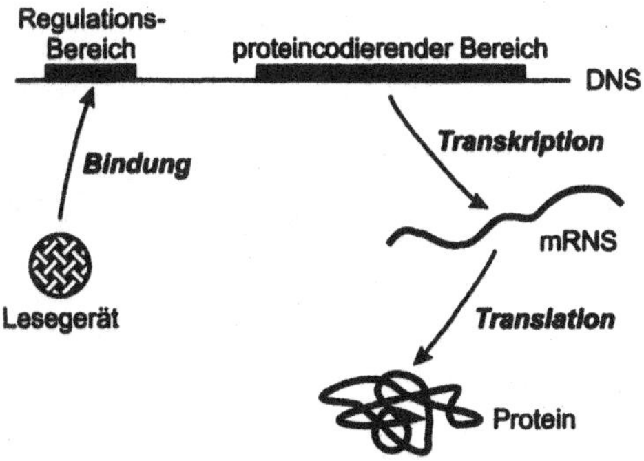

Abbildung 8.2. Schematische Darstellung der Regulation der Transkription (Brown, 1993, modifiziert).

Zudem dürfte der Verpackungszustand der DNS ebenfalls von entscheidender Bedeutung für die Initiierung des Ablesens sein. Nur wenn ein entsprechender DNS-Abschnitt soweit entpackt ist, dass die Faktoren und letztlich das Lesegerät binden können, kann die Transkription erfolgen. Ferner hat sich das Konzept einer festen Bindestelle für die Faktoren vor dem eigentlichen Ablese-Bereich insofern aufgeweicht, dass solche Stellen auch nach diesem Bereich und sogar innerhalb liegen können. In die Regulation der Transkription sind demnach viele Prozesse und Faktoren involviert, die nicht nacheinander Schritt für Schritt ablaufen müssen. Vielmehr ist an ein kompliziertes parallel interagierendes Netzwerk zu denken. Hier noch die Rede von einer Information zu verwenden, die in eindeutiger Weise aus einem Speicher abgelesen und in ein funktionales Produkt umgesetzt wird, dürfte für das Verständnis solcher Prozesse eher kontraintuitiv sein.

Alternatives Spleißen

Ein weiterer Prozess, der die eindeutige Zuordnung von einer Information zu einem funktionalen Produkt zu nichte macht, ist das alternative Spleißen. Gen-Orte bestehen aus sogenannten Exons und Introns (Abbildung 8.3). Nur die Exons sind die Bereiche des Gen-Orts, die letztlich in ein funktionales Produkt umgesetzt werden. Die Introns werden aus der RNS herausgeschnitten, bevor diese an den Ribosomen in ein funktionales Produkt umgesetzt wird. Nun werden aber nicht immer nur alle Introns gespleißt, sondern manchmal auch Exons. So können aus ein und derselben RNS verschiedene Proteine entstehen (linke und rechte Spalte der Abbildung 8.3), die sich dadurch unterscheiden, dass eines eine bestimmte sogenannte Domäne hat und das andere nicht. Somit vermittelt die Einteilung in Exons und Introns zusammen mit dem alternativen Spleißen einen modulartigen Aufbau der Proteine. Auch das alternative Spleißen ist ein regulierter Prozess.

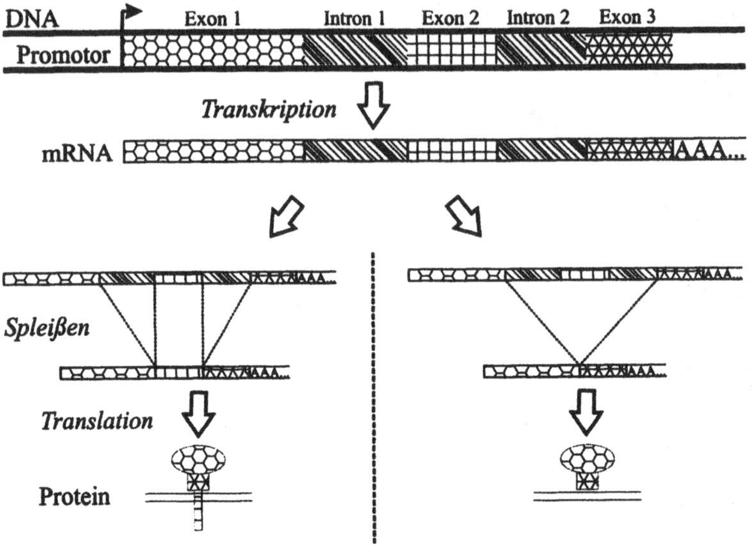

Abbildung 8.3. Schematische Darstellung des alternativen Spleißens.

8.2 Das Konzept der molekularen Universalität

Das Konzept der molekularen Universalität ist die zentrale Voraussetzung, die Gentechnik überhaupt erst ermöglicht. Es besagt, dass alle Organismen dieselben molekularen Strukturen verwenden: DNS, RNS und Proteine sind bei allen Lebewesen gleich aufgebaut. Es gibt auch funktionale Produkte, die in vielen Organismen die gleichen sind. Transfiziert man menschliche DNS in ein Bakterium, kann diese dort abgelesen und in ein Protein umgesetzt werden. Auf diese Weise wird beispielsweise menschliches Insulin in Bakterien synthetisiert, die gleichsam als lebende Fabriken ein gewünschtes Molekül herstellen. Natürlich ist die technische Realisierung solcher Übertragungen nicht immer ein einfaches Unterfangen und funktioniert nur mit einer gewissen Effektivität.

Die Möglichkeiten, die sich durch die molekulare Universalität ergeben, sind mannigfach und vielschichtig, nicht nur in technischer Hinsicht. Viren nutzten sie beispielsweise auch. Sie infizieren eine Zelle, indem sie ihr Genom in dasjenige der Wirtszelle mit einem speziellen Protein, der reversen Transkriptase, integrieren. Die Wirtszelle produziert dann die Viren-Proteine mit, aus denen sich dann die Nachkommen des Virus bilden. Ausnahmen von diesem Prinzip der molekularen Universalität hat man bisher so gut wie keine gefunden. Eine dieser wenigen Ausnahmen ist die Tatsache, dass Hefepilze der Gattung *Candida* ein bestimmtes Codon in eine andere Aminosäure übersetzen, als dies bei den anderen Organismen üblich ist.[3]

---

[3] Siehe Gross (1995).

8.3 Zusammenfassung

Die Molekulare Genetik wurde hier nur ganz kurz angerissen, so dass eine Begutachtung nicht erfolgen kann. Dies geschah mit der Begründung, dass sie kein Forschungsprogramm im hier verwendeten Sinne ist, sondern ein Sammelsurium von Methoden und Konzepten, die in genetischen Forschungsprogrammen zum Einsatz kommen. Dabei lässt sich Folgendes festhalten:

- Die Molekulare Genetik hat die Aufgabe die chemische Umsetzung der Funktionen zu klären, die für Erklärungen in der Genetik verwendet werden.
- Beim informationstheoretischen Konzept werden Moleküle mit Funktionen belegt, die durch Abstraktion in technischen Zusammenhängen insbesondere innerhalb der Informationstheorie gewonnen und dann auf die Genetik übertragen werden.
- Das informationstheoretische Konzept der Molekularen Genetik hat sich als äußerst fruchtbar erwiesen, muss aber von Fall zu Fall jeweils gerechtfertigt werden. Eine ungerechtfertigte Übertragung aus der Informationstheorie kann durchaus den Blick auf das Wesentliche versperren.
- So darf beispielsweise die Regulation der Transkription nicht als ein serieller Schritt für Schritt Prozess aufgefasst werden, sondern muss eher als parallel arbeitendes Netzwerk verstanden werden. (Siehe dazu auch Punkt 9.2.2: Zur Rede vom ‚genetischen Programm').
- Die Hypothese der molekularen Universalität scheint dagegen weitgehend generell gültig zu sein. Bis heute sind praktisch keine Ausnahmen bekannt, so dass dieses Prinzip gut bewährt im Einsatz bleiben kann.

9

Entwicklungsbiologie

Die Entwicklungsbiologie ist *per se* kein Forschungsprogramm der Genetik. Wir haben sie hier aber dennoch zu besprechen, da die fortschreitende Aufklärung genetischer Zusammenhänge neue Möglichkeiten bietet, entwicklungsbiologische Vorgänge einer Erklärung zuzuführen. Beschreiben und Erklären sind in der Entwicklungsbiologie mit etlichen anderen biologischen Disziplinen verknüpft, mit der Genetik aber auf eine besonders fundamentale Weise. Erklären meint dabei, ein Verständnis der Leistungen der Gene bei der Entwicklung von Organismen zu erarbeiten. Wie sind die Gene an der Entstehung eines Organismus beteiligt? Welche Konfiguration von Genen bewirkt welchen Phänotyp? Welches genetische Material in einer Zygote hat die Eigenschaft, dass diese zu einem kompletten Organismus reift? Solche Fragen stehen nicht nur im Zentrum der aktuellen Forschung, sondern sind auch in gesellschaftlichen Debatten von hoher Relevanz, die derzeit stark das öffentliches Interesse erregen.

9.1 Prototheoretische Konzepte der Entwicklungsbiologie

Ziel der Entwicklungsbiologie ist die Beschreibung und Erklärung der vielfältigen Prozesse, die bei der Entstehung von lebenden Systemen aus einer einzelnen Zelle stattfinden.[1] Andere Möglichkeiten der Entstehung von neuem Leben, die durchaus vorhanden sind – man denke an Ableger von Pflanzen –, stehen in der Regel nicht im Interesse dieses Forschungsprogramms. Die Entwicklungsbiologie beschäftigt sich mit der Entstehung eines kompletten Organismus aus einer befruchteten Eizelle, der Zygote (Abbildung 9.1).

Erste Bedingung der Möglichkeit, diese biologische Entwicklung beschreiben zu können, ist eine kontinuierlich verfolgbare Entwicklungsgeschichte, die

---

[1] Siehe dazu und auch zu historischen Aspekten WOLPERT et al. (1999, Kap. 1).

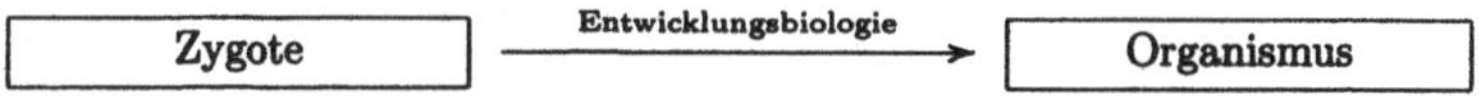

Abbildung 9.1. Grundschema biologischer Entwicklungsprozesse.

sich in unterscheidbare Stadien einteilen lässt. Nur durch eine zeitlich kontinuierliche Beobachtung kann sicher gestellt werden, dass ein fertiges Lebewesen aus genau einer Ausgangszelle entstanden ist, dass also beispielsweise der Schmetterling eine Larve war, die aus einem Ei erwachsen ist und sich nach ausreichendem Wachstum verpuppt hat. Und nur unterscheidbare Stadien erlauben die Rede von einer Entwicklung, die mehr beschreibt als das bloße Größenwachstum. Die Einteilung in Stadien ermöglicht überhaupt erst, über biologische Entwicklung zu sprechen.

Definition 9.1 (Stadium). Wenn ein Gegenstand der zeitlichen Entwicklung unterliegt, dieser Prozess kontinuierlich beobachtbar ist und dabei empirische Systeme in andere transformiert werden, so heißen die einzelnen empirischen Systeme Stadien des Gegenstands.

Man beachte, dass bereits Beschreibungsleistungen erbracht worden sind, wenn von empirischen Systemen die Rede ist (siehe Definition 6.5). Insbesondere wurde ein empirisches System so definiert, dass es Grenzen und feste Teilsysteme hat. Von den Gegenständen der Entwicklungsbiologie werden solche Grenzen und Festlegungen aber gerade überschritten. Die Zygote teilt sich beispielsweise, und der betrachtete entwicklungsbiologische Gegenstand besteht dann aus zwei Zellen und nicht mehr nur aus einer. Die Pointe der Entwicklungsbiologie liegt darin, Systemumwandlungen zu beschreiben und zu erklären. Physikalische Forschungsprogramme und auch die Klassische Genetik beschreiben dagegen ‚nur' Zustandstransformationen *von* Systemen.

Neben dem prototheoretischen Konzept der Beschreibung in Stadien greift die moderne Entwicklungsbiologie auf andere biologische Disziplinen zurück, insbesondere die Zytologie, die Molekularbiologie und die Genetik. Eine moderne entwicklungsbiologische Beschreibung beinhaltet auch den Aufbau, die Zahl und die Funktionen der Zellen des zu beschreibenden Gegenstands sowie seine molekularbiologischen Aktivitäten und nicht zuletzt auch den Zustand der Gene. Die Entwicklungsbiologie benötigt nicht nur solche Beschreibungsleistungen anderer Disziplinen, sondern benutzt auch deren Erklärungsschemata.

9.2 Das Forschungsprogramm der Entwicklungsbiologie

Das Forschungsprogramm der Entwicklungsbiologie ist weit davon entfernt, in einer geschlossenen oder gar axiomatischen Formulierung angegeben werden zu können. Vielmehr lässt sich derzeit mit Ausnahme der Erklärungsaufgabe und zweier weiterer recht allgemeiner Postulate noch wenig Generelles zur Entwicklung von Lebewesen sagen.

Entwicklungsbiologie 1 (Entwicklungsgeschichte). Lebewesen entstehen aus einer befruchteten Eizelle, die sich in einer speziellen Umgebung befindet.

Entwicklungsbiologie 2 (Genotyp). Die Entwicklung von Lebewesen wird durch den Genotyp mitbestimmt.

Entwicklungsbiologie 3 (Umwelt). Die Entwicklung von Lebewesen wird durch Umwelteinflüsse mitbestimmt.

Ganz lapidar gesprochen, gilt heute als gesichertes Wissen, dass sich Lebewesen aus befruchteten Eizellen entwickeln, und dass die Entwicklung in irgendeiner noch näher zu bestimmenden Form sowohl von den Genen als auch von der Umwelt abhängt. Das Forschungsprogramm der Entwicklungsbiologie befindet sich in der Tat erst ganz am Anfang. Dennoch wissen wir heute schon mehr als die drei obigen Postulate ausdrücken. Nur ist dieses Wissen noch nicht in einer Form, die eine für die Formulierung des Kerns eines Forschungsprogramms notwendige Vereinheitlichung zuließe. Vielmehr besitzen wir nur eine erste Heuristik, die uns aufwendige empirische Studien der letzten Jahrzehnte vermitteln.

Bevor die experimentellen Befunde vorgestellt werden, die zu dem Konzept der Stammzellen und ihrer Potentialität (Abschnitt 9.3) und zu dem Konzept der system-theoretischen Beschreibung von Musterbildungsprozessen (Abschnitt 9.4) führen, sollen noch einige generelle Konzepte der Entwicklungsbiologie erörtert werden. Hierbei wird es um den Wechsel der Beschreibung von Systemumwandlungen und Zustandstransformationen gehen und um die Rolle der Genetik für die Entwicklungsbiologie.

9.2.1 Systemumwandlung und Zustandstransformation

Eine entscheidende Eigenschaft lebender Systeme ist die Fähigkeit zu wachsen. Voraussetzung von Wachstum ist die Offenheit entwicklungsbiologischer Systeme. Die zum Wachstum benötigten Stoffe müssen ‚von außen‘ angeliefert werden. Dies bewerkstelligt in der Regel die Mutter, und zwar beispielsweise kontinuierlich während einer Schwangerschaft oder ‚auf Vorrat‘ bei der Oogenese. Ohne diese Zufuhr kann kein neues Leben entstehen.

Die Entwicklung eines Lebewesens besteht aus einer Vielzahl von Organisationsprozessen. Proteine organisieren sich zu Zellen, Zellen organisieren sich zu Zellverbänden, Zellverbände organisieren sich zu Organen und Organe organisieren sich zu Organismen. Betrachtet man die Entwicklung eines Lebewesens, hat es den Anschein, dass diese Organisationen wie von selbst geschehen. Eine der Kardinalfragen der Entwicklungsbiologie besteht nun darin, wie diese vielfältigen Organisationen funktionieren. Dabei scheint jede Zelle, jeder Zellverband oder jedes Organ eine spezifische Funktion zu haben. Werden Funktionen nicht oder nicht ‚richtig‘ erfüllt, führt dies in der Regel zu Problemen für den Organismus. Nun stellt sich die Frage, mit welchen Beschreibungsmitteln dies erfasst werden kann.

Dazu muss zweierlei betont werden: Organisiertes Wachstum (im Gegensatz zu reinem Größenwachstum) kann nur als Systemumwandlung beschrieben werden. Organisationsprozesse können innerhalb der Systemtheorie als Zustandstransformationen beschrieben werden. Diese beiden Beschreibungsverfahren können nicht gleichzeitig angewendet werden. Ein System hat Zustände, die sich von einem in einen anderen transformieren können. Wandelt sich ein System in ein anderes um, ändert sich auch die jeweilige Zustandbeschreibung. Die Beschreibung von Systemumwandlungen und Zustandstransformationen können sich aber sehr wohl ergänzen. Der entwicklungsbiologische Gegenstand kann als eine wechselnde Abfolge von Systemumwandlungen und Zustandstransformationen beschrieben werden. Uns stehen keine Mittel zur Verfügung, beides in einem Beschreibungsverfahren zu erledigen. So reden wir beispielsweise davon, dass zuerst eine Reihe von Zellteilungen stattfindet und sich dann diese Zellen organisieren (z.B. zur Blastozyste).

9.2.2 Zur Rede vom ‚genetischen Programm'

Wie eingangs bereits erwähnt, wurden entwicklungsbiologische Beschreibungen durch die Genetik neuen Erklärungsansätzen zugänglich. Da sich jede menschliche Zygote nur zu einem Menschen entwickeln kann und nicht zu einem anderen Lebewesen, liegt es nahe, davon auszugehen, dass in der menschlichen Zygote etwas enthalten sein muss, das von den Eltern vererbt wurde und gleichsam ein ‚Programm' für die Entstehung eines Menschen enthält. War das Erbmaterial einmal entdeckt, ging man davon aus, dass es dies zu leisten im Stande sein muss. Man spricht davon, dass der Kern der Zygote das komplette ‚genetische Programm' für die Entstehung eines Lebewesens enthalte.

Dabei ist für die Forschungsaufgabe der Entwicklungsbiologie der Aspekt der Vererbung nicht von Interesse. Er ist logische Voraussetzung dafür, dass Menschen Menschen zur Welt bringen, und dass Kinder manchmal ähnliche Eigenschaften wie ihre Eltern haben. Leben wird zyklisch weitergegeben und entsteht nicht jedesmal neu. Da die Entwicklungsbiologie beschreiben und erklären will, wie aus einer Zygote ein Lebewesen wird, ist die Herkunft des Ausgangsmaterials innerhalb der Zygote nur so weit von Wichtigkeit, dass der ererbte Teil das ‚Programm' enthalten muss. Dieser Teil wird als Genom bezeichnet und hat seinen Sitz im Zellkern. Dem Genom wird dabei gegenüber dem Rest der Zygote oft so große Wichtigkeit zugesprochen, dass die zu beantwortende Kardinalfrage der Entwicklungsbiologie darauf reduziert wird, wie dieses ‚Programm', das Genom, funktioniert (Abbildung 9.2).

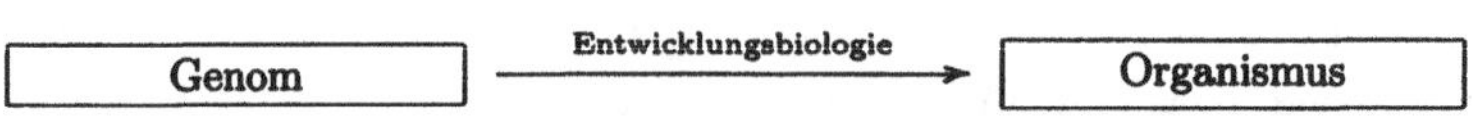

Abbildung 9.2. Grundschema genetischer Determinierung entwicklungsbiologischer Prozesse.

Die Rede vom ‚genetischen Programm' wurde offenbar metaphorisch übernommen im Zuge des informationstheoretischen Konzepts der DNS.[2] Diese Übertragung ist durchaus mit Problemen behaftet, die nun erläutert werden sollen. Bei einem Programm werden alle Arbeitsschritte immer der Reihe nach bewerkstelligt. Wenn dies bei modernen Computern auch sehr schnell geschieht, es passiert dennoch nacheinander. In einem Zellkern hingegen sind sehr viele Gene gleichzeitig aktiv und ihre Gen-Produkte können sich im Allgemeinen gegenseitig beeinflussen und nicht nur auf andere Gene regulierend einwirken, sondern auch auf die eigene Produktion. Es handelt sich um ein parallel agierendes Netzwerk sich beeinflussender Komponenten und nicht um eine Abfolge von Arbeitsschritten. Wenn nicht in diesem Sinne im Genom der Zygote ‚etwas programmiert' ist, in welchem könnte dies dann der Fall sein?

Wenn ein Computerprogramm mit bestimmten Anfangsbedingungen startet, kommt am Ende immer dasselbe Ergebnis heraus. Wäre dies nicht Fall, wäre der Computer defekt. Wir würden ihn zum Reparieren bringen, weil er seine Funktion als Rechenmaschine nicht zweckgemäß erfüllt. Von der Entwicklung einer Zygote erwarten wir nicht, dass immer genau dasselbe Ergebnis entsteht. Dies ist offenbar nicht ihre Funktion. Selbst eineiigen Zwillingen billigen wir Individualität zu. Wir erwarten aber von einer funktionierenden menschlichen Zygote sehr wohl, dass aus ihr ein Mensch entsteht, dass der Mensch zwei Arme und zwei Beine hat, Augen, Ohren und Mund, und dass er später einmal aufrecht gehen kann. Wir gehen also davon aus, dass im Genom der Zygote regelmäßige und individuelle Strukturen ‚programmiert' sind. Dies widerspricht offensichtlich der Auffassung von Programmen in der Informationstheorie, und nur auf diese bezogen hat der metaphorisch übertragene Programm-Begriff überhaupt einen Sinn.[3]

Daher kann es zu gefährlichen Missverständnissen führen, wenn die Rede vom ‚genetischen Programm' dennoch verwendet wird. Gemeint ist ohnehin das theoretische Konzept der genetischen Determinierung, über das schon die klassischen Genetiker verfügten (Kapitel 7), nur dass es jetzt auf die Entwicklungsbiologie übertragen wird (Abbildung 9.2). Es besteht damit gar kein Grund, von einem Programm zu sprechen. Ohne die Vorbelastungen des Programm-Begriffs kann die Entwicklungsbiologie die Frage stellen, ob es ein Erklärungsschema gibt, das die genetische Determinierung von Regelmäßigkeit und Individualität erlaubt. Diese beiden Komponenten unsrer täglichen Erfahrung muss ein tragfähiges Forschungsprogramm der Entwicklungsbiologie vereinen können (Punkt 9.4.4).

9.2.3 Zur Individualität des Genoms

Zudem muss betont werden, dass in der Klassischen Genetik eine Merkmalsausprägung durch eine bestimmte Gen-Variante oder Kombination von Gen-Varianten festgelegt wird. Nur durch diese massive Einschränkung auf die

[2] Siehe Abschn. 8.1.

[3] Vergleiche dazu das Beispiel der Pumpe aus Punkt 6.4.3.

Betrachtung eines oder weniger Merkmalsausprägungen kann überhaupt erst genetische Determinierung beobachtet werden: Gleiche Anfangsbedingungen (Gen-Varianten) legen gleiche Endzustände (Merkmalsausprägungen) fest. Wollen wir dieses Konzept auf die Festlegung eines ganzen Organismus durch sein Genom (Abbildung 9.2) übertragen, scheitert dies bereits daran, dass die Genome zweier Individuen nicht identisch sind, und zwar erstens *per se* wegen verschiedener Gen-Varianten und zweitens erworben durch Mutationen, die im Laufe eines Lebens angesammelt werden.

Die Individualität des Genoms durch unterschiedliche Gen-Varianten kann gut durch die Betrachtung von genetischen Vaterschaftstests oder forensischen Untersuchungen (genetischer Fingerabdruck) verdeutlicht werden. Bei besagten Tests werden eine bestimmte Anzahl (bei Rechtsfragen mindestens 16) von Gen-Orten, die eine bestimmte Anzahl von Gen-Varianten haben, untersucht. Die individuelle Belegung dieser Gen-Orte eines potentiellen Vaters mit spezifischen Varianten verglichen mit der Belegung des Kindes reicht bereits aus, um fast sicher zu entscheiden, ob es sich wirklich um den Vater handelt. Bei einer forensischen Untersuchung wird genetisches Material eines Verdächtigen mit solchem verglichen, das am Tatort gefunden wurde. In die Berechnung solcher Wahrscheinlichkeiten für die Übereinstimmung fließen geschätzte Mutationsraten ein.[4]

Unser Genom akkumuliert im Laufe unseres Lebens ständig individuell Mutationen. Wie viele dies sind wissen wir nur sehr ungenau. Mutationen werden nur an Nachkommen vererbt, wenn sie auch in den Keimzellen vorliegen. In welchen Zelltypen eine Mutation vorliegt und in welchen nicht, hängt davon ab, an welcher Stelle im genealogischen Baum der Zelltypen (siehe Punkt 9.3.2) eine Mutation verzeichnet werden kann. Es gibt viele Ursachen von Mutationen. Wir unterscheiden zwischen *endogenen* – innerhalb entstehenden – und *exogenen* – von außen erzeugten.

Die wichtigsten exogenen Mutationsquellen sind UV-Strahlung, Radioaktivität und chemische Mutagene aus der Umwelt. Die wichtigste endogene Quelle sind zunächst Fehler, die bei der Verdopplung der Erbinformation vor einer Zellteilung (DNS-Replikation[5]) auftreten. Dies führt dazu, dass die DNS einer Nachfolgerzelle keine hundertprozentig exakte Kopie der Stammzelle ist. Eine weitere häufige Quelle endogener Mutationen ist die Infektionsabwehr. Jeden Tag wird unser Organismus z.B. durch Kontakte über die Haut oder durch die Nahrungsaufnahme mit Infektionserregern aus der Umwelt konfrontiert. Diese werden von speziellen Abwehrzellen eliminiert. Dabei benutzen die Abwehrzellen eine Art körpereigenes Desinfektionsmittel, welches chemisch hauptsächlich aus freien Sauerstoffradikalen besteht. Diese sind hochgradig mutagen. Um überhaupt ein Überleben zu ermöglichen, werden fast alle diese Mutationen von einem effizienten Reparatursystem wieder korrigiert. Dennoch bleiben einige unentdeckt übrig.

---

[4] Vgl. SEYFFERT (1998, S. 348 ff.).

[5] Siehe RADMAN & WAGNER (1988) und SEYFFERT (1998, S. 31).

Das genaue Ausmaß der Mutationen ist schwer zu messen. In einigen Fällen, wie z.B. bei der DNS-Replikation, hat man recht gute Schätzungen. Diese belaufen sich auf ca. 1-5 Mutationen pro Zelle pro Generation, die nach allen Reparaturprozessen noch verbleiben. Dagegen ist das Ausmaß der exogen verursachten und der oxidativen Mutationen Gegenstand großer Kontroversen. AMES (1997) gibt einen Überblick. Schätzungsweise entstehen mehr als 50.000 Mutationen pro Zelle pro Generation allein durch oxidativen Stress. Die meisten davon werden repariert. Es ist unbekannt, wie viele nicht repariert an die Nachfolgezellen weitergegeben werden.

Umstritten bleibt, wie viele Mutationen sich im Verlauf der sukzessiven und lebenserhaltenden Zellteilungen akkumulieren. Konsens gibt es jedoch darüber, dass Mutationen in einem messbaren Ausmaß akkumulieren, und zwar mit für das Individuum relevanten Konsequenzen. Im Prozess der Mehrstufen-Karzinogenese durch akkumulierte Mutationen in Onkogenen und Tumor-Suppressor-Genen werden diese Konsequenzen beispielsweise in Form einer Krebserkrankung drastisch sichtbar.[6] Nach einer bestimmten Anzahl von Teilungen sterben Zellen ab. Dadurch sammeln sich nicht untragbar viele Mutationen in einer bestimmten Zelle an.

Das Genom ist also nicht stabil und unveränderlich, sondern andauernd einer Vielzahl neuer Mutationen unterworfen, die zwar größtenteils repariert werden, aber doch merklich akkumulieren können. Dies gilt insbesondere für sich schnell teilende und schnell wachsende Gewebe, wie etwa embryonale Gewebe, die Haut, das blutbildende System, und die sich im menstrualen Zyklus ständig neu formierenden Gewebe, weil endogene Mutationen nach derzeitiger Kenntnis größtenteils durch Fehler bei der Verdopplung des Chromosomensatzes entstehen, die sich vor jeder Zellteilung ereignet. Im Unterschied zu diesen somatischen Zellen ist die Keimbahn kaum Mutationen unterworfen. Bereits sehr früh in der Entwicklung, nämlich bis zum ca. 6. Schwangerschaftsmonat, werden die Zellen erzeugt, die später zur Fortpflanzung bestimmt sind. Nach wenigen Teilungsprozessen werden diese Keimzellen konserviert. Das Risiko einer endogenen Keimbahn-Mutation wird dadurch deutlich verringert.

Zu erwähnen sind auch mitochondriale Mutationen, da es für diese keine Reparatursysteme gibt. Mitochondrien sind Teile der Zellen mit spezieller Funktion, sogenannte Organellen. Sie sind für den Stoffwechsel verantwortlich und haben ihr eigenes Genom außerhalb des Zellkerns, wo keine Reparatursysteme vorhanden sind. Dementsprechend ist das mitochondriale Genom wesentlich anfälliger für Neumutationen als das im Zellkern verpackte. Daher ist auch ein überproportional großer Anteil vererblicher Konditionen von mitochondrialen Genen kodiert.

Schon wegen des individuellen Musters der Gen-Varianten, aber zudem auch wegen der zufälligen endogenen und exogenen Mutationen ist es praktisch ausgeschlossen, dass zwei Lebewesen ein völlig identisches Genom haben. Auch die Mutationen ereignen sich in jedem Individuum in einem für

[6] Siehe VARMUS & WEINBERG (1993).

dieses Individuum einmaligen Muster. Jedes Genom hat damit eine individuelle Komponente. Dadurch wird aber nicht die Tatsache bestritten, dass das Genom auch eine für die Spezies eigene Komponente hat, und dass diese Komponente in der Regel bei allen Mitgliedern der Spezies gleich ist. (Man denke an die Zahl der Chromosomen, die Lokalisation von Gen-Orten auf diesen, etc.). Damit zeigt das Genom selbst die beiden wichtigsten Beobachtungen, die das Forschungsprogramm der Entwicklungsbiologie zu erklären hat, Regelmäßigkeit und Individualität. Freilich wissen wir fast noch nichts darüber, wie diese beiden Komponenten des Genoms in Regelmäßiges und Individuelles auf der Phänotyp-Ebene umgesetzt werden.

9.2.4 Genetische Regulation und systemische Organisation

Die Entwicklungsbiologie beschäftigt sich mit der Frage, wie ein Organismus aus einer Zygote entsteht. Oben wurde bereits erläutert, dass diese Frage häufig darauf reduziert wird, wie ein Organismus durch sein Genom bestimmt ist (Abbildung 9.2). Nun kann die Liste der Merkmale eines Organismus beliebig verlängert werden. Wie bei der Erforschung von Erbgängen in der Klassischen Genetik muss man sich zur Erforschung entwicklungsbiologischer Zusammenhänge auch auf bestimmte Merkmale beschränken. Ferner wird die Hypothese vertreten, dass diese phänotypischen Merkmale durch ein bestimmtes Funktionieren von Zellen zustande kommen. Deswegen interessiert man sich dafür, wie Zellen dazu gebracht werden, eine bestimmte Funktion auszuführen.

Die generelle Hypothese, von deren Richtigkeit derzeit ausgegangen wird, besagt, dass die Funktion einer Zelle durch den Zustand des Genoms dieser Zelle bestimmt ist. In keinem Zellkern sind zu irgendeiner Entwicklungsphase *alle* Gene aktiv. Vielmehr wird eher sogar ein Großteil der Gene in einem inaktiven Zustand im Cytoplasma ‚verpackt' sein. Jeder Zelltyp besitzt ein charakteristisches Muster von transkribierten und nicht transkribierten Genen. Zudem sind Gene nicht einfach aktiv und inaktiv, sondern die Aktivität kann auch stärker und schwächer sein, was zu höheren und niedrigeren mRNS-Konzentrationen führt. Man geht also davon aus, dass der Zustand des Genoms die Funktion der Zelle im Organismus bestimmt (Abbildung 9.3).

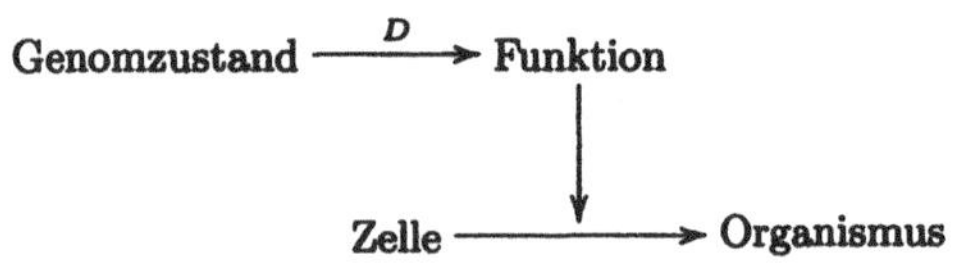

Abbildung 9.3. Grundschema genetischer Determinierung von Zellfunktionen.

Nun stellt sich aber ersichtlich die Frage, wie das Genom in einen bestimmten Zustand versetzt wird. Woher weiß eine Zelle, welche Funktion sie zu erfüllen hat. Wie bekommt sie mitgeteilt, ob sie zum Kopf oder zum Fuß gehört, ob sie eine Gehirn- oder eine Leberzelle ist oder ob sie rotes oder weißes Blutkörperchen ist? Immerhin können wir diese Fragen - die Gültigkeit der getroffenen das Problem reduzierenden Hypothesen vorausgesetzt – unter eine vereinheitlichte Frage zusammenfassen: Wie werden Gene reguliert? Die Regulation der Gen-Expression spielt demnach über die Zuweisung von Zellfunktionen für die systemische Organisation von Lebewesen eine wichtige Rolle. Damit greift die Entwicklungsbiologie zur Bewältigung ihrer Erklärungsaufgabe auf Konzepte der Genetik zurück.

Mit der Arbeit von JACOB & MONOD (1961) beginnt die Erforschung der Gen-Regulation. Deren Modell, das berühmte Laktose-Operon, zur regulierten Verarbeitung verschiedener Zucker von *Escherichia coli* Bakterien beinhaltet bereits die Komponente der Umweltbedingungen. Die Bakterien beginnen nur dann mit der Expression der zum Stoffwechsel von Laktose benötigten Proteine, wenn sie sich in einer Umgebung befinden, die reich an Laktose ist und keine Glucose mehr enthält. Heute sind etliche Signalwege erforscht, auf denen meist über längere Kaskaden verschiedenster Interaktionspartner Gene reguliert werden. Man geht dennoch davon aus, dass erst ein Bruchteil der Abläufe bekannt ist, die in Zellen nicht nur zur Gen-Regulation stattfinden. Die labortechnischen Möglichkeiten, einer Zelle eine bestimmte Funktion zukommen zu lassen, sind jedenfalls noch sehr beschränkt.

Zwei Konzepte bedürfen in diesem Zusammenhang der Erwähnung. Da sich ein Organismus aus nur einer Zelle entwickelt, geht man davon aus, dass es Zellen gibt, die zu jeder beliebigen Zelle eines Organismus determiniert werden können. Weil wir aber noch viel zu wenig über die inneren und äußeren Bedingungen wissen, in denen sich so eine potentiell alle Funktionen beherrschende Zelle befinden muss, um zu einer bestimmten Zelle zu reifen, beschränken sich die aktuellen Versuche darauf, solche Zellen einfach in die Umgebung von Zellen zu bringen, zu denen sie werden sollen. Es lässt sich festhalten, dass es auf diesem Wege prinzipiell möglich ist, einer Zelle eine Funktion zu geben. Wie diese Funktionszuweisung im Detail vonstatten geht, lernen wir dabei freilich nicht. Nur dass die Umgebung innerhalb der systemischen Gesamtorganisation eine sogar entscheidende Rolle spielen kann, ist dadurch bewiesen. Dieses Konzept der sogenannten Stammzellen, die über ihre Potentialität definiert werden, zu etwas reifen zu können, wird in Abschnitt 9.3 näher beleuchtet.

Das zweite zu erwähnende Konzept ist das der Musterbildung, das in Abschnitt 9.4 detaillierter vorgestellt wird. Hierbei wird in einem systemischen Ansatz versucht, die Ausbildung von Bereichen, die bestimmte Zell- oder Zellkerntypen enthalten, dadurch zu erklären, dass sich die Zellen oder Zellkerne selbst organisieren. Jede Zelle sendet und empfängt verschiedenste Signale, d.h. es werden Gen-Produkte hergestellt und von anderen Zellen erzeugte Gen-Produkte aufgenommen, die auf Gene regulierend einwirken können. Durch die gegenseitige Regulation entstehen Schwankungen in den verschiedenen Zell-Bereichen, die sich nach einigem Hin und Her zu einem festen räumlichen Muster stabilisieren. Das Zell-System hat sich selbst organisiert.[7]

9.3 Das Konzept der Stammzellen und ihrer Potentialität

[8]Eine befruchtete Eizelle kann zu einem vollständigen Organismus reifen. Sie kann, sie muss aber nicht. Ob der komplizierte Weg von einer Zelle zu einem kompletten Lebewesen tatsächlich beschritten wird, hängt von sehr vielen inneren und äußeren Faktoren ab. Die Zygote besitzt aber prinzipiell die Potentialität, den Prozess der Reifung zu durchschreiten. Die Potentialität, zu etwas reifen zu können, ist eines der zentralen Konzepte der Entwicklungsbiologie. Es spielt in aktuellen gesellschaftlichen Diskussionen um die Forschung an sogenannten Stammzellen und den Schutz von Embryonen eine tragende Rolle. Aber nicht nur die Zygote hat Potentialität, sondern andere Zellen ebenfalls, wenn auch nicht in dieser totalen Form. Um uns hier ein differenziertes Reden zu ermöglichen, betrachten wir zuerst die frühe Embryonalentwicklung des Menschen.

9.3.1 Frühe Embryonalentwicklung beim Menschen

Wenn die Entstehung eines neuen Menschen normal verläuft,[9] wird das Ei am oberen Ende des Eileiters nahe der Eierstöcke von einem Spermium befruchtet. Die Zygote wandert durch den Eileiter zur Gebärmutter. Dort wird sie in die Gebärmutterschleimhaut implantiert. Für den ca. 10 cm langen Weg von den Eierstöcken zur Gebärmutter benötigt die befruchtete Eizelle etwa sechs Tage. Während dieser Zeit entwickelt sich die Zygote zur Blastozyste. Dabei werden die Präimplantationsstadien durchschritten, die in Abbildung 9.4 zu sehen sind.

Die Eizelle befindet sich innerhalb der *zona pellucida*, einer gallertartigen Schutzhülle. Im Regelfall vermag sie nur ein Spermium zu durchdringen. Es bildet den männlichen Vorkern, der schließlich mit dem weiblichen fusioniert. Diese Fusion, der sich die erste Zellteilung anschließt, markiert das Ende des Befruchtungsprozesses. Aus dem 2-Zell-Stadium wird nach der zweiten Zellteilung das 4-Zell-Stadium usw. Jede dieser Zellen heißt Blastomere. Etwa ab dem 16-Zell-Stadium nennt man den kleinen Zellverband Morula. Noch lassen sich die einzelnen Zellen gegeneinander abgrenzen. Dies ist nicht mehr der Fall,

[7] Ein einführendes Buch zu den Vorgängen bei der Entstehung von Ordnung mit Blick auf lebende Systeme hat Cramer (1993) geschrieben.

[8] Bei diesem Abschnitt handelt es sich um eine deutsche Version von Teilen aus Seel (2003b).

[9] See e.g. Christ & Wachtler (1998); Moore & Persaud (1996); Sinowatz et al. (1999).

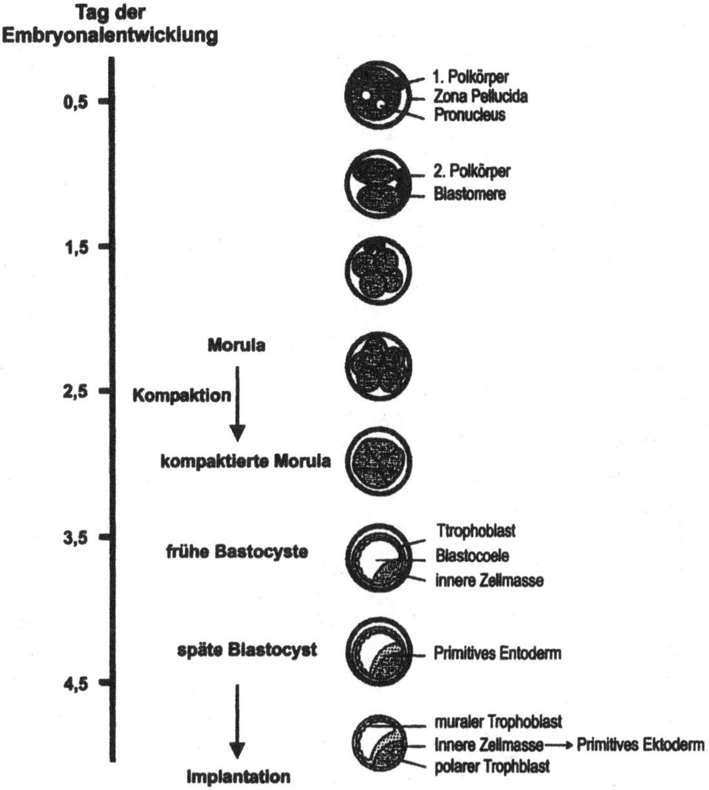

Abbildung 9.4. Die Präimplantationsstadien der Embryonalentwicklung beim Menschen (SEYFFERT, 1998, S. 310).

wenn das Stadium der kompaktierten Morula vorliegt. Während der Kompaktion teilen sich die Zellen weiter, allerdings ohne dass dabei die *zona pellucida* mitwachsen würde. Dann baut sich innerhalb der *zona pellucida* eine erste Hülle aus den meisten kompaktierten Zellen (ca. 150) auf, die Trophoblasten genannt werden. Die restlichen Zellen (ca. 10) liegen flach auf einer Seite der Hülle und werden innere Zellmasse genannt. Das Ergebnis ist eine Höhle, die Blastocoele genannt wird. Das Stadium der frühen Blastocyste ist erreicht. In der späten Blastocyste liegt neben der inneren Zellmasse zudem das Entoderm in seiner primitiven Form vor, eines der drei embryonalen Keimblätter (Ento-, Ekto, Mesoderm). Wenn die Blastocyste den Uterus nach etwa 4-5 Tagen erreicht, schlüpft sie aus der *zona pellucida*. Ein von den Trophoblasten produziertes Enzym regt die Gebärmutterschleimhaut an, die dann die Blastozyste ca. 5-6 Tage nach der Befruchtung implantiert.

9.3.2 Zell-Differentiation und genealogische Zell-Bäume

Das Phänomen der Zell-Differenzierung[10] findet beim Menschen zum ersten Mal statt, wenn die Zellen der Morula in Trophoblasten und innere Zellmasse geteilt werden. Die Differenzierung ist mit einer Spezialisierung verbunden. Differenzierte Zellen übernehmen spezifische Funktionen im Organismus, die erbracht werden können, wenn die entsprechende Differenzierung erfolgt ist. Die Trophoblasten haben beispielsweise die Funktion, nach der Implantation die Plazenta aufzubauen, während die innere Zellmasse zum Fetus reifen wird. Derzeit geht man davon aus, dass bei einer Zelle, die einen bestimmten Differenzierungsschritt vollzogen hat, dieser ohne künstlichen Eingriff nicht mehr rückgängig gemacht wird. Experimentelle Daten zeigen, dass so ein ‚Reprogrammieren' (besser Redeterminieren[11]) in bestimmten Fällen aber durchaus technisch erzwungen werden kann.[12] Dennoch ist es eine wichtige Hypothese der Entwicklungsbiologie, dass in der Natur keine Redeterminierung stattfindet. Diese Hypothese erlaubt uns erst, die Begriffe „Zell-Differenzierung" und „Stammzelle" zu definieren:

Definition 9.2 (Zell-Differenzierung, Stammzelle).

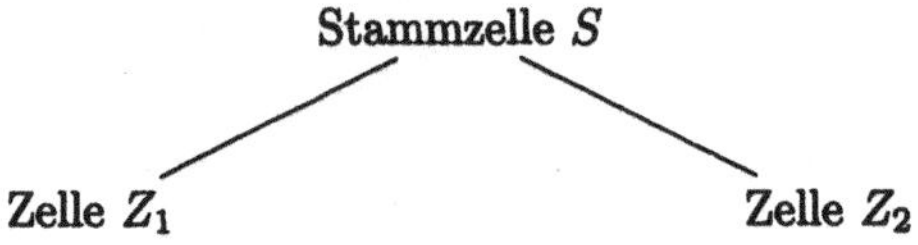

Eine Zelle Z_1 wird differenziert genannt, wenn es eine Zelle Z_2 gibt, die von der gleichen Zelle S abstammt wie Z_1, aber eine verschiedene Funktion im Organismus ausübt. Die Zelle S besitzt die Potentialität, zu Z_1 oder Z_2 zu reifen, und wird deswegen Stammzelle von Z_1 und Z_2 genannt.

Bemerkenswert ist zudem, dass eine Zelle immer mehr die Fähigkeit zur Teilung verliert, je weiter sie in der Differenzierung fortgeschritten ist. Dies gilt in der Entwicklungsbiologie als gut belegt. Beim Fadenwurm *Caenorhabditis elegans* konnte zum ersten Mal der Entwicklungsweg jeder einzelnen Zelle und jedes Zelltyps nachverfolgt werden. Dies liegt daran, dass der etwa einen Millimeter lange erwachsene Nematode nur aus ca. 1000 Zellen besteht. Da der Wurm transparent ist, können jede Zellteilung und jede Zell-Differenzierung genau beobachtet werden. Damit wird es möglich, den vollständigen genealogischen Baum aller Zellen von *C. elegans* zu erstellen, der in Abbildung 9.5 zu sehen ist. Hierbei handelt es sich in der Tat um ein graphisches Verzeichnis jeder einzelnen Zelle des Fadenwurms und nicht nur der verschiedenen Zelltypen.

[10] Vgl. z.B. VARMUS & WEINBERG (1993, Kap. 1).
[11] Siehe Punkt 9.2.2.
[12] Einen guten Überblick zu den Forschungsaktivitäten im Bereich der Stammzellen geben LAGASSE et al. (2001).

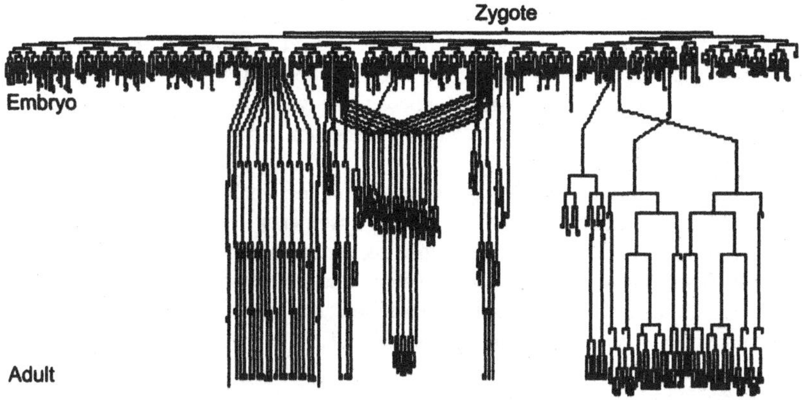

Abbildung 9.5. Der genealogische Baum aller Zellen des Nematoden *Caenorhabditis elegans*. Die embryonale Entwicklung endet mit dem ersten Larvenstadium mit 558 Zellen. Danach teilen sich 55 weiter bis zu den 959 Zellen des erwachsenen Wurms (KENYON, 1988)(SEYFFERT, 1998, Abdruck auf S. 286).

Nach diesem Vorbild geht man davon aus, dass sich im Prinzip auch ein Baum der Entwicklung aller Zellen eines Menschen nachzeichnen ließe. Offensichtlich besteht der Mensch aus viel zu vielen Zellen, um diese Aufgabe jemals bewerkstelligen zu können. Schon weniger unmöglich ist es, einen genealogischen Baum der Zelltypen zu erstellen und nicht der Zellen wie in Abbildung 9.5. Den Beginn eines solchen Baums der Entwicklung menschlicher Zelltypen zeigt Abbildung 9.6.

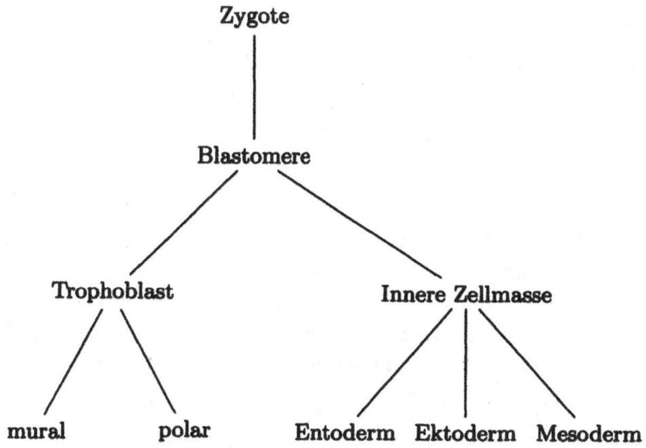

Abbildung 9.6. Anfang des genealogischen Baums der Zell-Typen beim Menschen.

Durch einen Vergleich mit Abbildung 9.4 lässt sich dieser Baum leicht nachvollziehen. Derzeit kennen wir gerade einmal ein paar Schritte während der frühen Embryonalentwicklung von der Befruchtung zur Implantation. Was nach der Implantation passiert, insbesondere wie aus dem Zellverband ein Fetus wird, ist weitgehend unbekannt. (Menschen sind nicht durchsichtig wie Fadenwürmer).

Beim Studium der Embryonalentwicklung erforscht man den genealogischen Baum der Zelltypen von oben nach unten (*top-down*). Auf der anderen Seite werden Zellen und ihre Entwicklung schon aus medizinischen Gründen auch in Erwachsenen studiert. Viele Zellen beispielsweise des Blutsystems sind morphologisch und genealogisch beschrieben. Auf diese Weise wird der Baum von unten nach oben (*bottom-up*) untersucht.

9.3.3 Begriffsdefinitionen

Durch die obige Definition ist fast jede Zelle eine Stammzelle, weil sie Vorläufer anderer Zellen mit niedrigerer Funktionalität ist. Offensichtlich gibt es nur eine Stammzelle, die keinen Vorläufer hat, die Zygote. (Ei und Spermium sind *per* obiger Definition keine Stammzellen). Alle Zellen, die keine Nachkommen erzeugen, sind keine Stammzellen. Alle übrigen sind Stammzellen. Stammzelle zu sein, ist offenbar noch nichts Besonderes. Wir müssen unsere Aufmerksamkeit auf die Funktionalität bzw. Potentialität der Zellen richten. Bestimmte Stammzellen haben eine besondere Funktion oder die Potentialität zu einer solchen. Und anhand dieser Funktionen im Organismus bzw. der Potentialität, zu verschiedenen Nachkommen mit verschiedenen Funktionen differenzieren zu können, werden diese besonderen Stammzellen definiert. Die Zygote z.B. besitzt die Funktion, sich in zwei Blastomeren zu teilen, und die Potentialität, zu allen Zellen des ganzen Organismus differenzieren zu können. Im Folgenden werden wir drei Potentialitäten, Toti-, Pluri- und Multipotentialität definieren und die entsprechenden Stammzellen.

Definition 9.3 (Totipotentialität). Die Potentialität, zu einem vollständigen Organismus reifen zu können, heißt Totipotentialität.

Definition 9.4 (Embryo, vorläufig). Ein Zellverband oder eine einzelne Zelle mit Totipotentialität heißt Embryo.

Die Definition 9.4 des Embryos ist nur vorläufig und wird später durch Definition 13.1 abgelöst. Die Zygote und die Blastomeren bis zum 4- oder 8-Zell-Stadium sind totipotent. Die Blastomeren der Morula sind wahrscheinlich nicht totipotent. Eineiige Zwillinge entstehen dadurch, dass sich in so einem frühen Stadium eine Zelle aus dem Verband ablöst und zu einem zweiten vollständigen Organismus reift. Demnach müsste dies nach heutigem Kenntnisstand passieren, bevor das Morula-Stadium erreicht ist.

Definition 9.5 (Pluripotentialität). Die Potentialität, zu allen drei embryonalen Keimblättern reifen zu können, beziehungsweise zu allen Zell-Typen eines Organismus, heißt Pluripotentialität.

Definition 9.6 (Embryonale Stammzellen). Eine Stammzelle mit Pluripotentialität heißt embryonale Stammzelle.

Die Zellen der inneren Zellmasse sind pluripotent, wie zumindest für die Maus gezeigt werden konnte.[13] Um eine pluripotente Zelllinie zu erzeugen, wird einer Blastozyste die innere Zellmasse entnommen und in Kultur gegeben. Dabei wird die Blastozyste zerstört.

Definition 9.7 (Zelllinie). Eine permanent etablierte Population von Zellen, die sich in Kultur immerzu teilen und die von einer einzelnen Zelle abstammen, heißt Zelllinie.

Neben den embryonalen Stammzellen erhofft man sich von den sogenannten embryonalen Keimzellen Pluripotenz. Sehr früh in der Entwicklung eines Menschen, nämlich bald nach der Implantation, werden die zukünftigen Keimzellen bereits für später deponiert. Sie spielen weder für die weitere Embryonalentwicklung eine Rolle, noch teilen sie sich, sondern verharren im sogenannten primordialen Stadium, bis sie später ihrer Funktion zugeführt werden. In diesem Stadium sind die späteren Keimzellen diploid (d=2) und nicht haploid (d=1), wie sie es dann sind, wenn sie alle ihre Differenzierungsschritte durchlaufen haben. Durch Extraktion solcher primordialer Keimzellen aus abortierten Feten können die embryonalen Keimzellen gewonnen werden.

Als nächstes soll der Begriff „Multipotentialität" definiert werden. Dazu bedarf es vorab einiger Klarstellungen. Meistens wird Multipotentialität als die Potentialität definiert, zu vielen aber nicht allen Zelltypen differenzieren zu können. Aber auf diese Weise ist der Begriff nicht wohldefiniert. Was soll „zu vielen" im *definiens* heißen? Zu wie vielen Zelltypen muss eine Stammzelle differenzieren können, damit sie den Prädikator „multipotent" zugesprochen bekommen kann? Das Konzept der Multipotentialität will eigentlich den Punkt betonen, dass es im adulten Organismus Zellen gibt, die ihre eigene Reproduktion als Hauptfunktion haben und in der Lage sind, zu allen Zellen eines bestimmten Gewebes, Organs oder organischen Systems (z.B. Muskel, Leber oder Blutsystem) zu differenzieren.

Um diese Idee zu verdeutlichen, stelle man sich den kompletten humanen genealogischen Baum der Zelltypen vor, dessen Anfang in Abbildung 9.6 zu finden ist. Aber alle Zelltypen dieser Abbildung können in einem Erwachsenen nicht gefunden werden. Sie haben eine bestimmte Funktionalität während der Embryonalentwicklung und können später im Organismus nicht mehr gefunden werden, wenn die entsprechenden Stadien passiert sind. Daraus ergibt sich die Vorstellung des *adulten* genealogischen Baums der Zelltypen: Durch das Auslöschen aller Zelltypen, die im adulten Organismus nicht mehr gefunden werden können, erhält man ein Bild von lauter einzelnen Unterbäumen, die oben nicht mehr bis zur Zygote miteinander verbunden sind. Jeder Unterbaum gibt den Entwicklungsweg der Zelltypen eines bestimmten Gewebes,

---

[13] Siehe Brook & Gardner (1997).

Organs oder organischen Systems wieder und jeder beginnt mit einer anderen Zelle.

Definition 9.8 (Multipotentialität). Die Potentialität, zu allen Zelltypen eines Unterbaums eines adulten genealogischen Baums der Zelltypen reifen zu können, heißt Multipotentialität.

Definition 9.9 (Adulte Stammzellen). Eine Stammzelle mit Multipotentialität heißt adulte Stammzelle.

Damit sind zwar definitorische Fragen geklärt, nichtsdestotrotz verbleiben praktische Probleme. Wegen der *bottom-up* Konzeption der Multipotentialität ist es generell schwierig, sicher zu sein, dass es im adulten Organismus noch eine Stammzelle über der Zelle gibt, die für eine adulte Stammzelle gehalten wird. Allerdings ist es hier wie mit jedem theoretischen Konzept so, dass es auf Bewährung aufgestellt wird. Wenn dann eine neue Stammzelle gefunden wird, die im Unterbaum höher anzusiedeln ist als die zuvor angenommene Zelle, wird die Annahme einfach durch eine neue ersetzt. Der hier vorgestellte Vorschlag einer Terminologie[14] ist konsistent und klärt die Rede von Stammzellen, die nicht in jeder Hinsicht derzeit einheitlich konstituiert ist.

Embryonale Stammzellen entspringen hingegen einer *top-down* Konzeption. Allein dies verdeutlicht bereits, dass sie wesentlich leichter im Labor verfügbar gemacht werden können als adulte Stammzellen. Die Eigenschaft der Pluripotentialität zusammen mit guten Erfolgen bei den Versuchen, sie in Kultur wachsen zu lassen, lassen diese Zellen so besonders wertvoll für die Forschung erscheinen. Dagegen kann anhand der *bottom-up* Konzeption der adulten Stammzellen bereits erahnt werden, dass deren Verfügbarkeit im Labor deutlich eingeschränkter ist. Zuerst müssen sie unter den unzähligen Zellen eines Organismus ausfindig gemacht werden. Generell lässt sich sagen, dass sich diese Zellen meistens in schwer zu erreichendem organischen Material wie z.B. dem Knochenmark zu suchen sind. Zudem müssen sie aus diesem organischen Material extrahiert werden (etwa eine von 10.000 Zellen des Knochenmarks ist eine adulte Stammzelle). Außerdem ist ihr Wachstum in Kultur schwierig zu erreichen.

Schließlich erwartet man sich von multipotenten Stammzellen nicht so viel wie von pluripotenten. Die Hoffnungen beruhen auf dem sogenannten Phänomen der Transdifferentiation: Einige experimentelle Befunde scheinen zu zeigen, dass sich adulte Stammzellen eines bestimmten Unterbaumes in Zellen eines anderen Unterbaumes umwandeln lassen, beispielsweise Gehirnzellen zu Blutzellen. Die Potentialität zu transdifferenzieren, wird Plastizität genannt. Dieses Phänomen hat einige optimistische Forscher zu der Aussage verleitet, dass Stammzellen in einem ganz neuen Licht hinsichtlich der Determination

[14] Es handelt sich um einen systematischen Ansatz, der weitgehend die aktuelle Handhabung der Begriffe respektiert. Vgl. dazu McKay (2000); Lagasse et al. (2001); Weissman (2002).

des Schicksals von Zellen betrachtet werden müssen.[15] Allerdings stehen die Forschungen in diesem Feld erst am Anfang und scheinen sich schwieriger zu gestalten als gedacht. Es gibt auch Wissenschaftler, die die bisherigen vermeintlichen Erfolge für experimentelle Artefakte halten.[16] Wie auch immer, eine Tatsache muss deutlich ausgesprochen werden: Durch Forschungen an adulten Stammzellen kann man nicht die Embryonalentwicklung studieren.

9.4 Das Konzept der Musterbildung

[17]Zur Erläuterung des Konzepts der Musterbildung wird die Embryonalentwicklung der Taufliege Drosophila betrachtet. Insbesondere entwicklungsbiologische Vorgänge betreffend ist diese Fliege eines der am besten erforschten Lebewesen. Mit ihrer Hilfe wurden bereits wichtige Erkenntnisse der Klassischen Genetik gewonnen. Die kurze Generationszeit von etwa zwei Wochen, die mehreren hundert von einem einzigen Weibchen gelegten Eier, die recht einfache Haltung im Labor und nicht zuletzt die gute phänotypische Charakterisierbarkeit machen Drosophila zu einem idealen Versuchstier.[18] Gerade die Embryonalentwicklung kann dadurch gut beobachtet werden, dass Eier in so großer Zahl abgelegt werden und durch verschiedene Methoden die stattfindenden Vorgänge sichtbar gemacht werden können. Hierbei interessiert besonders die Entstehung erster räumlicher Strukturen. Am Ende dieses Abschnitts werden einige Charakteristika solcher Musterbildungsprozesse festgehalten. Zwei Aspekte müssen dabei besonders betont werden. Erstens spielen bei der Embryonalentwicklung äußere Einflüsse und innere Regulierungen eine tragende Rolle, und zweitens führt die aus dem Beispiel gewonnene Heuristik zu einem Erklärungsschema, das Regelmäßigkeit und Individualität zu vereinheitlichen erlaubt.

9.4.1 Die Embryonalentwicklung von Drosophila

Die Entwicklung der Taufliege Drosophila beginnt mit der Bildung des Eis (Oogenese) in den Gonaden der Mutter. Die Keimzelle teilt sich mehrmals zu 16 Zellen, die von maternalen Follikelzellen umgeben werden (Abbildung 9.7 oben). Nur eine der 16 Zellen wird zum Ei. Die restlichen bilden Nährzellen, die zusammen mit den Follikelzellen neben Nährstoffen auch Transkriptionsfaktoren bereitstellen, die in das Ei eingelagert werden und später an der Steuerung der Embryonalentwicklung beteiligt sind. Nach Befruchtung und Ablage des Eis finden keine Zellteilungen, sondern Kernteilungen statt (Abbildung 9.7 unten). Nach sieben synchronen Teilungszyklen, die jeweils ca.

---

[15] See Blau et al. (2001).

[16] Dazu hat Wells (2002) ein kritisches Papier veröffentlicht.

[17] Die Ideen dieses Abschnitts sind im Wesentlichen in Fey & Seel (2000) veröffentlicht.

[18] Vgl. Nüsslein-Volhard (1996, S.39 f.), Seyffert (1998, Kap. 14).

zehn Minuten dauern, sind dann 128 Kerne im Cytoplasma. Während des achten Zyklus beginnen die Kerne an die Peripherie des Embryos zu wandern. Dieser Prozess hält bei der neunten und zehnten Teilung an. Zudem werden noch wenige Kerne zu den sogenannten Polzellen, die später die Keimbahn bilden. Es folgen drei weitere Teilungen. Von den dann ca. 6000 Kernen befindet sich der Großteil in der Peripherie. Dieses Stadium, in dem außer den Polzellen nur eine Zelle mit sehr vielen Kernen vorliegt, nennt man das syncytiale oder frühe Blastoderm. Damit ist die Phase der schnellen synchronen Kernteilungen abgeschlossen, die ca. 2-3 Stunden dauert. In der Folgezeit werden die Kerne von Zellmembranen umgeben. Es entsteht das zelluläre oder späte Blastoderm. Noch sind die Zellen morphologisch nicht zu unterscheiden. Erst bei der Gastrulation, der nächsten Phase der Entwicklung, können regionale Spezialisierungen beobachtet werden. Danach bilden sich die Organe der Larve aus.[19]

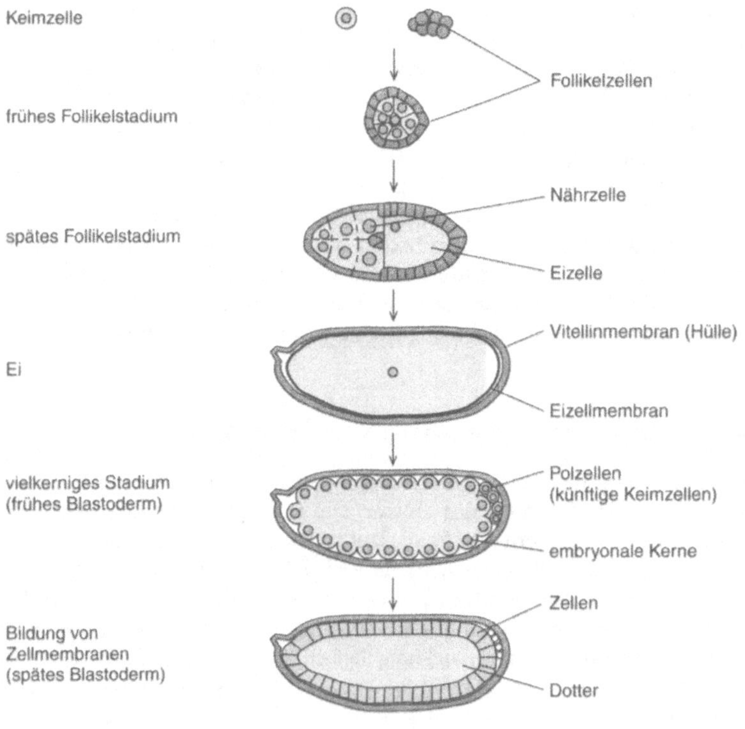

Abbildung 9.7. Oogenese und frühe Embryonalentwicklung von Drosophila (NÜSSLEIN-VOLHARD, 1996, S.40).

[19] Vgl. NÜSSLEIN-VOLHARD (1996), HENNIG (1998, Abschn. 16.2) und SEYFFERT (1998, Kap. 14 und 33).

Sehr wohl unterscheiden sich die Kerne des frühen Blastodermstadiums aber hinsichtlich ihrer Gen-Aktivität. Während dieser ersten Stadien der Embryonalentwicklung finden genetische Regulationsprozesse statt, die dazu führen, dass sich der Embryo in räumliche Zonen mit spezifischer Gen-Expression im Kern einteilen lässt. Auch wenn morphologisch nichts zu erkennen ist, werden die Kerne im Embryo gemäß ihrer räumlichen Position spezifiziert. Es findet eine erste Strukturierung in dem homogenen Zellplasma mit den vielen Kernen statt, indem bestimmte Gene im entsprechenden Kern aktiviert werden und andere eben nicht. Entscheidend ist nun, dass sich diese Einteilung in der Larve und auch in der Fliege später wiederfindet (Abbildung 9.9). Erzeugt man eine Mutante, der eine bestimmte räumliche Zone fehlt, so fehlt der Larve ein bestimmtes Segment und der Fliege ein bestimmter Körperteil.[20]

Bevor wir uns mit diesem essentiellen Entwicklungsschritt der Musterbildung in der Gen-Aktivität näher auseinander setzen, sei noch kurz erwähnt, dass nach etwa einem Tag aus dem befruchteten Ei die schlüpfreife Larve entstanden ist (Abbildung 9.8). Bis zur Verpuppung nach ca. fünf weiteren Tagen häutet sich die Larve zweimal. Bei dem beträchtlichen Wachstum der Larve teilen sich nur die Zellen, die während des Puppenstadiums die adulten Strukturen bilden werden. Die anderen machen Endomitosen durch. Aus der larvalen Hülle bildet sich die Puppe, während die äußeren Strukturen der ausgewachsenen Fliege aus Taschen im Körper der Larve entstehen, die Imaginalscheiben genannten werden. Die Organe des Insekts werden dann im Wesentlichen aus Zellen aufgebaut, die seit der Embryogenese als scheinbar undifferenziert in den verschiedenen Stadien nachgewiesen werden können. Etwa 5 Tage nach der Verpuppung befreit sich die erwachsene Fliege.[21]

9.4.2 Genetisch regulierte Musterbildungsprozesse

Wir kehren nun zu der entscheidenden Frage zurück, wie die morphologisch nicht zu unterscheidenden Zellkerne des Blastodermstadiums ihre späteren Funktionen zugewiesen bekommen, wie also in die homogene Struktur Ordnung gelangt. Die Entwicklungsbiologie hat die Frage zu beantworten, wie aus etwas Unstrukturiertem etwas Strukturiertes wird, aus einem Zellverband ein Fetus oder aus einer homogenen ‚Zellkern-Suppe' eine Fliege. Die erste nachweisbare Strukturierung bei der Entwicklung der Taufliege Drosophila ist das bereits erwähnte Muster der Gen-Aktivität im Blastodermstadium. Es konnte gezeigt werden, dass diese Festlegungen für die gesamte weitere Entwicklung bestehen bleiben. Jedem Streifen kann ein Larven-Segment und später ein äußeres Teil der Fliege zugeordnet werden (Abbildung 9.9). Bei Drosophila hat man sich nun einen weitgehenden Eindruck davon vermitteln können, wie ein Netzwerk von ca. fünfzig Genen durch gegenseitige Regulation dieses

[20] Vgl. Nüsslein-Volhard & Wieschaus (1980)

[21] Vgl. Seyffert (1998, Kap. 14) und Müller & Hassel (2002, S. 73 f.).

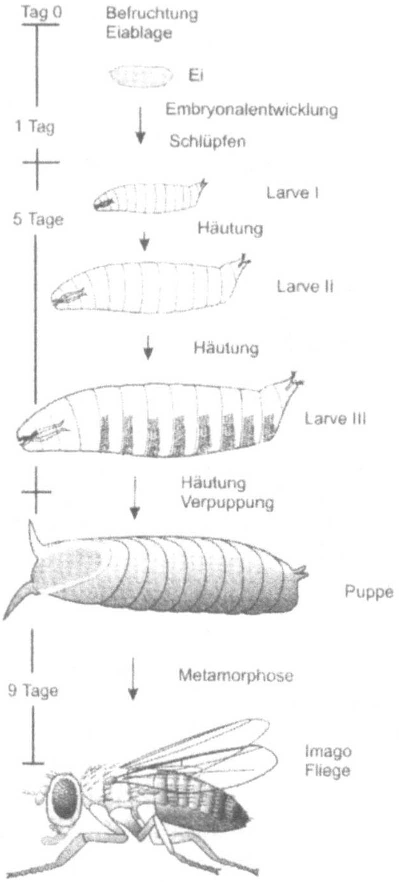

Abbildung 9.8. Lebenslauf von *Drosophila melanogaster* (MÜLLER & HASSEL, 2002, S. 74).

räumliche Muster bildet. (Für entscheidende Beiträge zu dieser Pionierleistung der Entwicklungsbiologie wurden C. NÜSSLEIN-VOLHARD, E. B. LEWIS und E. F. WIESCHAUS im Jahre 1995 mit dem Nobelpreis ausgezeichnet).

Musterbildung ist nicht durch Reduktion auf die Eigenschaften einzelner Gene oder Gen-Produkte erklärbar, sondern gelingt erst durch die Betrachtung des Zusammenwirkens mehrerer Gene und ihrer Produkte.[22] Die beteiligten Proteine oder RNS' können untereinander agieren, sind aber oftmals auch DNS-bindende Transkriptionsfaktoren (z.B. homöotische Gen-Produkte

[22] Siehe z.B. JÄCKLE et al. (1986).

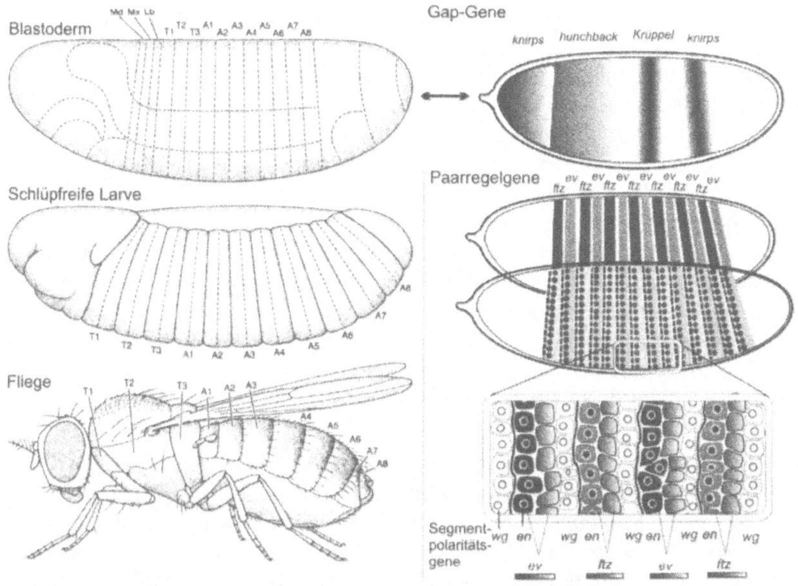

Abbildung 9.9. Im Blastodermstadium liegt ein Anlageplan (gestrichelte Linien) vor, in dem die späteren Körpersegmente als Streifen erscheinen (oben links). In jedem der Streifen werden bestimmte Gene exprimiert (rechter Bildteil). Als Beispiel sind das Muster der Gap-Gene *hunchback (hb)*, *Krüppel (Kr)* und *knirps (kni)* (rechts oben), der Paarregelgene *even-skipped (ev)* und *fushi tarazu (ftz)* (Mitte rechts und unten) sowie der Segmentpolaritätsgene *engrailed (en)* und *wingless (wg)* (rechts unten) eingezeichnet. Die weitere Entwicklung jedes Streifens lässt sich über die Larve bis zur Fliege verfolgen (linker Bildteil) (GEHRING, 1986, S. 116) kombiniert mit (MÜLLER & HASSEL, 2002, S. 96).

oder solche mit Zinkfinger[23]), die auf die Expression anderer Gene wirken, aber auch auf ihre eigene zurückwirken können. Damit wird das Gen-Produkt (insbesondere Proteine) zu einem auf Gene (DNS) rückwirkenden Regulator. Solche Eigenschaften sind für eine Erklärung der Prozesse notwendig, die ‚wie von selbst' innerhalb des Fliegen-Embryos zu einem räumlichen Expressionsmuster vieler beteiligter Gene führen.[24] Ohne die kausalen Wechselwirkungen genau kennen zu müssen, können nun jedem Interaktionspartner Funktionen zugewiesen werden. Ein Protein A kann beispielsweise die Eigenschaft haben, die Expression des Proteins B zu verstärken und die von C zu hemmen, während Protein B sich selbst und C verstärkt, usw.

Da man an dieser Stelle glauben könnte, dass nun entwicklungsbiologische Fragen auf physikalische Erklärungen reduziert seien, sei nochmals darauf

[23] Vgl. SEYFFERT (1998, S. 739), WOLPERT et al. (1999, S. 109).

[24] Vgl. BEARDSLEY (1991) und MÜLLER & HASSEL (2002, Kap. 1).

hingewiesen, dass die Entwicklungsbiologie grundsätzlich nicht ohne eigene Erklärungsschemata auskommt. Die Entwicklung vieler Zellen aus nur einer Ursprungszelle ist eine Systemumwandlung. Physikalische Prozesse führen nur Systemzustände in andere über, also z.B. ein Gas mit bestimmtem Druck und Volumen durch Kompression zu demselben Gas mit neuem Druck und Volumen. Das Gas bleibt ein Gas. Niemals erklärt die Physik, wie ein System – beispielsweise eine befruchtete Eizelle – in ein völlig anderes System – beispielsweise einen fertigen Organismus – überführt wird. Hier findet eine Organisation vom Einfachen zum Komplizierten statt. Für die Teile dieser Organisationsprozesse, die nicht als Systemumwandlungen beschrieben werden können, sondern als Zustandstransformationen erfasst werden müssen, gibt es vielversprechende Erklärungsansätze allein durch systemische Funktionszuschreibungen. Durch welche Interaktion eine bestimmte Funktion realisiert wird, kann dann durchaus auf physikalische Wechselwirkungen zurückgeführt werden.

Hier muss betont werden, dass in solche Erklärungsschemata für die Musterbildung nur die Funktionszuschreibungen einfließen.[25] Allein durch die Festlegung funktionaler Zusammenhänge (A verstärkt B und hemmt C, B verstärkt sich selbst und C, usw.) kann erklärt werden, wie sich aus einer gleichförmigen Verteilung räumliche Muster wie z.B. Streifen bilden können.[26] Wie die einzelnen Funktionen physikalisch realisiert werden, ist zwar eine interessante – manchmal vor- und manchmal nachgeordnete – Frage, deren Beantwortung aber keinerlei Konsequenzen für die funktionale Erklärung der Musterbildung hat.

Ferner ist festzuhalten, dass durch das Forschungsprogramm der Musterbildung Zustandstransformationen erklärt werden und keine Systemumwandlungen. Es wird beispielsweise einsichtig, warum in einem Zellkern das Gen *A* aktiv, aber *B* inaktiv ist, und in einem anderen Kern beide aktiv sind, warum also bestimmte Kerne in bestimmten Zuständen sind. Nicht erklärt wird dadurch zum Beispiel, woher diese Kerne kommen, warum es im frühen Blastodermstadium ca. 6000 sind, wie sie sich vermehren, etc. Organisationsphänomene werden als gegenseitige Beeinflussungen von Zuständen beschrieben. Systemumwandlungen werden dabei komplett ausgeblendet. Es wird ein bestimmtes Stadium herausgegriffen und so betrachtet, als fände kein Wachstum mehr statt. Es werden Observable und Zustände definiert, Funktionen zugewiesen und dann die zeitliche Entwicklung der Zustände erklärt. Am Ende ist dann ein Zustand (z.B. des Genoms) erreicht, der Ausgangspunkt einer Systemumwandlung (z.B. einer Zellteilung) sein kann. Wie im Punkt 9.2.1 erläutert, können entwicklungsbiologische Gegenstände in einem Wechsel von Systemumwandlungen und Zustandstransformationen erfasst werden. Das Forschungsprogramm der Musterbildungen beschreibt und erklärt dabei Zustandstransformationen und keine Systemumwandlungen.

---

[25] Zum funktionalen Erklärungsschema siehe Punkt 6.4.3.

[26] Siehe GIERER & MEINHARDT (1972); MEINHARDT (1987).

Bei den erwähnten Pionierleistungen auf dem Gebiet der genetisch regulierten Musterbildung war es das Blastodermstadium der Taufliege, dessen eingehendes Studium viele neue Erkenntnisse brachte.[27] Durch entsprechende Techniken können die Bereiche des Embryos sichtbar gemacht werden, in denen bestimmte Proteine oder RNS' vorhanden oder Gene aktiv sind. Abbildung 9.10 zeigt solche Aufnahmen. Ausgehend von solchen Bildern konnte der Embryo im Blastodermstadium in räumliche Zonen eingeteilt werden. So finden sich beispielsweise 14 Streifen (Abbildung 9.9 oben links), in denen ganz bestimmte Gene exprimiert werden. Die Streifengrenzen verlaufen bis auf die Zelle genau (Abbildung 9.9 rechts). Durch das Studium von Defekt-Mutanten ließen sich den Streifen Larven-Segmente und Körperteile der Fliege zuordnen (Abbildung 9.9 links). Bei den Genen und deren Produkten, die bei der Ausbildung der räumlich getrennten Bereiche beteiligt sind, müssen zuerst die maternal exprimierten Organisator-Gene von den embryonal exprimierten Genen unterschieden werden. Letztere werden gemäß ihrer Expressionsmuster in drei Gruppen eingeteilt. Es konnten elf Gap-Gene, elf Paarregel-Gene und zwanzig Segmentpolaritätsgene gefunden werden (Beispiele in Abbildung 9.9 rechts).[28] Die meisten ihrer Genprodukte haben die Fähigkeit, an DNS zu binden.

Die genauere Betrachtung einer solchen selbstregulatorischen Musterbildung soll die Funktionsweisen verdeutlichen. Dazu möchten wir das einfache räumliche Expressionsmuster des Gens *hunchback (hb)* erklären, das während des Blastodermstadiums etwa in der vorderen Hälfte des Fliegen-Embryos exprimiert wird (Abbildungen 9.10 C und 9.9). Um jeder Verwirrung vorzubeugen, muss gleich erwähnt werden, dass *hunchback* ein vom Embryo exprimiertes Gap-Gen (Abbildung 9.10 C) und zugleich ein maternal exprimiertes Organisator-Gen (Abbildung 9.10 E) ist. Das resultierende Genprodukt des maternalen und des embryonalen Gens ist aber natürlich das gleiche, egal ob es als Anfangsbedingung während der Oogenese in der Mutter entstanden ist oder während des Entwicklungsprozesses im Embryo neu produziert wird.

Für die entsprechenden Anfangsbedingungen des zu beschreibenden Regulationsprozesses sorgt die Mutter vor der Eiablage. Während der Oogenese werden insbesondere von den Nährzellen die Organisator-Gene exprimiert, ein Vorgang vor der Befruchtung, bei dem nur maternale Gene transkribiert werden. Die resultierende RNS wird durch entsprechende Regulationsprozesse, auf die hier nicht weiter eingegangen wird, an bestimmten Stellen im Ei abgelegt. Auf der Vorderseite wird bicoid-RNS deponiert, auf der Rückseite nanos-RNS (Abbildung 9.10 A und D). Zudem wird hunchback-RNS gleichmäßig über das Ei verteilt.[29]

[27] Zur Musterbildung und deren genetischer Regulierung sei auf die Übersichtsartikel von Nüsslein-Volhard et al. (1987); Ingham (1988); Gurdon (1992); Ingham & Arias (1992); St Johnston & Nüsslein-Volhard (1992) verwiesen.

[28] Vgl. Seyffert (1998, S. 740).

[29] Siehe Seyffert (1998, Punkte 33.2.1 und 33.2.2), Wolpert et al. (1999, Abschn. 5.2 und 5.3).

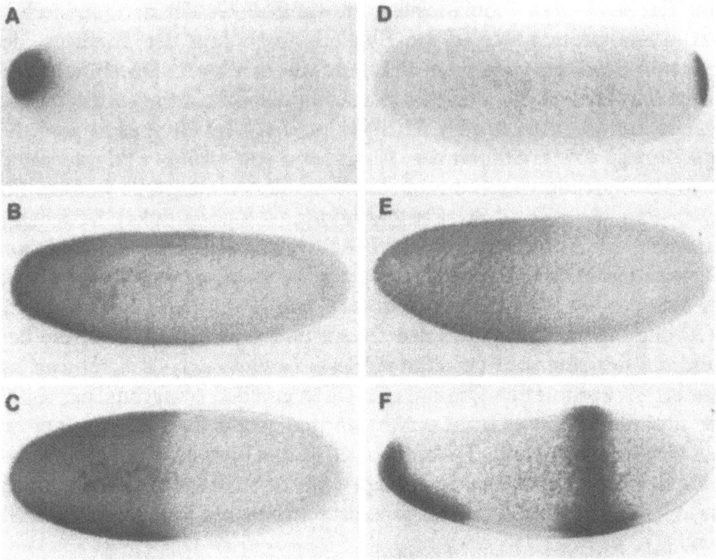

Abbildung 9.10. Verteilung verschiedener Gen-Produkte im Blastodermstadium der Taufliege: Bicoid-RNS nach der Eiablage (A), bicoid-Protein im Blastodermstadium (B), *hunchback*-Expression im Blastodermstadium (C), nanos-RNS nach der Eiablage (D), hunchback-Protein umgesetzt aus maternaler hunchback-RNS im Blastodermstadium (E) und *knirps*-Expression (F) im Blastodermstadium (St Johnston & Nüsslein-Volhard, 1992, S. 205).

Nach Befruchtung und Eiablage werden die deponierten RNS' translatiert und zwar bicoid auf der Vorder- und nanos auf der Hinterseite. Die produzierten Proteine diffundieren[30] in die Mitte des Embryos. Das Bicoid-Protein bildet einen sogenannten Morphogen-Gradienten,[31] der von der Vorder- zur Rückseite abnimmt (Abbildung 9.10 B) und das nanos-Protein entsprechend spiegelsymmetrisch.[32] Das hunchback-Protein müsste sich demnach im ganzen Embryo gleich-verteilt finden lassen. Dies ist aber nicht der Fall. Proteine, die aus der maternalen hunchback-RNS translatiert wurden, finden sich nur im vorderen Teil des Embryos (Abbildung 9.10 E). Dies liegt daran, dass nanos ein Inhibitor der Translation von bestimmten RNS' ist, zu denen hunchback gehört. Verhindert man die nanos-Ablage während der Oogenese, breitet sich das hunchback-Protein tatsächlich über den ganzen Embryo aus.

[30] Ob hier ausschließlich Diffusion oder auch andere Prozesse eine Rolle spielen, ist noch nicht geklärt (Lander et al., 2002).
[31] Siehe dazu den Übersichtsartikel von Gurdon & Bourillot (2001).
[32] Vgl. Seyffert (1998, S. 736), Wolpert et al. (1999, S. 148 ff.).

Ein Vergleich der Abbildungen 9.10 C und E macht deutlich, dass das hunchback-Protein, das bis zu einer scharfen Linie etwa in der Mitte des Embryos gefunden werden kann, nicht nur von der maternal abgelegten RNS kommen kann. Hunchback muss auch in den embryonalen Zellen exprimiert werden. Wie bereits erwähnt, ist dies in der Tat der Fall. *Hunchback* ist nicht nur maternales Organisator-Gen, sondern auch embryonales Gap-Gen. Auf welche Weise wird nun die Expression von *hunchback* so in Gang gebracht, dass die klar definierte Expressionsgrenze in der Mitte entsteht?

Das Protein bicoid ist ein Transkriptionsfaktor, der abhängig von der Konzentration die Expression von hunchback induziert. Bicoid liegt ja als Gradient vor und nur da, wo die bicoid-Konzentration hoch genug ist, schaltet es *hunchback* an. Es konnte gezeigt werden, dass die Grenze, bis zu der *hunchback* exprimiert wird, nach hinten verschoben wird, wenn bei der Oogenese mehr bicoid-RNS als gewöhnlich abgelegt wird, was zu einem konzentrazionserhöhten bicoid-Gradienten führt. Entsprechend wird bei einer Erniedrigung die Grenze nach vorne verschoben.[33] Ohne bicoid-Genprodukt findet überhaupt keine *hunchback*-Transkription statt (Abbildung 9.11 b).

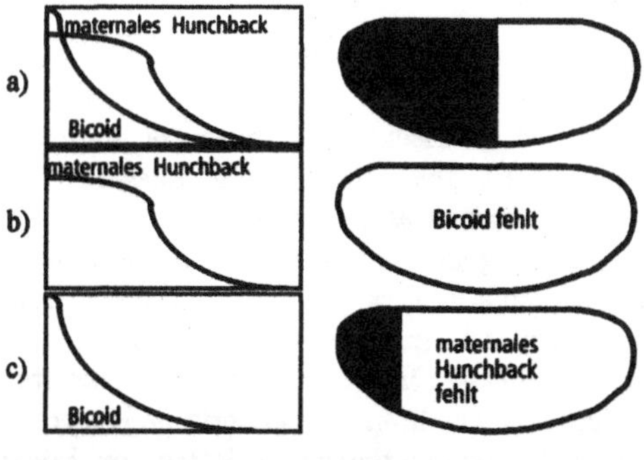

Abbildung 9.11. Kontrolle der embryonalen *hunchback*-Expression durch maternale bicoid- und hunchback-Gradienten: Wildtyp (a), *bicoid*- (b) und *hunchback*-defiziente (c) Mutter (Seyffert, 1998, S. 743).

Allerdings genügt das bicoid-Genprodukt alleine nicht, um die Teilung in der Mitte zu erklären, denn bei Funktionsausfall des maternalen hunchback-Genprodukts wird das hunchback-Protein nur noch im vorderen Drittel des Embryos gefunden (Abbildung 9.11 c). Das heißt aber, dass das maternale hunchback-Genprodukt die Expression des embryonalen *hunchback*-Gens induziert. Folglich kann auch das embryonale hunchback-Genprodukt die *hunchback*-Expression auslösen. Damit liegt ein sich selbst verstärkender rückgekoppelter Prozess vor. Dadurch müsste sich aber das hunchback-Protein wieder

[33] Vgl. St Johnston & Nüsslein-Volhard (1992, S. 206), Seyffert (1998, S. 742) und Wolpert et al. (1999, Abschn. 5.11).

über den ganzen Embryo ausdehnen. Mit nanos haben wir ja bereits einen Repressor der hunchback-Translatierung vorgestellt, der helfen könnte, dem wiederum entgegenzuwirken. Zudem gibt es die Vermutung, dass die klare räumliche Teilung in der Mitte darauf beruht, dass bicoid- und hunchback-Proteine kooperativ an die *hunchback*-DNS binden, und dass durch diese Kooperation geringe Konzentrationsunterschiede ‚gelesen' werden können.[34]

Bevor wir die grundsätzlichen qualitativen Merkmale der eben erläuterten Prozesse zusammenfassen, werfen wir noch einen kurzen Blick darauf, wie die Musterbildung fortschreitet. Wie am Beispiel von *hunchback* erläutert, bilden zuerst die Gap-Gene mehr oder weniger breite Streifen, in denen sie exprimiert werden. Alle elf Gap-Gene sind Transkriptionsfaktoren. Sie sind an der Regulation der Paarregelgene (z.B. *even skipped* und *fushi tarazu*) beteiligt, die immer alternierend in jedem zweiten Streifen transkribiert werden. Der entsprechende Partner wird jeweils genau im versetzten Muster exprimiert. Zuletzt wird durch die Expression der Segmentpolaritätsgene noch jeder Streifen in einen vorderen und einen hinteren Teil zerlegt. Die Spezifikation findet auf die Zelle genau statt (Abbildung 9.9 unten rechts) und ist in etwa zusammen mit der Zellularisierung abgeschlossen.

9.4.3 Erklärungskraft und Abgesichertheit

Das Ziel solcher Studien an Insekten ist, exemplarisch etwas über Entwicklungsprozesse zu lernen. Es gibt viele Hinweise, dass diese Vorgänge in vielen Tieren und auch im Menschen ähnlich ablaufen.[35] Die *scientific cummunity* der Entwicklungsbiologen geht davon aus, dass insbesondere bei der Embryonalentwicklung Prinzipien am Werk sind, die generelle Bedeutung für die Entwicklung von Lebewesen auf der Erde haben. Man kann in der Tat durch das Studium der kleinen Taufliege *Drosophila* Wissenswertes über die Embryonalentwicklung des Menschen erfahren. Die genetische Kontrolle der Ausbildung des Körperbaus und des segmentierten Skelettes von Fliegen, Säugern und Menschen verläuft nach analogen Prinzipien. Aber nicht nur in diesem Feld, sondern beispielsweise auch bei der Tumorentstehung[36] gibt es berechtigte Hoffnungen, dass diese grundsätzlichen Entwicklungsvorgänge zu einem verbesserten Verständnis führen. Es darf aber nicht vergessen werden, dass die Entwicklungsbiologie derzeit erst eine Sammlung von Heuristiken darstellt und noch weit davon entfernt ist, eine empirische Theorie zu sein. Dieses Forschungsprogramm steht am Anfang. Es beginnt gerade erst, aus der stark zunehmenden Zahl experimenteller Befunde durch Vereinheitlichung genereller Sätze zu erzeugen. Das Studium der Musterbildungsprozesse lieferte dabei folgende erste Heuristik embryonaler Entwicklungsvorgänge, von deren Gültigkeit heute ausgegangen wird:

---

[34] Vgl. SEYFFERT (1998, S. 744).
[35] Siehe MCGINNIS & KUZIORA (1994) und MÜLLER & HASSEL (2002, Kap. 7).
[36] Siehe VARMUS & WEINBERG (1993), MÜLLER & HASSEL (2002, Kap. 21).

Körperbaupläne werden bereits in sehr frühen Stadien dadurch festgelegt, dass die homogenen Zell- oder Zellkernverbände in räumliche Bereiche eingeteilt werden, in denen bestimmte Gene aktiv sind und andere nicht. Auf diese Weise werden den Zellen ihre Funktionen zugewiesen. Sie werden eingeteilt in Unter-Zellverbände, die sich später zu bestimmten Teilen des Organismus entwickeln. Dieses Konzept dient einem ersten Verstehen, wie sich aus einer unstrukturierten Menge von Zellen ein strukturierter Organismus bilden kann.

Die Aktivität der Gene in bestimmten Mustern wird durch interaktive Regulationsprozesse hergestellt. Die daran beteiligten Moleküle bewegen sich und interagieren mit anderen solchen Molekülen und der DNS. Sie wandern von ihrem ‚Entstehungsort' zu ihrem ‚Einsatzort'. Sie diffundieren und können Gradienten bilden, von denen die Expression anderer Gene, aber manchmal auch ihre eigene abhängig ist. Genprodukte können kooperieren. Dabei kann das Fehlen nur eines Kooperationspartners eine starke Schwächung der Expression zur Folge haben, während die Anwesenheit aller Interaktionspartner die Gen-Expression nicht additiv, sondern um ein Vielfaches der Summe steigert (Synergieeffekt[37]). Andererseits kann das Fehlen eines Kooperationspartners aber auch nur eine geringe Auswirkung auf den gesamten Effekt haben. Solche Regulationssysteme zeigen damit ein komplexes Verhalten, das nicht als Summe der einzelnen Effekte seiner Komponenten erklärt werden kann, sondern nur durch das Zusammenwirken der beteiligten Teil-Systeme. Interaktion und Kooperation vermitteln die Selbstorganisation des Regulationssystems. Mit diesem Konzept kann die Entstehung von Expressionsmustern schon recht befriedigend erklärt werden.

Die im letzten Abschnitt erläuterten Prinzipien der Regulation und Selbstorganisation stehen bereits auf einem recht soliden Fundament. Um diese Behauptung zu begründen, müssen zwei Fragen beantwortet werden. Auf welcher Stufe der Abgesichertheit steht das Konzept der Musterbildungsprozesse, und wie gut ist die empirische Anbindung des Konzepts an die Phänomene belegt, auf die es angewendet werden soll?

Auf die erste Frage kann geantwortet werden, dass das Konzept der Musterbildungsprozesse hypothetisch-theoretisch abgesichert ist und sich damit bereits auf der zweithöchsten Sicherheitsstufe befindet (siehe Punkt 6.5.1), denn es gibt ein Forschungsprogramm für Musterbildungsprozesse, das über theoretische Konzepte verfügt. Die logische und insbesondere auch mathematische Behandlung der Entstehung von stabilen Mustern wurde von GIERER & MEINHARDT (1972) auch auf die Biologie übertragen. Sie konnten zeigen, dass beispielsweise die zwei recht einfachen Gleichungen[38]

$$\begin{aligned} \frac{\partial a}{\partial t} &= \frac{\rho a^2}{h} - \mu a + D_a \frac{\partial^2 a}{\partial x^2} \\ \frac{\partial h}{\partial t} &= \rho' a^2 - \nu h + D_h \frac{\partial^2 h}{\partial x^2} \end{aligned} \tag{9.1}$$

[37] Siehe HAKEN (1987).

[38] MEINHARDT (1982, Kap. 3).

die Ausbildung räumlicher Muster wie Halbierung oder Einteilung in Streifen zu beschreiben vermögen. Dabei wird von zwei Teilsystemen, einem Aktivator (a) und einem Inhibitor (h), ausgegangen. Der Aktivator kann seine eigene Produktion verstärken, wird aber dabei vom Inhibitor unterdrückt (Term $\rho a^2/h$). Die Produktion des Inhibitors hängt allein vom Aktivator ab (Term $\rho' a^2$). Die beiden mittleren Terme (μa bzw. νh) beschreiben den Zerfall der beiden System-Komponenten. Auf den linken Seiten der Gleichungen stehen jeweils die zeitlichen (t) Änderungen der Observablen a bzw. h. Ohne die beiden ganz rechten Terme zu beachten, kann das bisher erläuterte im Schema der Funktionszuweisung der Abbildung 9.12 zusammengefasst und veranschaulicht werden.[39]

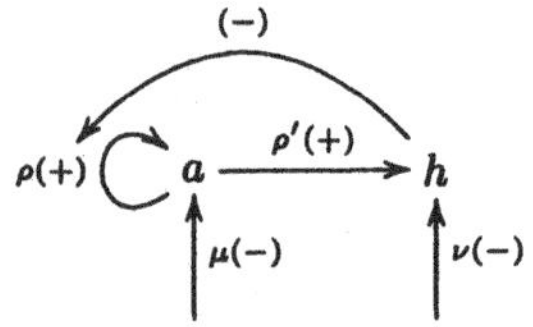

Abbildung 9.12. Funktionszuweisungsschema zwischen Aktivator und Inhibitor nach (9.1) ohne Diffusionsterme.

Da letztlich räumliche Musterbildung beschrieben werden soll, muss auch eine Ortsvariable vorkommen (x). Sie findet sich in den beiden ganz rechten Termen, die Diffusionsprozesse von Aktivatoren und Inhibitoren beschreiben und nicht in das Schema der Abbildung 9.12 aufgenommen werden können. Streifenbildung verlangt, dass sich die Komponenten zwar lokal ausschließen, aber langreichweitig unterstützen und von dieser Unterstützung abhängig sind. Dies wird durch entsprechende Werte der Parameter ρ und ρ' wiedergegeben. Die Dynamik, die durch obige Gleichungen beschrieben wird, muss am Computer simuliert werden. Solche Gleichungen lassen sich in der Regel nicht analytisch lösen. Dafür sorgen die quadratischen Terme. Das Ziel der theoretischen Beschreibung durch obige Gleichungen und der darauf folgenden numerischen Auswertung am Computer ist es, durch das Ausprobieren verschiedenster Parametereinstellungen am Rechner die Bedingungen zu ermitteln, unter denen der Prozess der Selbstorganisation erfolgreich verläuft. Man kennt dann mögliche Voraussetzungen für die Bildung bestimmter Muster wie Streifen.[40]

Damit kommen wir zur Beantwortung der zweiten Frage. Anders als bei der Klassischen Mechanik oder der Klassischen Genetik ist das Forschungspro-

[39] Vgl. dazu MEINHARDT (2000).

[40] Gut verständlich erläutert MEINHARDT (2001,a) und MEINHARDT (2000) biologische Musterbildung und deren Simulation am Computer.

gramm der Musterbildungsprozesse nicht empirisch an bestimmte Phänomene gebunden. Die beiden obigen Gleichungen können auf Sanddünen, Zebrastreifen oder sonstige Phänomene der Musterbildung angewendet werden. Sie sind das dynamische Korrelat bestimmter Funktionszuschreibungen. Funktionen gewinnt man aber gerade durch Abstraktion, d.h. von der konkreten Realisierung der Funktion und damit von der empirischen Anbindung wird bewusst abgesehen.[41] Der behandelte Gegenstand wird dadurch erst theorie-fähig gemacht. Dies bedeutet, dass bei einer Anwendung des Konzepts auf einen neuen Gegenstand, der hypothetisch eine Realisierung der abstrakten Funktionszuschreibungen ist, besonders genau überprüft werden muss, ob die Anwendung des Konzepts überhaupt empirisch gerechtfertigt ist. Es ist also genau nachzuprüfen, ob sich bei dem neuen Gegenstand konkrete Umsetzungen der abstrakten Funktionen finden lassen. Nicht zuletzt muss auch begründet werden, dass all die idealisierenden Annahmen der Gleichungen – insbesondere das Ausblenden anderer Komponenten – im jeweiligen neuen Fall vertretbar sind. (Letztere Forderung ist kein Spezifikum solcher funktionaler Erklärungen).

Das Konzept der Musterbildungsprozesse verfügt also über zuverlässige theoretische Werkzeuge, deren Anwendung auf eine konkrete empirische Situation aber immer gesondert zu rechtfertigen ist. Es hat einige gelungene Anwendungen vorzuweisen, und auch die Benutzung bei der Ausbildung der Streifen im *Drosophila*-Blastoderm ist gerechtfertigt. Gerade da ist recht genau erforscht, welche Gene sich selbst verstärken, welche Proteine Gene aktivieren oder deaktivieren können. Selbst von den kausalen Wechselwirkungen, also beispielsweise davon, wie ein Protein an DNS bindet, ist man zum Teil in Kenntnis. Man kann sich leicht denken, dass zur Beschreibung der vielen Interaktionen bei der genetischen Musterbildung, von denen nur ein kleiner Teil in diesem Abschnitt vorgestellt wurde, obiges einfache Gleichungssystem (9.1) nicht ausreicht. Dennoch konnten erste Teilaspekte damit erfasst werden.

Inzwischen gibt es eine Vielzahl von Arbeiten, die wie GIERER & MEINHARDT (1972) eine allgemeine system-theoretische Struktur zur Beschreibung biologischer Zusammenhänge verwenden. Auch Anwendungen im Bereich der genetischen Regulationsprozesse gibt es. So haben DASSOW et al. (2000) ein recht umfangreiches Gleichungssystem zur Ausbildung der Segmentpole durch die Aktivierung der Gene *engrailed* und *wingless* ausgearbeitet und in einem Computerprogramm implementiert.[42] Dennoch befinden sich solche theoretischen Beschreibungen erst am Anfang. Die Regulationsvorgänge bei der Segmentierung von *Drosophila* umfassend theoretisch zu beschreiben und am Computer zu simulieren, ist aufgrund der ungeheuren Zahl der zu berücksichtigenden Parameter noch in weiter Ferne.[43]

Obwohl die theoretische Biologie ein aufstrebendes Feld ist, wird solchen theoretischen Arbeiten oft nicht die Anerkennung geschenkt, die sie wahr-

[41] Siehe Punkt 4.2.5.
[42] Siehe zudem DASSOW & ODELL (2002); MEIR et al. (2002).
[43] Siehe KAUFFMAN (2000).

scheinlich verdienen. MEINHARDT & ROTH (2002) stellen fest, dass mathematische Verfahren zur Formulierung und Testung von Hypothesen immer noch recht selten sind in der Biologie und – so FREEMAN (2002) – von den experimentierenden Biologen mehr zur Kenntnis genommen werden sollten. Allerdings lässt die Tatsache, dass solche Arbeiten nun selbst in *Nature* publiziert werden, eine zunehmende Beachtung vermuten. Es kann auch schlecht geleugnet werden, dass die komplizierten Zusammenhänge der Biologie in besonderem Maße strukturierender Theorien bedürfen, die forschungsleitend sein können, auch wenn, oder besser gerade weil solche Vereinheitlichungen schwer zu finden sind. Im folgenden Abschnitt soll verdeutlicht werden, dass die mathematische Betrachtung solcher Dynamiken durchaus zu einem tieferen Verständnis von Entwicklungsprozessen beitragen kann.

9.4.4 Individualität und Regelmäßigkeit

Als eine der fundamentalen Erklärungsaufgaben der Entwicklungsbiologie wurde ein Verstehen von Individualität und Regelmäßigkeit von Merkmalen bereits eingangs erwähnt. Es kann festgehalten werden, dass alle Individuen unserer Spezies auffällig viele Strukturen gemeinsam haben wie Augen, Kopf, Gliederung, Arme, Hände oder fünf Finger. Alles bildet sich aus einem befruchteten Ei mit seinem für den Organismus spezifischen Genom. Bei anderen Merkmalen, die wir meist zu den die Individualität prägenden zählen, wie Fähigkeiten, Intelligenz, Charakterzüge oder psychische Struktur, ist die Ansicht verbreitet, dass diese von Mensch zu Mensch stark variieren. Auch diese bilden sich – zumindest wahrscheinlich zum Teil – aus dem einen befruchteten Ei. Aber ist diese Individualität auch im Genom verankert? Ist sie dies vollständig oder nur zum Teil? Und wenn ja, wie kann dann das Entstehen von Individualität erklärt werden? Innerhalb eines tragfähigen Konzeptes sollten sich diese anscheinend widersprüchlichen Feststellungen aus der Alltagswelt erfassen lassen. Der Prozess der Embryonalentwicklung führt vom Unorganisierten zum Organisierten, von der befruchteten Eizelle zum Organismus. Er muss immer wieder auftretende stabile Merkmale erzeugen, aber auch Individualität zulassen.

Eine Betrachtung der Eigenschaften solcher mathematischer Beschreibungen von Zeitentwicklungsprozessen, wie sie im letzten Abschnitt vorgestellt wurden, kann uns dabei zu einem Verständnis verhelfen. Bei der Analyse von Gleichungssystemen wie (9.1) finden sich Eigenschaften wie Fluktuationen, Robustheit bzw. Sensitivität gegenüber Anfangszuständen und Parametern sowie Uneindeutigkeit des Endzustandes. Die Mathematik dynamischer Systeme handelt von Zustandstransformationen.[44] Sie beschreibt die zeitliche Entwicklung der Observablen eines Observablen-Systems. Zu Beginn liegt das System im Anfangszustand vor. Die Gleichungen, die die Zeitentwicklung beschreiben, hängen von Parametern ab und führen den Anfangszustand nach Ablauf einer gewissen Zeit in den Endzustand über (Abbildung 9.13).

[44] siehe ARGYRIS et al. (1994); ARROWSMITH & PLACE (1994).

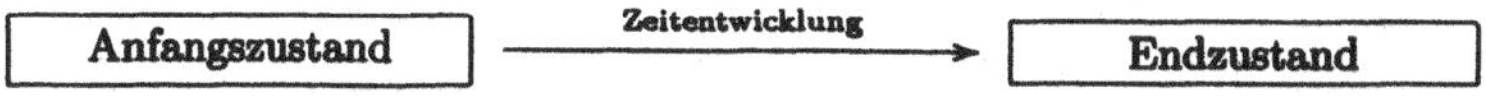

Abbildung 9.13. Grundschema zeitlicher Entwicklungsprozesse.

Um uns die erwähnten Eigenschaften zu veranschaulichen, betrachten wir schematische Diagramme, die die zeitliche Entwicklung des Wertes o einer Observablen O aus dem Observablen-System zeigen (Abbildung 9.14). Dabei müssen wir grundsätzlich davon ausgehen, dass der Anfangszustand z^a niemals ganz genau bekannt ist. Selbst das beste Messverfahren liefert einen Messwert immer nur mit einer bestimmten Genauigkeit. Dies repräsentieren wir in unseren Diagrammen dadurch, dass die Zeitentwicklung nicht bei einem Punkt, sondern von einem Intervall z^a der Achse ausgeht, auf der die Werte o der einen Observablen O aufgetragen werden. Dann betrachten wir den zeitlichen Verlauf des Intervalls bis zu einem Endzustand z^e. Unsere sich gegenseitig aktivierenden und inhibierenden Teil-Systeme werden im Allgemeinen durch das gegenseitige Beeinflussen fluktuieren. Dies deuten wir durch die wellenförmigen Verläufe an.

Es gibt nun dynamische Systeme mit der Eigenschaft, dass sie nicht sensitiv gegenüber Anfangszustand und Parametern sind (Abbildung 9.14 A). Für jede Wahl von Parametern vergrößert sich weder das Intervall der möglichen Observablen-Werte im Verlaufe der Zeit, noch verkleinert es sich. Man denke beispielsweise an ein Federpendel. Die Observable sei die Höhe des Schwingers. Wenn die Startposition eines zweiten Schwingvorgangs gegenüber einem ersten nur geringfügig verändert ist, werden die beiden Schwingungen ähnlich verlaufen. Wenn gleich viel Zeit vergangen ist, wird die Abweichung des Endzustandes des zweiten Vorgangs vom Endzustand des ersten genau so groß sein wie die ursprüngliche Differenz der Anfangszustände. Solche Systeme sind vorhersagbar, weil im Rahmen der Messgenauigkeit der Endzustand genau bestimmt werden kann. Ein weiteres einprägsames Beispiel, das allerdings keine Schwingungen erzeugt, sind die Bahnen zweier Billardkugeln, die mit leicht unterschiedlicher Position aber exakt gleicher vektorieller Geschwindigkeit gestoßen wurden.

Nun geht diese Eigenschaft schon durch recht unspektakulär wirkende Eingriffe in solche Systeme verloren. Hängt man beispielsweise an das Federpendel ein zweites oder baut man in den Billardtisch eine runde Bande ein, müssen die beschreibenden Gleichungen so verändert werden, dass sie keine eindeutige Vorhersage mehr erlauben. Solche dynamischen Systeme hängen sensitiv von Anfangszuständen und Parametern ab, d.h. kleinste Änderungen der Werte von diesen können im Allgemeinen zu einem ganz anderen Endzustand führen als dem, der bei der Entwicklung mit dem ‚benachbarten' Wert herauskämen (Abbildung 9.14 B). Das Intervall der möglichen Observablen-Werte wird mit

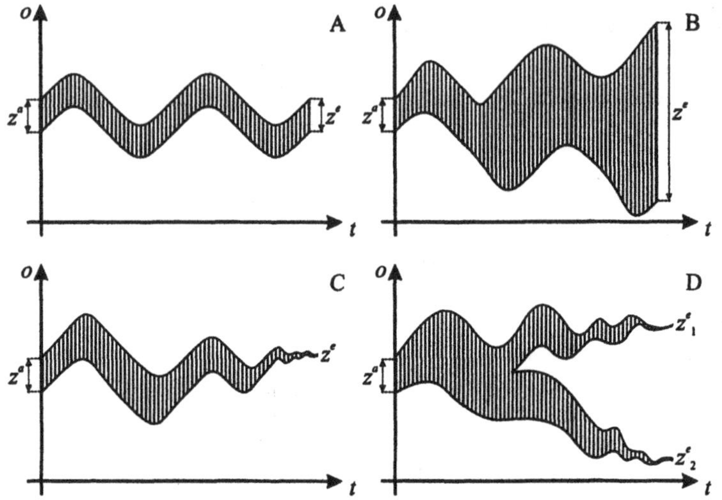

Abbildung 9.14. Illustrationen zu den Eigenschaften von Zeitentwicklungen (Anfangszustand z^a geht in einen Endzustand z^e über): Neutralität (A), Sensitivität (B) und Robustheit (C) gegenüber Anfangszustand und Parameter, Robustheit und Verzweigung (D).

der Zeit immer größer. Bei solchen Systemen lässt sich offenbar keine Vorhersage über den Endzustand treffen. Man nennt sie auch chaotische Dynamiken.

Es gibt aber auch dynamische Systeme, die nicht nur keine Sensitivität gegenüber Anfangszuständen und Parametern zeigen, sondern sogar Robustheit (Abbildung 9.14 C). Das Intervall der möglichen Observablen-Werte verkleinert sich mit der Zeit. Jeder Startwert aus einem bestimmten Intervall führt zu dem gleichen Endwert, oder es wird trotz verschiedener Parameter-Einstellungen von einem Anfangswert immer der gleiche Endwert erreicht. So einen Verlauf wird eine System-Komponente dann nehmen können, wenn sie mit anderen Teil-Systemen interagiert. Die Teile beeinflussen sich gegenseitig und zwar so, dass am Ende stabile Zustände ein Stück weit unabhängig davon entstehen, in welchen Zuständen die Teil-Systeme am Anfang waren. Aus ungeordneten Anfangsverhältnissen entsteht Struktur. Das System geht von einem unorganisierteren in einen organisierteren Zustand über.

Um so einen Strukturbildungsprozess zu verdeutlichen, betrachten wir die Entstehung von Sanddünen.[45] Man stelle sich vor, ein Stein bildet einen Windschatten, in dem sich Sand ansammeln kann. Dadurch entsteht ein größerer Windschatten, in dem sich noch mehr Sand ansammeln kann, ein sich selbst verstärkender Prozess. Nun müsste die Sanddüne aber ins Unendliche wachsen. Dies verhindert ein hemmender Prozess, der bei den Dünen z.B. darin

[45] Vgl. MEINHARDT (1982, 1987).

bestehen kann, dass der Wind Sand von der Spitze der Düne abträgt. Wird genau soviel Sand weggeweht, wie im Windschatten dazukommt, hat die Düne eine stabile Größe und wandert eventuell. Man kann sich vorstellen, dass die Größe des Steins, der der Auslöser für die Entstehung der Sanddüne war, für die Größe der Sanddüne nur insofern eine Rolle spielt, dass er nicht zu klein, aber auch nicht zu groß sein darf.

Unsere Düne wiederum bildet einen Bereich, in den kaum Sand fallen kann. Erst wieder in einem gewissen Abstand kann sich eine andere Düne bilden. In diesen Bereich kann zwar wieder Sand fallen, der beispielsweise von der Spitze der ersten Düne weggeweht wird, aber die erste Düne wird auch dafür sorgen, dass der Wind dort nicht so stark ist. Die Höhe der zweiten Düne wird vielleicht etwas kleiner ausfallen. So bildet sich Düne um Düne. Es entsteht eine charakteristische Streifen-Struktur, indem durch ein Hin und Her von Verstärkung und Hemmung ein stabiler Zustand erreicht wird. Dabei werden sich höhere und niedrigere Dünen abwechseln. Wegen der gegenseitigen Beeinflussung vieler Dünen ist demnach nicht vorhersehbar, ob sich bei dem selbst-regulatorischen Prozess eine einzelne bei dem höheren oder niedrigeren möglichen Endzustand stabilisieren wird. Durch einen Wechsel der Bedingungen wie drehendem Wind könnte auch passieren, dass eine kleine Düne zu einer großen wird und umgekehrt.

So ein dynamisches System ist zwar einerseits robust, kann aber andererseits zu mehreren möglichen Endzuständen verzweigen (Abbildung 9.14 D). Welcher Zweig eingeschlagen wird, kann von dem Anfangszustand und von den Parametern abhängen. Man kann sich auch vorstellen, dass es nicht nur zwei, sondern mehrere solcher möglichen Endzustände gibt. In welchem Endzustand ein einzelnes Teil-System landet, kann nicht vorhergesagt werden. Dies hängt von den selbst-regulatorischen Prozessen der vielen System-Komponenten untereinander ab. Damit beenden wir die Charakterisierung von Zeitentwicklungsprozessen und wollen nun sehen, welche Schlüsse sich daraus für die Entwicklungsbiologie ziehen lassen.

Das bereits erwähnte System von dynamischen Gleichungen zur Beschreibung des Funktionszuweisungsschemas bei der Ausbildung der Segmentpole in den Streifen des späten *Drosophila*-Blastoderms zeigt die Eigenschaft der Robustheit.[46] Auch bei der Musterbildung durch Morphogen-Gradienten[47] bei der Taufliege und in einfacheren biochemischen Netzwerken konnte gezeigt werden, dass die dynamischen Gleichungen über einen großen Bereich von Parameterwerten hinweg immer gleiche Muster von Endzuständen erzeugen. Dies ist in der Tat ein Erklärungsansatz für das Auftreten immer gleicher Strukturen bei der Entwicklung der Organismen. Individualität kann allerdings aus der Robustheit alleine nicht verstanden werden.

Wir wollen nun erläutern, dass neben der Regelmäßigkeit auch die Individualität innerhalb der Erklärungsschemata verstanden werden kann, die

[46] Siehe Dassow et al. (2000); Dassow & Odell (2002).
[47] Siehe Meinhardt & Roth (2002); Eldar et al. (2002).

durch dynamische Systeme vermittelt werden. Allerdings sind uns derzeit keine Studien bekannt, die die folgende Hypothese belegen könnten. Jedoch ist bereits die Tatsache, dass das Schema Individualität und Regelmäßigkeit einheitlich zu erklären erlaubt, Grund genug, es auch ohne empirische Anbindung auszusprechen. Denn eine theoretische Erklärung ohne empirische Belege hat forschungsleitenden Charakter. Sie vermittelt überhaupt erst einmal eine Vorstellung davon, wie ein bestimmtes Phänomen erklärt werden könnte, und liefert damit eine Heuristik, nach der man zukünftige Experimente gezielt so gestalten kann, dass die aufgestellte Hypothese be- oder widerlegt wird.

Zur Veranschaulichung des Erklärungsansatzes ist in zwei schematischen Diagrammen (Abbildung 9.15 A und B) die Zeitentwicklung des Zustandes zweier Systemkomponenten aufgetragen, z.B. die Höhe zweier Sanddünen. Anfangs zappeln die beiden Höhen hin und her, sie interagieren miteinander und werden von der Umwelt beeinflusst. Am Ende werden stabile Zustände erreicht. Dabei gebe es für jede Sanddüne einen höheren und einen niedrigeren Zustand, in den die Dynamik jeweils verzweigen kann. Je nach Einstellung der Parameter (Umweltbedingungen) wird die eine groß, die andere klein, erreicht die eine den unteren, die andere den oberen oder vielleicht beide den höheren ihrer möglichen Zustände.

Nun soll es sich in Abbildung 9.15 um zwei Trennlinien bei der Streifenbildung von *Drosophila* handeln. Nach Fluktuationen und produktiven Wechselwirkungen der beteiligten Reaktionspartner wird ein stabiler, definierter Zustand erreicht. Bei lebenswichtigen Vorgängen wie der erwähnten Musterbildung ist der Endzustand dabei sehr scharf definiert und besitzt nur eine sehr kleine Fehlertoleranz (Kleine graue Kästchen in Abbildung 9.15 A). Landet eine System-Komponente nicht in einem der engen grauen Kästchen, hat das fatale Folgen für den Organismus; er überlebt den fehlgeschlagenen Regulationsprozess nicht. Dies erklärt immer wiederkehrende Strukturen. Andere Strukturen sind schlicht nicht überlebensfähig. Wir bekommen sie nie zu Gesicht.

Ob der Prozess erfolgreich verläuft, hängt sensitiv von inneren und äußeren Bedingungen ab. Selbst wenn das Genom alle Voraussetzungen für ein normales Wachstum bietet, aber während der Embryonalentwicklung störende Einflüsse von außen einwirken, etwa ein Temperaturschock oder eine Infektion, dann kann es trotzdem zu einer Fehlbildung oder zu einem spontanen Abort des Embryos kommen, weil die selbst-regulatorischen Prozesse nicht planmäßig verlaufen. Durch die Rückkoppelungsmechanismen ist nicht einmal ausgeschlossen, dass sich ein noch so kleiner Störeinfluss aufschaukelt und letztlich zu einem massiven Effekt auswirkt. Beim Menschen endet etwa die Hälfte aller Schwangerschaften mit einem Abort,[48] die meisten unbemerkt zwischen der vierten und achten Woche, genau dann, wenn die Regulatoren ihre Aufgabe erfüllen sollten. Der Prozess der Selbstorganisation ist eben auch

[48] Siehe Christ & Wachtler (1998), Moore & Persaud (1996, S. 52 f.).

empfindlich und muss nicht immer zu einer Stabilisierung führen oder kann sich ungünstig stabilisieren.

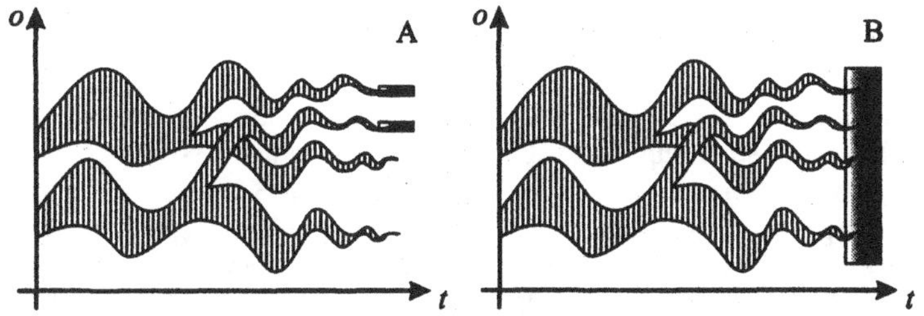

Abbildung 9.15. Regelmäßigkeit (A) und Individualität (B) bei Zeitentwicklungen.

Ist ein phänotypisches Merkmal nicht lebenswichtig, kann man sich vorstellen, dass es ein großes graues Kästchen gibt, das die Fehlertoleranz repräsentiert (Abbildung 9.15 B). Dann gibt es eine Reihe möglicher Zustände, die mit einer jeweiligen Wahrscheinlichkeit erreicht werden können. Erst wenn ein Zustand außerhalb des Fensters eingenommen wird, zieht dies gravierende Defekte nach sich. Innerhalb des Kastens gibt es mehrere Möglichkeiten, wie sich ein Individuum entwickeln kann. Unter leicht veränderten Bedingungen stabilisiert sich der Prozess ein wenig anders und für die Lebenstüchtigkeit des Organismus ist dieser Unterschied unerheblich. Zwei Individuen unterscheiden sich lediglich in der Farbe ihrer Augen und nicht in Aufbau und Funktion des Sehapparates, um ein Beispiel am Menschen zu wählen. Dies erklärt Individualität. Ein überzeugender erster experimenteller Befund, der diesen Erklärungsansatz zu bestätigen scheint, ist die Tatsache, dass die erste nach dem Dolly-Verfahren geklonte Katze ein anderes Fellmuster hatte als das Tier, von dessen Zellen die Katze geklont wurde.[49]

Zusammenfassend sei erwähnt, dass bei der Selbstorganisation Zustände erst Fluktuationen durchlaufen, bevor sie sich unter geeigneten Voraussetzungen stabilisieren. Diese Stabilisierung sollte einerseits recht robust sein, kann aber andererseits auch in mehrere Endzustände verzweigen. Die Zeitentwicklung muss nicht eindeutig verlaufen und kann sensitiv gegenüber Umwelteinflüssen sein. Damit offenbaren uns selbst-organisatorische Dynamiken die Einsicht, dass nicht statische Objekte alleine die Bausteine der Wirklichkeit bilden, sondern nicht weniger essentiell auch die Prozesse zwischen den Objekten. Der entscheidende Gewinn, der dem vorgestellten Ansatz innewohnt, ist die Erklärung sowohl regelmäßiger als auch individueller Merkmale innerhalb eines Schemas, und zwar hervorgehend aus ein und demselben Erbmaterial dadurch, dass das Augenmerk auf die Prozesse gelegt wird. Das Vermögen, Regelmäßigkeit und Individualität vereinheitlicht zu erklären, verleiht dem

---

[49] Siehe SHIN et al. (2002).

Schema eine Plausibilität, die nicht zuletzt aus dem Einklang der erklärten Sachverhalte mit unserer vorwissenschaftlichen Alltagserfahrung resultiert.

9.5 Zusammenfassende Begutachtung

Bereits das ‚einfache' Beispiel der Expression von *hunchback* barg ein beachtliches Potential an Komplexität. So ist eine vollständige Klärung der Streifenbildung in Embryonen und Larven, und damit des Körperbaus der erwachsenen Fliege, auch bei Drosophila ein noch lange nicht abgeschlossenes Forschungsprogramm. Ganz zu schweigen von einem endgültigen Verstehen der Entstehung der Fliege aus dem befruchteten Ei. Vielmehr haben wir bisher nur eine erste Heuristik davon, wie eine empirische Theorie der Embryonalentwicklung aussehen könnte. Einige Eckpunkte, die ein zukünftiges umfassendes Forschungsprogramm der Entwicklungsbiologie berücksichtigen müsste, lassen sich aber dennoch bereits heute begründet nennen, da sie auf empirischen Beobachtungen, Bedingungen der Möglichkeit, die empirischen Beobachtungen auch zu beschreiben, Erklärungsansätzen, die erste Erfolge verbuchen können, und den Bedingungen der Möglichkeit, solche Ansätze auszusprechen, beruhen. Diese Eckpunkte sind:

- Entwicklungsbiologische Gegenstände unterliegen einem Wachstum, das in einer Abfolge von empirischen Systemen (Stadien) beschrieben wird.
- Der Übergang vom einen zum nächsten Stadium ist *per definitionem* eine Systemumwandlung.
- Entwicklungsbiologische Gegenstände sind aus Zellen zusammengesetzt.
- Zellen besitzen die Fähigkeiten, sich zu teilen und zu Zellen mit spezifischer Funktion zu differenzieren.
- Beim Vorgang der Zell-Differenzierung werden Differenzierungsstadien durchlaufen.
- Mit fortschreitender Differenzierung verlieren die Zellen ihre Fähigkeit, sich zu teilen.
- In bestimmten Stadien besitzen die Zellen dieses Stadiums eine bestimmte Potentialität, zu etwas reifen zu können. Man unterscheidet Totipotenz, Pluripotenz und Multipotenz.
- In einem festen Stadium können bestimmte Prozesse (z.B. Musterbildung) als Zustandstransformationen beschrieben werden.
- Die Entwicklung von Lebewesen wird in ersten Ansätzen durch eine Kombination von Systemumwandlungen und Zustandstransformationen erklärbar.
- Der entwicklungsbiologische Gegenstand organisiert sich vom Unstrukturierten zum Strukturierten.
- Empirische Systeme der Entwicklungsbiologie sind grundsätzlich offen. Einen Beitrag zu ihrer Organisation leisten Interaktionen mit der Umgebung.

- Empirische Systeme der Entwicklungsbiologie sind grundsätzlich teil-autonom. Sie sind nicht bloß Teil eines anderen Organismus, der ihr Wachstum steuert, sondern tragen durch Selbstorganisation zu ihrer Entwicklung bei.
- Die Teil-Autonomie ist im Genom manifestiert. Manche entwicklungsbiologischen Vorgänge lassen sich demnach durch genetische Regulationsprozesse erklären.
- Bei der Entwicklung eines Lebewesens laufen unzählige Regulationsprozesse parallel ab. Sie im Ganzen theoretisch zu erfassen, übersteigt derzeit die Möglichkeiten. Einzelne kleine Teil-Systeme der Regulation können mit system-theoretischen Konzepten funktional erklärt werden. Dabei wird durch Funktionszuschreibungen (z.B. Verstärkung und Inhibition der eigenen und anderer Gen-Expressionen, Signal-Kaskaden, etc.) die Selbst- und Außenorganisation erklärt.
- Die kausalen Wechselwirkungen, durch die die Funktionen realisiert werden, umfassen insbesondere chemische Bindungen und physikalische Bewegungen von Makromolekülen.

10

Humangenetik

Mit dem Wort „Humangenetik“ ist nicht das genetische Wissen über die Spezies „Mensch“ gemeint, sondern eine medizinische Disziplin. So wie der Internist ein Krankheitsbild auf innere Ursachen zurückzuführen versucht, so möchte der Humangenetiker den Zustand eines Gen-Systems dafür verantwortlich machen. Dazu muss er natürlich mit den naturwissenschaftlichen Grundlagen vertraut sein. Andererseits beschäftigen sich Biologen schon immer auch mit der Spezies „Mensch“. Die Einordnung von Menschen in allgemeine biologische Zusammenhänge steht sogar oft in unserem besonderen Interesse. Sie spiegelt unser Bedürfnis wider, mehr über uns selbst zu erfahren. Durch die rasanten Entwicklungen insbesondere im Bereich der molekularen Biologie mit ihren vielen biotechnologischen Anwendungen sind Medizin und Naturwissenschaft noch näher zusammengerückt.

Dem Sprachgebrauch folgend wird das Forschungsprogramm der Humangenetik in Abschnitt 10.2 als ein medizinisches definiert, darf aber trotzdem zu den Forschungsprogrammen der Genetik gezählt werden, weil die Erforschung humangenetischer Zusammenhänge naturwissenschaftliche Arbeit ist. Ein Mediziner treibt *per se* keine Wissenschaft, er wendet wissenschaftliche Erkenntnisse an. Natürlich gibt es insbesondere an den Universitäten viele Mediziner, die im Bereich der Genetik wissenschaftlich forschen; weit mehr als naturwissenschaftliche Genetiker. Dennoch ist die Kernaufgabe eines Mediziners, die Behandlung von Menschen, indem er seine Erkenntnisse anwendet. Und die meisten Ärzte kommen nur dieser Aufgabe nach, auch wenn sie sich häufig fortbilden. Dieses Verhältnis von Naturwissenschaft und Medizin, von Forschung und Anwendung, ist ein sehr altes und bedarf hier keiner weiteren Erläuterung.

Die Humangenetik ist also ein medizinisches Forschungsprogramm, das mit naturwissenschaftlichen Konzepten arbeitet. Humangenetik und naturwissenschaftliche Genetik sind auf eine enge Weise miteinander verknüpft. Viele Pionier-Arbeiten der Genetik waren Beiträge zur Humangenetik. Andererseits eröffnen sich durch die Tatsache, dass der Mensch wegen der Medizin eines der am bestem beschriebenen Lebewesen ist, Möglichkeiten zur Stellung von naturwissenschaftlichen Fragen, die für die Biologie von allgemeinem Interesse sind.

Zuletzt darf nicht vergessen werden, dass aus ethischen Gründen der Mensch nicht in dem Umfang erforscht werden kann, wie dies bei Tieren der Fall ist. Deswegen werden zunehmend genetische Zusammenhänge an Tieren erforscht und dann versucht, die dort gewonnenen Erkenntnisse auf den Menschen zu übertragen. Hier sind neben der Genetik auch andere biologische Disziplinen gefragt. Um eine Übertragung von Wissen, das beispielsweise bei Mäusen gewonnen wurde, auf Menschen zu rechtfertigen, muss man vieles über Menschen *und* Mäuse wissen.

10.1 Prototheoretische Konzepte der Humangenetik

Ziel der Humangenetik ist die Beschreibung und Erklärung von Krankheiten und krankheitsrelevanten Zusammenhängen, die bis auf die Ebene der Gene zurückgeführt werden können. Dabei ist offenbar die entscheidende Leistung, die vor-theoretisch bereits zur Verfügung stehen muss, die Beschreibung von Krankheits-Phänotypen und krankheitsrelevanten physiologischen Zusammenhängen.

Definition 10.1 (Krankheitssymptome). Die phänotypischen Merkmalsausprägungen einer Krankheit heißen Krankheitssymptome.

Definition 10.2 (Krankheitsstadium). Eine bestimmte Kombination von Krankheitssymptomen heißt Krankheitsstadium.

Definition 10.3 (Krankheitsverlauf). Eine Abfolge von Krankheitsstadien heißt Krankheitsverlauf.

Definition 10.4 (Krankheitsbild). Eine Liste aller Krankheitssymptome und aller Krankheitsverläufe, die bei einer Krankheit typischerweise auftreten, heißt Krankheitsbild.

Dabei setzen wir ersichtlich voraus, dass aus unserer vor-wissenschaftlichen Alltags-Erfahrung heraus bereits bekannt ist, was es heißt, *krank* zu sein. Ohne auf diese Diskussion eingehen zu können, sei erwähnt, dass keine Definition des Begriffs „Krankheit“ unumstritten geblieben ist.[1] Zu dieser vielschichtig geführten Debatte sei in aller Kürze folgendes beigetragen: Der kulturell gewachsene Krankheitsbegriff unterscheidet sich deutlich von dem in der Medizin etablierten. Die wissenschaftlich arbeitende Medizin erfasst streng genommen keine Krankheiten, sondern Krankheitsbilder. In der Medizin werden spezifische Krankheitsbilder beschrieben, d.h. es werden klinische Merkmale und deren Entwicklung aufgelistet. Für den Fall, dass die Einträge einer spezifischen Liste nicht nur wenige Male, sondern entsprechend häufig beobachtet werden, wird das Krankheitsbild mit einer Krankheit identifiziert, die dann

---

[1] Siehe dazu LANZERATH & HONNEFELDER (1999); WIELAND (1995).

einen Namen erhält. (Oft ist es der Name des Forschers, der die Krankheit zum ersten Mal beschrieben hat, wie z.B. bei der HUNTINGTONschen Krankheit).

Kontrastierend zur Spezifität der medizinischen Krankheitsbilder bezeichnet der kulturell gewachsene Krankheitsbegriff eine allgemeine Verfasstheit, die sich zudem nicht objektivieren lässt, sondern subjektive Empfindung ist. Im Regelfall erlebt sich ein Mensch zuerst als krank und holt sich dann beim Arzt die Diagnose ein, welche Krankheit er hat. Dabei vergleicht der Arzt den Zustand des Betroffenen mit den erlernten Krankheitsbildern. Dies ist eine der Kernaufgaben des Arztes, für die er ausgebildet wurde. Ersichtlich können nun die Situationen entstehen, dass der Arzt bei einem Patienten, der sich krank fühlt, kein passendes Krankheitsbild finden kann, oder umgekehrt, dass der Arzt mit Hilfe seiner Krankheitsbilder eine Krankheit diagnostiziert, die der Betroffene nicht als solche empfindet.[2]

Wie aufgezeigt, werden in der Medizin dagegen Krankheiten mit Krankheitsbildern identifiziert. So sprechen wir davon, dass jemand Fieber hat, wenn seine Körpertemperatur über einen bestimmten Grenzwert hinausgeht, dass jemand erkältet ist, wenn seine Nase läuft, er husten muss und eventuell Fieber hat, etc. Das „eventuell“ deutet dabei an, dass nicht jeder, der eine Erkältung hat, auch Fieber haben muss. Fieber hat man nur, wenn die Erkältung einen schweren Verlauf nimmt. Durch Krankheitsbilder werden also Krankheiten *typisiert.*[3] Dabei müssen nicht alle Merkmalsausprägungen des Krankheitsbildes vorliegen, um davon zu sprechen, dass jemand eine Krankheit habe. Oft genügen wenige, um dann sogar vorhersagen zu können, wie die Krankheit weiter verlaufen wird, d.h. welche Merkmalsausprägungen noch auftreten werden.

10.2 Das Forschungsprogramm der Humangenetik

Obwohl die Zusammenhänge in der Humangenetik ähnlich kompliziert sind wie die der Entwicklungsbiologie, lässt sich dennoch wesentlich klarer ein Forschungsprogramm formulieren. Dies liegt daran, dass es nicht Ziel der Humangenetik ist, die Entstehung eines kompletten Organismus zu erklären, sondern die von Krankheitsbildern. Genetische Ursachen für Defekte zu finden, hat sich als wesentlich einfacher erwiesen als das Funktionieren verstehen zu wollen. Hernach wird dann versucht, von der Fehlfunktion auf die Funktion zu schließen. (Diesen Zweck verfolgt man bei Mutationsstudien, die in der Genetik von Anbeginn eine besonders wichtige Rolle spielten). Die Erklärungsaufgabe wird also auf einen bestimmten Phänotyp, ein Krankheitsbild, beschränkt.

[2] Dieses Problem wird uns noch im Zusammenhang mit genetischen Tests in Abschnitt 12.4 beschäftigen.

[3] Siehe Punkt 4.2.7.

Humangenetik 1 (Genetisch bedingte Krankheiten). Es gibt Krankheitsbilder, bei deren Zustandekommen der Zustand des Genoms einen Beitrag zur Erklärung leisten kann.

Humangenetik 2 (Erbkrankheiten). Es gibt genetisch bedingte Krankheiten, die vererbt werden.

Humangenetik 3 (Genotyp-Phänotyp Korrelation). Es gibt genetisch bedingte Krankheiten, die mit bestimmten Gen-Varianten korreliert sind.

Humangenetik 4 (Kausalzusammenhang). Es gibt Gen-Varianten, deren Gen-Produkte ein Krankheitsbild verursachen.

Bei dieser Formulierung des Forschungsprogramms der Humangenetik fällt als erstes auf, dass alle Postulate Existenz-Aussagen sind: Der jeweilige Sachverhalt eines Postulates kann zwar vorkommen, es wird aber in keiner Weise behauptet, dass er es muss. Wenn man im Gegensatz dazu an die NEWTONsche Mechanik denkt, wird dort behauptet, dass sich jede Bewegung von Körpern mit Hilfe des vorgeschlagenen Schemas erklären lässt. So ein Anspruch kann hier *per se* nicht erhoben werden, wie nach folgender Erläuterung der einzelnen Postulate ersichtlich wird:

10.2.1 Genetisch bedingte Krankheiten

Nicht jede Krankheit ist genetisch bedingt. Eine Virus-Infektion beispielsweise lässt sich nicht durch den Zustand des Genoms des Menschen erklären, der von dem Virus befallen wurde, sondern nur durch die Funktionsweise des Virus selbst. Die Behauptung, jeder Krankheitsverlauf habe doch eine genetische Komponente, und wenn es nur die Tatsache ist, dass je nach genetischer Konstitution ein Medikament besser oder schlechter verarbeitet wird, ist zwar richtig, spielt aber im Forschungsprogramm der Humangenetik in diesem hier betrachteten engeren Sinne keine Rolle. Jeder Vorgang in einem Lebewesen ist durch die jeweilige Funktionsweise von Genen mitbedingt. Aber darauf basiert das Forschungsprogramm der Humangenetik eben gerade nicht, sondern es will Krankheiten durch bestimmte Genom-Zustände erklären.

Dabei müssen diese Erklärungen weder bis zu einzelnen Gen-Varianten zurückreichen, noch muss eine genetisch bedingte Krankheit erblich sein. Das Down-Syndrom ist ein Beispiel für beides. Es beruht auf der Anomalie, dass das Chromosom mit der Nummer 21 dreimal statt zweimal in jeder Zelle eines Betroffenen vorkommt. Diese Trisomie 21 wird nicht vererbt, da die Betroffenen nicht fertil sind. Sie wird jedes Mal dadurch neu erworben, dass bei der Entstehung der Eizelle der Spindelapparat nicht richtig funktionierte. Sobald die Möglichkeit vorhanden war, Karyogramme zu erstellen, konnte man solche Chromosomenanomalien detektieren und bestimmten Phänotypen zuordnen.

Andererseits kann eine Erklärung aber auch bis zu Gen-Varianten, ja sogar bis zur Variation einzelner Basenpaare zurückreichen. Denn es gibt auch spezielle Zustände des Genoms, bei denen nur ein Basenpaar betroffen ist, die aber dennoch ein mitunter gravierendes Krankheitsbild nach sich ziehen können.

10.2.2 Erbkrankheiten

Hat eine Person einmal eine genetisch bedingte Krankheit erworben, bedeutet dies noch nicht, dass diese Krankheit vererbt wird. Nur wenn die krankheitsrelevante Gen-Variante auch in den Keimzellen zu finden ist, wird die Krankheit vererbt. Die Keimzellen werden bereits sehr früh, nämlich schon während der Embryonalentwicklung, produziert und deponiert. Sie werden bis zu ihrem späteren Einsatz keinen Zellteilungsprozessen mehr unterworfen, bei denen immer eine geringe Anzahl von Fehlern bei der DNS-Replikation passiert. Dadurch ist das Risiko einer Mutation in den Keimzellen reduziert. Dennoch gelangen mit Krankheiten assoziierte Gen-Varianten auch in die Keimzellen. Diese werden dann von Generation zu Generation weitervererbt. Man spricht von Erbkrankheiten.

10.2.3 Die Suche nach der Ursache

Hat man die Vermutung, dass eine Krankheit erblich ist oder eine erbliche Komponente hat, kann man sich mit Hilfe von Methoden der Klassischen und der Molekularen Genetik auf die Suche nach den Gen-Varianten begeben, die für die Krankheit ursächlich verantwortlich sein könnten. Als die Humangenetik begann, mit Hilfe molekularer Methoden nach solchen Gen-Varianten zu suchen, glich diese Suche innerhalb der ca. drei Milliarden Basenpaare eines Human-Genoms der nach einer Nadel im Heuhaufen. Man verstand es allerdings, durch geschickte Techniken in einigen Fällen dennoch in dem Wust von Genen diejenige Variante ausfindig zu machen, die als Kandidat für die Verursachung der Krankheit zu gelten habe. Dies gelang vor allem bei monogenen Erbkrankheiten, das sind solche, bei denen genau ein Gen-Ort für die Krankheit verantwortlich gemacht werden kann. Diesen ersten Erfolgen verdankt das Forschungsprogramm der Humangenetik den Ruf, dass es nur noch eine Frage der Zeit sei, bis die Entstehung aller Krankheiten auf die Ebene der Gene zurückgeführt werden könne.

Nicht zuletzt mit solchen oder ähnlichen Aussagen, die einen fast grenzenlosen Nutzen der Erforschung des Human-Genoms in Aussicht stellten, gelang es, erhebliche Mittel in diesen Forschungsbereich zu lenken.[4] Nachdem nunmehr nahezu die vollständige Sequenz des menschlichen Genoms vorliegt (erste Phase des Human-Genom-Projekts) (INTERNATIONAL HUMAN GENOME MAPPING CONSORTIUM, 2001; VENTER et al., 2001), ist jetzt die Frage zu beantworten, wie diese riesige Menge an Abfolgen von Basenpaaren in

[4] Siehe Abschn. 11.2.

körperliche Funktionen oder Funktionsstörungen umgesetzt wird. Diese sogenannte zweite Phase des Human-Genom-Projekts steht allerdings erst ganz am Anfang. Erschwerend kommt hinzu, dass sich die Zuweisung von Funktionen nicht in der Form automatisieren lässt wird wie die Sequenzierung der DNS. Dies liegt allein schon daran, dass Funktionen abstrakte Gegenstände sind.[5]

Noch bevor Gen-Produkten Funktionen im Organismus zugewiesen werden, wird meist nach den Gen-Varianten gesucht, deren Funktion es ist, ein bestimmtes Merkmal zumindest zum Teil zu determinieren. Die Suche nach solchen zu einem Merkmal assoziierten Gen-Varianten wird mit der Zahl der beteiligten Gen-Orte zunehmend schwerer. Während bei monogenen erblichen Krankheiten etliche Verfahren zur Identifikation der assoziierten Gen-Varianten recht erfolgreich angewendet wurden, steht die Erforschung der multifaktoriellen polygen bedingten Merkmale[6] erst am Anfang.[7] Wenigstens lässt sich diese Suche bis zu einem gewissen Grad automatisieren. Dabei kommen weiterhin Klassische und Molekulare Genetik als grundlegende Forschungsprogramme zum Einsatz. Allerdings müssen bei der phänotypischen Erfassung komplexer Merkmale die Krankheitsbilder der Medizin insbesondere durch physiologische und psychologische Typisierungen ergänzt werden.[8]

Das Auffinden einer Assoziation zwischen einer Gen-Variante und einem Merkmal – oder gar mehrerer Assoziationen mehrerer Gen-Varianten mit einem komplexen Merkmal – rechtfertigt jedoch nicht die Rede davon, dass bereits die Ursache der Krankheit gefunden sei. Korrelationen weisen nun einmal nur auf einen Kausalzusammenhang hin, sie begründen ihn logisch in keiner Weise. Im Extremfall kann es sich lediglich um eine Schein-Korrelation handeln. Ein möglicher kausaler Zusammenhang muss immer erst noch nachgewiesen werden.

10.2.4 Die Erforschung der kausalen Wirkung

Um gerechtfertigt von einer Ursache zu sprechen, müssen kausale Wechselwirkungen angegeben werden.[9] Es muss also im Falle der Humangenetik die Kette von Wechselwirkungen aufgezeigt werden, die zu dem zu erklärenden Krankheits-Phänotyp führt. Und dies ist mitunter nicht nur sehr schwierig, sondern auch sehr langwierig. Verglichen mit der Aufgabe, einen Kandidaten-Gen-Ort zu finden, ist die Erforschung der kausalen Wirkung dieses Kandidaten um ein Vielfaches forschungsintensiver.

[5] Siehe Punkt 6.4.3.

[6] Für „multifaktoriell polygen begingtes Merkmal" wird im Folgenden auch der Terminus „komplexes Merkmal" synonym verwendet.

[7] Vgl. (Peltonen & McKusick, 2001).

[8] Auf die Problematik, dass die Humangenetik mit der Beschäftigung mit komplexen Merkmalen zunehmend den Kernbereich der Medizin verlässt, wird in Punkt 10.3.4 und Kap. 12 eingegangen.

[9] Siehe Punkt 6.4.2.

Um nur knapp eine Vorstellung davon zu erzeugen, seien die wichtigsten Schritte aufgezählt. Wir nehmen also an, dass ein bestimmter Gen-Ort mit einer Krankheit korreliert ist. Nun gilt es zuerst, die verschiedenen Gen-Varianten zu ermitteln, die diesen Gen-Ort besetzen können. Das sind manchmal sehr viele. Als nächstes müssen die Proteine gefunden werden, die zu den einzelnen Varianten gehören. Diese Suche wird durch zwei Probleme erheblich erschwert. Zwar kann man von der DNS-Sequenz auf die Aminosäure-Sequenz schließen, aber zum einen werden beim Prozess des Spleißens[10] aus der ursprünglichen Sequenz Teile herausgeschnitten und zum andern kann man, selbst wenn man die gespleißte Aminosäure-Sequenz kennt, nicht eindeutig darauf schließen, wie sich die Aminosäure-Kette zu einem dreidimensionalen Protein faltet. Als nächstes muss also die Struktur des Proteins untersucht werden. Hierbei ist anzumerken, dass die Experimentierkunst mit den dreidimensionalen, manchmal multifunktionalen Proteinen weit größeres Geschick verlangt als mit linearen Molekülen wie der DNS. Es gibt Wissenschaftler, die ihr ganzes Forscherleben der Untersuchung eines einzigen Proteins widmen. Aus der Struktur möchte man schließlich auf die Funktionen schließen, die das Protein in der Zelle oder im Organismus übernimmt. Mit welchen anderen Molekülen wird interagiert? Wie wird dadurch eine bestimmte Funktion realisiert? Was passiert bei Funktionsausfall? Die Liste der möglichen Fragestellungen könnte an dieser Stelle fast beliebig verlängert werden. Meist kann das Zustandekommen einer Krankheit nur durch eine Kaskade verschiedener Wechselwirkungen erklärt werden. Erst wenn man alle entscheidenden physiologischen Zusammenhänge erfasst hat, kann man davon reden, dass eine Gen-Variante ursächlich für eine Krankheit mitverantwortlich ist.[11]

10.3 Das diagnostische Konzept

[12]In diesem Abschnitt soll nun das diagnostische Konzept der Humangenetik etwas genauer erläutert werden. Es ist kaum möglich, allgemeine Prinzipien zu formulieren. Vielmehr wird es darauf ankommen, die Bandbreiten humangenetischer Diagnostik aufzuzeigen. Dies wird an Hand von Fallbeispielen geschehen, die jeweils versuchen, Extrema dieser Bandbreite zu markieren. Dabei werden wir zuerst diagnostische Verfahren der Humangenetik nach deren Penetranz und Expressivität klassifizieren (Punkt 10.3.2). Danach werden Kriterien wie die Häufigkeit in der Bevölkerung eine Rolle spielen, aber auch eine Einteilung der Merkmale wird vorgenommen, und zwar in Krankheiten, krankheitsrelevante Merkmale und solche, die nicht unmittelbar in den Kernbereich der Medizin fallen (Punkt 10.3.4). Schließlich werden Hypothesen aufgestellt, die einen Zusammenhang der untersuchten Kriterien behaupten

[10] Siehe Punkt 8.1.5.
[11] Siehe Punkt 6.4.2.
[12] Einige Ideen und Beispiele dieses Abschnitts finden sich schon in Fey & Seel (2000).

(Punkt 10.3.5). Zuvor aber einige kurze Bemerkungen zu den Grundlagen der Humangenetik, die sich aus den Forschungsprogrammen der Klassischen und der Molekularen Genetik rekrutieren.

10.3.1 Zusammenspiel von Klassischer und Molekularer Genetik

Die Verwendung möglichst großer Fallzahlen und entsprechender statistischer Verfahren war schon für MENDEL (1866) der Schlüssel zum Erfolg bei der Erforschung der Vererbung. Dies sind grundlegende Bedingungen der Möglichkeit, überhaupt Aussagen über Erb*gänge* treffen zu können. Dabei wusste MENDEL noch nichts über die materielle Realisation des „Gens". Die Erforschung der Erb*substanz* erreicht erst mit WATSON & CRICK (1953) einen ersten Höhepunkt. Dann beginnen die Gene empirisch zugänglich zu werden. MENDELs Erbfaktoren, die später Gene getauft werden, sind ein rein theoretisches Konzept und bleiben dies fast ein Jahrhundert.[13]

Aufgabe des Forschungsprogramms der Humangenetik ist unter Ausnutzung klassischer und molekularer Methoden, ein Verständnis dafür zu entwickeln, wie Krankheiten durch Gen-Varianten mitbestimmt werden. Die Molekulare Genetik liefert dabei die Verfahren zur empirischen Erfassung der Gen-Varianten. Sie ist deshalb eine grundlegende Bedingung der Möglichkeit, überhaupt Assoziationen von Gen-Varianten zu Krankheiten erforschen zu können. Derweil bleibt es Aufgabe der Klassischen Genetik die funktionalen Zusammenhänge von Gen-Varianten und phänotypischen Merkmalen theoretisch herzustellen. Mit anderen Worten, im theoretischen Gebäude der Klassischen Genetik gibt es durch die Molekulare Genetik eine neue Observable, den Genotyp.

Mit dem Abschluss des Human-Genom-Projekts (HGP) im Jahre 2001 wurde die anfänglich für nahezu unmöglich gehaltene Aufgabe, das komplette menschliche Genom zu sequenzieren, in kürzerer Zeit erledigt, als viele gedacht hatten. Wie eingangs erwähnt, wird allein dadurch unser Wissen über den Einfluss von Genotypen auf Phänotypen in keiner Weise vergrößert. Denn verschiedene Merkmalsausprägungen werden in der Genetik offenbar durch verschiedene genetische Konstitutionen erklärt, und darüber gibt das HGP allein keine Auskunft. Es stellt aber die bahnbrechende Errungenschaft dar, nunmehr in der feinst möglichen Einheit, nämlich dem Nucleotid, das Genom geordnet zu haben. Damit eröffnet das HPG effektivere Möglichkeiten, die zu einem Merkmal gehörenden Gene zu finden. Bei dieser Suche kommt es ersichtlich nicht auf die Gemeinsamkeiten aller menschlichen Genome an, sondern auf die Unterschiede.

Um im Genom ein Gen zu finden, das mit einem bestimmten Merkmal in funktionalem Zusammenhang steht, werden Marker-Systeme benötigt. Marker sind im Genom lokalisierte Sequenzen, die polymorph sind, d.h. ein und

[13] Siehe Punkt 1.2.5 und Kap. 7.

dieselbe Stelle im Genom wird bei verschiedenen Individuen von unterschiedlichen Sequenzen besetzt. Auch hier hat man in den letzten Jahren verstanden, sich das feinst mögliche System nutzbar zu machen, nämlich Single Nucleotid Polymorphismen (SNP).[14] Dies sind über das ganze Genom verteilte Marker, die vergleichsweise häufig auftreten und dichter liegen als bisherige Marker-Systeme.[15] Um einen Bereich im Genom finden zu können, in dem sich ein gesuchter Gen-Ort befindet, braucht man solche Marker, deren Vererbung je nach Verfahren in ganzen Familien oder Geschwisterpaaren studiert wird. Aktuelle SNP-Studien deuten darauf hin, dass sich eine bisher ungekannte Möglichkeit eröffnet, sich im Genom zu orientieren. Sie führen zur Klärung der sogenannten Haplotyp-Struktur des Genoms.[16] Haplotypen sind Bereiche im Genom, die – zumindest bisher – dem Prozess der meiotischen Rekombination während der Gametogenese nicht unterworfen waren. Die Haplotyp-Struktur des Genoms stellt eine neue Ordnung dar, die wiederum effektiveres Screening erlaubt. Das ursprüngliche recht begrenzte Verfahren, mit Hilfe von Familien-Stammbäumen auf einen Erbgang zu schließen, ist heute durch erheblich bessere Methoden ergänzt. Dabei ist aber die Notwendigkeit der Sammlung möglichst vieler Daten aus Familien erhalten geblieben. Am grundlegenden Prinzip der Familien-Anamnese hat sich demnach nichts geändert.

Bei der Suche nach den genetischen Komponenten von Krankheiten spielt nach wie vor die oben erläuterte Kooperation von Methoden der Klassischen und der Molekularen Genetik eine entscheidende Rolle. Die heute gängigen Verfahren zur Erforschung von Krankheiten, aber auch von komplexen Merkmalen sind Kopplungsanalysen, Allelverteilungsanalysen und Assoziationsstudien, die hier nicht genauer erläutert werden können. Alle drei sind experimentelle Verfahren, die immer dann genutzt werden können, wenn das entsprechende Daten- und das molekulargenetische Analysematerial zur Verfügung stehen. Es versteht sich von selbst, dass bei Untersuchungen an Menschen hier gewisse Limitierungen vorliegen. Dieses Problem stellt sich nicht – zumindest solange es kein generelles Instrumentalisierungsverbot für Tiere gibt[17] – bei der Untersuchung von Krankheiten bei Tieren. Um krankheitsrelevante genetische Komponenten zu studieren, gibt es deswegen die zusätzliche Strategie, eine analoge tierische Krankheit zu suchen oder gar gentechnisch zu erzeugen und diese dann statt der menschlichen zu untersuchen. Hierbei muss aber zusätzlich immer geprüft werden, wie weit die jeweilige Analogiebildung zwischen Tier und Mensch tragfähig ist. Ein wesentlicher Vorteil ist aber sofort sichtbar: Tiere dürfen im Allgemeinen genetisch manipuliert und Kreuzungsexperimenten unterworfen werden.

---

[14] Siehe ZHAO et al. (1998); REICH et al. (2001).

[15] Siehe MULLIKIN et al. (2000); INTERNATIONAL SNP MAP WORKING GROUP (2001).

[16] Siehe DALY et al. (2001); GABRIEL et al. (2002).

[17] Wesentliche Gedanken zum Tierschutz finden sich bei POLLO (2003).

Eine weitere Neuerung, die durch molekulargenetische Verfahren Einzug erhalten hat, ist die Ausdehnung der Phänotypisierung auf die Funktionsträger der molekularen Ebene, die Proteine. Dies bedeutet, dass als Merkmal ein bestimmtes Funktionieren oder der Funktionsausfall eines Proteins erfasst werden kann. Solche Merkmale spielen bei der Erfassung von Krankheiten nicht selten eine Rolle, wie wir später bei einigen Beispielen noch sehen werden.

Hat man erst einmal eine signifikante Korrelation zwischen einem Gen-Ort und einem Merkmal entdeckt, gleichen die folgenden Aufgaben einer Fleißarbeit. Zunächst müssen die möglichen Gen-Varianten des Ortes kloniert und damit für deren weitere Erforschung zugänglich gemacht werden. Ist dies gelungen, kann im Prinzip bereits bei einem Individuum analysiert werden, welche der möglichen Varianten es trägt. Ein Gentest ist entwickelt. Dieser Gentest muss nun bei einer genügend großen Zahl von Individuen einer Population eingesetzt werden, um für die Diagnostik verwertbare statistische Daten zu erhalten.

An dieser Stelle sollen kurz die Begriffe „genetische Information" und „genetischer Test" geklärt werden: Dem informationstheoretischen Konzept der Molekularen Genetik folgend[18] sollen unter *genetischen Informationen* alle in der DNS gespeicherten und daraus wieder abrufbaren Inhalte verstanden werden. Darunter fällt nicht nur die lineare Sequenz der DNS, sondern auch der so genannte Karyotyp, der mit dem Ziel bestimmt wird, Anomalien wie etwa Trisomien oder Chromosomentranslokationen zu erkennen. Ein *genetischer Test* ist ein labor-analytisches Verfahren mit dem Zweck, genetische Information über ein Individuum zu gewinnen.

10.3.2 Penetranz und Expressivität

Gelingt es mit den eben erläuterten Methoden eine Korrelation zwischen einem Krankheitsbild und einer Gen-Variante zu entdecken, steht bereits im Prinzip die Möglichkeit zur Verfügung, das Wissen um diese Korrelation diagnostisch zu verwenden. Denn wenn man weiß, dass die Gen-Variante x mit dem Krankheitsbild y in p Prozent aller Fälle korreliert ist, kann man einem Träger der Gen-Variante x die Auskunft geben, dass sein Gesundheitszustand mit der Wahrscheinlichkeit p durch das Krankheitsbild y beschrieben werden kann. Diese Wahrscheinlichkeit nennt man in der Humangenetik Penetranz:

Definition 10.5 (Penetranz). Die Penetranz einer Gen-Variante ist die Wahrscheinlichkeit dafür, dass bei deren Vorliegen ein bestimmtes Krankheitsbild realisiert wird.

Nun haben wir ein Krankheitsbild als eine Liste von Symptomen und Symptomverläufen definiert. Ferner haben wir festgestellt, dass eine Person eine Krankheit hat, wenn die Person dieses Krankheitsbild realisiert, d.h.

---

[18] Siehe Abschn. 8.1.

dass zumindest ein Symptom oder Symptomverlauf bei der Person festgestellt werden kann. In der Tat müssen nicht alle möglichen Symptome und Symptomverläufe eines Krankheitsbildes von einer Person realisiert werden, damit wir davon sprechen, dass die Person die Krankheit hat, und die Symptome müssen auch nicht immer gleich stark auftreten. Bei einem verläuft die Krankheit eben extrem ungünstig, ein anderer darf sich wegen eines milden Verlaufs glücklich schätzen. Deswegen spricht man in der Humangenetik neben der Penetranz von der Expressivität. Während die Penetranz erfasst, ob überhaupt ein Symptom des Krankheitsbildes auftritt, gibt die Expressivität die Wahrscheinlichkeit für einen bestimmten Krankheitsverlauf wieder.

Definition 10.6 (Expressivität). Die Expressivität einer Gen-Variante ist die Wahrscheinlichkeit dafür, dass bei deren Vorliegen ein bestimmter Krankheitsverlauf realisiert wird.

Ersichtlich kann mit den Hilfsmitteln der Penetranz und der Expressivität, die rein auf der statistischen Erfassung vieler Kranker beruhen, bereits diagnostisch gearbeitet werden. Verstanden haben wir von der Krankheit dadurch aber noch nichts. Wir können nicht einmal ausschließen, ob es sich um eine Schein-Korrelation handelt.[19] Wir kennen nicht das Protein, das von der Gen-Variante, die als Kandidat für eine Erklärung betrachtet wird, erzeugt wird. Wir wissen nicht, welche Aufgabe das Protein in der Zelle oder dem Organismus hat oder hätte, falls es eben diese Aufgabe auf Grund eines Defektes nicht mehr zu erfüllen vermag. Ist es einmal gelungen, einen Gen-Ort als Kandidaten für die Verursachung einer Krankheit zu identifizieren, stellt sich also gleich eine ganze Reihe neuer Fragen, nach deren Beantwortung erst festgestellt werden kann, ob der Kandidat wirklich die gesuchte Ursache ist.

10.3.3 Beispiele: Chorea Huntington – Cystische Fibrose – Waardenburg-Syndrom – Tuberöse Sklerose

Anhand von vier Beispielen soll nun das diagnostische Konzept der Humangenetik mit den beiden zentralen Begriffen „Penetranz" und „Expressivität" erläutert werden. Da beide Größen empirisch durch Statistiken für eine ganze Population ermittelt werden, hängt die Güte der Werte von der Größe der untersuchten Population ab. Es sind Größen, die Korrelationen zwischen Phänotypen und Genotypen beschreiben, ohne dass man dabei die zugrunde liegenden Mechanismen kennt. Ihre Erfassung erklärt nichts, ist aber für den täglichen Umgang mit Erbkrankheiten ein unentbehrliches Werkzeug. Für ein einzelnes Individuum ergibt sich daraus eine Probabilität. Je nach Wert fällt die Prognose anders aus, ob und wie stark eine Erbkrankheit für ein Individuum zum Problem werden kann. In Extremfällen hat man als Träger einer Mutation eine vergleichbar hohe Chance, sein ganzes Leben gesund zu bleiben, wie das Risiko, tödlich zu erkranken, wie anhand der Tuberösen Sklerose

[19] Siehe Punkt 5.1.2.

noch ausgeführt wird. Bei anderen Fällen wie der Cystischen Fibrose oder Chorea HUNTINGTON können fast sichere Prognosen erstellt werden. Bereits kleinste Veränderungen[20] vor allem in polyphänen Gen-Orten, das sind solche, die gleich mehrere Merkmale beeinflussen, können so schwere pathologische Konsequenzen nach sich ziehen, dass man mit hoher Genauigkeit vorhersagen kann, wann und wie stark der betroffene Mensch erkranken wird. Anders als bei den drei bereits erwähnten Beispielen soll das WAARDENBURG-Syndrom vor allem zur Illustration der Entstehung von Symptomen dienen, die auf einer Fehl-Regulation von Musterbildungsprozessen beruht.[21]

Chorea Huntington

Als Paradebeispiel für eine Erbkrankheit mit vollständiger Penetranz gilt die Chorea HUNTINGTON[22] (CH) oder HUNTINGTONsche Krankheit. Allerdings schwankt das Manifestationsalter stark. Diese autosomal-dominante neurodegenerative Erbkrankheit äußert sich in einer Bandbreite, die von leichten neurologischen Symptomen über schwere motorische Defekte – deswegen der frühere Name „erblicher Veitstanz“ – schließlich bis zum Tode durchlaufen wird, je nachdem, wie weit die Degeneration der Gehirnzellen fortgeschritten ist. Die Krankheit wird (wahrscheinlich) dadurch verursacht, dass an einer bestimmten Stelle im *Huntingtin*-Gen[23] 40-120 statt der normalen 10-35 für Glutamin stehende Codons hintereinander vorhanden sind. Man spricht von einer Trinukleotid-Expansion. Die endgültige Lokalisation im Genom und die Klonierung des Gens gelang 1993.[24] Die Manifestation der Krankheit findet im Durchschnitt zwischen dem 35. und 40. Lebensjahr statt, ist aber von Kindertagen an bis zum späten Lebensalter prinzipiell möglich. Eine Therapie steht nicht zur Verfügung.

Der Übergang von funktionstüchtiger zu defekter Gen-Variante ist fließend. Eine Person mit bis zu 35 Codons für Glutamin an der entsprechenden Stelle des Gens ist noch nicht betroffen, und jemand mit 40 oder mehr Codons wird die Krankheitssymptome früher oder später entwickeln. Die Trinukleotid-Expansion ist mit dem Leiden so stark korreliert, dass sich trotz Schwankungen in der Expressivität äußerst zuverlässige Prognosen erstellen lassen. Diese

[20] Neben den hier vorgestellten Erbkrankheiten, die auf Defekten in Genen beruhen, gibt es Chromosomen-Anomalien, d.h. es liegt z.B. eine strukturelle Veränderung eines ganzen Chromosoms vor oder die Gesamtzahl der Chromosomen weicht von der normalen ab. Diese sind groß im Vergleich zur Genebene und können unter dem Mikroskop erkannt werden. Die zugehörigen Krankheitsbilder oder Behinderungen sind meist sehr gut beschrieben und oft zu 100% mit der Anomalie korreliert.

[21] Außer der Cystischen Fibrose sind diese Beispiele bereits in FEY & SEEL (2000) verwendet worden.

[22] Vgl. MURKEN & CLEVE (1995, S. 101).

[23] Der zur CH assoziierte Gen-Ort hat den Namen „*Huntingtin*“ bekommen.

[24] Siehe HUNTINGTON'S DISEASE COLLABORATIVE RESEARCH GROUP (1993).

hohe Wahrscheinlichkeit, in der Tat krank zu werden, wenn nur die entsprechende Variante vorliegt, geht eindrucksvoll aus Abbildung 10.1 hervor.

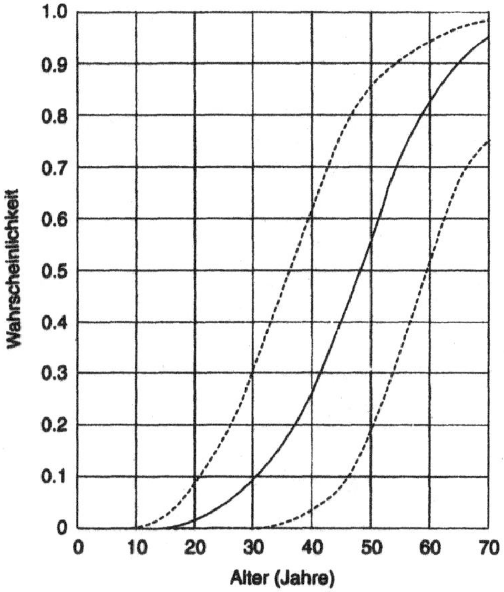

Abbildung 10.1. Wahrscheinlichkeit, bei Vorliegen der Genmutation die Symptome der Huntington Krankheit zu entwickeln, als Funktion des Alters. Gestrichelt sind Kurvenverläufe angedeutet, die eine Abhängigkeit von der Anzahl der Glutamin-Codons widerspiegeln. Die vorhandenen Datenmengen erlauben es noch nicht, eine solche Kurvenschar zu zeichnen. (STRACHAN & READ, 1996, S. 78, modifiziert)

Der Abbildung 10.1 ähnliche Kurven finden Lebensversicherer, wenn sie ihre Sterbetafeln graphisch darstellen. Die dort vorhandenen Daten sind natürlich um ein Vielfaches zahlreicher als die der CH-Betroffenen. Kurven können auch in Abhängigkeit von Merkmalen wie z.B. dem Geschlecht gezeichnet werden. Dabei würde die Kurve der Männer nach links, die der Frauen nach rechts wandern, da Frauen statistisch ein höheres Lebensalter erreichen als Männer (gestrichelte Linien in Abbildung 10.1). Übersteigt die Anzahl der Glutamin-Codons im *Huntingtin*-Gen eines Individuums die Marke 40, dann wird dieses Individuum fast sicher die HUNTINGTON-Krankheitssymptome entwickeln, es sei denn der Betroffene stirbt vorher an einer anderen Ursache. Zudem geht man davon aus, dass mit zunehmender Anzahl der Wiederholungen die Kurve von rechts nach links wandert. Um diese Abhängigkeit vom kontinuierlichen Genotyp $|$*Anzahl der Glutamin-Codons*$\rangle$[25] auf signifikantem Niveau in einer Kurven-Schar darzustellen, fehlen allerdings die Daten. Um die

[25] Diese Genotyp-Klammer wurde in Kap. 7 definiert.

Hypothese anzudeuten, wurden in Abbildung 10.1 zwei gestrichelte Kurven eingezeichnet, die beispielsweise für 50 (rechts) und für 100 (links) Wiederholungen stehen könnten.

Bemerkenswert ist zudem, dass trotz dieses überzeugenden Hinweises auf das *Huntingtin*-Gen als Verursacher der Krankheit bis heute der kausale Wirkmechanismus der CH nicht bekannt ist. Insbesondere ist die starke Korrelation zwischen der Häufigkeit der Sequenz-Wiederholungen und dem Manifestationsalter ungeklärt. Obwohl die vollständige Penetranz ein deutlicher Hinweis darauf ist, dass es einen kausalen Zusammenhang geben könnte, konnte dieser bisher nicht gefunden werden.[26] Dies zeigt, dass mit der Klonierung des Gens keine kausale Erklärung verbunden, sondern lediglich die Voraussetzung für eine effektive Untersuchung der kausalen Zusammenhänge geschaffen ist.

Die Vorhersagbarkeit dieser Krankheit beruht also derzeit auf Statistiken und nicht auf einer Kenntnis der prozessualen Entstehung der Chorea HUNTINGTON. Für die Diagnose der Krankheit ist dies unerheblich, für eine zu entwickelnde Therapie allerdings von entscheidender Bedeutung. Nach diesem Beispiel einer Erbkrankheit,

- die monogen ist,
- die dem dominanten Erbgang folgt,
- die von nur einer Gen-Variante verursacht zu werden scheint, die in ihrer Länge kontinuierlich in einem Intervall von ca. 40 bis 120 Wiederholungen schwankt,
- die bei Vorliegen dieser Variante vollständige Penetranz aufweist,
- deren Expressivität mit der Anzahl der Wiederholungen schwankt,
- deren Verlauf sehr sicher prognostiziert werden kann,
- deren kausalen Zusammenhänge derzeit noch nicht geklärt sind,
- für die keine therapeutischen Optionen zur Verfügung stehen,

soll nun mit der Cystischen Fibrose ein Beispiel mit ganz anderen Eigenschaften folgen.

Cystische Fibrose

Bei der Mukoviszidose oder Cystischen Fibrose (CF)[27] handelt es sich um eine autosomal-rezessive Erbkrankheit. Etwa jeder zwanzigste in unserer Bevölkerung trägt an einem seiner beiden Gen-Orte eine Gen-Variante, die bei homozygotem Auftreten zur Krankheit führen kann. Die Klonierung des *CFTR*[28]-Gens gelang anhand eines Kopplungsungleichgewichts.[29]

[26] Seit Kurzem gibt es einen ersten kausalen Erklärungsansatz, der hier nicht weiter erläutert zu werden braucht.

[27] Vgl. BARTRAM et al. (2000, S. 52) und MURKEN & CLEVE (1995, S. 105 f. und S. 158).

[28] **C**ystic **F**ibrosis **T**ransmembrane conductance **R**egulator

[29] Siehe dazu STRACHAN & READ (1996, S. 454 ff.). Kopplungsgleichgewichte werden in Punkt 7.4.2 erläutert.

Die CF beruht auf einem Defekt in einem Chloridkanal (Membranprotein zur Regelung des Ein- und Austretens von Chlorid-Ionen) und ist mit einer erhöhten Viskosität von Schleim und anderen Drüsensekreten verbunden. So kommt es bei vielen Patienten zu einer Verlegung der Atemwege durch das zähe Sekret, zu Infektionen und letztlich zum Tod im frühen Erwachsenenalter. Die Behandlung der CF hat sich durch den kombinierten Einsatz medikamentöser (Antibiotika, Pankreasenzym-Supplementation, Schleimverflüssigung) und physikalischer Therapien (Abklopfen des Sekrets) wesentlich verbessert. Die durchschnittliche Lebenserwartung ist von weniger als 5 im Jahr 1960 auf über 25 Jahre Mitte der 90er Jahre gestiegen. In den USA wurden auch erste Versuche unternommen, auf somatischem Wege gen-therapeutisch die Krankheitssymptome zu bekämpfen. Dabei wurden von Patienten Adenoviren inhaliert, die intakte *CFTR*-Gene enthielten und diese in das Genom des Patienten integrieren sollten, in der Hoffnung, dass in den Lungenepithelzellen die Synthese des fehlenden Membranproteins in Gang kommt.

Nun hängt der Krankheitsverlauf aber sehr von der Gen-Variante ab. Bisher wurden mehr als 800 verschiedene Varianten gefunden, die in verschiedenen Bevölkerungen ganz unterschiedlich häufig auftreten. In Mitteleuropa tritt mit 60-70% eine Deletion (Δ) genau eines Kodons am häufigsten auf, das den Einbau einer Aminosäure mit Phenylalanin-Gruppe (F) an der Position 508 zur Folge hätte (ΔF508). Ein Protein, dem dieser eine Baustein fehlt, kann die erwähnte Membranfunktion nicht ‚ordnungsgemäß' erfüllen. ΔF508-homozygot Betroffene leiden auch an einer Pankreas-Insuffizienz, während bei einem Homozygoten, der beispielsweise mit der R117H-Variante[30] ausgestattet ist, die Funktion der Bauchspeicheldrüse nicht beeinträchtigt ist. Bei heterozygoten Trägern zweier verschiedener krankheitsrelevanter Gen-Varianten nimmt die Krankheit wohl in der Regel den milderen der beiden Verläufe, die jeweils bei einem homozygot Betroffenen beobachtet würde. Eine Kombination von den erwähnten Symptomen in den Atemwegen und im Darmtrakt sind häufig zu beobachten. Wieder andere *CFTR*-Gen-Varianten bedingen schließlich weder Lungen- noch Darm-Symptome, sondern eine Fehlanlage der ableitenden Samenwege und führen damit zur Unfruchtbarkeit der betroffenen Männer.

Mit der CF wurde eine Erbkrankheit angeführt,

- die monogen ist,
- die dem rezessiven Erbgang folgt,
- deren Gen-Ort eine Vielzahl von Varianten aufweist,
- die bei bestimmten Varianten wie z.B. ΔF508 an beiden Gen-Orten wohl vollständig penetrant ist, aber die Penetranz aller Gen-Varianten noch nicht geklärt ist,
- deren Expressivität massiv von der jeweiligen Gen-Variante abhängt,
- deren Verlauf bei manchen Gen-Varianten gut prognostiziert werden kann,
- deren kausaler Zusammenhang mit einem Chloridkanal geklärt ist,

[30] An Position 117 ist Arginin (R) durch Histidin (H) ersetzt.

- für die therapeutische Optionen zur Verlängerung der Lebenserwartung aber keine Heilungsmöglichkeit zur Verfügung stehen.

Waardenburg-Syndrom

Das WAARDENBURG-Syndrom Typ I (WS)[31] ist eine autosomal-dominante Erbkrankheit, die unter anderem zu Innenohrschwerhörigkeit und Pigmentierungsstörungen führt. Etwa 2% aller Fälle von Taubheit bei Erwachsenen sind darauf zurückzuführen. Der Stammbaum der Abbildung 10.2 verdeutlicht die variable Expressivität der Krankheit.

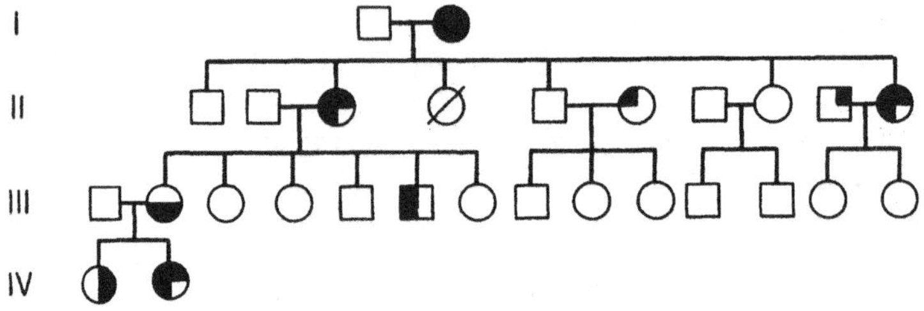

Abbildung 10.2. Stammbaum über vier Generationen einer Familie mit Waardenburg-Syndrom. Quadrate sind männliche und Kreise weibliche Mitglieder. Schräg gestrichene Symbole stehen für Verstorbene. Jeder schwarz gefüllte Quadrant der Quadrate und Kreise steht für ein Symptom. Sind mehrere Quadranten gefüllt, hat der Betroffene alle zugehörigen Symptome: 1.: Hörverlust, 2.: verschiedenfarbige Augen, 3.: weißes Stirnhaar, 4.: vorzeitiges Ergrauen der Haare. (STRACHAN & READ, 1996, S. 77)

Die Ursache des WS sind Mutationen des *PAX3*-Gens, die zu einem Funktionsverlust des Gen-Produkts führen. Die Gene der *PAX*-Familie zeigen Homologien zu den Regulator-Genen, die bei der Ausbildung von Mustern bei Drosophila[32] vorkommen, und haben wahrscheinlich Aufgaben bei der Regulation der Transkription. Die genannten Symptome sprechen dafür, dass ein wichtiger Regulator bei der Entstehung von Mustern ausgefallen ist. Als gravierendster Beleg dafür wurden – wenngleich auch selten – Patienten mit offenem Rücken (Spina bifida) beobachtet. Dies kann als ein Anzeichen dafür gewertet werden, dass wichtige Regulationsprozesse bei der Festlegung des Körperbaus nicht erfolgreich verlaufen sind.[33] Wie aus der Betrachtung solcher selbstorganisierter Vorgänge der Regulation nicht anders zu erwarten, findet man beim WS variable Expressivität vor. Die Krankheit lässt sich offenbar nicht direkt aufgrund des Funktionsverlusts des Proteins verstehen wie

[31] Vgl. SEYFFERT (1998, S. 347).
[32] Vgl. Abschnitt 9.4.
[33] Vgl. Punkt 9.4.4.

beim letzten Beispiel, der Cystischen Fibrose, sondern die Prozesse sind für die Entstehung der Symptome von entscheidender Bedeutung.

Das WS ist ein Beispiel für unvollständige Penetranz und variable Expressivität, bei dem man aber zumindest bereits über eine tragfähige Heuristik zur kausalen Erklärung der Symptome verfügt. Diese ersten Erkenntnisse der kausalen Zusammenhänge führen aber gerade nicht dazu, dass sicherere Prognosen erstellt werden können, sondern sie führen dazu, dass wir die Unsicherheiten in der Prognose verstehen lernen. Unser Wissen um die kausalen Wechselwirkungen bestätigt den probabilistischen Charakter der Prognosen, die zum WS erstellt werden können. Das zusätzliche Wissen vermindert nicht die Unbestimmtheit der Prognose, sondern verdeutlicht, dass diese Unbestimmtheit prinzipiell vorhanden ist und auch durch zukünftige Forschung nicht zu beseitigen ist.[34]

Das WAARDENBURG-Syndrom ist eine Erbkrankheit,

- die monogen ist,
- die dem dominanten Erbgang folgt,
- deren Gen-Ort mehrere Varianten aufweist, die wohl aber alle zu einem Funktionsverlust des resultierenden Proteins führen,
- deren Penetranz unvollständig ist,
- deren Expressivität sehr variabel ist,
- deren einzelne Symptome nicht prognostiziert werden können,
- die einen kausalen Zusammenhang mit der Regulation bei Musterbildungsprozessen zu haben scheint,
- für die keine therapeutischen Optionen zur Verfügung stehen.

Tuberöse Sklerose

Als letztes Beispiel für eine Erbkrankheit diene die Tuberöse Sklerose (TS). Inzwischen konnten zwei autosomal-dominante Genorte ermittelt werden, deren kausaler Zusammenhang mit den Merkmalen allerdings nicht geklärt ist. Weitere Kandidaten sind zudem im Gespräch. Damit führen wir mit der TS ein polygenes Beispiel an. Pathologische Symptome sind epileptiforme Anfälle, fortschreitender Intelligenzabbau und Adenoma sebaceum (kleine Geschwülste im Gesicht). Dazu können Hamartome (Tumoren) in Leber, Lunge, Milz, Niere und Herz und eine Einschränkung des Sehvermögens kommen. Der oder die genauen Proteindefekte sind in den meisten Fällen noch unbekannt. Aller Voraussicht nach müssen sie eine Störung der Wanderung oder Differenzierung neuronaler Zellen verursachen, die sich während der frühen Embryonalentwicklung in die Peripherie bewegen. Das Krankheitsbild ist heterogen, die Penetranz hoch, aber nicht vollständig und die Expressivität äußerst variabel.

[34] Ähnliche prinzipielle Unbestimmtheiten gibt es auch in der Physik, etwa die Unbestimmtheitsrelation der Quantenmechanik (Anhang C), die allerdings einen ganz anderen Ursprung hat, oder die Sensitivität gegenüber Anfangsbedingungen, die in Abschnitt 9.4.4 erläutert wurde.

Dadurch treten charakteristische Symptome unterschiedlich oft auf, und auch das zugehörige Manifestationsalter lässt sich kaum vorhersagen, wie Abbildung 10.3 zeigt.

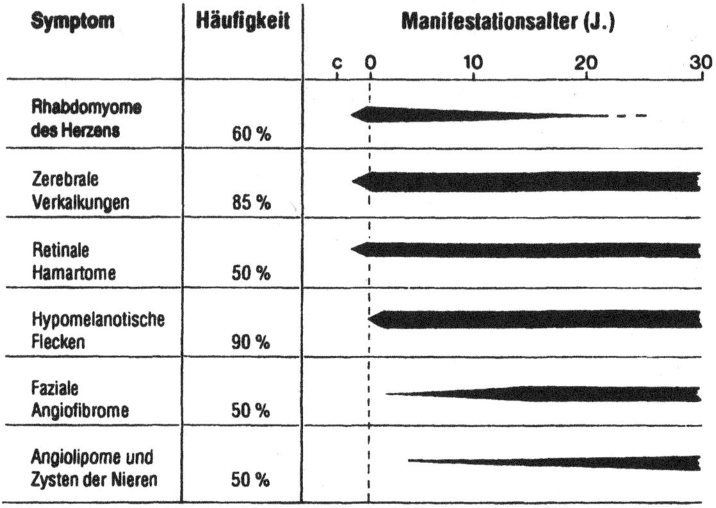

Abbildung 10.3. Manifestationsalter und Häufigkeit von typischen Symptomen des Krankheitsbildes der Tuberösen Sklerose. (MURKEN & CLEVE, 1995, S. 99)

In 80% der Fälle tritt die Krankheit nur sporadisch auf, führt aber beim Vollbild oft schon im Kindesalter zum Tod und reduziert die statistisch mittlere Lebenserwartung auf ungefähr 25 Jahre. So kann es Geschwister geben, die den gleichen Defekt an einem Gen-Ort tragen, wobei eines der beiden keine gravierenden Symptome zeigt und das andere mit einer oft tödlichen Erkrankung zu kämpfen hat. Dazwischen ist praktisch jede Abstufung möglich, eine Prognose fast unmöglich. Die Entstehung der Symptome ist offenbar nicht nur von der Defekt-Variante abhängig, die beide Geschwister haben, sondern auch von unter Umständen mehreren anderen Gen-Varianten, in denen sich die Geschwister vielleicht nur geringfügig unterscheiden. Die Ausbildung des Phänotyps ist so sensitiv gegenüber diesen Unterschieden im Genotyp, dass keine Vorhersage möglich ist.

Die Tuberöse Sklerose diente uns als Beispiel einer Erbkrankheit,

- die polygen ist,
- die in zwei Gen-Orten dem dominanten Erbgang zu folgen scheint, und an deren Entstehung weitere Gen-Orte beteiligt sind,
- deren Gen-Orte mehrere Varianten haben,
- deren Penetranz bei bestimmten Gen-Orten dennoch hoch, aber nicht vollständig ist,

- deren Expressivität äußerst variabel ist,
- deren Verlauf praktisch nicht prognostiziert werden kann,
- deren kausale Zusammenhänge noch ungeklärt sind,
- für die kaum therapeutische Optionen zur Verfügung stehen.

10.3.4 Klassifikation von Gentests bezüglich ihrer Krankheitsrelevanz

Wie aufgezeigt sind genetische Tests aus dem Forschungsprogramm der Humangenetik heraus entstanden. Da Gen-Varianten nicht nur mit der Entstehung von Krankheiten in Verbindung zu bringen sind, sondern offenbar auch das symptomfreie Funktionieren eines Lebewesens durch seine Gen-Varianten mitbestimmt ist, kann nicht ausgeschlossen werden, dass vermehrt genetische Tests entwickelt werden könnten, die im Gegensatz zu den heutigen Auskunft über Merkmale und Eigenschaften geben, die nicht im Kontext ärztlichen Handelns stehen. Da dies bei Eigenschaften, welche die körperliche Leistungsfähigkeit betreffen, nicht unwahrscheinlich ist, sollen in diesem Abschnitt Gentests bezüglich ihrer Krankheitsrelevanz klassifiziert werden. Dabei ist auch der Fall möglich, dass ein Gentest überhaupt nicht mehr krankheitsrelevant ist. Dies wäre z.B. bei einem genetischen Test zur Feststellung erblich bedingter kognitiver Stärken und Schwächen gegeben, wenn auch die Entwicklung eines umfassenden ‚genetischen Intelligenztests' aus methodischen Gründen äußerst unwahrscheinlich ist. Trotzdem wird über die erblichen Komponenten solcher Fähigkeiten schon seit langem diskutiert,[35] und auch hier wird im Folgenden ein Test vorgestellt, der zumindest einen speziellen Teilaspekt von ‚Intelligenz' erfasst.

Im Folgenden werden genetische Tests in die drei Kategorien „Seltene Krankheit", „Häufige krankheitsrelevante Informationen" und „Häufige Eigenschaften" eingeteilt. Jede dieser Kategorien soll nun durch zwei Beispiele erläutert werden:[36]

Seltene Krankheiten

Als Lehrbuchexempel für eine Erbkrankheit, die sich bei Vorliegen des entsprechenden Defekt-Allels mit Sicherheit auch manifestiert, wurde im letzten Abschnitt die Chorea HUNTINGTON bereits vorgestellt, die ein Extremum der Kategorie der seltenen Krankheiten darstellt. Mit einem Betroffenen unter 10.000 ist die CH sogar eine sehr seltene Krankheit.

Das zweite Beispiel dieser Kategorie ist die Hämochromatose.[37] Mit einer Frequenz zwischen 1/400 und 1/200 in der Bevölkerung ist sie eine der häufigsten autosomal rezessive Erberkrankungen in Europa. Trotzdem muss

---

[35] Siehe PLOMIN & DEFRIES (1999).

[36] In verkürzter Form werden diese Beispiele auch im Abschn. 12.3 verwendet.

[37] Vgl. BRISSOT (2001).

von einer seltenen Krankheit gesprochen werden, da sie im Vergleich mit nichthereditären Krankheiten nur einen sehr kleinen Bevölkerungsanteil betrifft. Schätzungsweise sind 5 bis 10% der Europäer Träger einer krankheitsrelevanten Gen-Variante. In Deutschland leiden wahrscheinlich bis zu 400.000 Personen an der Hämochromatose. Dabei entwickelt nur ein Teil der homozygot Betroffenen Krankheitssymptome. Die Penetranz ist also unvollständig. Auch über die Expressivität weiß man derzeit noch wenig. Bei der Hämochromatose handelt es sich um eine Stoffwechselstörung, in deren Folge es zu einer pathologischen Eisenüberladung in den Gelenken und in spezifischen Organen wie Leber, Herz oder Pankreas kommt, die auf Dauer schwer geschädigt werden.

In 80-90% der Fälle lässt sich an beiden Gen-Orten eine Punktmutation finden, die zu einem Austausch der Aminosäure Cystein gegen Tyrosin an Position 282 (C282Y-Variante) führt, während bei 4-5% diese Mutation nur an einem Gen-Ort vorkommt und am anderen die Aminosäure Histidin gegen Asparagin an Position 63 (H63D-Variante) ausgetauscht ist. Liegt die H63D-Variante homozygot vor, wird der Betroffene nicht an der Hämochromatose leiden. Wie diese Aminosäurewechsel mit der Eiseneinlagerung ursächlich zusammenhängen, ist nicht bekannt. Zur klinischen Manifestation der Krankheit, die sich meist ab dem 40. Lebensjahr vollzieht, kommt es trotz Vorliegens der entsprechenden Defekt-Varianten nicht immer, sondern nur in etwas mehr als 70% der männlichen und 40% der weiblichen homozygot Betroffenen.

Durch eine frühzeitige Erkennung der Betroffenen können die Folgeschäden wie Herzschwäche, Leberzirrhose, Diabetes und Gelenkschmerzen verhindert werden. Als erfolgreichste Therapieform gelten regelmäßige Aderlässe, durch die das überschüssige Eisen entfernt wird. Ohne Therapie ist die Prognose ungünstig.

Häufige krankheitsrelevante Informationen

Der weitaus größere Anteil an genetisch bedingten Krankheiten ist allerdings nicht hereditär wie die Chorea HUNTINGTON oder die Hämochromatose. Vielleicht hat sogar jede Krankheit eine nicht zu vernachlässigende genetisch bedingte Komponente. Meist entwickeln sich Krankheiten in Folge der Interaktion von Umwelteinflüssen und individuellen genetischen Gegebenheiten des jeweiligen Menschen. In die zweite Kategorie fallen deswegen solche genetische Tests, mit denen sich Informationen beschaffen lassen, die nicht direkt auf eine Krankheit schließen lassen, aber durchaus krankheitsrelevant sind. Typischerweise sind solche Gentests für größere Teile einer Bevölkerung informativ als die der ersten Kategorie.

Dabei ist weniger an Informationen zu denken, die direkt die Diagnose einer oder die Disposition zu einer durch eine Defekt-Variante bedingten Krankheit erlauben, sondern an solche, die in indirektem Zusammenhang mit einer Krankheit stehen. Man denke z.B. an Tests, die in erster Linie Information über physiologische Eigenschaften liefern, die im schlechtesten Fall die Ausprägung einer Krankheit fördern, diese aber nicht alleine verursachen oder an solche Tests, die Auskunft darüber geben, ob bestimmte Therapieformen günstig, eher ungünstig oder gar schädlich für den Betroffenen sind. In diesem Zusammenhang wird oft von der ‚Individualisierung der Medizin' gesprochen. Spinnt man diesen Faden in die fernere Zukunft weiter, so könnte sich einmal für jeden Menschen ein ‚genetisches Profil' erstellen lassen, mit dessen Hilfe Therapien individuell abgestimmt und damit effektiver oder ärmer an Nebenwirkungen gestaltet werden könnten. Deswegen hat sich bereits der Begriff „Molekulare Medizin" etabliert.[38] Wenn es auch derzeit noch wenige solcher genetischer Tests mit brauchbarer Aussagekraft gibt, so lassen sich doch bereits Beispiele benennen:

Ende des Jahres 1999 wurde ein in Deutschland entwickelter Test vorgestellt, der eine bestimmte genetische Anlage identifiziert, die mit einem erhöhten Risiko zur Ausbildung von Fettsucht (Adipositas) und Bluthochdruck (Hypertonie) verbunden ist.[39] Es handelt sich um eine allelische Variante am *GNB3*-Gen-Ort, bei der an der Stelle 825 Thymin statt Cytosin vorliegt (825T-Variante). Bei Trägern der 825T-Variante wird die mRNS, die bei der Transkription mit Hilfe der DNS-Vorlage synthetisiert wird, alternativ gespleißt.[40] Beim Spleißen werden aus der mRNS Teile herausgeschnitten, die für eine spätere Übersetzung in ein Protein bei der Translation nicht vorgesehen sind. Durch das zum Träger der C825-Variante alternative Spleißen entsteht eine $G_{\beta 3}$-Untereinheit des sogenannten G-Proteins, die nur noch sechs der sonst üblichen sieben Propeller-Blättern ähnlichen Strukturen aufweist. Die α- und die γ-Untereinheit bleiben unverändert. Das fehlende Propeller-Blatt führt zu einer gesteigerten Aktivierbarkeit der voll funktionstüchtigen G-Proteine, die vielfältige zelluläre Effekte vermitteln.

Aus zellbiologischen und tierexperimentellen Untersuchungen ist bekannt, dass die erhöhte Expression bestimmter G-Proteine in embryonalen Stammzellen zu einer verstärkten Umwandlung zu Adipozyten führt. In entsprechenden Studien konnte gezeigt werden, dass in bestimmten Bevölkerungsgruppen das Fettsucht-Risiko bei homozygoten Trägern der 825T-Variante um das Zwei- bis Dreifache gegenüber den homozygoten Trägern der C825-Variante erhöht ist. Eine Assoziation mit Hypertonie konnte vor allem bei Weißen festgestellt werden. Bei ca. 50% aller Patienten mit Bluthochdruck liegt eine gesteigerte Aktivität des Na/H-Austauschers vor, die im proximalen Tubulus eine Na-Retention bewirken und langfristig einen Volumenhochdruck induzieren könnte. Dass die Na/H-Austauscher aktiver sind, liegt wiederum an einer veränderten intrazellulären Regulation, die mit der gesteigerten Aktivierbarkeit des G-Proteins zusammenzuhängen scheint.

Die Hypertonie oder die Adipositas können trotz dieser erblichen Komponente nicht als Erbkrankheiten bezeichnet werden, sondern gelten als multifaktorielle polygenetische Erkrankungen. Mit großer Wahrscheinlichkeit gibt

---

[38] Siehe z.B. GANTEN & RUCKPAUL (2003).

[39] Vgl. zum Folgenden SIFFERT (2000).

[40] Siehe Punkt 8.1.5.

es noch weitere Gen-Orte, die an der Entstehung dieser Erkrankungen beteiligt sind. Das Auffinden solcher Gen-Orte ist aber grundsätzlich schwierig, da sich kaum Erbgänge verfolgen lassen, was sehr hilfreich wäre. Dies liegt auch daran, dass zu der erblichen die Komponente der Umwelteinflüsse hinzukommt, die eine Familienanamnese schwieriger macht. Wie Erbfaktoren und Umwelt zusammenwirken, lässt sich sehr gut an einer Studie erkennen, die bei Schwarzafrikanern durchgeführt wurde. Während im ländlichen Simbabwe keine Assoziation der 825T-Variante mit Fettsucht festgestellt werden konnte, war in der Hauptstadt Harare dieser Zusammenhang deutlich zu erkennen. Erklärbar wird dies durch große Unterschiede in der Lebensgestaltung von Stadt- und Landbevölkerung. Erstere pflegt einen eher westlichen Lebensstil und letztere lebt dagegen weit ursprünglicher. Mangels öffentlicher Verkehrsmittel müssen beispielsweise auch größere Strecken zu Fuß zurückgelegt werden, und die Nahrung besteht vorwiegend aus Maismehl und Gemüse.

Die Häufigkeit des 825T-Allels schwankt stark zwischen verschiedenen Ethnien. Die höchsten Frequenzen (bis zu 80%) findet man bei Schwarzafrikanern, Afroamerikanern, Buschmännern und australischen Ureinwohnern. Bei Asiaten (ca. 40-50%) und bei Kaukasiern (30%) sind die Bevölkerungsanteile dagegen weit niedriger. Es gibt also Bevölkerungen, bei denen die 825T-Variante die Regel und nicht die Ausnahme ist. Es wird deswegen vermutet, dass die 825T-Variante unter bestimmten Umweltbedingungen vorteilhaft ist, weil z.B. Salz eingespart wird oder Körperfett langsamer abgebaut wird, was bei Nahrungsmangel ein Überleben sichern kann. Diese Überlegungen zeigen, dass in Zusammenhang mit dem 825T-Variante nicht mehr von einer Krankheit gesprochen werden darf, sondern dass die Bezeichnung „unter Umständen krankheitsrelevant“ angebrachter ist.

Das zweite Beispiel dieser Kategorie ist ein Test, der in keiner Weise mehr direkt mit einer Krankheit verbunden ist, dennoch aber trotzdem krankheitsrelevant ist. Die Aufnahme und Verarbeitung von Arzneistoffen hängt von vielen individuellen Faktoren ab, wie z.B. der Konzentration von Enzymen, die vor allem in der Leber Medikamente abbauen, der Geschwindigkeit, mit der die Niere wasserlösliche Stoffe entsorgt, der Blutmenge oder der Menge an Molekülen mit Entgiftungsfunktion in der Darmwand oder in der Blut-Hirn-Schranke.[41] Die Konzentration letzterer zu ermitteln, vermag der MDR1-Gentest (Multi Drug Resistance).[42]

Das *MDR1*-Gen codiert ein Protein, das in der Darmwand und in der Blut-Hirn-Schranke regelt, ob bestimmte Stoffe passieren dürfen oder nicht. Bei etwa jedem dritten Arzneistoff hängt es vom MDR1-Protein ab, ob er an seinen Wirkort gelangt. Am *MDR1*-Gen-Ort gibt es etliche Varianten, wobei es solche gibt, bei denen sehr viele Proteine gebildet werden, und andere, die zu einer äußerst geringen Konzentration führen. Mit dem MDR1-Gentest, mit dessen Hilfe sich Aussagen über die Protein-Konzentration gewinnen lassen, wird

[41] Vgl. Meisel et al. (2000).
[42] Vgl. Brinkmann et al. (2001).

die Hoffnung verbunden, die Dosierung bestimmter Medikamente individuell anpassen zu können.

Der MDR1-Gentest ist derzeit eines der wenigen Beispiele für Gentests, die nicht wie bei der Chorea HUNTINGTON und der Hämochromatose eine Defekt-Variante identifizieren, also eine Störung feststellen. Vielmehr wird eine Aussage über den individuellen Zustand eines Gen-Orts getroffen, der ein störungsfreies Funktionieren bedingt. Beim C825T-Polymorphismus zuvor verschwammen die Begriffspaare „gesund" und „krank" oder „normal" und „defekt" unter Einbeziehung der Lebensumstände völlig. Der MDR1-Gentest hängt nun überhaupt nicht mehr unmittelbar mit einer Krankheit zusammen, ist aber dennoch hoch krankheitsrelevant.

Häufige Eigenschaften

Es versteht sich von selbst, dass von den Genen in der Regel unser Gesund-Sein mitbestimmt wird und nicht unser Krank-Sein. Gen-Defekte mit krankheitsrelevanten Folgen sind die Ausnahme und nicht die Regel. Bisher ist aber unser Verständnis der komplexen Vorgänge, die eine Umsetzung der genetischen Information in somatische Funktion bewirken, noch äußerst gering. Deswegen gibt es praktisch noch keinen Gentest, der eine bestimmte menschliche Eigenschaft voraussagt, die nicht im Zusammenhang mit einer Krankheit steht. Die Abweichung einer bestimmten Gen-Sequenz von der in der Bevölkerung normalen festzustellen, ist einfach im Vergleich zu der Vorhersage einer störungsfreien menschlichen Eigenschaft.

Trotzdem kann nicht ausgeschlossen werden, dass Gentests auch einmal zur Ermittlung störungsfreier Eigenschaften eingesetzt werden könnten. Schon aus logischen Gründen können dies im Prinzip Eigenschaften sein, die nahezu die ganze Bevölkerung betreffen. Bei den beiden folgenden Beispielen lässt sich diese Tendenz deutlich erkennen. Sie zeigen insbesondere, dass die Krankheitsrelevanz eines genetischen Tests stark vom Standpunkt des Betroffenen abhängen kann, und dass genetische Tests in Zukunft immer mehr aus dem Kontext ärztlichen Handelns heraustreten könnten.

Am Institute of Health Science in Oxford haben Wissenschaftler untersucht, ob das Suchtverhalten von Rauchern eine genetisch bedingte Komponente hat.[43] Dabei konnten zwei Gen-Orte ausfindig gemacht werden, die mit der Eigenschaft, stark zu rauchen, korrelieren. Erstens besitzen 30-40% der Menschen eine Variante am Gen-Ort der Dopamin-Hydroxylase, die dafür sorgt, dass bei dem Betroffenen das Protein in höheren Konzentrationen vorliegt, als dies im Großteil der Bevölkerung der Fall ist. Weil deswegen der Neurotransmitter Dopamin schneller abgebaut wird, ist der häufigere Griff zur Zigarette begünstigt. Dopamin beeinflusst nämlich im zentralen Nervensystem emotionale und geistige Reaktionen. Ist es aufgrund des zu schnellen Abbaus durch die Dopamin-Hydroxylase in zu geringen Mengen vorhanden, wirkt sich

[43] Vgl. WALTON et al. (2001).

dies negativ auf das Wohlbefinden des Betroffenen aus. Nikotin dagegen regt die Produktion von Dopamin an, so dass schneller ein Verlangen nach der nächsten Zigarette eintritt. Zweitens wurde ein Polymorphismus an dem Gen-Ort gefunden, der für das Protein Cytochrome P450 Mono-Oxygenase codiert. Es gibt mehrere Varianten dieses Enzyms in der Bevölkerung, die mit unterschiedlicher Geschwindigkeit dafür sorgen, dass während des Stoffwechsels das aufgenommene Nikotin wieder abgebaut wird. Geschieht dies bei einem Betroffenen schnell, kann das dazu führen, dass das Verlangen nach der nächsten Zigarette bald nach dem Erlöschen der letzten einsetzt.

Mit einem genetischen Test könnte ermittelt werden, ob an dem Suchtverhalten eines bestimmten Rauchers eher die beschriebenen rein körperlichen Komponenten beteiligt sind oder ob andere Komponenten, wie z.B. psychische die größere Rolle spielen. Um mit dem eigenen Suchtverhalten bewusster umgehen oder sich sogar das Rauchen abgewöhnen zu können, wären solche Informationen sehr hilfreich. Sie können beispielsweise darüber entscheiden, ob eine Entwöhnung mit Ersatzmitteln wie Nikotinpflastern überhaupt Aussicht auf Erfolg hätte oder ob der Betroffene beispielsweise eher an seiner psychischen Verfassung arbeiten müsste, um sein Suchtproblem zu bekämpfen. Der Konsum von Suchtmitteln wie Zigaretten ist eine normale Erscheinung einer jeden Gesellschaft. Nur in extremen Fällen kann bei einer Sucht von einer Krankheit gesprochen werden, möchte man den Krankheitsbegriff nicht unnötig weit ausdehnen. In der Regel wird sich der durchschnittliche Raucher nicht als krank bezeichnen. Erst wenn der Raucher unter seiner Sucht leidet, kann er als Kranker bezeichnet werden. Man unterscheidet offenbar Süchtige und Suchtkranke. Wenn der Leidensdruck groß genug ist, wird ein Suchtkranker die entsprechenden Entwöhnungseinrichtungen aufsuchen. Alle anderen fallen aus dem Kontext ärztlichen Handelns heraus.

Das zweite Beispiel dieser dritten Kategorie ist ein Test, der bereits von einer Biotechnologie-Firma angeboten wird und in den USA und Spanien bei der In-Vitro-Fertilisation eingesetzt wurde. Getestet wird das genetisch bedingte Risiko für eine so niedrige Intelligenz, dass von einer kognitiven Behinderung die Rede sein muss. Der Deutlichkeit halber sei darauf hingewiesen, dass dieser Test nicht die Möglichkeit bietet, Aussagen über die Intelligenz einer Person in ihren mannigfachen Facetten zu treffen, sondern nur über einen besonders gravierenden Verlust kognitiver Fähigkeiten. Wie bereits erwähnt, steht die Entwicklung eines genetischen Tests zur Ermittlung der Intelligenz weit außerhalb unserer Möglichkeiten. Teilaspekte geistiger Fähigkeiten des Menschen genetisch zu untersuchen, ist deswegen aber nicht grundsätzlich unmöglich, und der hier vorgestellte Test ist ein Beispiel dafür.

Untersucht werden die Gene, die sich in der Nähe der Telomere befinden (Chromoprobe Multiprobe-T).[44] Diese sogenannten subtelomeren Gene werden für das Auftreten von vergleichsweise leichten Lernbehinderungen bis

[44] Vgl. KNIGHT et al. (2000).

hin zu schweren geistigen Behinderungen verantwortlich gemacht.[45] Dass mit dem Test nur ca. 10% der Lern- und geistig Behinderten identifiziert werden können, zeigt, dass subtelomere Sequenzen nur eine von vielen Quellen für kognitive Schwächen sind. Nur extreme Defekte können detektiert werden, und selbst diese derzeit nicht mit großer Effizienz. Festzuhalten bleibt, dass auch dieser Test aus dem Kontext ärztlichen Handelns herausfällt. Behinderte verstehen sich nicht als Kranke, sondern als Mitglieder unserer Gesellschaft, die mit einem besonders starken Handicap ausgestattet sind.[46] Diese Auffassung wird von den Behinderten-Verbänden so offensiv vertreten, dass sogar eine Umbenennung der Förderinitiative „Aktion Sorgenkind" in „Aktion Mensch" stattgefunden hat. Auch die Gesellschaft zeigt eine immer größere Bereitschaft, Behinderte am normalen Alltagsleben teilhaben zu lassen. Dazu wird seit einiger Zeit die Infrastruktur in vielen Bereichen so angepasst, dass sich auch Behinderte zurechtfinden können.

10.3.5 Zusammenhänge

Betrachtet man die Beispiele der letzten beiden Abschnitte, lassen sich heuristisch einige Zusammenhänge erkennen, die in Anbetracht der Erkenntnisse aus den bisher vorgestellten Forschungsprogrammen und Konzepten (Kapitel 7-9) auch systematisch zu sein scheinen. In Abbildung 10.4 sind diese Abhängigkeiten zusammengefasst. Die in die Betrachtung einbezogenen Größen sind auf der Genotyp-Ebene die Anzahl der beteiligten Gen-Orte und die der Gen-Varianten, auf der Phänotyp-Ebene die bessere oder schlechtere Beobachtbarkeit des Erbgangs und die Häufigkeit des Krankheitsbildes in der Bevölkerung sowie schließlich die Vorhersagbarkeit des Phänotyps aus dem Genotyp, also der prognostische Wert für ein Individuum. Dabei bedeutet ein Pfeil, dass mit dem Anwachsen der einen Größe auch die anwächst, auf die der Pfeil gerichtet ist, während ein Kreuz am Ende heißt, dass diese Größe von ersterer reduziert wird.

Die durch die Betrachtung von Beispielen erworbene Heuristik beinhaltet folgende Regelmäßigkeiten: Kommt ein Merkmal in der Bevölkerung häufig vor, dann sinkt die Vorhersagbarkeit, es steigt die Anzahl der beteiligten Gen-Orte und/oder der beteiligten Gen-Varianten und die Beobachtbarkeit des Erbgangs nimmt ab. Mit erhöhter Anzahl der Gen-Orte nehmen die Vorhersagbarkeit und die Beobachtbarkeit des Erbgangs ab. Letzteres gilt auch bei mehr Gen-Varianten. Mit der Beobachtbarkeit des Erbgangs nimmt schließlich die Vorhersagbarkeit zu.

[45] Vgl. Knight & Flint (2000).
[46] Vgl. Deutscher Bundestag (2000, S. 44).

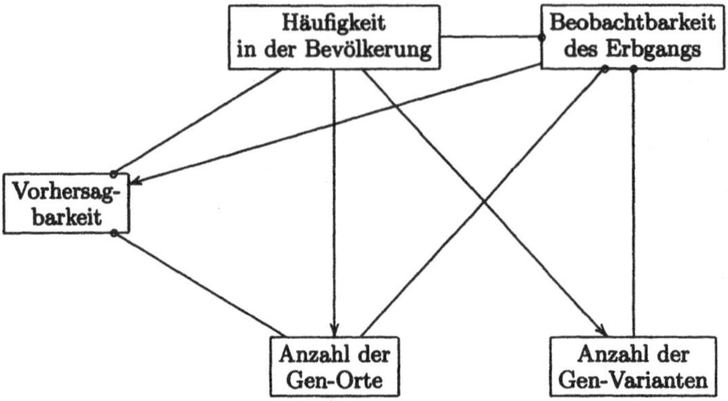

Abbildung 10.4. Zusammenhänge entscheidender Größen in der Humangenetik (→: führt zur Zunahme, –o:führt zur Abnahme.

10.4 Therapeutische Konzepte

Während humangenetische Diagnostik bereits in großem Maße angewendet wird, sieht es mit dem Einsatz therapeutischer Konzepte der Humangenetik ganz anders aus. Die meisten Versuche einer auf der Ebene der Gene ansetzenden Therapie waren bisher zum Scheitern verurteilt. Oft mussten sogar gravierende Misserfolge in Kauf genommen werden. Dennoch geben auch viele Ansätze Anlass zur Hoffnung. Eine ausführliche Diskussion der Gründe mit einer Darstellung des aktuellen Stands der Forschung erfolgt hier auch deswegen nicht, weil therapeutische Konzepte der Humangenetik im Gegensatz zu den diagnostischen für die lebenspraktischen Schlussfolgerungen des letzten Teils der Arbeit kaum eine Rolle spielen. Hier sollen nur drei grundlegende Strategien unterschieden werden.

Vermeidungsstrategie

Die erste kann als Vermeidungsstrategie bezeichnet werden. Auch ohne genetischen Test kann die Belastung der eigenen Familie mit einer Erbkrankheit bekannt sein. Dies kann beim Einzelnen zu der Entscheidung führen, das Risiko der Geburt eines Kindes nicht tragen zu wollen, das dann die Erbkrankheit haben könnte. Um sich Klarheit über die eigene genetische Konstitution und die des Partners zu verschaffen, können Gentests zum Einsatz kommen, mit deren Hilfe dann das Risiko genauer bestimmt werden kann. Zudem kann während einer Schwangerschaft durch verschiedene Techniken wie die Amniozentese oder die Chorionzottenbiopsie fetales Analysematerial gewonnen werden, das genetisch untersucht werden kann. Sollte dann eine genetische Disposition zu einer Krankheit festgestellt werden, deren Manifestation nicht in Kauf genommen werden soll, bleibt freilich nur ein Schwangerschaftsabbruch, dessen ethische Rechtfertigbarkeit hier nicht diskutiert werden soll. Auch die heute gängige Praxis solcher pränataler humangenetischer Diagnostik soll nicht hinterfragt werden. Ferner gibt es bei einer künstlichen Befruchtung die Option einer Präimplantationsdiagnostik. Vermeidungsstrategien sind die einzigen ‚therapeutischen' Konzepte, die in größerem Umfang zum Einsatz kommen und offenbar keine Therapie im engeren Sinne darstellen.

Ausgleichsstrategie

Die gängige Strategie der Allopathie ist der Ausgleich einer Fehlfunktion durch ein Pharmakon. Hat man mit Hilfe eines genetischen Tests die Ursache einer Krankheit erkannt, von der zumindest teilweise auch die kausalen Zusammenhänge erforscht sind, kann ein Pharmakon zum Ausgleich gezielter eingesetzt werden. Wenn zudem noch andere genetische Konstitutionen des Patienten wie beispielsweise sein Soffwechselverhalten bei bestimmten Pharmaka getestet werden können, könnte eine Ausgleichsstrategie noch effektiver gestaltet werden.

Mit sehr viel Hoffnungen wird die Entwicklung und Herstellung ausgleichender Pharmaka auf gentechnischem Wege verbunden. Heute werden schon Pharmaka nicht mehr nur chemisch, sondern biologisch z.B. von gentechnisch veränderten Bakterien hergestellt. Die Idee ist recht einfach und funktioniert sehr gut: Wegen der molekularen Universalität[47] kann man Bakterien dazu veranlassen, bestimmte Gen-Produkte herzustellen. Auf diese Weise wird z.B. menschliches Insulin hergestellt, das im therapeutischen Einsatz besseren Erfolg verbuchen kann als nicht-menschliches. Neben der biologischen Herstellung könnte auch die gezielte gentechnische Entwicklung von Pharmaka bereits in der näheren Zukunft erste Erfolge feiern. Dabei wird nicht einfach ein vorhandenes Gen als Informationsspeicher einem biologischen Produzenten transferiert, sondern es werden gezielt Moleküle mit bestimmten Eigenschaften im Labor entwickelt und getestet. So kann man beispielsweise daran denken, den Teil eines Antikörpers, der für die spezifische Bindung an einen bestimmten Zelltyp verantwortlich ist, mit einer Domäne zu koppeln, die ein diesen Zelltyp tötendes Gift zu rekrutieren weiß. Ein in Verbindung mit so einem Vermittlungsmolekül eingesetztes Pharmakon würde viel spezifischer wirken und könnte in viel niedrigeren Konzentrationen eingesetzt werden.

Wie erwähnt spielen Ausgleichsstrategien nicht nur in der Humangenetik, sondern in der gesamten Medizin eine zentrale Rolle. Vom Standpunkt der Humangenetik aus muss aber zweierlei betont werden. Erstens scheint die humangenetische Erforschung von Krankheiten weite Teile der Medizin auf eine neue Basis zu stellen, und zwar auf eine Basis des Verstehens und damit gezielten Bekämpfens von Krankheiten. Insofern kann man erwarten, dass das Forschungsprogramm der Humangenetik in Zukunft für die Medizin im Allgemeinen eine Rolle spielen wird, und dass es nicht nur von Humangenetikern, sondern von sehr vielen Medizinern benutzt werden wird. Zweitens

---

[47] Siehe Abschn. 8.2.

wird durch einen Ausgleich nichts an der Ursache einer genetisch bedingten Krankheit geändert. Dazu müsste man eben auf der Ebene der Gene etwas ändern können.

Reparaturstrategie

Die Strategie, eine Krankheit verursachende Gen-Variante durch eine intakte zu ersetzen, klingt sehr verlockend, ist aber bisher mit großen Problemen verbunden. Dabei bereitet die Tatsache, dass jede Zelle eines Organismus das komplette Genom enthält, die Hauptschwierigkeiten. Eine echte Reparatur könnte demnach nur in der Keimbahn oder in Stadien erfolgen, in denen noch so wenig Zellen vorhanden sind, dass alle einer genetischen Veränderung unterzogen werden könnten. Neben vielen ethischen Fragen, die bei einer Keimbahn-Intervention oder einer Manipulation in den ganz frühen Stadien der Entwicklung beantwortet werden müssten, gibt es auch eine Vielzahl technischer Probleme.

Daneben gibt es die Strategie, nur in dem betroffenen Gewebe eine Reparatur einer defekten Gen-Variante vorzunehmen. Wie beim Beispiel der Cystischen Fibrose erläutert, hat man versucht, mit Hilfe von Viren entsprechend intakte Gen-Varianten in die Lunge einzuschleusen (somatische Gen-Therapie). Eine wichtige Funktion von Viren für deren Fortpflanzung ist die Fähigkeit, das eigene virale Genom in das der Wirtszelle zu integrieren, um auf diese Weise die zum Bau eines neuen Virus benötigten Proteine von der Wirtszelle herstellen zu lassen. Diese virale Funktionsweise versucht man sich zu Nutze zu machen, um eine erwünschte Gen-Variante einzuschleusen – bisher mit wenig Erfolg. Oft verlieren sich nach anfänglicher Integration die Zellen mit den ‚fremden' Gen-Varianten in der Vielzahl derer mit den ‚eigenen'. Die Effektivität solcher partieller Reparaturstrategien ist derzeit äußerst gering. Hier wird es noch einiger Forschung bedürfen, um erste Erfolge zu erzielen.

10.5 Zusammenfassende Begutachtung

Die Humangenetik ist wahrscheinlich das Forschungsprogramm der Genetik, das am häufigsten zum Einsatz kommt. Dies liegt schlicht an der zahlenmäßigen Stärke der Mediziner, die den Willen der Gesellschaft widerspiegelt, mehr Geld in die Erforschung menschlicher Krankheiten zu investieren als in die Erforschung der Grundlagen der Genetik anhand von anderen Lebewesen. Folgende Punkte lassen sich zusammenfassend zum Forschungsprogramm der Humangenetik festhalten:

- Die Humangenetik befasst sich nicht nur mit Erbkrankheiten, sondern mit den genetischen Bedingungen von Krankheiten im Allgemeinen.
- Im Gegensatz zur Entwicklungsbiologie hat sich das Forschungsprogramm der Humangenetik bereits besser bewährt, weil die Beschränkung auf die

Erklärung genetisch bedingter Funktionsstörungen eine Vereinfachung bedeutet, die nicht genug betont werden kann.

- Erfolge konnten vor allem bei der Erforschung monogener Erbkrankheiten verbucht werden. Mit jedem Gen-Ort, der in die Erklärung einer Krankheit zusätzlich einbezogen werden muss, scheint sich die Forschungsaufgabe exponentiell zu verkomplizieren, auch weil dann Erbgänge schwierig auszumachen sind.
- Dennoch ist auch bei monogenen Erbkrankheiten derzeit oft erst die Forschungsaufgabe bewältigt, eine Korrelation zwischen einem Geno- und einem Phänotyp gefunden zu haben. Viele kausale Erklärungen stehen noch aus.
- Die Humangenetik ist auf die grundlegenden Arbeiten anderer genetischer Forschungsprogramme angewiesen. So stellen die Klassische genau so wie die Molekulare Genetik, aber auch die Entwicklungsbiologie unentbehrliche Grundlagen für die Humangenetik bereit.
- Das Forschungprogramm der Humangenetik ist im Begriff, sich weg von der Kernaufgabe der Medizin, dem Verstehen von Krankheiten, hin zu dem Teil der Entwicklungsbiologie vorzuarbeiten, der nicht nur genetisch bedingte Funktionsstörungen des Menschen, sondern auch dessen störungsfreies Funktionieren studiert. Da dieses störungsfreie Funktionieren wiederum krankheitsrelevant z.B. bei der Verarbeitung von Pharmaka sein kann, hat sich auch der Begriff „Molekulare Medizin“ etabliert.
- Mit der labor-technischen Analyse genetischen Materials steht nicht nur der Humangenetik und den anderen medizinischen Disziplinen, sondern der gesamten Gesellschaft ein neues diagnostisches Werkzeug zur Verfügung. Der prädiktive Wert eines Gentests für ein Individuum ist aber von Fall zu Fall äußerst unterschiedlich und muss jeweils neu begutachtet werden.
- Bei der Entwicklung moderner therapeutischer Konzepte beispielsweise von effektiver oder spezifischer wirkenden Pharmaka spielt die Gentechnik eine zunehmend größere Rolle.
- Therapeutische Konzepte, die direkt auf der Ebene der Gene ansetzen, konnten allerdings bisher noch nicht entwickelt werden.

Teil III

Lebenspraktische Schlussfolgerungen

Der dritte und letzte Teil der Arbeit ist lebenspraktischen Schlussfolgerungen gewidmet, die auf der Basis der gewonnenen Erkenntnisse bei der Untersuchung der Forschungsprogramme der Genetik erfolgen. Dabei ist zu betonen, dass hier keine normativen naturalistischen Schlüsse gezogen werden, die aus logischen Gründen immer Fehlschlüsse sein müssen: Nur weil in der Natur etwas so zu sein scheint, wie es ein bestimmtes Forschungsprogramm erfasst, kann daraus niemals gefolgert werden, dass etwas sein soll. Eine der Motivationen für diese Arbeit war vielmehr, ethische Debatten nicht fern von naturwissenschaftlichen und wissenschaftstheoretischen Erkenntnissen zu führen, sondern auf deren Basis. Zu wissen, was die Genetik derzeit kann und was sie nicht kann, und abzuschätzen, was die Genetik in einem überschaubaren Zeitraum einmal können wird und was sie nicht können wird – vielleicht aus prinzipiellen Gründen sogar niemals können wird – dürfte weitgehend als eine entscheidende Voraussetzung für gesellschaftliche Diskussionen angesehen werden.

So werden im folgenden Teil Argumente verwendet, die sich auf Wissen und Unwissen, aber auch auf Wissbarkeit und Unwissbarkeit genetischer Zusammenhänge beziehen. Wer gegen diese Argumente opponiert, kann im zweiten Teil der Arbeit ihre Begründungen nachlesen und muss dann auch gegen die Begründungen opponieren. Es werden in Bezug auf drei recht aktuelle lebenspraktische Fragen Schlussfolgerungen gezogen.

In Kapitel 11 wird die Frage gestellt, inwieweit Lebewesen genetisch determiniert sind. Die Klärung eines großen Missverständnisses, das den Namen „genetischer Determinismus" bekommen hat, ist nicht nur für sich, sondern auch für andere ethische Fragen lohnenswert.

Das darauf folgende Kapitel 12 stellt die Frage, wie die Gesellschaft mit den neuen Verfahren zur Wissensgewinnung über sich selbst umgehen soll, die von der Humangenetik bereitgestellt werden. Dabei werden in die Überlegungen nicht nur aktuelle genetische Tests einbezogen, sondern auch mögliche zukünftige Entwicklungen betrachtet. Konkrete Regelungsvorschläge werden dann in diesen verschiedenen Szenarien diskutiert.

Das letzte Kapitel 13 befasst sich mit der Diskussion um den Schutz von Embryonen. Hier wird in exemplarischer Weise versucht, mit Unterstützung der naturwissenschaftlichen und wissenschaftstheoretischen Erkenntnisse eine Problematik einer Klarheit zuzuführen, die die Beantwortung der Frage nach der Schutzwürdigkeit menschlicher Zellen und Zellverbände in sehr frühen Entwicklungsstadien erheblich erleichtert. Die Einbeziehung eines einfachen, gut zu handhabenden Kriteriums, das zudem in völligem Einklang mit einem biologisch-dynamischen Verständnis von Lebewesen steht, scheint viele derzeitige Probleme lösen zu können. Dieses Kriterium ist die Umgebung, in der sich menschliche Zellen und Zellverbände befinden, was zu einer Unterscheidung von Embryonen und Ekbryonen führt. Letzteres ist eine Wortschöpfung, die im Zuge dieses Promotionsprojekts erdacht wurde.

11

Zur genetischen Determinierung von Lebewesen

11.1 Inwieweit sind Lebewesen genetisch determiniert?

[1]Entsprechend plakative Schlagzeilen quer durch die gesamte internationale Presselandschaft zeigen in aller Deutlichkeit, dass die Frage nach der genetischen Determiniertheit der Lebewesen im öffentlichen Interesse steht. Dabei wird beispielsweise bei der Diskussion um das reproduktive Klonen unterschwellig davon ausgegangen oder gar suggeriert, dass sogar die ‚Wiederherstellung' eines verstorbenen Lebewesens[2] möglich sei, wenn man im Besitz des entsprechenden organischen Materials ist. Bei den derzeitigen technischen Möglichkeiten der Genetik hieße das, folgende Bedingungen zu erfüllen: Erstens müssen intakte Zellen zur Verfügung stehen, die das komplette Genom des Betroffenen enthalten. Zweitens müssen sich deren Zellkerne nach dem Dolly-Verfahren so in befruchtete entkernte Eizellen transferieren lassen, dass totipotente Zellen entstehen. Drittens muss die Austragung mindestens einer dieser Zellen in einer ‚Leihmutter' gelingen. Erst wenn sich ein komplettes Lebewesen entwickelt hat, kann man wissen, dass die benutzte Zelle wirklich totipotent und das Zellmaterial noch intakt war. Vorher gibt es keine Möglichkeit, diese Eigenschaften dem biologischen Material ‚anzusehen'.

In Anbetracht dessen scheint der Glaube absurd, ein Verstorbener würde sich ‚genetisch rekonstruieren' lassen. Zu viele Bedingungen seiner ‚zweiten' Entstehung sind komplett anders als bei seiner ‚ersten': Eine andere Eizelle, nicht einmal eine seiner Mutter, zudem eine andere ‚Austrägerin', eben nicht seine Mutter, und nicht zuletzt andere Umweltbedingungen, in denen die Austragung stattfindet. Damit ist die Frage, ob es den genetischen Determinismus gibt, eigentlich schon beantwortet: Nein, wir sind nicht durch unsere Gene vollständig determiniert. Viele andere Faktoren spielen bei unserer

---

[1] Teile dieses Kapitels entsprechen SEEL (2003).

[2] Beispielsweise erlaubte sich die Bild-Zeitung München am 4.8.2001 die Schlagzeile „UFO-Sekte will jetzt Hitler klonen".

Entstehung und Entwicklung tragende Rollen.[3] Selbst eineiige Zwillinge, bei denen das Maximum an gemeinsamen genetischen Anfangsbedingungen und zudem gemeinsamen Umweltbedingungen vorliegt, entwickeln Individualität. Und auch die erste nach den Dolly-Verfahren geklonte Katze[4] hatte ein ganz anderes Fellmuster als das Tier, aus dessen Zellen der Klon entstanden ist. Aber wie kommt es dann, dass der genetische Determinismus, also die Weltanschauung, wir seien durch unsere Gene vollständig determiniert, sich nach wie vor so großer Beliebtheit erfreut, dass er in Zeitungsschlagzeilen sogar unterschwellig beim Leser vorausgesetzt wird? Und haben wir alle nicht einen Kopf, zwei Arme mit je zwei Händen und fünf Fingern daran? Ist das etwa nicht genetisch determiniert? Andererseits billigen wir uns Individualität zu. Kann Individualität genetisch determiniert sein? Ist diese Frage nicht schon in sich widersprüchlich?

Ziel dieses Kapitels ist es, Erhellendes zu diesen Fragen beizutragen. Dazu muss ersichtlich geklärt werden, unter welchen Umständen innerhalb der Wissenschaft festgestellt wird, etwas sei determiniert. Diese methodische Betrachtung von Determinierungsprozessen (Abschnitt 11.3) wird gegenüber metaphysischen Spekulationen, die letztlich zum weltanschaulichen Determinismus (Abschnitt 11.4) geführt haben, deutlich abzugrenzen sein. Die Rede vom Determinismus begründet sich nicht mehr ausschließlich auf das von Menschen Erkennbare, sondern bezieht Spekulatives mit ein. Demgegenüber wird anhand von naturwissenschaftlichen Erkenntnissen zur Entwicklung von Lebewesen eine Heuristik[5] entworfen. Innerhalb dieses auf experimentellen Erkenntnissen beruhenden Geflechts von Hypothesen lässt sich dann ein Schema finden, das die Regelmäßigkeit und die Individualität menschlicher Erscheinungen zu erklären vermag. Zuvor wird noch ein Blick auf das Human-Genom-Projekt geworfen, seit dessen Inauguration die Diskussion um den genetischen Determinismus nicht abgerissen ist (Abschnitt 11.2).

11.2 Das Human-Genom-Projekt

Um die notwendigen Gelder für das anfangs nicht unumstrittene[6] Human-Genom-Projekt zu mobilisieren, war den Initiatoren kein Superlativ zu schade: „Das Projekt wird uns alle Fragen beantworten". „Evolution, Krankheiten die Antwort auf einfach alles findet sich in diesem großartigen DNS-Band", äußerte sich damals CAHILL, Vizepräsident des Howard Hughes Medical Institute enthusiastisch.[7] Diese Aussage wird vom Nobelpreisträger und Doppelhelix-

[3] Siehe Kap. 9.
[4] Siehe SHIN et al. (2002).
[5] Siehe Punkt 1.2.2.
[6] Einen guten Überblick zur damaligen internationalen Diskussion liefert KNOPPERS & CHADWICK (1994).
[7] Siehe ALBRECHT (1991).

Entdecker WATSON durch metaphysische Überspitzung noch übertroffen:[8] „Früher haben wir gedacht, unser Schicksal stünde in den Sternen. Heute wissen wir, es liegt mehr oder weniger in unseren Genen". Es sind wohl auch solche Äußerungen der Wissenschaftselite, die der Bevölkerung glauben machten, wenn die Abfolge der ca. drei Milliarden Basenpaare bekannt wäre, die ein Individuum in jeder seiner Zellen hat, dann wüsste man alles über diesen Menschen. Er wäre gleichsam ‚gläsern'.

Der Beginn des Projektes, das Genom zumindest eines Menschen vollständig zu entschlüsseln, wird auf den 1. Oktober 1990 datiert. Die Laufzeit des Human-Genom-Projektes sollte 15 Jahre betragen. Die meisten Wissenschaftler glaubten seinerzeit, diese Zeitspanne sei illusorisch kurz. Doch die rasche Verbesserung und Automatisierung der Sequenzierungstechnologie, gekoppelt mit der rasanten Entwicklung leistungsfähiger Computer, führten dazu, dass bereits am 26. Juni 2001 die vollständige Entschlüsselung des menschlichen Genoms verkündet wurde. Bei der Bekanntgabe stand neben dem amerikanischen Präsidenten CLINTON nicht nur der Leiter des mit öffentlichen Mitteln geförderten International Human Genome Sequencing Consortium[9], sondern auch VENTER, der Inhaber des privatwirtschaftlichen Unternehmens Celera Genomics[10]. Durch den verstärkten Einsatz von Computern war es dem Unternehmer gelungen, das internationale Projekt einzuholen, wenn auch seinen Daten weniger Genauigkeit zugebilligt wird.

Die Sequenzierung[11] eines vollständigen menschlichen Genoms ist nämlich in keiner Weise eine wissenschaftliche Herausforderung, sondern ein technisches Machbarkeitsproblem. Sequenzieren lassen sich nur DNS-Stränge, die im Vergleich zum gesamten Umfang des Genoms äußerst winzig sind. Deswegen muss das Genom systematisch in immer kürzere überlappende Stückchen zerlegt werden. Darauf folgt ein gigantisches Puzzlespiel, das mit leistungsfähigen Computern beschleunigt werden kann: Anhand der Überlappungen müssen nun die unzähligen Sequenzen aus den vier Buchstaben wieder richtig zusammengesetzt werden. Bei den beschriebenen Verfahren können selbstverständlich Fehler passieren, und es ist eine Sorgfalts- und Zeit-Frage, wie groß diese Fehler sind. Bei der Verkündung der ‚Vollständigkeit' war der vom Internationalen Konsortium vorgestellte Entwurf zu 90% fertig, wobei mehr als 91% davon zu 99,99% exakt waren.[12]

Nimmt man diesen approximativen Vollständigkeitsbegriff hin, ist also seit 2001 die Abfolge der drei Milliarden Basenpaare eines menschlichen Genoms bekannt. Und welche neuen Erkenntnisse ergeben sich daraus? Selbst vergleichsweise einfach anmutende Aussagen über das menschliche Genom lassen

---

[8] Siehe ALBRECHT (1991).

[9] INTERNATIONAL HUMAN GENOME MAPPING CONSORTIUM (2001).

[10] VENTER et al. (2001).

[11] Ermittlung der Abfolge der vier mit den Buchstaben A, C, G und T abgekürzten Basen, die innerhalb der Doppelhelix paarweise gebunden sind. Siehe Abschn. 8.1.

[12] Vergleiche GEE (2001).

sich nur schwer treffen. So schwanken beispielsweise die Abschätzungen der Zahl der Gene mehr denn je. Die niedrigste Zahl liegt bei 25.000, die höchste bei 120.000, je nach Verfahren und Interessenlage. Die meisten Forscher gehen derzeit von 30.000 bis 40.000 Genen aus, nachdem sie lange Zeit von 70.000 bis 100.000 Genen ausgegangen waren. Dies liegt daran, dass zwar die Abfolge der vier Buchstaben bekannt ist, damit aber in keiner Weise deren Bedeutung. Da die DNS nur die Aufgabe der Datenspeicherung übernimmt, müssen Übersetzungsschritte stattfinden.[13]

In Anbetracht dessen wird klar, warum eine Abschätzung der Zahl der Gene so schwierig ist. Dass dies überhaupt möglich ist, liegt daran, dass von bestimmten Sequenzen bekannt ist, für welche Funktion sie stehen. Beispielsweise gibt es eine lange Liste von Sequenzen, an die DNS ablesende Polymerasen oder die Ablesung initiierende Transkriptionsfaktoren binden können oder solche, die für Teile von Proteinen mit bestimmter Funktion[14] codieren. Solche Proteinteile werden Domänen genannt. Sie finden sich in verschiedensten Proteinen, da die von der Domäne vermittelte Funktion häufig Verwendung findet. Beispiel einer solchen Funktion ist die Bindefähigkeit an DNS. Je nach Spezifität eignen sich solche Sequenzen, um mit ihrer Hilfe und der eines Computers in dem Gewirr von Buchstaben Gene zu suchen. Wird man fündig, ist dies als vager Hinweis zu werten, dass an der gefundenen Stelle ein Gen sein könnte, noch lange aber nicht als Beweis. Dieser ist erst erbracht, wenn es gelingt, das eventuelle Gen zu klonieren, um die Funktionalität der gefundenen Sequenz herausfinden zu können.

Zusammenfassend lassen sich drei Ziele formulieren, deren Erreichung sich als Forschungsaufgabe im Anschluss an das Human-Genom-Projekt ergibt. Gerne wird von der 2. Phase des Projektes gesprochen: Zuerst müssen mittels Computer die Sequenzen aus dem Gewirr von Buchstaben herausgefischt werden, die als aussichtsreiche Kandidaten für ein Gen gelten können. Dann muss es gelingen, diese Sequenzen mit Proteinen in Verbindung zu bringen. Letztlich muss die Funktion jedes dieser Proteine geklärt werden. Diese 2. Phase steht, wenn es überhaupt schon einen offiziellen Startschuss gegeben hat, ganz am Anfang. Wie lange sie dauern wird, kann nicht im Geringsten abgeschätzt werden. Dies liegt vor allem daran, dass das Experimentieren mit Proteinen im Labor um ein Vielfaches schwieriger ist als mit DNS, die ein Makromolekül ist, das bis auf die vier Information tragenden Basen immer die gleiche chemische Struktur hat. Dagegen ist jedes Protein anders und bedarf seiner eigenen Erforschung. Es gibt Wissenschaftler, die ihr ganzes Forscherleben auf ein Protein verwenden. Eine Automatisierung scheint nach heutigem Wissen schwierig zu sein.

Für viele Forschungszwecke ist es allerdings – das kann gar nicht genug betont werden – von ungeheuerer praktischer Bedeutung, dass nicht nur das menschliche Genom bekannt ist, sondern auch die anderer Organismen. Neben

---

[13] Siehe Abschn. 8.1.

[14] Siehe Punkt 6.4.3.

der Sequenz des Menschen sind auch die Sequenzen wichtiger Forschungsorganismen der Genetik wie Drosophila oder Maus frei im Internet verfügbar. Musste früher in Vorarbeit zu einem Experiment das zu erforschende Gen meist erst aufwändig kloniert und sequenziert werden, kann man heute, ausgehend von der bekannten Sequenz, diese Schritte oft sparen. Der immense praktische Nutzen des Human-Genom-Projektes ist unbestritten, nur ergibt sich daraus allein noch keine deutliche Erweiterung unseres Wissens über uns selbst, wie sie von den Protagonisten angekündigt wurde. Dieses Wissen wird erst in Zukunft in mühevoller Kleinarbeit Stück für Stück geliefert werden. Inwieweit dieses Wissen deterministisch ist, soll nun beleuchtet werden. 0

11.3 Wissenschaftstheoretische Betrachtung von Determinierung

Als Ergebnis dieses kurzen Berichts über das Human-Genom-Projekt kann festgehalten werden, dass uns die ermittelten Daten bei der Frage, ob oder inwieweit wir durch unsere Gene determiniert sind, nicht weiterhelfen können. Deswegen erfolgt nun eine Annäherung an die Frage über eine wissenschaftstheoretische Betrachtung der empirischen Theorien, die in der Diskussion um Determinierung und Determinismus tragende Rollen spielen. Dies ist insbesondere die Klassische Mechanik, deren Erklärungskraft zum physikalischen Determinismus respektive dem mechanistischen Weltbild geführt hat, und die Quantenmechanik, deren Etablierung eben dieses Weltbild zu destruieren half. Letztlich handelt es sich beim genetischen Determinismus um einen Transport des physikalischen Determinismus-Paradigmas in die Genetik. Um die Unzulänglichkeit dieser paradigmatischen Übertragung zu erfassen, muss auch behandelt werden, was in der Klassischen Genetik und in der Entwicklungsbiologie mit Determinierung gemeint ist.

11.3.1 Determinierung in der Klassischen Mechanik

Zur Erläuterung, wie bei physikalischen Systemen eine Determinierung erfolgt, betrachten wir das folgende Beispiel eines im Schwerefeld der Erde fallenden Körpers (Abbildung 11.1). Die NEWTONsche Physik beschreibt zeitliche Änderungen der Zustände von abgeschlossenen physikalischen Systemen. Hier betrachten wir das System eines Körpers K, der keinen anderen Einflüssen ausgesetzt ist als der Erdanziehungskraft G. Während des betrachteten Prozesses ändert sich nicht das System, sondern nur der Zustand des Systems. Zustände werden beschrieben durch Zustandsgrößen, die sich mit der Zeit t verändern können. Im betrachteten System genügen zwei Zustandsgrößen zur vollständigen Charakterisierung des Systems, die Höhe $h(t)$ und die Geschwindigkeit $v(t)$.[15]

[15] Siehe Punkt 6.2.2.

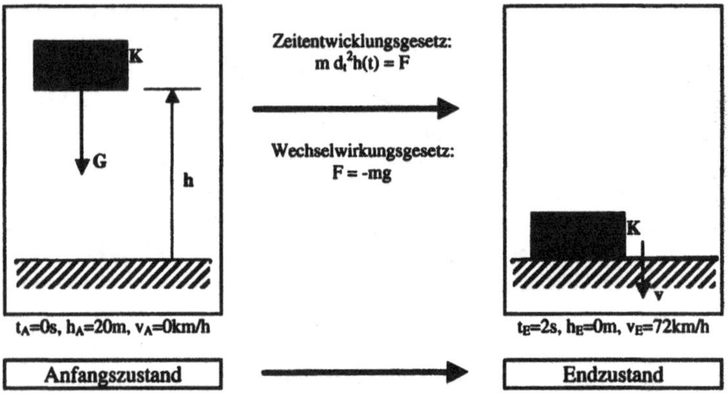

Abbildung 11.1. Ein Körper fällt im Schwerefeld der Erde.

Am Anfang unserer Beobachtung befindet sich das System im Zustand mit der Höhe $h_A = 20\,\mathrm{m}$ und der Geschwindigkeit $v_A = 0\,\mathrm{km/h}$. Was zu tun ist, um zukünftige Zustände des Systems vorherzusagen, verrät uns das Forschungsprogramm der NEWTONschen Mechanik[16]. Das erste Gesetz, der Trägheitssatz, beauftragt uns, jede Bewegung, die nicht geradlinig mit konstanter Geschwindigkeit vollzogen wird, zu erklären. In unserem Falle wird der Körper von der Erde beschleunigt. Somit ist die Bewegung erklärungsbedürftig. Das zweite NEWTONsche Gesetz verrät uns nun, wie wir diese Bewegung erklären können, indem es ein allgemein gültiges Zeitentwicklungsgesetz in Form einer Differenzialgleichung angibt: $m\frac{\mathrm{d}^2}{\mathrm{d}t^2}h(t) = F$, in Worten, „die zeitliche Veränderung der zeitlichen Veränderung (zweifacher Differenzialquotient nach der Zeit) der Höhe $h(t)$, also die Beschleunigung, multipliziert mit der Masse m des Körpers ist gleich der auf den Körper einwirkenden Kraft F". Dabei ist wichtig anzumerken, dass der Buchstabe F in dem Gesetz rein schematisch verwendet wird, d.h. dass er als Platzhalter fungiert, solange bis ein konkretes Kraftgesetz gefunden ist, das die gewünschte Erklärung liefert.

Damit ist die Aufgabe formuliert, die noch zu bewerkstelligen ist, um eine befriedigende Erklärung innerhalb der NEWTONschen Theorie zu erreichen: Suche eine konkrete Kraft, ein Wechselwirkungsgesetz, setze diese Kraft für F in das Zeitentwicklungsgesetz ein und löse die entstehende Differenzialgleichung. Spezifiziere ferner die Lösung mit Hilfe des Anfangszustands auf die konkret vorliegende Situation ($h_A = 20\,\mathrm{m}$, $v_A = 0\,\mathrm{km/h}$). Dann erhält man alle Zustände zu allen anderen Zeiten.

Wenn die so gewonnene theoretische Beschreibung der beobachteten erklärungsbedürftigen Bewegung entspricht, gilt diese als erklärt, wenn nicht, suche eine andere Kraft und führe die genannten Schritte erneut aus, solange bis eine Erklärung erzielt ist. NEWTON ersann das Gravitationsgesetz,

[16] Siehe Anhang A.

das mit den Daten der Erde (Erdradius und Erdmasse) die einfache Form $F = -mg$ erhält, wobei die Masse m und der Ortsfaktor g der Erde zeitlich konstant sind. In das Zeitentwicklungsgesetz eingesetzt, kürzt sich die Masse, und wir erhalten die denkbar einfache Differenzialgleichung: $\frac{\mathrm{d}^2}{\mathrm{d}t^2}h(t) = -g$. Die Umkehroperation der Differentiation ist die Integration. Die zweimalige Integration der Konstanten $-g$ liefert dann: $h(t) = -\frac{1}{2}gt^2 + v_A t + h_A$. Setzt man nun den vorausgesetzten Anfangszustand ($h_A = 20\,\mathrm{m}$, $v_A = 0\,\mathrm{km/h}$) und den gerundeten Ortsfaktor $g = 10\,\mathrm{m/s^2}$ ein, bekommt man die Bewegungsgleichung $h(t) = -5\frac{\mathrm{m}}{\mathrm{s}^2}t^2 + 20\mathrm{m}$, also die Höhe zu jedem weiteren Zeitpunkt. Beispielsweise können wir uns für das Auftreffen am Boden interessieren, da die Bewegung dann beendet ist. Der Endzustand hat also die Höhe $h_E = 0\,\mathrm{m}$. Setzen wir dies in die Bewegungsgleichung ein, errechnet sich, dass der Körper zum Zeitpunkt $t_E = 2\,\mathrm{s}$, also nach zwei Sekunden auftrifft. Die einmalige Differentiation $\frac{\mathrm{d}}{\mathrm{d}t}h(t) = v(t) = -10\frac{\mathrm{m}}{\mathrm{s}^2}t$ der Bewegungsgleichung liefert die Geschwindigkeit, so dass wir durch Einsetzen von $t = t_E = 2\,\mathrm{s}$ die Geschwindigkeit beim Aufprall zu $v_E = -20\,\mathrm{m/s}$ oder umgerechnet $v_E = 72\,\mathrm{km/h}$ berechnen. Das Minuszeichen ergibt sich, weil die Bewegung Höhe abbaut, und wird bei der Angabe des Betrags einfach weggelassen.

Folgende Charakteristika der NEWTONschen Mechanik lassen sich zusammenfassend festhalten: Beschrieben werden zeitliche Zustandsänderungen abgeschlossener Systeme. Die zu lösende Aufgabe besteht darin, bei bekanntem Anfangszustand einen Endzustand vorherzusagen. Erst dadurch, dass vier Voraussetzungen erfüllt sind, wird eine Vorhersage ermöglicht:

(1) Der Anfangszustand muss sich hinreichend genau bestimmen lassen können.
(2) Mit dem zweiten NEWTONschen Gesetz steht ein Zeitentwicklungsgesetz zur Verfügung.
(3) Mit dem Gravitationsgesetz liegt ein Wechselwirkungsgesetz vor, dessen Einsetzung in das Zeitentwicklungsgesetz
(4) zu einer Differenzialgleichung führt, die sich eindeutig lösen lässt.

Die theoretische Struktur der Klassischen Mechanik erlaubt in manchen Fällen eine genaue Vorausberechnung des Endzustands aus dem Anfangszustand. Der Endzustand ist durch den Anfangszustand determiniert (Abbildung 11.1 unten).

11.3.2 Determinierung in der Quantenmechanik

Wegen der etwas komplizierteren theoretischen Struktur der Quantenmechanik ersparen wir uns hier die Diskussion eines Beispiels. (Die Behandlung des freien Teilchens befindet sich im Anhang C). Vielmehr sollen kurz die Unterschiede zur Klassischen Mechanik erläutert werden, die für Diskussionsstoff in Physik und Philosophie sorgten.

In der Quantenmechanik setzt sich ein Zustand nicht aus den Werten der beiden Zustandsgrößen Ort und Impuls (respektive Höhe und Geschwindigkeit in obigem Beispiel) zusammen, sondern aus Wahrscheinlichkeitsverteilungen über jede der beiden Zustandsgrößen.[17] Diese Wahrscheinlichkeitsverteilungen hängen über die mathematische FOURIER-Transformation miteinander zusammen. Die empirische Anbindung des mathematischen Gegenstands „Wahrscheinlichkeitsverteilung" gelingt nur durch deren Interpretation als Verteilung relativer Häufigkeiten. Die Aussage „Die Zustandsgröße Impuls nimmt mit der Wahrscheinlichkeit 50% den Wert p_1 und mit 50% p_2 an" kann lebensweltlich konsistent interpretiert werden, wenn von einem Kollektiv die Rede ist, dessen eine Hälfte den Impuls p_1 und die andere p_2 hat. Ungeachtet anderer Interpretationsvorschläge soll die Quantenmechanik hier als Ensemble-Theorie betrachtet werden. Empirische Anbindung und Interpretation der mathematischen Struktur sind dann in jedem Fall gesichert, und gewisse paradoxe Aussagen treten erst gar nicht auf.

Dass von der theoretischen Struktur der Quantenmechanik Zustände als Wahrscheinlichkeitsverteilungen erfasst werden, hat allein noch nicht zur Folge, dass der klassische Zustand (Ort und Impuls) eines einzelnen quantenmechanischen Teilchens durch Messung nicht exakt festgelegt werden kann. Vielmehr ist es so, dass eine Wahrscheinlichkeitsverteilung sich um einen bestimmten Wert derart konzentrieren kann, dass dieser Wert jedem Teilchen des Ensembles zukommt. Diese Zustandsgröße, beispielsweise der Ort des Teilchens, ist dann bekannt. Die Pointe ist, dass dann der Impuls des Teilchens völlig unbestimmt ist. Die Wahrscheinlichkeitsverteilung des Impulses ist dann als Konsequenz der HEISENBERGschen Unbestimmtheitsrelation gleich-verteilt, d.h. der Impuls nimmt mit gleicher Wahrscheinlichkeit jeden möglichen Wert an. Festzuhalten ist dabei, dass die Unbestimmtheitsrelationen in der Quantenmechanik Konsequenz der theoretischen Struktur sind, die überhaupt erst eine Beschreibung atomarer Systeme erlaubt hat. Das Auftreten der quantenmechanischen Unbestimmtheit kann also nur beseitigt werden, wenn auf die physikalische Theorie verzichtet wird, die heute als die am besten empirisch bestätigte gilt. Als gravierender Unterschied zur Klassischen Mechanik lässt sich festhalten, dass in der Quantenmechanik der Zustand eines Teilchens nicht deterministisch, sondern probabilistisch festgelegt ist.

Damit ist aber auch schon der entscheidende Unterschied zwischen Klassischer und Quantenmechanik ausgesprochen, der manchen Interpreten der Quantenmechanik veranlasste, diese als indeterministisch zu bezeichnen. Die drei anderen Charakteristika der Klassischen Mechanik, nämlich deterministisches Zeitentwicklungsgesetz, Wechselwirkungsgesetze und eindeutig lösbare Differenzialgleichungen, finden sich in der Quantenmechanik ebenfalls: Mit der SCHRÖDINGER-Gleichung gibt es analog zum 2. NEWTONschen Gesetz ein deterministisches Zeitentwicklungsgesetz. Die Wechselwirkungsgesetze der Klassischen Mechanik wie das COULOMB-Gesetz der elektrostatischen Anziehung

[17] Siehe Punkt 6.2.2. Es muss bemerkt werden, dass der hier verwendete Zustandsbegriff nicht mit dem sogenannten quantenmechanischen Zustandsoperator zusammenfällt.

werden – soweit sie im atomaren Bereich relevant sind – in die Quantenmechanik übernommen.[18] Zudem gibt es Wechselwirkungsgesetze, die nur in der Quantenmechanik vorkommen. Die Einsetzung einer bestimmten Wechselwirkung in das Zeitentwicklungsgesetz vermag zu einer eindeutig lösbaren Differenzialgleichung führen. Wenn dies der Fall ist, dann ist die Wahrscheinlichkeitsverteilung am Ende des Vorgangs durch die Wahrscheinlichkeitsverteilung zu Beginn des Vorgangs determiniert, aber eben nicht der Endzustand eines einzelnen Teilchens durch seinen Anfangszustand.

11.3.3 Determinierung in der Klassischen Genetik

In Kapitel 7 wurde die Klassische Genetik bereits ausführlich dargestellt. Sie ist wie die Quantenmechanik eine Ensemble-Theorie. Zustände sind Häufigkeitsverteilungen von Merkmalsausprägungen in Populationen. Anders als in der Quantenmechanik ‚beeinflussen' sich die Verteilungen aber in keiner Weise. Insbesondere kann eine Verteilung beliebig konzentriert sein, ohne dass deswegen die Verteilung eines anderen Merkmals verschwimmen würde. In einer Population können offenbar alle Pflanzen violette Blüten haben, ohne dass davon die Verteilung der Samenform beeinflusst würde.

Seit es die Klassische Genetik gibt, versteht man unter der genetischen Determinierung eines Merkmals, dass der Genotyp die Ausprägung des betrachteten Merkmals, den Phänotyp, festgelegt. Dabei wird im Forschungsprogramm der Klassischen Genetik diese genetische Determinierung als zentrale Annahme postuliert.[19] Je nach Spezifizierung des Forschungsprogramms können dann andere Faktoren als die genetischen aus- oder eingeblendet werden. Deshalb kann man über die genetische Determinierung des Phänotyps aus dem Genotyp durch die Betrachtung der Klassischen Genetik nur so viel lernen, dass nicht jeder auf der Phänotyp-Ebene beobachtete Erbgang allein durch genetische Faktoren erklärt werden muss, sondern dass durchaus auch andere Einflüsse zur Erklärung herangezogen werden können.[20] Auf die Frage, auf welche Weise eine genetische Determinierung erfolgt, kann die Klassische Genetik indes überhaupt keine Antwort liefern, da die genetische Determinierung als Postulat schlicht vorausgesetzt wird. Zur Beantwortung dieser Frage muss man das Forschungsprogramm der Entwicklungsbiologie betrachten.

11.3.4 Genetische Determinierung in der Entwicklungsbiologie

In der Entwicklungsbiologie wird wie in der Klassischen Mechanik (Abbildung 11.1) ein Zeitentwicklungsprozess betrachtet. Offenbar steht am Anfang der zeitlichen Entwicklung eines Menschen die befruchtete Eizelle und am Ende ein fertiger Organismus, wie dies in Abbildung 11.2 zu sehen ist.

---

[18] Es wird gerne davon gesprochen, dass diese Gesetze ‚quantisiert' würden, was der sonstigen Verwendungsweise dieses Wortes nicht entspricht.

[19] Siehe Punkt 7.2.2.

[20] Siehe Punkt 7.3.1.

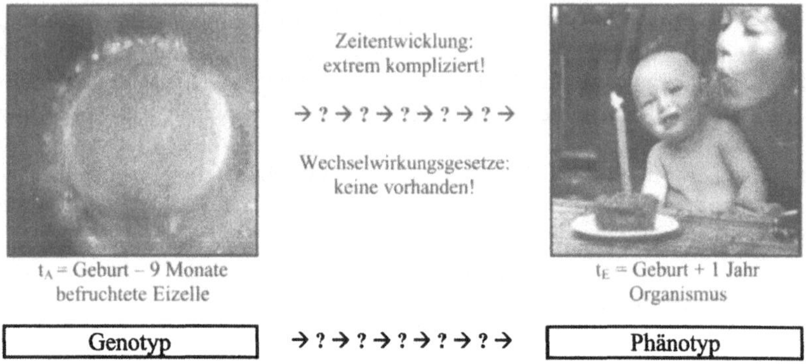

Abbildung 11.2. Entwicklung eines Menschen.

Wenn nun behauptet wird, ein Lebewesen sei vollständig genetisch determiniert, meint dies nicht weniger, als dass sämtliche Merkmale des fertigen Organismus durch die genetische Konstitution der Zygote festgelegt sind. Dass diese sehr starke Behauptung nicht aufrecht zu erhalten ist, wurde zu Beginn dieses Kapitels schon geklärt. Aber selbst wenn wir die Behauptung dahingehend abschwächen, dass nur die Determinierung eines Merkmals betrachtet wird, können wir fundamentale Unterschiede der zu vergleichenden Zeitentwicklungsprozesse erkennen. Diese zeigen, dass genetische Determinierung nicht im Sinne einer physikalischen verstanden werden darf.

Dabei muss zuerst erwähnt werden, dass bei der Entwicklung von Lebewesen weder abgeschlossene Systeme noch Zustandsänderungen dieser Systeme betrachtet werden. Vielmehr sind wir mit der Eigenheit entwicklungsbiologischer Beschreibungen konfrontiert, dass sich Systeme in neue Systeme umwandeln.[21] Aus einer befruchteten Eizelle wird ein komplexes hoch-organisiertes Lebewesen, das aus unzähligen Zellen besteht. Aus im Genom gespeicherter Information wird ein charakteristisches Merkmal. Aus dem Genotyp geht der Phänotyp hervor. Ferner können wir weder ein Zeitentwicklungs- noch ein Wechselwirkungsgesetz angeben, die uns in ähnlicher Weise wie beim NEWTONschen Forschungsprogramm gestatten würden, die Ausprägung von Merkmalen vorauszuberechnen. Schließlich ist auch nicht sicher gewährleistet, dass sich der Genotyp, also das Anfangssystem, mit ausreichender Genauigkeit bestimmen lässt. In Abschnitt 11.2 wurde ja bereits ein Eindruck von den Schwierigkeiten bei der Erfassung von Genotypen vermittelt. Zudem birgt jedes Genom bereits Individualität.[22] Damit ist keine der vier Voraussetzungen erfüllt, die in der Klassischen Mechanik eine Berechnung der Zustände erlauben. Die Möglichkeit, den Phänotyp aus der Kenntnis des Genotyps zu berechnen, existiert also nicht.

[21] Siehe Punkt 9.2.1.
[22] Siehe Punkt 9.2.3.

Deswegen sind wir nicht gleich sämtlicher Möglichkeiten einer Vorhersage beraubt. Vorhersagen können z.B. auch auf statistischen Verfahren beruhen.[23] Solche Aussagen haben dann offenbar grundsätzlich Wahrscheinlichkeitscharakter. Und auch diesem Verfahren sind enge Grenzen gesetzt. Einen hohen prognostischen Wert haben sie nur in Einzelfällen wie beispielsweise bei schweren Erbkrankheiten.[24] Die immense Komplexität des hier betrachteten Systems macht Vorhersagen grundsätzlich sehr schwierig.

Nun ist die Frage angebracht, ob denn überhaupt eine Aussicht darauf besteht, Zeitentwicklungs- oder Wechselwirkungsgesetze zu erdenken. Zumindest die Wechselwirkungen betreffend herrscht heute die Meinung vor, dass es wohl keine spezifischen biologischen Kräfte gibt. Zur Physik analog gedachte Konstrukte wie eine ‚Lebenskraft' sind heute vollständig verschwunden. Eher liegt die Vermutung nahe, dass die von der Physik beschriebenen Wechselwirkungen nicht nur selbstverständlicherweise für die Biologie gelten, sondern auch dass sie zum Verständnis biologischer Prozesse herangezogen werden können.[25] Das Verständnis von nicht linearen Zeitentwicklungen, mit denen Phänomene wie die Selbstorganisation beschrieben werden können, hat in den letzten Jahrzehnten nicht zuletzt durch die Hilfe leistungsfähiger Computer stark zugenommen. Hier lassen sich durchaus physikalisch generierte Paradigmen finden, die für das Beschreiben genetischer Prozesse leitend sein können. Die Fruchtbarkeit solchen Denkens äußert sich darin, dass in ersten Ansätzen schlüssige Erklärungsschemata aufgestellt werden können.[26]

11.4 Determinismus versus Determinierung

11.4.1 Die ungerechtfertigte Rede vom genetischen Determinismus

Es soll nun geklärt werden, wie der Begriff „Determinismus" im Zusammenhang mit Naturwissenschaften in der paradigmatischen Leitdisziplin Physik entstanden ist, um dann einzusehen, dass er ungerechtfertigt auf die Genetik übertragen wurde. Es waren eben auch die Mitglieder der Wissenschaftselite wie WATSON, die zu einem fast beispiellosen Missverständnis der Wissenschaftsgeschichte ihren Teil beigetragen haben. Es kann nämlich einfach gezeigt werden, dass die paradigmatische Übertragung des physikalischen Determinismus auf die Genetik jeder rationalen Grundlage entbehrt.

Andererseits kann im einem wissenschaftshistorischen Kontext verstanden werden, wie es zur Rede vom genetischen Determinismus kam. Ähnlich wie bei der NEWTONschen Mechanik war die „WATSON-CRICK-Helix von einer

---

[23] Siehe Abschn. 10.3.
[24] Siehe Abschn. 10.3.
[25] Siehe Punkt 9.2.4.
[26] Siehe Abschn. 9.4.

solchen Überzeugungskraft, dass sie eine ganze Generation von Naturwissenschaftlern in ihren Bann gezogen hat".[27] Von WATSON erzählt man, er habe nach der Entdeckung der chemischen Struktur der DNS gesagt, nun sei das letzte lohnenswerte Geheimnis der Biologie geknackt. Damit brachte er den von vielen geteilten Optimismus zum Ausdruck, dass es zwar noch Zeit brauchen werde, bis die Informationen in den Genomen der Organismen gelesen sein würden, aber dann müsse man nur noch ähnlich einem Bauplan nachsehen, wie denn der zum jeweiligen Genom gehörende Organismus beschaffen sei. „So sicher wie ein Stein zu Boden fällt, bekommt der Mensch fünf Finger", muss die Überzeugung vieler Zeitgenossen gewesen sein, als mit der Entdeckung der doppelhelikalen Struktur des Erbmaterials mit einem Schlag alle Voraussetzungen für ein Informationen speicherndes und verarbeitendes System auf molekularbiologischer Ebene gegeben waren. Das auf der NEWTONschen Mechanik beruhende mechanistische Weltbild wurde ohne viel Aufhebens auf die Genetik übertragen. Wie sehr dies unzulässig ist, soll nun gezeigt werden.

Mit der Bezeichnung „metaphysisch" soll hier ausgedrückt werden, dass zur Konzeption dieses Determinismus-Begriffs Argumente herangezogen werden, die den festen Boden der Physik verlassen oder allgemeiner sich auf empirisch nicht zugängliche Spekulationen stützen. Soll die Kernaussage des mechanistischen Weltbildes, der physikalische Determinismus, also die Aussage „Die Welt ist in all ihren Abläufen grundsätzlich mechanisch determiniert", getroffen werden, muss offenbar über das von uns Erkennbare hinaus metaphysisch spekuliert werden. Denn wir Menschen können zwar mit Hilfe der NEWTONschen Gesetze Vergangenheit und Zukunft eines Systems berechnen, das uns durch physikalische Messmethoden zugänglich ist, nicht aber das Weltsystem insgesamt. Die wohl eindringlichste Charakterisierung des metaphysischen Determinismus gelingt mit Hilfe des LAPLACEschen Dämons, der Fiktion einer übermenschlichen Intelligenz. Ausgehend davon, dass das Weltsystem nach den Gesetzen der Mechanik eingerichtet sei, ersann LAPLACE einen Dämon, der in vollständiger Kenntnis eines Zustandes der Welt sein sollte. Der Dämon könnte dann mit Hilfe der NEWTONschen Mechanik vollkommene Prognosen über den zukünftigen Weltverlauf abgeben.

Mit dem Dämon wollte LAPLACE seiner metaphysischen Überzeugung Ausdruck verleihen, dass die Welt vollkommen deterministisch sei, auch wenn uns Menschen das niemals empirisch zugänglich sein werde. Denn LAPLACE hatte sehr wohl klar vor Augen, dass die Menschen im Gegensatz zu seinem Dämon nur über eine beschränkte Kenntnis der Welt verfügen und daher auf Wahrscheinlichkeitsaussagen angewiesen sind. Etliche seiner vielen Leistungen waren grundlegende Beiträge zur Wahrscheinlichkeitstheorie. Kein Grund für ihn, von einer deterministischen Weltanschauung abzuweichen, denn die Benutzung von Wahrscheinlichkeiten wird nur wegen der Unvollkommenheit der Menschen notwendig, nicht aber weil sämtliche Naturgesetze nicht dem Diktat

[27] Siehe KNIPPERS et al. (1990, S. 33).

der Mechanik – zu seiner Zeit gleichbedeutend mit Physik – folgen würden. Die NEWTONsche Mechanik war von einer solchen Überzeugungskraft, dass LAPLACE und seine Zeitgenossen glaubten, alle physikalischen Phänomene müssten sich innerhalb dieses Forschungsprogramms erklären lassen. Physik beschränkte sich darauf, das Forschungsprogramm der NEWTONschen Mechanik anzuwenden. Dabei interpretierten die Wissenschaftler die Theorie so, dass wegen des deterministischen Zeitentwicklungsgesetzes alle physikalischen Prozesse vollkommen vorherbestimmt seien wie in unserem Beispiel des freien Falls (Abbildung 11.1).

Beim genetischen Determinismus in seiner metaphysischen Form stellt sich das nun genau andersherum dar. Zu seiner Darstellung benötigte WATSON eben gerade keinen Dämon, der allein die Fähigkeit hätte, das Anfangssystem, also das Genom, zu ermitteln. Er war davon überzeugt, dass diese Aufgabe in absehbarer Zeit von Menschen bewerkstelligt werden könne, womit er in Anbetracht des Human- und anderer Genom-Projekte Recht hatte. Die für einen klassischen Mechanisten zentrale Frage, nämlich ob die Zeitentwicklung in der Genetik so beschaffen ist, dass sie eine eindeutige Berechnung des Endsystems, also des Phänotyps, erlaubt, wurde erst gar nicht gestellt. Vielmehr wurde die Determiniertheit genetischer Prozesse paradigmatisch von der Physik übernommen, obwohl seit Beginn des 20. Jahrhunderts in Anbetracht einschneidender neuer Theorien (z.B. Quantenmechanik) und neuer Erkenntnisse innerhalb der Klassischen Mechanik (Chaosforschung) das mechanistische Weltbild nicht aufrecht zu erhalten war. WATSON und seine Zeitgenossen hatten sich offenbar über die zentrale Bedeutung eines Zeitentwicklungsgesetzes für jede Form einer Determinierung keine Gedanken gemacht.

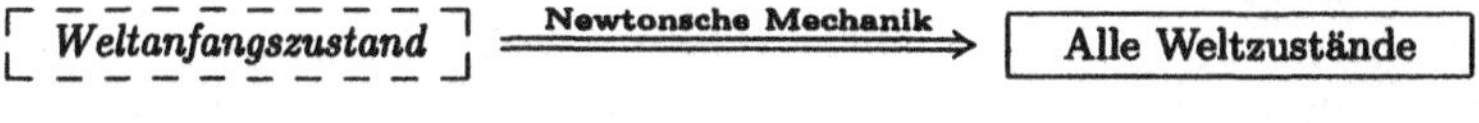

Abbildung 11.3. Determinismus der Klassischen Physik.

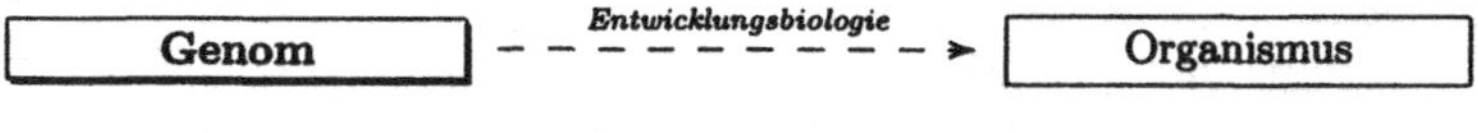

Abbildung 11.4. Determinismus der Genetik.

Ein Vergleich der Abbildungen 11.3 und 11.4 lässt diese Gedankenlosigkeit noch einmal besonders deutlich werden. Fett ist jeweils das gedruckt, worüber wir Menschen verfügen, also das Forschungsprogramm der NEWTONschen Mechanik und das Genom. Kursiv ist das gedruckt, über das wir Menschen nicht verfügen und eventuell auch nicht verfügen werden, nämlich einen Weltanfangszustand und ein deterministisches Forschungsprogramm der Entwicklungsbiologie, das Organismen zu berechnen erlaubt. Nun war LAPLACE von der Leistungsfähigkeit der NEWTONschen Theorie so überzeugt, dass er Folgendes zu erkennen glaubte: Wenn ein Weltanfangszustand bekannt wäre, würde uns die NEWTONsche Theorie alle Weltzustände erklären. Das Fehlen eines umfassenden Forschungsprogramms der Entwicklungsbiologie mit einer deterministischen Zeitentwicklung lässt jeden Versuch, diesen Determinismus auf die Genetik zu übertragen, kläglich scheitern: Es ist uns zwar das Genom bekannt, aber wir haben keine Möglichkeit, innerhalb einer fundierten Theorie Voraussagen darüber zu treffen, was sich daraus entwickelt. Um den genetischen Determinismus dennoch zu vertreten, müsste die ungeheuer starke Annahme getroffen werden, dass der Mensch einmal ein deterministisches Zeitentwicklungsgesetz der Genetik finden wird. Die Befunde der Entwicklungsbiologie deuten allerdings darauf gerade nicht hin.[28]

11.4.2 Genetische Determinierung und Vorhersagbarkeit

Rückt man ab von solchen metaphysischen Spekulationen wie der Messung eines Weltanfangszustands und der Erschaffung einer deterministischen Entwicklungsbiologie und konzentriert sich auf das von Menschen durch wissenschaftliche Methoden Erkennbare, erhält man einen ganz anderen Determiniertheits-Begriff. Um diesen methodisch geprägten Begriff vom metaphysisch überhöhten Determinismus abzugrenzen, soll von Determinierung die Rede sein. Eine methodische Untersuchung der Determinierung hat zur Aufgabe, die Messbarkeit von Anfangszuständen oder -systemen, die Zeitentwicklungsprozesse und das Zusammenspiel der beiden daraufhin zu analysieren, ob sich Vorhersagen über Folgezustände oder -systeme treffen lassen. Dabei interessiert uns eben gerade nicht, ob Lebewesen ‚an sich' vollständig durch ihre Gene festgelegt sind, sondern welche Schlussfolgerungen uns Menschen aus der Kenntnis des Genoms möglich sind und in Zukunft möglich sein werden. Dies verdeutlicht auch die Rede vom ‚gläsernen Menschen', die ja meint, dass andere Menschen in Kenntnis des Genoms eines Menschen alle seine Eigenschaften wie durch eine klare Glasscheibe hindurch erkennen könnten. Wir wollen uns nicht auf einen Dämon stützen müssen, der uns in keiner Weise helfen kann, wenn es um praktische Probleme geht.

Nun kann immer der Einwand erhoben werden, dass es zwar derzeit noch keine empirische Theorie[29] der Entwicklungsbiologie gibt, aber dass dies sich in naher oder ferner Zukunft einmal ändern könnte. Allerdings kann hier entgegnet werden, dass wir bereits Erkenntnisse über die Entwicklungsbiologie gewonnen haben, und dass diese vorhandenen Befunde sich hinsichtlich ihrer theoretischen Strukturen und erklärenden Schemata untersuchen lassen. Wir sind zwar durch die vorliegenden noch sehr unvollständigen Befunde, die

---

[28] Siehe Kapitel 9.

[29] Siehe Punkt 6.5.2.

uns die Naturwissenschaft Genetik bietet, gezwungen, bloß aus einer heuristischen Vorstellung heraus zu argumentieren, aber über mehr als eine Heuristik verfügt eben derzeit der Entwicklungsbiologe nicht. So eine Heuristik kann uns einen ersten Eindruck davon vermitteln, inwieweit wir durch unsere Gene determiniert sind. Diese Heuristik wurde kurz in Punkt 11.3.4 und ausführlich in Kapitel 9 vorgestellt.

11.5 Fazit

Obwohl in den Medien der vermeintliche Abschluss des Human-Genom-Projektes als eine der großen Errungenschaften der Wissenschaft verkauft wurde, sind erwartungsgemäß keine wirklich neuen Erkenntnisse vorgestellt worden. Dies liegt an der Schwierigkeit, aus dem unglaublich großen Gewirr von Buchstaben diejenigen Sequenzen herauszufinden, die eine Bedeutung haben. Bedeutung meint dabei, dass sie in irgendeinem der unzähligen Prozesse eine Rolle spielen, die zur Organisation eines Lebewesens notwendig sind. Von diesen Organisationsprozessen verstehen wir noch sehr wenig. Auch die Funktionsträger in Organismen, die Proteine, bedürfen weitgehend noch einer Erforschung, die allerdings ungleich schwieriger sein wird als das Ablesen von Sequenzen im Genom. Angesichts dieser für einen Vertreter des „genetischen Determinismus" ernüchternden Bilanz darf die Frage gestellt werden, inwieweit die Vorstellung einer vollständigen Determinierung von Organismen durch ihr Genom überhaupt gerechtfertigt ist.

Allein aus einer wissenschaftstheoretischen Analyse der Strukturen von Klassischer Mechanik, Quantenmechanik, Klassischer Genetik und Entwicklungsbiologie ergibt sich bereits, dass der „genetische Determinismus" in seiner metaphysischen Fassung – also als Weltanschauung – jeder rationalen Grundlage entbehrt. Seine Entstehung kann als unberechtigte paradigmatische Übertragung des mechanistischen Weltbildes auf die Genetik verstanden werden. Fruchtbar für die Frage, was und wie etwas durch Gene determiniert ist, ist eine methodische Untersuchung der Prozesse genetischer Determinierung.

Da die Befunde lange nicht zur Konstruktion einer vollständigen Theorie der Entwicklungsbiologie ausreichen, kann nur eine grobe Vorstellung der Entwicklungsprozesse, eine Heuristik, entworfen werden. Diese führt in eine ganz andere Richtung als in die einer berechenbaren Determinierung der Lebewesen durch ihre Gene. Die komplexe funktionale Verwobenheit unzähliger Systemkomponenten zu einem interagierenden Netzwerk lässt, wenn überhaupt, berechenbare Vorhersagen nur als Wahrscheinlichkeitsaussagen zu. Stochastische Diffusionen, Fluktuationen, Rückkopplungen, Umwelteinflüsse und Selbstorganisationsprozesse sind entscheidende Charakteristika solcher Systeme. Die Berechenbarkeit des Soseins eines Menschen auf Grund einer Gen-Konstellation kann damit als unmöglich angesehen werden, was nicht die Unmöglichkeit einer Vorhersage der Tendenz zu bestimmten menschlichen

Eigenschaften wie monogenen Erbkrankheiten oder auch manchem Körperlichen (Größe, Gewicht, etc.) bedeutet. In der überwiegenden Mehrheit der Fälle sind dies aber eben ‚nur' Tendenzen, also mit Wahrscheinlichkeiten behaftete Aussagen, die zudem noch sehr stark von den Umweltbedingungen abhängig sein können.

12

Zum Umgang mit humangenetischer Information, Tests und Diagnostik

12.1 Einführung und Abgrenzung des Problemfeldes

[1]Mit der Durchführung eines genetischen Tests steht dem Individuum eine neue Möglichkeit zur Verfügung, Informationen über sich selbst zu gewinnen. Diese Informationen weisen Besonderheiten auf: Zu ihrer Interpretation und weiteren Verwertung sind fachliche Kenntnisse notwendig. Sie haben vielmals prädiktiven und individuellen Charakter. Oftmals gibt es eine große Bandbreite von möglichen Entwicklungen und Optionen. Bei krankheitsrelevanten Informationen steht häufig keine entsprechende erforderliche Therapie zur Verfügung. Fast immer haben die Aussagen probabilistischen Charakter. Bei familiären erblichen Veranlagungen sind automatisch Verwandte mit betroffen. Damit stellt sich die Frage, wie die Gesellschaft mit diesem modernen Werkzeug der Informationsgewinnung umgehen soll.[2]

Zu ihrer Beantwortung muss vieles bedacht werden. Der Bürger muss prinzipiell freien Zugang zu Informationen über sich selbst haben können (Punkt 12.2.2), aber zugleich immer dann entsprechende Hilfestellungen erhalten, wenn diese aus der Sicht des Betroffenen erforderlich sind (Punkt 12.2.3). Schließlich können genetische Tests auch mit Gefahren verbunden sein (Punkt 12.1.3). Zudem müssen grundrechtliche Rahmenbedingungen eingehalten werden (Punkt 12.2.1). Ferner wäre es wünschenswert, wenn sich das Problem unabhängig davon lösen ließe, welche genetischen Tests heute verfügbar sind und welche in Zukunft erst entwickelt werden (Abschnitt 12.3). Da genetische Tests derzeit ausschließlich im Kontext ärztlichen Handelns zur Anwendung kommen (Punkt 12.1.1), könnte man es für eine naheliegende Lösung halten, für sämtliche genetischen Tests gleichermaßen einen Arztvorbehalt einzuführen. Ein derart undifferenzierter Umgang mit genetischen Tests ist aber nicht angemessen. Grundsätzlich kann dem Bürger Information über sich selbst z.B. mit dem Hinweis auf die potentielle Belastung oder die geringe Aussagekraft

---

1 Dieses Kapitel entspricht Seel (2002a).

2 Zu genetischen Tests siehe Abschn. 10.3.

nicht verweigert werden. Dies wäre auf moralischer Ebene eine Entmündigung, die durch kein ethisches Prinzip gedeckt ist. Ebenso wenig lässt sich ein genereller Arztvorbehalt für Individuen betreffende Informationen über sich selbst moralisch rechtfertigen. Das heißt nicht, dass es keine Ausnahmen geben kann. Diese bedürfen allerdings einer ethischen Begründung.

Der Umgang mit Informationen gliedert sich in drei Bereiche: Beschaffung, Mitteilung und Verwertung von Informationen, im vorliegenden Falle speziell die Verwertung im ärztlichen Kontext. Die Mitteilung von Informationen unterliegt angemessener Weise in der Regel keinem Arztvorbehalt und die Beschaffung nur dann, wenn eine besondere Gefährdung des Informationssuchenden oder Dritter vorliegt und deshalb ärztliche Fähigkeiten in Anspruch genommen werden müssen wie z.B. bei der Blutabnahme, Röntgenaufnahmen oder einer Darmspiegelung. Die Verwertung von Informationen zu Diagnose- und Therapiezwecken hingegen gehört in die Hände der Ärzte. Gefunden werden müsste nun ein Kriterium, das zwischen den Teilen zu differenzieren vermag, die beim Prozess der Erhebung genetischen Wissens zur medizinisch begründeten genetischen Diagnostik gehören, und solchen, für die dies nicht zutrifft.

Das Ziel dieses Kapitels ist herauszufinden, wann oder an welcher Stelle ein momentan oder in Zukunft verfügbares Testverfahren zum Bestandteil ärztlichen Handelns wird. Wenn sich ein brauchbares Kriterium finden ließe, könnte mit dessen Hilfe ein Gesetz installiert werden, das auch in Zukunft Bestand haben könnte. In Fachkreisen ist man sich nämlich in keiner Weise einig, welche und wie viele menschliche Eigenschaften in Zukunft genetisch getestet werden können und mit welcher Genauigkeit. Im Folgenden sollen nun zwei mögliche Kriterien angegeben und ihre Regulierungskraft innerhalb dreier Zukunftsszenarien untersucht werden. Der erste Regelungsvorschlag versucht, das Kriterium an den genetischen Tests festzumachen, und wird deswegen *testdifferenzierend* genannt werden (Abschnitt 12.4), der zweite versucht, Kontexte zu unterscheiden, in denen genetische Tests zum Einsatz kommen, und wird deswegen *kontextdifferenzierend* heißen (Abschnitt 12.5). Im Rahmen einer interdisziplinären Projektgruppe der Europäischen Akademie zur Erforschung der Folgen wissenschaftlich-technischer Entwicklungen wurde der testdifferenzierende Vorschlag erarbeitet.[3] Über das in der Projektgruppe geleistete hinaus wird er hier innerhalb dreier möglicher Szenarien auf seine Zukunftstauglichkeit hin analysiert (Punkt 12.4.3).

Das Augenmerk liegt dabei auf den Problemen, die einem Individuum bei der Konfrontation mit dem Thema „Genetischer Test“ bezogen auf sich selbst entgegentreten können. Schon um den Rahmen nicht zu sprengen, müssen Fragestellungen, die Dritte wie Embryonen, Verwandte, Arbeitgeber oder Versicherer betreffen, ausgeklammert bleiben. Ohne hier genauer darauf eingehen zu können, scheint es aber für die Probleme, die bei der Interaktion mit Dritten entstehen könnten, keine entscheidende Rolle zu spielen, ob sich der Betrof-

[3] Siehe Bartram et al. (2000, Kap. 3).

fene seine Testergebnisse bei einem Arzt oder anderswo hat erstellen lassen. Entsprechende Regelungsvorschläge für den Arbeits- und Versicherungsmarkt oder bezüglich der Relevanz genetischer Informationen für Verwandte wären also ohnehin weitestgehend unabhängig von den hier bearbeiteten Fragen gesondert zu diskutieren. Gesetze zum Schwangerschaftsabbruch und zum Embryonenschutz[4] gibt es bereits und diese befinden sich ebenfalls im gesellschaftlichen Diskurs.

12.1.1 Aktuelle Situation

Genetische Information holen Bürger derzeit ein, um sich entweder über bereits vorhandene und symptomatisch manifeste genetisch bedingte Krankheiten oder über zu erwartende zukünftige Symptome Klarheit zu verschaffen. Dabei sucht der um Rat Fragende Information über sich selbst, über Mitglieder seiner Familie, über geplante Nachkommen oder noch Ungeborene. Außerhalb dieses medizinisch ausgerichteten Interessenkreises werden in Deutschland genetische Informationen abgesehen von Vaterschafts- und Forensik-Untersuchungen so gut wie nicht erhoben.[5] In der Regel ist momentan die Durchführung genetischer Tests in Deutschland mit der Konsultation eines Arztes verbunden. Nur ein kleiner Teil dieser Untersuchungen wird vom Facharzt für Humangenetik oder von Ärzten mit der Zusatzbezeichnung „Medizinische Genetik" vorgenommen. Nicht humangenetisch weitergebildete Ärzte lassen die restliche genetische Information erheben und vermitteln die Resultate. Dabei zeigt sich, dass „auch Ärzte, die mit den diagnostischen Details bzw. Rahmenbedingungen molekulargenetischer Analysen nicht näher vertraut sind, Schaden anrichten können"[6]. Diese Situation könnte sich verschärfen, wenn genetische Tests immer häufiger von rein kommerziell ausgerichteten Anbietern durchgeführt würden.

Eine umfassende Analyse des bestehenden Rechts[7] im Hinblick auf genetische Tests ergab, dass solche Testverfahren am Menschen derzeit in Deutschland keinen gesetzlichen Regeln unterliegen, die ein größeres Angebot genetischer Tests auf dem freien Markt verhindern könnten. Falls eine entsprechende Nachfrage[8] zu befriedigen wäre oder sich erzeugen ließe,[9] wird entscheidend

---

[4] Siehe Kapitel 13.

[5] Vgl. DEUTSCHER BUNDESTAG (2000, S. 21 ff.).

[6] DEUTSCHER BUNDESTAG (2000, S. 67)

[7] Siehe BARTRAM et al. (2000, Kap 3.2 und 3.3, insbesondere S. 80f., S. 98 und S. 124f).

[8] Bei einer Umfrage in Deutschland im Herbst 2000 gaben 20% der Beteiligten an, sie würden gern einen Gentest machen lassen, der einem Menschen im Voraus sagen würde, wie groß seine Veranlagung zu bestimmten Krankheiten ist und wie lange er wahrscheinlich leben wird, während 65% so einen Gentest lieber nicht machen lassen würden und 15% unentschieden waren oder keine Angaben machten (NOELLE-NEUMANN & KÖCHER, 2002, S. 880).

[9] Vgl. BAYERTZ et al. (2001, S. 279 f.) und DEUTSCHER BUNDESTAG (2000, S. 25 ff.).

darauf zu achten sein, auf welche Weise dieses Angebot an den potentiellen Nachfrager herangetragen wird und wie darauf reagiert werden wird. Jedenfalls bestehen „Regelungen zur Durchführung genetischer Diagnostik und humangenetischer Beratung zurzeit in Deutschland im Wesentlichen nur in Form von Empfehlungen und Richtlinien der Fachverbände und durch das ärztliche Standesrecht“[10]. Aus diesem Grunde wird in den Ausschüssen des Deutschen Bundestags und in den Ministerien über eine gesetzliche Regelung nachgedacht.

> Die bisher in Deutschland bestehenden standesrechtlichen Regelungen könnten angesichts der Entwicklungsdynamik, die das Feld der Gendiagnostik auszeichnet, der Absicherung und Präzisierung durch ein Gendiagnostikgesetz bedürfen, [...]. (Deutscher Bundestag, 2000, S. 8)

12.1.2 Begriffsklärung

Unter *genetischer Information* sollen alle in der DNS gespeicherten und daraus wieder abrufbaren Inhalte verstanden werden. Darunter fällt nicht nur die lineare Sequenz der DNS, sondern auch der so genannte Karyotyp, der mit dem Ziel bestimmt wird, Anomalien wie etwa Trisomien oder Chromosomentranslokationen zu erkennen. Ein *genetischer Test* ist ein analytisches Verfahren mit dem Zweck, genetische Information über ein Individuum zu gewinnen.[11]

Im Sprachgebrauch der Medizin wird der Begriff „Diagnose“ zur Feststellung einer bereits vorliegenden, manifesten Krankheit verwendet. In Erweiterung dazu muss unter *Diagnostik im Bereich der Humangenetik*, im Folgenden kurz *genetische Diagnose* genannt, nicht nur die Beurteilung des aktuellen Zustandes eines Ratsuchenden verstanden werden, sondern auch die Erfassung der Wahrscheinlichkeit, dass sich genetisch bedingt Symptome erst in Zukunft entwickeln werden.[12] Die *genetische Beratung* hat die Aufgabe, die genetische Diagnose dem Ratsuchenden in ihrer ganzen Reichweite darzulegen. Die Schwierigkeiten einer genetischen Beratung resultieren aus den erwähnten Besonderheiten genetischer Information (Vgl. Abschnitt 12.1). Deswegen zeichnet sich das gegenwärtige humangenetische Beratungskonzept durch eine besonders hohe Intensität aus (Trias Beratung - Test - Beratung).[13]

Die Begriffsklärung soll mit der Unterscheidung der Personen abgeschlossen werden, die genetische Tests in Anspruch nehmen. Als *Informationssu-*

[10] Deutscher Bundestag (2000, S. 40)

[11] Siehe Abschn. 10.3.

[12] Eine ausführliche Beschreibung der Diagnostik im Bereich der Humangenetik kann an dieser Stelle nicht geliefert werden. Vgl. dazu Bartram et al. (2000, Kap. 3.1). Das Forschungsprogramm der Humangenetik ist in Kap. 10 dargestellt.

[13] Siehe Berufsverband Medizinische Genetik (1996) und Schmidtke & Höhn (1996).

chender soll derjenige bezeichnet werden, der über seine genetische Konstitution etwas erfahren möchte. Das kann unabhängig von medizinischen oder krankheitsbezogenen Überlegungen erfolgen. Dagegen soll ein *Ratsuchender* derjenige genannt werden, der bereits irgendein Problem z.B. in Form einer manifesten Krankheit hat oder vermutet, dass er eine genetische Disposition zu einer solchen hat.

12.1.3 Gefahren

Die Gefahren, die mit genetischer Testung verbunden sein können,[14] lassen sich in drei Gruppen einteilen. Erstens können *individuelle Gefahren* entstehen: Das Wissen um eine Krankheitsdisposition, die erst nach vielen Jahren zum ‚fühlbaren' oder ‚erkennbaren' Ausbruch der Krankheit führt, kann während der ‚Wartezeit' bis zum Ausbruch der Krankheit mit erheblichen psychischen Problemen und daraus resultierenden körperlichen Belastungen verbunden sein, erst recht wenn keine Therapie oder Präventionsmaßnahme zur Verfügung steht. Auch das Wissen um eine individuelle Eigenschaft, die durch die Verankerung im Genom einen hohen Endgültigkeitscharakter zu haben scheint, kann zu psychischen Problemen führen. Zweitens bestehen die *gesellschaftlichen Gefahren*, dass Merkmalsträger bestimmter Krankheiten stigmatisiert oder diskriminiert werden, und dass ein wachsender gesellschaftlicher Anspruch auf kollektive Gesundheit dazu führen könnte, die Förderung gewünschter Erbanlagen voranzutreiben und umgekehrt mit Hilfe der Humangenetik die Ausbreitung von Erbkrankheiten zu verhindern (positive und negative Eugenik). Und drittens können *anwendungspraktische Gefahren* relevant sein: Fehler bei der Durchführung oder der Interpretation von Gentests – insbesondere den Wahrscheinlichkeits- und den Endgültigkeitscharakter betreffend – können zu weitreichenden Fehlentscheidungen der Betroffenen führen. Die gleiche Gefahr kann auch aus einer unzureichenden oder fehlerhaften Beratung des Betroffenen entstehen.

12.2 Rahmenbedingungen

12.2.1 Bestehendes Recht

Neue Gesetze, die den Umgang mit genetischen Tests regeln sollen, unterliegen grundrechtlichen Rahmenbedingungen. Erstens wäre wegen der im Grundgesetz zugesicherten Berufsfreiheit eine Berufszulassungsschranke (z.B. ein Arztvorbehalt) nur dann zulässig, wenn sie zum Schutz eines wichtigen Gemeinschaftsgutes (z.B. der Gesundheit der Bevölkerung) geboten (also erforderlich) ist.[15] Zweitens sichert das allgemeine Persönlichkeitsrecht ein Recht auf

[14] Vgl. Bartram et al. (2000, S. 82 f.) und Deutscher Bundestag (2000, S. 9 f.).
[15] Siehe Bartram et al. (2000, S. 120).

die Kenntnis bzw. Unkenntnis der eigenen genetischen Konstitution zu, das nur im Rahmen der Verhältnismäßigkeit durch ein Gesetz beschränkt werden darf.[16] Zuletzt besteht im Falle genetischer Tests keine grundrechtliche Pflicht des Staates, gesetzgeberisch tätig zu werden. Die Gefahren, die durch das Unterlassen einer entsprechenden Regelung entstehen, sind nicht so groß, dass der Gesetzgeber damit seine Schutzpflicht verletzt. Die Einführung neuer gesetzlicher Regeln steht im Ermessen des Gesetzgebers.[17]

12.2.2 Informationelle Selbstbestimmung

Das Grundrecht auf Kenntnis bzw. Unkenntnis der eigenen genetischen Konstitution ist Ausdruck der moralischen Norm, sich Daten und Informationen, die einen selbst betreffen, jederzeit beschaffen bzw. verweigern zu dürfen.[18] Dieses Recht auf informationelle Selbstbestimmung darf nur wegen schwerwiegender Gründe eingeschränkt werden. Dies erfolgt bisher nur, wenn Rechte Dritter tangiert werden oder wenn die Rechtssicherheit bedroht ist. Eine Einschränkung kann insbesondere nicht damit begründet werden, dass die gesuchte Information keinen sinnvollen Nutzen habe, und auch nicht damit, dass sie mit Gefährdungen für den Informationssuchenden verbunden sei. Dass Informationen – wie jedes Wissen – Vorteile und Entlastung, aber auch Nachteile und Belastung mit sich bringen, gehört zu unserem gesellschaftlichen Alltag. Dem mit seinem Selbstbestimmungsrecht ausgerüsteten Bürger[19] muss zugemutet werden, dass er auch belastende Informationen – so er sie freiwillig einfordert – ertragen kann. Sollten für ihn unerträgliche Hürden entstehen, kann er bestenfalls Beistand in Form einer sozial-psychologischen Hilfestellung in Anspruch nehmen. Eine solche Beratung erfordert erhebliche psychologische und sozialpädagogische Fähigkeiten. Sie fällt daher insoweit mit Sicherheit nicht in den Kernbereich der Aufgaben eines Arztes, sofern er nicht eine entsprechende Ausbildung hat. Nur wenn die Weiterbildungsordnung eine spezielle Ausbildung in ethischen und psychologischen Grundlagen vorsieht, wie etwa im Falle von Ärzten mit der Zusatzbezeichnung „Medizinische Genetik" und von Fachärzten für Humangenetik,[20] darf davon ausgegangen werden, dass ein helfendes Beratungsgespräch auch kompetent durchgeführt wird.

12.2.3 Hilfsverpflichtung zur Schadensabwehr

Die Möglichkeit des ärztlichen Standesrechtes, Beschränkungen der Berufsausübung aufzuerlegen,[21] nutzt der Gesetzgeber, indem er bestimmte Tätigkeiten, die bei unsachgemäßer Ausführung zu Schäden für seine Bürger führen

[16] Siehe BARTRAM et al. (2000, S. 80 f.).
[17] Siehe BARTRAM et al. (2000, S. 121 ff.).
[18] Siehe BARTRAM et al. (2000, S. 131 ff.).
[19] Vgl. BECKMANN (1998, S. 148 f.).
[20] Siehe SCHMIDTKE & HÖHN (1996).
[21] Vgl. BARTRAM et al. (2000, S. 158 ff.).

können, Ärzten vorbehält. Nun entsteht einem Informationssuchenden, der einen genetischen Test durchführen lassen möchte, keine unmittelbare Gefahr durch die Entnahme des Analysematerials. In der Regel genügt ein wenig Speichel, ein Tropfen Blut oder Ähnliches. Jeder kann und darf die Entnahme vornehmen. Hohe technische Fähigkeiten werden erst von dem verlangt, der die labortechnische Analyse durchführt. Die entsprechende Ausbildung dazu besitzen z.B. Molekularbiologen oder medizinisch technische Assistenten. Wie auch bei anderen Laboranalysen gibt der Arzt, der normalerweise die benötigten Fähigkeiten nicht besitzt, diese Aufgabe an ein Labor weiter. Durch genetische Testung können für den Informationssuchenden nur Probleme auftreten, die nicht physischen, sondern psychischen Ursprungs sind. Deren Behandlung gehört aber, wie bereits erwähnt (Punkt 12.2.2), nicht zu den Kernaufgaben eines Arztes ohne entsprechende Ausbildung.

Gefahren können allenfalls durch die Besonderheiten entstehen, die bei genetisch testbarem Wissen auftreten, nämlich durch den Wahrscheinlichkeitscharakter, die Prädiktion, die starke individuelle Verbindlichkeit und oftmals das Fehlen von Handlungsoptionen (Therapie oder Prävention). Die bei einer genetischen Analyse erzeugten Daten sind also nicht nur im Hinblick auf ihre bloße Übersetzung von der Labor- in die Alltagssprache, sondern auch im Hinblick auf ihre Aussagekraft stark interpretationsbedürftig. Können durch eine umfassende Beratung die erwähnten Besonderheiten abgeklärt werden, kann Schaden eventuell von vornherein abgewehrt werden. Dies kann sogar so weit führen, dass der Zugang zu genetischen Tests ohne entsprechende Beratung nicht möglich sein darf. Denn bei genetischen Tests, die ein hohes Gefahrenpotenzial bergen, das vom Informationssuchenden nicht ohne weiteres erkannt werden kann, weiß der Informationssuchende ohne entsprechende Beratung in der Regel nicht, ob er das durch einen genetischen Test Wissbare überhaupt wissen will. Seine informationelle Selbstbestimmung kann dann nur dadurch gewährleistet werden, dass er einen genetischen Test ohne entsprechende Aufklärung nicht durchführen darf.[22]

12.3 Drei mögliche Szenarien

Es kann nicht ausgeschlossen werden, dass vermehrt genetische Tests entwickelt werden könnten,[23] die im Gegensatz zu den heutigen Auskunft über Eigenschaften geben, die nicht im Kontext ärztlichen Handelns stehen. Da dies bei Eigenschaften, welche die körperliche Leistungsfähigkeit betreffen, nicht unwahrscheinlich ist, bezieht die vorliegende Untersuchung nicht nur die gegenwärtige Situation, sondern auch zwei weitere, in der Zukunft mögliche

[22] Vgl. Bartram et al. (2000, S. 144 f.).
[23] Vgl. Bartram et al. (2000, S. 24).

Szenarien mit ein.[24] Die folgenden sechs Beispiele genetischer Tests wurden in Punkt 10.3.4 bereits ausführlich vorgestellt.

12.3.1 Szenario SK (Seltene Krankheiten)

Das erste Szenario geht davon aus, dass sich die eingangs beschriebene Situation (Punkt 12.1.1) nicht wesentlich verändern wird. Momentan gibt es hauptsächlich Tests zur Diagnose seltener Krankheiten (Szenario SK), und in diesem Szenario wird davon ausgegangen, dass auch in Zukunft nur solche zur Verfügung stehen werden. Einen genetischen Test gab es im Jahre 1999 für etwa 300 der ca. 10000 Krankheitsbilder, für die genetische Ursachen vermutlich eine Rolle spielen.[25] Erbkrankheiten kommen in der Bevölkerung grundsätzlich selten vor. Um einen Eindruck zu vermitteln, welche und wie unterschiedliche Krankheiten in diesem Szenario vorkommen, mögen folgende zwei Beispiele als Extrema der Bandbreite dienen.

Als Lehrbuchexempel für eine Erbkrankheit, die sich bei Vorliegen des entsprechenden Defekt-Allels mit Sicherheit auch manifestiert, gilt die Chorea Huntington (CH).[26] Diese autosomal-dominante neuro-degenerative Erbkrankheit äußert sich in einer Bandbreite, die von leichten neurologischen Symptomen über schwere motorische Defekte schließlich bis zum Tode durchlaufen wird. Derzeit gibt es keine Therapiemöglichkeiten. Die Suizidrate bei CH-Patienten ist deswegen deutlich erhöht.[27] Mit einem Betroffenen unter 10.000 ist die CH eine sehr seltene Krankheit.

Die Hämochromatose[28] ist eine Krankheit, die in der Bevölkerung sehr selten manifest auftritt. Die hereditäre Variante beruht auf einer vergleichsweise sehr häufigen genetischen Disposition. Denn das assoziierte Defekt-Allel (C282Y-Mutation[29]) kommt mit einer Frequenz der homozygot Betroffenen von ca. 1/200 - 1/400 vor. Damit handelt es sich um eine der häufigsten autosomal rezessiven Erberkrankungen. Allerdings entwickelt nur ein Teil der homozygot Betroffenen die Krankheit. Wie viele dies sind und wie stark die jeweiligen Symptome ausgebildet werden, ist derzeit noch sehr unklar. Bei der Hämochromatose handelt es sich um eine Stoffwechselstörung, in deren Folge es zu einer pathologischen Eisenüberladung in den Gelenken und in spezifischen Organen wie Leber, Herz oder Pankreas kommt, die auf Dauer

---

[24] Bayertz et al. (2001, S. 276 ff.) versuchen ebenfalls abzuschätzen, inwieweit sich das Testangebot erweitern könnte.

[25] Vgl. Berufsverband Medizinische Genetik (1999). Im Juni 2002 finden sich auf der Homepage des Verbandes (www.bvmedgen.de) ca. 400 testbare Krankheitsbilder. Im Jahre 1993 waren es nach Schmidtke (1993) 64.

[26] Vgl. Murken & Cleve (1995).

[27] Siehe Bird (1999).

[28] Vgl. Brissot (2001).

[29] Eine Punktmutation führt zu einem Austausch der Aminosäure Cystein gegen Tyrosin an Position 282.

schwer geschädigt werden. Durch eine frühzeitige Erkennung der Betroffenen können die Folgeschäden wie Herzschwäche, Leberzirrhose, Diabetes und Gelenkschmerzen verhindert werden. Als erfolgreichste Therapieform gelten regelmäßige Aderlässe, durch die das überschüssige Eisen entfernt wird. Ohne Therapie ist die Prognose ungünstig. Die Hämochromatose gilt als aussichtsreicher Kandidat für ein Bevölkerungsscreening.[30]

12.3.2 Szenario HK (Häufige Krankheiten)

Der größere Anteil an genetisch bedingten Krankheiten ist allerdings nicht hereditär wie die Chorea Huntington oder die Hämochromatose, denn genetisch bedingte Krankheiten können zu jedem Zeitpunkt in der Entwicklung eines Lebewesens erworben werden. Vielleicht hat sogar jede Krankheit eine nicht zu vernachlässigende genetisch bedingte Komponente. Meist entwickeln sich Krankheiten in Folge der Interaktion von Umwelteinflüssen und individuellen genetischen Gegebenheiten des jeweiligen Menschen. Im zweiten Szenario soll es deswegen auch solche genetischen Tests geben, mit denen sich Informationen beschaffen lassen, die in der Bevölkerung **häufig** vorkommen und krankheitsrelevant sind (Szenario HK).

Ende des Jahres 1999 wurde ein in Deutschland entwickelter Test vorgestellt, der eine bestimmte genetische Anlage identifiziert, die mit einem erhöhten Risiko zur Ausbildung von Fettsucht (Adipositas) und Bluthochdruck (Hypertonie) verbunden ist.[31] Es handelt sich um eine allelische Variante (825T-Allel[32]) am GNB3-Genort. Die Hypertonie oder die Adipositas können trotz dieser erblichen Komponente nicht als Erbkrankheiten bezeichnet werden, sondern gelten als multifaktorielle polygenetische Erkrankungen. Mit großer Wahrscheinlichkeit gibt es noch weitere Genorte, die an der Entstehung dieser Erkrankungen beteiligt sind. Wie Erbfaktoren und Umwelt zusammenwirken, lässt sich sehr gut an einer Studie erkennen, die bei Schwarzafrikanern durchgeführt wurde. Während im ländlichen Simbabwe keine Assoziation der 825T-Variante mit Fettsucht festgestellt werden konnte, konnte in der Hauptstadt Harare dieser Zusammenhang deutlich bestätigt werden. Erklärbar wird dies durch große Unterschiede in der Lebensgestaltung von Stadt- und Landbevölkerung. Erstere pflegt einen eher westlichen Lebensstil und

---

[30] Siehe McCullen et al. (2002) und Bayertz et al. (2001, S. 280 f.). Im Februar 2001 startete die Kaufmännische Krankenkasse Hannover in Zusammenarbeit mit dem Institut für Humangenetik der Medizinischen Hochschule Hannover einen Modellversuch, bei dem 10.000 Versicherte auf freiwilliger Basis ihr Hämochromatose-Gen untersuchen lassen können. Eine vergleichbare Studie (Beutler et al., 2002) aus den USA mit über 40.000 Teilnehmern ergab allerdings, dass nicht mehr als 1% der Homozygoten eine klinisch manifeste Hämochromatose ausbildeten. Damit wäre ein Bevölkerungscreening volkswirtschaftlich unrentabel.

[31] Siehe Siffert (2000).

[32] An der Stelle Nr. 825 des GNB3-Genorts liegt Thymin statt Cytosin vor.

letztere lebt dagegen weit ursprünglicher. Mangels öffentlicher Verkehrsmittel müssen beispielsweise auch größere Strecken zu Fuß zurückgelegt werden, und die Nahrung besteht vorwiegend aus Maismehl und Gemüse. Dies zeigt, dass in Zusammenhang mit dem 825T-Allel nicht mehr von einer „Krankheit“ gesprochen werden sollte, sondern dass die Bezeichnung „unter Umständen krankheitsrelevant“ angebrachter ist.

Das zweite Beispiel im Szenario HK ist ein Test, der nicht mehr direkt mit einer Krankheit verbunden ist, aber trotzdem krankheitsrelevant ist. Die Aufnahme und Verarbeitung von Arzneistoffen hängt von vielen individuellen Faktoren ab wie z.B. der Konzentration an Medikamenten auf- und abbauenden Enzymen vor allem in der Leber, der Geschwindigkeit, mit der die Niere wasserlösliche Stoffe entsorgt, der Blutmenge oder der Menge an „Entgiftungsmolekülen“ in der Darmwand oder in der Blut-Hirn-Schranke.[33] Die Konzentration letzterer zu ermitteln, vermag der MDR1-Gentest (Multi Drug Resistance)[34]. Mit dem MDR1-Gentest wird die Hoffnung verbunden, die Dosierung bestimmter Medikamente individuell anpassen zu können.

12.3.3 Szenario HE (Häufige Eigenschaften)

Von Genen wird in der Regel unser Gesundsein mitbestimmt und nicht nur unser Kranksein. Bisher ist aber unser Verständnis der komplexen Vorgänge, die eine Umsetzung der genetischen Information in somatische Funktion bewirken, noch äußerst gering.[35] Deswegen gibt es praktisch noch keinen Gentest, der eine bestimmte menschliche Eigenschaft voraussagt, die nicht in einem Zusammenhang mit einer Krankheit steht. Trotzdem kann nicht ausgeschlossen werden, dass es einmal Gentests zur Ermittlung von in der Bevölkerung häufig auftretenden Eigenschaften (Szenario HE) geben könnte. Bei den beiden folgenden Beispielen lässt sich diese Tendenz deutlich erkennen.

Am Institute of Health Science in Oxford haben Wissenschaftler untersucht, ob das Suchtverhalten von Rauchern eine genetisch bedingte Komponente hat.[36] Dabei konnten zwei Genorte ausfindig gemacht werden, die mit der Geschwindigkeit des Nikotinabbaus assoziiert sind. Mit einem genetischen Test könnte ermittelt werden, ob für das Suchtverhalten eines bestimmten Rauchers eher diese rein körperlichen Komponenten mitverantwortlich zu machen sind oder vornehmlich andere Komponenten wie z.B. psychische. Um mit dem eigenen Suchtverhalten bewusster umgehen oder sich sogar das Rauchen abgewöhnen zu können, wären solche Informationen sehr hilfreich.

Das zweite Beispiel ist ein Test, der bereits von einer Biotechnologie-Firma angeboten wird und in den USA und Spanien bei der In-Vitro-Fertilisation eingesetzt wurde. Getestet wird das genetisch bedingte Risiko für eine so niedrige

[33] MEISEL et al. (2000).
[34] BRINKMANN et al. (2001)
[35] Siehe dazu Kap. 9.
[36] Vgl. WALTON et al. (2001).

Intelligenz, dass von einer kognitiven Behinderung die Rede sein muss. Der Deutlichkeit halber sei darauf hingewiesen, dass dieser Test nicht die Möglichkeit bietet, Aussagen über die Intelligenz einer Person in ihren mannigfachen Facetten[37] zu treffen, sondern nur über einen besonders gravierenden Verlust kognitiver Fähigkeiten. Untersucht werden die Gene, die sich in der Nähe der Telomere befinden.[38] Diese so genannten subtelomeren Gene werden für das Auftreten von vergleichsweise leichten Lernbehinderungen bis hin zu schweren geistigen Behinderungen verantwortlich gemacht.[39] Mit dem Test können nur ca. 10% der Lern- und geistig Behinderten identifiziert werden. Dies zeigt, dass subtelomere Sequenzen nur eine von vielen Quellen für kognitive Schwächen sind. Nur extreme Defekte können detektiert werden, und selbst diese derzeit nicht mit großer Effizienz.

12.4 Testdifferenzierender Regelungsvorschlag

12.4.1 Grundidee: Klassifikation der Krankheitsrelevanz von Tests

Der testdifferenzierende Vorschlag setzt als Kriterium, ob ein genetischer Test unter Arztvorbehalt stehen soll oder nicht, die Krankheitsrelevanz desselben fest. Die Regelung bezieht sich auf das Heilpraktikergesetz (HPG), unter das eine Tätigkeit nur dann fällt, wenn es sich um eine Behandlung einer Krankheit, eines Körperschadens oder eines Leidens handelt, von der nennenswerte Gefahren ausgehen und zu deren Ausübung spezifisch ärztliche Kenntnisse nötig sind. Da der Erlaubnisvorbehalt des HPG nicht weitreichend genug ist, wird an seine Stelle ein Arztvorbehalt gesetzt. Obwohl auch Ärzte ohne die entsprechende Weiterbildung nicht im Besitz des notwendigen genetischen Wissens sind, belässt es der testdifferenzierende Vorschlag bei der Einführung eines Arztvorbehaltes mit folgendem Verweis:

> Aufgabe der Ärzteschaft ist es, innerhalb ihres Bereichs ergänzend und konkretisierend für eine adäquate Spezialisierung wie auch für eine angemessene interdisziplinäre Zusammenarbeit zu sorgen. Zugleich hat sie für eine ausreichende Qualitätssicherung Sorge zu tragen. (Bartram et al., 2000, S. 161)

12.4.2 Praktische Umsetzung

Zur praktischen Umsetzung der skizzierten Idee wurde Folgendes festgestellt:

---

[37] Erbliche Komponenten kognitiver Fähigkeiten werden bsw. in Plomin & DeFries (1999) diskutiert.

[38] Knight et al. (2000).

[39] Knight & Flint (2000).

Da das durch genetische Tests erworbene Wissen für den Betroffenen bei generalisierender und typisierender Betrachtung nennenswerte Gesundheitsgefahren vor allem insoweit verursachen kann, als es um die Prävention, Diagnose und Therapie genetisch bedingter Krankheiten, Körperschäden oder Leiden geht, und da die Interpretation der Testergebnisse in diesem Bereich (einschließlich insbesondere der Beantwortung der Frage nach aktuell oder zukünftig bestehenden Handlungsoptionen) spezifische *ärztliche* Kenntnisse voraussetzt, sollte der Gesetzgeber insoweit einen Arztvorbehalt einführen. Dieser könnte wie folgt formuliert werden:
Tests, die es ermöglichen oder mit der Zielsetzung angeboten werden, genetisch bedingte Krankheiten, Körperschäden oder Leiden vorherzusagen oder bei einer Person entweder das Vorhandensein eines für eine Krankheit, einen Körperschaden oder ein Leiden verantwortlichen Gens festzustellen oder eine genetische Prädisposition oder Anfälligkeit für eine Krankheit, einen Körperschaden oder ein Leiden zu erkennen (Maßnahmen genetischer Diagnostik), dürfen zu personenbezogenen prophylaktischen, diagnostischen oder therapeutischen Zwecken berufs- oder gewerbsmäßig nur von einem Arzt veranlasst, interpretiert und von den Ergebnissen her vermittelt werden. (BARTRAM et al., 2000, S. 160 f.)

12.4.3 Abschätzung der Steuerwirkung

Auswirkung im Szenario SK

Im Falle von seltenen Krankheiten werden mit dem testdifferenzierenden Vorschlag die Gefahren im Wesentlichen beherrscht. Die damit verbundenen Einschränkungen des Grundrechts auf die Kenntnis des eigenen Genoms und des Grundrechts der Berufsfreiheit können dadurch begründet werden, dass im Szenario SK alle genetischen Tests strikt mit Krankheiten verbunden und daher nach allgemeinem Verständnis im Kontext ärztlichen Handelns anzusiedeln sind. Es gehört zur gängigen und gesellschaftlich akzeptierten Praxis der Grundrechtsauslegung, dass mit Krankheiten zusammenhängende Tätigkeiten nur von bestimmten Berufsgruppen durchgeführt werden dürfen, und dass Informationen über einen selbst, die in direktem Bezug zu einer Krankheit stehen, vom entsprechenden Fachmann einzuholen sind. Damit ist die Hilfsverpflichtung zur Schadensabwehr, wie sie beispielsweise bei der Chorea Huntington vorliegt, erfüllt. Im Vergleich zur CH ist die Hämochromatose bezüglich der genetischen Diagnose (Vgl. Punkt 12.1.2) eine weniger gravierende Krankheit. Denn zum einen ist mit dem homozygoten Vorliegen des Defekt-Allels nicht der sichere Ausbruch der Krankheit verbunden, zum anderen gibt es eine effektive Therapie. Hier kann die Minderung der informationellen Selbstbestimmung nur deswegen hingenommen werden, weil die

Hämochromatose immer im Zusammenhang mit einer ärztlichen Behandlung steht.

Die individuellen und die gesellschaftlichen Gefahren können durch die Regelung weitgehend beseitigt werden, solange davon ausgegangen werden kann, dass das ärztliche Ethos und die ärztliche Hilfsverpflichtung Bestand haben und dass es die Ärzteschaft versteht, zur Durchsetzung dieser Normen auch die adäquaten Mittel zu verwenden. Bei den anwendungspraktischen Gefahren zeigt sich allerdings, dass die Standesorganisationen der Ärzte noch keinen Weg gefunden haben, so mit den durch genetische Tests neu entstandenen Schwierigkeiten umzugehen, dass alle Beteiligten diesen Weg für gangbar halten. Die Probleme in der täglichen Praxis der Humangenetiker resultieren vielfach gerade daraus, dass verunsicherte Patienten von Ärzten ohne spezifische Zusatzqualifikation nicht adäquat beraten wurden oder bereits nicht aussagekräftige Tests durchführen ließen.

> Gerade hier (bei den Beratungskapazitäten und der Qualitätssicherung) zeigt sich, dass die standesrechtliche Selbstregulierung eines sich so dynamisch entwickelnden Feldes wie der Gendiagnostik hinsichtlich der Vermeidung von Fehlentwicklungen überfordert sein könnte. (Deutscher Bundestag, 2000, S. 60)

Ein Arztvorbehalt in Form der testdifferenzierenden Lösung würde aber gerade dieses Problem in keiner Weise lösen.

Auswirkung im Szenario HK

Im Szenario HK weist der Test auf das Vorliegen des 825T-Allels, das mit Hypertonie und Adipositas in Verbindung gebracht wird, auf Schwierigkeiten des testdifferenzierenden Vorschlags in aller Deutlichkeit hin. Angenommen ein Informationssuchender möchte in früher Jugend ermitteln, ob er eine genetisch bedingte Veranlagung zur Ausprägung der genannten Form von Fettleibigkeit im Erwachsenenalter besitze, etwa um seine Ernährungsgewohnheiten und körperlichen Aktivitäten frühzeitig planen und so einrichten zu können, dass er der zu erwartenden Entwicklung so gut wie möglich entgegensteuern könne. Eventuelle Konsequenzen, die sich aus der gesuchten Information ergäben, seien Teil seiner persönlichen Entwicklung innerhalb seiner freien Lebensgestaltung und nicht spezifisch auf die Diagnose oder Therapie einer Krankheit abzielende Maßnahmen. Ein Arzt könnte argumentieren, Fettsucht sei eine Krankheit, und die damit verbundenen Folgeerscheinungen und Handlungsoptionen seien eindeutig krankheitsrelevant. Der Betroffene könne sich mit selbst-geplanten Maßnahmen zur Vermeidung der Fettleibigkeit ernsthaften Schaden zufügen, und zum Schutz vor diesen Gefährdungen müsse die Vermittlung der Resultate in ein obligatorisches ärztliches Beratungskonzept eingebettet werden.

Mit dem Beispiel soll die zentrale Unzulänglichkeit des testdifferenzierenden Vorschlags verdeutlicht werden, die darauf beruht, dass es für die verwendeten Schlüsselbegriffe „Krankheit", „Körperschaden" oder „Leiden" keine universell akzeptierten Definitionen gibt.[40] Auf dieses Problem wird im abschließenden Memorandum der Projektgruppe Humangenetik auch eingegangen:

> Voraussetzung für die Einführung eines solchen Arztvorbehaltes ist allerdings, dass die Gesellschaft auch weiterhin bereit ist, der Medizin die Aufgabe zu überlassen, selbst zu bestimmen, was Krankheit ist und welche Maßnahmen dagegen zu ergreifen sind; immerhin sei darauf hingewiesen, dass diese Autonomie der Medizin nicht selten in Frage gestellt wird. (Bartram et al., 2000, S. 158)

Dagegen muss jeder jederzeit das Selbstbestimmungsrecht des Menschen akzeptieren, so dass wegen der notwendigen Gewährleistung der informationellen Selbstbestimmung dieses gravierende Problem des testdifferenzierenden Lösungsvorschlags betont werden muss: Im Szenario HK könnten Konfliktfälle entstehen, bei denen nach heutigem Verständnis die Mediziner definieren dürften, was eine Krankheit ist und wann ‚nennenswerte' Gefahren mit ihr verbunden sind. Der Betroffene hingegen hat diese Entscheidung hinzunehmen, auch wenn er subjektiv die zu testende Eigenschaft in keiner Weise als Krankheit empfindet. Sollte der umgekehrte Fall eintreten, dass die Gefahren der genannten Tests als ‚nicht nennenswert' eingestuft werden, wären diese Tests ohne jede Regulierung zugänglich. Anscheinend vermag die testdifferenzierende Lösung im Szenario HK die gesuchte Trennlinie zwischen „frei zugänglich" und „nur mit Beratung" nicht ausreichend scharf zu ziehen, und im folgenden Szenario HE scheint sie die Trennschärfe sogar ganz zu verlieren.[41]

Auswirkung im Szenario HE

Genetische Tests, die menschliche Eigenschaften und keine Krankheiten erfassen, stehen beim testdifferenzierenden Lösungsvorschlag nicht unter Arztvorbehalt. Deshalb entstehen zumindest keine Konflikte mit bestehendem Recht. Die beiden oben für dieses Szenario HE aufgeführten Beispiele, also der Test auf Eigenschaften, die für das Suchtverhalten von Rauchern eine Rolle spielen, und der Test auf kognitive Behinderungen sind damit frei zugänglich. Dies ist bei ersterem Test auch vernünftig, denn es muss in der vollen Entscheidungsfreiheit des Informationssuchenden bleiben, welche Konsequenzen er aus dem Testergebnis zieht. Beim Test auf kognitive Behinderungen ergeben sich jedoch problematische Konsequenzen. So wäre beispielsweise eine pränatale Diagnostik außerhalb eines ärztlichen Beratungskonzeptes möglich, falls die Entnahme des fetalen Probenmaterials keinen ärztlichen Eingriff erfordert. Die Entwicklung solcher nicht-invasiven Methoden zur pränatalen Diagnostik

---

[40] Vgl. Lanzerath & Honnefelder (1999) und Wieland (1995). Zum Umgang mit dem Begriff „Krankheit" siehe auch Abschn. 10.1.

[41] Vgl. Bayertz et al. (2001, S. 295 f.).

– erste Schritte in diese Richtung gibt es[42] – würde allerdings bedeuteten, dass ein pränatales Screening von leichten Lernbehinderungen bis zu schweren geistigen Behinderungen ohne jede Beschränkung durchführbar wäre.

12.5 Kontextdifferenzierender Regelungsvorschlag

12.5.1 Grundidee: Trennung von Information und Diagnose

Die zweite Idee beruht darauf, dass ein befriedigendes Kriterium dann gefunden wäre, wenn es mit ihm gelänge, Informationssuchende und Ratsuchende sowie Informationen und Diagnosen voneinander zu trennen. Bei dem im Folgenden als kontextdifferenzierend bezeichneten Vorschlag werden genetische Informationen kontextabhängig unterschieden. Der Erwerb von genetischer Information über sich selbst steht nicht in einem medizinischen Kontext, sondern ist Bestandteil eines Informationsbeschaffungsprozesses, der nicht unter Arztvorbehalt stehen kann. Die Verwertung der genetischen Information zu Diagnose- und Therapiezwecken hingegen steht immer in einem medizinischen Kontext und sollte Ärzten vorbehalten sein.

12.5.2 Praktische Umsetzung

Im kontextdifferenzierenden Lösungsansatz soll die Entscheidung, ob ein von einer Person gewünschter Test wirklich durchgeführt wird oder nicht, generell in allen Fällen von speziell zugelassenen Institutionen gefällt werden dürfen. Demnach sollen nicht nur medizinische Institute oder niedergelassene Humangenetiker, sondern auch andere Institutionen eine Zulassung erwerben können, genetische Tests allein auf Wunsch des Betroffenen, auf seine Kosten und ausschließlich an seinem eigenen Erbmaterial durchführen zu dürfen. Ähnlich wie beim HPG[43] soll mit der Zulassung eine „Unbedenklichkeitsbescheinigung" verbunden sein, zu deren Erwerb nachgewiesen werden muss, dass sich der Anbieter in Kenntnis der mit genetischen Tests verbundenen potentiellen Gefahren befindet.

Veräußert werden dürfen demnach nur eine DNS Sequenz oder ein karyotypischer Befund und eine Erläuterung dazu, nicht aber Stammbaumanalyse, Anamnese, Erstellung eines körperlichen Befundes, Diagnose einer

---

[42] Holzgreve et al. (2001).

[43] Nach §1 HPG bedarf derjenige, der die Heilkunde, ohne als Arzt bestallt zu sein, ausüben will, dazu der Erlaubnis. Nach herrschender Rechtsprechung liegt Heilkundeausübung dann vor, wenn die Tätigkeit nach allgemeiner Auffassung medizinische Fachkenntnisse voraussetzt und zugleich gesundheitliche Schädigungen verursachen kann. Zum Erwerb der Erlaubnis verlangt das HPG keinen „Befähigungsnachweis", der vom Heilpraktiker erbracht werden muss, sondern sieht nur eine „Unbedenklichkeitsbescheinigung" vor, die erkennen lässt, dass sich der Heiler der Grenzen und Gefahren seiner Praktiken bewusst ist (Bartram et al., 2000, S. 109 und S. 124).

Krankheit oder einer Krankheitsdisposition und Aufzeigen vorhandener Therapiemöglichkeiten – sämtlich Teile einer humangenetischen Beratung. Solche Leistungen verlangen spezifische ärztliche Kenntnisse. Hier aber sind nur die Erhebung und Erklärung des Grundbefundes über den Zustand des Erbmaterials gemeint, und diese können in der Tat von qualifiziertem, nicht ärztlichem Personal geleistet werden. Nur für diesen Typ von Information soll dem Informationssuchenden der freie Zugang und möglichen Anbietern per Zulassung der Verkauf zugesprochen werden. Sollte der Informationssuchende eine Diagnose wünschen, so muss die Institution ihn an den entsprechenden Facharzt verweisen. Auf diese Weise steht das eigentlich potentiell Gefahrenträchtige und damit Schutzbedürftige, nämlich die Diagnose, unter dem Arztvorbehalt. Der gerade vorgestellte Vorschlag müsste im Detail noch juristisch ausformuliert werden, was nicht Aufgabe dieser Darstellung ist. Grundsätzlich liegt bei dieser Regelung viel Verantwortung bei dem Informationssuchenden selbst sowie bei den Mitarbeitern der Institutionen. Dies kann aber im Hinblick auf Aufklärung und informationelle Selbstbestimmung für eine wünschenswerte Entwicklung gehalten werden.

12.5.3 Abschätzung der Steuerwirkung

Dadurch, dass allein der Wunsch des Betroffenen notwendig und ausreichend für die Veranlassung eines genetischen Tests ist, wird die informationelle Autonomie des Einzelnen im höchst möglichen Maße manifestiert. Der Eingriff in die Berufsfreiheit derjenigen, die genetische Tests durchführen wollen, ist geringer als beim Arztvorbehalt gemäß des testdifferenzierenden Vorschlags. Da die Kosten für eine Testung der Informationssuchende selbst zu tragen hat, bleibt dem Staat die Möglichkeit, über eine Kostenübernahme bestimmter Tests durch die Krankenkassen steuernd einzuwirken, ohne die informationelle Selbstbestimmung zu beeinträchtigen. Die Regelung, dass Untersuchungen nur am eigenen Erbmaterial durchgeführt werden dürfen, bedeutet insbesondere, dass eine Schwangere keinen Test an der DNS ihres Ungeborenen durchführen lassen darf, da es sich nicht um ihr eigenes Erbmaterial handelt. Auch Arbeitgeber und Versicherer können keine Tests an Dritten veranlassen.

Da alle Institutionen, also medizinische Institute, niedergelassene Ärzte und privatwirtschaftliche Unternehmen, gleichermaßen eine Zulassung zur Testung erwerben müssen, kann auf diese Weise lückenlos die labortechnische Qualität gesichert werden. Sollte es bei einem Anbieter trotz der „Unbedenklichkeitsbescheinigung" dennoch vorkommen, dass Klienten Gefahren ausgesetzt werden, die aus einer nicht zulässigen Vermittlung und Interpretation der Daten, aus einer Beratung und einer Diskussion von Handlungs- und Behandlungskonzepten oder Ähnlichem resultieren, so kann die Zulassung diesem Anbieter wieder entzogen werden. Der kontextdifferenzierende Vorschlag bietet den Vorteil, dass alle möglichen Anbieter genetischer Tests, also Biotechnologie-Unternehmen und Fachärzte für Humangenetik, aber auch andere Ärzte, gleichermaßen von der Regelung erfasst werden.

Auswirkung im Szenario SK

Bei der Abschätzung der Steuerwirkung im Szenario SK wird darauf zu achten sein, ob sich mit Hilfe des kontextdifferenzierenden Vorschlags die individuellen Gefahren (Punkt 12.2.1) in akzeptabler Weise beherrschen lassen und ob die Hilfsverpflichtung zur Schadensabwehr (Punkt 12.2.3), die bei Tests auf gravierende Erbkrankheiten vorhanden ist, adäquat erfüllt wird. Zur Verdeutlichung entsprechender Befürchtungen betrachten wir das Beispiel der Chorea Huntington (CH). Angenommen, ein Informationssuchender käme zu einem autorisierten Unternehmen und verlangte die Durchführung dieses Tests für seine eigene Person. Das Unternehmen würde ihm pflichtgemäß mitteilen, dass der von ihm nachgefragte Test zu äußerst problematischen Informationen führen könnte, dass die Chorea Huntington eine schwere Krankheit ist und dass die Analyse besser im Kontext einer ärztlichen Beratung durchgeführt werden sollte. Wenn der Klient trotz der Warnungen diesen Test bei dem autorisierten Unternehmen durchführen lassen möchte, wäre dies nach dem kontextdifferenzierenden Vorschlag rechtlich möglich. Nehmen wir nun an, das Resultat lautet: „Sie haben 53 Wiederholungen des Glutamintripletts im *Huntingtin*-Gen an der kritischen Stelle“. Nur diese Information wird dem Klienten ausgehändigt, aber keine darüber hinausgehende Verwertung und Beratung. Jeder Informationssuchende, der sich aus öffentlich zugänglichen Informationsquellen das Wissen erwirbt, dass sich bei Individuen mit mehr als 40 Wiederholungen im *Huntingtin*-Gen irgendwann die Krankheit Chorea Huntington manifestieren wird, kann sich nun selbst eine Diagnose stellen. Dies ist eine Schwachstelle dieses Vorschlags, weil aus guten Gründen die genetische Diagnose unter einem Arztvorbehalt stehen sollte. Der Informationssuchende wird zum Ratsuchenden und sollte mit dem Befund nicht sich selbst überlassen werden, sondern zur Vermeidung größeren Schadens umgehend kompetente ärztliche Beratung erhalten.

Allerdings ist nicht zu erwarten, dass ein Informationssuchender trotz intensiver vorheriger Warnung und Verweis an den Facharzt darauf besteht, sich die genetische Information von dem Unternehmen zu beschaffen, ohne vorher eine humangenetische Beratungsstelle besucht zu haben. Aus welchem Grund sollte er jeden Kontakt, wenn er auch noch angeraten wird, mit dem etablierten medizinischen System ablehnen? Erst recht wird er sich von dem Besuch einer Beratungsstelle überzeugen lassen, wenn ihn der Anbieter darauf hinweisen kann, dass nach einer Beratung gegebenenfalls eine Kostenübernahme durch die Krankenkassen erfolgen kann. Sicherlich liegt es auch im Interesse privatwirtschaftlicher Anbieter, sich nicht völlig vom etablierten Gesundheitssystem abzukoppeln, zum einen eben wegen einer möglichen Kostenübernahme, zum anderen aber auch wegen des Zugangs zu einer interessierten Klientel, der insbesondere im Szenario SK, aber auch im Szenario HK, über den behandelnden Arzt gewährleistet sein wird.[44] Deswegen bewältigt der kontextdifferenzierende Lösungsvorschlag auch die individuellen Gefahren der weni-

[44] Vgl. DEUTSCHER BUNDESTAG (2000, S. 29).

gen gravierenden Erbkrankheiten noch ausreichend, da die Unternehmen zur Aufklärung über Gefahren nicht nur verpflichtet sind, sondern dieser Pflicht auch nachkommen werden, und zwar schon allein aus eigenem wirtschaftlichen Interesse. Bei einem unreflektierten Umgang mit dem Test auf Chorea Huntington würden die Unternehmen Gefahr laufen, Schadenersatzforderungen erfüllen zu müssen und ihre Unbedenklichkeitsbescheinigung zu verlieren. Die in unserer sozialen Marktwirtschaft gängigen Instrumente des Verbraucherschutzes sollten auch für das Konsumgut „Genetischer Test" greifen.

Beim zweiten Beispiel des Szenarios SK, dem Test auf Hämochromatose, wäre für einen Informationssuchenden z.B. folgender Befund zugänglich: „Es liegt an beiden Allelen die C282Y-Mutation vor. Diese Gen-Konstellation kann medizinisch relevant sein. Für genauere Informationen suchen Sie bitte einen Humangenetiker auf". Nun kann es zwei Gründe geben, warum ein Klient sich diese Information beschafft hat. Zum einen – und das wird der häufigere Fall sein – kann er bereits in ärztlicher Beratung sein. Dann wird er mit seinem Befund zu seinem Arzt gehen. Zum anderen könnte er selbst auf die Idee gekommen sein, sich auf Hämochromatose testen zu lassen und dies auch zu bezahlen. Wenn dem so ist, muss diese Motivation einer vorherigen Information entspringen. Es muss also davon ausgegangen werden, dass der Informationssuchende sich so weit unterrichtet hat, dass seine autonome Entscheidung gewährleistet ist und keine Hilfsverpflichtung zur Schadensabwehr besteht.

Auch wenn beim kontextdifferenzierenden Vorschlag die Trennung von Information und Diagnose bei manchen Tests eine Gratwanderung ist, sind trotzdem die erläuterten Hürden und Steuerungsmöglichkeiten eingebaut, die einen Betroffenen noch ausreichend schützen könnten. Zusätzlich könnten in standardisierter Weise die ausgegebenen Befunde obligatorisch mit einem klar sichtbaren Hinweis folgenden Inhalts gekennzeichnet werden: „Resultate genetischer Tests sind stark interpretationsbedürftig. Zu Gefahren und eventuellen Konsequenzen konsultieren sie einen Facharzt für Humangenetik oder eine humangenetische Beratungsstelle." Dieser Begleittext müsste wie bei Arzneimitteln zudem Bestandteil jeder Werbung werden und würde somit einen aufklärenden Beitrag leisten.

Auswirkung im Szenario HK

Bereits im Szenario HK scheint das Gefahrenpotential grundsätzlich nicht mehr so groß zu sein, dass der Hinweis auf eventuelle Gefahren und Konsequenzen in Verbindung mit einer fortschreitenden Aufklärung der Bürger über genetische Tests als Schutz nicht ausreichen würde. Vielmehr wird die gewonnene Information in keiner Weise gefahrenträchtiger sein als andere Informationen, die frei zugänglich sind. In der Apotheke den Blutdruck messen zu lassen, erzeugt für den Betroffenen konkretes Wissen um seinen Gesundheitszustand. Dagegen verrät ihm der genetische Test am GNB3-Genort, der mit Bluthochdruck assoziiert sein kann, lediglich, dass er eine Disposition für etwas hat. Wenn die Information „Sie haben hohen Blutdruck“ ohne ärztliches Beratungsgespräch frei zugänglich ist, lässt sich schwer begründen, dass die Information „Sie werden vielleicht später einmal hohen Blutdruck haben“ mit einer Beratung verbunden sein soll.

Zudem wurde in einer Studie[45] festgestellt, dass Mütter, die das mit Fettsucht assoziierte 825T-Allel tragen, Schwierigkeiten haben, nach der Schwangerschaft ihr Gewicht wieder auf das vorige Niveau zurückzuführen. Somit erfährt ein und derselbe Gentest eine weitere Anwendung. Eine werdende Mutter könnte in Kenntnis dieser Veranlagung ihren Lebensstil entsprechend einrichten. Eine Schwangerschaft ist mit Sicherheit keine Krankheit, obwohl jede Schwangere aus Vorsorge medizinisch betreut wird. Diese Betreuung steht zum einen im Kontext ärztlichen Handelns, zum anderen ist sie Aufgabe von Hebammen. Wenn die werdende Mutter ihr Verhalten nicht allein, sondern lieber in Abstimmung mit einem Fachmann planen möchte, wäre womöglich nicht nur der Arzt gefragt, sondern auch die Hebamme. Hier wird der Gegensatz zum testdifferenzierenden Vorschlag deutlich, der einen bestimmten Test unter Arztvorbehalt stellt oder nicht, und zwar unabhängig vom Kontext, in dem er verwendet werden soll. Da beim kontextdifferenzierenden Vorschlag eben gerade Zwecksetzungen unterschieden werden, bewirkt er offensichtlich beim 825T-Allel eine sinnvolle Differenzierung.

Beim MDR1-Gentest besteht höchstens die Möglichkeit, dass jemand in Kenntnis des Testergebnisses sein Verhalten bezüglich der Einnahme von Medikamenten derart drastisch verändern würde, dass er ernsthaften Gefahren ausgesetzt wäre. Dies ist unwahrscheinlich, und zudem verhindert das Arzneimittelgesetz bereits einen Zugang zu Medikamenten, die ein Gefahrenpotential bergen. Spekulierend könnte sich in Zukunft bei einer vermehrten Etablierung solcher Gentests das Szenario durchsetzen, dass der Patient über die Informationen verfügt und diese dann dem jeweiligen Arzt für diagnostische und therapeutische Zwecke weitergibt.[46] Dies ist offensichtlich das normale Verfahren im Umgang mit Informationen über einen selbst, die man zu seinem eigenen Nutzen anderen mitteilt. Für das Szenario krankheitsrelevanter genetischer Informationen, die häufig in der Gesellschaft vorkommen, illustrieren die beiden Beispiele, dass mit diesem Typ von Information kein sonderlich großer Spielraum für gefährliche Handlungen eines Betroffenen gegeben ist. Dies liegt daran, dass der Wahrscheinlichkeitscharakter bei genetischen Aussagen, die einen größeren Bevölkerungsanteil betreffen können, grundsätzlich stärker als bei seltenen Krankheiten zu sein scheint. Dadurch sind solche Informationen für ein Individuum weniger endgültig. Zudem sind mit diesen Tests assoziierte Krankheiten oder krankheitsrelevante Eigenschaften von Umwelteinflüssen und Verhalten abhängig. Für einen Betroffenen ergeben sich dadurch zumeist Handlungsoptionen, die er in Kenntnis seiner genetischen Konstitution gezielt wahrnehmen kann. Eine Hilfsverpflichtung zur Schadensabwehr scheint

[45] GUTERSOHN et al. (2000).
[46] MEISEL et al. (2000).

deshalb in diesem Szenario der häufigen krankheitsrelevanten Informationen grundsätzlich nicht zu entstehen.

Auswirkung im Szenario HE

Beim Test auf kognitive Behinderungen treten wiederum Vorteile des kontextdifferenzierenden Vorschlags zutage. Während beim testdifferenzierenden Vorschlag dieser Test frei verfügbar wäre, würde er beim kontextdifferenzierenden denselben Auflagen unterliegen wie jeder andere Test zur Beschaffung von genetischer Information auch, d.h. insbesondere ist es den Instituten nicht erlaubt, genetische Tests an Probenmaterial Dritter durchzuführen, dessen Herkunft womöglich auch noch unbekannt ist. Damit ist es unmöglich, dass Dritte einen schwer geistig Behinderten testen lassen, außer der Dritte verfügt über eine Vormundschaft oder ist erziehungsberechtigt. Echtes Interesse an diesem Test werden ohnehin nicht die Betroffenen selbst, sondern deren Psychologen haben. Deren Aufgabe ist es nämlich, die kognitive Behinderung einzuordnen, um beispielsweise die weitere Schullaufbahn richtig zu planen. Hier könnte ein solcher Test hilfreich sein.

12.6 Ergebnis

Durch die Abwägung in den Szenarien scheint sich herauszukristallisieren, dass die beiden Vorschläge bei der heute zur Verfügung stehenden Testpalette, die im Wesentlichen dem Szenario seltener Krankheiten entspricht, gleichwertig sind, wobei der testdifferenzierende Vorschlag Mängel bei den anwendungspraktischen und der kontextdifferenzierende bei den individuellen Gefahren offenbart. In den beiden anderen Szenarien, die eine mögliche zukünftige Entwicklung widerspiegeln, ist der kontextdifferenzierende Vorschlag deutlich überlegen.

Beim heutigen Stand der Entwicklung genetischer Tests scheint es grundsätzlich noch nicht notwendig, dass der Gesetzgeber eingreift. Weder Angebot noch Nachfrage für genetische Information außerhalb ärztlicher Institutionen sind momentan in nennenswertem Maße vorhanden. Die naturwissenschaftlichen Grundlagen der prädiktiven Genetik lassen vermuten,[47] dass es zumindest mittelfristig nicht in größerem Umfang genetische Tests außerhalb eines medizinischen Kontextes geben wird, die für größere Bevölkerungsteile Relevantes mit ausreichender Zuverlässigkeit vorhersagen. Grundsätzlich scheint es zudem so zu sein, dass mit der Häufigkeit des Auftretens einer Eigenschaft – krankheitsrelevant oder nicht – der Wahrscheinlichkeitscharakter der genetischen Prognosen zunimmt. Dennoch deuten die angeführten Beispiele der zukünftigen Szenarien HK und HE an, dass es durchaus vermehrt Eigenschaften geben könnte, die sich mit brauchbarer Genauigkeit prognostizieren lassen.

[47] Vgl. Fey & Seel (2000).

Auf eine derartige zukünftige Entwicklung sollte man gefasst und vorbereitet sein, um adäquat darauf reagieren zu können. Für den Fall, dass solche Tests in größerer Zahl entwickelt werden, würde die kontextdifferenzierende Regelung vorzuziehen sein. Durch die Beschränkung mit Hilfe der „Unbedenklichkeitsbescheinigung“ erweist sie sich auch in der aktuellen Situation (Szenario SK) als ausreichendes Regulierungsinstrument und ist weit anpassungsfähiger, falls zukünftige Tests den Kontext ärztlichen Handels verlassen sollten.

Diese Sichtweise wird sicherlich nicht von allen Seiten geteilt, da der kontextdifferenzierende Vorschlag einen zu großen Teil der Verantwortung, nämlich die Entscheidung über die Veranlassung aller genetischen Tests, aus den Händen der Ärzte nimmt und sie in die Hände der betroffenen Rat- und Informationssuchenden legt. Die Betroffenen können bei Unternehmen, die dem ärztlichen Ethos nicht verpflichtet sind, genetische Informationen über sich selbst erwerben. Zudem kann argumentiert werden, dass die Trennung zwischen reiner Information und deren Verwertung in der Praxis nicht voll befriedigend durchführbar sei. Diese Einwände könnten berechtigt sein, und daher besteht der Bedarf, den kontextdifferenzierenden Vorschlag weiter zu diskutieren. Grundsätzlich aber sind die aus dieser Lösung entstehenden Probleme nicht größer als die aus dem testdifferenzierenden Lösungsvorschlag resultierenden Probleme, die kritisch von der Verwendung unzureichend definierter Schlüsselbegriffe abhängen. Angesichts der Einschränkung der Grundrechte und der informationellen Selbstbestimmung im Szenario HK und der unzureichenden Beseitigung der Gefahren im Szenario HE ist es im Gegenteil eher so, dass die aus dem testdifferenzierenden Vorschlag resultierenden Unzulänglichkeiten bei Einbeziehung zukünftiger Entwicklungen größer sind. Damit bleibt als erstes Ergebnis festzuhalten: *Es erweist sich als äußerst schwierig, einen Vorschlag auszuarbeiten, der die gesamte Palette genetischer Tests – heutige und in Zukunft zu erwartende – in vollständig befriedigender Weise zu reglementieren vermag.*

Das Hauptkriterium in der Debatte, ob die Einführung eines Arztvorbehaltes – in welcher Form auch immer – geboten sei oder nicht, war der Schutz des Bürgers vor Gefahren. Zusätzlich ist aber zu bedenken, dass die Entwicklung neuer Möglichkeiten in der Humangenetik ebenso ein schützenswertes Gut ist und dass darin große Chancen für zukünftige Innovationen nicht nur im Gesundheitsbereich liegen könnten. Zum Schutz dieser Chancen für die Gesellschaft könnte es geboten sein, von einer zu frühen definitiven Lösung des Problems abzusehen. Nicht zu vergessen ist auch, dass sich für Biotechnologie-Unternehmen ein lukrativer Markt entwickeln könnte, der ohne ausreichende Begründung nicht von vornherein verhindert werden darf. Es stehen sehr hohe gesellschaftliche Güter auf dem Spiel: Grundrechte, Autonomie und Selbstbestimmung, Bekämpfung von Krankheiten und Schaffung von Arbeitsplätzen. Als zweites Ergebnis wurde also gewonnen: *Bei einer Lösung des Problems, die auch in Zukunft Bestand haben soll, müssen viele Faktoren überdacht und zur Diskussion gestellt werden. Dabei drängen genetische Tests in keiner Wei-*

se so verstärkt auf den Markt, dass schneller Handlungsbedarf bestünde, und die notwendige Debatte nicht geführt werden könnte.

Bereits heute werden genetische Tests in einem juristischen Kontext verwendet, beispielsweise zum Vaterschaftsnachweis oder für forensische Untersuchungen. Die vorliegende Arbeit versucht zu zeigen, wie ein ursprünglich ausschließlich mit schweren Krankheiten verbundenes Verfahren sich in Zukunft aus dem Kontext ärztlichen Handelns herauslösen könnte.[48] In den Zukunftsszenarien wurden weitere mögliche Kontexte und Interessenten angesprochen. Innerhalb eines psychologischen Kontextes könnte es zur besseren Betreuung von Behinderten für deren Psychologen, innerhalb des Kontextes einer Schwangerschaft könnte es für die werdende Mutter und deren Hebamme hilfreich sein, über eine bestimmte genetische Disposition in Kenntnis zu sein. Ferner war insbesondere bei der Diskussion des Tests am GNB3-Genort gut zu erkennen, dass je nach Standpunkt ein und derselbe Test in unterschiedlichen Kontexten relevant sein kann. Als drittes Ergebnis muss deswegen erwähnt werden: *Gene bestimmen in erster Linie das Gesundsein mit, und nicht nur das Kranksein. Deswegen ist es alles andere als ausgeschlossen, dass mit menschlichen Eigenschaften assoziierte Allele getestet werden könnten, die den Kontext ärztlichen Handelns verlassen.*

In diesem Zusammenhang soll abschließend darauf hingewiesen werden, dass auch ein Konzept genetischer Beratungsstellen[49] für die Zukunft hilfreich sein könnte. Ein Betroffener könnte dort sowohl vorab die nötigen Informationen und Hinweise für ein vernünftiges Umgehen mit genetischen Tests erhalten als auch im Nachhinein eventuell nötige Hilfestellungen in Anspruch nehmen. Immer wenn durch technische Entwicklungen neue Handlungsoptionen zur Verfügung gestellt werden, bedarf es einer breiten Aufklärung über deren sinnvolle Nutzung, erst recht wenn es sich um ein so komplexes Feld wie die Genetik handelt. Grundsätzlich ist meiner Einschätzung nach statt paternalistischem Schutz offensive Aufklärung das probatere Mittel des Staates, seine Bürger vor Gefahren zu schützen.

12.7 Fazit

Zusammenfassend kann festgehalten werden, dass es in der aktuellen Situation kaum genetische Tests gibt, die außerhalb eines medizinischen Kontextes

[48] Siehe Punkt 10.3.4.

[49] Das Konzept der aufklärenden Beratungsstellen hat bei vielen Problemen Einzug in unsere Gesellschaft erhalten z.B. bei Schwangerschaftsabbruch, Drogensucht oder AIDS. Von vielen wird dieses Konzept als die einzige Möglichkeit gesehen, gesellschaftliche Ansprüche, Schutz des Einzelnen und adäquate medizinische Versorgung miteinander zu vereinbaren (Vgl. DEUTSCHER BUNDESTAG (2000, S. 43)). Auch bei genetischen Tests könnte man die psycho-soziale Komponente durch die Einrichtung entsprechender Beratungsstellen berücksichtigen (BIESECKER & MARTEAU, 1999).

von nennenswertem Interesse für ein breites Publikum sind. In Anbetracht der schnellen Entwicklung der Genetik ist es aber durchaus denkbar, dass sich diese Situation ändern könnte. Deswegen ist es ratsam, auch Zukunftsszenarien zu durchdenken, in denen es genetische Tests für Eigenschaften gibt, die aus einem medizinischen Kontext herausfallen. Sollte die Zahl dieser Tests zunehmen, dann müsste zur Wahrung der informationellen Selbstbestimmung der Einzelne die Möglichkeit haben, eigenverantwortlich Informationen über sein eigenes genetisches Material zu beschaffen. Für genetische Tests, die mit gravierenden Gefahren verbunden sind, besteht aber eine moralische Hilfsverpflichtung zur Schadensabwehr, das bedeutet, dass eine Beratung obligat sein muss. Zudem dürfen das Grundrecht des Einzelnen auf Kenntnis seines eigenen genetischen Profils und das Grundrecht der freien Berufswahl nicht ohne stichhaltige Begründung eingeschränkt werden. Wie lässt sich der Schutz gewährleisten, ohne die moralischen Rechte und bestehenden Gesetze unangemessen stark einzuschränken?

Ein erster, der testdifferenzierende Vorschlag stellt bestimmte Tests unter Arztvorbehalt, und zwar solche, die in Verbindung mit Krankheiten, Körperschäden oder Leiden stehen und von denen zudem nennenswerte Gefahren ausgehen. Da es allerdings keine allgemein akzeptierten Definitionen der genannten Schlüsselbegriffe gibt und auch eine Klassifikation von Gefahren in „nennenswerte" und „nicht nennenswerte" ein schwieriges Unterfangen ist, sind mit dem Vorschlag schwer auszuräumende Probleme verbunden. Diese zeigen sich nur unwesentlich bei der Analyse seiner Steuerwirkung in der aktuellen Situation, treten aber in zwei Szenarien zu Tage, die mögliche zukünftige Entwicklungen widerspiegeln.

Der zweite, der kontextdifferenzierende Vorschlag, schreibt den jeweiligen Institutionen zu, in welchem Kontext sie genetische Information handhaben dürfen. Biotechnologie-Firmen dürfen nur genetische Informationen erheben und diese veräußern, aber nicht deren Verwertung in Form von Diagnosen und Beratungen. Alle interessierten Institutionen, ob medizinische Einrichtungen oder Biotechnologie-Unternehmen, müssen eine Zulassung erwerben, welche die Qualitätssicherung und die „Unbedenklichkeit", d.h. die Kenntnis der mit genetischen Tests verbundenen potentiellen Gefahren, bescheinigt. Institutionen, die von Fachärzten für Humangenetik oder von Ärzten mit der Zusatzbezeichnung „Medizinische Genetik" geleitet werden, haben das alleinige Recht, genetische Diagnosen zu erstellen und therapiebezogene Beratungen zu erteilen. Mit Abstrichen bei der Bewältigung der individuellen Gefahren, wenn es um gravierende Erbkrankheiten geht, zeigt die Analyse der Steuerwirkung in den drei Szenarien, dass der kontextdifferenzierende Vorschlag das Gewünschte durchaus zu erreichen in der Lage ist.

Allerdings wird voraussichtlich auch in Zukunft die Anzahl genetischer Tests, die für die Mehrheit der Bevölkerung außerhalb eines medizinischen Kontexts interessant sind, nicht sprunghaft ansteigen. Deswegen scheint keine Eile geboten. Als wichtigstes Ergebnis der Analyse ist festzuhalten, dass vor der Einführung neuer Gesetze, die den Umgang mit genetischen Tests auch für die Zukunft regeln sollen, sehr gründlich viele Faktoren überdacht werden müssen. Es könnte sich in Zukunft als unklug erweisen, einen Arztvorbehalt differenziert nach genetischen Tests zu verankern. Ein nicht testgebundenes, weniger auf eine Berufsgruppe restringiertes, zwar weniger restriktives, dafür aber weitreichenderes Regulativ, das Kontexte berücksichtigt, wäre vermutlich das vorzuziehende Instrument, weil es sich leichter an die sich schnell ändernden Erfordernisse in dem expandierenden Gebiet der Genetik anpassen ließe. Ob der vorgestellte kontextdifferenzierende Vorschlag die gestellten Regelungsaufgaben in der Praxis bewältigt, bleibt noch genauer zu diskutieren.

13

Zur Schutzwürdigkeit menschlicher Embryonen

[1]Eines der meistdiskutierten bioethischen Themen der letzten Jahre war mit Sicherheit die Frage, inwieweit menschliche Embryonen schützenswert sind. Um hier Stellung zu beziehen, ist es unabdingbar, in Kenntnis des Forschungsprogramms der Entwicklungsbiologie zu sein. In Abschnitt 9.3 wurden Begriffe wie adulte und embryonale Stammzellen oder Multipotenz, Pluripotenz und Totipotenz begründet definiert. Nach der Benennung des zu diskutierenden Problems, wird kurz das Prinzip einer ethischen Güterabwägung erläutert. Es folgen die Argumente, die in dieser Debatte zu finden sind, von denen allerdings nur eines als relevant in der Diskussion verbleibt. Dieses Argument der Potentialität bestimmter menschlicher Zellen wird dann etwas genauer betrachtet. Daraus resultierend wird im letzten Abschnitt ein konkreter Vorschlag zum Umgang mit menschlichen Zellen unterbreitet, und seine Auswirkungen werden hinterfragt.

13.1 Embryonen vs. Kranke – Wessen Lebensrecht wiegt stärker?

13.1.1 Worum soll gestritten werden?

Mit Beginn des neuen Jahrtausends haben die Gesetzgeber vieler Länder entschieden, wie Wssenschaftler mit menschlichen Zellen zu verfahren haben. So wurde beispielsweise in England die Forschung an extrakorporalen menschlichen Embryonen bis zum vierzehnten Lebenstag zugelassen. Auch in Deutschland hat der Bundestag einen Kompromiss beschlossen. Demnach ist der Import pluripotenter embryonaler Stammzellen zu Forschungszwecken unter strengen Auflagen erlaubt. Solche Zellen besitzen nicht die Potentialität, zu einem Organismus zu reifen. Diese kommt nur totipotenten embryonalen

[1] Dieses Kapitel entspricht SEEL (2002). Einige Argumente sind auch in Teilen von SEEL (2003b) ins Englische übertragen.

Stammzellen zu, die nach der rechtlich geltenden Definition des Embryonenschutzgesetzes mit Embryonen gleichzusetzen sind. Sie fallen damit voll unter den Schutz des Gesetzes, das die Forschung an Embryonen verbietet. Die neue Regelung stellt somit kein neues Recht dar, sondern füllt eine Gesetzeslücke. Sie versucht, zwei sehr hochrangige Elemente einer ethischen Güterabwägung in Einklang zu bringen: Es handelt sich um nicht weniger als das Lebensrecht von Embryonen, denen vielleicht schon Menschenwürde zukommt, und das Lebensrecht von Kranken, denen die Forschung an embryonalen Stammzellen vielleicht helfen kann.

Der im Deutschen Bundestag gefällte Kompromiss öffnet zwar die Tür zur Forschung an embryonalen Stammzellen, erlaubt den Wissenschaftlern aber nur einen Bruchteil der Experimente durchzuführen, die für die Bekämpfung von Krankheiten entscheidende Erkenntnisse bringen könnten. Er begeht einen schmalen Grat zwischen Pluripotenz und Totipotenz. Der beschrittene Weg kann auf lange Sicht nicht über die Novellierungsbedürftigkeit der Rechte für Embryonen hinwegtäuschen. Ungeachtet, ob dies eine Liberalisierung oder Konservierung sein wird, das Embryonenschutzgesetz muss und wird in der Diskussion bleiben. Und die bereits angekündigte Novellierung des Embryonenschutzgesetzes darf sicherlich nicht nur das Ziel verfolgen, auf pragmatische Weise die unterschiedlichen Interessengruppen zu befriedigen, sondern muss auch rationalen Argumenten folgen.

Das Begrüßenswerte an dieser Debatte ist, dass eine Änderung des Embryonenschutzgesetzes eine sofortige Auswirkung nicht nur für den Alltag der Forscher hätte. Dies steht im Gegensatz zu manch anderen Auseinandersetzungen im Umfeld der Gentechnologie, beispielsweise dem Einsatz gentechnischer Methoden für eugenische Maßnahmen. Denn zumindest wenn es um positive Eugenik geht, muss diese Diskussion auf einer derart spekulativen Ebene geführt werden, dass ihr Sinn in Frage gestellt werden darf. Nach dem Abschluss der ersten Phase des Human-Genom-Projektes wissen wir nämlich nun vor allem eines: Die zweite Phase, nämlich die Erforschung der Aufgaben jedes einzelnen Gens, wird weitaus schwieriger werden und viel länger dauern, als bisher gedacht. Wir haben heute in wenigen Fällen die Möglichkeit festzustellen, dass ein bestimmter Gen-Defekt eine Krankheit verursacht, und dass ohne diesen Defekt ein gesunder Mensch geboren würde. Uns fehlt aber jedes Wissen darüber, wie eine Genkonstellation auszusehen hätte, die einen Menschen mit gewünschten Eigenschaften hervorbringt.

Die Forschungen an menschlichen Embryonen hingegen könnten wertvolle Dienste leisten. Und sie könnten sofort beginnen. Mit neuen Erkenntnissen über unsere eigene Embryonalentwicklung ist vor allem die Hoffnung verbunden, für die Medizin brauchbare Ergebnisse zu gewinnen. Die Klärung der Regulation des Zellwachstums könnte uns z.B. für das Verständnis von Krebserkrankungen helfen. Die Präimplantationsdiagnostik ist bereits realisierbar, das therapeutische Klonen z.B. zur patientenspezifischen Herstellung von Stammzellen oder Organen noch Zukunftsmusik. Ohne Zweifel steht ein hohes gesellschaftliches Gut zur Debatte: *Die Bekämpfung schwerer Krankheiten.*

Nun gibt es aber Stimmen, die eine ‚verbrauchende' Forschung an menschlichen Embryonen für eine Missachtung der Menschenwürde halten, die bereits einer befruchteten Eizelle und jeder totipotenten Zelle zukommen würde. Als einziges Kriterium für die Erlangung von Menschenwürde wird von dieser Seite die Zugehörigkeit zur Spezies Mensch anerkannt.[2] Demzufolge stünde wiederum ein äußerst wichtiges gesellschaftliches Gut zur Diskussion: *Die Menschenwürde.*

13.1.2 Ethische Güterabwägung

Es müssen also zwei hochrangige moralische Güter der Gesellschaft gegeneinander abgewogen werden (Abbildung 13.1). Dies erfolgt dadurch, dass überprüft wird, welche moralischen Konsequenzen eine bestimmte Handlung wie z.B. die Herstellung embryonaler Stammzellen hat. Um diese Konsequenzen überhaupt rational bewerten zu können, bedarf es einiger Hilfe aus verschiedensten Disziplinen unter anderen der Naturwissenschaft und einer Reihe philosophischer Fächer wie der Logik (Einige Disziplinen sind in Abbildung 13.1 aufgelistet). Nun werden die Waagschalen gefüllt, und zwar auf der einen Seite mit eingehaltenen moralischen Normen und auf der anderen mit eben solchen, die gebrochen werden würden, wenn die in Frage stehende Handlung ausgeführt werden würde. Zu beachten ist dabei Folgendes: Steht die Waage im Gleichgewicht befinden wir uns in dem Dilemma, dass auch die Ethik keine Hilfestellungen zur moralischen Rechtfertigung der Handlung geben kann. Schlägt die Waage aber in eine der beiden Richtungen aus, ist die Handlung entweder *ver*boten oder *ge*boten. Ein drittes gibt es nicht. Eine gebotene Handlung zu unterlassen ist moralisch genau so verwerflich, wie eine verbotene dennoch auszuführen.

Dies bedeutet, wenn wir keine Verletzung moralischer Normen durch die Forschung an menschlichen Zellen und Zellverbänden in den frühen Entwicklungsstadien feststellen können, ist diese Forschung moralisch geboten, weil sie Hilfe bei der Bekämpfung schwerer Krankheiten bringen könnte.[3] Dieser Fall wäre gegeben, wenn – wie andere Stimmen behaupten – einem Lebewesen Menschenwürde nur unter der Bedingung zukommen könne, dass diese auch verletzt werden kann.[4] Hierfür müssen mehrere Voraussetzungen erfüllt sein als die bloße Zugehörigkeit zur Spezies. Denkbar sind Kriterien wie die Möglichkeit zur Selbstachtung oder Leidensfähigkeit. Da dafür wahrscheinlich ein Gehirn, zumindest aber ein Nervensystem notwendig ist, wird von dieser

---

[2] Vgl. SPAEMANN (2001).

[3] Ein moralisches Gebot löst aber keine Verpflichtung aus. Ob sie durchgeführt wird, hängt noch von anderen Kriterien ab. Die Forschung muss sich beispielsweise auch finanzieren lassen.

[4] Vgl. NIDA-RÜMELIN (2001).

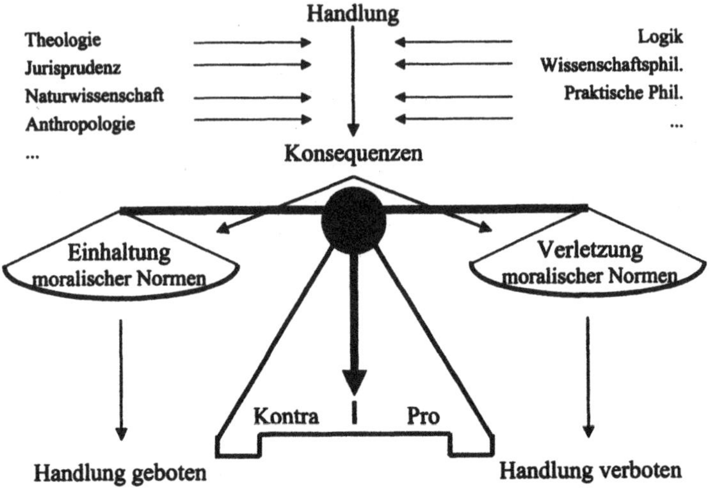

Abbildung 13.1. Prinzip einer ethischen Güterabwägung.

Seite einem menschlichen Leben erst dann Würde zugesprochen, wenn es ein bestimmtes Entwicklungsstadium erreicht hat.

13.1.3 Die Schutzwürdigkeit menschlichen Lebens

Die Frage, ob dem Embryo Menschenwürde zukommt oder nicht, ist allerdings für dessen Schutz nicht relevant[5] Für den Schutz des Embryos ist es offenbar keine notwendige Bedingung, dass ihm Menschenwürde zukommt. Embryonen können geschützt werden, ohne ein Wort über deren Menschenwürde zu verlieren. Zudem erweist es sich als sehr schwierig, das Prinzip Menschenwürde allgemein anerkannt als Kriterium dafür zu verwenden, wann Leben schützenswert ist. Deswegen ist es vernünftig, die Frage nach dem Schutz des menschlichen Lebens, unabhängig von den Fragen zu stellen, wann menschliches Leben beginnt oder wem Menschenwürde zukommt.

In diesem Kapitel soll versucht werden, zur Beantwortung der Frage, welches Leben inwieweit schützenswert ist, Anhaltspunkte zu geben, die von der Naturwissenschaft und der wissenschaftstheoretischen Reflexion auf diese geliefert werden. Beantwortet werden kann diese Frage durch wissenschaftlich rationales Vorgehen alleine nicht. Dieses sollte aber ein gewichtiger Beitrag in der gesellschaftlichen Diskussion sein. Allein diese vermag dann, innerhalb eines demokratischen Gesetzgebungsverfahrens unter Beteiligung aller involvierten Disziplinen und Interessensgruppen zu einer Entscheidung zu führen.

[5] Vgl. dazu HÖFFE (2001) und SCHÖNE-SEIFERT (2001).

Als Ausgangspunkt dient ein rechtsphilosophischer Beitrag,[6] der die Widersprüchlichkeiten der geltenden Gesetzeslage schonungslos aufdeckt. Die klare Argumentation und die geschickt gewählten, sehr realitätsnahen Beispielszenarien des Artikels verdeutlichen, dass das Embryonenschutzgesetz Handlungen für strafbar erklärt, die von den meisten Menschen intuitiv nicht als Verbrechen empfunden würden. Es ist vor allem dieser Widerspruch, aber auch der zur gängigen Praxis beim Schwangerschaftsabbruch, der den Diskussionsbedarf zeigt. Wer das Embryonenschutzgesetz in der derzeitigen Form beibehalten will, muss die von MERKEL (2001) aufgezeigten Widersprüche erst einmal entkräften. In der Debatte um den Schutz von Embryonen lassen sich vier Argumente ausmachen, die getrennt voneinander zu betrachten sind, das Spezies-, das Kontinuums-, das Identitäts- und das Potentialitätsargument.

13.2 Die Argumente

In diesem Abschnitt werden wir die Argumente durchgehen, die in der Stammzellen-Debatte zur Anwendung kommen. Zuerst werden wir einige Argumente beiseite schieben, die im eigentlichen Sinne nicht ethisch sind. Danach folgen vier echte Argumente, von denen allerdings nur das letzte, das Potentialitätsargument, als relevant für die Diskussion anerkannt werden wird.

13.2.1 Nicht-ethische Argumente

Argumente, die nicht als ethische zu gelten haben, können in gesellschaftlichen Diskursen durchaus eine Rolle spielen, da solche Debatten nicht notwendiger Weise nur rational zu führen sind. Der Beitrag, den die Wissenschaft zu solchen Diskussionen liefert, sollte – so das Selbstverständnis der Wissenschaftler – aber ausschließlich rational sein. Die Ethik kann als wissenschaftliche Reflexion auf Moral verstanden werden mit der Zielsetzung, moralische Konflikte zu lösen. Die Bioethik tut dies im Hinblick auf Lebendiges.[7]

Deswegen kann das Folgende als typisches nicht-ethisches Argument bezeichnet werden: *Da die Ergebnisse der Forschung an Embryonen und embryonalen Stammzellen leicht missbraucht werden könnten, sollten solche Forschungsaktivitäten generell verboten werden.* So ein Argument der Prävention ist kein ethisches, weil es logisch nicht stichhaltig ist. Aus der Möglichkeit, etwas zu missbrauchen, folgt offensichtlich kein moralisches Gebot, es zu verbieten. Messer können nicht verboten werden, nur weil sie zu einem Mord missbraucht werden könnten. Sicherlich muss die Gesellschaft den möglichen Missbrauch kontrollieren, aber eben anders als über ein Verbot des Gegenstandes respektive ein Verbot der Gewinnung von Wissen.

[6] MERKEL (2001, 2002).

[7] Vgl. GETHMANN & THIELE (2003); THIELE (2004).

Das nächste wird oft „Dammbruch-Argument“ genannt: *Die Forschung mit embryonalen Stammzellen sollte verboten werden, weil dies der Anfang einer Entwicklung ist, die mit dem Bruch der Menschenrechte enden wird.* Aus ethischer Sicht ist dieses „Hütet euch vor den Anfängen“ kein Argument. Dass es in Zukunft zu Problemen kommen könnte, hilft bei der Lösung der ethischen Fragen heute nicht weiter. Ethische Debatten im Bereich der Genetik werden deswegen geführt, weil uns mit der Gentechnologie ganz neue Handlungsoptionen zur Verfügung stehen. Ein aktueller moralischer Konflikt ist gelöst (oder eben nicht), wenn der Einsatz der vorhandenen Handlungsoptionen ethisch diskutiert wurde. Handlungsoptionen, die uns erst in Zukunft zur Verfügung stehen, müssen dann erst diskutiert werden, wenn wir über sie verfügen. Dennoch ist es manchmal wünschenswert, zukünftige Handlungsoptionen einzubeziehen, um zu einem wegweisenden Ergebnis zu kommen. Dann müssen aber um so mehr die naturwissenschaftlichen Forschungsprogramme wissenschaftstheoretisch betrachtet und interpretiert werden, um eine rationale Einschätzung zukünftiger Entwicklungen geben zu können. Mit Spekulationen zu argumentieren, ist moralisch fahrlässig. Lassen sich solche Spekulationen nicht begründen – zumindest mit einer Heuristik, wenn schon keine harte Theorie zur Verfügung steht – dann sollten nur die aktuellen Handlungsoptionen in die Debatte einbezogen werden.

Die deutsche Regelung zum Import von Stammzellen folgt einem Argument, das ebenfalls nicht als rationales ethisches bezeichnet werden kann: *Forschungsaktivitäten sollten nur mit solchen embryonalen Stammzellen erlaubt werden, die im Ausland bereits verfügbar sind (nachdem dort irgendwann einmal ein Embryo verbraucht wurde).* Der Bruch einer akzeptierten moralischen Norm (Verbrauche keine Embryonen!) wird einfach anderen überlassen. Man könnte die Entscheidung auch unter folgendes Motto stellen: Da doch die Embryonen bereits getötet sind, könnten wir doch jetzt daran auch profitieren. Diese Argumente spiegeln den klassischen Fall einer Doppel-Moral wider. Zu erlauben, an den Errungenschaften der Forschung mit embryonalen Stammzellen zu profitieren, während zugleich ihre Gewinnung als moralisch verwerflich eingestuft wird, ist ethisch in keiner Weise akzeptabel (aber eine brauchbare pragmatische Lösung für den Moment).

Zuletzt soll noch ein Argument erwähnt werden, das häufig zu hören ist, aber einem Ablenkungsmanöver gleicht: *Wenn Forschungsaktivitäten mit adulten Stammzellen ähnliche Fortschritte liefern wie mit embryonalen, sollte man die Forschung mit embryonalen verbieten.* Dieses Argument trägt offenbar nichts zu der Frage bei, welchen moralischen Status embryonale Stammzellen haben sollten. Es schützt embryonale Stammzellen ohne Angabe von Gründen und ist damit unethisch. Zudem soll erwähnt sein, dass die Forschungen an adulten offenbar nicht die gleichen Ergebnisse bringen können wie die an embryonalen Stammzellen. Man kann z.B. nichts über die Embryonalentwicklung lernen.[8] Nachdem wir nun die unethischen Argumente diskutiert haben, folgen jetzt die ethischen:

13.2.2 Speziesargument

Zur Bekämpfung von Verbrechen gegen die Menschlichkeit muss die Etablierung der Menschenrechte, die jedem Menschen allein wegen der Zugehörigkeit zur Spezies in vollem Umfang zukommen, als eine große Errungenschaft betrachtet werden. So wertvoll dieses Prinzip ist, so wenig lässt es sich auf die Frage übertragen, welches menschliche Leben schützenswert ist. Denn die Zugehörigkeit zur Spezies „Mensch“ wird bei den Lebensformen, um die hier gestritten werden soll, in keiner Weise in Frage gestellt. Vielmehr ist es so, dass wir gerade deswegen eine Debatte führen, weil menschliche Embryonen selbstverständlich zu unserer Spezies gehören.

Es ist freilich unmöglich, jedes menschliche Leben, also zum Beispiel auch jede somatische menschliche Zelle, zu schützen. Täglich sterben bei jedem Menschen z.B. in der Haut oder in den Haaren unzählige Zellen ab. Dies ist ein notwendiger Prozess, der zum Funktionieren eines Organismus gehört. Gerade deswegen ist die Frage, welches menschliche Leben schützenswert ist, die richtig gestellte, und unter dieser Fragestellung ist die Zugehörigkeit zur Spezies ersichtlich kein Argument. Wenn ernsthaft der Schutz von menschlichen Embryonen hinterfragt wird, stellt sich nie die Frage, ob diese Lebensformen Angehörige der Spezies sind, sondern ob sie etwas Schützenswertes im Entwicklungsprozess des Speziesmitglieds darstellen.

13.2.3 Kontinuumsargument

An dieser Stelle versucht das Kontinuumsargument zu greifen: *Der menschliche Entwicklungsprozess ist ein kontinuierlicher Vorgang; deswegen ist es nicht möglich, willkürfrei Einschnitte innerhalb dieses Prozesses zu definieren, so dass jedes menschliche Leben innerhalb des Entwicklungsprozesses von der befruchteten Eizelle zum Menschen schützenswert sei.* Dieses Argument ist strikt zurückzuweisen. Die Prämisse ist falsch. Selbstverständlich teilen wir die Entwicklung von Lebewesen in Stadien ein.[9] Es gibt sogar Lebewesen, die derart eingreifende Metamorphosen durchlaufen, dass sie in den Anfängen der Systematik für verschiedene Spezies gehalten wurden, beispielsweise Schmetterlinge. Aus einem befruchteten Ei entwickelt sich eine Larve, die erst nach einem Verpuppungsstadium zu einem Schmetterling wird.

Dem widersprechend wird von Höffe (2001) argumentiert, dass „das befruchtete Ei bereits das ganze Entwicklungsprogramm enthalte und unter günstigen Bedingungen zu einem kompletten Lebewesen reife, so dass ab der Befruchtung des Eis jeder weitere Einschnitt willkürlich sei“. Natürlich können

[8] Siehe 9.3.
[9] Siehe Abschn. 9.1.

wir die Stadien „befruchtete Eizelle“, „2-Zell-Stadium“, „4-Zell-Stadium“ u.s.w. unterscheiden.[10] Offenbar ist für die zitierte Argumentation nicht ausschlaggebend, ob das Entwicklungsprogramm kontinuierlich oder in Sprüngen abläuft, oder ob wir Stadien unterscheiden können oder nicht, sondern vielmehr, dass die Entwicklung von Anfang an vorprogrammiert ist. Es baut essentiell auf der Potentialität des befruchteten Eis auf, in dessen Zusammenhang es dann auch zu diskutieren ist.

Zur Willkürlichkeit von Unterscheidungen ist noch zu sagen, dass jede Klassifikation oder Einteilung in dem Sinne willkürlich ist, dass man nicht gezwungen wurde, sie erstens überhaupt und zweitens so und nicht anders durchzuführen. Die Natur schreibt uns nicht vor, die Entwicklung von Lebewesen in bestimmte Stadien einzuteilen. Wohl aber gibt es gute Gründe, dies zu tun, beispielsweise um uns überhaupt ein Reden über Entwicklung und Potentialität zu ermöglichen.[11] Wir sprechen z.B. davon, dass ein Embryo im 4-Zell-Stadium noch totipotent ist und später nicht mehr. Und diese Gründe reichen sogar so weit, dass in Lehrbüchern immer die gleiche Einteilung in Stadien vorgenommen wird und keine andere. Eine Unterscheidung in Stadien ist also in dem Sinne nicht willkürlich, dass es uns basierend auf unseren Beobachtungen nahegelegt wird, sie so und nicht anders durchzuführen.

Wie gezeigt, lässt sich das Kontinuitätsargument in der Tat leicht entkräften: Zwischen einem Schmetterling und seiner Larve lässt sich sehr wohl unterscheiden, und zwar mit guten Gründen. Genauso können wir verschiedene Stadien der Embryonalentwicklung des Menschen unterscheiden. Für die Frage, welches Leben schützenswert ist, spielt dieses Argument keine Rolle.

13.2.4 Identitätsargument

Etwas schwieriger ist es, das Identitätsargument zu entkräften. Es setzt an der Frage an, inwiefern zwischen einem Embryo und dem später geborenen Menschen eine Identität besteht: *Falls es sich bei einem Embryo und dem daraus entstehenden Menschen um identische Lebewesen handeln würde, würde schon aus Gründen der Logik dem Embryo derselbe Schutz zukommen wie dem Menschen.* Dementsprechend wird von Höffe (2001) ausgeführt, dass „die biologische Identität des Menschen programmiert sei, sobald im Entwicklungsprozess entschieden sei, ob aus dem befruchteten Ei ein Mensch werde oder aber Mehrlinge“. Diese Formulierung zeigt, dass es nicht möglich ist, sich dem von Merkel (2001) ersonnenen Szenario zu entziehen, das einen Genetiker zeigt, der einem Embryo im Vier-Zell-Stadium eine Zelle entnimmt, diese aber kurze Zeit später wieder zurück in den Verbund der anderen Zellen fügt.

Nach dem geltenden Embryonenschutzgesetz erfüllt der Genetiker mit seiner Handlung drei strafbare Tatbestände. Erstens wurde der Embryo zu einem

[10] Siehe Punkt 9.3.1.

[11] Das Einteilen in Stadien gehört somit zu den prototheoretischen Konzepten der Entwicklungsbiologie. Siehe Abschn. 9.1.

anderen Zweck als dem seiner Erhaltung verwendet. Zweitens wurde der Embryo geklont, da jede Zelle in einem so frühen Embryonalstadium totipotent ist. (Durch das Ablösen einer Zelle aus dem Verbund entstehen auf natürlichem Wege eineiige Zwillinge). Und durch die vermeintliche Wiedergutmachung wurde drittens ein Mensch mit Recht auf Leben und Würde getötet, da sich aus der abgelösten Zelle ein komplettes Lebewesen hätte entwickeln können. Als besonders obskur ist zu erwähnen, dass diese Tötung nichts Totes hinterlässt, da die zurückgefügte Zelle sich wieder mit den anderen verbindet. Dies zeigt eindrücklich, dass in der frühen Embryonalentwicklung nicht davon die Rede sein kann, dass die Identität zu einem späteren Lebewesen festgelegt ist, ja noch nicht einmal die numerische Identität stimmt. Dieser nicht beseitigbare Widerspruch wird von HÖFFE (2001) damit umgangen, dass sinngemäß argumentiert wird, die biologische Identität sei vorprogrammiert, wenn die numerische feststeht.

Nun bedarf es ersichtlich der Klärung, was mit „biologischer Identität" gemeint sein soll. Von einer Identität im logischen Sinne ist immer dann die Rede, wenn für alle Aussagen, die für das eine zutreffen, auch für das andere gelten, und umgekehrt.[12] Beide gelten dann als identisch. Da die Entwicklung von Lebewesen eines ihrer Hauptmerkmale ist, kann diese Form der logischen Identität niemals erfüllt sein: „Dolly ist Embryo" und „Dolly ist erwachsen" sind sich widersprechende Aussagen und somit können die beiden Wesen, die jeweils mit Dolly bezeichnet werden, von einem logischen Standpunkt aus nicht identisch sein. Vielmehr ist es gerade die zeitliche Entwicklung, die verfolgbare Entstehungsgeschichte, die uns von biologisch identischen Lebewesen sprechen lässt: „Der Embryo ist zu dem erwachsenen Lebewesen namens Dolly herangewachsen" ist die Aussage, die „Identität" herstellt.

Aber irgendetwas muss doch während dieser ganzen Entwicklung gleich bleiben, irgendetwas muss es doch geben, anhand dessen sich eine Identitätsbeziehung definieren lässt. Mit der Etablierung der modernen Genetik glaubte man, die DNS wäre ein guter Kandidat dafür. Denn die Erbinformation der befruchteten Eizelle wird bei den unzähligen Zellteilungen immer als Kopie weitergegeben, die mit dem Quellcode identisch ist. Wirklich identisch? Es gibt gleich mehrere Prozesse, die dafür sorgen, dass diese Identität nicht vollständig gewährleistet ist.[13]

Erstens passiert beim Kopiervorgang eine nicht unbeträchtliche Zahl von Fehlern. Um überhaupt ein Überleben zu ermöglichen, gibt es hocheffiziente Reparaturmechanismen.[14] Aber auch diese lassen eine geringe Zahl von Schreibfehlern zurück. Bei Keimzellen können DNS-Schäden besonders gravierende Auswirkungen haben. Deswegen werden alle Eizellen bis zum 6.

---

[12] Siehe Punkt 4.2.5.
[13] Siehe Punkt 9.2.3.
[14] Vgl. SEYFFERT (1998, Kap. 31).

Schwangerschaftsmonat gebildet und dann nicht mehr dem Teilungsprozess ausgesetzt, sondern konserviert, bis sie erst viel später zum Einsatz kommen.[15]

Zweitens sind wir ständig verschiedensten Umwelteinflüssen ausgesetzt, die beispielsweise in Form von natürlicher radioaktiver Strahlung oder Krankheitserregern in unsere Körper eindringen. Erstere können direkt Mutationen verursachen,[16] letztere erhöhen den oxidativen Stress,[17] der wiederum Einfluss auf die Veränderung des Genoms hat. All diese Mutationen werden akkumuliert. Sie können zu Tumoren führen,[18] die im Alter eine biologisch normale Erscheinung sind. Um eine zu starke Ansammlung von Mutationen in einer Zelle zu verhindern, ist ihr Tod nach einer bestimmten Anzahl von Teilungen vorgesehen.

Die genannten Veränderungen sind aber so gering, lässt sich einwenden, dass z.B. die zweifelsfreie Feststellung einer Vaterschaft trotzdem gewährleistet ist. Zweifelsfrei lässt sich eine Vaterschaft immer nur ausschließen. Festgestellt werden kann sie nur mit einer bestimmten Wahrscheinlichkeit, die für gerichtliche Entscheidungen nahe der 100%-Marke liegen muss. In die Berechnung solcher Wahrscheinlichkeiten fließen geschätzte Mutationsraten ein.[19] Wie viele Mutationen im Laufe eines Lebens tatsächlich angesammelt werden, wissen wir nur ungenau.

Abgesehen davon, dass sich also auch auf der DNS-Ebene kein vollständiger Identitätsbegriff festmachen lässt, gibt es noch eine einfache pragmatische Überlegung, warum die DNS als einziges Kriterium für die Identität zweier lebender Systeme völlig ungeeignet ist. Denn jede unserer Körperzellen, die noch das vollständige Genom tragen, und das sind die meisten, wären dann zu uns selbst identisch. Nun wird aber offenbar die personale Identität eines Menschen gerade durch die systemische Interaktion all dieser Zellen bestimmt und nicht durch die Erbinformation, die sich in einer einzelnen Zelle befindet. Die Konsequenzen einer Identitätsdefinition via DNS wären auch wirklich absurd: So müssten wir ja in eine Identitätskrise verfallen, wenn uns Blut abgenommen wird oder wenn wir bei einem Unfall Gewebe verlieren. Es ist offensichtlich, dass „biologische Identität“ „verfolgbare Entwicklungsgeschichte eines Lebewesens“ meint. Damit ist klar, dass nicht jede menschliche Zelle schützenswert sein kann, sondern, wenn überhaupt, nur ganz bestimmte: Befruchtete Eizellen. Und warum ausgerechnet diese? Weil sie eben ein besonderes Potential bergen. Sie können sich zu einem Lebewesen entwickeln. Damit ist gezeigt, dass auch das Identitätsargument irrelevant ist. Es läuft auf das Potentialitätsargument hinaus, das als ausschlaggebendes in der Debatte verbleibt.

---

15 Vgl. Sinowatz et al. (1999, S. 239).
16 Vgl. Seyffert (1998, Kap. 30).
17 Vgl. Ames (1997).
18 Vgl. Varmus & Weinberg (1994).
19 Vgl. Seyffert (1998, S. 348 ff).

13.2.5 Potentialitätsargument

Es sei gleich vorweggenommen, das Potentialitätsargument lässt sich nicht widerlegen. Auch MERKEL (2001) kann, will und versucht das nicht. Aber dort findet sich ein Argument, warum die Potentialität alleine die gesamte Beweislast nicht tragen kann. Sinngemäß lautet es verkürzt, dass nicht nur befruchtete Eizellen Potentialität bergen, sondern auch Ei- und Samenzellen für sich alleine. Freilich nicht in dem Maße wie eine befruchtete Eizelle, das ist unbestritten, aber was mit dem Szenario des Humangenetikers, der unter dem Mikroskop ein fast angekommenes Spermium mit einer Glasscheibe daran hindert, in die Eizelle zu gelangen, gezeigt werden soll, ist folgendes: Erstens gibt es Stufen der Potentialität. Zweitens lassen sich diese willkürfrei unterscheiden. Und drittens reicht nicht jede Potentialität für einen Schutzanspruch aus. Wir sind gezwungen, die Potentialität lebender Systeme auf einer bestimmten Stufe als nicht schützenswert zu erachten.

13.3 Zur Potentialität von Zellen

13.3.1 Stufen der Potentialität

Betrachten wir Beispiele: Viele unserer Körperzellen bergen die Potentialität,[20] sich zu einem Lebewesen zu entwickeln. Diese erstaunliche Möglichkeit wurde uns durch die moderne Gentechnologie offenbart. Genau wie bei Dolly kann man ziemlich sicher auch in Menschen somatische Zellen finden, den Zellkern entnehmen und in eine befruchtete entkernte Eizelle so transferieren, dass die Zelle beginnt, sich zu teilen.[21] Pflanzt man dieses Konstrukt in eine Mutter ein, kann sich ein Lebewesen entwickeln.[22] (Dies ist inzwischen bei einer Reihe von Säugern gelungen z.B. bei Kühen[23], Mäusen[24] und Schafen[25]). Neues Leben würde sich entwickeln. Es ist völlig unmöglich, somatische Zellen im Hinblick auf ihre Potentialität zu schützen.[26]

Keimzellen bergen die Potentialität, sich zu einem Lebewesen zu entwickeln, offenbar auch ohne Rückgriff auf die Gentechnik. Wenn Ei- und Samenzelle zusammenkommen, entwickelt sich neues Leben. Auch Keimzellen sind im Hinblick auf ihre Potentialität nicht schützbar. Bei jeder Menstruation oder Ejakulation würden wir in Konflikte geraten.

Diese Beispiele zeigen zweierlei: Erstens gibt es qualitative Unterschiede in der Potentialität. Ob komplizierte gentechnische Methoden verwendet

---

[20] Genaue Definitionen der Potentialitätsstufen finden sich in Abschn. 9.3.

[21] Dieser Schritt ist auch beim Menschen bereits gelungen. Siehe dazu CIBELLI et al. (2002,a).

[22] Eine Übersicht zur Effizienz dieses Verfahrens liefert GURDON et al. (2003).

[23] Siehe CIBELLI et al. (1998).

[24] Siehe WAKAYAMA et al. (1998).

[25] Siehe WILMUT et al. (1997).

[26] Siehe dazu auch SCHÖNE-SEIFERT (2001).

werden oder nicht, wäre beispielsweise ein solcher Unterschied. Und zweitens kann und will die Gesellschaft nicht jede Form der Potentialität gleichermaßen schützen.[27] Damit lässt sich die im verbleibenden Text zu klärende Frage nunmehr formulieren: Welche Potentialität birgt eine befruchtete Eizelle und reicht diese Potentialität aus, sie in jeder Hinsicht für schützenswert zu erklären?

13.3.2 Systemische Betrachtung der Embryonalentwicklung

Um die Qualität des *status potentialis* einzustufen, genügt es nicht, nur den *status quo*, also die Anfangsbedingungen zu betrachten. Vielmehr ist es so, dass für die Entwicklung eines Lebewesens auch die Rand- und Nebenbedingungen von entscheidender Bedeutung sind.[28] Mit den Randbedingungen sind die äußeren Umstände gemeint, in denen sich eine befruchtete Eizelle befindet, mit den Nebenbedingungen die äußeren Einflüsse, die auf sie wirken. Es sind unterschiedliche Randbedingungen gegeben, wenn sich die befruchtete Eizelle in einer PETRI-Schale im Labor oder in der Gebärmutter befindet. Und sie ist verschiedenen Nebenbedingungen ausgesetzt, wenn sie in einem Inkubator auf konstanter Temperatur gehalten wird oder wenn sie im Mutterleib der Körpertemperatur folgt.

Dies scheint einer der wichtigsten Punkte der Debatte zu sein. All zu leicht verfallen die Disputanten in einen Reduktionismus, der mit einer systemischen Betrachtungsweise biologischer Entwicklungsprozesse in Konflikt kommt.[29] Mit der Entdeckung der DNS als Trägerin der Erbinformation schien es zuerst gerechtfertigt zu glauben, der Mensch sei auf seine Gene reduzierbar, er sei ab der Befruchtung des Eis vorprogrammiert. Knapp fünfzig Jahre später zeigt sich immer stärker, dass nicht die Gene alleine das Funktionieren und die Entwicklung eines Lebewesens erklärbar machen, sondern die systemische Interaktion der Gene und der Genprodukte, also dem, was bei den Prozessen der Transkription und Translation[30] aus den Genen entsteht. Hierbei finden wir eben keine linearen Kausalketten, sondern ein komplex verwobenes Netzwerk von Interaktionen. Die Rede von einem Programm,[31] wie wir es vom Computer kennen, das einen Arbeitsschritt nach dem anderen vollzieht, ist daher falsch.[32]

Um etwas Licht ins Dunkel dieser sehr allgemein formulierten Thesen zu bringen, wollen wir uns die Embryonalentwicklung etwas genauer ansehen. Dabei legen wir das Augenmerk auf die Rand- und Nebenbedingungen, unter

---

[27] Vgl. dazu auch ACKERMANN (2000, S. 240). Dort wird es als sinnvoll erachtet, „eine abgestufte Schutzwürdigkeit des Embryo und Feten und damit eine graduell wachsende moralische Verpflichtung ihm gegenüber in Erwägung zu ziehen".

[28] Siehe Abschn. 9.4.

[29] Siehe Abschn. 9.2.

[30] Siehe Abschn. 8.1.

[31] Siehe Punkt 9.2.2.

[32] Vgl. dazu FEY & SEEL (2000). Siehe auch KELLER (2000).

denen sich lebende Systeme entwickeln. Betrachten wir zuerst eine befruchtete Eizelle unter der Randbedingung „Labor“ und dann unter der Randbedingung „Mutterleib“.

Wir haben im Umgang mit lebenden Zellen im Labor inzwischen ein beträchtliches Know-how entwickelt. Zwar ist es ein schwieriges und mühseliges Geschäft, die Nebenbedingungen, also Nährmedium, Temperatur und Ähnliches, so einzustellen, dass die Zellen am Leben bleiben oder sich sogar teilen, aber diese Vorgänge sind seit einiger Zeit für bestimmte Zelltypen technisch beherrschbar. Wenn wir für die befruchtete Eizelle günstige Bedingungen schaffen, gelingt es, sie zur Teilung zu veranlassen. So durchläuft sie die Präimplantationsstadien und entwickelt sich zu einem Blastozyste genannten Zellverband.[33] Und dann? Dann sterben die Zellen ab, weil wir praktisch kein Wissen darüber haben, welche Bedingungen herzustellen sind, damit sich dieses lebende System weiterentwickeln kann.[34] Um einzusehen, warum es äußerst schwierig wäre, diese Bedingungen im Labor auch nur annähernd zu realisieren, müssen wir die Vorgänge im Mutterleib betrachten.

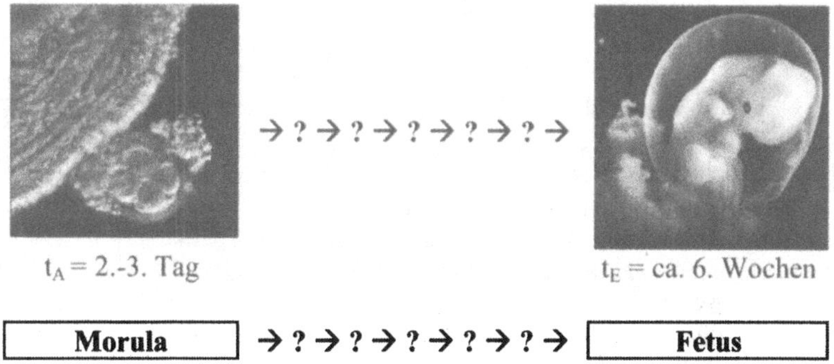

Abbildung 13.2. Die große Erklärungsaufgabe der Entwicklungsbiologie: Wie entwickelt sich aus einem gleichförmigen Zellverband ein organisierter Fetus? (VARMUS & WEINBERG, 1994, Bilder auf S. 11)

Die Blastozyste nistet sich in die Gebärmutter ein. Hier interagiert der Zellverband mit der Mutter. Er unterliegt vielfältigen äußeren Einflüssen, die von der Mutter gesteuert werden. Diese Konstellation von Nebenbedingungen erlaubt dem Zellverband, die entscheidende Hürde zu nehmen: Aus einem Häufchen Zellen bildet sich ein wohldefinierter winziger Mensch, ein Fetus (Abbildung 13.2). Zweifelsohne ist dies das spannendste Kapitel der Embryonalentwicklung. Wie bilden die Zellen Muster und Strukturen? Woher weiß eine Zelle, ob sie zum Kopf oder zum Fuß gehört?

---

[33] Siehe Punkt 9.3.1.

[34] Vgl SINOWATZ et al. (1999, S. 112 ff.).

Solche Fragen können nur an geeigneten Organismen wie der Taufliege *Drosophila* untersucht werden.[35] Erste Erkenntnisse, die man in vielen aufwändigen Experimenten gewonnen hat, vermitteln uns einen möglichen Erklärungsansatz.[36] Gesteuert von der Mutter werden in den Zellen je nach Lage bestimmte Gene an-, andere abgeschaltet. Die Genprodukte interagieren miteinander und schalten weitere Gene an bzw. ab. Auf diese Weise werden unzählige Interaktionspartner ins Spiel gebracht, die kompliziert zusammenwirken. Nun beginnt das System sich selbst zu organisieren. Das heißt, nach einer Phase des gegenseitigen Regulierens, in der Gene einmal stärker, ein anderes Mal weniger stark oder gar nicht exprimiert werden, pendeln sich die Interaktionspartner gegenseitig ein. Es entsteht ein stabiles Aktivitätsmuster von Genen, die in manchen Zellen an-, in anderen abgeschaltet sind. Auf diese Weise wird den Zellen ihre Funktion[37] ‚mitgeteilt', d.h. sie werden z.B. als Kopf- oder als Fußzelle festgelegt.[38]

Dies ist natürlich eine stark vereinfachte Darstellung. Insbesondere ist zu betonen, dass sich viele Selbstorganisationsprozesse ereignen müssen. Festzuhalten bleibt aber folgendes: Durch das Prinzip der Selbstorganisation werden Struktur- und Musterbildung erklärbar. Es ist derzeit das einzige Erklärungsschema, dass uns überhaupt ein Verständnis der Embryonalentwicklung ermöglicht. Der Einfluss der Mutter spielt eine tragende Rolle. Selbstorganisationsprozesse sind hochsensitiv gegenüber Anfangs-, Rand- und Nebenbedingungen, das heißt insbesondere, dass die Entstehung einer stabilen Struktur nicht gewährleistet ist, sondern abhängig von äußeren und inneren Einflüssen einmal zustande kommt und ein anderes Mal nicht.[39] Dies zeigt sich in der Tatsache, dass schätzungsweise 50% aller Schwangerschaften mit einem Abgang enden, und zwar oft unbemerkt in den ersten 6-8 Wochen, wenn diese extrem komplizierten Regulierungsvorgänge stattfinden.[40]

Diese Erkenntnisse vermitteln einen Eindruck davon, warum es uns auch auf längere Sicht nicht gelingen wird, im Labor über die Erzeugung eines Zellverbands hinauszukommen.[41] Eine Gebärmutter künstlich im Labor herzustellen, überfordert uns derzeit bei weitem. Nun könnte man noch das Horror-Szenario entwerfen, dass einer Toten wie bei einer Organtransplantation eine intakte Gebärmutter entnommen und im Labor am Leben erhalten wird. Allerdings wissen wir durch einen Zufall, nämlich das „Erlanger Baby", ein in seiner tödlich verunglückten Mutter lebender Fetus, dass neben den ethi-

[35] Siehe Punkt 9.4.1. Menschen dürfen für solche Studien keinesfalls instrumentalisiert werden.

[36] Siehe Abschn. 9.4.

[37] Siehe Punkt 6.4.3.

[38] Zu den komplizierten Vorgängen der genetischen Regulierung der Embryonalentwicklung vgl. HOOPER & SCOTT (1992), MEINHARDT (1987) und SEYFFERT (1998, Kap. 33).

[39] Siehe Punkt 9.4.4 und vgl. auch FEY & SEEL (2000).

[40] Vgl. CHRIST & WACHTLER (1998) und MOORE & PERSAUD (1996).

[41] Vgl. SINOWATZ et al. (1999, S. 113).

schen hier auch enorme technische Schwierigkeiten auftauchen. Wir vermögen nämlich nicht, die Steuerung der Gebärmutter zu übernehmen. Dies gelingt uns selbst bei komplizierteren rein mechanischen Körperteilen wie einer Hand noch nicht vollständig. Das Erlanger Baby kam nicht zur Welt, nicht weil wir es nach ausführlicher ethischer Debatte verhindert haben, sondern weil unsere Unkenntnis der Steuerungsprozesse ihm keine Überlebenschance ließ. Und dieses menschliche Leben hatte bereits die schwerste Hürde der Embryonalentwicklung genommen. Damit ein Embryo zu einem Fetus und dann zu einem Neugeborenen wird, bedarf es einer lebenden Mutter. Es ist aber völlig unstrittig, dass Experimente an lebenden Menschen verboten sind.

13.3.3 Die Definition des Ekbryo

Nun können wir die Frage nach dem *status potentialis* einer befruchteten Eizelle beantworten: Nicht jede befruchtete Eizelle birgt die gleiche Potentialität. Vielmehr ist entscheidend, unter welchen Randbedingungen sie sich befindet. Nicht der *status quo* alleine kann ausschlaggebend dafür sein, welcher *status potentialis* vorliegt, sondern hinzukommen muss eine Umgebung, eine Umwelt. Von der potenziellen Entwicklung eines Lebewesens kann immer nur im Zusammenhang mit seiner Umwelt gesprochen werden. Ein empirisches System in der Biologie beinhaltet immer schon eine Beschreibungsleistung über die Umwelt.[42] Diese Umwelt ist einmal der Mutterleib und einmal die PETRI-Schale im Labor. Die Potentialität einer befruchteten Eizelle, sich zu einem Lebewesen zu entwickeln, ist auch auf längere Sicht im Labor nicht vorhanden. Dieser STATUS POTENTIALIS kommt ihr nur im Mutterleib zu.

Das Wort Embryo kommt aus dem Griechischen und bedeutet wörtlich „innen Wachsendes".[43] Ersichtlich ist es also nicht sinnvoll, extrakorpular befruchtete Eizellen und totipotente Zellen und Zellverbände überhaupt als „Embryonen" zu bezeichnen. Vielmehr handelt es sich um etwas „außen Wachsendes", also um einen „Ekbryo". Wir präzisieren deswegen die vorläufige Definition 9.4 des Embryo aus Punkt 9.3.3 wie folgt:

Definition 13.1 (Embryo). Zellverbände oder einzelne Zellen, die innerhalb einer Mutter totipotent sind, heißen Embryonen.

Definition 13.2 (Ekbryo). Zellverbände oder einzelne Zellen, die innerhalb einer Mutter totipotent wären, sich aber außerhalb einer Mutter befinden, heißen Ekbryonen.

Ein Ekbryo kann durch die Übertragung auf eine Mutter zum Embryo werden. Erst dann besteht schützenswertes Leben.

---

[42] Siehe Punkt 6.2.2.

[43] In JACOBITZ & SEILER (1850) finden folgende zwei Bedeutungen: Zum einen „die ungeborene Leibesfrucht", zum anderen aber auch „alles in einem anderen Körper Eingeschlossene und darin Wachsende".

13.4 Ein Vorschlag und seine Auswirkungen

13.4.1 Der Vorschlag

Damit geben uns die Naturwissenschaft und die verfügbare Technologie einen Hinweis darauf, wie eine Novellierung des Embryonenschutzgesetzes auszusehen hätte. Das technische Umgehen mit menschlichen Zellen sollte auch für Keim- und befruchtete Eizellen erlaubt werden. Mit somatischen menschlichen Zellen wird seit langem hantiert. Ohne diese hätte die moderne Genetik viele für den Menschen relevante Ergebnisse nicht erzielen können. Da auch Keim- und befruchtete Eizellen nicht das Potential besitzen, sich im Labor zu einem Lebewesen zu entwickeln, sollte die Forschung an ihnen freigegeben werden. Dagegen sollte die Erzeugung von Randbedingungen, die zur Entwicklung eines Menschen führen, also das Einpflanzen in den Mutterleib strikt verboten bleiben. Das Embryonenschutzgesetz könnte also seiner Grundintention nach bestehen bleiben. Im Wesentlichen müsste nur der § 8 (Begriffsbestimmungen) modifiziert werden. Dort lautet Absatz (1):

> Als Embryo im Sinne dieses Gesetzes gilt bereits die befruchtete, entwicklungsfähige menschliche Eizelle vom Zeitpunkt der Kernverschmelzung an, ferner jede einem Embryo entnommene totipotente Zelle, die sich bei Vorliegen der dafür erforderlichen weiteren Voraussetzungen zu teilen und zu einem Individuum zu entwickeln vermag. (Embryonenschutzgesetz in der Fassung von 13. Dezember 1990, § 8, Absatz 1)

Die geänderte Fassung müsste etwa so lauten:

> Als Embryonen im Sinne dieses Gesetzes gelten menschliche Eizellen, deren Befruchtung im Körper einer Frau stattgefunden hat, sowie extrakorpular befruchtete Eizelle, jede andere totipotente Zelle und jeder totipotente Zellverband, sobald diese auf eine Frau übertragen worden sind.

Damit würden aus dem Anwendungsbereich des Gesetzes zum Schutz von Embryonen die Ekbryonen herausfallen. Die Grundintentionen des deutschen Embryonenschutzgesetzes würden durch diese Um- und Neudefinition erhalten bleiben.

13.4.2 Möglichkeiten für die Forschung

Mit dieser Regelung hätten die Forscher die Möglichkeit, mit sämtlichem menschlichen Zellmaterial zu arbeiten. Die Erforschung der Embryonalentwicklung des Menschen könnte auch in Deutschland beginnen. Die Möglichkeiten, das Wachstum und die Differenziation von Zellen zu studieren, würden sich erheblich verbessern. Dabei – so versucht die vorliegende Darstellung zu zeigen – sind keine ethisch bedenklichen Konsequenzen zu befürchten. Der zu erwartende Fortschritt bei der Bekämpfung schwerer Krankheiten könnte irgendwann beachtlich sein. Immer würde dabei eine Handlung strikt untersagt bleiben: die Übertragung der im Labor erzeugten Zellen auf eine Frau. Es versteht sich von selbst, dass die Ausnahme, die das Embryonenschutzgesetz heute bereits zulässt, bestehen bliebe, nämlich die Übertragung einer totipotenten Zelle auf eine Frau zum Zwecke der Herbeiführung einer Schwangerschaft unter den folgenden geltenden Bedingungen: Erstens muss die Eizelle der Frau entnommen worden sein, in die sie später wieder eingepflanzt werden soll. Und zweitens darf die totipotente Zelle, die auf die Frau übertragen wird, keinerlei Manipulationen unterworfen worden sein, die nicht ausschließlich zum Zwecke ihrer Lebenserhaltung dienten.

13.4.3 Unmöglichkeit der Keimbahnintervention

Damit wird der sogenannten Keimbahnintervention ein Riegel vorgeschoben. Unter Keimbahnintervention versteht man die gentechnische Manipulation von Keimzellen, die später auf eine Frau übertragen werden. Durch das Einpflanzungsverbot wird dies verhindert. Zudem ist unser Wissen um die Auswirkungen solcher Manipulationen so gering, dass von einem verantwortungsvollen Umgang mit einer Technik nicht gesprochen werden kann. Erfreulicherweise ist diese Technik auch nicht notwendig, um Familien zu helfen, die mit schweren Erbkrankheiten belastet sind.

13.4.4 Perspektiven durch die Präimplantationsdiagnostik

Diese Hilfe darf man sich von der sogenannten Präimplantationsdiagnostik (PID) versprechen. Für diese Technik wäre der Weg frei. Das Verfahren setzt eine künstliche Befruchtung voraus. Nach wenigen Runden der Zellteilung entnimmt man im 4- oder 8-Zell-Stadium eine Zelle und sucht nach bestimmten Gen-Defekten. Stellt sich heraus, dass der Defekt nicht vorliegt, wird der zurückgebliebene unmanipulierte embryonale Zellverbund in die Frau übertragen. Dort kann sich der Embryo normal weiterentwickeln. Die PID wurde Anfang der 90er zum ersten Mal bei der Cystischen Fibrose erfolgreich angewendet,[44] eine der häufigsten Erbkrankheiten, die bereits im frühen Erwachsenenalter zum Tode führen kann.[45] Um denen gleich entgegenzutreten, die mit der PID eine neue Eugenik-Welle über uns hereinbrechen sehen, sei folgendes festgehalten:

Erstens unterscheidet sich die PID von der längst praktizierten pränatalen Diagnostik nur in dem einen Punkt, dass kein im Mutterleib lebender Embryo zur Disposition für eine Abtreibung steht. Zur Durchführung einer PID wären demnach dieselben strengen Anwendungsbedingungen anzulegen,

---

[44] Siehe HANDYSIDE et al. (1992).

[45] Siehe Punkt 10.3.3.

wie sie von mehreren Seiten für die pränatale Diagnostik gefordert werden.[46] Zweitens ist die PID ausschließlich eine Hilfe, um den zutiefst menschlichen Wunsch nach einem Kind ohne gravierende Behinderungen zu realisieren. In der Regel sind alle Paare mit Kinderwunsch mehr als dankbar, wenn sie eine Schwangerschaft auf dem biologisch dafür vorgesehenen Wege erreichen können. Nur Paare, denen dies nicht gelingt, oder solche, die aufgrund einer in der Familie vererbten Krankheit regelrecht Angst vor einer ‚zufällig' erzielten Schwangerschaft haben, nehmen überhaupt die Unannehmlichkeiten und Belastungen einer künstlichen Befruchtung auf sich. MARSCHÜTZ (2001) schreibt dazu: „Eine In-vitro-Fertilisations-Behandlung wird insbesondere von Frauen als sehr belastend und schamverletzend erfahren. Eine extrakorporale Romantik gibt es nicht".

Und letzteren kann die PID helfen. Das Embryonenschutzgesetz (§3) erlaubt bereits heute eine Selektion des Geschlechts, wenn diese dazu dient, „das Kind vor der Erkrankung an einer Muskeldystrophie vom Typ Duchenne oder einer ähnlich schwerwiegenden Krankheit zu bewahren". Mit der PID könnten viele Kinder vor einer Reihe weiterer schwerer Erbkrankheiten auf einem Weg geschützt werden, der den Eltern körperliches und psychisches Leid erspart, freilich um den Preis der Belastungen einer künstlichen Befruchtung. Und drittens werden durch die PID keine positiv eugenischen Maßnahmen möglich. Um eine PID durchführen zu können, muss man in Kenntnis eines bestimmten Gen-Defektes sein, der mit großer Wahrscheinlichkeit mit einer Krankheit korreliert. Der Humangenetiker spricht von der „Penetranz".[47] Derzeit kennen wir einige Erbkrankheiten, deren Penetranz hoch genug ist, dass sich mit Hilfe der PID nach ihnen selektionieren ließe. Welche Gen-Konstellation zu welcher menschlichen Eigenschaft (z.B. Leistungsfähigkeit) gehört, wissen wir nicht im Geringsten. Ganz zu schweigen davon, dass so eine Gen-Konstellation niemals penetrant sein würde.[48]

13.4.5 Therapeutisches Klonen

Durch die Forschung an menschlichen Zellen und Zellverbänden der frühen Entwicklungsstadien könnten sich in Zukunft Möglichkeiten ergeben, schwere Krankheiten zu bekämpfen. Zudem steht mit der Präimplantationsdiagnostik bereits heute ein Verfahren zur Verfügung, das von Erbkrankheiten betroffenen Familien viel Leid ersparen könnte. „Wenn man kranken Menschen helfen, ja viele vor dem Tod bewahren könnte und dieses unterlässt, ist das rechtfertigungsbedürftig" erläutert NIDA-RÜMELIN (2001), wobei dort eine Rechtfertigung in dem „hypothetischen, nicht kategorischen Argument gegen eine

[46] Siehe GESELLSCHAFT FÜR HUMANGENETIK E.V. (1995), BUNDESÄRZTEKAMMER (1998) und DEUTSCHE FORSCHUNGSGEMEINSCHAFT (1999).

[47] Siehe Punkt 10.3.2.

[48] Zur humangenetischen Diagnostik siehe Abschn. 10.3 und vgl. BARTRAM et al. (2000).

Freigabe zum jetzigen Zeitpunkt" gesehen wird, dass „die Freigabe therapeutischen Klonens möglicherweise die Option des reproduktiven Klonens eröffnen würde." Und weiter: „Die Freigabe des therapeutischen Klonens könnte sich in der Tat dann als sinnvoll herausstellen, wenn sich zuverlässige ethische, rechtliche und politische Barrieren gegen reproduktives Menschenklonen errichten lassen."

Es wurde gezeigt, dass die Option des reproduktiven Klonens nicht vorliegt, solange keine Experimente mit Menschen durchgeführt werden. Durch die vorgeschlagene Regelung, den Umgang mit menschlichen Keim-, befruchteten Ei- und totipotenten Zellen im Labor grundsätzlich zu gestatten, eine folgende Übertragung auf eine Frau aber strikt zu untersagen, ist therapeutisches, aber nicht reproduktives Klonen möglich. Die geforderten Barrieren sind also aufgebaut. Der moralische Konflikt ist gelöst.

Es sei zum Ende des Abschnitts nochmals betont, was durch den hiesigen Vorschlag explizit nicht möglich würde: Es wurde auf das Unterbleiben von positiv eugenischen Maßnahmen eingegangen. Es ist vor allem aber auch nicht erlaubt, einen geklonten Menschen herzustellen, auch nicht als ‚Ersatzteillager'. Dies scheitert an der Unrealisierbarkeit, im Labor, aus einem Häufchen Zellen etwas reifen zu lassen, das über den Zustand des Zellverbands oder des Gewebes hinausgeht. Dazu bräuchte man immer eine Mutter, in die das totipotente Zellematerial übertragen werden müsste. Ferner ist es in jedem Fall verboten, totipotentes Zellmaterial in eine Frau einzupflanzen, an dem zuvor irgendeine Form der gentechnischen Manipulation vorgenommen wurde. Damit ist die Keimbahnintervention ausgeschlossen.

13.5 Fazit

Die Betrachtung entwicklungsbiologischer Prozesse hat ergeben, dass einer Zelle oder einem Zellverband der Prädikator „totipotent" nur zukommen kann, wenn diese Zelle oder dieser Zellverband sich im Mutterleib befindet. Nur dann handelt es sich um ein Innen-Wachsendes, einen Embryo. Außerhalb des Mutterleibs, also beispielsweise im Labor, handelt es sich um ein Außen-Wachsendes, einen Ekbryo, dem das Prädikat „totipotent" nicht zukommt. Es wurde vorgeschlagen, Embryonen in dem selben Maße zu schützen, wie es das deutsche Embryonenschutzgesetz heute schon vorsieht, aber von der Anwendung des Gesetzes Ekbryonen vollständig auszuklammern.

Mit der vorgeschlagenen Regelung würden die Intentionen des deutschen Embryonenschutzgesetzes komplett erhalten bleiben, die aufgezeigten Widersprüche würden aber beseitigt werden. Zudem wäre der Weg frei für die Anwendung bestehender und die Erforschung neuer Verfahren und neuer Erkenntnisse die Entwicklungsbiologie des Menschen betreffend. Dies zu unterlassen, wäre moralisch verwerflich, wenn der Hilfsverpflichtung gegenüber Menschen mit schweren Krankheiten keine Verletzung einer anderen moralischen Norm entgegensteht. Es wurde versucht zu zeigen, dass so eine Verletzung bei der Realisierung des vorgetragenen Vorschlags nicht entstehen würde.

Im Umfeld der Gentechnologie muss jede Anwendung einer neuen Technik in einer Genauigkeit überdacht werden, die wir bisher nicht kannten. Dies liegt daran, dass wir die Möglichkeit entwickelt haben, auf einer Ebene in die Entwicklung von Lebewesen einzugreifen, die erstens für das Leben elementar ist und die wir zweitens erst in wenigen Ansätzen verstanden haben. Auf diesem Wege sind Vorsicht, Achtung und Demut geboten. Bei der Frage, welches Leben schützenswert ist, gebühren diese Achtung vor allem der Mutter, dann dem winzigen Menschen, dem Fetus, der nach dem Ablauf komplexer Regulationen im Mutterleib lebt, und schließlich auch dem Embryo, nicht aber dem Häufchen Zellen im Labor, dem Ekbryo.

Anhang: Forschungsprogramme der Physik

In der vorliegenden Arbeit werden immer wieder physikalische Forschungsprogramme als Beispiele diskutiert, oft um sie zu Vergleichszwecken heranzuziehen. Dass dies Forschungsprogramme der Physik sind, liegt an der Leitfunktion der Physik, die sie innerhalb der Wissenschaftstheorie im 20. Jahrhundert inne hatte. In diesem Anhang werden diese Forschungsprogramme, die im Text zwar vorkommen, dort aber nicht genauer vorgestellt werden, jeweils kurz erläutert. Es sind die NEWTONsche Mechanik, die BOHRschen Atomhypothesen und die Quantenmechanik.

A

Die Newtonsche Mechanik

In seinem Werk „*Philosophiae naturalis principia mathematica*" (1687) führt NEWTON (1642–1726) eine neue Methode in die Wissenschaft des ausgehenden 17. Jahrhunderts ein, die sich vor allem dadurch auszeichnet, dass Axiomatisierung und theoretische Deduzierbarkeit mit empirischer Überprüfbarkeit verbunden werden. Zum einen wird das Forschungsprogramm in drei Postulaten niedergeschrieben, aus denen sich eine Vielzahl von hypothetisch-theoretischen und von Beobachtungssätzen herleiten lassen, zum anderen wird darauf Wert gelegt, dass zumindest ein Teil der Beobachtunssätze experimentell überprüft werden kann. Freilich will NEWTON in erster Linie das ‚Weltsystem', also die Bewegungen von Himmelskörpern erklären, die sich natürlich nur beobachten und nicht experimentell studieren lassen. Dadurch aber, dass ein und dasselbe Erklärungsschema auf die Beobachtungen am Himmel und zugleich auf die Experimente auf der Erde erfolgreich angewendet wird, gewinnt man Zutrauen in die Erklärungskraft des Forschungsprogramms. Gerade die Möglichkeit der experimentellen Überprüfungen, die im Prinzip jedermann hat, stärkt das Vertrauen erheblich. Vorausgesetzt wird dabei freilich, dass physikalische Gesetzmäßigkeiten universell, also auf der Erde und am Himmel gelten. Dieses Vorgehen einer durch Prinzipien geleiteten Forschung ist derart überzeugend, dass es zum Leitbild für den Aufbau jeglicher physikalischer Forschungsprogramme wird und die NEWTONsche Mechanik etwa 200 Jahre lang zu der physikalischen Theorie werden lässt, auf die letztlich jedes physikalische Phänomen zurückgeführt werden soll.

Die hier verwendeten Postulate der Klassischen Mechanik findet sich dem Inhalt nach so schon bei NEWTON, der seine Argumente allerdings geometrisch darlegt, wie es zu seiner Zeit üblich war. Dies gilt insbesondere auch für seine Beiträge zur Entwicklung der Infinitesimalrechnung. Für hiesige Zwecke muss auf eine historisch genaue Darstellung keine Rücksicht genommen werden. Es geht schließlich darum, die Grundideen der NEWTONschen Mechanik zu verstehen. Dafür ist eine Darstellung ausreichend, wie sie sich ähnlich auch in Schulbüchern findet. Zudem bedeutet es keinen Verlust für die wissenschaftstheoretische Analyse, nur die Bewegungen eines einzelnen Körpers zu betrachten, der punktförmig gedacht werden kann. Sein Ort $r(t)$ verändert sich mit der Zeit t. Diese zeitliche Änderung des Ortes, die Geschwindigkeit $v(t)$, ist der Differenzialquotient des Ortes nach der Zeit $v(t) = \frac{\mathrm{d}}{\mathrm{d}t}r(t) =: \dot{r}(t)$. Nochmalige Differenziation liefert die zeitliche Änderung der Geschwindigkeit, die Beschleunigung $a(t) = \dot{v}(t) = \ddot{r}(t)$. Im Allgemeinen sind der Ort, die Geschwindigkeit und die Beschleunigung Vektoren des $\mathbb{R}^3$. Für das im Folgenden zu Demonstrierende können wir uns auf eindimensionale Bewegungen beschränken.

Newton 1 (Trägheitssatz). Wenn auf einen Körper keine Kraft F einwirkt, dann und nur dann verharrt er im Zustand der geradlinigen Bewegung mit konstanter Geschwindigkeit v oder der Ruhe ($v = 0$):

$$F = 0 \longleftrightarrow r(t) = vt + r_0.$$

Newton 2 (Bewegungssatz). Die Änderung der Geschwindigkeit eines Körpers ist der einwirkenden Kraft proportional, d.h. die Bewegung $r(t)$ eines Körpers der Massen m wird beschrieben durch die Differenzialgleichung:

$$m\ddot{r}(t) = F.$$

Newton 3 (Wechselwirkungssatz). Kräfte werden durch Wechselwirkungen verursacht: Wenn auf einen Körper der Masse m von einem anderen der Masse M eine Kraft $F_{M\rightarrow m}$ einwirkt, dann wirkt von m auf M die Kraft $F_{m\rightarrow M}$ zurück, die stets den gleichen Betrag aber entgegengesetzte Richtung hat:

$$F_{m\rightarrow M} = -F_{M\rightarrow m}.$$

Der Trägheitssatz zeichnet erstens Bewegungen mit konstanter Geschwindigkeit als nicht erklärungsfähig aus, um dann zweitens jede Abweichung von dieser Bewegungsform als erklärungsbedürftig festlegen zu können. Diese Abweichungen, so postuliert er drittens, werden von einer sogenannten Kraft verursacht. Der Bewegungssatz stellt das Erklärungsschema dar. Es lautet: Ersetze die schematische Funktion F durch einen konkreten Term. Dieser kann von den zeitlich variablen systemunabhängigen Größen $r(t)$ und $v(t)$, konstanten systemspezifizierenden Größen wie z.B. Massen, einer für eine Wechselwirkung jeweils charakteristischen Proportionalitätskonstanten und der Zeit t abhängen. Ist die Funktion F spezifiziert, verbleibt eine Differenzialgleichung zu lösen, dessen Lösung $r(t)$ die beobachtete Abweichung von der geradlinigen Bewegung mit konstanter Geschwindigkeit zu beschreiben vermag. Wird dies mit der gefundenen Lösung nicht erreicht, beginnt das Programm von Neuem, die Funktion F muss in anderer Weise konkretisiert und die Differenzialgleichung erneut gelöst werden. Der Wechselwirkungssatz postuliert, woher die Kräfte kommen, von denen in den ersten beiden Postulaten die Rede ist. Sie entstehen immer durch Wechselwirkungen zwischen den Körpern. Bekannt ist er auch als *„actio gegengleich reactio"*.

Das einfache Beispiel des Federpendels wird die Arbeitsweise des NEWTONschen Forschungsprogramms verdeutlichen (Abbildung A.1): Eine Masse m sei durch eine Feder mit konstanter Härte D fest mit einem unbeweglichen Träger verbunden. Das Koordinatensystem, in dem die Bewegung aufgezeichnet werden soll, sei so gewählt, dass die Feder bei $r = 0$ entspannt ist, wie der linke Teil der Abbildung zeigt. Im rechten Teil ist der Ort r der Masse in Abhängigkeit von der Zeit t, also die Bewegung aufgezeichnet, die deutlich von der einer geradlinigen mit konstanter Geschwindigkeit abweicht, und damit erklärungsbedürftig ist.

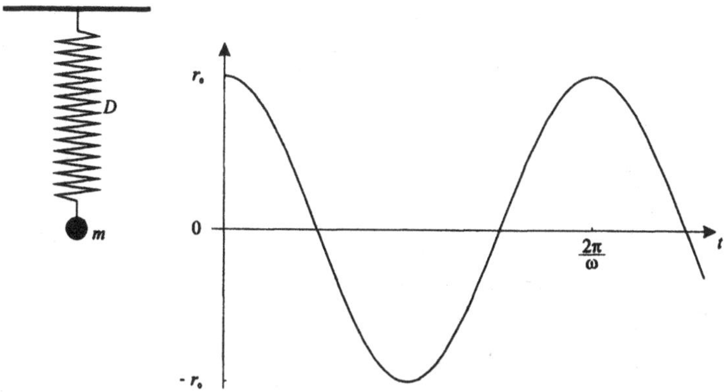

Abbildung A.1. Eine Masse m pendelt an einer Feder mit Konstanter D hoch und runter.

Nach dem HOOKschen Gesetz ist die Federkraft direkt proportional zu ihrer jeweiligen Dehnung oder Stauchung, $F = Dr$, wobei die Federkonstante D die Rolle der Proportionalitätskonstanten übernimmt. Diese Gesetzmäßigkeit für Federn lässt sich experimentell ermitteln. Idealisierend nehmen wir an, dass die Federkraft gegenüber der Erdanziehungskraft viel größer ist, so dass wir letztere und weitere eventuell auftretende Kräfte (z.B. Reibung) für diesen Erklärungsversuch vernachlässigen. Da die Federkraft stets der Bewegung der Masse entgegenwirkt (Minuszeichen), ergibt sich die Spezifizierung des zweiten Postulates:

$$m\ddot{r}(t) = -Dr(t). \tag{A.1}$$

Es handelt sich um eine lineare Differenzialgleichung zweiter Ordnung mit konstanten Koeffizienten, die es nun zu lösen gilt. Sie stellt uns die Aufgabe, eine Funktion $r(t)$ zu suchen, die nach zweimaligem Ableiten bis auf ein Vorzeichen und eine Konstante wieder sich selbst ergibt. Auch ohne genaue Kenntnisse der Theorie der Differenzialgleichungen kann diese Aufgabe gelöst werden. Sowohl die Sinus- als auch die Kosinus-Funktion erfüllen das Geforderte. Genauer gesagt, erfüllt jede Funktion der Form

$$r(t) = A\cos(\omega t + \varphi), \tag{A.2}$$

mit den drei Parametern A, ω und φ, also jedes Mitglied der durch diesen Term festgelegten dreiparametrigen Schar von Funktionen die Differenzialgleichung. Denn zweimaliges Ableiten

$$\begin{aligned} \dot{r}(t) &= -A\omega \sin(\omega t + \varphi), \\ \ddot{r}(t) &= -A\omega^2 \cos(\omega t + \varphi), \end{aligned} \tag{A.3}$$

und Einsetzen in die Differenzialgleichung (A.1) ergibt, dass diese erfüllt ist, wenn der Parameter ω festgelegt wird als

$$\omega^2 = \frac{D}{m}.$$

Mit $\omega = 2\pi f$ wird die Kreisfrequenz bezeichnet, das ist bis auf den Faktor 2π die Frequenz, d.h. die Anzahl der Perioden, die das Federpendel in einer bestimmten Zeit durchschwingt. Offenbar nimmt die Frequenz zu, je härter die Feder ist, und sie nimmt ab, je größer die Masse ist. Nun sind aber die Amplitude A und die Phasenverschiebung φ noch unbestimmt, d.h. es ist nicht festgelegt, wie hoch das Pendel ausschlägt und zu welchem Zeitpunkt es mit der Schwingung beginnt. Dies kann uns das Forschungsprogramm nicht liefern ohne die Information, wie das Pendel gestartet wurde. Lässt man es in Ruhe hängen, bleibt es in Ruhe, zieht man es am Anfang nach unten, wird die Bewegung anders verlaufen, als wenn es nach oben gehoben wird. Bisher wurde also nur der Typ der Bewegung qualitativ als Kosinus-Funktion festgelegt. Um die Bewegung auch quantitativ festzulegen, müssen die Anfangsbedingungen spezifiziert werden. Bei Differenzialgleichungen zweiter Ordnung sind dies zwei, der Ort und die Geschwindigkeit. Wenn wir das Pendel am Anfang der Bewegung auf die Position r_0 anheben und einfach fallen lassen,

$$\begin{aligned} r(0) &= r_0, \\ v(0) &= \dot{r}(0) = 0, \end{aligned}$$

erhalten wir durch Einsetzen dieser Anfangsbedingungen in obigen Funktionsterm (A.2) und seine zeitlichen Differenzialquotienten (A.3) $A = r_0$ und $\varphi = 0$, also als Lösung unseres Problems

$$r(t) = r_0 \cos(\omega t).$$

Diese Funktion beschreibt die Beobachtung. Das Forschungsprogramm konnte erfolgreich angewendet werden. Dabei wurde die Kraft gemäß dem experimentell zugänglichen HOOKschen Gesetz spezifiziert. Durch diesen Schritt und durch das Festsetzen der Anfangsbedingungen wird empirischer Gehalt in das Forschungsprogramm transportiert. Um die Planetenbewegung zu erklären, konnte NEWTON die benötigte Kraft-Funktion nicht experimentell ermitteln. Er musste sie raten bzw. aus den ihm zur Verfügung stehenden Beobachtungsdaten extrahieren, im Forschungsprogramm ausprobieren und das

Ergebnis mit den astronomischen Beobachtungen vergleichen. Wichtige Vorarbeit lieferte ihm hierbei insbesondere KEPLER (1571-1630; *Astronomia nova* (1609), *Harmonia mundi* (1618)), der die umfangreichen Beobachtungsdaten von BRAHE quantitativ auswertete und daraus seine bedeutenden drei Sätze aufstellte. Es besteht nämlich die Möglichkeit, aus den drei KEPLERschen Beobachtungssätzen den gesuchten Funktionterm zu extrahieren[1]. Wie NEWTON dies auch immer bewerkstelligt haben mag, am Ende stand sein berühmtes Gravitationsgesetz,

$$F_{M \to m}(r) = G\frac{mM}{r^2}, \tag{A.4}$$

das die Kraft einer Masse M auf die Masse m beschreibt, wobei die beiden Massen den Abstand r voneinander haben und die Gravitationskonstante G die Proportionalitätskonstante ist. In der Tat konnten mit Hilfe dieses Terms nicht nur die elliptischen Bewegungen der Himmelskörper erklärt werden, wie sie KEPLER beobachtet hatte, sondern auch lange unverstandene irdische Phänomene wie Ebbe und Flut.

[1] Vgl. VOLZ (1971, S. 16 f.).

B

Die Bohrschen Atomhypothesen

Auch über zweihundert Jahre nach seiner Veröffentlichung ist es zunächst das NEWTONsche Forschungsprogramm das seine Erklärungskraft unter Beweis stellen soll, als Physiker zu Beginn des 20. Jahrhundert versuchen, den Bau von Atomen zu verstehen. Letztlich versagt es und muss für diese Fragestellung der Quantenmechanik weichen. Als entscheidende Entwicklungsstufe von der Klassischen zur Quantenmechanik ist dabei das BOHRsche Forschungsprogramm zu nennen, das dem RUTHERFORDschen Atommodell einen theoretischen Rahmen geben sollte. Die übliche Bezeichnung „BOHRsches Atommodell" ist nicht sinnvoll, da die durch RUTHERFORDs Experimente gewonnene Anschauung vom Atom von BOHR übernommen wird: Atome sind analog zur Planetenbewegung um ein Zentralgestirn aufgebaut. Sie besitzen einen positiven Kern, der nahezu die gesamte Masse des Atoms trägt. Um diesen bewegen sich negativ geladene Elektronen. Es gibt eine Wechselwirkung zwischen Kern und Elektronen, die durch die Ladung der Teilchen vermittelt wird, und zur COULOMB-Kraft führt,

$$F_{Q \to q}(r) = \frac{1}{4\pi\varepsilon_0} \frac{qQ}{r^2},$$

die die Kraft eines Körpers mit Ladung Q auf einen Körper mit Ladung q beschreibt, wobei die beiden Körper den Abstand r voneinander haben und der Bruch $\frac{1}{4\pi\varepsilon_0}$ mit der Dielektrizitätskonstanten des Vakuums ε_0 die Proportionalitätskonstante ist. Ersichtlich wird hier das Forschungsprogramm der NEWTONschen Mechanik mit einem Kraft-Term verwendet, der dem des Gravitationsgesetzes aus Gleichung (A.4) in der Bauart gleicht. Dementsprechend ergeben sich Kreise und Ellipsen als Bahnen für die Elektronen. Der strukturelle Kern der NEWTONschen Mechanik behält bei BOHRs Behandlung des Atoms[1] seine Gültigkeit. Allerdings ergibt sich dadurch ein nicht zu beseitigender Widerspruch zur Elektrodynamik. Sich bewegende Ladungen wie die Elektronen strahlen elektromagnetisch Energie ab. Wegen diesem Energieverlust können sich die Elektronen nicht auf einer stabilen Bahn halten wie ihre

[1] BOHR (1913)

‚Vorbilder', die Planeten, die bei ihrer Bewegung laut Klassischer Mechanik keine Energie verlieren. Billigt man bei der Behandlung von Atomen der Klassischen Mechanik und der Elektrodynamik zugleich Gültigkeit zu, würden die Elektronen in den Kern stürzen. Atome und damit jegliche Materie wären instabil. Nun wird durch die BOHRschen Postulate der strukturelle Kern der NEWTONschen Mechanik um Hilfshypothesen[2] ergänzt:

Bohr 1 (Quantenbedingung). Die Elektronen eines Atoms können sich nur auf solchen Bahnen bewegen, auf denen ihr Drehimpuls $l = mvr$ ein ganzzahliges Vielfaches der Konstanten $\hbar = \frac{h}{2\pi}$ ist, wobei h das PLANCKsche Wirkungsquantum ist:

$$m_e v_n r_n = n\hbar, \quad n \in \mathbb{N}.$$

Bohr 2 (Strahlungsfreie klassische Bewegung). Auf diesen Bahnen gilt die Klassische Mechanik, aber nicht die Elektrodynamik, d.h. die Elektronen strahlen auf diesen Bahnen keine elektromagnetischen Wellen ab.

Bohr 3 (Lichtemission). Der Übergang von einer Bahn mit der höheren Energie E_n auf eine mit niedrigerer E_m erfolgt nicht nach der Klassischen Mechanik, sondern sprunghaft unter Abstrahlung einer elektro-magnetischen Welle (Lichtquant), deren Frequenz f proportional zur Differenz der Bahnenergien ist:

$$hf = E_n - E_m, \quad n, m \in \mathbb{N}.$$

Nach der NEWTONschen Mechanik ist der Drehimpuls eine Konstante einer jeden Bewegung, die durch eine Zentralkraft wie Gravitations- oder COULOMB-Kraft bewirkt wird. Damit sich ein Elektron z.B. auf einer Kreisbahn mit Radius r stabil bewegt, müssen die vom Zentrum weg wirkende Zentrifugalkraft und die zum Zentrum hin wirkende COULOMB-Kraft im Gleichgewicht sein ($\frac{mv^2}{r} = \frac{1}{4\pi\varepsilon_0}\frac{qQ}{r^2}$). Zu jedem Radius r gibt es eine passende Geschwindigkeit v, so dass Kräftegleichgewicht herrscht. Der Drehimpuls $l = mvr$ kann jeden beliebigen Wert annehmen. Die Quantenbedingung erlaubt dem widersprechend nur ganz bestimmte Werte des Drehimpulses, nämlich nur natürlich-zahlige Vielfache des konstanten PLANCKschen Wirkungsquantums h geteilt durch 2π. Dadurch sind nicht mehr *kontinuierlich* alle Radien und die zugehörigen Geschwindigkeiten erlaubt, sondern nur *diskret* ganz bestimmte, die mit den natürlichen Zahlen n durchnummeriert werden.

Die Quantenbedingung kommt demnach bisher einer willkürlichen Setzung gleich. Erst im Lichte des sogenannten Welle-Teilchen-Dualismus wird sie einer heuristischen Interpretation zugänglich. Nachdem EINSTEINs Lichtquantenhypothese ($E = hf$), die in das dritte BOHRsche Postulat der Lichtemission eingeht, dem als Welle charakterisierten Licht Teilchenaspekte zuspricht, ordnet DE BROGLIE später umgekehrt den als Teilchen charakterisierten Elektronen eine Wellenlänge zu: $\lambda = \frac{h}{m_e v}$. Damit kann das erste Postulat umgeformt werden: $2\pi r_n = n\lambda$. Es vermittelt nun die in Schulbüchern beliebte Heuristik,

[2] Vgl. Punkt 2.3.3

dass nur solche Kreisbahnen mit Radius r_n zulässig sind, deren Umfang ein natürlich-zahliges Vielfaches der Materiewellenlänge des Elektrons ist (Abbildung B.1). Mit anderen Worten, nur wenn ganze Perioden der Welle auf den Umfang passen, also nur wenn Wellental wieder genau auf Wellental und Wellenberg genau auf Wellenberg trifft, bildet sich eine stabile stehende Welle aus. Andernfalls würde sich die Welle durch negative Interferenz auslöschen.

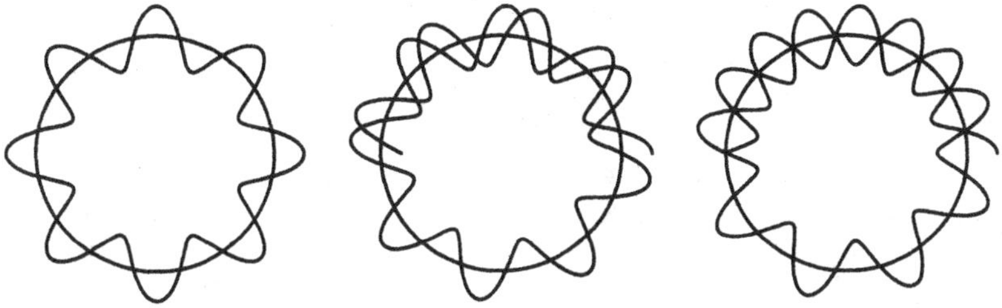

Abbildung B.1. Zur Veranschaulichung der Bohrschen Quantenbedingung: Links beträgt der Umfang genau 8 Wellenlängen, so dass sich eine stehende Welle ergibt. In der Mitte passen $8\frac{1}{4}$ Wellenlängen auf den Umfang, es kommt zur Interferenz. Rechts löscht die Welle sich selbst aus.

Zum zweiten Postulat muss betont werden, dass die Strahlungsfreiheit eine völlig willkürliche *ad hoc*-Hypothese ist, die ohne jede Begründung den Widerspruch zur Elektrodynamik beiseite schafft. Trotz solcher Inkonsistenzen innerhalb des Forschungsprogramms und der Widersprüchlichkeiten zu Klassischer Mechanik und Elektrodynamik war das Bohrsche Programm sehr erfolgreich. Insbesondere erlaubte es eine Erklärung, Licht welcher Wellenlängen von Atomen emittiert wird. Nach den Regeln der Klassischen Mechanik unter Einbeziehung des ersten Postulates lassen sich beispielsweise die Energiestufen des Wasserstoff-Atoms zu

$$\varepsilon_n = -13,6\,\mathrm{eV} \cdot \frac{1}{n^2}, \quad n \in \mathbb{N},$$

bestimmen. Nun lässt sich mit Hilfe von Postulat drei jedem möglichen Energieübergang die Frequenz eines Lichtquantes und damit seine Farbe zuweisen. Die auf diese Weise erhaltenen diskreten Lichtspektren stimmen sehr gut mit den beobachteten überein. Deren Erklärung war ein entscheidender Durchbruch im Verständnis von Atomen. Solange kein besseres Programm vorhanden war und zudem Erfolge verbucht werden konnten, gab es keinen Grund, das Bohrsche Programm wegen der Inkonsistenzen zu verwerfen. Zunächst wurde das Wasserstoff-Atom behandelt, und zwar zuerst als ein System aus festem Proton mit einem Elektron auf einer Kreisbahn, die von einer elliptischen Bahn in einer festen Ebene abgelöst wurde. Dann wurden die Annahmen des festen Protons und der festen Ebene beseitigt und zuletzt der Spin eingeführt.

Danach gelang es, auch etwas kompliziertere Atome und elektromagnetische Effekte zu behandeln.

Die Tatsache, dass es sich bei den BOHRschen Atomhypothesen um ein langwieriges und schwieriges, aber optimistisches und durchaus erfolgreiches Forschungsprogramm handelte, täuschte nie über seine offensichtlichen Unzulänglichkeiten hinweg. Seine wichtige Brückenfunktion zur Quantenmechanik kann aber nicht stark genug betont werden. Das Programm erlaubte den Forschern, sich langsam von lieb gewonnenen klassischen Anschauungen zu verabschieden und sich an die quantenhafte Beschreibungsmethode zu gewöhnen. Nach knapp 15 Jahre der Bewährung wurde es durch das Forschungsprogramm der Quantenmechanik abgelöst, das die erwähnten Inkonsistenzen nicht mehr aufwies. Dies konnte allerdings nur durch die Aufgabe des alten strukturellen Kerns der Klassischen Mechanik bewerkstelligt werden. Damit einher ging eine Revision und in manchen Punkten auch eine Reformation von wissenschaftlichen Grundsätzen der gesamten *scientific community* – nicht nur der der Physiker, die kaum einer für möglich gehalten hätte.

C

Die Quantenmechanik

C.1 Schrödinger-Born-Darstellung

Die Quantenmechanik[1] wird hier zunächst in ihrer als „Wellenmechanik" bekannten Form präsentiert, die auf SCHRÖDINGER zurückgeht. Die Interpretation der Betragsquadrate der ‚Wellen'-Amplituden als Wahrscheinlichkeitsdichten war ein Beitrag von BORN. Vom heutigen Standpunkt aus ist die Bezeichnung „Wellenmechanik" eher verwirrend. Sie geht auf den Dualismus „Welle-Teilchen" zurück, der neben den unverstandenen diskreten Lichtspektren ein Hauptproblem der Physiker zu Beginn des 20. Jahrhunderts war. Wie schon bei NEWTON und BOHR wird auch hier im Folgenden das Forschungsprogramm für ein einzelnes Teilchen postuliert und es werden nur eindimensionale Bewegungen in Betracht gezogen.

Schrödinger – Born 1 (Wahrscheinlichkeitsaussagen). Die möglichen Orte eines quantenmechanischen Teilchens werden beschrieben durch eine Wahrscheinlichkeitsdichte

$$w : \begin{cases} \mathbb{R} \times \mathbb{R} \longrightarrow \mathbb{R}^+ \\ (r,t) \longmapsto w(r,t) \end{cases}, \quad \int_{\mathbb{R}} \mathrm{d}r \; w(r,t) = 1,$$

zu jedem Zeitpunkt t.

Schrödinger – Born 2 (Hilbertraum). Jede Wahrscheinlichkeitsdichte ist festgelegt durch das Betragsquadrat einer komplexwertigen Funktion

$$\psi : \begin{cases} \mathbb{R} \times \mathbb{R} \longrightarrow \mathbb{C} \\ (r,t) \longmapsto \psi(r,t) \end{cases}, \quad w(r,t) = \frac{1}{\mathsf{N}} \left|\psi(r,t)\right|^2,$$

[1] Ein sehr schönes Lehrbuch, das auch auf erkenntnistheoretische Fragen eingeht, ist ISHAM (1995). Die Grundlagen der Quantenmechanik werden genauer von JAUCH (1968) untersucht.

die Element eines Vektorraumes[2] $\mathcal{H}$ ist, das heißt insbesondere auch, dass das Superpositionsprinzip gilt: Jede Funktion $\psi \in \mathcal{H}$ lässt sich als Linearkombination,

$$\psi = c_1\psi_1 + c_2\psi_2, \quad c_1, c_2 \in \mathbb{C},$$

anderer Funktionen $\psi_1, \psi_2 \in \mathcal{H}$ darstellen. Zusätzlich müssen die Elemente von $\mathcal{H}$ normierbar sein, d.h. $\mathsf{N} = \int_{\mathbb{R}} dr \ |\psi(r,t)|^2$ hat zu jedem Zeitpunkt t einen endlichen Wert. So ein Vektorraum ist ein HILBERT-Raum[3] (HR).

Schrödinger – Born 3 (Zeitentwicklung). Wirken auf ein quantenmechanisches Teilchen Kräfte ein, die sich durch die potentielle Energie V erfassen lassen, sind die HR-Vektoren $\psi(r,t)$ des Systems zu jedem Zeitpunkt t durch die zeitabhängige Schrödinger-Gleichung bestimmt:

$$i\hbar\frac{\partial\psi(r,t)}{\partial t} = \left(\frac{-\hbar^2}{2m}\frac{\partial^2}{\partial r^2} + V\right)\psi(r,t).$$

Das erste Postulat stellt die fundamentale Neuerung dar, die eine konsistente Beschreibung von Experimenten in atomaren Größenordnungen ermöglicht. Es ist das – aus Sicht der Klassischen Mechanik – Eingeständnis, einem Teilchen keine Bahn mehr zuordnen zu können, sondern nur noch Aufenthaltswahrscheinlichkeiten. Damit ist eine einzelne Messung nicht vorhersagbar, sondern nur, wie sich ein Ensemble von Teilchen auf jeweilige Messwerte verteilen wird. Wenn nun wenigstens im Prinzip die Möglichkeit bestünde, die Wahrscheinlichkeitsdichte beliebig zu konzentrieren, also mit hundertprozentiger Sicherheit ein beliebig kleines Intervall angegeben werden könnte, in dem sich ein Teilchen befindet, dann wäre dieses ‚Eingeständnis' nicht weiter dramatisch. Dies ist auch möglich, jedoch nur, wenn man für die genaue Kenntnis des Ortes die völlige Unkenntnis des Impulses in Kauf nimmt. Dessen Wahrscheinlichkeitsverteilung ist dann beliebig unkonzentriert. Dies ist die Aussage der berühmten HEISENBERGschen Unbestimmtheitsrelation[4], deren Herkunft kurz angedeutet werden soll.

Unser Reden über Ort und Impuls kann nur aus der Lebenswelt gerechtfertigt werden. Protophysikalisch erhält man die Verfahren der Längen- und der Zeitmessung, die den Ort $r(t)$ in Abhängigkeit von der Zeit t zur Verfügung stellen. Die Geschwindigkeit ist damit als zeitliche Änderung des Ortes ebenfalls zugänglich. Durch den Trägheitssatz der NEWTONschen Mechanik werden nicht nur zwei bestimmte Bewegungstypen, nämlich der Ruhende und der Geradlinige mit konstanter Geschwindigkeit ausgezeichnet, sondern auch ein bestimmter Wechsel der Beobachtunsperspektive, die GALLILEI-Transformation. Zwei Beobachter, die mit festem Abstand zueinander ruhen oder sich mit konstanter Geschwindigkeit zueinander bewegen[5], identifizieren offensichtlich

[2] Siehe CURTIS (1990, S. 9 ff.)

[3] Siehe WERNER (1995, S. 155 ff.)

[4] HEISENBERG (1927)

[5] Bei Vernachlässigung von Drehungen, die in zwei- oder drei-dimensionalen Räumen berücksichtigt werden müssten, setzt sich eine GALLILEI-Transformation

diese durch den Trägheitssatz festgelegten Bewegungstypen als die gleichen, während sie bei einer beschleunigten Bewegung unterschiedliche Bewegungstypen erkennen würden[6].

Nun lassen sich die protophysikalisch definierten Größen Ort und Geschwindigkeit durch ihr Transformationsverhalten bei der GALLILEI-Transformation eindeutig charakterisieren, d.h. wir wissen, dass eine Größe als „Ort" bzw. „Geschwindigkeit" zu bezeichnen ist, wenn sie unter der GALLILEI-Transformation ein entsprechendes Verhalten zeigt. Diese aus der Klassischen Mechanik gewonnenen Eigenschaften von Orten und Geschwindigkeit werden in Form ihres Transformationsverhaltens auf die Quantenmechanik übertragen, damit wir auch dort die Rede von „Orten" und „Geschwindigkeiten" verwenden können. Zudem wird der Begriff „Masse" übernommen, die nach Multiplikation mit der Geschwindigkeit klassisch den Impuls ergibt ($p := mv$). Im Rahmen der formalen mathematischen Struktur der Quantenmechanik bewirkt die Übertragung des Transformationsverhaltens unter anderem, dass die HR-Vektoren $\psi(r)$ und $\widehat{\psi}(p)$ FOURIER-Transformierte zueinander sind:

$$\widehat{\psi}(p) = \int_{\mathbb{R}} \mathrm{d}r \; \tfrac{1}{2\pi\hbar}\, \mathrm{e}^{\frac{i}{\hbar}pr}\, \psi(r). \tag{C.2}$$

Diese Beziehung definiert in der Quantenmechanik den Impuls p, mit dem wiederum die Geschwindigkeit $v := p/m$ definiert werden kann. Die klassische Definition der Geschwindigkeit $v(t) = \dot{r}(t)$ als zeitliche Ableitung des Ortes existiert quantenmechanisch nicht, da der Ort nicht als Raum-Kurve sondern als räumliche Wahrscheinlichkeitsverteilung vorliegt. Aus der Eigenschaft, FOURIER-Transformierte zueinander zu sein, lässt sich dann die Orts-Impuls-Unbestimmtheitsrelation herleiten.

Theorem C.1 (Orts-Impuls-Unbestimmtheitsrelation). *Das Produkt der durch die Varianz σ_r erfassten Konzentration der Orts-Wahrscheinlichkeitsverteilung $w(r)$ und der durch die Varianz σ_p erfassten Konzentration*

G aus Raum-Translationen um die Strecke s (Verschiebungen V_s) und Geschwindigkeits-Translationen mit konstanter Geschwindigkeit w (Boosts B_w) zusammen. Dabei ist der Ort kovariant und die Geschwindigkeit invariant unter Verschiebungen, während bei Isochronität ($\Delta t = 0$) der Ort invariant und die Geschwindigkeit kovariant unter Boosts ist:

$$V_s : \begin{cases} r \longmapsto r' = r - s \\ v \longmapsto v' = v \end{cases}, \quad B_w : \begin{cases} r \longmapsto r' = r - w\Delta t \\ v \longmapsto v' = v - w \end{cases}. \tag{C.1}$$

[6] Gebräuchlich ist auch die Redeweise, dass die GALLILEI-Transformation den NEWTONschen Bewegungssatz $m\ddot{r}(t) = F$ invariant lasse. Gemeint ist damit, dass die linke Seite, also insbesondere $\ddot{r}(t)$ durch Raum- und Geschwindigkeits-Translationen nicht verändert wird, während ein den schematischen Buchstaben F ersetzender konkreter Funktionsterm auf der rechten Seite durchaus von den transformierten Größen r und v abhängen kann.

der Impuls-Wahrscheinlichkeitsverteilung $\widehat{w}(p)$ kann niemals kleiner als die Konstante $\frac{\hbar}{2}$ sein:

$$\sigma_r \sigma_p \geq \frac{\hbar}{2}.$$

Dies bedeutet, dass Ort und Impuls niemals gleichzeitig beliebig genau bestimmt sein können. Nun sind es aber gerade diese beiden Größen, die gemäß unserer klassischen Anschauung den Zustand einer Bewegung zu einem Zeitpunkt charakterisieren wie (A.4) beim Beispiel des Federpendels zeigt. Überträgt man die klassischen Eigenschaften von Ort und Impuls auf die Quantenmechanik, ergibt sich, dass sie dort FOURIER-Transformierte zueinander sind, woraus die Unbestimmtheitsrelation für Ort und Impuls deduziert werden kann. Damit nimmt das Forschungsprogramm der Quantenmechanik eine prinzipielle objektive Unbestimmt der Zustände von Systemen in Kauf, die trotz vieler Versuche nicht beseitigt werden kann und experimentell bestens bestätigt ist.

Um die Eigenschaften mikroskopischer Systeme, wie sie beispielsweise im BOHRschen Programm erforscht wurden, in Wahrscheinlichkeitsaussagen münden zu lassen, bedarf es einer mathematischen Struktur, die komplizierter ist als die der NEWTONschen Mechanik. Sie wird im Postulat 2 festgelegt. Das Heranziehen der komplexen Zahlen $\mathbb{C}$ wird dabei notwendig, um den ‚Wellencharakter' der Teilchen ‚einfangen' zu können. Die für Wellen typischen Phänomene der Beugung und der Interferenz, wie sie z.B. beim Doppelspalt-Versuch zu beobachten sind, lassen sich durch die komplexen Funktionen ψ und ihre Superponierbarkeit beschreiben. Die Bildung des Betragsquadrates sorgt dafür, dass aus der komplexen eine reelle Funktion wird. Nur eine reelle Funktion lässt sich als Wahrscheinlichkeitsdichte interpretieren, wenn sie zusätzlich normierbar ist.

Das dritte Postulat erfüllt in der Quantenmechanik die zum zweiten NEWTONschen Postulat analoge Aufgabe. Es schreibt vor, wie die ein bestimmtes Problem lösenden Funktionen $\psi(r,t)$ gefunden werden. Statt eines konkreten Funktionstermes für die Kraft F wird hier einer für das Potential V gesucht. Da für konservative Kräfte das Potential die negative Stammfunktion der Kraft ist, also $F(r) = -\frac{\partial}{\partial r}V(r)$, sind die Aufgaben bei reiner Ortsabhängigkeit äquivalent. Auch die Klassische Mechanik kann im Rahmen der HAMILTONschen Mechanik so formuliert werden, dass keine Kraft sondern ein Potential konkretisiert werden muss. Tut man dies, liefert die SCHRÖDINGER-Gleichung die für ein durch V konkretisiertes System zulässigen Funktionen $\psi(r,t)$ inklusive Zeitentwicklung. Diese Funktionen können nun von einem diskreten Parameter $n \in \mathbb{N}$ abhängen, $\psi = \psi_n$, der die Quantenhaftigkeit wiedergibt, die schon von BOHR postuliert wurde.

Als Beispiel für die Funktionsweise des quantenmechanischen Forschungsprogramms wird nun das freie Teilchen betrachtet[7], also $V = 0$. Bei diesem Beispiel kommt es allerdings zu keinem quantenhaften Verhalten. Zur Lösung dieses Problems ist der folgende Satz hilfreich:

Theorem C.2 (Zeitunabhängige Schrödiger-Gleichung). *Ist das Potential explizit keine Funktion der Zeit, also $\frac{\partial}{\partial t}V = 0$, sind die Lösungen der zeitabhängigen* SCHRÖDINGER-*Gleichung Linearkombinationen des Produkts zweier Funktionen,*

$$\psi(r,t) = \mathrm{e}^{-\frac{i}{\hbar}\varepsilon t}\,\phi(r),$$

einer zeitabhängigen Exponentialfunktion mit der Energie ε als Konstanter und einer ortsabhängigen Funktion $\phi(r)$, die als Lösung der zeitunabhängigen SCHRÖDIGER-*Gleichung,*

$$\left(\frac{-\hbar^2}{2m}\frac{\partial^2}{\partial r^2} + V\right)\phi(r) = \varepsilon\phi(r),$$

festgelegt ist.

Beweis von Theorem C.2: Mit der Abkürzung $\mathrm{H} := \frac{-\hbar^2}{2m}\frac{\partial^2}{\partial r^2} + V$, dem sogenannten HAMILTON-Operator, und der Annahme der expliziten Zeitunabhängigkeit des Potentials ergibt das Einsetzen des Produkt-Ansatzes $\psi(r,t) := f(t)\phi(r)$ in die zeitabhängige SCHRÖDINGER-Gleichung

$$i\hbar\frac{\frac{\partial}{\partial t}f(t)}{f(t)} = \frac{\mathrm{H}\,\phi(r)}{\phi(r)}.$$

Da nach Voraussetzung V und damit H nicht explizit von der Zeit abhängen, ist die rechte Seite dieser Gleichung zeitunabhängig, also konstant. Die Konstante hat die Einheit einer Energie. Damit sind beide Seiten gleich der konstanten Energie ε. Daraus ergibt sich die linke Seite betrachtend

$$i\hbar\frac{\partial}{\partial t}f(t) = \varepsilon f(t) \quad \text{mit} \quad f(t) = \mathrm{e}^{-\frac{i}{\hbar}\varepsilon t}$$

als Lösung[8] und die rechte Seite betrachtend die zeitunabhängige SCHRÖDINGER-Gleichung

$$\mathrm{H}\,\phi(r) = \varepsilon\phi(r).$$

□

[7] Vgl. COHEN-TANNOUDJI et al. (1977, S. 21 ff.). Im Gegensatz zur Klassischen Mechanik ist das Verhalten des freien Teilchens in der Quantenmechanik nicht in den Postulaten (Trägheitssatz der Klassischen Mechanik) festgelegt.

[8] Die Differenzialgleichung $i\hbar\frac{\partial}{\partial t}f(t) = \varepsilon f(t)$ stellt uns die Aufgabe eine Funktion $f(t)$ zu finden, die nach einmaligem Ableiten bis auf eine Konstante wieder sich selbst ergibt. Diese Eigenschaft hat die Exponentialfunktion.

Nun verbleibt noch, die zeitunabhängige SCHRÖDINGER-Gleichung für das freie Teilchen ($V = 0$),

$$\frac{-\hbar^2}{2m}\frac{\partial^2}{\partial r^2}\phi(r) = \varepsilon\phi(r), \tag{C.3}$$

zu lösen. Wie bei Gleichung (A.1) handelt es sich auch hier um eine lineare Differenzialgleichung zweiter Ordnung mit konstanten Koeffizienten. Nur suchen wir jetzt keine zeitabhängige Ortsfunktion $r(t)$, sondern eine ortsabhängige ϕ-Funktion, die nach Betragsquadrierung zu einer Orts-Wahrscheinlichkeitsverteilung wird. Diese Lösung suchen wir zudem im Komplexen und nicht im Reellen. Indem wir zunächst die FOURIER-Transformierte (C.2) in die SCHRÖDINGER-Gleichung einsetzen,

$$\frac{-\hbar^2}{2m}\frac{\partial^2}{\partial r^2}\int_{\mathbb{R}} \mathrm{d}p\ \tfrac{1}{2\pi\hbar}\,\mathrm{e}^{-\frac{i}{\hbar}pr}\,\widehat{\psi}(p) = \varepsilon\phi(r),$$

und ausnutzen, dass hier der Differenzial-Operator $\frac{\partial^2}{\partial r^2}$ mit dem Integral-Operator $\int_{\mathbb{R}} \mathrm{d}p$ vertauscht werden darf, erhalten wir die klassische Beziehung[9] für die Energie des freien Teilchens

$$\varepsilon = \frac{p^2}{2m}.$$

Damit erkennt man schnell durch Einsetzen in (C.3), dass $\phi(r) = A\,\mathrm{e}^{\frac{i}{\hbar}pr}$ mit der Amplitude $A \in \mathbb{C}$ die gesuchte Lösung der zeitunabhängigen und dann wegen Theorem C.2

$$\psi(r,t) = A\,\mathrm{e}^{\frac{i}{\hbar}pr-\varepsilon t}$$

die der zeitabhängigen SCHRÖDIGER-Gleichung ist. Die Wahrscheinlichkeitsverteilung ergibt sich demnach wegen $|\mathrm{e}^{i\varphi}|^2 = 1$, $\varphi \in \mathbb{R}$ zu

$$w(r,t) = |A|^2,$$

ist also eine konstante Funktion und damit nicht normierbar[10]. Die SCHRÖDINGER-Gleichung ist eine lineare Differenzialgleichung, weswegen jede Linearkombination von Lösungen auch eine Lösung ist. Da der Impuls eine kontinuierliche Größe ist, ist seine Linearkombination keine Summe wie in Postulat 2, sondern ein Integral. Sei $\psi_0(p)$ der HR-Vektor des Impulses zum Zeitpunkt $t = 0$, dann gilt für den HR-Vektor des Orts:

$$\Psi(r,t) = \int_{\mathbb{R}} \mathrm{d}p\ \psi_0(p)\,\mathrm{e}^{\frac{i}{\hbar}pr-Et}. \tag{C.4}$$

Je nach dem, welche Impuls-Dichte $|\psi_0(p)|^2$ zum Zeitpunkt $t = 0$ vorliegt, ergibt sich damit eine Orts-Dichte $|\Psi(r,t)|^2$ zu jedem späteren Zeitpunkt t.

---

[9] Mit $p := mv$ gilt klassisch für die kinetische Energie $\varepsilon_{kin} = \frac{1}{2}mv^2 = \frac{p^2}{2m}$.

[10] Das Integral $\int_{\mathbb{R}} \mathrm{d}r\ k$ ist für jedes $k \in \mathbb{R}^+$ unendlich.

Damit ist das Problem des freien Teilchens im Rahmen der Quantenmechanik gelöst.

Um BOHRs Problem der Beschreibung eines Elektrons unter der COULOMB-Anziehung eines Atomkerns zu lösen, muss im quantenmechanischen Forschungsprogramm $V = -\frac{1}{4\pi\varepsilon_0}\frac{qQ}{r}$ gesetzt werden. Die möglichen Lösungen der SCHRÖDINGER-Gleichung zeigen dann den Quantencharakter, der im BOHRschen Programm noch direkt postuliert werden musste.

C.2 von Neumann-Dirac-Darstellung

Das Beispiel des freien Teilchens hat gezeigt, dass Orts- und Impuls-Wahrscheinlichkeitsdichten gleichberechtigt und miteinander verwoben sind. Dies legt nahe, in der Quantenmechanik die Observable „Ort" nicht mehr besonders auszuzeichnen, sondern eine Formulierung zu suchen, die sämtliche Observable gleich behandelt. Zudem haben wir gesehen, dass sich die Quantenmechanik in Teilen auf einen mathematischen Formalismus zurückzieht, der nicht überall interpretationsfähig ist, und dass bestimmte Regeln des Formalismus wie die Betragsquadrierung entscheidende strukturelle Aufgaben übernehmen. Eine höhere Formalisierung der mathematisch komplizierten Zusammenhänge kann helfen, die Forschungsaufgaben besser zu bewältigen. Auf dem Gebiet der mathematischen Durchdringung der Quantenmechanik hat insbesondere VON NEUMANN Pionierarbeit geleistet, auf dem der Formalisierung DIRAC, nach dem ein heute gebräuchlicher, sehr effektiver Formalismus benannt ist. Mit Hilfe dieser soll die Quantenmechanik nun nochmals postuliert werden. Dabei werden auch eine Reihe von Verallgemeinerungen gegenüber der SCHRÖDIGER-BORN-Formulierung stattfinden.

Wie bisher beschränkt sich die Darstellung auch weiterhin auf eindimensionale Observable (Konfigurationsraum ist $\mathbb{R}$). Zudem werden nur unendlichdimensionale HILBERT-Räume zum Einsatz kommen, also Observable wie der Spin außer Acht gelassen. Wie schon im BOHRschen Programm unterscheidet die Quantenmechanik auch kontinuierliche und diskrete Observable. Der Wert einer beliebigen kontinuierlichen Observablen werde mit x bezeichnet, der einer diskreten mit ν_n, wobei $n \in \mathbb{Z}$ die reellen Werte durchnummeriert. Um welche Observablen es sich dabei handelt, also beispielsweise die kontinuierlichen Ort und Impuls ($x = r, p$) oder den z.B. beim Wasserstoff-Atom diskreten Bahndrehimpuls[11] ($\nu_n = l_n$), wird in der folgenden VON NEUMANN-DIRAC-Formulierung nicht spezifiziert. Nur eine Observable, die Energie, mit ihren manchmal diskreten (z.B. beim Wasserstoff-Atom), manchmal kontinuierlichen (freies Teilchen) Werten ε wird im Postulat der Zeitentwicklung in Form des HAMILTON-Operators H explizit in Erscheinung treten, der bei systematischer Benennung „Energie-Operator" heißen müsste.

[11] Vgl. erstes BOHRsches Postulat.

von Neumann – Dirac 1 (Hilbertraum). Jeder quantenmechanischen Beschreibung eines Systems mit Konfigurationsraum $\mathbb{R}$ liegt ein Hilbertraum $\mathcal{H}$, der lineare Vektorraum $L^2(\mathbb{R})$ der komplexen L^2-normierbaren Funktionen[12] zugrunde, wobei das Skalarprodukt

$$\langle\cdot|\cdot\rangle : \begin{cases} \mathcal{H}\times\mathcal{H} \longrightarrow \mathbb{C} \\ (|\phi\rangle\,,|\psi\rangle) \longmapsto \langle\phi|\psi\rangle \end{cases}$$

die Norm $\|\psi\| := \sqrt{\langle\psi|\psi\rangle}$ induziert.

Der Raum $\mathcal{H}$ hat die Dimension $\dim\mathcal{H} = \infty$ und wird von einer abzählbar unendlich großen Menge von Vektoren aufgespannt, die orthonormal gewählt werden können:

$$\mathcal{H} = \mathrm{Span}\,\{|\psi_n\rangle\}_{n=0,1,\ldots,\infty}\,, \quad \langle\psi_n|\psi_m\rangle = \delta_{n,m}, \quad \sum_{n=0}^{\infty} |\psi_n\rangle\,\langle\psi_n| = \mathbb{1}\,.$$

Die Vektoren $\langle\psi_n|$ sind Elemente des Dualraumes[13] von $\mathcal{H}$. Das dyadische Produkt

$$|\chi\rangle\,\langle\psi| : \begin{cases} \mathcal{H} \longrightarrow \mathcal{H} \\ |\phi\rangle \longmapsto |\chi\rangle\,\langle\psi|\phi\rangle \end{cases}$$

definiert einen linearen Operator, der einem Vektor $|\psi\rangle$ des HILBERT-Raums einen anderen $|\chi\rangle$ multipliziert mit der komplexen Zahl $\langle\psi|\phi\rangle$ zuordnet. Zu jedem Operator $A := |\phi\rangle\,\langle\psi|$ gibt es einen adjungierten Operator $A^+ := |\psi\rangle\,\langle\phi|$ wobei die anti-lineare Korrespondenz gilt:

$$c\,|\psi\rangle \longleftrightarrow c^*\,\langle\psi|\,, \quad c\in\mathbb{C}.$$
$$A\,|\psi\rangle \longleftrightarrow \langle\psi|\,A^+.$$

Eine der Stärken der DIRAC-Notation[14] ist die von einer bestimmten Darstellung befreite Arbeitsweise: Eine quadratintegrable komplex-wertige Funktion ψ, also ein Element des Vektorraumes $\mathcal{H}$, wird als das *Ket*-Symbol $|\psi\rangle$ geschrieben. Erst nach Multiplikation von links mit einem *Bra*-Symbol $\langle\phi_n|$, das die Elemente einer Basis des Dualraums darstellt, erhält das $\mathcal{H}$-Element eine Darstellung, die durch das *BraKet*-Symbol[15] $\langle\phi_n|\psi\rangle$ notiert wird, ϕ_n-Darstellung von ψ heißt und das Skalarprodukt auf dem Vektorraum $\mathcal{H}$ ist. Ebenso kann eine uneigentliche Basis des Dualraumes $\{\langle x|\}_{x\in\mathbb{R}}$ zur Darstellung von ψ verwendet werden: $\langle x|\psi\rangle$. Die im SCHRÖDINGER-BORN-Programm benutzte Funktion $\psi(r) = \langle r|\psi\rangle$ ist also nun die Orts-Darstellung von ψ. Zudem gibt es auch eine Impuls-Darstellung $\langle p|\psi\rangle = \widehat{\psi}(p)$. Dass die Impuls-Darstellung der selben Funktion ψ in der Regel eine ganz andere Abhängigkeit

[12] Siehe GROSSMANN (1988, S. 77 ff.)
[13] Siehe CURTIS (1990, S. 41 ff.)
[14] Eine detaillierte Darstellung findet sich beispielsweise in COHEN-TANNOUDJI et al. (1977, S. 108 ff.).
[15] Das englische Wort „bracket“ heißt Klammer.

von der Variablen p hat als die Orts-Darstellung von r, wird mit dem ‚Hütchen' gekennzeichnet.

von Neumann – Dirac 2 (Zustände). Ein Zustand wird beschrieben durch einen selbstadjungierten positiven Operator $W : \mathcal{H} \longrightarrow \mathcal{H}$:

$$W = \sum_{n=0}^{\infty} \omega_n \left|\psi_n\right\rangle \left\langle\psi_n\right|, \quad \omega_n \in \mathbb{R}^+, \quad \sum_{n=0}^{\infty} \omega_n = 1,$$

dessen Summe der Koeffizienten ω_n eins ist.

von Neumann – Dirac 3 (Observablen-Wahrscheinlichkeitsdichten). Eine Observable X mit kontinuierlichen nicht entarteten Werten $x \in \mathbb{R}$ wird beschrieben durch einen selbstadjungierten Operator X auf $\mathcal{H}$:

$$X = \int_{\mathbb{R}} \mathrm{d}x \; x \left|x\right\rangle \left\langle x\right|, \quad X^+ = X, \quad x \in \mathbb{R}.$$

Dabei ist x der Eigenwert zum uneigentlichen Eigenvektor $|x\rangle$, d.h. es gilt

$$X \left|x\right\rangle = x \left|x\right\rangle.$$

Zudem gilt die Vollständigkeitsrelation

$$\int_{\mathbb{R}} \mathrm{d}x \; \left|x\right\rangle \left\langle x\right| = \mathbb{1}.$$

Eine Observable N mit diskreten Werten ν_n wird beschrieben durch einen selbstadjungierten Operator $N : \mathcal{H} \longrightarrow \mathcal{H}$:

$$N = \sum_{n=0}^{\infty} \nu_n \left|\nu_n\right\rangle \left\langle\nu_n\right|, \quad N^+ = N, \quad \nu_n \in \mathbb{R}, \quad n \in \mathbb{Z}.$$

Dabei ist ν_n der n-te Eigenwert zum n-ten Eigenvektor $|\nu_n\rangle$, d.h. es gilt

$$N \left|\nu_n\right\rangle = \nu_n \left|\nu_n\right\rangle$$

Zudem gilt die Vollständigkeitsrelation

$$\sum_{n=0}^{\infty} \left|\nu_n\right\rangle \left\langle\nu_n\right| = \mathbb{1}.$$

Im Zustand W gehorchen die Observablen X bzw. N den Wahrscheinlichkeitsdichten

$$w^X(x) = \left\langle x\right| W \left|x\right\rangle \quad \text{bzw.} \quad w^N(\nu_n) = \left\langle\nu_n\right| W \left|\nu_n\right\rangle$$

von Neumann – Dirac 4 (Zeitentwicklung). Die Zustände eines quantenmechanischen Systems, das durch den HAMILTON-Operator H charakterisiert ist, sind zu jedem Zeitpunkt t durch die VON NEUMANN-Gleichung

$$i\hbar \frac{\mathrm{d}}{\mathrm{d}t} W_t = \mathrm{H}\, W_t - W_t\, \mathrm{H}$$

bestimmt, die für konservative Systeme, d.h. $\frac{\partial H}{\partial t} = 0$, formal integriert werden kann:

$$W_t = \mathrm{e}^{-\frac{i}{\hbar}tH}\, W_0\, \mathrm{e}^{\frac{i}{\hbar}tH}\,.$$

Zum Beweis der Leistungsfähigkeit dieses Programms betrachten wir nochmals das freie Teilchen. Der HAMILTON-Operator eines Teilchens im Potential $V(R)$ ist

$$\mathrm{H} = \frac{P^2}{2m} + V(R)$$

mit P als dem Impuls-Operator und R als dem Orts-Operator. Beim freien Teilchen ist $V(R) = 0$ und damit die Impuls-Eigenbasis auch die Energie-Eigenbasis

$$\varepsilon\, |p\rangle = \mathrm{H}\, |p\rangle = \frac{P^2}{2m}\, |p\rangle = \frac{p^2}{2m}\, |p\rangle\,.$$

Die Eigenwerte von H hängen also kontinuierlich von p ab:

$$\varepsilon(p) = \frac{p^2}{2m}.$$

Nun können wir die Orts-Wahrscheinlichkeitsverteilung zum Zeitpunkt t berechnen, indem zuerst in Postulat 3 das Postulat 4 eingesetzt wird,

$$w_t^R(r) = \langle r|\, W_t\, |r\rangle = \langle r|\, \mathrm{e}^{-\frac{i}{\hbar}tH}\, W_0\, \mathrm{e}^{\frac{i}{\hbar}tH}\, |r\rangle\,,$$

und mit Hilfe der Vollständigkeitsrelation $\int_{\mathbb{R}} \mathrm{d}p\ |p\rangle\, \langle p| = \mathbb{1}$ die Basis zweimal so geändert wird, dass die beiden H in den Exponentialfunktionen auf ihre Eigenbasis wirken können:

$$\begin{aligned} w_t^R(r) &= \int_{\mathbb{R}} \mathrm{d}p \int_{\mathbb{R}} \mathrm{d}p'\, \langle r|p\rangle\, \langle p|\, \mathrm{e}^{-\frac{i}{\hbar}tH}\, W_0\, \mathrm{e}^{\frac{i}{\hbar}tH}\, |p'\rangle\, \langle p'|r\rangle \\ &= \int_{\mathbb{R}} \mathrm{d}p \int_{\mathbb{R}} \mathrm{d}p'\, \langle p'|r\rangle\, \langle r|p\rangle\, \mathrm{e}^{-\frac{i}{\hbar}t(\varepsilon(p)-\varepsilon(p'))}\, \langle p|\, W_0\, |p'\rangle\,. \end{aligned}$$

Wegen $\langle p|\psi\rangle = \int_{\mathbb{R}} \mathrm{d}r\ \langle p|r\rangle\, \langle r|\psi\rangle$ ergibt sich durch Vergleich mit (C.2), dass $\langle p|r\rangle = \frac{1}{2\pi\hbar}\, \mathrm{e}^{\frac{i}{\hbar}pr}$, und damit

$$w_t^R(r) = \frac{1}{2\pi\hbar} \int_{\mathbb{R}} \mathrm{d}p \int_{\mathbb{R}} \mathrm{d}p'\, \mathrm{e}^{\frac{i}{\hbar}(pr-\varepsilon(p)t)}\, \mathrm{e}^{-\frac{i}{\hbar}(p'r-\varepsilon(p')t)}\, \langle p|\, W_0\, |p'\rangle = |\Psi(r,t)|^2\,.$$

Dabei wurde für das letzte Gleichheitszeichen der Zustand $W_0 = |\psi_0\rangle\, \langle\psi_0|$ benutzt, so dass in der Tat durch formale Manipulationen das Betragsquadrat der obigen Lösung (C.4) herauskommt.

Literatur

ACKERMANN, S. (2000): Ethische Probleme der Stammzell-Forschung und -Therapie. *Ethica* 9 (3), 227-243.

ARGYRIS, J. & FAUST, G., HAASE, M. (1994): *Die Erforschung des Chaos – Eine Einführung für Naturwissenschaftler und Ingenieure.* Vieweg, Braunschweig – Wiesbaden.

ALBRECHT, J. (1991): Das Watson-Projekt. Die Zeit 13/1991.

AMES, B.N. (1997): Oxidative Decay of DNA. *J. Biol. Chem.* 272 (32), 19633 - 19636.

ARROWSMITH, D. K. & PLACE, C. M. (1994): *Dynamische Systeme.* Spektrum Akademischer Verlag, Heidelberg – Berlin – Oxford.

ASQUITH, P. D. & GIERE, R. N. (eds.) (1980): *PSA 1980, Volume 1.* Philosophy of Science Association, East Lansing/Michigan.

ASQUITH, P. D. & GIERE, R. N. (eds.) (1981): *PSA 1980, Volume 2.* Philosophy of Science Association, East Lansing/Michigan.

BALZER, W. (1997): *Die Wissenschaft und ihre Methoden – Grundsätze der Wissenschaftstheorie – Ein Lehrbuch.* Alber, Freiburg – München.

BALZER, W. & DAWE, C. M. (1986): Structure and Comparison of Genetic Theories: (1) Classical Genetics. *The British Journal for the Philosophy of Science* 37, 55-69.

BALZER, W. & DAWE, C. M. (1997): *Models for genetics.* Peter Lang, Frankfurt am Main.

BALZER, W. & HEIDELBERGER, M. (Hrsg.) (1983): *Zur Logik empirischer Theorien.* Walter de Gruyter, Berlin – New York.

BALZER, W. & LORENZANO, P. (2000): The logical structure of Classical Genetics. *Journal for General Philosophy of Science* 31, 243-266.

BALZER, W. & C. U. MOULINES & J. D. SNEED (1987): *An architectonic for science – The Structuralist Program.* Reidel, Dordrecht.

BALZER, W. & MOULINES, C. U. (eds.) (1996): *Structuralist Theory of Science – Focal Issues, New Results.* Walter de Gruyter, Berlin – New York.

BARTRAM, C. R. & BECKMANN J. P. & BREYER F. & FEY G. & FONATSCH C. & IRRGANG B. & TAUPITZ J. & SEEL K.-M. & THIELE F.

(2000): *Humangenetische Diagnostik – Wissenschaftliche Grundlagen und gesellschaftliche Konsequenzen.* Springer, Berlin.

BAYERTZ, K. & ACH, J. S. & PASLACK, R. (2001): Wissen mit Folgen: Zukunftsperspektiven und Regelungsbedarf der genetischen Diagnostik innerhalb und außerhalb der Humangenetik. *Jahrbuch für Wissenschaft und Ethik* 6, 271-307.

BEARDSLEY, T. (1991): Intelligente Gene. *Spektrum der Wissenschaft* 4, 64-74.

BECKER, V. & SCHIPPERGES, H. (Hrsg.) (1995): *Krankheitsbegriff, Krankheitsforschung, Krankheitswesen.* Springer, Berlin – Heidelberg.

BECKMANN, J. P. (1998): Patientenverfügung: Autonomie und Selbstbestimmung vor dem Hintergrund eines im Wandel begriffenen Arzt-Patient-Verhältnisses. *Zeitschrift für medizinische Ethik* 44, H.2, 143-156.

BECKMANN, J. P. (2000): Autonomie und Krankheitsrelevanz. In: BARTRAM et al. (2000), 126-148.

BECKMANN, J. P. (2002): Pharmakogenomik und Pharmakogenetik: Ethische Fragen. *Jahrbuch für Wissenschaft und Ethik* 7/2002, 259-276.

BELNAP, N. D. & STEEL, T. B. (1976): *The Logic of Questions and Answers.* Yale University, New Haven – London. Deutsche Übersetzung: BELNAP & STEEL (1985).

BELNAP, N. D. & STEEL, T. B. (1985): *Die Logik von Frage und Antwort.* Vieweg, Braunschweig. Englisches Original: BELNAP & STEEL (1976).

BEURTON, P. J. & FALK, R. & RHEINBERGER, H.-J. (eds.) (2000): *The Concept of the Gene in Development and Evolution – Historical and Epistemological Perspectives.* Cambridge University Press, Cambridge.

BEUTLER, E. & FELITTI, V. J. & KOZIOL, J. A. & HO, N. J. & GELBART, T. (2002): Penetrance of 845G→A (C282Y) HFE hereditary haemochromatosis mutation in the USA. *Lancet* 359, 211-218.

BERUFSVERBAND MEDIZINISCHE GENETIK (1996): Leitlinien zur Erbringung humangenetischer Leistungen. *Medizinische Genetik* 8, Heft 3, Sonderbeilage, 1-4.

BERUFSVERBAND MEDIZINISCHE GENETIK (1999): Molekulargenetische Diagnostik in Deutschland und den Nachbarländern. *Medizinische Genetik* 11, 584-626.

BIESECKER, B. B. & MARTEAU, T. M. (1999): The future of genetic counselling: an international perspective. *Nature Genetics* 22, 133-137.

BIRD, T. D. (1999): Outrageous fortune: the risk of suicide in genetic testing for Huntington disease. *American Journal of Human Genetics* 64, 1289-1292.

BLAU, H. M. & BRAZELTON, T. R. & WEIMANN, J. M. (2001): The Evolving Concept of a Stem Cell. *Cell* 105, 829-841.

BOHR, N. (1913): On the Constitution of Atoms and Molecules. *Phil. Mag.* 26, 1-25, 476-502, 857-875.

BOURBAKI, N. (1968): *Elements of Mathematics – Set Theory.* Addison Wesley, Paris.

BRINKMANN, U. & ROOTS, I. & EICHELBAUM, M. (2001): Pharmacogenetics of the human drug-transporter gene MDR1: impact of polymorphism on pharmacotherapy. *Drug Discov. Today* 6(16), 835-839.

BRISSOT, P. (2001): Hemochromatosis at the intersection of classical medicine and molecular biology. *Les Comptes Rendus de l'Académie des Sciences, Life Sciences* 324, 795-804.

BROOK, F.A. & GARDNER, R.L. (1997): The origin and efficient derivation of embryonic stem cells in the mouse. *Proc. Natl. Acad. Sci. USA* 94, 5709-5712.

BROWN, T.A. (1993): *Moderne Genetik.* Springer, Heidelberg.

BÜRGER, R. (2000): *The Mathematical Theory of Selection, Recombination, and Mutation.* John Wiley & Sons, Chichester.

BUNDESÄRZTEKAMMER (1998): Richtlinien zur Diagnostik der genetischen Disposition für Krebserkrankungen. *Deutsches Ärzteblatt* 95 (22), A-1396 -1403.

CARNAP, R. (1923): Über die Aufgabe der Physik – und die Anwendung des Grundsatzes der Einfachstheit. *Kant-Studien* 28, 90-107.

CARNAP, R. (1928): *Der logische Aufbau der Welt.* Felix Meiner, Hamburg. Unveränderte Auflage ³1966.

CHRIST, B. E. A. & WACHTLER, F. (1998): *Medizinische Embryologie.* Ullstein Medical, Wiesbaden.

CIBELLI, J. B. & STICE, S. L. & GOLUEKE, P. J. & KANE, J. J. & JERRY, J. & BLACKWELL, C. & PONCE DE LEON, F. A. & ROBL, J. M. (1998): Cloned Transgenic Calves Produced from Nonquiescent Fetal Fibroblasts. *Science* 280, 1256-1258.

CIBELLI, J. B. & LANZA, R. P. & WEST, M. D. & EZZELL, C. (2002): The first human cloned embryo. *Sci. Am.* 286 (1), 44-51. In Deutsch erschienen als CIBELLI et al. (2002a).

CIBELLI, J. B. & LANZA, R. P. & WEST, M. D. (2002a): Die ersten geklonten menschlichen Embryonen. *Spektrum der Wissenschaft* 1/2002, 12 -16. Deutsche Version der englischen Originalarbeit CIBELLI et al. (2002).

COHEN-TANNOUDJI, C. & DIU, B. & LALOË, F. (1977): *Quantum Mechanics – Volume I.* Hermann, Paris.

CURTIS, M. L. (1990): *Abstract Linear Algebra.* Springer, New York.

CRAMER, F. (1993): *Chaos and Order – The Complex Structure of Living Systems.* VCH Verlagsgesellschaft, Weinheim.

DALY, M. J. & RIOUX, J. D. & SCHAFFNER, S. F. & HUDSON, T. J. & LANDER, E. S. (2001): High-resolution haplotype structure in the human genome. *Nature Genetics* 29, 229-232.

DASSOW, G. VON & MEIR, E., MUNRO, E. M. & ODELL, G. M. (2000): The segment polarity network is a robust developmental module. *Nature* 406, 188-192.

DASSOW, G. VON & ODELL, G. M. (2002): Design and Constraints of the *Drosophila* Segment Polarity Module: Robust Spatial Patterning Emerges from Intertwined Cell State Switches. *J. Exp. Zool. (Mel. Dev. Evol.)* 294, 179-215.

DEUTSCHER BUNDESTAG (2000): Stand und Perspektiven der genetischen Diagnostik – Bericht des Ausschusses für Bildung, Forschung und Technikfolgenabschätzung (19. Ausschuss). *BT-Drucksache* (14. Wahlperiode), 14/4656. Inzwischen auch erschienen als HENNEN et al. (2001).

DEUTSCHE FORSCHUNGSGEMEINSCHAFT (1999): Stellungnahme der DFG-Senatskommission für Grundsatzfragen der Genforschung, Mitteilung Nr.2: Humangenomforschung und prädiktive genetische Diagnostik: Möglichkeiten - Grenzen - Konsequenzen. *Wiley*-VCH, Weinheim.

DEPOMERAI, D. (1993): *Molekulare Entwicklungbiologie der Tiere.* Spektrum Akademischer Verlag, Heidelberg – Berlin – Oxford.

DINGLER, H. (1938): *Die Methode der Physik.* Reinhardt, München.

DOBZHANSKY, TH. (1950): Mendelian populations and their evolution. *American Naturalist* 84, 401-418.

DÜWELL, M. & MIETH, D. (Hrsg.) (1999): *Ethik in der Humangenetik.* Lang, Bern.

EBELING, W. & ENGEL, H. & HERZEL, H. (1990): *Selbstorganisation in der Zeit.* Akademie-Verlag, Berlin.

ELDAR, A. & DORFMAN, R., WEISS, D., ASHE, H., SHILO B.-Z. & BARKAI, N. (2002): Robustness of the BMP morphogen gradient in *Drosophila* embryonic patterning. *Nature* 419, 304-308.

EULER, L. (1769): *Briefe an eine deutsche Prinzessin über verschiedene Gegenstände aus Physik und Philosophie.* Junius, Leipzig.

FALK, G. (1990): *Physik – Zahl und Realität.* Birkhäuser, Basel – Boston – Berlin.

FEY, G. H. & SEEL, K.-M. (2000): Naturwissenschaftliche Grundlagen einer prädiktiven Genetik. In: BARTRAM et al. (2000), 5-45.

FEYERABEND, P. K. (1974): Imre Lakatos. In: LAKATOS & MUSGRAVE (1974), VII-VIII.

FINETTI, B. DE (1926): Considerazioni matematiche sull' ereditarictà mendeliana. *Metron* 6, 3-41.

VAN FRAASSEN, B. (1980): *The Scientific Image.* Calderon Press, Oxford.

VAN FRAASSEN, B. (1990): Die Pragmatik des Erklärens – Warum-Fragen und ihre Antworten. In: SCHURZ (1990), 31-89. Deutsche Übersetzung von VAN FRAASSEN (1980, Kap. 5, Abschnitte 4 und 5), um eine Einführung ergänzt.

FREEMAN, M. (2002): Morphogen Gradients, in Theory. *Developmental Cell* 2, 689-670.

GABRIEL, G. (1980): Definition. In: MITTELSTRASS (1980), 439-442.

GABRIEL, S.B. & SCHAFFNER, S. F. & NGUYEN, H. & MOORE, J. M. & ROY, J. & BLUMENSTIEL, B. & HIGGINS, J. & DEFELICE, M. & LOCHNER, A. & FAGGART, M. & LIU-CORDERO, S. N. & ROTIMI, C. & ADEYEMO, A. & COOPER, R, & WARD, R. & LANDER, E.S. & DALY,

M. J. & ALTSHULER, D. (2002): The Structure of Haplotype Blocks in the Human Genome. *Science* 296, 2225-2229.

GANTEN, D. & RUCKPAUL, K. (Hrsg.) (2003): *Grundlagen der Molekularen Medizin.* Springer, Berlin – Heidelberg. Zweite, überarbeitete und erweiterte Auflage.

GATZEMEIER, M. (Hg.) (1987): *Wissenschaftstheorie, Wissenschaft und Gesellschaft.* Rader, Aachen.

GEE, H. (2001): Die Reise ins Genom. Die Zeit 8/2001.

GEHRING, W.J. (1986): Die molekulare Grundlage der Entwicklung. *Spektrum der Wissenschaft.* Sonderheft: Die Moleküle des Lebens, 112-123.

GESELLSCHAFT FÜR HUMANGENETIK E.V. (1995): Kommission für Öffentlichkeitsarbeit und ethische Fragen: Stellungnahme zur Präimplantationsdiagnostik. *Medizinische Genetik* 4, 420.

GETHMANN, C. F. (1979): *Protologik – Untersuchungen zur formalen Pragmatik von Begründungsdiskursen.* Suhrkamp, Frankfurt am Main.

GETHMANN, C. F. (1991): Phänomenologie, Lebensphilosophie und Konstruktive Wissenschaftstheorie. Eine historische Skizze zur Vorgeschichte der Erlanger Schule. In: GETHMANN (1991), 28-77.

GETHMANN, C. F. (Hrsg.) (1991): *Lebenswelt und Wissenschaft – Studium zum Verhältnis von Phänomenologie und Wissenschaftstheorie.* Bouvier, Bonn.

GETHMANN, C. F. & THIELE, F. (2003): Ethische Probleme der Molekularen Medizin – Grundlagen und Anwendungen. In: GANTEN & RUCKPAUL (2003), 711-734.

GIERER, A. & MEINHARDT, H. (1972): A Theory of Biological Pattern Formation. *Kybernetik* 12, 30-39.

GILLESPIE, J. H. (1998): *Population Genetics – A concise guide.* Johns Hopkins University Press, Baltimore, Maryland.

GMELIN, B. & WEIDINGER, H. (Hrsg.) (2003): *Reichtum und Unsterblichkeit – unser Traum von der Berechenbarkeit des Daseins. Chancen, Risiken und ethische Fragen der Biotechnologie (9. Atzelsberger Gespräch der Nürnberger Medizinischen Gesellschaft e.V.).* Seubert, Nürnberg.

GÖDEL, K. (1931): Über formal unentscheidbare Sätze der Principia Mathematica und verwandter Systeme I. *Monatshefte für Mathematik und Physik* 38, 173-198.

GRIFFITHS, P. E. (1993): Functional Analysis and Proper Functions. *British Journal for the Philosophy of Science* 44, 409-422. Ins Deutsche übersetzt (GRIFFITHS, 2002).

GRIFFITHS, P. E. (2002): Funktionale Analyse und zweckgemäße Funktionen. In: SCHLOSSER & WEINGARTEN (2002), 121-134. Deutsche Übersetzung von GRIFFITHS (1993).

GROSS, M. (1995): Wandelbarkeit des genetischen Codes – endgültiger Sturz eines Dogmas. *Spektrum der Wissenschaft* 11, 16-19.

GROSSMANN, S. (1988): *Funktionalanalysis im Hinblick auf Anwendungen in der Physik.* Aula, Wiesbaden.

GURDON, J. B. (1992): The Generation of Diversity and Pattern in Animal Develeopment. *Cell* 68, 185-199.

GURDON, J. B. & BOURILLOT, P.-Y. (2001): Morphogen gradient interpretation. *Nature* 413, 797-803.

GURDON, J. B. & BYRNE, J. A. & SIMONSSON, S. (2003): Nuclear reprogramming and stem cell creation. *PNAS Early Edition* www.pnas.org/cgi/doi/10.1073/pnas.1834207100, 1-4.

GUTERSOHN, A. & NABER, C. & MÜLLER, N. & ERBEL, R. & SIFFERT, W. (2000): G protein beta3 subunit 825 TT genotype and post-pregnancy weight retention. *Lancet* 355, 1240-1241.

GUTMANN, M. (2002): Funktion und Modell. Zum methodischen Status der Rede über Funktion und ihre Bedeutung für evolutionäre Erklärungen. In: SCHLOSSER & WEINGARTEN (2002), 17-46.

HAKEN, H. (1987): Die Selbstorganisation der Information in biologischen Systemen aus der Sicht der Synergetik. In: KÜPPERS (1987), 127-156.

HANDYSIDE, A.H. & LESKO, J. G. & TARIN, J. J. & WINSTON, R. M. & HUGHES, M. R. (1992): Birth of a normal girl after in vitro fertilization and preimplantation diagnostic testing for cystic fibrosis. *N. Engl. J. Med.* 327 (13), 905-909.

HARDY, G. H. (1908): Mendelian proportions in a mixed population. *Science* 28, 49-50.

HARTL, D. L. & CLARKE, A. G. (1997): *Principles of Population Genetics - Third Edition.* Sinauer Associates, Sunderland, Massachusetts.

HARTL, D. L. (2000): *A Primer of Population Genetics – Third Edition.* Sinauer Associates, Sunderland, Massachusetts.

HEISENBERG, W. (1927): Über den anschaulichen Inhalt der quantentheoretischen Kinematik und Mechanik. *Zeitschrift für Physik* 43, 172-198.

HENNIG, W. (Ed.) (1992): *Early Embryonic Development of Animals.* Springer, Berlin.

HENNIG, W. (1998): *Genetik.* Springer, Berlin – Heidelberg. Zweite, überarbeitete und erweiterte Auflage.

HEMPEL, C. G. (1942): The Function of General Laws in History. *Journal of Philosophy* 39, 35-48. Leicht modifiziert wieder abgedruckt in HEMPEL (1965, S. 234-243).

HEMPEL, C. G. & OPPENHEIM, P. (1948): Studies in the Logic of Explanation. *Philosophy of Science* 15, 135-175. Leicht modifiziert wieder abgedruckt in HEMPEL (1965, S. 245-290).

HEMPEL, C. G. (1965): *Aspects of Scientific Expanation and Other Essays.* The Free Press, New York.

HENKIN, L. & P. SUPPES & A. TARSKI (eds.) (1959): *The Axiomatic Method.* North-Holland Publishing Company, Amsterdam.

HENNEN, L. & PETERMANN, T. & SAUTER, A. (2001): *Das genetische Orakel. Prognosen und Diagnosen durch Gentests – eine aktuelle Bilanz.* Studien des Büros für Technikfolgen-Abschätzung beim Deutschen Bundestag, Bd. 10, Berlin.

HÖFFE, O. (2001): Wessen Menschenwürde? Die Zeit 6/2001.

HOLZGREVE, W. & ZHONG, X. Y. & BURK, M. R. & HAHN, S. (2001): Enrichment of fetal cells and free fetal DNA from maternal blood: An insight into the Basel experience. *Early Pregnancy* 5(1), 43-44.

HOOPER, J. E. & SCOTT, M. P. (1992): The Molecular Genetic Basis of Positional Information in Insect Segments. In: HENNIG (1992), 1-48.

HUNTINGTON'S DISEASE COLLABORATIVE RESEARCH GROUP, THE (1993): A novel gene containing a trinucleotide repeat that is expanded and unstable on Huntington's disease chromosomes. *Cell* 72 (6), 971-983.

INGHAM, P. W. (1988): The molecular genetics of embryonic pattern formation in *Drosophila*. *Nature* 335, 25-34.

INGHAM, P. W. & ARIAS, A. M. (1992): Boundaries and Fields in Early Embryos. *Cell* 68, 221-235.

INHETVEEN, R. & KÖTTER, R. (Hrsg.) (1994): *Forschung nach Programm? - Zur Entstehung, Struktur und Wirkung wissenschaftlicher Forschungsprogramme.* Wilhelm Fink, München.

INHETVEEN, R. & KÖTTER, R. (Hrsg.) (1996): *Betrachten, Beobachten, Beschreiben – Beschreibungen in Kultur- und Naturwissenschaften.* Wilhelm Fink, München.

INHETVEEN, R. (1985): Abschied von den Homogenitätsprinzipien? *Philosophia Naturalis* 22 (1), 132-144.

INHETVEEN, R. (1995): Protogeometrie und die Theoriefähigkeit räumlicher Verhältnisse. In: JELDEN (1995), 53-60.

INHETVEEN, R. (2003): *Logik – Eine dialog-orientierte Einführung.* Edition am Gutenbergplatz, Leipzig.

INTERNATIONAL HUMAN GENOME MAPPING CONSORTIUM, THE (2001): A physical map of the human genome. *Nature* 409, 934-941. (Erscheinungsdatum: 15. Februar 2001).

INTERNATIONAL SNP MAP WORKING GROUP, THE (2001): A map of human genome sequence variation containing 1.42 million single nucleotide polymorphisms. *Nature* 409, 928-933.

ISHAM, C. J. (1995): *Lectures on Quantum Theory – Mathematical and Structural Foundations.* Imperial College Press, Singapore.

JACOB, F. & MONOD, J. (1961): Genetic regulatory mechanisms in the synthesis of proteins. *Journal of Molecular Biology* 3, 318-356.

JACOBITZ, K. & SEILER, E. E. (1850): *Griechisch-deutsches Wörterbuch.* Verlag der J. E. Hinrichs'schen Buchhandlung, Leipzig.

JACOBS, K. (1990): *Resultate – Ideen und Entwicklungen in der Mathematik II: Der Aufbau der Mathematik.* Vieweg, Braunschweig – Wiesbaden.

JÄCKLE, H. & TAUTZ, D., SCHUH, R., SEIFERT, E. & LEHMANN, R. (1986): Cross-regulatory interactions among the gap genes of *Drosophila*. *Nature* 324, 668-670.

JAMMER, M. (1964): *Der Begriff der Masse in der Physik.* Wissenschaftliche Buchgesellschaft, Darmstadt.

JANICH, P. (Hg.) (1992): *Entwicklungen der methodischen Philosophie.* Suhrkamp, Frankfurt am Main.

JANICH, P. (1995): Der erkenntnistheoretische Status von Prototheorien. In: JELDEN (1995), 31-40.

JANICH, P. (1997): *Das Maß der Dinge – Protophysik von Raum, Zeit und Materie.* Suhrkamp, Frankfurt am Main.

JANICH, P. & TETENS, H. (1985): Protophysik. Eine Einführung. *Philosophia Naturalis* 22 (1), 3-21.

JANICH, P. & WEINGARTEN, M. (1999): *Wissenschaftstheorie der Biologie.* UTB für Wissenschaft; Wilhelm Fink, München.

JAUCH, J. M. (1968): *Foundations of Quantum Mechanics.* Addison-Wesley, Massachusetts.

JELDEN, E. (Hg.) (1995): *Prototheorien – Praxis und Erkenntnis?* Leipziger Universitätsverlag, Leipzig.

KAMLAH, W. (1954): *Der Ruf des Steuermanns. Die religiöse Verlegenheit dieser Zeit und die Philosophie.* W. Kohlhammer, Stuttgart.

KAMLAH, W. & LORENZEN, P. (1967): *Logische Propädeutik – Vorschule des vernünftigen Redens.* BI-Wissenschaftsverlag, Mannheim.

KAMLAH, W. & LORENZEN, P. (1973): *Logische Propädeutik – Vorschule des vernünftigen Redens.* BI-Wissenschaftsverlag, Mannheim. Zweite, verbesserte und erweiterte Auflage von KAMLAH & LORENZEN (1967).

KENYON, C. (1988): The nematode *Caenorhabditis elegans. Science* 240, 1448-1453.

KAUFFMAN, S. (2000): Spektrum-Interview: „Eines Tages werden wir Krebs anhand der Genaktivitätsmuster verstehen". *Spektrum der Wissenschaft* 9, 38-39.

KELLER, E. F. (2000): Decoding the Genetic Program. In: BEURTON et al. (2000), 159-177.

KITCHER, P. (1981): Explanatory Unification. *Philosophy of Science* 48, 507-531. Deutsche Übersetzung von KITCHER (1990)

KITCHER, P. (1990): Erklärung durch Vereinheitlichung. Die Rolle der Argumentmuster. In: SCHURZ (1990), 193-234. Deutsche Übersetzung von KITCHER (1981) um ein Nachwort ergänzt.

KITCHER, P. (1993): Function and Design. *Midwest Studies in Philosophy* XVIII, 379-397. Ins Deutsche übersetzt (KITCHER, 2002).

KITCHER, P. (2002): Funktion und Design. In: SCHLOSSER & WEINGARTEN (2002), 135-154. Deutsche Übersetzung von KITCHER (1993).

KNIGHT, S. J. & FLINT, J. (2000): Perfect endings: a review of subtelomeric probes and their use in clinical diagnosis. *Journal of Medical Genetics* 37(6), 401-409.

KNIGHT, S. J. & LESE, C. M. & PRECHT, K. S. & KUC, J. & NING, Y. & LUCAS, S. & REGAN, R. & BRENAN, N. & NICOD, A. & LAWRIE, N. M. & CARDY, D. L. & NGUYEN, H. & HUDSON, T. J. & RIETHMAN, H. C. & LEDBETTER, D. H. & FLINT, J. (2000): An optimized set of human telomere clones for studying telomere integrity and architecture. *American Journal of Human Genetics* 67(2), 320-332.

KNIPPERS, R. & PHILIPPSEN, P., SCHÄFER, K. P., FANNING, E. (1990): *Molekulare Genetik.* Thieme, Stuttgart – New York. Fünfte, neubearbeitete und erweiterte Auflage.

KNOPPERS, B.M. & CHADWICK, R. (1994): The Human Genome Projekt: Under an International Ethical Microscope. *Science* 265, 2035-2036.

KÖTTER, R. (1992): Vereinheitlichung und Reduktion – Zum Erklärungsproblem der Physik. In: JANICH (1992), 91-112.

KÖTTER, R. & INHETVEEN, R. (1996): Beschreibungen in Kultur- und Naturwissenschaften. In: INHETVEEN & KÖTTER (1996), 7-14.

KÖTTER, R. (2000): Kreationisten versus Evolutionstheoretiker – Zu wissenschaftstheoretischen Aspekten der Auseinandersetzung. *PdN-Biologie* 6/49, 6-11.

KÖTTER, R. (2002): Erklärungsformen in der Genetik. Leistungen und Probleme. *Vortragstyposkript.* Erlenmeyer-Kolloquium Marburg, 15./16.11.2002, 1-12.

KÜPPERS, B.-O. (Hg.) (1987): *Ordnung aus dem Chaos.* Piper, München.

KUHN, T. S. (1962): *Die Struktur wissenschaftlicher Revolutionen..* Suhrkamp, Frankfurt am Main; ^{2}1976. Originalausgabe: *The Structure of Scientific Revolutions.* Chicago University Press, Chicago; ^{2}1970, erweitert um das Postscriptum – 1969.

KUHN, T. S. (1969): Postscriptum – 1969. In: KUHN (1962), 186-221.

KUHN, T. S. (1976): Theory-change as structure-change: Comments on the Sneed formalism. *Erkenntnis* 10, 179-199.

LAGASSE, E. & SHIZURU, J. A., UCHIDA, N., TSUKAMOTO, A. & WEISSMAN, I. L. (2001): Toward Regenerative Medicine. *Immunity* 14, 425-436.

LAKATOS, I. (1970): Falsification and the methodology of scientific research programmes. In: LAKATOS & MUSGRAVE (1970), 91-195. Ins Deutsche übersetzt (LAKATOS, 1974).

LAKATOS, I. (1974): Falsikikation und die Methodologie wissenschaftlicher Forschungsprogramme. In: LAKATOS & MUSGRAVE (1974), 89-189. Deutsche Übersetzung von LAKATOS (1970).

LAKATOS, I. & MUSGRAVE, A. (eds.) (1970): *Criticism and the Growth of Knowledge.* Cambridge University Press, London. Deutsch als LAKATOS & MUSGRAVE (1974).

LAKATOS, I. & MUSGRAVE, A. (Hrsg.) (1974): *Kritik und Erkenntnisfortschritt.* Vieweg, Braunschweig. Englisch als LAKATOS & MUSGRAVE (1970).

LAMBERT, K. & BRITTAN, G. G. (1991): *Eine Einführung in die Wissenschaftsphilosophie.* Walter de Gruyter, Berlin – New York.

LANDER, A. D. & NIE, Q. & WAN, F. Y. M. (2002): Do Morphgen Gradients Arise by Diffusion? *Developmental Cell* 2, 785-796.

LANGANKE, M. (2003): Fundamentalphilosophie und philosophische Anthropologie im Werk Wilhelm Kamlahs. *Deutsche Zeitschrift für Philosophie* 51 (4), 639-657.

LANGANKE, M. (2003a): *Wege der Evolutionsgeschichtsschreibung – Wissenschaftstheoretische Untersuchungen zu den Methoden der Phylogenetischen Systematik und der konstruktionsmorphologischen Anagenetik.* VWB – Verlag für Wissenschaft und Bildung, Berlin.

LANZERATH, D. & HONNEFELDER, L. (1999): Krankheitsbegriff und ärztliche Anwendung der Humangenetik. In: DÜWELL & MIETH (1999), 173-201.

LARVOR, B. (1998): *Lakatos – An Introduction.* Routledge, London – New York.

LAWRENCE, P. A. (1992): *The making of a fly.* Blackwell, Oxford.

LICHTENBERG, H.-G. (1989): Logik. In: SEIFFERT & RADNITZKY (1989), 189-199.

LINDENMAYER, A. & SIMON, N. (1980): The Formal Structure of Genetics and the Reduction Problem. In: ASQUITH & GIERE (1980), 160-170.

LORENZ, K. (Hrsg.) (1978): *Konstruktionen versus Positionen – Beiträge zur Diskussion um die Konstruktive Wissenschaftstheorie.* Walter de Gruyter, Berlin – New York.

LORENZ, K. (1984): Heuristik. In: MITTELSTRASS (1984), 99-100.

LORENZANO, P. J. (1995): *Geschichte und Struktur der klassischen Genetik.* Peter Lang, Frankfurt am Main.

LORENZEN, P. (1956): Protologik – Ein Beitrag zum Begründungsproblem der Logik. *Kant-Studien* Band 47, Heft 4, 350-358. Erneut abgedruckt in LORENZEN (1974, S. 81-93).

LORENZEN, P. (1969): *Normative Logic and Ethics.* Bibliographisches Institut, Mannheim–Wien–Zürich; Zitiert nach der zweiten Auflage, 1984. LORENZEN & SCHWEMMER (1973) übernehmen Teile ins Deutsche.

LORENZEN, P. (1974): *Methodisches Denken.* Suhrkamp, Frankfurt am Main. Zitiert nach der dritten Auflage, 1988.

LORENZEN, P. (1984): Preface to the 2ND edition. In: LORENZEN (1969), 3-6.

LORENZEN, P. (1987): *Lehrbuch der konstruktiven Wissenschaftstheorie..* B.I.-Wissenschaftsverlag, Mannhein – Wien – Zürich; neu erschienen bei J.B. Metzler, Stuttgart – Weimar, 2000.

LORENZEN, P. (1987a): *Constructive Philosophy.* The University of Massachusetts Press, Amherst.

LORENZEN, P. & LORENZ, K. (1978): *Dialogische Logik.* Wissenschaftliche Buchgesellschaft, Darmstadt.

LORENZEN, P. & SCHWEMMER, O. (1973): *Konstruktive Logik, Ethik und Wissenschaftstheorie.* Bibliographisches Institut, Mannheim–Wien–Zürich. Zum Teil deutsche Fassung von LORENZEN (1969). Eine Überarbeitung nimmt LORENZEN (1987) alleine vor.

LUFT, A. L. & KÖTTER, R. (1994): *Informatik – eine moderne Wissenstechnik.* B.I.-Wissenschaftsverlag, Mannheim.

LYUBICH, Y. I. (1992): *Mathematical Structures in Population Genetics.* Springer, Berlin – Heidelberg – New York. Original Russian edition: *Matematicheskie struktury v populyatsionnoi genetike.* Kiev: Naukova Dumka, 1983.

MACHAMER, P. & WOLTERS, G. (eds.) (2004): *Science, Values and Objectivity – Pittsburgh-Konstanz Series in the Philosophy and History of Science.* University of Pittsburgh Press, Pittsburg.

MARSCHÜTZ, G. (2001): Wenn der Kinderwunsch unerfüllt bleibt... - Reproduktionsmedizin als ethische Herausforderung. *Ethica* 9 (2), 115-147.

MASTERMAN, M. (1974): Die Natur eines Paradigmas. In: LAKATOS & MUSGRAVE (1974), 59-88.

MAY, R. M. (1976): Simple mathematical models with very complicated dynamics. *Nature* 261, 459-467.

MCCULLEN, M. A. & CRAWFORD, D. H. G. & HICKMAN, P. E. (2002): Screening for hemochromatosis. *Clinica Chimica Acta* 315, 169-186.

MCGINNIS, W. & KUZIORA, M. (1994): Kontrollgene für den Körperbauplan. *Spektrum der Wissenschaft* 4, 38-45.

MCKAY, R. (2000): Stem cells – hype and hope. *Nature* 406, 361-364.

MEINHARDT, H. (1982): *Models of biological pattern formation.* Academic Press, London.

MEINHARDT, H. (1987): Bildung geordneter Strukturen bei der Entwicklung höherer Organismen. In: KÜPPERS (1987), 231.

MEINHARDT, H. (2000): Pattern formation by local self-activation and lateral inhibition. *BioEssays* 22, 753-760.

MEINHARDT, H. (2001): Auf- und Abbau von Mustern in der Biologie. *Biologie in unserer Zeit* 31 (1), 22-29.

MEINHARDT, H. (2001a): Computersimulationen biologischer Musterbildung. *Biologie in unserer Zeit* 31 (1), 48-53.

MEINHARDT, H. & ROTH, S. (2002): Sharp peaks from shallow sources. *Nature* 419, 261-262.

MEIR, E. & MUNRO, E. M., ODELL, G. M. & VON DASSOW, G. (2002): Ingeneue: A Versatile Tool for Reconstituting Genetic Nerworks, with Examples from the Segment Polarity Network. *J. Exp. Zool. (Mel. Dev. Evol.)* 294, 216-251.

MEISEL, C. & ROOTS, I. & CASCORBI, I. & BRINKMANN, U. & BROCKMOLLER, J. (2000): How to manage individualized drug therapy: application of pharmacogenomic knowledge of drug metabolism and transport. *Clinical Chemistry and Laboratory Medicine* 38(9), 869-876.

MENDEL, G. (1866): Versuche über Pflanzen-Hybriden *Verhandlungen des naturforschenden Vereins zu Brünn* 4, 3-47.

MERKEL, R. (2001): Rechte für Embryonen? Die Zeit 5/2001.

MERKEL, R. (2002): *Forschungsobjekt Embryo – Verfassungsrechtliche und ethische Grundlagen der Forschung an menschlichen embryonalen Stammzellen.* Deutscher Taschenbuch Verlag, München.

MITTELSTRASS, J. (Hg.) (1980): *Enzyklopädie Philosophie und Wissenschaftstheorie – Band 1: A–G.* B.I.-Wissenschaftsverlag, Mannheim–Wien–Zürich.

MITTELSTRASS, J. (Hg.) (1984): *Enzyklopädie Philosophie und Wissenschaftstheorie - Band 2: H–O.* B.I.-Wissenschaftsverlag, Mannheim–Wien–Zürich.

MITTELSTRASS, J. (Hg.) (1996): *Enzyklopädie Philosophie und Wissenschaftstheorie - Band 4: Sp–Z.* Metzler, Stuttgart–Weimar.

MITTELSTRASS, J. (1982): *Wissenschaft als Lebensform - Reden über philosophische Orientierungen in Wissenschaft und Universität.* Suhrkamp, Frankfurt am Main.

MITTELSTRASS, J. (1989): *Der Flug der Eule - Von der Vernunft der Wissenschaft und der Aufgabe der Philosophie.* Suhrkamp, Frankfurt am Main.

MOORE, K. L. & PERSAUD, T. V. N. (1996): *Embryologie.* Schattauer, Stuttgart. Vierte Auflage.

MORGAN, T. H. (1910): Sex-Limited Inheritance in Drosophila. *Science* 32, 120-122.

MORMANN, T. (1985): Topologische Aspekte strukturalistischer Rekonstruktionen. *Erkenntnis* 21, 319-359.

MORMANN, T. (1996): Categorial Structuralism. In: BALZER & MOULINES (1996), 265-286.

MOULINES, C. U. (1976): Approximate Application of Empirical Theories: A General Explication. *Erkenntnis* 10, 201-227.

MOULINES, C. U. (1996): Structuralism: The Basic Ideas. In: BALZER & MOULINES (1996), 1-13.

MÜLLER, W. A. & HASSEL, M. (2002): *Entwicklungsbiologie und Reproduktionsbiologie von Mensch und Tieren.* Springer, Berlin. Dritte, vollständig überarbeitete und stark erweiterte Auflage.

MULLIKIN, J. C. & HUNT, S. E., COLE, C. G., MORTIMORE, B. J., RICE, C. M., BURTON, J., MATTHEWS, L. H., PAVITT, R., PLUMB, R. W., SIMS, S. K., AINSCOUGH, R. M. R., ATTWOOD, J., BALLEY, J. M., BARLOW, K., BRUSKLEWICH, R. M. M., BUTCHER, P. N., CARTER, N. P., CHEN, Y., CLEE, C. M., COGGILL, P. C., DAVIES, J., DAVIES, R. M., DAWSON, E., FRANCIS, M. D., JOY, A. A., LAMBLE, R. G., LANGFORD, C. F., MACARTHY, J., MALL, V., MORELAND, A., OVERTON-LARTY, E. K., ROSS, M. T., SMITH, L. C., STEWARD, L. C., SULSTON, J. E., TINSLEY, E. J., TURNEY, K. J., WILLEY, D. L., WILSON, G. D., MCMURRAY, A. A., DUNHAM, I., ROGERS, J. & BENTLEY, D. R. (2000): An SNP map of human chromosome 22. *nature* 407, 516-520.

MURKEN, J. & CLEVE, H. (Hrsg.) (1995): *Humangenetik.* Enke, Stuttgart (5. Auflage).

NEANDER, K. (1991): The Teleological Notion of "Function". *The Australasian Journal of Philosophy* 69, 454-468. Überarbeitet mit NEANDER (1991a) ins Deutsche zusammengefasst (NEANDER, 2002).

NEANDER, K. (1991a): Functions as Selected Effects: The Conceptual Analysts Defence. *Philosophy of Science* 58, 169-184. Überarbeitet mit NEANDER (1991), ins Deutsche zusammengefasst (NEANDER, 2002).

NEANDER, K. (2002): Warum Geschichte zählt: Vier Theorien über Funktionen. In: SCHLOSSER & WEINGARTEN (2002), 91-120. Überarbeitete und ergänzte deutsche Fassung der Aufsätze NEANDER (1991) und NEANDER (1991a).

NIDA-RÜMELIN, J. (2001): Humanismus ist nicht teilbar. Süddeutsche Zeitung 3.2.2001.

NOELLE-NEUMANN, E. & KÖCHER, R. (Hrsg.) (2002): *Allensbacher Jahrbuch der Demoskopie 1998-2002*. Saur, München.

NÜSSLEIN-VOLHARD, C. & WIESCHAUS, E. (1980): Mutations affecting segment number and polarity in *Drosophila*. *Nature* 287, 795-801.

NÜSSLEIN-VOLHARD, C. & FROHNHÖFER, H. G., LEHMANN, R. (1987): Determination of Anteroposteroir Polarity in *Drosophila*. *Science* 238, 1675-1681.

NÜSSLEIN-VOLHARD, C. (1996): Gradienten als Organisatoren der Embryonalentwicklung. *Spektrum der Wissenschaft* 10, 38-46.

PELTONEN, L. & MCKUSICK, V. A. (2001): Dissecting Human Disease in the Postgenomic Era. *Science* 291 (5507), 1224-1229.

PLOMIN, R. & DEFRIES, J. C. (1999): Erblichkeit kognitiver Stärken und Schwächen. *Spektrum der Wissenschaft* 12, 28-41.

POLLO, S. (2003): Animal Welfare and the refinement of experimental procedures: An agenda for a concept analysis. *Preprint* 2003, to be published.

POPPER, K. R. (1935): *Logik der Forschung*. J. C. B. Mohr (Paul Siebeck), Tübingen; [9]1989.

POPPER, K. R. (1968): Erkenntnistheorie ohne ein erkennendes Subjekt. In: POPPER (1972), 109-157. Englischer Originaltitel: *Epistemology Without a Knowing Subject*. In: ROOTSELAAR & STAAL (1968), S. 333-373.

POPPER, K. R. (1972): *Objektive Erkenntnis - Ein evolutionärer Entwurf*. Hoffmann und Campe, Hamburg; [3]1995.

POPPER, K. R. (1974): Die Normalwissenschaft und ihre Gefahren. In: LAKATOS & MUSGRAVE (1974), 51-57.

RADMAN, M. & WAGNER, R. (1988): Die DNA-Verdopplung - ein Präzisionsprozeß. *Spektrum der Wissenschaft* 10, 48-54.

RADNITZKY, G. (1989): Wissenschaftstheorie, Methodologie. In: SEIFFERT & RADNITZKY (1989), 463-472.

RADNITZKY, G. (1989a): Definition. In: SEIFFERT & RADNITZKY (1989), 27-33.

REICH, D. E. & CARGILL, M. & BOLK, S. & IRELAND, J. & SABETI, P. C. & RICHTER, D. J. & LAVERY, T. & KOUYOUMJLAN, R. & FARHADLAN, S. F. & WARD, R. & LANDER, E. S. (2001): Linkage disequilibrium in the human genome. *Nature* 411, 199-204.

REICHENBACH, H. (1956): *The Direction of Time*. University of California Press, Berkeley.

RIZZOTTI, M. & ZANARDO, A. (1986): Axiomatization of Genetics 1. Biological Meaning. *Journal of theoretical Biology* 118, 61-71.

ROBBINS, R. B. (1918): Some applications of mathematics to breeding problems III. *Genetics* 3, 375-389.

ROOTSELAAR, B. VAN & STAAL, J.F. (eds.) (1968): *Logic, methodology and philosophy of science III; proceedings of the Third International Congress for Logic, Methodology and Philosophy of Science, Amsterdam 1967.* North-Holland, Amsterdam.

SALMON, W. C. (1980): Causality: Production and Propagation. In: ASQUITH & GIERE (1981), 49-69. Erneut abgedruckt in SALMON (1998, S. 285-301).

SALMON, W. C. (1984): *Scientific Explanation and the Causal Structure of the World.* University of Pittsburgh Press, Pittsburgh.

SALMON, W. C. (1998): *Causality and Explanation.* Oxford University Press, New York – Oxford.

SCHLEICHERT, H. (Hg.) (1975): *Logischer Empirismus – Der Wiener Kreis (Ausgewählte Texte mit einer Einleitung).* Wilhelm Fink, München.

SCHLOSSER, G. (1998): Self-re-production and functionality – a systems-theoretical approach to teleological explanation. *Synthese* 116, 303-354. Ins Deutsche übersetzt (SCHLOSSER, 2002).

SCHLOSSER, G. (2002): Selbst-re-produktion und Funktionalität – Teleologische Erklärung aus systemtheoretischer Sicht. In: SCHLOSSER & WEINGARTEN (2002), 156-200. Deutsche Übersetzung von SCHLOSSER (1998).

SCHLOSSER, G. & WEINGARTEN, M. (Hg.) (2002): *Formen der Erklärung in der Biologie.* Verlag für Wissenschaft und Bildung, Berlin.

SCHAFFNER, K. F. (1993): *Discovery and Explanation in Biology and Medicine.* University of Chicago Press, Chicago – London. Von Kapitel 8 gibt es eine deutsche Übersetzung (SCHAFFNER, 2002).

SCHAFFNER, K. F. (2002): Funktionsanalyse und teleologische Erklärung. In: SCHLOSSER & WEINGARTEN (2002), 47-90. Deutsche Übersetzung von Kapitel 8 aus SCHAFFNER (1993).

SCHMIDTKE, J. (1993): Molekulargenetische Diagnostik in der BRD und in Nachbarländern. *Medizinische Genetik* 5, 203-207.

SCHMIDTKE, J. & HÖHN, H. (1996): Gemeinsame Erklärung der Vorstände der Gesellschaft für Humangenetik e. V. und des Berufsverbandes Medizinische Genetik e. V.: Zur Weiterbildung in ethischen und psychologischen Grundlagen genetischer Beratung. *Medizinische Genetik* 8, 237.

SCHÖNE-SEIFERT, B. (2001): Von Anfang an? Die Zeit 9/2001.

SCHURZ, G. (Hg.) (1990): *Erklären und Verstehen in der Wissenschaft.* Oldenbourg, München.

SCHURZ, G. (1990): Einleitung: 40 Jahre nach Hempel-Oppenheim. In: SCHURZ (1990), 11-30.

SEEL, K.-M. (2002): Inwieweit sind menschliche Embryonen schützenswert? – Eine neue Argumentation in der Diskussion um das Embryonenschutzgesetz in Deutschland. *Ethica* 10 (2), 183-202.

SEEL, K.-M. (2002a): Zum Umgang mit Information, Tests und Diagnostik im Bereich der Humangenetik. Wie müsste eine Regelung aussehen, die auch in Zukunft Bestand haben soll? *Jahrbuch für Wissenschaft und Ethik* 7/2002, 217-242.

SEEL, K.-M. (2003): Das Human-Genom-Projekt: Gibt es den genetischen Determinismus? In: GMELIN & WEIDINGER (2003), 39-53.

SEEL, K.-M. (2003b): The argument of potentiality in the stem-cell debate. *Lecture notes* 2003, unpublished.

SEIFFERT, H. (1989): Wissenschaftgeschichte, allgemein. In: SEIFFERT & RADNITZKY (1989), 411-413.

SEIFFERT, H. (1989a): Theorie. In: SEIFFERT & RADNITZKY (1989), 368-369.

SEIFFERT, H. & RADNITZKY, G. (Hrsg.) (1989): *Handlexikon zur Wissenschaftstheorie*. Ehrenwirth, München. Zitiert nach 2. Auflage, Deutscher Taschenbuch Verlag, München, ^{2}1994.

SEYFFERT, W. (Hg.) (1998): *Lehrbuch der Genetik*. G. Fischer, Stuttgart.

SHIN, T. & KRAEMER, D., PRYOR, J., LIU, L., RUGILA, J., HOWE, L., BUCK, S., MURPHY, K., LYONS, L., WESTHUSIN, M. (2002): A cat cloned by nuclear transplantation. *Nature* 415 (6874), 859.

SIFFERT, W. (2000): Gesteigerte Aktivierbarkeit von G-Proteinen prädisponiert für Adipositas und Hypertonie – vom experimentellen Befund zum klinisch einsetzbaren Gentest. *Journal für Hypertonie* 4 (2), 36-48.

SINOWATZ, F. & BERGMANN, M. & SEITZ, J. (1999): *Embryologie des Menschen*. Deutscher Ärzte-Verlag, Köln.

SNEED, J. D. (1971): *The Logical Structure of Mathematical Physics*. Reidel, Dordrecht.

SPAEMANN, R. (2001): Gezeugt, nicht gemacht. Die Zeit 4/2001.

SPECK, J. (Hg.) (1992): *Grundprobleme der großen Philosophen – Philosophie der Neuzeit VI*. UTB Vandenhoeck und Ruprecht, Göttingen.

STEGMÜLLER, W. (1973): *Probleme und Resultate der Wissenschaftstheorie und Analytischen Philosophie – Band II/2: Theorie und Erfahrung – Theorienstrukturen und Theoriendynamik*. Springer, Berlin– Heidelberg – New York. Englisch erschienen als STEGMÜLLER (1976a)

STEGMÜLLER, W. (1973a): *Probleme und Resultate der Wissenschaftstheorie und Analytischen Philosophie – Band IV/1: Personelle und Statistische Wahrscheinlichkeit – Personelle Wahrscheinlichkeit und rationale Entscheidung*. Springer, Berlin– Heidelberg – New York.

STEGMÜLLER, W. (1976a): *The Structure and Dynamics of Theories*. Springer, New York – Heidelberg – Berlin. Englische Fassung von STEGMÜLLER (1973)

STEGMÜLLER, W. (1976b): Accidental ('non-substantial') theory change and theory dislodgement: to what extent logic can contribute to a better understanding of certain phenomena in the dynamics of theories. *Erkenntnis* 10, 147-178. Deutsch erschienen als STEGMÜLLER (1979b), S. 131-176, und STEGMÜLLER (1980), S. 104-135.

STEGMÜLLER, W. (1979a): *The Structuralist View of Theories – A Possible Analogue of the Bourbaki Programme in Physical Science*. Springer, New York – Heidelberg – Berlin.

STEGMÜLLER, W. (1979b): *Rationale Rekonstruktion von Wissenschaft und ihrem Wandel.* Reclam, Stuttgart.

STEGMÜLLER, W. (1980): *Neue Wege der Wissenschaftsphilosophie.* Springer, Berlin – New York – Heidelberg.

STEGMÜLLER, W. (1983): *Probleme und Resultate der Wissenschaftstheorie und Analytischen Philosophie – Band I: Erklärung – Begründung – Kausalität.* Springer, Berlin– Heidelberg. Zweite, verbesserte und erweiterte Auflage.

STEGMÜLLER, W. (1986): *Probleme und Resultate der Wissenschaftstheorie und Analytischen Philosophie – Band II/3: Theorie und Erfahrung – Die Entwicklung des neuen Strukturalismus seit 1973.* Springer, Berlin– Heidelberg.

STEKELER-WEITHOFER, P. (1994): Ideation und Projektion – Zur Konstitution formentheoretischer Rede. *Deutsche Zeitschrift für Philosophie* 42, 783-798.

ST JOHNSTON, D. & NÜSSLEIN-VOLHARD, C. (1992): The Origin of Pattern and Polarity in the Drosophila Embryo. *Cell* 68, 201-219.

STRACHAN, T. & READ, A. P. (1996): *Molekulare Humangenetik.* Spektrum, Heidelberg.

SUPPES, P. (1957): *Introduction to Logic.* Van Nostrand, NewYork.

SUPPES, P. (1968): The Desirability of Formalization in Science. *The Journal of Philosophy* LXV (21), 651-664. Zitiert nach der deutschen Übersetzung von BALZER & HEIDELBERGER (1983, S. 23-39).

TETENS, H. (1994): Welchen wissenschaftlichen Fortschritt bringt das Konzept der Forschungsprogramme? In: INHETVEEN & KÖTTER (1994), 25-42.

TETENS, H. (1995): Brauchen die Wissenschaften Prototheorien? In: JELDEN (1995), 41-50.

THIEL, C. (1972): *Grundlagenkrise und Grundlagenstreit.* Anton Hain, Meisenheim.

THIEL, C. (1984): Konstruktivismus. In: MITTELSTRASS (1984), 449-453.

THIEL, C. (1992): Kurt Gödel: Die Grenzen der Kalküle. In: SPECK (1992), 138-181.

THIEL, C. (1995): *Philosophie und Mathematik.* Wissenschaftliche Buchgesellschaft, Darmstadt.

THIEL, C. (1996): Theorie. In: MITTELSTRASS (1996), 260-270.

THIELE, F. (2004): Bioethics. Its foundation and its application in political decision-making. In: MACHAMER & WOLTERS (2004), 256-274.

THORNHILL, N. W. (ed.) (1993): *The Natural History of Inbreeding and Outbreeding – Theoretical and Empirical Perspectives.* University of Chicago Press, Chicago – London.

TUOMELA, R. (1984): *A Theory of Social Action.* Reidel, Dordrecht. Die Seiten 312-344 und 493-497 (Anmerkungen) des Kapitels 10 sind in Deutsch erschienen als TUOMELA (1990).

TUOMELA, R. (1990): Eine pragmatisch-nomologische Theorie des wissenschaftlichen Erklärens und Verstehens. In: SCHURZ (1990), 125-170. Überarbeitete Fassung der Seiten 312-344 und 493-497 (Anmerkungen) des Kapitels 10 von TUOMELA (1984).

VARMUS, H. & WEINBERG, A. (1993): *Genes and the biology of cancer.* Scientific American Library, New York. Ins Deutsche übersetzt (VARMUS & WEINBERG, 1994).

VARMUS, H. & WEINBERG, A. (1994): *Gene und Krebs.* Spektrum, Heidelberg. Deutsche Übersetzung (VARMUS & WEINBERG, 1993).

VENTER, J. C. & M. D. ADAMS, E. W. MYERS, P. W. LI, R. J. MURAL, G. G. SUTTON, H. O. SMITH, M. YANDELL, C. A. EVANS, R. A. HOLT, J. D. GOCAYNE, P. AMANATIDES, R. M. BALLEW, D. H. HUSON, J. RUSSO WORTMAN, Q. ZHANG, C. D. KODIRA, X. H. ZHENG, L. CHEN, M. SKUPSKI, G. SUBRAMANIAN, P. D. THOMAS, J. ZHANG, G. L. G. MIKLOS, C. NELSON, S. BRODER, A. G. CLARK, J. NADEAU, V. A. MCKUSICK, N. ZINDER, A. J. LEVINE, R. J. ROBERTS, M. SIMON, C. SLAYMAN, M. HUNKAPILLER, R. BOLANOS, A. DELCHER, I. DEW, D. FASULO, M. FLANIGAN, L. FLOREA, A. HALPERN, S. HANNENHALLI, S. KRAVITZ, S. LEVY, C. MOBARRY, K. REINERT, K. REMINGTON, J. ABU-THREIDEH, E. BEASLEY, K. BIDDICK, V. BONAZZI, R. BRANDON, M. CARGILL, I. CHANDRAMOULISWARAN, R. CHARLAB, K. CHATURVEDI, Z. DENG, V. DI FRANCESCO, P. DUNN, K. EILBECK, C. EVANGELISTA, A. E. GABRIELIAN, W. GAN, W. GE, F. GONG, Z. GU, P. GUAN, T. J. HEIMAN, M. E. HIGGINS, R. -R. JI, Z. KE, K. A. KETCHUM, Z. LAI, Y. LEI, Z. LI, J. LI, Y. LIANG, X. LIN, F. LU, G. V. MERKULOV, N. MILSHINA, H. M. MOORE, A. K. NAIK, V. A. NARAYAN, B. NEELAM, D. NUSSKERN, D. B. RUSCH, S. SALZBERG, W. SHAO, B. SHUE, J. SUN, Z. YUAN WANG, A. WANG, X. WANG, J. WANG, M. -H. WEI, R. WIDES, C. XIAO, C. YAN, A. YAO, J. YE, M. ZHAN, W. ZHANG, H. ZHANG, Q. ZHAO, L. ZHENG, F. ZHONG, W. ZHONG, S. C. ZHU, S. ZHAO, D. GILBERT, S. BAUMHUETER, G. SPIER, C. CARTER, A. CRAVCHIK, T. WOODAGE, F. ALI, H. AN, A. AWE, D. BALDWIN, H. BADEN, M. BARNSTEAD, I. BARROW, K. BEESON, D. BUSAM, A. CARVER, A. CENTER, M. LAI CHENG, L. CURRY, S. DANAHER, L. DAVENPORT, R. DESILETS, S. DIETZ, K. DODSON, L. DOUP, S. FERRIERA, N. GARG, A. GLUECKSMANN, B. HART, J. HAYNES, C. HAYNES, C. HEINER, S. HLADUN, D. HOSTIN, J. HOUCK, T. HOWLAND, C. IBEGWAM, J. JOHNSON, F. KALUSH, L. KLINE, S. KODURU, A. LOVE, F. MANN, D. MAY, S. MCCAWLEY, T. MCINTOSH, I. MCMULLEN, M. MOY, L. MOY, B. MURPHY, K. NELSON, C. PFANNKOCH, E. PRATTS, V. PURI, H. QURESHI, M. REARDON, R. RODRIGUEZ, Y. -H. ROGERS, D. ROMBLAD, B. RUHFEL, R. SCOTT, C. SITTER, M. SMALLWOOD, E. STEWART, R. STRONG, E. SUH, R. THOMAS, N. N. TINT, S. TSE, C. VECH, G. WANG, J. WETTER, S. WILLIAMS, M. WILLIAMS, S. WINDSOR, E. WINN-DEEN, K. WOLFE, J. ZAVERI, K. ZAVERI, J. F. ABRIL, R. GUIGÓ, M. J. CAMPBELL, K. V. SJOLANDER, B. KARLAK, A. KEJARIWAL, H. MI, B. LAZAREVA, T. HATTON, A. NARECHANIA, K. DIEMER, A. MURUGANUJAN, N. GUO, S.

SATO, V. BAFNA, S. ISTRAIL, R. LIPPERT, R. SCHWARTZ, B. WALENZ, S. YOOSEPH, D. ALLEN, A. BASU, J. BAXENDALE, L. BLICK, M. CAMINHA, J. CARNES-STINE, P. CAULK, Y. -H. CHIANG, M. COYNE, C. DAHLKE, A. DESLATTES MAYS, M. DOMBROSKI, M. DONNELLY, D. ELY, S. ESPARHAM, C. FOSLER, H. GIRE, S. GLANOWSKI, K. GLASSER, A. GLODEK, M. GOROKHOV, K. GRAHAM, B. GROPMAN, M. HARRIS, J. HEIL, S. HENDERSON, J. HOOVER, D. JENNINGS, C. JORDAN, J. JORDAN, J. KASHA, L. KAGAN, C. KRAFT, A. LEVITSKY, M. LEWIS, X. LIU, J. LOPEZ, D. MA, W. MAJOROS, J. MCDANIEL, S. MURPHY, M. NEWMAN, T. NGUYEN, N. NGUYEN, M. NODELL, S. PAN, J. PECK, M. PETERSON, W. ROWE, R. SANDERS, J. SCOTT, M. SIMPSON, T. SMITH, A. SPRAGUE, T. STOCKWELL, R. TURNER, E. VENTER, M. WANG, M. WEN, D. WU, M. WU, A. XIA, A. ZANDIEH & X. ZHU (2001): The Sequence of the Human Genome. *Science* 291 (5507), 1304-1351. (Erscheinungsdatum: 16. 2. 2001).

VOLZ, H. (1971): *Einführung in die theoretische Mechanik I – Mechanik der Kräfte.* Akademische Verlagsgesellschaft, Frankfurt am Main.

WAKAYAMA, T. & PERRY, A. C. & ZUCCOTTI, M. & JOHNSON, K. R. & YANAGIMACHI, R. (1998): Fullterm develepment of mice from enucleated oocytes injected with cumulus cell nuclei. *Nature* 394, 369-374.

WALTON, R. & JOHNSTONE, E. & MUNAFO, M. & NEVILLE, M. & GRIFFITHS, S. (2001): Genetic clues to the molecular basis of tabacco addiction and progress towards personalized therapy. *Trends in Molecular Medicine* 7(2), 70-76.

WATSON, J. D. & CRICK, F. C. (1953): Molecular structure of nucleic acids. A structure for deoxyribose nucleic acid. *Nature* 171, 737-738.

WATSON, J. D. & CRICK, F. C. (1953a): Genetical implications of the structure of deoxyribonucleic acid. *Nature* 171, 964-967.

WEINBERG, W. (1908): Über den Nachweis der Vererbung beim Menschen. *Jahresber. Ver. vaterl. Naturk. in Würtemb.* 64, 368-372.

WEINBERG, W. (1909): Über Vererbungsgesetze beim Menschen. *Zeitschr. Abst. und Vererb.* 1, 230-277.

WEISSMAN, I. L. (2002): Stem Cells – Scientific, Medical, and Political Issues. *N. Engl. J. Med.* 346 (20), 1576-1579.

WELLS, W. A. (2002): Is transdifferentiation in trouble? *The Journal of Cell Biology* 157 (1), 15-18.

WERNER, D. (1995): *Funktionalanalysis.* Springer, Berlin.

WIELAND, W. (1995): Philosophische Aspekte des Krankheitsbegriffs. In: BECKER & SCHIPPERGES (1995), 59-76.

WILMUT, I. & SCHNIEKE, A. E. & MCWHIR, J. & KIND, A. J. & CAMPBELL, K. H. (1997): Viable offspring derived from fetal and adult mammalian cells. *Nature* 385, 810-813.

WOHLRAPP, H. (1978): Analytischer versus konstruktiver Wissenschaftsbegriff. In: LORENZ (1978), 348-377.

WOLPERT, L. & BROCKES, J. , JESSELL, T. , LAWRENCE, P. , MEYEROWITZ, E. (1999): *Entwicklungsbiologie.* Spektrum Akademischer Verlag, Heidelberg – Berlin.

WOODGER, J. H. (1959): Studies in the Foundations of Genetics. In: HENKIN et al. (1959), 408-428.

WRIGHT, S. (1921): Systems of Mating I-V. *Genetics* 6, 111-178.

WRIGHT, S. (1931): Evolution in mendelian populations. *Genetics* 16, 97-159.

WU, J. Y. & MANIATIS, T. (1993): Specific Interactions between Proteins Implicated in Splice Site Selection and Regulated Alternative Splicing. *Molecular and Cellular Biology* 13, 5301-5314.

ZANARDO, A. & RIZZOTTI, M. (1986): Axiomatization of Genetics 2. Formal Development. *Journal of theoretical Biology* 118, 145-152.

ZHAO, L. P. & ARAGAKI, C. & HSU, L. & QUIAOIT, F. (1998): Mapping of Complex Traits by Single-Nucleotide Polymorphisms. *American Journal of Human genetics* 63, 225-240.

Kolibri 360 GmbH
Ferdinand-Jühlke-Straße 7
99095 Erfurt, Deutschland
produktsicherheit@kolibri360.de

Druck:
CPI Druckdienstleistungen GmbH
im Auftrag der
Kolibri 360 GmbH
Ferdinand-Jühlke-Str. 7
99095 Erfurt